国家能源非粮生物质原料研发中心
林业生物质能源国家国际科技合作基地
研究丛书

# 文冠果油料能源林培育研究 Ⅰ

## —— 种质 花果 调控

# Study on Cultivation of *Xanthoceras sorbifolium* Energy Forest for Oil Ⅰ

## ——Germplasm Flower & Fruit Regulation

敖妍　马履一　申展　等◎著

中国林业出版社

**图书在版编目(CIP)数据**

文冠果油料能源林培育研究 I 种质花果调控/敖妍等著. --北京：中国林业出版社，2021.12

ISBN 978-7-5219-1364-4

Ⅰ.①文… Ⅱ.①敖… Ⅲ.①文冠果-油料作物-能源林-森林抚育-研究 Ⅳ.①S667.905

中国版本图书馆 CIP 数据核字(2021)第 195734 号

**中国林业出版社·林业分社**

**策划编辑**：李敏

**责任编辑**：李敏　王美琪　　电话：(010)83143575　83143548

---

**出版**　中国林业出版社(100009　北京市西城区德内大街刘海胡同 7 号)

http：//www.forestry.gov.cn/lycb.html

**印刷**　河北京平诚乾印刷有限公司

**版次**　2021 年 12 月第 1 版

**印次**　2021 年 12 月第 1 次

**开本**　787mm×1092mm　1/16

**印张**　21.75

**彩插**　8 面

**字数**　528 千字

**定价**　139.00 元

---

# 本书著者

**主著者**

敖　妍　马履一　申　展

**参著者**

姜雅歌　李海英　刘思雪　雒小菲　牛　媛

苏曼琳　苏　宁　王　旭　吴　尚　张　宁

张　毅　郑雅琪　朱　菲

# 前 言

PREFACE

能源是经济社会发展和人类文明进步的重要物质基础。随着世界经济发展，全球化石能源消耗量快速增长，由于其不可再生及其大量开采带来的资源和环境问题，能源安全问题日益凸显。20 世纪 70 年代第一次石油危机爆发以来，开发利用风能、太阳能、水能、生物质能、地热能、海洋能等可再生能源，实现能源可持续发展，成为国际社会的共识和能源发展的方向。生物质能是重要的可再生能源，来源广泛、产品丰富，发展较快，潜力很大。

随着我国经济社会快速发展，石油对外依存度逐年加大，能源安全问题越来越突出，大力发展可再生能源是我国能源战略的重要内容，是实现能源可持续发展的必由之路。2021 年两会，碳达峰、碳中和被首次写入政府工作报告，充分显示了环境保护的重要性。大力发展林业生物质是开发可再生清洁能源的重要形式，既可以缓解能源压力，又有利于改善环境。我国能源林资源丰富，拥有种类繁多的能源树种、尚未充分利用的能源林以及大量林业生产剩余物，并拥有大量的可用于发展能源林的荒山荒地、沙化土地和盐碱地等，能源林发展前景非常广阔。文冠果是我国北方地区油料能源林的主要树种之一。

文冠果(*Xanthoceras sorbifolium* Bunge)是无患子科(Sapindaceae)文冠果属(*Xanthoceras*)植物。文冠果具有喜光、耐寒、耐旱、耐盐碱的特点，在黄土高原丘陵沟壑区、冲积平原、固定沙地和石质山区及盐碱地区都能生长。一般栽植后 2~3 年开始结实，结实期可达百年。文冠果种仁含油率 55%~66%，种仁油碳链长度集中在C17~C19，可不用预处理，直接进行酯交换反应制备生物柴油。文冠果油燃烧后不会产生对环境有污染的物质，理化性质指标达到 0 号柴油和欧洲生物柴油标准，是理想的生物柴油。文冠果油还可用于生产食用油；种仁可加工果汁露，花、叶可制茶，果壳可提取化工原料糠醛、皂苷等，枝、叶、果壳、油均可提取药用成分；树姿优美，花朵繁茂，是城市园林稀有的观赏树种。作为荒漠地区生态绿化先锋树种、北方地区珍贵的木本能源油料树种和观赏树种，文冠果在缓解能源压力、调整农村产业结构、提升居民生活质量、促进农民增收致富、推进乡村振兴战略实施、改善生态环境等方面发挥着越来越重要的作用。《全国林业生物质能发展规划》(2011—2020 年)、《全国林业发展“十二五”规划》等重要文件都指出或体现了文冠果能源林发展的框架、规划。近年来，《文冠果油》(LS/T 3265—2019)行业标准颁布，文冠果纳入国家储备林目录。国家能源非粮生物质原料研发中心、文冠果工程技术研究中心、文冠果产业国家创新联盟等研究中心和组织陆续成立。可见，文冠果能源林产业迎来前所未有的巨大发展机遇。

努力开展文冠果科学技术创新，及时把握产业发展时机，把科研成果有效转化为生产力，是我们编写本书的初心和目的。为此，我们以国家林业和草原局委托项目（2019020032）、科技部国际合作项目（2014DFA31140）、中央高校基本科研业务费专项资金项目（2021ZY09）（2017ZY21）、北京林业大学青年教师科学研究中长期项目（2015ZCQ-LX-02）等项目为依托，以北京林业大学国家能源非粮生物质原料研发中心多年来在文冠果高效培育技术研究方向上的重要成果为基础编写了本书，旨在为今后开展文冠果能源林的合理经营提供科学的理论及技术指导。本书共分为五章，内容主要包括文冠果能源林种质资源评价筛选、开花生物学特性研究、结实生物学特性研究、开花结实调控技术研究。全书论述了目前文冠果种质选择与花果相关研究的现状；基于形态学特征和分子标记对文冠果能源林种质资源进行评价筛选；探讨了文冠果不同花朵类型的形成机制、性别分化过程，以及该过程相关生理和分子机制；揭示了果实种子发育过程，以及果壳皂苷、种子贮藏物积累的本质特征；研究了气象因子、叶幕微气候与花果发育的相互关系；在此基础上，初步构建了合理的树体管理方法，深入挖掘了授粉树配置、植物生长调节剂等对文冠果能源林产量和品质的影响以及在高效栽培技术上的应用。本书是一部理论与实践结合较好的专著，在科研、教学和生产实践上具有重要的参考价值。

真诚感谢国家林业和草原局生态保护修复司与科学技术司、教育部科学技术司、国家科技部国际合作司以及北京林业大学国家能源非粮生物质原料研发中心等协作单位为相关科学研究所提供的研究平台和重要帮助。感谢为完成文冠果能源林各项研究任务的各位教师、研究生、工作人员等研究团队成员一直以来坚持不懈的辛勤工作。本书各章具体的研究及成果总结主要完成人如下：第 1 章，马履一、敖妍、申展、李海英；第 2 章，马履一、敖妍、申展、郑雅琪；第 3 章，敖妍、张宁、王旭、雒小菲；第 4 章，敖妍、苏宁、朱菲、刘思雪、姜雅歌；第 5 章，敖妍、马履一、张毅、苏曼琳、牛媛、张宁、吴尚、姜雅歌、刘思雪、朱菲、雒小菲；附件，敖妍、李海英。

由于文冠果种质与花果调控技术研究涉及的范围很广，在有限的时间内还不可能解决所有文冠果作为能源林培育的理论与技术问题，因此，本书所编录的成果都是阶段性成果，内容也不尽完善，加之研究人员及编者的水平有限，书中的一些不足之处在所难免，恳请读者批评指正。

著者

2021 年 6 月

# 目　录

CONTENTS

## 前　言

## 第 1 章 / 文冠果油料能源林研究进展



## 第 2 章 / 文冠果油料能源林种质评价筛选



## 第 3 章 / 文冠果油料能源林开花生物学特性研究

## 第4章 / 文冠果油料能源林结实生物学特性研究



## 第5章 / 文冠果油料能源林开花结实调控技术研究

# 第1章 文冠果油料能源林研究进展

## 1.1 生物质能与能源林

能源是经济社会发展和人类文明进步的重要物质基础。第一次工业革命以来，煤、石油和天然气等化石能源成为人类能源利用的主体。随着世界经济和工业技术的高速发展，化石能源日益匮乏，随之而来的环境破坏与能源危机也受到世界各地的极大重视。20世纪70年代第一次石油危机爆发以来，开发利用风能、太阳能、水能、生物质能、地热能、海洋能等可再生能源，实现能源可持续发展，成为国际社会的共识和能源发展的方向。生物质能是指绿色植物通过叶绿素将太阳能转化为化学能而贮存在生物质内部的能量，是重要的可再生能源，是继化石能源煤、石油和天然气之后的第4位能源（Hong-lin *et al.*, 2007）。目前，巴西乙醇燃料应用规模全球最大，已占该国汽油燃料消费量的50%以上；瑞典生物质热电联产年发电量约1000亿kW·h，占全国能源消费量的16.5%，占供热能源消费总量的68.5%；丹麦的生物质直燃发电年消耗农林废弃物约150万t，提供全国5%的电力供应；美国和奥地利生物质能分别占一次能源消费量的4%和10%。

林业生物质能源是生物质能源的重要组成部分，有“绿色煤炭”和“生态石油”之美誉。目前，有关林业生物质能源的研究以美国、德国、瑞典等国家的成果最为突出。研究领域包括林木生物质能源的利用与转化、生产颗粒成型燃料及液态燃料技术等（费世民等，2007）。德国政府大力支持本国生物能源的开发与利用，其林木质热电联产技术已达到世界一流水平，同时生物柴油的产量位居欧盟首位（王杨，2015）。美国的生物质能源研究起步较早，20世纪50年代，美国科学家已开始对野生油脂植物进行研究，20世纪70年代美国成立了能源部，20世纪90年代，生物柴油开始进行规模化生产，近年来已逐渐形成产业化的商业模式（朱建良和张冠杰，2004）。20世纪70年代，瑞典曾爆发两次石油危机，使该国认识到开发新能源的必要性，在政府的大力支持下，利用其森林资源丰富的特点，大力发展能源林，并取得显著成果，到2011年，生物质能已成为瑞典的主要能源之一，超过并取代了石油的使用。英国有8万$hm^2$能源林专用土地；芬兰设立了国家能源林委员会；印度充分利用荒山造林，种植能源树种；马来西亚利用丰富的棕榈油成功地制取生物柴油并开始大规模应用（费世民，2007）。2012年的《中国的能源政策》白皮书指导了我国能源的发展方向，结合我国国情，人均资源占有量很低，分布非常不均匀，所以发展生物质能源显得尤为重要（郑立文等，2006）。据测算，中国林木生物质总量达180 亿 t，资源量巨大。其中，应重点发展能源林规模化种植和推广。

能源林是指以生产燃料和其他生物质能源为主要目的的森林及林木，包括木质能源林、淀粉能源林和油料能源林。木质能源林指以生产木质生物质燃料或木质纤维素原料为目的的能源林，包括木质燃料能源林及木质纤维素能源林。淀粉能源林是指以生产淀粉基醇类燃料为目的的能源林，原料一般为大量贮藏淀粉的果实、种子、根、茎等。油料能源林是指以生产油脂基液体燃料为目的的能源林，原料一般为富含油脂或类似碳氢化合物的树种的果实、种子或其他器官。

我国木本油料具有巨大的开发潜力和广阔的发展前景。相对于农业用地的严重短缺，我国尚有 0. 57 亿 $hm^2$ 宜林荒山荒地，盐碱地、沙地、矿山油田复垦地等边际性土地将近 1 亿 $hm^2$。我国已查明的油料植物中，种子含油率在 40%以上的植物有 150 多种，主要包括大戟科（Euphorbiaceae Juss.）、樟科（Lauraceae）、萝藦科（Asclepiadaceae）、夹竹桃科（Apocynaceae）、桑科（Moraceae）、山茱萸科（Cornaceae）、菊科（Compositae）、桃金娘科（Myrtaceae）、大风子科（Flacourtiaceae）、豆科（Leguminosae）等植物。能够规模化培育的乔灌木树种有 30 多种，其中分布集中，并能利用荒山、沙地等宜林地进行造林的油料能源林树种有 10 种左右，包括文冠果（*Xanthoceras sorbifolium* Bunge）、油棕（*Elaeis guineensis* Jacq.）、无患子（*Sapindus mukorossi* Gaertn.）、麻疯树（*Jatropha curcas* L）、光皮梾木［*Swida wilsoniana*（Wanger.）Sojak］、黄连木（*Pistacia chinensis* Bunge）、山桐子（*Idesia polycarpa* Maxim.）、欧李［*Cerasus humilis*（Bge.）Sok.］、乌桕［*Sapium sebiferum*（L.）Roxb.］等，其中文冠果、油棕、无患子等 9 个树种相对成片分布面积超过 100 万 $hm^2$，年果实产量 100 万 t 以上，全部加工利用可获得 40 余万 t 生物燃油（钱能志，2008）。所以，积极建设能源林，一次种植后可持续利用几十年，可以达到既促进绿化，提高农民收入，增加就业，改善环境，又使生物质新能源“不与人争粮，不与粮争地”的目的。因此，应利用资源优势，依据我国植物的生态地理空间分布格局，定向培育油料能源林，筛选培育出多种与之相适应、环境友好的优质高效木本油料植物，并优化全国木本油料植物配置和生产格局，建设林业生物柴油原料专类生产区，对于林业生物柴油原料植物种质资源保存、原料规模化生产和开发利用有深远的意义和重要的现实价值。

## 1.2 文冠果概述

文冠果（*Xanthoceras sorbifolium* Bunge）为无患子科文冠果属植物，1 属 1 种。又名文冠花、文光花、僧灯毛道，是第三纪（约 6500 万年前）的孑遗物种，历经几千年依然繁衍不息，得益于它适应性广、耐旱能力强、寿命长、易繁殖的特点。文冠果是中国北方重要的木本油料树种、园林绿化树种和生态树种，综合利用价值很高（敖妍，2008）。

文冠果一般为亚乔木或大灌木，高 2~9m，最高可达十几米。树皮灰褐色，新梢暗绿色。奇数羽状复叶，小叶互生，4~8 对，膜质或纸质，窄椭圆状披针形，长 2. 5~5cm，宽

1~1.5cm，腹面深绿色，无毛或中脉上有疏毛，背面鲜绿色，嫩时被绒毛和成束的星状毛；侧脉纤细，两面略凸起。叶缘具有尖锐锯齿。文冠果骨干根多数呈圆柱形，包括直根、侧直根和水平根。主根发达，萌蘖性强。文冠果根系庞大、侧根发达、分布深广、皮层肥厚，保证了地上部分的所需水分和养分充分吸收。文冠果根系再生能力很强，可用于扦插育苗。

文冠果总状花序，花瓣白色，基部紫红色或黄色斑纹，花瓣长约2cm，宽7~10mm；花盘的角状附属体橙黄色，长4~5mm；雄蕊8枚，雄蕊长约1.5cm，花丝无毛；子房被灰色绒毛。花期5月。文冠果单瓣花可分为雌能花和雄能花。雌能花雄蕊退化，花丝短、花药不开裂、花粉粒败育，但子房发育正常，可授粉受精；雄能花子房退化、雄蕊生长发育正常，花丝长，花粉粒发育良好，花药可开裂散粉。顶生花序雌能花多，侧生花序雄能花多。文冠果还有一种无性花即重瓣花，其雌雄蕊和角状突起均特化为花瓣，因此不能结实。

果实为蒴果，形态多样，圆球形、扁圆形、圆柱形、倒卵形、桃形、三棱形等。果实绿色，一般3~4心皮组成，每果约有18~24粒种子。成熟后逐渐变为黄绿色，表面粗糙。果径增长有两个高峰，6月上旬（第1次落果后）果径增长出现第1个高峰，这期间主要是果实体积增大；6月下旬出现第2个高峰，这时期是种子生长发育与充实的重要时期。河南省果实成熟期7月初，内蒙古8月初。种子球形，成熟后为黑色，具光泽，风干后种子呈暗褐色，径1~1.5cm，千粒重为800~1000g。2~3年开始挂果，一定年限内，随着母树年龄增长，单株产量递增，8~10年进入盛果期，结果期可达百年。

文冠果喜光，耐寒、耐旱，不耐涝。对土壤要求不严，但以深厚、肥沃、排水良好、pH 7.5~8的微碱性土壤上生长良好（伍海芳，1982；高伟星等，2007）。适生区包括：石质山地、黄土丘陵、石灰质性冲积平原、固定和半固定沙丘。土壤类型多样，主要有红黏土、黄绵土、灰褐土、栗钙土、棕壤、灰钙土、黑垆土等。文冠果在中国的分布范围是北纬28°34′~47°20′、东经73°20′~120°25′的广大地区，多分布区于海拔2000m以下的荒山坡、沟谷间和丘陵地带。其中以海拔800~1800m的黄土丘陵沟壑区分布最多。主要分布于东北、西北、华北地区，东到山东省，西到新疆维吾尔自治区，南到河南省，北到吉林省，集中分布于内蒙古自治区、河南省、陕西省、山西省等地。分布区内1月均温-19.4~0.2℃，7月均温13.6~32.46℃，年均气温3.5~15.6℃，气温年较差27.2~39.2℃，绝对最高气温38.9℃，绝对最低气温-36.4℃；年均降水量43~969mm，无霜期120~233d，年日照时数1616~3124h。

## 1.3 文冠果的多功能价值

### 1.3.1 生物质能源价值

在能源短缺、环境恶化的今天，推进新能源产业发展具有重要战略意义。文冠果种子含油率30%~36%，种仁含油率55%~70%，是作为生产生物柴油原料的最佳木本植物原料（王红斗，1998）。文冠果油的碳链长度主要集中在 C17~C19 之间，这与普通柴油的主要成分碳链的长度非常接近（牟洪香等，2006）。研究表明，文冠果油的酸值为 0.3%，碘值（I）为 1130g/kg，皂化值（KOH）为 1760mg/kg，相对密度（20℃）为 0.893，制备的生物柴油质量符合《柴油机燃料调和用生物柴油（BD100）》标准（于海燕等，2009；郝一男等，2014）。并且因为其油酸值小，制备生物柴油时可以直接进行酯交换反应，理化性能良好，这些性质都使文冠果油十分适合生产生物柴油。

目前文冠果油的提取工艺也比较完善，主要有溶剂萃取法、水酶法、超临界二氧化碳萃取法、超声波辅助萃取法等，提取工艺相对比较完善，其中水酶法得油率高，同时没有溶剂残留；超临界二氧化碳萃取法绿色、环保、高效；超声波萃取法工艺简单油质好，也是文冠果油较为理想的提取方法。文冠果生产生物柴油的主要方法是碱催化法、固体酸催化法、生物酶法，其中碱催化法应用较广泛，具有反应率高、成本低、工艺简单的优点（敖妍，2012）。

### 1.3.2 观赏与生态价值

文冠果自古就是中华吉祥庭院树。花量极大，花期 4 月中旬至 5 月中下旬，恰好弥补了继桃、杏、李之后的春季赏花空档期，而且花期持续时间可达 15~25d。花朵包括单瓣型、重瓣型、多瓣型、白色花、红色花、粉色花、黄色花等等。近些年，陆续有很多观赏型文冠果新品种通过国家林业和草原局植物新品种保护办公室的审定。这些新品种以其独特的花期、丰富的花型、渐变的花色，使文冠果成为园林造景、城市绿化不可多得的优良树种，是无患子科家族的荣耀，堪比日本樱花之美，号称“中国樱花”。文冠果入院观赏历史悠久，北京故宫、圆明园、天坛、雍和宫，承德避暑山庄等皇家园林和寺庙均保留有文冠果古树，树干遒劲，枝叶繁茂。

文冠果具有强大的生态功能，广泛分布于中国东北、西北、华北地区，以内蒙古、陕西、甘肃一带较为集中。文冠果根系庞大、主根发达、皮层肥厚、叶片狭小的特性，让其具有强大的水分和养分吸收能力，而水分消耗量却较低，因此耐旱能力特别强。文冠果寿命长，现存古树的树龄均已超过百年，20 世纪营造的第一代人工林也已超过 60 年，仍发育良好。文冠果易繁殖，播种、根插和嫁接繁殖效果均很好，根蘖性极强，平茬后很容易萌生成林。在石质山地、黄土丘陵、石灰质性冲积平原、固定和半固定沙丘等多种立地上生长，具有良好的水土保持、涵养水源、净化空气等生态防护功能，已经成为很多干旱地区绿化荒山、植树造林的首选树种。

### 1.3.3 综合利用价值

文冠果油色泽淡黄，气味芳香，营养丰富，符合国家一级食用油标准，是高级药、食兼用油。其籽油中不饱和脂肪酸含量约 93%，油酸含量约 30%，亚油酸约 45%，棕榈酸约 6%，硬脂酸约 2%。另外，种子油中还含有神经酸。神经酸是大脑神经组织的核心有机成分，是唯一能修复疏通受损大脑神经纤维，促使神经细胞再生的成分，可以协助治疗老年

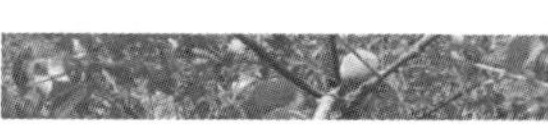

痴呆以及促进婴幼儿大脑发育，被誉为大脑营养素和神经再生素，而且只能体外摄取，因此，文冠果油具有极高的保健和医药价值。此外，油脂可制高级润滑油、增塑剂、喷漆及肥皂等。油中非皂化部分中的甾醇可作液晶材料。种仁提油后还可以得到冷榨饼，其中蛋白质含量达40%以上，可加工成果汁露、罐头和高蛋白饮料；油渣中还含有皂苷类物质、甾醇、维生素等，也可提取出含量很高的抗氧化剂，在治疗肝癌、糖尿病、高血压等方面具有良好的应用前景。

文冠果叶片中含蛋白质19.18%~23%，含黄酮类、香豆素类等10余种化合成分，16种氨基酸，还含有12种人体必需的微量元素，可加工成茶叶。文冠果果柄和叶的水浸膏对遗尿症有显著疗效。叶中杨梅树皮苷具有杀菌、止血、降胆固醇作用。用叶泡茶可治腰腿疼。果壳可以作为家畜饲料，也可加工成高密度聚乙烯材料，还可提取化工原料糠醛、制备活性炭。皂苷也是果壳的重要提取物，除了可制肥皂和护肤品外，还具药用价值，对学习记忆障碍有显著改善作用（孙静丽，2001），文冠果皂苷还有较强的抗癌活性（王红斗，1998）。此外，文冠果枝、叶、油也均可提取药用成分，用于改善记忆、抗HIV、抗病毒、抗菌、治疗风湿关节炎、老年痴呆、心血管病等疾病。文冠果木材材质坚硬，纹理美观，可制作家具或用于雕刻。文冠果花粉量多，是很好的蜜源植物（刘丽等，2009）。因此，发展文冠果综合产业在食用、药用、能用、绿化荒山、保持水土等方面都有极其深远的意义（赵宪洋，2003；刘才和杨玉贵，1994）。

## 1.4 文冠果种质资源选择

文冠果资源分布较广，处于半栽培半野生状态，属异花授粉植物，多系自然杂交品种，类型多、个体间变异性大，变异基础广泛，为其优良种质资源的选择工作提供了良好条件。这些变异包括花朵和果实形态特征、树高、地径、冠幅、叶长、叶宽、叶面积、叶形状、嫩梢形态、种子纵径、横径、果实纵径、横径等种实形态性状、单位投影面积种子产量、结果数、果质量等产量性状、种子含油率和油脂肪酸化学成分等（敖妍等，2015；张毅等，2019a；张毅等，2019b；张毅等，2019c）。不同分布区的群体之间以及群体内部个体间均变异广泛。文冠果遗传多样性研究也在深入开展，多采用RAPD、AFLP、SSR等方法。敖妍（2010）和牟洪香（2006）均采用AFLP标记研究不同分布区的文冠果群体遗传多样性，发现不同类型的多态性低于分布地区内的多态性，群体间小于群体内遗传变异。研究发现，通过构建文冠果的RAPD指纹图谱，可以有效地鉴别文冠果优良单株（郭冬梅等，2013；张敏等，2012）。

文冠果性状的显著变异为选择育种提供了基础。20世纪70年代，辽宁、河南和内蒙古等都曾选出优良单株和无性系，这些单株丰产性好，含油率高，抗逆性强。但由于多种原因，早期选出的优良单株很多都没有保留下来。近年来，随着文冠果受到越来越多的关注，其优良种质选育工作再次受到重视。文冠果高产高含油率的优良类型和单株选择工作已取得一定成果（薛睿等，2017；王娅丽等，2016；郭冬梅等，2013）。刘克武等（2008）通过无性系选择，筛选出适宜黑龙江地区的8个优良无性系。汪智军等（2011）

对新疆地区文冠果按花结构和结实特性不同划分为雄树、雌雄同株不结果树和雌雄同株结果树，选出6株高产单株。敖妍在中国文冠果集中和次集中分布区进行选育工作，不仅选出具有优良经济性状的高产型、高油型优树，还构建了综合性状评价分级标准，选出综合性状优良单株92株（敖妍，2010）。同时，各地均在筛选适合各自地区的新品种和良种。2013年辽宁省审定了“白山林场文冠果”地方良种。2014年宁夏的“森淼文冠果”获得了国家植物新品种保护。2015年山西省审定了冠红、冠硕以及冠林3个地方良种。近年来，已有36个文冠果新品种，通过了国家林业和草原局植物新品种认定，获得了植物新品种权，还有近10个地方或国家良种已通过审定。

植物种质资源的收集和保存对于品种选育与改良具有重要意义，受到了研究人员极大的重视。但丰富的种质资源在为品种选育与改良提供遗传材料的同时，也存在收集保存困难、研究利用繁杂的问题。核心库是能够最大程度代表种质库遗传多样性的种质子集，核心种质的主要特点是：数量较少，但能最大限度地代表整个种质资源库的遗传多样性；避免重复，不选择与目标性状无关的性状；实用性，能够有效提高种质资源的鉴定、利用与评价；可变性，其构成会随新资源的收集、新性状的发现而发生变化。建立核心种质便于更深入地研究种质的遗传特性（Boukemaet *et al.*，1997）；便于更有效地筛选亲本材料（Ortize，*et al.*，1999）；便于开展野外试验，有利于了解种质的遗传特性及环境适应性（Bouton，1996）；便于提高育种工程的效率（Miklas *et al.*，1999）。近年来，人们开始从分子角度构建植物的核心种质，并取得了良好的效果。文冠果尚未建立核心种质库。

## 1.5 文冠果开花结实生物学特性研究

### 1.5.1 文冠果花形态特征及发育研究

根据文冠果花形态特征将其划分为单瓣白花型、单瓣红花型、重瓣紫红型和重瓣黄花型，重瓣花由于雌雄蕊发生变异不结实。文冠果单瓣花根据花性可分为雄能花和雌能花。雌花子房正常，雄蕊退化，花粉无活力，败育可能发生在双核花粉粒时期。雄花雌蕊败育发生在大孢子母细胞减数分裂期，雄蕊发育正常，花粉可以萌发（敖妍，2010）。另外，冯继臣等（1981）按花瓣颜色还将文冠果花分为白花型、黄花型和紫花型。余树勋（1985）将文冠果花进一步分为重瓣茉莉型、重瓣桂花型、单瓣小花型、单瓣枣红型和普通型。近年来，针对文冠果花形态的研究越发深入，陆续有很多观花型文冠果新品种被发现。文冠果开花时期同一年份不同植株间一般相差10d。一个花序可开放7~8d，按自下而上的顺序开放，中部的花易于坐果。一株树花期可持续半个月左右。

文冠果花芽分化的时期随品种和生长环境的不同而有些差异，但基本都可分为以下7个时期：未分化期（7月上旬以前），花芽分化初期（7月中旬始），花原基分化期（7月下旬），花萼原基分化期（8月下旬），花瓣原基分化期（9~12月中旬），雄蕊原基分化期（次年2~3月上旬），雌蕊原基分化期（继雄蕊原基形成后）（张宁等，2018）。

文冠果正常发育的雌蕊由3个合生心皮组成，子房3~5室，每室有6~8枚胚珠，中

轴胎座，珠心由两层珠被包被（王晋华等，1992）。文冠果败育雌蕊的外部形态和内部结构都表现出与正常发育雌蕊显著不同的特征。雌蕊败育前，雄能花的柱头和花柱发育停止，雌蕊 3 心皮不向中心愈合生长，柱头上不出现或者出现很小的乳突状细胞（Wang *et al.*, 2019; Zhou *et al.*, 2019; 景文昭和高述民，2020）。雌能花 3 个心皮逐渐愈合，花柱明显拉长，柱头上出现圆柱状或指状的单细胞毛，这些单细胞毛表面光滑并有角质层覆盖。雄能花雌蕊的生长点发育不均匀，胚珠退化或者开始就没有胚珠，形成实心子房，之后子房逐渐干瘪，子房壁细胞不规则扭曲变形（张宁等，2019；张小方，2019）。文冠果雄能花雌蕊败育的持续时间为 8d 左右（张宁等，2019）。败育后，雄能花的柱头严重萎缩干瘪，呈两条分叉的细丝（Wang *et al.*, 2019; Zhou *et al.*, 2019; 景文昭和高述民，2020）。

关于文冠果花粉形态和活力方面的研究有较多报道。文冠果花粉在室温下一般不超过 10d 就全部丧失发芽能力。微量元素硼能促进花粉发芽，并且在 25℃ 花粉萌发明显快于 15~20℃。研究发现雌能花与雄能花的花粉外部形态也不同，雌能花的花粉呈纺锤形，雄能花的花粉呈长球形（刘武林和马丽玲，1982）。另外，在同样培养条件下，雄能花的花粉大量萌发而雌能花花粉则不萌发。雌能花的花粉壁、细胞器淀粉含量均与雄能花不同，同时蔗糖等化合物以及氨基酸的种类也显著少于雄能花（郑彩霞和李凤兰，1993）。花粉中细胞器的减少、营养不足、生理生化代谢障碍可能是文冠果雌能花花粉败育的主要原因。对文冠果花序套袋试验证明有雄能花的袋中可以结实，无雄花的袋中则不结实，所以在杂交试验中对雌能花不必去雄（冯继臣，1981）。在同一株文冠果上的雄蕊并不完全相同，有 4 种类型：长花丝黄色雄蕊，长花丝红色雄蕊，短花丝黄色雄蕊，短花丝红色雄蕊。长雄蕊的花粉粒是败育的，短雄蕊的花粉粒是可育的（苗青等，2005）。

### 1.5.2 文冠果雄性不育的生理机制

文冠果花性分化与树体、芽的营养状态密切相关，充足的营养有利于雌能花的形成。大孢子母细胞减数分裂时期，胚珠中淀粉粒大而明显，雌蕊组织黄色着色深，蛋白质含量高；而雄能花雌蕊败育的胚珠细胞中始终无淀粉粒，败育后的胚珠黄色着色非常浅，说明蛋白质发生解体（张小方，2019；Zhou *et al.*, 2019）。总糖和蔗糖含量对文冠果顶花序子房膨大率的调控最显著，主要表现在大孢子母细胞减数分裂 I 期。总糖和葡萄糖含量对侧花序子房膨大率的调控最明显，主要表现在雌蕊发育前期（景文昭和高述民，2020）。雌能花花芽中 44.1kDa 的多肽含量远高于雄能花芽，雌能花芽中的 26.2kDa、39.6kDa 等多肽可能与其育性有关（朱士铎，2000）。

雌蕊败育过程中相关生理生化反应包含各种酶的催化。淀粉酶通过参与淀粉水解，产生可溶性糖，促进性器官发育。两种淀粉同工酶的低活性将导致雌蕊发育所需可溶性糖不足（Zhou *et al.*, 2019）。在减数分裂 I 期以前，大孢子母细胞中 ABA 和 $GA_3$ 的含量较高，影响蔗糖转化酶的活性。雌蕊发育过程中，顶花序雌蕊中 SS 合成方向酶活性增加，分解方向酶活性下降，SPS 酶活性增加；侧花序雌蕊中 SS 合成方向酶活性变化不大，SS 分解

方向酶活性增加，SPS 酶活性呈“S”形变化（景文昭和高述民，2020）。α-淀粉酶酶谱和过氧化物酶酶谱中的一些特殊酶带的出现或消失都与雌蕊选择性发育相关（胡青，2004）。

植物体内各内源激素相互协调，共同控制营养转向，对性别分化起显著调控作用。多种激素相互协调达到的平衡状态比单一激素的调控作用更重要（金亚征等，2013）。$GA_3$ 含量在文冠果雄能花败育中期达最高峰，含量高于雌能花。雌能花 ABA 在雄蕊败育前期和败育期均高于雄能花。花序原基分化期，顶芽 ABA、IAA 水平高于侧芽。小花原基形成期，顶芽 ABA 含量下降。雌雄蕊原基形成期，侧芽 ABA 高于顶芽（朱士锋，2000；Zhou *et al.*，2012）。文冠果不同性别花的雌雄蕊发育关键时期，激素的分布及运输途径、影响性别的关键激素、激素平衡关系等对性别分化调控尤为重要。

除以上因素，环境因子也影响植物体内激素代谢，进而影响性别分化，甚至可以发生性别改变。充足的氮素营养、短日照、蓝光、较低的夜温有利于树木雌性器官发育（夏仁学，1996）。温度可能会影响文冠果雌雄性器官发育相关酶和蛋白的活性变化，进而影响性别分化（张宁等，2019）。

### 1.5.3 文冠果雄性不育的分子机制

文冠果雌蕊败育经历形态建成后的衰败和解体，结合植物细胞程序性死亡后的产物主要用于本身细胞壁构建的理论，说明其胚珠细胞发生了受基因控制的自发程序性死亡过程（张小方，2009）。范春霞（2009）克隆到与文冠果雌蕊败育有关的多个差异表达的基因片段。推测雌蕊败育的过程是上游调控基因产物作用于性决定基因，发生细胞程序性死亡过程。类泛素蛋白很可能在性决定基因的下游起关键作用。另外，雄性不育和可育花药中特异表达的 cDNA 以及败育前夕雌蕊差异表达 cDNA 均已被发现。马凯对不同时期雌花和雄花花药蛋白进行差异分析，发现 4 个在开花期表达存在差异的蛋白（马凯，2004）。胡青（2004）发现了两组与雌蕊败育相关的特异蛋白点，一组蛋白的基因在雄能花中开启，在雌能花中关闭；另一组蛋白的基因在雌能花中开启，在雄能花中关闭。

### 1.5.4 文冠果落花落果的原因

花朵经过授粉受精后，子房膨大成果实，称为坐果。经济树木正常坐果需要顺利通过下列 3 个阶段：花粉或胚囊的正常发育；授粉受精良好；胚及胚乳正常发育。影响上述阶段的主要因素包括遗传特性、营养条件和环境因子。这种影响作用可总结如图 1-1 所示。影响果实增长的因素包括细胞数和细胞体积、有机营养、无机营养、激素、环境条件。

作为中国特有的木本油料树种，文冠果具有耐瘠薄、盛果期长、含油率高、综合利用价值大的特点。但目前在文冠果生产中还存在产量低而不稳定的问题，其原因主要是落花落果现象极为严重。落花落果的原因主要有：①有些单株（重瓣型植株）花而不实，重瓣型植株因为花朵雌雄蕊均特化为花瓣，因此不能结果。②花性原因，即侧枝多萌发雄能花，雄能花占总花数约 80%。雄能花执行雄花功能，单花完全散粉后 4~5d 便萎蔫脱落，

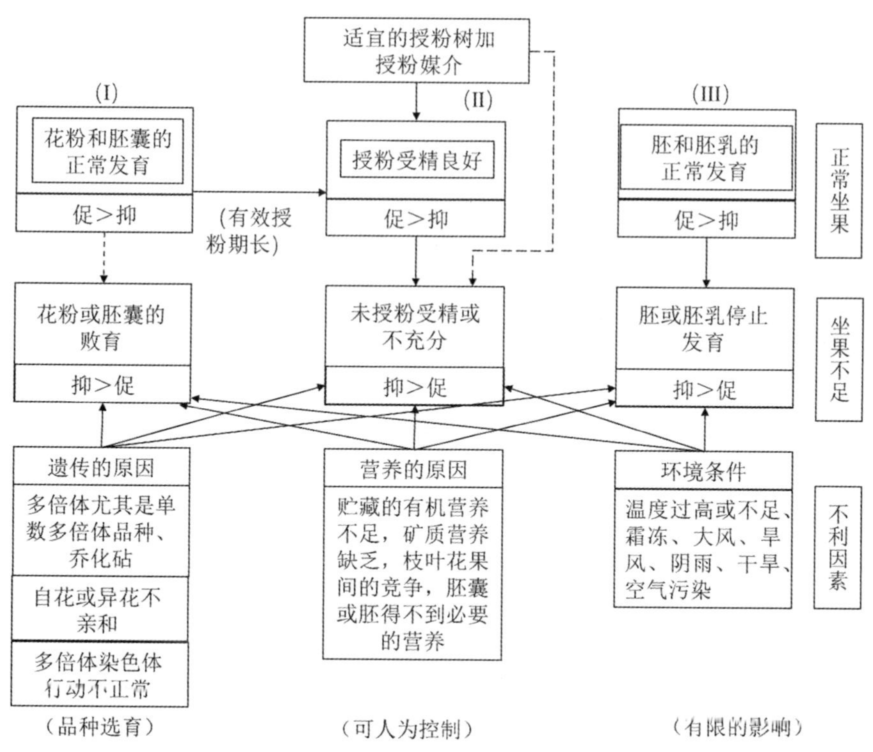


**图 1-1　坐果的几个关键阶段及其影响因子**（谭晓风，2013）

落花持续整个花期，属于正常现象。雌能花落花时间集中在末花期，落花率为 10.30%。③作为典型的自交不亲和植物，文冠果成熟果实大部分来自异花授粉，这极大限制了其自身坐果率。盛德策通过对比自花授粉、异花授粉及自然授粉后果实的生长情况发现，自花授粉的果实在早期败育（盛德策等，2010）。周庆源发现文冠果杂交授粉果实发育良好，而自交授粉果实中途停止发育，之后逐渐脱落（周庆源和傅德志，2010）。马芳通过对比人工授粉和自然授粉下的坐果率发现，人工异花授粉明显提高了母本坐果率，人工自花授粉却不结实（马芳等，2014）。④树体营养不良也是主要原因。5 月末是文冠果授粉受精及幼果生长期，正值春梢抽放和幼叶生长，这两个生理过程存在争夺养料的现象，这是 6 月初第一次落果高峰出现的主要原因。保存下来的幼果由于获得了较充足的营养物质出现体积增长高峰。此时，生长势较弱的幼果由于在继续争夺有机养料的过程中失势而停止发育，导致 6 月中旬出现第二次落果峰值。⑤落果和内源激素也有关系。落果率会随着 ABA 含量的增加而增大，落果高峰期 ABA 含量达到顶峰，这可能是由于高浓度的 ABA 抑制了营养输入（杜盛等，1986；苏明华等，1998；门福义和宋伯符，2000；孟玉平等，2005），也有研究认为是幼嫩果实中高浓度的 ABA 使果柄形成离层导致了落果（杜盛等，1986）。另外，机械（大风）和虫害也会导致落花落果。但文冠果主要以生理落果为主。

## 1.5.5　文冠果保花保果的措施

防止落花落果可从树体管理、水分养分管理、化学技术措施等方面进行。树体管理是花果调控的重要方面。树形为多主枝丛生形和开心形有利于提高单位面积种子产量（孟宪武等，2009）。顶端优势和极性生长导致顶花序、外围枝条、壮枝和中庸枝的营养相对充足，雌能花较多；而侧花序、弱枝和内膛枝受营养、光照制约，雌能花较少（韩艳红，2018）。因此，在花性别分化期前进行修剪可以改变营养和激素的供应和分布，调节生殖生长和营养生长的关系，减少雌蕊败育。修剪能使文冠果树体剪口下 1~3 芽抽生的花序有更多雌能花（冯继臣，1981）。文冠果修剪时必须考虑到主要靠枝条顶芽结果，不易过多短截果枝，避免萌生多条徒长枝。短截、环割、拉直等修剪方式都能够有效提高产量（冯继臣，1981）。春天修剪应在开花前 1 个月进行，此时剪除顶芽，侧芽可以形成雌能花。夏季修剪主要是剪除徒长枝和基部萌生枝及过密交叉枝，对促进花芽有利。疏剪新枝可以减少水分和养分的消耗，用于花和幼果的发育。疏剪新梢总数 1/2 和 1/3 的单株，二年平均产籽量均高于对照（张小方，2019）。文冠果生长到 4~5 年时，形成大量花芽，可通过适度疏除花芽以提高坐果率（王贺富，2010）。

化学技术措施方面，喷施微量元素和脱离抑制剂对减少落花落果也有一定效果。硼酸、硫酸锰、硫酸亚铁、硫酸镁和硫酸锌对防止落花落果均有较好效果（张学曾和佟常耀，1979；哲里木盟林科所，1981）。花期喷施 30~40ppm 的 NAA 可提高文冠果坐果率 50%（武德隆和马衣努尔，1981）。在幼果期，用 30~50ppm 的萘乙酸喷施果柄，可提高保果率 9. 2~12. 4 倍（赵福尧和陆广珊，1981）。基于对性别分化过程中内源激素的观测结果，性别分化关键期前喷施 IAA、ABA、ZT、ZR，提高 ABA/IAA 的比例，有助于减少雄能花雌蕊败育比例（赵德刚等，1999；吴尚等，2017；张宁等，2019）。

水分养分管理方面，文冠果在种子充实期和果实采收期会出现两个光合作用峰值，果实采收后立即施肥浇水，促进树体有机养料积累是提高坐果率的关键。开花前需追氮肥，在果实膨大期需追钾肥和磷肥。浇水应在 4 月下旬前浇好花前水，6 月中旬左右浇果前水，入冬前浇冬灌水，花期不应浇水，以防止大量水分养分消耗在新梢徒长上而影响果实发育。

选用雌蕊败育率低的优良无性系种质资源并扩繁利用，可以有效提高种实产量。目前已选育出部分雌能花比例高的品系，正在开展无性系扩繁。综上，充足的原料供应是发展文冠果产业的前提。优良种质的保存、利用，花果发育和调控机理研究是提高种实产量的核心。

## 1.6　文冠果能源林发展和培育方向

《国家林业发展“十一五”和中长期规划纲要》《全国林业生物质能发展规划》《全国林业发展“十二五”规划》《粮油加工业“十三五”发展规划》《粮食行业“十三五”发展规划纲要》这些重要文件都指出或体现了文冠果发展的框架、规划、方向。2019 年，《文冠果油》（LS/T 3265—2019）行业标准颁布。2020 年，文冠果被纳入国家储备林目录。国家能源非粮生物质原料研发中心、文冠果工程技术研究中心、文冠果产业国家创新联盟等一系列研究中心和组织也陆续成立。可见，文冠果能源林发展的战略机遇已经到来。

未来文冠果能源林的发展将以实现可持续利用发展作为基本对策，坚持开发与保护相结合，以科技创新为先导，建立高效生产体系，实现产业化经营。将形成具有以下特点的

能源林建设体系：

①合理利用现有林业资源与培育扩大原料来源相结合，充分利用现有文冠果能源林资源，发展林业生物质能，并利用宜林荒山荒地及边际性土地，发展能源林。

②文冠果能源林发展与生态、经济、社会效益相协调。文冠果能源林基地建设既要保障原料供应，又要兼顾生态环境和发展现代林业，充分发挥能源、生态、经济、社会综合效益，促进林业生物质能可持续发展。

③社会参与与企业带动相结合。充分发挥市场机制作用，创新发展模式。一方面，吸引社会各界力量参与，多渠道、多层次、多形式筹集建设资金；另一方面，充分发挥企业的主体作用，推动文冠果能源林基地规模扩大和产业快速发展。

④规模化发展与示范带动相结合。文冠果能源林基地建设与防护林、速生丰产用材林基地建设、退耕还林等林业重点生态建设工程实施和森林经营相结合，新造高标准能源林和对现有能源林改造相结合，推动能源林基地规模化发展，并通过示范工程建设，以点带面，推进良种繁育、能源林培育和林能一体化发展。

我国未来文冠果能源林培育研究的重点方向包括：

①建立文冠果资源圃。在有文冠果资源的地区建立种质资源保护区，使保护区增强生物的多样性，或者有目的的选取有价值品种，建立资源圃，统一收集保存。同时，要加强文冠果品种特性的产权保护和文冠果开发利用、创新技术的知识产权保护。

②加强文冠果母树园和采种基地建设。根据不同文冠果的特性，选取优良品种，建立母树园，为开发培育文冠果优质品种打好基础。利用现有资源，通过有针对性管理，提高其结实率，建立采种基地。

③建立种质创新与良种选育技术体系。开展不同种源地理变异规律、性状遗传相关性、早期预测、遗传参数、交配机制等问题的研究。种质资源收集及种质资源圃的建立。常规育种所包含的良种筛选、杂交育种等，以及现代生物技术育种包含的分子育种等的良种创制技术途径研究。良种的地带性特征及生态特性、区域化适应性评价。进行良种快速繁殖，包括嫁接、扦插、组培等的良种无性系化繁育技术。

④能源林丰产的生理学和生物学机制研究。文冠果种植园能否达到预定的培育目标，一靠良种，二靠科学的栽培技术。未来文冠果培育技术研究要立足于优良新品种的发掘与创制，相关栽培技术研发及其基础理论等科学问题展开。重点应开展优良单株的杂交育种和良种选育；明确花性别分化的生殖生物学、分子生物学、生理学机制；阐明影响性别分化的关键激素及激素间平衡关系；有机营养对性别分化的影响机制；果实和种子发育过程中产量与油脂合成相关的生理和分子机制；阐明糖代谢与花性别分化、油脂积累关系及转化关键时期；产量形成的生理生化基础和相关基因的克隆与表达。

⑤种植园模式标准化丰产栽培关键技术研究。提高种实产量和含油量还应该在突破性别分化、花果发育、树体结构及产量形成等生理、生化、分子机制基础上，研究适生栽培区区划、适生立地选择、标准化整地及栽植、合理密度调控、需肥规律和抗逆特性、水肥耦合调控、集约水肥管理、标准化整形修剪与花果调控技术、群体和树体结构调控、高效

低成本采收等，集成文冠果原料林种植园标准化培育技术模式。

⑥文冠果能源林培育三大效益研究。经济效益研究，在对典型地区资源培育过程进行优势、劣势、机会及威胁（SWOT）定性分析的基础上，收集相关种植数据，对整个培育过程进行经济效益分析研究。社会效益研究，对典型地区资源培育过程中社会发展方面有形、无形的效益和结果进行分析，重点分析种植地区贫困、平等、参与和持续性等。生态效益研究，研究不同培育技术模式与森林生态系统产生的生态功能之间的关系。

综上所述，根据我国经济发展进入新常态，面向国家战略和国民经济发展需求，充分利用林业资源，实现“绿水青山就是金山银山”发展理念，推动绿色、循环、低碳经济发展等重大任务。发展文冠果能源林种植培育相关产业符合国家重大需求，从生态效益角度，可以缓解环境恶化问题，可有效固定碳和减少碳排放，充分体现“绿色”和“循环”的特点，还可增加国土绿化面积，是应对气候变化、保护生态环境的有效途径；从经济和社会效益角度，保存和推广文冠果优质资源还具有增加能源供应、附加值高、经济效益明显的特点，打造绿色产业引擎，可同时带动第一、二、三产业。

# 第2章 文冠果油料能源林种质评价筛选

中国文冠果资源分布广泛，分布地区的环境及气候条件差异很大，处于半栽培半野生状态，使其在进化过程中产生了大量遗传变异；同时，文冠果属异花授粉植物，多系自然杂交品种，因此，类型多、个体间变异性大，这些遗传变异为文冠果优良种质的选育提供了重要的遗传资源。20世纪70年代，林业工作者就已开展文冠果种质选择工作，但由于多种原因，选出的优良种质很多都没有保留下来。近年来，文冠果作为综合利用价值极高的优良木本油料树种，受到越来越多的关注。但是由于对文冠果种质资源收集和评价筛选工作的滞后，导致了其育种材料不够丰富，种质资源的利用率很低，严重制约了文冠果种植业、综合利用产业的发展。

物种内的遗传变异是物种多样性最重要的来源，也决定着其进化的趋势。遗传多样性主要指是同一物种内群体或个体之间的遗传多样性，可以在形态学水平、细胞学水平及分子水平多个水平上有所表现。用形态学特征来描述植物的遗传多样性是最直观的研究方法，但是形态学特征受到基因型及环境等条件的影响。随着科技的不断发展，遗传多样性研究已从传统的形态学进入到分子生物学阶段。SSR标记广泛分布于基因组的不同区域。因其高多态性、丰富的信息含量、良好的可重复性及共显性标记的特点，广泛应用于物种的遗传多样性分析及种质鉴别中。

为更好地研究和保护植物种质资源的遗传多样性，提高其利用价值，进行核心种质资源库的建设是非常有必要的。核心种质库为能够最大程度代表种质库遗传多样性的种质子集。主要特点是：数量较少，但能最大限度地代表整个种质资源库的遗传多样性；避免重复，不选择与目标性状无关的性状；实用性，能够有效提高种质资源的鉴定、利用与评价；可变性，其构成会随新资源的收集、新性状的发现而发生变化。建立核心种质资源库便于更深入地研究种质遗传特性；更有效地筛选亲本材料；有利于了解种质遗传特性及环境适应性；便于提高育种工程的效率。

关于文冠果高效培育技术的研究首先建立在对资源状况的调查基础之上，掌握其生物学特性、种质资源多样性等，进一步对优良种质进行生物学特性研究。所以，种质资源评价筛选是基础。本研究在充分调查文冠果自然生境、分布状况的基础上，进行文冠果种质的遗传变异研究，测定各个分布区文冠果单株种子的表型性状及油脂成分，对文冠果不同群体种子的表型变异特征进行分析，从而筛选出一批文冠果优良种质。利用 SSR 分子标记分析了群体之间及文冠果种质资源之间在分子水平上的遗传变异及其亲缘关系，并绘制了种质的 DNA 指纹图谱，进一步构建文冠果的核心种质，最后筛选出文冠果 SSR 标记的核心引物。筛选出的优良种质、核心种质可以为科学合理地保护、鉴别及利用文冠果种质资源奠定基础，并为文冠果的引种、驯化、栽培以及推广提供理论依据及材料支撑。

## 2.1 文冠果种子性状变异及优良种质筛选

### 2.1.1 种子性状变异分析

#### 2.1.1.1 群体间种子表型性状变异分析

材料来自于 9 个省 14 个文冠果主要分布区的 143 份文冠果单株种子，每个采样地理坐标及生态因子见表 2-1。其中内蒙古阿鲁科尔沁旗、内蒙古翁牛特旗、河北承德、河南陕县的采样单株为前期研究初选出的长势好、结果量大的单株（敖妍，2010）。所选植株长势旺盛，均已进入盛果期。采集成熟种子，测定每份种子的百粒重、横径、纵径、侧径。种仁 80℃烘干至恒重，计算出仁率。

表 2-1　14 个地区的采样数量、地理坐标及生态因子

| 地区 | 种质数量 | 经度 E (°) | 纬度 N (°) | 海拔 (m) | 年均气温 (℃) | 1 月均温 (℃) | 7 月均温 (℃) | 年降水量 (mm) | 光照时数 (h) | 无霜期 (d) |
|---|---|---|---|---|---|---|---|---|---|---|
| 黑龙江牡丹江 | 2 | 129.03 | 44.87 | 330 | 4.3 | -17 | 22 | 540 | 2305 | 126 |
| 黑龙江宁安 | 1 | 129.43 | 42.34 | 245 | 4.5 | -16.8 | 22 | 550 | 2300 | 125 |
| 辽宁阜新 | 1 | 122.05 | 42.17 | 630 | 7.6 | -12.3 | 24 | 481 | 2735 | 154 |
| 内蒙古阿鲁科尔沁旗 | 21 | 120.02 | 43.80 | 550 | 5.5 | -13.3 | 24.7 | 365 | 2943.5 | 125 |
| 内蒙古翁牛特旗 | 56 | 119.10 | 42.37 | 700 | 5.8 | -12.5 | 22.5 | 370 | 2925 | 115 |
| 河北承德 | 20 | 117.52 | 40.58 | 510 | 5.6 | -9.4 | 24.4 | 536 | 2845 | 127 |
| 山西浑源 | 1 | 113.82 | 39.77 | 1850 | 6.3 | -12 | 21.6 | 429.4 | 2696.3 | 140 |
| 山西方山 | 1 | 111.38 | 38.04 | 1620 | 8.7 | -8.2 | 22 | 520.1 | 2551.4 | 123 |
| 山西永和 | 1 | 110.73 | 36.60 | 1155 | 9.5 | -10 | 23 | 500 | 2541.7 | 183 |
| 河南陕县 | 28 | 111.62 | 34.63 | 1025.5 | 13.9 | -0.7 | 27 | 650 | 2354.3 | 219 |
| 陕西志丹 | 3 | 108.63 | 34.25 | 1301.2 | 9.8 | -4.3 | 23.1 | 610.7 | 2249.1 | 183 |
| 甘肃庆阳 | 4 | 108.17 | 35.48 | 1204.9 | 10.3 | -17 | 23.2 | 458.4 | 2571.2 | 165 |
| 新疆乌鲁木齐 | 1 | 87.97 | 43.76 | 622.5 | 6.9 | -12.6 | 23.7 | 286.3 | 2813.5 | 181 |
| 新疆生产建设兵团 | 3 | 86.53 | 47.04 | 2550 | 3.7 | -18 | 25 | 138.6 | 2867.5 | 120 |

不同群体种子表型性状变异结果见表 2-2。不同群体种子的平均百粒重为 90.56g，变化范围为 71.14~121.55g。其中山西永和种子的百粒重最大（121.55g）；内蒙古阿鲁科尔沁旗种子的百粒重最小（71.14g）。群体种子之间的百粒重存在极显著差异，其中山西永

和种子的百粒重显著高于9个地区的种子。14个群体的种子平均出仁率为53.84%，变化范围34.88%~64.74%。其中陕西志丹种子的出仁率最高（64.74%）。不同地区种子的出仁率之间存在极显著差异，陕西志丹和黑龙江宁安的种子出仁率显著高于7个地区的种子，比出仁率最低的地区（山西方山）高85.61%，且这两个地区种子的出仁率之间的差异不显著。种子横径、纵径、侧径在不同地区之间也存在一定变异，变异系数分别为4.96%、6.43%、6.93%，这3个性状在各群体的平均值分别为1.21cm、1.41cm、1.01cm。从表2-2可知，山西永和种子的横径显著高于黑龙江牡丹江、辽宁阜新以及内蒙古阿鲁科尔沁旗三个地区的种子，且比横径最小的地区（内蒙古阿鲁科尔沁旗）高出33.02%。山西永和地区种子的纵径显著高于10个群体的种子，比最小值（黑龙江牡丹江）高出39.20%；种子纵径最小的两个地区（黑龙江牡丹江与内蒙古阿鲁科尔沁旗）种子纵径之间没有显著差异。同样，山西永和地区种子的侧径显著高于9个地区，比最小值（山西浑源）高出40.91%，且这9个地区的种子侧径间没有显著差异。

**表2-2 不同群体种子表型性状变异**

| 群体 | 百粒重（g） | 横径（cm） | 纵径（cm） | 侧径（cm） | 出仁率（%） |
|---|---|---|---|---|---|
| 黑龙江牡丹江 | 77.78ab | 1.06a | 1.25a | 0.95a | 48.64b |
| 黑龙江宁安 | 95.05abcd | 1.31bc | 1.45ab | 0.91a | 63.83d |
| 辽宁阜新 | 84.37ab | 1.11ab | 1.39ab | 1.01a | 49.54b |
| 内蒙古阿鲁科尔沁旗 | 71.14a | 1.14ab | 1.26a | 0.92a | 50.62b |
| 内蒙古翁牛特旗 | 90.41abc | 1.29abc | 1.40ab | 1.06ab | 54.81bcd |
| 河北承德 | 84.16ab | 1.16abc | 1.30ab | 0.93a | 49.57b |
| 山西浑源 | 88.01abc | 1.18abc | 1.44ab | 0.88a | 62.68cd |
| 山西方山 | 76.38ab | 1.27abc | 1.31ab | 1.04ab | 34.88a |
| 山西永和 | 121.55d | 1.41c | 1.74c | 1.24b | 60.68bcd |
| 河南陕县 | 95.38abcd | 1.20abc | 1.36ab | 0.99a | 53.84bcd |
| 陕西志丹 | 85.95ab | 1.23abc | 1.43ab | 1.08ab | 64.74d |
| 甘肃庆阳 | 114.55cd | 1.26abc | 1.48ab | 1.10ab | 48.98b |
| 新疆乌鲁木齐 | 100.89bcd | 1.25abc | 1.54bc | 0.96a | 51.34bc |
| 新疆生产建设兵团 | 92.18abc | 1.20abc | 1.52b | 0.98a | 58.32bcd |
| 平均值 | 90.56** | 1.21** | 1.40** | 1.01** | 53.84** |
| 标准差 | 11.84 | 0.06 | 0.09 | 0.07 | 4.77 |
| 最大值 | 121.55 | 1.41 | 1.74 | 1.24 | 64.74 |
| 最小值 | 71.14 | 1.06 | 1.25 | 0.88 | 34.88 |
| 变异系数（%） | 13.07 | 4.96 | 6.43 | 6.93 | 8.86 |

注：** 表示差异极显著。不同字母表示同一指标在不同地区种子之间有显著差异，$p<0.05$。

#### 2.1.1.2 群体间种子油脂性状变异分析

采用索氏提取的方法测定种仁含油率。根据我国标准GB 5009.168—2016《食品安全

国家标准 食品中脂肪酸的测定》中的酯交换法进行脂肪酸甲酯化。采用气相色谱分析方法测定样品的脂肪酸成分及含量。检测器为 FID 氢火焰离子化检测器。参照 GB 5009. 168—2016《食品安全国家标准 食品中脂肪酸的测定》中的参数，柱温采取程序升温。所得脂肪酸与 37 种脂肪酸甲酯混合标准品（纯度为 97. 8%～99. 9%，Supelco 公司）进行对比。以色谱图中峰值保留的时间作为脂肪酸的定性分析，以色谱图中峰值面积作为脂肪酸的定量分析。

14 个群体种仁油脂性状变异结果见表 2-3。从表中可以看出，14 个群体的平均含油率为 53. 83%，变化范围是 43. 53%～62. 15%。不同群体种仁含油率之间的差异极显著，其中内蒙古阿鲁科尔沁旗种仁的含油率最高（62. 15%），显著高于 8 个地区的种仁含油率，且比最低含油率（山西方山 43. 53%）高 42. 78%。群体的种仁均含有 17 种脂肪酸，分别为：棕榈酸 C16：0、十七酸 C17：0、硬脂酸 C18：0、油酸 C18：1、亚油酸 C18：2、γ-亚麻酸 C18：3、亚麻酸 C18：3、花生酸 C20：0、顺-11-二十碳烯酸 C20：1、11，14-二十碳烯酸 C20：2、二十二酸 C22：0、13-二十二碳烯酸 C22：1、13，16-二十二碳二烯酸 C22：2、二十四酸 C24：0、二十碳五烯酸 C20：5、二十四碳烯酸 C24：1、二十二碳六烯酸 C22：6。内蒙古翁牛特旗、河北承德、河南陕县 3 个地区的种子还含有棕榈烯酸 C16：1。14 个群体的种仁中含量最高的饱和脂肪酸为棕榈酸，平均含量为 4. 99%，变化范围是 4. 32%～6. 54%。它们之间存在极显著差异，其中山西方山的种仁含量最高，为 6. 54%，显著高于 13 个地区。油酸是 14 个群体种仁中含量最高的单元不饱和脂肪酸，变异系数为 4. 15%，变化范围是 23. 12%～31. 54%，平均含量为 28. 40%。不同群体种仁的油酸含量差异极显著，其中山西永和种仁的含量最高（31. 54%）。14 个群体中含量最高的脂肪酸为亚油酸，它是一种多元不饱和脂肪酸，变异系数为 2. 02%，变化范围是 39. 45%～47. 02%，平均含量为 42. 16%。不同群体种子的亚油酸含量差异极显著，其中黑龙江宁安种子的含量最高，为 47. 02%；显著高于除了山西方山之外的 12 个地区，并且比最低含量（山西永和 39. 45%）高 19. 19%。

14 个群体的种子在饱和脂肪酸、单元不饱和脂肪酸以及多元不饱和脂肪酸含量方面均存在极显著的差异（表 2-3）。14 个群体种子的饱和脂肪酸的变异系数为 4. 41%，变化范围是 7. 26%～9. 35%，平均含量为 8. 16%；其中山西方山种子的含量最高（9. 35%），显著高于其余 13 个地区。14 个群体种子的单元不饱和脂肪酸的变异系数为 2. 19%，变化范围是 39. 30%～47. 96%，平均含量为 44. 71%；其中山西永和种子的含量最高（47. 96%）。显著高于 7 个地区，且比最低含量（山西方山 39. 30%）高 22. 04%，同时山西永和与黑龙江宁安的种子之间差异不显著。14 个群体种子的多元不饱和脂肪酸的变异系数为 2. 36%，变化范围为 43. 44%～52. 89%，平均含量为 46. 95%。其中黑龙江宁安种子的含量最高（52. 89%）；显著高于除山西方山以外的 12 个地区，且比最低含量（山西永和 43. 44%）高 21. 75。

#### 2. 1. 1. 3 群体间种子生物柴油性状变异分析

将文冠果油的生物柴油指标分别与美国标准（ASTM D6751—10）、欧盟标准（EN 14214—08）

**表 2-3　不同群体种仁油脂性状变异**

%

| 群体 | 含油率 | 饱和脂肪酸 | 单元不饱和脂肪酸 | 多元不饱和脂肪酸 | 棕榈酸 C16 : 0 | 棕榈烯酸 C16 : 1 | 十七酸 C17 : 0 | 硬脂酸 C18 : 0 | 油酸 C18 : 1 | 亚油酸 C18 : 2 | γ-亚麻酸 C18 : 3 |
|---|---|---|---|---|---|---|---|---|---|---|---|
| 黑龙江牡丹江 | 57. 67de | 7. 38a | 44. 28bc | 48. 12bc | 4. 32a | 0 | 0a | 1. 93bcd | 27. 08cd | 42. 77bc | 0. 08 |
| 黑龙江宁安 | 45. 45ab | 7. 26a | 39. 63a | 52. 89d | 4. 71ab | 0 | 0. 03ab | 1. 54a | 23. 12a | 47. 02e | 0. 11 |
| 辽宁阜新 | 48. 31abc | 7. 87abc | 46. 09cd | 45. 90ab | 4. 67ab | 0 | 0. 06b | 1. 89bcd | 29. 01cde | 40. 46ab | 0. 05 |
| 内蒙古阿鲁科尔沁旗 | 60. 55e | 8. 56c | 45. 91bcd | 45. 34ab | 5. 22c | 0 | 0. 02ab | 2. 13cd | 29. 91de | 40. 98abc | 0. 02 |
| 内蒙古翁牛特旗 | 53. 81cde | 8. 31bc | 43. 76bc | 47. 77b | 4. 90bc | 0. 01 | 0. 04ab | 2. 12cd | 27. 34cd | 42. 67bc | 0. 04 |
| 河北承德 | 55. 30cde | 8. 44bc | 44. 12bc | 47. 28b | 4. 87bc | 0. 03 | 0. 03ab | 2. 13d | 27. 36cd | 41. 99abc | 0. 02 |
| 山西浑源 | 51. 77bcd | 7. 82abc | 43. 54bc | 48. 43bc | 4. 89bc | 0 | 0. 06b | 1. 88bcd | 28. 05cd | 44. 09cd | 0. 06 |
| 山西方山 | 43. 53a | 9. 35d | 39. 30a | 51. 10cd | 6. 54d | 0 | 0a | 1. 70ab | 23. 79ab | 46. 06de | 0. 06 |
| 山西永和 | 53. 84cde | 8. 46bc | 47. 96d | 43. 44a | 5. 26c | 0 | 0. 05b | 2. 06bcd | 31. 54e | 39. 45a | 0. 05 |
| 河南陕县 | 52. 25bcd | 8. 18bc | 45. 72bcd | 45. 87ab | 4. 97bc | 0. 01 | 0. 02ab | 1. 99bcd | 29. 50de | 41. 15abc | 0. 03 |
| 陕西志丹 | 56. 92de | 8. 20bc | 45. 85bcd | 45. 77ab | 4. 91bc | 0 | 0. 02ab | 2. 12cd | 29. 51de | 41. 40abc | 0. 06 |
| 甘肃庆阳 | 50. 96abcd | 7. 87abc | 45. 17bcd | 46. 78b | 4. 98bc | 0 | 0. 03ab | 1. 81abcd | 29. 08cde | 42. 23abc | 0. 06 |
| 新疆乌鲁木齐 | 50. 88abcd | 8. 27bc | 42. 84b | 48. 68ab | 5. 04bc | 0 | 0a | 2. 00bcd | 26. 06bc | 43. 38bcd | 0. 06 |
| 新疆生产建设兵团 | 51. 19abcd | 7. 76ab | 45. 33bcd | 46. 81b | 4. 97bc | 0 | 0. 05b | 1. 74abc | 29. 41de | 42. 31abc | 0. 06 |
| 平均值 | 53. 83 ** | 8. 16 ** | 44. 71 ** | 46. 95 ** | 4. 99 ** | 0. 01 | 0. 03 ** | 1. 98 ** | 28. 40 ** | 42. 16 ** | 0. 05 |
| 标准差 | 3. 85 | 0. 36 | 0. 98 | 1. 11 | 0. 28 | 0. 01 | 0. 01 | 0. 15 | 1. 18 | 0. 85 | 0. 02 |
| 最大值 | 60. 55 | 9. 35 | 47. 96 | 52. 89 | 6. 54 | 0. 03 | 0. 06 | 2. 13 | 31. 54 | 47. 02 | 0. 11 |
| 最小值 | 43. 53 | 7. 26 | 39. 30 | 43. 44 | 4. 32 | 0 | 0 | 1. 54 | 23. 12 | 39. 45 | 0. 02 |
| 变异系数（%） | 7. 15 | 4. 41 | 2. 19 | 2. 36 | 5. 61 | 1. 00 | 3. 33 | 7. 58 | 4. 15 | 2. 02 | 40. 00 |

（续）

| 群体 | 亚麻酸 C18 : 3 | 花生酸 C20 : 0 | 顺-11-二十碳烯酸 C20 : 1 | 11, 14-二十碳烯酸 C20 : 2 | 二十二酸 C22 : 0 | 13-二十二碳烯酸 C22 : 1 | 13, 16-二十二碳二烯酸 C22 : 2 | 二十四酸 C24 : 0 | 二十碳五烯酸 C20 : 5 | 二十四碳烯酸 C24 : 1 | 二十二碳六烯酸 C22 : 6 |
|---|---|---|---|---|---|---|---|---|---|---|---|
| 黑龙江牡丹江 | 0.38b | 0.21 | 7.10de | 0.62bc | 0.56abc | 9.93d | 0.12 | 0.35a | 3.88cde | 0.17 | 0.28 |
| 黑龙江宁安 | 0.51c | 0.19 | 6.72abc | 0.83d | 0.45a | 9.64bcd | 0.14 | 0.35ab | 4.05e | 0.14 | 0.23 |
| 辽宁阜新 | 0.33a | 0.22 | 7.03d | 0.55abc | 0.63bc | 9.81cd | 0.12 | 0.41ab | 4.06e | 0.24 | 0.34 |
| 内蒙古阿鲁科尔沁旗 | 0.33ab | 0.25 | 7.05d | 0.66cd | 0.56abc | 8.81ab | 0.09 | 0.38a | 3.06abc | 0.15 | 0.2 |
| 内蒙古翁牛特旗 | 0.40b | 0.25 | 6.84bcd | 0.55abc | 0.60bc | 9.38abcd | 0.13 | 0.40ab | 3.67bcde | 0.19 | 0.3 |
| 河北承德 | 0.35ab | 0.25 | 6.96cd | 0.66cd | 0.64c | 9.61bcd | 0.11 | 0.52b | 3.93de | 0.16 | 0.21 |
| 山西浑源 | 0.42b | 0.21 | 6.66ab | 0.51abc | 0.50ab | 8.64a | 0.11 | 0.29a | 2.91ab | 0.19 | 0.32 |
| 山西方山 | 0.71d | 0.25 | 6.52a | 0.61bc | 0.53abc | 8.84ab | 0.14 | 0.34a | 3.23abcde | 0.16 | 0.3 |
| 山西永和 | 0.35ab | 0.25 | 7.33e | 0.40a | 0.55abc | 8.87ab | 0.11 | 0.29a | 2.79a | 0.22 | 0.3 |
| 河南陕县 | 0.38ab | 0.23 | 6.91bcd | 0.54abc | 0.59bc | 9.15abcd | 0.09 | 0.37a | 3.49abcde | 0.15 | 0.19 |
| 陕西志丹 | 0.37b | 0.25 | 7.09de | 0.48ab | 0.57abc | 9.06abcd | 0.11 | 0.34a | 3.08abc | 0.2 | 0.29 |
| 甘肃庆阳 | 0.38ab | 0.22 | 6.95bcd | 0.50abc | 0.51ab | 8.92abc | 0.11 | 0.32a | 3.16abcd | 0.22 | 0.35 |
| 新疆乌鲁木齐 | 0.43b | 0.24 | 6.92bcd | 0.59bc | 0.58bc | 9.68bcd | 0.11 | 0.40ab | 3.82cde | 0.17 | 0.29 |
| 新疆生产建设兵团 | 0.37b | 0.21 | 6.92bcd | 0.49abc | 0.49ab | 8.77ab | 0.11 | 0.30a | 3.15abcd | 0.22 | 0.33 |
| 平均值 | 0.39** | 0.24 | 6.95** | 0.56** | 0.56** | 9.17** | 0.11 | 0.37** | 3.41** | 0.18 | 0.27 |
| 标准差 | 0.04 | 0.02 | 0.09 | 0.07 | 0.04 | 0.36 | 0.01 | 0.06 | 0.38 | 0.03 | 0.06 |
| 最大值 | 0.71 | 0.25 | 7.33 | 0.83 | 0.64 | 9.93 | 0.14 | 0.52 | 4.06 | 0.24 | 0.35 |
| 最小值 | 0.33 | 0.19 | 6.52 | 0.4 | 0.45 | 8.64 | 0.09 | 0.29 | 2.79 | 0.14 | 0.19 |
| 变异系数（%） | 10.26 | 8.33 | 1.3 | 12.5 | 7.14 | 3.93 | 9.09 | 16.22 | 11.14 | 16.67 | 22.22 |

注：** 表示差异极显著。不同小写字母表示同一指标在不同群体种子之间差异显著，$p<0.05$。

以及我国标准（GB/T 20828—2015）进行对比，分析文冠果油作为生产生物柴油的原料的适合性。14 个群体种子生物柴油性状变异结果见表 2-4。脂肪酸不饱和度、碘值和十六烷值都是衡量生物柴油质量的重要指标。高的脂肪酸不饱和度会导致脂肪酸的凝固温度升高（Mukta *et al.*，2009）。14 个群体种仁油脂肪酸不饱和度的变异系数为 1.51%，平均值为 150.34。不同群体种子之间的脂肪酸不饱和度差异极显著，其中黑龙江宁安种仁油的脂肪酸不饱和度最高（159.10）；山西永和种仁油的脂肪酸不饱和度最低（144.80）。根据美国的标准 ASTMD 6751—10（BS，2002），脂肪酸不饱和度的最高值为 166.22，可以看出 14 个群体种仁油的脂肪酸不饱和度均符合美国标准。而欧盟标准 EN 14214—08（BS，2003）和我国标准 GB/T 20828—2014（BD 100，2014）中规定，脂肪酸不饱和度的最高值分别为 142.10、133.13，可以看出 14 个群体种仁油的脂肪酸不饱和度均略高于这两个标准。高的十六烷值能够加速柴油的点燃，说明这种柴油具有良好的着火性（Knothe，2008）。14 个群体种仁油的十六烷值变异系数为 0.80%，平均值为 48.47；它们之间的差异极显著，其中山西永和种仁油的十六烷值最高（49.67）；显著高于除内蒙古阿鲁科尔沁

表 2-4　不同群体种子生物柴油性状变异

| 群体 | 脂肪酸不饱和度 | 饱和碳链长度因子 | 皂化值 | 碘值 | 十六烷值 |
|---|---|---|---|---|---|
| 黑龙江宁安 | 159.10e | 10.20a | 179.48ab | 132.96d | 46.79a |
| 辽宁阜新 | 151.78bcd | 11.70c | 178.97ab | 126.39bc | 48.36bc |
| 内蒙古阿鲁科尔沁旗 | 146.91ab | 11.48c | 179.85ab | 122.65ab | 49.05cd |
| 内蒙古翁牛特旗 | 151.96bcd | 11.34bc | 179.55ab | 126.76bc | 48.18bc |
| 河北承德 | 151.68bcd | 11.66c | 179.23ab | 126.53bc | 48.29bc |
| 山西浑源 | 150.93bcd | 10.44ab | 180.38b | 126.32bc | 48.14bc |
| 山西方山 | 153.16cd | 11.00abc | 180.28b | 127.57c | 47.87b |
| 山西永和 | 144.80a | 11.58c | 179.25ab | 120.35a | 49.67d |
| 河南陕县 | 149.10abcd | 11.52c | 179.73ab | 124.46abc | 48.67bc |
| 陕西志丹 | 148.22abc | 11.26bc | 179.48ab | 123.54abc | 48.91bcd |
| 甘肃庆阳 | 150.01bcd | 10.91abc | 179.74ab | 125.18bc | 48.50bc |
| 新疆乌鲁木齐 | 153.28cd | 11.29bc | 179.27ab | 127.78c | 47.99bc |
| 新疆生产建设兵团 | 150.17bcd | 10.83abc | 180.02ab | 125.40bc | 48.40bc |
| 平均值 | 150.34** | 11.23** | 179.60* | 125.42** | 48.47** |
| 标准差 | 2.27 | 0.28 | 0.31 | 1.87 | 0.39 |
| 最大值 | 159.10 | 11.70 | 180.38 | 132.96 | 49.67 |
| 最小值 | 144.80 | 10.20 | 178.82 | 120.35 | 46.79 |
| 变异系数（%） | 1.51 | 2.49 | 0.17 | 1.49 | 0.80 |
| ASTM D6751—10 | 166.22 max | — | — | — | 45-65 |
| EN 14214—08 | 142.10 max | — | — | 120 max | 51min |
| GB/T 20828—2014 | 133.13 max | — | — | — | 49min |

注：* 表示差异显著；** 表示差异极显著。不同字母表示同一指标在不同群体种子之间差异显著，$p<0.05$。

旗与陕西志丹之外的11个地区种仁油的十六烷值，且比最低值（黑龙江宁安，46.79）高6.16%。根据美国标准ASTMD 6751—10（BS，2002），十六烷值的范围为45~65，可见14个群体种仁油的十六烷值均符合美国标准。我国的标准GB/T 20828—2014（BD 100，2014）中规定，十六烷值的最小值为49，可见在14个群体的种仁油中，只有山西永和与内蒙古阿鲁科尔沁旗这两个地区种仁油的十六烷值符合我国标准。而欧盟标准EN14214—08（BS，2003）中规定，十六烷值的最小值为51，可以看出14个群体种仁油的十六烷值均略低于欧盟标准。

碘值反映了柴油的不饱和度，它随着十六烷值的升高而降低。14个群体种仁油的碘值变异系数为1.49%，平均值为125.42；群体之间存在显著差异，其中黑龙江宁安种仁油的碘值最高（132.96），山西永和种仁油的碘值最低（120.35），显著低于其余13个地区种仁油的碘值，且比最高值低9.48%。在美国标准ASTMD 6751—10（BS，2002）和我国标准GB/T 20828—2014（BD 100，2014）中没有特别规定碘值的范围，而根据欧盟标准EN 14214—08（BS，2003），碘值的最大值为120，可见14个群体种仁油的碘值均略高于欧盟标准。

### 2.1.1.4 种子性状的相关性

14个群体种子性状之间的相关性分析见表2-5。从表中可以看出，在种子表型方面，百粒重与横径、纵径、侧径、出仁率、单元不饱和脂肪酸、油酸、二十四碳烯酸极显著正相关；与含油率、多元不饱和脂肪酸、亚油酸、γ-亚麻酸、亚麻酸、11,14-二十碳烯酸极显著负相关；同时与二十二碳六烯酸、饱和碳链长度因子、十六烷值显著正相关；与碘值显著负相关。横径与纵径、侧径之间存在极显著的正相关关系；与含油率、γ-亚麻酸、11,14-二十碳烯酸之间存在极显著的负相关关系；同时与出仁率之间存在显著的正相关关系。纵径与侧径之间极显著正相关；与含油率、11,14-二十碳烯酸极显著负相关；同时与油酸显著正相关；与γ-亚麻酸显著负相关。侧径与二十二碳六烯酸极显著正相关；与亚油酸、γ-亚麻酸、11,14-二十碳烯酸极显著负相关；同时与单元不饱和脂肪酸、油酸、二十四碳烯酸、饱和碳链长度因子显著正相关；与多元不饱和脂肪酸显著负相关。出仁率与皂化值之间存在极显著的正相关关系；与棕榈酸、11,14-二十碳烯酸、二十四酸之间存在极显著的负相关关系；同时与油酸之间存在显著的正相关关系；与饱和脂肪酸、13-二十二碳烯酸、二十碳五烯酸之间存在显著的负相关关系。

在种子油脂成分方面，含油率与单元不饱和脂肪酸、油酸、顺-11-二十碳烯酸、十六烷值极显著正相关；与多元不饱和脂肪酸、亚麻酸、二十四酸、二十碳五烯酸、脂肪酸不饱和度、碘值极显著负相关；同时与13-二十二碳烯酸显著负相关。饱和脂肪酸与单元不饱和脂肪酸、棕榈酸、硬脂酸、油酸、花生酸、顺-11-二十碳烯酸、二十二酸、13,16-二十二碳二烯酸、二十四酸、二十四碳烯酸、饱和碳链长度因子、十六烷值极显著正相关；与多元不饱和脂肪酸、亚油酸、γ-亚麻酸、脂肪酸不饱和度、皂化值、碘值极显著负相关；同时与亚麻酸显著负相关。

**表 2-5　14 个群体种子性状之间的相关性分析**

| 性状 | 横径 | 纵径 | 侧径 | 出仁率 | 含油率 | 饱和脂肪酸 | 单元不饱和脂肪酸 | 多元不饱和脂肪酸 | 棕榈酸 C16：0 | 棕榈烯酸 C16：1 |
|---|---|---|---|---|---|---|---|---|---|---|
| 百粒重 | 0.59** | 0.54** | 0.54** | 0.15** | −0.22** | −0.02 | 0.25** | −0.23** | −0.08 | −0.08 |
| 横径 | | 0.56** | 0.63** | 0.13* | −0.19** | 0.08 | 0.07 | −0.08 | 0.09 | −0.05 |
| 纵径 | | | 0.45** | 0.12 | −0.25** | −0.06 | 0.10 | −0.08 | −0.03 | −0.05 |
| 侧径 | | | | 0.02 | −0.09 | 0.11 | 0.12* | −0.14* | 0.04 | −0.10 |
| 出仁率 | | | | | 0.01 | −0.14* | 0.10 | −0.05 | −0.18** | 0.01 |
| 含油率 | | | | | | 0.04 | 0.20** | −0.18** | 0.05 | 0.10 |
| 饱和脂肪酸 | | | | | | | 0.25** | −0.48** | 0.65** | 0.03 |
| 单元不饱和脂肪酸 | | | | | | | | −0.97** | 0.06 | −0.15** |
| 多元不饱和脂肪酸 | | | | | | | | | −0.23** | 0.14* |
| 棕榈酸 C16：0 | | | | | | | | | | −0.09 |

| 性状 | 十七酸 C17：0 | 硬脂酸 C18：0 | 油酸 C18：1 | 亚油酸 C18：2 | γ-亚麻酸 C18：3 | 亚麻酸 C18：3 | 花生酸 C20：0 | 顺-11-二十碳烯酸 C20：1 | 11,14-二十碳烯酸 C20：2 | 二十二酸 C22：0 | 13-二十二碳烯酸 C22：1 |
|---|---|---|---|---|---|---|---|---|---|---|---|
| 百粒重 | 0.07 | 0 | 0.25** | −0.24** | −0.18** | −0.16** | 0.10 | −0.01 | −0.21** | 0.04 | −0.04 |
| 横径 | 0.10 | 0.01 | 0.10 | −0.08 | −0.15** | 0.01 | 0.08 | −0.07 | −0.16** | 0.02 | −0.12* |
| 纵径 | 0.04 | −0.06 | 0.12* | −0.08 | −0.15* | −0.02 | −0.03 | −0.06 | −0.16** | −0.06 | −0.07 |
| 侧径 | 0.03 | 0.09 | 0.12* | −0.17** | −0.17** | −0.01 | 0.07 | −0.02 | −0.17** | 0.09 | −0.03 |
| 出仁率 | 0.03 | 0.01 | 0.14* | −0.01 | 0.02 | −0.01 | −0.03 | −0.06 | −0.21** | −0.10 | −0.14* |
| 含油率 | −0.04 | 0.09 | 0.21** | −0.10 | −0.06 | −0.20** | 0.06 | 0.33** | −0.05 | −0.01 | −0.14* |
| 饱和脂肪酸 | −0.02 | 0.77** | 0.19** | −0.51** | −0.22** | −0.15* | 0.66** | 0.22** | −0.09 | 0.65** | 0.05 |
| 单元不饱和脂肪酸 | −0.07 | 0.35** | 0.94** | −0.90** | −0.33** | −0.63** | 0.30** | 0.60** | −0.64** | 0.13* | −0.19** |
| 多元不饱和脂肪酸 | 0.08 | −0.5** | −0.89** | 0.96** | 0.36** | 0.62** | −0.43** | −0.61** | 0.60** | −0.28** | 0.12* |

（续）

| 性状 | 十七酸 C17：0 | 硬脂酸 C18：0 | 油酸 C18：1 | 亚油酸 C18：2 | γ-亚麻酸 C18：3 | 亚麻酸 C18：3 | 花生酸 C20：0 | 顺-11-二十碳烯酸 C20：1 | 11,14-二十碳烯酸 C20：2 | 二十二酸 C22：0 | 13-二十二碳烯酸 C22：1 |
|---|---|---|---|---|---|---|---|---|---|---|---|
| 棕榈酸 C16：0 | −0.26$^{**}$ | 0.08 | 0.06 | −0.21$^{**}$ | −0.04 | 0.08 | 0.16$^{**}$ | 0.20$^{**}$ | 0.04 | −0.01 | −0.11 |
| 棕榈烯酸 C16：1 | 0.02 | 0.12$^{*}$ | −0.19$^{**}$ | 0.12$^{*}$ | 0.21$^{**}$ | −0.03 | 0.04 | 0.02 | 0.07 | 0.11 | 0.11 |
| 十七酸 C17：0 | | 0.10 | −0.04 | 0.07 | 0.08 | −0.03 | 0.12$^{*}$ | −0.20$^{**}$ | 0.05 | 0.17$^{**}$ | 0 |
| 硬脂酸 C18：0 | | | 0.33$^{**}$ | −0.48$^{**}$ | −0.28$^{**}$ | −0.28$^{**}$ | 0.78$^{**}$ | 0.15$^{**}$ | −0.23$^{**}$ | 0.76$^{**}$ | −0.06 |
| 油酸 C18：1 | | | | −0.74$^{**}$ | −0.31$^{**}$ | −0.54$^{**}$ | 0.32$^{**}$ | 0.41$^{**}$ | −0.66$^{**}$ | 0.01 | −0.50$^{**}$ |
| 亚油酸 C18：2 | | | | | 0.34$^{**}$ | 0.59$^{**}$ | −0.40$^{**}$ | −0.60$^{**}$ | 0.49$^{**}$ | −0.38$^{**}$ | −0.14$^{*}$ |
| γ-亚麻酸 C18：3 | | | | | | 0.21$^{**}$ | −0.27$^{**}$ | −0.16$^{**}$ | 0.15$^{**}$ | −0.28$^{**}$ | 0.05 |
| 亚麻酸 C18：3 | | | | | | | −0.21$^{**}$ | −0.51$^{**}$ | 0.35$^{**}$ | −0.16$^{**}$ | −0.02 |
| 花生酸 C20：0 | | | | | | | | 0.09 | −0.15$^{**}$ | 0.59$^{**}$ | −0.18$^{**}$ |
| 顺-11-二十碳烯酸 C20：1 | | | | | | | | | −0.28$^{**}$ | 0.08 | 0.23$^{**}$ |
| 11,14-二十碳烯酸 C20：2 | | | | | | | | | | 0.04 | 0.27$^{**}$ |
| 二十二酸 C22：0 | | | | | | | | | | | 0.32$^{**}$ |

| 性状 | 13,16-二十二碳二烯酸 C22：2 | 二十四酸 C24：0 | 二十碳五烯酸 C20：5 | 二十四碳烯酸 C24：1 | 二十二碳六烯酸 C22：6 | 脂肪酸不饱和度 | 饱和碳链长度因子 | 皂化值 | 碘值 | 十六烷值 |
|---|---|---|---|---|---|---|---|---|---|---|
| 百粒重 | 0.04 | 0.04 | 0.03 | 0.16$^{**}$ | 0.13$^{*}$ | −0.11 | 0.14$^{*}$ | −0.07 | −0.12$^{*}$ | 0.13$^{*}$ |
| 横径 | 0.07 | 0.02 | −0.03 | 0.07 | 0.08 | −0.07 | 0.04 | 0.02 | −0.07 | 0.06 |
| 纵径 | 0.06 | 0.03 | −0.01 | 0.04 | 0.05 | −0.02 | 0.03 | 0.02 | −0.02 | 0.02 |

（续）

| 性状 | 13,16-二十二碳二烯酸 C22：2 | 二十四酸 C24：0 | 二十碳五烯酸 C20：5 | 二十四碳烯酸 C24：1 | 二十二碳六烯酸 C22：6 | 脂肪酸不饱和度 | 饱和碳链长度因子 | 皂化值 | 碘值 | 十六烷值 |
|---|---|---|---|---|---|---|---|---|---|---|
| 侧径 | 0.11 | 0.11 | 0.04 | 0.14* | 0.16** | −0.07 | 0.15* | −0.09 | −0.09 | 0.11 |
| 出仁率 | −0.09 | −0.16** | −0.12* | 0 | −0.04 | −0.05 | −0.09 | 0.17** | −0.03 | −0.01 |
| 含油率 | −0.07 | −0.18** | −0.30** | −0.04 | −0.05 | −0.27** | −0.03 | 0.05 | −0.27** | 0.25** |
| 饱和脂肪酸 | 0.16** | 0.55** | −0.05 | 0.16** | 0.09 | −0.51** | 0.68** | −0.34** | −0.56** | 0.61** |
| 单元不饱和脂肪酸 | 0.09 | −0.07 | −0.34** | 0.21** | 0.05 | −0.83** | 0.53** | −0.2** | −0.85** | 0.86** |
| 多元不饱和脂肪酸 | −0.13* | −0.11 | 0.29** | −0.25** | −0.06 | 0.87** | −0.67** | 0.31** | 0.91** | −0.94** |
| 棕榈酸 C16：0 | 0.14* | 0.16** | −0.17** | 0.05 | 0 | −0.36** | 0.30** | −0.16** | −0.39** | 0.42** |
| 棕榈烯酸 C16：1 | 0.01 | 0.05 | 0.04 | 0.09 | 0.21** | 0.15** | −0.05 | −0.03 | 0.14* | −0.13* |
| 十七酸 C17：0 | −0.12* | 0.08 | 0.06 | −0.10 | −0.08 | 0.09 | −0.05 | 0.08 | 0.11 | −0.12* |
| 硬脂酸 C18：0 | 0.09 | 0.42** | −0.16** | 0.12* | 0.10 | −0.52** | 0.54** | −0.15** | −0.53** | 0.55** |
| 油酸 C18：1 | 0.04 | −0.28** | −0.59** | 0.11 | 0.01 | −0.88** | 0.29** | 0.11 | −0.87** | 0.81** |
| 亚油酸 C18：2 | −0.24** | −0.32** | 0.01 | −0.37** | −0.16** | 0.71** | −0.82** | 0.53** | 0.78** | −0.87** |
| γ-亚麻酸 C18：3 | −0.09 | −0.05 | 0.09 | −0.02 | 0.02 | 0.34** | −0.28** | 0.06 | 0.35** | −0.35** |
| 亚麻酸 C18：3 | −0.13* | −0.05 | 0.16** | −0.25** | −0.14* | 0.48** | −0.36** | 0.29** | 0.50** | −0.55** |
| 花生酸 C20：0 | 0.09 | 0.29** | −0.21** | 0.09 | 0.09 | −0.49** | 0.40** | −0.06 | −0.50** | 0.50** |
| 顺-11-二十碳烯酸 C20：1 | 0.01 | 0.03 | −0.10 | 0.07 | −0.07 | −0.49** | 0.47** | −0.48** | −0.55** | 0.64** |
| 11,14-二十碳烯酸 C20：2 | 0 | 0.15* | 0.36** | −0.17** | −0.08 | 0.54** | −0.23** | −0.01 | 0.54** | −0.51** |
| 二十二酸 C22：0 | 0.10 | 0.60** | 0.24** | 0.21** | 0.16** | −0.18** | 0.59** | −0.36** | −0.22** | 0.29** |
| 13-二十二碳烯酸 22：1 | 0.05 | 0.65** | 0.90** | 0.13* | 0 | 0.47** | 0.53** | −0.76** | 0.39** | −0.20** |
| 13,16-二十二碳二烯酸 |  | 0.2** | 0.10 | 0.69** | 0.71** | 0.04 | 0.13* | −0.39** | −0.05 | 0.13* |

（续）

| 性状 | 13,16-二十二碳二烯酸 C22：2 | 二十四酸 C24：0 | 二十碳五烯酸 C20：5 | 二十四碳烯酸 C24：1 | 二十二碳六烯酸 C22：6 | 脂肪酸不饱和度 | 饱和碳链长度因子 | 皂化值 | 碘值 | 十六烷值 |
|---|---|---|---|---|---|---|---|---|---|---|
| 二十四酸 C24：0 | | | 0.65$^{**}$ | 0.27$^{**}$ | 0.13$^{*}$ | 0.12$^{*}$ | 0.66$^{**}$ | −0.69$^{**}$ | 0.05 | 0.11 |
| 二十碳五烯酸 C20：5 | | | | 0.12$^{*}$ | 0.03 | 0.64$^{**}$ | 0.40$^{**}$ | −0.62$^{**}$ | 0.57$^{**}$ | −0.41$^{**}$ |
| 二十四碳烯酸 C24：1 | | | | | 0.87$^{**}$ | −0.01 | 0.21$^{**}$ | −0.51$^{**}$ | −0.10 | 0.21$^{**}$ |
| 二十二碳六烯酸 | | | | | | 0.11 | 0 | −0.33$^{**}$ | 0.03 | 0.04 |
| 脂肪酸不饱和度 | | | | | | | −0.38$^{**}$ | −0.06 | 0.99$^{**}$ | −0.94$^{**}$ |
| 饱和碳链长度因子 | | | | | | | | −0.71$^{**}$ | −0.46$^{**}$ | 0.61$^{**}$ |
| 皂化值 | | | | | | | | | 0.06 | −0.28$^{**}$ |
| 碘值 | | | | | | | | | | −0.97$^{**}$ |

注：$^{*}$ 表示差异显著相关（$p<0.05$）；$^{**}$ 表示差异极显著相关（$p<0.01$）。

在生物柴油性状方面，脂肪酸不饱和度与碘值极显著正相关；与饱和碳链长度因子、十六烷值之间极显著负相关。饱和碳链长度因子与十六烷值极显著正相关；与皂化值、碘值极显著负相关。皂化值与十六烷值极显著负相关。碘值与十六烷值极显著负相关。

综上，种子表型的6个性状之间相互影响很大，且受到含量较高的几个脂肪酸的影响较大；种子的18个脂肪酸含量之间有显著的影响；同时生物柴油性状受脂肪酸影响很大，而基本不受种子表型影响。

#### 2.1.1.5　种子性状与环境因素的相关性

14个群体种子性状与环境因素的相关性分析见表2-6。种子表型方面，百粒重与年均温之间极显著正相关；与纬度极显著负相关；同时与年降水量、无霜期显著正相关；与年光照时数显著负相关。横径与经度极显著正相关；与海拔极显著负相关。纵径与年降水量极显著负相关；同时与海拔显著正相关；与经度、1月均温、7月均温显著负相关。

在种子油脂成分方面，含油率与经度、纬度、年光照时数极显著正相关；与海拔、年均温、7月均温、年降水量、无霜期极显著负相关；同时与1月均温显著负相关。饱和脂肪酸与年光照时数极显著正相关，与年均温、7月均温、无霜期极显著负相关。单元不饱和脂肪酸与年光照时数显著正相关。

在种子生物柴油指标方面，脂肪酸不饱和度与7月均温、无霜期之间存在显著的负相关关系。饱和碳链长度与7月均温之间存在显著的正相关关系。皂化值、碘值、十六烷值均与纬度、年光照时数极显著正相关；与年均温、1月均温、7月均温、年降水量、无霜期极显著负相关。

综上所述，种子的表型性状主要受到经纬度和海拔的影响，其中出仁率不受环境因素的影响；种子的脂肪酸含量主要受到气温、年光照时数及无霜期的影响，其中多元不饱和脂肪酸不受环境因素的影响；而种子的含油率及其生物柴油指标则受到了基本所有环境因子的影响。

**表2-6　14个群体种子性状与环境因素的相关性分析**

| 性状 | 经度(E) | 纬度(N) | 海拔 | 年均温 | 1月均温 | 7月均温 | 年降水量 | 年光照时数 | 无霜期 |
|---|---|---|---|---|---|---|---|---|---|
| 百粒重 | -0.10 | -0.18** | 0.04 | 0.16** | 0.07 | 0.08 | 0.13* | -0.13* | 0.15* |
| 横径 | 0.18** | 0.11 | -0.19** | -0.11 | -0.04 | -0.09 | -0.05 | 0.12 | -0.12 |
| 纵径 | -0.13* | 0.11 | 0.13* | -0.11 | -0.13* | -0.14* | -0.18** | 0.09 | -0.08 |
| 侧径 | 0.01 | -0.05 | 0.04 | 0.04 | 0.01 | -0.04 | 0.02 | -0.03 | 0.01 |
| 出仁率 | -0.06 | -0.07 | 0.10 | 0.04 | 0.12 | 0.03 | 0.06 | -0.10 | 0.07 |
| 含油率 | 0.17** | 0.19** | -0.19** | -0.20** | -0.15* | -0.18** | -0.18** | 0.22** | -0.21** |
| 饱和脂肪酸 | 0.05 | 0.09 | -0.05 | -0.18** | -0.12 | -0.19** | -0.09 | 0.16** | -0.19** |
| 单元不饱和脂肪酸 | -0.01 | 0.03 | -0.01 | -0.09 | -0.08 | -0.07 | -0.06 | 0.13* | -0.11 |
| 多元不饱和脂肪酸 | 0.10 | 0.03 | -0.10 | -0.07 | -0.09 | -0.08 | -0.04 | 0.07 | -0.09 |

（续）

| 性状 | 经度(E) | 纬度(N) | 海拔 | 年均温 | 1月均温 | 7月均温 | 年降水量 | 年光照时数 | 无霜期 |
|---|---|---|---|---|---|---|---|---|---|
| 棕榈酸 C16：0 | −0.05 | −0.10 | 0.05 | 0.13* | 0.06 | 0.09 | 0.02 | −0.06 | 0.12 |
| 棕榈烯酸 C16：1 | −0.05 | −0.22** | 0.01 | 0.16** | 0.23** | 0.21** | 0.27** | −0.16** | 0.17** |
| 十七酸 C17：0 | −0.04 | 0.15* | 0.12* | −0.11 | −0.14* | −0.10 | −0.22** | 0.18** | −0.14* |
| 硬脂酸 C18：0 | 0.05 | 0.04 | −0.06 | −0.02 | −0.08 | −0.10 | −0.11 | 0.07 | −0.04 |
| 油酸 C18：1 | 0.05 | −0.01 | −0.02 | 0 | 0.01 | −0.05 | 0.03 | −0.05 | 0.01 |
| 亚油酸 C18：2 | −0.09 | −0.01 | 0.10 | −0.03 | 0.04 | −0.03 | 0 | 0.02 | −0.03 |
| γ-亚麻酸 C18：3 | −0.12* | −0.06 | 0.13* | 0.10 | 0.08 | 0.06 | 0.04 | −0.14* | 0.13* |
| 亚麻酸 C18：3 | −0.08 | −0.05 | 0.13* | 0.02 | 0.04 | 0 | 0.04 | −0.09 | 0.02 |
| 花生酸 C20：0 | 0.02 | 0.05 | 0.02 | −0.08 | −0.06 | −0.10 | −0.02 | 0.01 | −0.09 |
| 顺-11-二十碳烯酸 C20：1 | 0 | 0.15* | −0.02 | −0.16** | −0.12* | −0.08 | −0.11 | 0.10 | −0.13* |
| 11,14-二十碳烯酸 C20：2 | −0.04 | 0.09 | 0.05 | −0.10 | −0.05 | 0.03 | −0.07 | 0.07 | −0.07 |
| 二十二酸 C22：0 | −0.18** | −0.29** | 0.16** | 0.32** | 0.31** | 0.28** | 0.27** | −0.28** | 0.32** |
| 13-二十二碳烯酸 C22：1 | 0.05 | −0.01 | 0 | 0 | −0.02 | −0.11 | −0.01 | −0.04 | −0.01 |
| 13,16-二十二碳二烯酸 C22：2 | 0 | −0.13* | −0.03 | 0.15* | 0.19** | 0.17** | 0.15* | −0.10 | 0.15* |
| 二十四酸 C24：0 | −0.03 | −0.02 | −0.06 | −0.03 | 0.03 | 0.15* | 0.13* | −0.03 | 0.02 |
| 二十碳五烯酸 C20：5 | −0.07 | 0.03 | 0.07 | −0.07 | 0 | −0.08 | −0.04 | 0.07 | −0.06 |
| 二十四碳烯酸 C24：1 | −0.03 | 0.11 | −0.04 | −0.12* | −0.10 | −0.08 | −0.12* | 0.16** | −0.12* |
| 二十二碳六烯酸 C22：6 | −0.03 | 0.07 | 0.12 | −0.06 | −0.07 | −0.04 | −0.10 | 0.04 | −0.05 |
| 脂肪酸不饱和度 | −0.01 | 0.09 | 0.04 | −0.11 | −0.08 | −0.15* | −0.07 | 0.07 | −0.12* |
| 饱和碳链长度因子 | 0.04 | 0.03 | −0.03 | 0.01 | 0.04 | 0.14* | 0.02 | 0 | 0.03 |
| 皂化值 | −0.01 | 0.21** | 0.07 | −0.26** | −0.23** | −0.25** | −0.24** | 0.24** | −0.28** |
| 碘值 | −0.01 | 0.20** | 0.06 | −0.25** | −0.22** | −0.23** | −0.23** | 0.24** | −0.27** |
| 十六烷值 | −0.01 | 0.21** | 0.07 | −0.25** | −0.22** | −0.25** | −0.23** | 0.24** | −0.28** |

注：* 表示差异显著相关（$p<0.05$）；** 表示差异极显著相关（$p<0.01$）。

### 2.1.1.6 基于种子性状的群体聚类

对 14 个群体种子的所有性状进行聚类分析结果见图 2-1。在系数为 20.89 处，可以将 14 个群体分为 4 组。第一组又可以分成两个亚组，第一亚组包含黑龙江牡丹江、河北承德、辽宁阜新、内蒙古阿鲁科尔沁旗 4 个群体，这些群体种子特点是百粒重较低，横径、纵径、侧径最小，饱和碳链长度、十六烷值较高，说明这些群体的种子小、重量轻、具有较好的着火性；第二个亚组包含内蒙古翁牛特旗、新疆兵团、河南陕县、山西浑源、陕西志丹、新疆乌鲁木齐 6 个群体，这些群体的种子不论是在表型特征、油脂含量方面，还是生物柴油特性方面，都表现为平均水平。第二组只包含黑龙江宁安 1 个群体，特点是种子大小居中，饱和脂肪酸的含量与十六烷值最低，同时多元不饱和脂肪酸的含量、脂肪酸不

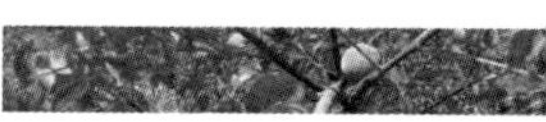

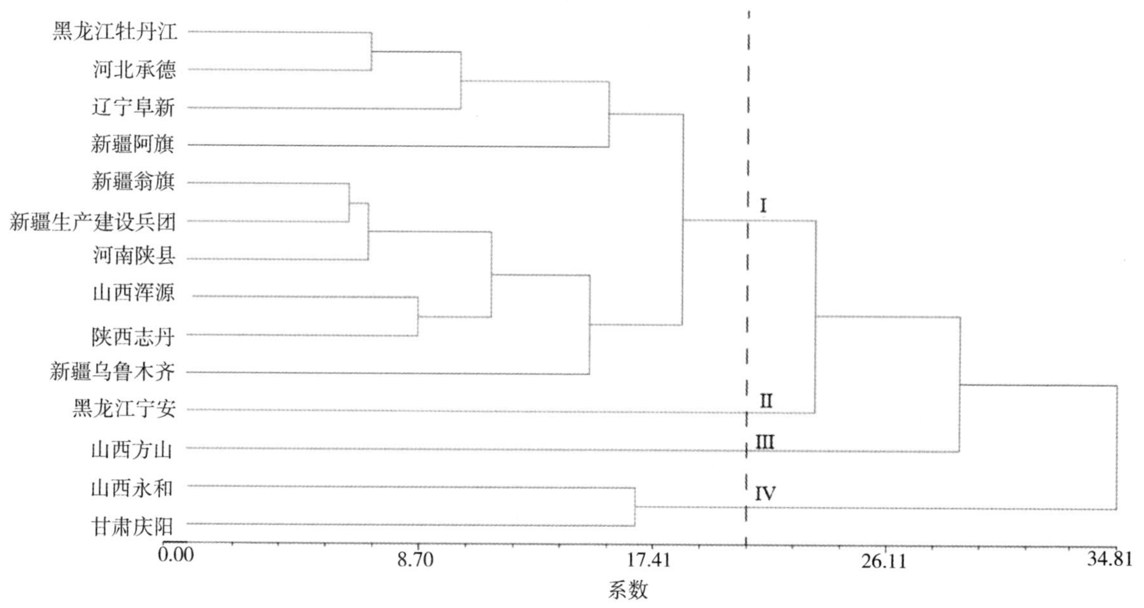


**图 2-1　14 个群体的文冠果性状聚类图**

饱和度、碘值最高，说明该群体的种子在生产生物柴油方面不具有优势。第三组只包含山西方山 1 个群体，特点是百粒重最低，种子较小，出仁率、含油率、单元不饱和脂肪酸均最低，同时碘值较高而十六烷值较低，说明与群体的种子相比，方山的种子不适合生产生物柴油。第四组包含山西永和与甘肃庆阳两个群体，这些群体种子的特点是百粒重最大，种子横径、纵径、侧径均最大，同时碘值较低而十六烷值较高，说明这两个群体的种子又重又大，而且生物柴油的特性良好，在 14 个群体中，是最适合生产生物柴油的群体。

## 2.1.2　优良种质选择

### 2.1.2.1　单株种子性状变异分析

对 143 份文冠果单株的种子性状进行变异分析结果见表 2-7。在种子表型性状方面，不同种质间存在很大的变异，如百粒重的变异系数达到了 21.15%，变化范围为 40.92~139.27g。在种子油脂成分方面，饱和脂肪酸、单元不饱和脂肪酸以及多元不饱和脂肪酸的变异系数均不是很大，但是在单个脂肪酸中却存在很大的变异。其中，棕榈烯酸、十七酸、γ-亚麻酸、13,16-二十二碳二烯酸、二十四碳烯酸、二十二碳六烯酸的变异系数分别达到了 200%、100%、100%、54.55%、52.94%、52.00%。值得注意的是，这些变异系数很大的脂肪酸的含量均很低，而含量较高的一些脂肪酸，如亚油酸、油酸、13-二十二碳烯酸、顺-11-二十碳烯酸、棕榈酸的变异系数均很小，分别为 4.58%、8.03%、6.70%、2.75%、6.24%。这说明文冠果的主要脂肪酸成分比较稳定，而微量的脂肪酸成分却存在很大变异。在生物柴油性状方面，脂肪酸不饱和度、饱和碳链长度因子、皂化值、碘值、十六烷值的变异系数均很低。说明文冠果在生物柴油指标

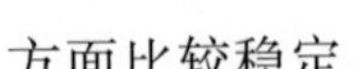

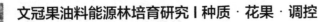

方面比较稳定。

**表 2-7　143 份文冠果种质的种子性状变异分析**

| 性状 | 最大值 | 最小值 | 平均值 | 标准差 | 变异系数（%） |
|---|---|---|---|---|---|
| 百粒重（g） | 139.27 | 40.92 | 88.17 | 18.65 | 21.15 |
| 横径（cm） | 1.53 | 0.83 | 1.22 | 0.15 | 12.30 |
| 纵径（cm） | 1.74 | 0.91 | 1.37 | 0.15 | 10.95 |
| 侧径（cm） | 1.38 | 0.69 | 1.01 | 0.14 | 13.86 |
| 出仁率（%） | 75.63 | 23.73 | 53.25 | 7.89 | 14.82 |
| 含油率（%） | 66.93 | 39.60 | 54.48 | 5.54 | 10.17 |
| 饱和脂肪酸（%） | 9.99 | 7.23 | 8.29 | 0.51 | 6.15 |
| 单元不饱和脂肪酸（%） | 49.00 | 39.30 | 44.61 | 2.11 | 4.73 |
| 多元不饱和脂肪酸（%） | 52.89 | 41.90 | 46.91 | 2.30 | 4.90 |
| 棕榈酸（%）C16：0 | 6.54 | 4.25 | 4.97 | 0.31 | 6.24 |
| 棕榈烯酸（%）C16：1 | 0.07 | 0 | 0.01 | 0.02 | 200 |
| 十七酸（%）C17：0 | 0.12 | 0 | 0.03 | 0.03 | 100 |
| 硬脂酸（%）C18：0 | 2.75 | 1.49 | 2.06 | 0.26 | 12.62 |
| 油酸（%）C18：1 | 32.81 | 23.12 | 28.26 | 2.27 | 8.03 |
| 亚油酸（%）C18：2 | 47.02 | 34.01 | 42.02 | 2.04 | 4.85 |
| γ-亚麻酸（%）C18：3 | 0.11 | 0 | 0.03 | 0.03 | 100 |
| 亚麻酸（%）C18：3 | 0.71 | 0.23 | 0.38 | 0.06 | 15.79 |
| 花生酸（%）C20：0 | 0.32 | 0.19 | 0.24 | 0.03 | 12.50 |
| 顺-11-二十碳烯酸（%）C20：1 | 7.44 | 6.51 | 6.92 | 0.19 | 2.75 |
| 11,14-二十碳烯酸（%）C20：2 | 1.03 | 0.39 | 0.58 | 0.12 | 20.69 |
| 二十二酸（%）C22：0 | 0.82 | 0.41 | 0.59 | 0.08 | 13.56 |
| 13-二十二碳烯酸（%）C22：1 | 12.71 | 8.20 | 9.25 | 0.62 | 6.70 |
| 13,16-二十二碳二烯酸（%）C22：2 | 0.52 | 0.04 | 0.11 | 0.06 | 54.55 |
| 二十四酸（%）C24：0 | 1.01 | 0.25 | 0.40 | 0.09 | 22.50 |
| 二十碳五烯酸（%）C20：5 | 6.45 | 2.50 | 3.54 | 0.57 | 16.10 |
| 二十四碳烯酸（%）C24：1 | 0.62 | 0.06 | 0.17 | 0.09 | 52.94 |
| 二十二碳六烯酸（%）C22：6 | 0.97 | 0.07 | 0.25 | 0.13 | 52.00 |
| 脂肪酸不饱和度 | 159.10 | 143.63 | 150.48 | 3.67 | 2.44 |
| 饱和碳链长度因子 | 14.81 | 10.20 | 11.40 | 0.58 | 5.09 |
| 皂化值 | 180.52 | 173.06 | 179.59 | 0.85 | 0.47 |
| 碘值 | 132.96 | 119.85 | 125.56 | 3.11 | 2.48 |
| 十六烷值 | 49.85 | 46.79 | 48.44 | 0.71 | 1.47 |

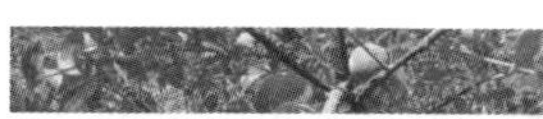

### 2.1.2.2 种子性状主成份分析

利用主成分分析的方法计算文冠果种子性状的特征值和贡献率，结果见表 2-8。前 4 个主成分累计解释的信息量总和为全部信息量的 82.42%，可认为前 4 个主成分能够很好的反映出各个性状的总体信息量。表 2-9 为每个主成分所包含的性状，第一主成分包含 4 个性状，分别为百粒重、横径、纵径、侧径，占总信息量的 35.75%。第二主成分包含 2 个性状，分别为脂肪酸不饱和度、十六烷值，占总信息量的 26.44%。第三主成分包含 2 个性状，分别为出仁率、不饱和脂肪酸，占总信息量的 12.67%。第四主成分只包含含油率，占总信息量的 7.56%。第一主成分反映了文冠果的产量指标，第二主成分反映了文冠果种仁油作为生物柴油的品质指标，第三与第四主成分共同反映了文冠果种仁油的油脂产量及其品质指标。计算各个性状占总体性状的权重，发现百粒重、横径、纵径以及侧径的权重最大，均为 43%；脂肪酸不饱和度以及十六烷值的权重次之，均为 32%，指标性状所占权重均在 15%以下，说明利用主成分分析建立的文冠果性状筛选体系符合以产量第一、生物柴油性状次之为筛选指标的优先选择原则。

**表 2-8 143 份文冠果种质种子性状的主成分特征值及贡献率**

| 序号 | 特征值 | 方差贡献率（%） | 累计贡献率（%） |
|---|---|---|---|
| 第一主成分 | 1.79 | 35.75 | 35.75 |
| 第二主成分 | 1.54 | 26.44 | 62.19 |
| 第三主成分 | 1.07 | 12.67 | 74.86 |
| 第四主成分 | 0.82 | 7.56 | 82.42 |
| 第五主成分 | 0.82 | 7.42 | 89.84 |
| 第六主成分 | 0.62 | 4.28 | 94.12 |
| 第七主成分 | 0.52 | 3.01 | 97.13 |
| 第八主成分 | 0.48 | 2.54 | 99.67 |
| 第九主成分 | 0.17 | 0.33 | 100 |

**表 2-9 143 份文冠果种质种子性状的分量载荷及权重**

| 性状 | 第一主成分 | 第二主成分 | 第三主成分 | 第四主成分 | 权重 |
|---|---|---|---|---|---|
| 百粒重 | -0.45 | -0.20 | 0 | 0.12 | 0.43 |
| 横径 | -0.47 | -0.16 | 0 | -0.31 | 0.43 |
| 纵径 | -0.45 | -0.11 | 0 | 0.13 | 0.43 |
| 侧径 | -0.43 | -0.20 | 0.14 | -0.41 | 0.43 |
| 出仁率 | -0.14 | 0 | -0.78 | 0.17 | 0.15 |
| 含油率 | 0.33 | -0.21 | -0.28 | -0.78 | 0.09 |
| 不饱和脂肪酸 | -0.11 | 0.39 | -0.51 | 0 | 0.15 |
| 脂肪酸不饱和度 | -0.17 | 0.58 | 0.15 | -0.18 | 0.32 |
| 十六烷值 | 0.17 | -0.60 | 0 | 0.18 | 0.32 |

### 2.1.2.3 种质评价与筛选

如表 2-10 所示，对 143 份文冠果的所有性状指标进行标准化，利用各个指标的权重值进行计算，得到 143 份文冠果的主成分得分及其综合得分。在控制产量指标的第一主成分上得分最高的 10 份种质的编号分别为：183、201、204、227、147、103、58、79、86、223，说明在以百粒重、横径、纵径及侧径来衡量种质产量时，这 10 份种质的产量要远高于其他种质。在控制生物柴油品质的第二主成分上得分最高的 10 份种质的编号分别为：147、109、162、26、158、164、75、188、74、197，说明在以脂肪酸不饱和度和十六烷值来衡量种质的生物柴油品质时，这 10 份种质的生物柴油品质要远胜于其他种质。在控制出仁率和不饱和脂肪酸含量的第三主成分上得分最高的 10 份种质的编号分别为：164、211、19、163、172、206、105、210、99、209，说明这 10 份种质的出仁率和不饱和脂肪酸的含量高于其他种质。在控制含油率的第四主成分上得分最高的 10 份种质的编号分别为：180、187、23、86、18、183、101、30、227、157，说明这 10 份种质的含油率高于其他种质。

**表 2-10　143 份文冠果种质的主成分得分及综合得分**

| 种质编号 | 第一主成分 | 第二主成分 | 第三主成分 | 第四主成分 | 综合得分 |
|---|---|---|---|---|---|
| 1 | 0.36 | 0.51 | -1.08 | -0.27 | 0.13 |
| 2 | 2.06 | 3.63 | 0.13 | -1.02 | 1.99 |
| 3 | -2.27 | 4.03 | -1.19 | 0.68 | 0.19 |
| 7 | -0.08 | 1.11 | 0.22 | 0.96 | 0.44 |
| 16 | 4.36 | -0.61 | 0.08 | -0.77 | 1.64 |
| 17 | 2.09 | -0.30 | -1.19 | -0.69 | 0.57 |
| 18 | 0.52 | -0.91 | 0.25 | -1.35 | -0.15 |
| 19 | 1.11 | -1.70 | -2.17 | 0.30 | -0.37 |
| 20 | -0.28 | -2.06 | -0.06 | -0.47 | -0.83 |
| 21 | 0.56 | -0.13 | -0.83 | 0.76 | 0.14 |
| 22 | 0.18 | -1.96 | 2.49 | -0.39 | -0.20 |
| 23 | -0.83 | -1.73 | -0.40 | -1.43 | -1.11 |
| 24 | 1.35 | -0.46 | 0.32 | -0.03 | 0.49 |
| 25 | 5.29 | -0.41 | 0.96 | -0.19 | 2.29 |
| 26 | 0.69 | -2.89 | 0.49 | 1.15 | -0.44 |
| 27 | 3.60 | -0.66 | -0.66 | 0.10 | 1.26 |
| 28 | 5.76 | -1.44 | 0.65 | 0.30 | 2.16 |
| 29 | 1.96 | -0.24 | -0.01 | -1.16 | 0.67 |
| 30 | 4.43 | -0.83 | 0.13 | -1.24 | 1.56 |
| 31 | 1.74 | -0.75 | 0.40 | -0.47 | 0.53 |
| 32 | 2.36 | -1.78 | -1.08 | 0.15 | 0.30 |
| 33 | 2.69 | -1.13 | -0.01 | -0.20 | 0.78 |
| 34 | 2.43 | -1.86 | -1.01 | 0.56 | 0.35 |
| 35 | 1.53 | -2.04 | -0.50 | -0.54 | -0.12 |

（续）

| 种质编号 | 第一主成分 | 第二主成分 | 第三主成分 | 第四主成分 | 综合得分 |
|---|---|---|---|---|---|
| 36 | 3.93 | -0.09 | 1.30 | -0.40 | 1.84 |
| 58 | -2.66 | 0.98 | -0.35 | -0.73 | -0.96 |
| 59 | -1.09 | -2.10 | -1.28 | 0.74 | -1.27 |
| 60 | -0.33 | 2.35 | 0.16 | 0.85 | 0.71 |
| 61 | -2.01 | 1.23 | -0.34 | -0.37 | -0.56 |
| 62 | -0.90 | 1.44 | -0.75 | -0.10 | -0.05 |
| 63 | -2.43 | 1.01 | 0.32 | -0.59 | -0.73 |
| 64 | -1.88 | -2.00 | -0.09 | -0.68 | -1.53 |
| 65 | -0.57 | 2.10 | -0.23 | -0.77 | 0.32 |
| 66 | -0.82 | 0.21 | 0.64 | 0.35 | -0.16 |
| 67 | -0.03 | 3.72 | -0.69 | -0.61 | 1.02 |
| 68 | 3.46 | 1.87 | 0.73 | -0.10 | 2.20 |
| 69 | 1.36 | -1.81 | 0.22 | -0.21 | 0.02 |
| 70 | 0.57 | 2.10 | 0.51 | -0.20 | 0.98 |
| 71 | -0.29 | -0.76 | 0.35 | -0.49 | -0.36 |
| 72 | -0.91 | -0.68 | 0.93 | -0.27 | -0.49 |
| 73 | -0.28 | 1.57 | -0.75 | -0.53 | 0.22 |
| 74 | -0.48 | -2.25 | -0.15 | -0.51 | -1.00 |
| 75 | -1.09 | -2.32 | -0.58 | -0.61 | -1.36 |
| 76 | -0.27 | 1.23 | -0.16 | 0.23 | 0.28 |
| 77 | 1.05 | 2.64 | -0.26 | -1.07 | 1.16 |
| 78 | 0.45 | 2.04 | -0.82 | 0.67 | 0.79 |
| 79 | -2.66 | 1.52 | 0.10 | -0.84 | -0.73 |
| 80 | -0.37 | 1.64 | -0.35 | 0.09 | 0.32 |
| 81 | -0.59 | -0.80 | 0.60 | -0.87 | -0.50 |
| 82 | 0.72 | -0.91 | 0.17 | -0.87 | -0.04 |
| 83 | 0.29 | 1.43 | 0.68 | -0.88 | 0.61 |
| 84 | -0.85 | 1.49 | -0.01 | 0.19 | 0.13 |
| 85 | -2.02 | 0.82 | 0.53 | -0.23 | -0.56 |
| 86 | -2.51 | 0.03 | 0.57 | -1.40 | -1.12 |
| 96 | 2.02 | 2.30 | 0.74 | -0.22 | 1.70 |
| 97 | 0.84 | 0.49 | 2.75 | -0.97 | 0.86 |
| 98 | 1.76 | -0.08 | 0.36 | -0.15 | 0.78 |
| 99 | 3.11 | 2.78 | -1.32 | 0.09 | 2.05 |
| 100 | -2.01 | 2.69 | -0.19 | -0.88 | -0.12 |
| 101 | -0.91 | 1.63 | 0.23 | -1.29 | 0.04 |
| 102 | 0.35 | 0.96 | 1.08 | 0.48 | 0.67 |
| 103 | -2.69 | 1.61 | 0.63 | 0.11 | -0.55 |

（续）

| 种质编号 | 第一主成分 | 第二主成分 | 第三主成分 | 第四主成分 | 综合得分 |
|---|---|---|---|---|---|
| 104 | 0.39 | -1.00 | 0.79 | 0.23 | -0.01 |
| 105 | 0.94 | 0.83 | -1.59 | 1.12 | 0.53 |
| 106 | 2.78 | -2.14 | 0.18 | 0.77 | 0.62 |
| 107 | 4.51 | -0.41 | 0.11 | -0.97 | 1.76 |
| 108 | 1.55 | 1.73 | 0.25 | 1.05 | 1.36 |
| 109 | 0.64 | -3.07 | 5.30 | 1.34 | 0.23 |
| 110 | -0.09 | 1.17 | 2.02 | 0.17 | 0.66 |
| 129 | -0.21 | 0.79 | 3.83 | 0.79 | 0.82 |
| 147 | -2.93 | -3.52 | -0.86 | 0.33 | -2.50 |
| 151 | -1.67 | -0.82 | 0.20 | -0.43 | -1.00 |
| 152 | -0.57 | -0.79 | -0.64 | 0.68 | -0.54 |
| 153 | -0.85 | 1.35 | 0.39 | 0.81 | 0.20 |
| 154 | 1.86 | 0.00 | -0.12 | 0.17 | 0.80 |
| 155 | 0.77 | -0.91 | -0.80 | 0.11 | -0.07 |
| 156 | -0.54 | -0.11 | -0.11 | 0.45 | -0.25 |
| 157 | 1.35 | 0.67 | 2.94 | -1.19 | 1.14 |
| 158 | -2.38 | -2.59 | -0.74 | 0.24 | -1.96 |
| 159 | -0.47 | 0.09 | -0.06 | 3.25 | 0.11 |
| 160 | 0.14 | -1.72 | 0.39 | 1.16 | -0.33 |
| 161 | 1.38 | 1.91 | 0.10 | 1.02 | 1.32 |
| 162 | -1.02 | -3.05 | -0.39 | -0.17 | -1.50 |
| 163 | -1.28 | -1.30 | -2.07 | -0.68 | -1.35 |
| 164 | 1.09 | -2.45 | -2.88 | 0.30 | -0.73 |
| 165 | -0.52 | 0.42 | 0.59 | 0.13 | 0.01 |
| 169 | -1.23 | 0.85 | 0.39 | 0.55 | -0.15 |
| 171 | 0.67 | -0.26 | -0.45 | 0.87 | 0.22 |
| 172 | -2.37 | 0.52 | -1.70 | 0.86 | -1.04 |
| 173 | -0.80 | 1.11 | -1.17 | 0.68 | -0.11 |
| 178 | -0.33 | 0.30 | -0.05 | -0.28 | -0.08 |
| 179 | 0.28 | 1.91 | -0.42 | -0.01 | 0.67 |
| 180 | 0.84 | -1.60 | -0.31 | -1.58 | -0.34 |
| 181 | -0.39 | -0.99 | 0.69 | -0.04 | -0.38 |
| 182 | -1.52 | -0.42 | -0.63 | -0.69 | -0.95 |
| 183 | -3.55 | -2.07 | 0.89 | -1.33 | -2.19 |
| 184 | 0.23 | 1.08 | -0.15 | -1.11 | 0.32 |
| 185 | -0.85 | -1.45 | -0.08 | -0.79 | -0.92 |
| 186 | -0.02 | 1.33 | -0.01 | -0.72 | 0.35 |
| 187 | -2.34 | -1.48 | -0.12 | -1.44 | -1.64 |

（续）

| 种质编号 | 第一主成分 | 第二主成分 | 第三主成分 | 第四主成分 | 综合得分 |
|---|---|---|---|---|---|
| 188 | -1. 62 | -2. 26 | 2. 14 | 0. 95 | -1. 01 |
| 189 | -0. 31 | 1. 03 | -0. 06 | -0. 70 | 0. 12 |
| 190 | -0. 54 | 1. 32 | -0. 30 | -1. 15 | 0. 04 |
| 191 | -1. 00 | 1. 20 | -0. 41 | -0. 19 | -0. 13 |
| 192 | -1. 23 | 1. 90 | -0. 41 | 0. 34 | 0. 05 |
| 193 | -0. 49 | 0. 95 | 0. 82 | 0. 91 | 0. 30 |
| 194 | -1. 83 | 0. 85 | 0. 58 | -0. 42 | -0. 47 |
| 195 | -0. 71 | 1. 68 | -1. 13 | 0. 56 | 0. 10 |
| 196 | -1. 37 | -1. 63 | -0. 19 | -0. 57 | -1. 20 |
| 197 | -1. 91 | -2. 22 | -1. 21 | -0. 30 | -1. 75 |
| 198 | 0. 08 | 0. 69 | 0. 88 | 0. 49 | 0. 44 |
| 199 | -0. 23 | -1. 62 | -0. 69 | 0. 66 | -0. 66 |
| 200 | -1. 44 | 1. 24 | 0. 72 | -0. 29 | -0. 14 |
| 201 | -3. 31 | 0. 79 | 0. 51 | 0. 29 | -1. 08 |
| 202 | -0. 32 | 2. 48 | 1. 51 | 0. 19 | 0. 91 |
| 203 | -0. 59 | -1. 35 | -0. 45 | 0. 70 | -0. 70 |
| 204 | -3. 12 | -2. 03 | -0. 23 | -0. 50 | -2. 09 |
| 205 | -1. 25 | -0. 31 | 0. 73 | -0. 07 | -0. 53 |
| 206 | 0. 82 | 2. 05 | -1. 70 | -0. 57 | 0. 70 |
| 207 | -1. 55 | -2. 07 | 0. 91 | -0. 86 | -1. 28 |
| 208 | 1. 76 | 0. 70 | -0. 65 | 0. 19 | 0. 91 |
| 209 | 2. 39 | 0. 72 | -1. 31 | -0. 26 | 1. 04 |
| 210 | -0. 20 | 0. 94 | -1. 41 | 0. 99 | 0. 09 |
| 211 | 2. 49 | -0. 62 | -2. 83 | -0. 55 | 0. 40 |
| 212 | -0. 86 | 0. 02 | -0. 94 | -0. 33 | -0. 54 |
| 213 | 1. 03 | -0. 09 | -0. 73 | 2. 30 | 0. 52 |
| 214 | -0. 94 | -0. 95 | -1. 17 | 1. 28 | -0. 78 |
| 215 | 0. 19 | -0. 59 | -0. 17 | 0. 60 | -0. 08 |
| 216 | 1. 24 | 0. 76 | 1. 07 | 1. 39 | 1. 07 |
| 217 | 0. 33 | 0. 03 | 0. 17 | 0. 61 | 0. 24 |
| 218 | 2. 64 | 0. 18 | 0. 07 | 0. 73 | 1. 28 |
| 219 | 0. 40 | 0. 20 | -0. 24 | -0. 01 | 0. 20 |
| 220 | -0. 93 | -1. 77 | 0. 41 | 0. 73 | -0. 84 |
| 221 | -2. 07 | -1. 36 | -0. 04 | -0. 73 | -1. 41 |
| 222 | 1. 80 | 0. 02 | -0. 83 | -0. 49 | 0. 62 |
| 223 | -2. 46 | 1. 42 | 1. 29 | 1. 57 | -0. 27 |
| 224 | -0. 77 | 0. 81 | -0. 15 | 2. 41 | 0. 12 |
| 225 | -0. 82 | -0. 88 | 0. 25 | 0. 95 | -0. 51 |

（续）

| 种质编号 | 第一主成分 | 第二主成分 | 第三主成分 | 第四主成分 | 综合得分 |
|---|---|---|---|---|---|
| 226 | -1.08 | -0.84 | -0.47 | 0.70 | -0.74 |
| 227 | -3.06 | 0.81 | 0.60 | -1.19 | -1.09 |
| 228 | -1.93 | -0.42 | -0.99 | 0.54 | -1.07 |
| 229 | -1.41 | -1.20 | -0.10 | 1.19 | -0.90 |
| 230 | -0.18 | 0 | 1.20 | 0.60 | 0.17 |

根据143份文冠果种质的综合得分进行排名，结果见表2-11。以10%的比例筛选出优良种质14份，种质编号及产地分别为：147（山西永和）、183（内蒙古翁牛特旗）、204（内蒙古翁牛特旗）、158（河南陕县）、197（内蒙古翁牛特旗）、187（内蒙古翁牛特旗）、64（内蒙古翁牛特旗）、162（河南陕县）、221（河南陕县）、75（内蒙古翁牛特旗）、163（陕西志丹）、207（河北承德）、59（内蒙古翁牛特旗）及196（内蒙古翁牛特旗）。可以看出，筛选出的14份优良种质分布于5个群体，其中以内蒙古翁牛特旗群体的最多，为8份；其余分别为：河南陕县群体3份、山西永和群体1份、陕西志丹群体1份、河北承德群体1份。筛选出的优良种质在地理分布上存在较大跨度，说明文冠果具有较大的综合发展潜力，也为文冠果良种选育及推广提供了材料支持与理论依据。

**表2-11　143份种质的综合得分排名**

| 种质编号 | 产地 | 排名 | 种质编号 | 产地 | 排名 |
|---|---|---|---|---|---|
| 147 | 永和 | 1 | 101 | 承德 3-10 | 73 |
| 183 | 翁牛特旗 63 | 2 | 192 | 翁牛特旗 79 | 74 |
| 204 | 翁牛特旗 5 | 3 | 210 | 浑源 | 75 |
| 158 | 陕县 68 | 4 | 195 | 翁牛特旗 82 | 76 |
| 197 | 翁牛特旗 89 | 5 | 159 | 陕县 88 | 77 |
| 187 | 翁牛特旗 74 | 6 | 224 | 陕县 197 | 78 |
| 64 | 翁牛特旗 10 | 7 | 189 | 翁牛特旗 76 | 79 |
| 162 | 陕县 138 | 8 | 84 | 翁牛特旗 48 | 80 |
| 221 | 陕县 180 | 9 | 1 | 牡丹江 2 | 81 |
| 75 | 翁牛特旗 32 | 10 | 21 | 阿鲁科尔沁旗 29 | 82 |
| 163 | 志丹 1 | 11 | 230 | 庆阳 21 | 83 |
| 207 | 承德 16-6 | 12 | 3 | 安宁 | 84 |
| 59 | 翁牛特旗 2 | 13 | 153 | 陕县 11 | 85 |
| 196 | 翁牛特旗 85 | 14 | 219 | 陕县 178 | 86 |
| 86 | 翁牛特旗 51 | 15 | 73 | 翁牛特旗 29 | 87 |
| 23 | 阿鲁科尔沁旗 37 | 16 | 171 | 兵团 3 | 88 |
| 227 | 庆阳 19 | 17 | 109 | 承德 13-4 | 89 |
| 201 | 翁牛特旗 2 | 18 | 217 | 陕县 173 | 90 |
| 228 | 庆阳 45 | 19 | 76 | 翁牛特旗 33 | 91 |
| 172 | 兵团 1 | 20 | 32 | 阿鲁科尔沁旗 116 | 92 |

（续）

| 种质编号 | 产地 | 排名 | 种质编号 | 产地 | 排名 |
|---|---|---|---|---|---|
| 188 | 翁牛特旗 75 | 21 | 193 | 翁牛特旗 80 | 93 |
| 74 | 翁牛特旗 30 | 22 | 80 | 翁牛特旗 41 | 94 |
| 151 | 陕县 4 | 23 | 184 | 翁牛特旗 68 | 95 |
| 58 | 翁牛特旗 1 | 24 | 65 | 翁牛特旗 11 | 96 |
| 182 | 翁牛特旗 61 | 25 | 186 | 翁牛特旗 73 | 97 |
| 185 | 翁牛特旗 71 | 26 | 34 | 阿鲁科尔沁旗 125 | 98 |
| 229 | 庆阳 56 | 27 | 211 | 陕县 139 | 99 |
| 220 | 陕县 179 | 28 | 198 | 翁牛特旗 95 | 100 |
| 20 | 阿鲁科尔沁旗 28 | 29 | 7 | 阜新 | 101 |
| 214 | 陕县 165 | 30 | 24 | 阿鲁科尔沁旗 46 | 102 |
| 226 | 陕县 8 | 31 | 213 | 陕县 162 | 103 |
| 63 | 翁牛特旗 9 | 32 | 31 | 阿鲁科尔沁旗 113 | 104 |
| 164 | 志丹 2 | 33 | 105 | 承德 6-11 | 105 |
| 79 | 翁牛特旗 37 | 34 | 17 | 阿鲁科尔沁旗 11 | 106 |
| 203 | 翁牛特旗 4 | 35 | 83 | 翁牛特旗 45 | 107 |
| 199 | 翁牛特旗红花 | 36 | 222 | 陕县 183 | 108 |
| 61 | 翁牛特旗 7 | 37 | 106 | 承德 8-1 | 109 |
| 85 | 翁牛特旗 49 | 38 | 110 | 承德 14-2 | 110 |
| 103 | 承德 4-10 | 39 | 179 | 翁牛特旗 53 | 111 |
| 212 | 陕县 160 | 40 | 29 | 阿鲁科尔沁旗 65 | 112 |
| 152 | 陕县 7 | 41 | 102 | 承德 3-13 | 113 |
| 205 | 承德 14-4 | 42 | 206 | 承德 14-7 | 114 |
| 225 | 陕县 9 | 43 | 60 | 翁牛特旗 5 | 115 |
| 81 | 翁牛特旗 41 | 44 | 98 | 承德 2-2 | 116 |
| 72 | 翁牛特旗 24 | 45 | 33 | 阿鲁科尔沁旗 121 | 117 |
| 194 | 翁牛特旗 80 | 46 | 78 | 翁牛特旗 36 | 118 |
| 26 | 阿鲁科尔沁旗 49 | 47 | 154 | 陕县 16 | 119 |
| 181 | 翁牛特旗 55 | 48 | 129 | 方山 | 120 |
| 19 | 阿鲁科尔沁旗 27 | 49 | 97 | 承德 1-8 | 121 |
| 71 | 翁牛特旗 21 | 50 | 208 | 承德 21-1 | 122 |
| 180 | 翁牛特旗 54 | 51 | 202 | 翁牛特旗 3 | 123 |
| 160 | 陕县 93 | 52 | 70 | 翁牛特旗 17 | 124 |
| 223 | 陕县 194 | 53 | 67 | 翁牛特旗 13 | 125 |
| 156 | 陕县 39 | 54 | 209 | 承德 21-3 | 126 |
| 22 | 阿鲁科尔沁旗 29 | 55 | 216 | 陕县 167 | 127 |
| 66 | 翁牛特旗 12 | 56 | 157 | 陕县 56 | 128 |
| 169 | 乌鲁木齐 57 | 57 | 77 | 翁牛特旗 35 | 129 |
| 18 | 阿鲁科尔沁旗 15 | 58 | 27 | 阿鲁科尔沁旗 49 | 130 |

（续）

| 种质编号 | 产地 | 排名 | 种质编号 | 产地 | 排名 |
|---|---|---|---|---|---|
| 200 | 翁牛特旗 1 | 59 | 218 | 陕县 177 | 131 |
| 191 | 翁牛特旗 78 | 60 | 161 | 陕县 120 | 132 |
| 100 | 承德 3-4 | 61 | 108 | 承德 11-3 | 133 |
| 35 | 阿鲁科尔沁旗 136 | 62 | 30 | 阿鲁科尔沁旗 67 | 134 |
| 173 | 兵团 2 | 63 | 16 | 阿鲁科尔沁旗 8 | 135 |
| 178 | 翁牛特旗 52 | 64 | 96 | 承德 1-3 | 136 |
| 215 | 陕县 166 | 65 | 107 | 承德 9-1 | 137 |
| 155 | 陕县 27 | 66 | 36 | 阿鲁科尔沁旗 150 | 138 |
| 62 | 翁牛特旗 8 | 67 | 2 | 牡丹江 3 | 139 |
| 82 | 翁牛特旗 42 | 68 | 99 | 承德 3-1 | 140 |
| 104 | 承德 6-3 | 69 | 28 | 阿鲁科尔沁旗 60 | 141 |
| 165 | 志丹 3 | 70 | 68 | 翁牛特旗 15 | 142 |
| 69 | 翁牛特旗 16 | 71 | 25 | 阿鲁科尔沁旗 47 | 143 |
| 190 | 翁牛特旗 77 | 72 | | | |

## 2.2 文冠果种质资源 SSR 遗传多样性研究及核心种质构建

### 2.2.1 群体结构分析

进行种质遗传多样性研究的 138 份种质资源来自于 11 个群体：黑龙江牡丹江、辽宁阜新、内蒙古阿鲁科尔沁旗、内蒙古翁牛特旗、内蒙古阿拉善左旗、河北承德、山西方山、山西蒲县、河南陕县、陕西志丹、新疆乌鲁木齐（图 2-1，表 2-1），将这些种质收集于资源圃中，采集嫩叶，放于-80℃冰箱中保存备用。

用植物基因组 DNA 提取试剂盒（TaKaRa MiniBEST，Dalian，CN）提取每份种质的 DNA。采用前人开发的 38 对文冠果 SSR 引物来评价遗传多样性（Bi & Guan，2014）。PCR 扩增反应体系为 10μl：20ngDNA，0.2μM 上游引物，0.2μM 下游引物，5μl RR901A mix（Takara，Bio）。利用 POPGENE version1.32 软件计算遗传多样性指标（Yeh and Boyle，1997）：等位基因数（Na）、有效等位基因数（Ne）、Shannon's 信息指数（I）、观测杂合度（Ho）、以及期望杂合度（He）。用 Power Stats V12.xls 软件计算多态性信息含量（PIC；Brenner and Morris，1990）。利用 NTSYSpc 2.1 软件计算各种质资源间的相似系数和遗传距离（Nei，1972），采用 UPGMA 法进行聚类分析。采用逐步聚类法构建核心种质（Hu *et al.*，2000）。参照陈昌文等人（2011）的方法，根据引物扩增出的条带大小及编码构建文冠果种质的 DNA 指纹图谱。参照前人的方法估算 PCR 扩增产物的片段大小（刘新龙等，2010）。将遗传距离数据导入软件 NTSYSpc2.10e 中，利用 SHAN 模块，基于 UPGMA 法对种子性状进行聚类分析。

对 38 对引物进行筛选，发现其中 15 对引物没有扩增出清晰的条带，因此本研究只分

析其余23对引物的结果，23对引物的信息见表2-12。11个群体内的遗传变异分析结果见表2-13。11个群体的平均多态性位点（P）为98.02%；其中黑龙江牡丹江群体的多态性位点为86.96%，河北承德群体的多态性位点为91.30%；其余9个群体的多态性位点为100%。11个群体的平均遗传多样性指数（Nei）为0.50，其中内蒙古阿鲁科尔沁旗群体的遗传多样性最高，为0.57；黑龙江牡丹江群体的遗传多样性最低，为0.41。各群体的平均Shannon's信息指数为0.79，其中内蒙古阿鲁科尔沁旗群体的Shannon's信息指数最高(0.93)。各群体的平均期望杂合度为53%，其中辽宁阜新群体的期望杂合度最高（59%）。各群体的平均观测杂合度为72%，其中新疆乌鲁木齐群体的观测杂合度最高（80%）。各群体的平均PIC值为0.42，其中内蒙古阿鲁科尔沁旗群体的PIC值最高（0.48）。

**表2-12 23对文冠果引物信息**

| 位点 | 重复单位 | 引物类型 | 引物序列 |
|---|---|---|---|
| QXH002 | TC | F | AGAAGAACACTCAATGGGGA |
| | | R | CTTCAACTGGACACCCGTAT |
| QXH049 | CT | F | CCCCAACAAATGGTAAGACG |
| | | R | GAATTTACAAGACAAGCAACAGC |
| QXH083 | CT | F | AGCGGTCTCCTCCACTATCA |
| | | R | GAATTGAAGCGCAGAAGGA |
| QXH120 | AG | F | AAAACACTTCCGCACCAA |
| | | R | TGGCTGCTGAGAAAGTAAGG |
| QXH177 | AG | F | TGTGGTGGTTTTGGCAGAC |
| | | R | CACCAAATAATGTCAATATCCTGT |
| QXH197 | AG | F | GAAATATGAGGTCTTGGGTGTT |
| | | R | GTGGCAGATAAACTGTCCTCAA |
| QXH262 | CT | F | TCTAACCGAAGAAGCCAACT |
| | | R | AGCGTGATATTCTGTTTCAACTAC |
| QXH274 | CT | F | CATCGTCGTCTCATCCAGTAA |
| | | R | GTGGCTTGTAGTTTGTTTCGTT |
| QXH282 | CT | F | CCCAACAAATGGTAAGACGT |
| | | R | GTTTCATTTCATTTCCAGCATC |
| QXH323 | AG | F | CACAACCCAAATCCCAGAAC |
| | | R | AACGACACGCACAATCATAAC |
| QXH365 | AC | F | GTATATCTCTTTTACGGTCGTGAC |
| | | R | ATGATGGGTTGGGTTGAGTT |
| QXHS371 | GT | F | ATTGGAGTGGCCTTCATACG |
| | | R | GCAAGCAGCTAAAGAAACAGC |
| QXH643 | CA，CT | F | GCAGTTATGGAAAGGAATCA |
| | | R | ATCAGTGTCGATTATTATCT |
| QXR343 | TG | F | CACACTTTCTGAGTCCCGTAT |
| | | R | TGTTTCTCCTCTAATCCAAC |

（续）

| 位点 | 重复单位 | 引物类型 | 引物序列 |
|---|---|---|---|
| QXR634 | TTTTA, GA | F | CGTCCATCGCTTTCACCT |
| | | R | AATAACAAATCAAAAATACCCCAT |
| QXR639 | CT | F | CAACACCACCTCCACCAAC |
| | | R | AAGGGATTTTGCTTTTCTGG |
| QXRB116 | AC | F | CACCTTTCTCACTCCGTCTC |
| | | R | CTCCTCGATCTGGTTGCTAA |
| QBRB203 | AT | F | ACAAGTAGTGCTCATCGGTTTA |
| | | R | GAGTCTAATAGGTAAGGCTAGGAAC |
| QBRS192 | TC, CT | F | TTGTGCATCTGTGGAGAAGG |
| | | R | TGCCTTCACATCCTGTGGTA |
| QBLB51 | TC | F | TCCCACCCCAAAAAACTATAT |
| | | R | CCTTCTGGAACTTGATGCC |
| QBLB58 | TC, TA | F | CTCTTCCACTTCGGTCACG |
| | | R | AACCAGAGCCACGCAAAT |
| QBLB62 | CT | F | ATTCAGAAACGGTGGCTTAG |
| | | R | TTATTTACTCTGGAAGGCTTATTT |
| QBLB65 | TC | F | TATCTCGCCACATCTGCC |
| | | R | CTGAAATGCCATTAACAAACAC |

注：F 表示上游引物；R 表示下游引物。

**表 2-13　11 个文冠果群体内的遗传变异**

| 群体 | 样本量 | 多态性位点的百分比（P）（%） | 观测杂合度（Ho） | 期望杂合度（He） | 遗传多样性（Nei） | Shannon's 多态性指数（I） | 多态信息含量（PIC） |
|---|---|---|---|---|---|---|---|
| 黑龙江牡丹江 | 6 | 86.96 | 0.68 | 0.49 | 0.41 | 0.60 | 0.37 |
| 辽宁阜新 | 6 | 100.00 | 0.77 | 0.59 | 0.54 | 0.86 | 0.45 |
| 内蒙古阿鲁科尔沁旗 | 40 | 100.00 | 0.73 | 0.57 | 0.57 | 0.93 | 0.48 |
| 内蒙古翁牛特旗 | 15 | 100.00 | 0.75 | 0.56 | 0.54 | 0.89 | 0.46 |
| 内蒙古阿拉善左旗 | 7 | 100.00 | 0.68 | 0.51 | 0.47 | 0.73 | 0.38 |
| 河北承德 | 15 | 100.00 | 0.76 | 0.52 | 0.50 | 0.79 | 0.41 |
| 山西方山 | 15 | 100.00 | 0.73 | 0.55 | 0.53 | 0.87 | 0.45 |
| 山西蒲县 | 16 | 100.00 | 0.66 | 0.52 | 0.50 | 0.83 | 0.43 |
| 河南陕县 | 10 | 100.00 | 0.77 | 0.51 | 0.48 | 0.75 | 0.40 |
| 陕西志丹 | 6 | 91.30 | 0.63 | 0.48 | 0.43 | 0.68 | 0.39 |
| 新疆乌鲁木齐 | 6 | 100.00 | 0.80 | 0.56 | 0.52 | 0.80 | 0.42 |
| 均值 | 12.55 | 98.02 | 0.72 | 0.53 | 0.50 | 0.79 | 0.42 |

对群体结构进行 AMOVA 分析，发现各群体内均表现出较低的遗传变异水平。11 个群体之间存在较高的遗传变异，在所有 SSR 变异中，67%的变异来自于群体之间，33%的变异存在于各群体内。

### 2.2.2 遗传多样性分析

利用筛选出的23对引物进行种质的遗传多样性分析，结果见表2-14。从表中可以看出，23个SSR位点共检测到80个等位变异，每个位点的等位基因数（Na）最高为6（QXH274），有效等位基因数（Ne）最高为3.89（QXH274），Shannon's信息指数（I）最高为1.49（QXH274），观察杂合度（Ho）最高为0.91（QXH274），期望杂合度（He）最高为0.75（QXH274）。位点多态性比例为100%，多态性信息含量（PIC）最高为0.70（QXH274），QXH274拥有高水平的遗传变异。

**表2-14 文冠果种质资源的遗传多样性**

| 位点 | 样本量 | 等位基因数（Na） | 有效等位基因数（Ne） | Shannon's信息指数（I） | 观测杂合度（Ho） | 期望杂合度（He） | 遗传多样性（Nei） | 固定指数（Fst） | PIC值（PIC） |
|---|---|---|---|---|---|---|---|---|---|
| QXH002 | 276 | 2 | 1.80 | 0.64 | 0.67 | 0.45 | 0.44 | 0.25 | 0.35 |
| QXH049 | 276 | 4 | 2.33 | 1.03 | 0.79 | 0.57 | 0.57 | 0.31 | 0.51 |
| QBLB51 | 276 | 4 | 2.52 | 1.09 | 0.89 | 0.61 | 0.60 | 0.26 | 0.55 |
| QBLB58 | 276 | 3 | 2.37 | 0.93 | 0.85 | 0.58 | 0.58 | 0.27 | 0.49 |
| QBLB62 | 276 | 3 | 1.96 | 0.76 | 0.76 | 0.49 | 0.49 | 0.22 | 0.39 |
| QBLB65 | 276 | 3 | 2.33 | 0.93 | 0.74 | 0.57 | 0.57 | 0.35 | 0.48 |
| QXH083 | 276 | 3 | 2.39 | 0.95 | 0.46 | 0.58 | 0.58 | 0.61 | 0.50 |
| QXRB116 | 276 | 3 | 2.95 | 1.09 | 0.44 | 0.66 | 0.66 | 0.67 | 0.59 |
| QXH120 | 276 | 3 | 2.36 | 0.93 | 0.75 | 0.58 | 0.58 | 0.35 | 0.48 |
| QXH177 | 276 | 3 | 1.97 | 0.85 | 0.41 | 0.50 | 0.49 | 0.58 | 0.44 |
| QBRS192 | 276 | 3 | 2.03 | 0.87 | 0.62 | 0.51 | 0.51 | 0.39 | 0.45 |
| QXH197 | 276 | 3 | 2.31 | 0.92 | 0.62 | 0.57 | 0.57 | 0.45 | 0.48 |
| QBRB203 | 276 | 3 | 2.47 | 1.00 | 0.88 | 0.60 | 0.59 | 0.26 | 0.53 |
| QXH262 | 276 | 4 | 2.89 | 1.12 | 0.90 | 0.66 | 0.65 | 0.31 | 0.58 |
| QXH274 | 276 | 6 | 3.89 | 1.49 | 0.91 | 0.75 | 0.74 | 0.39 | 0.70 |
| QXH282 | 276 | 4 | 2.13 | 0.93 | 0.71 | 0.53 | 0.53 | 0.33 | 0.47 |
| QXH323 | 276 | 4 | 3.19 | 1.24 | 0.85 | 0.69 | 0.69 | 0.38 | 0.63 |
| QXR343 | 276 | 3 | 2.10 | 0.85 | 0.49 | 0.52 | 0.52 | 0.54 | 0.44 |
| QXH365 | 276 | 3 | 2.97 | 1.09 | 0.92 | 0.67 | 0.66 | 0.31 | 0.59 |
| QXHS371 | 276 | 3 | 2.66 | 1.03 | 0.89 | 0.63 | 0.62 | 0.29 | 0.54 |
| QXR634 | 276 | 5 | 2.23 | 0.93 | 0.77 | 0.55 | 0.55 | 0.30 | 0.46 |
| QXR639 | 276 | 5 | 2.28 | 1.06 | 0.63 | 0.56 | 0.56 | 0.44 | 0.51 |
| QXH643 | 276 | 3 | 2.53 | 1.00 | 0.85 | 0.61 | 0.60 | 0.3 | 0.53 |
| 均值 | 276 | 3.48 | 2.46 | 0.99 | 0.73 | 0.58 | 0.58 | 0.37 | 0.51 |

### 2.2.3 群体聚类分析

为研究11个文冠果群体的亲缘关系，计算Nei's遗传距离以非加权数据分析法（UPGMA）作聚类分析，聚类结果见图2-2。从图中可知，在系数为0.18处，可将11个群体分为 3 大类。第 1 大类又可分为两类，其中一类只含有黑龙江牡丹江一个群体；另一类中包含 5 个群体，分别是辽宁阜新、河北承德、内蒙古阿鲁科尔沁旗、内蒙古翁牛特旗以及新疆乌鲁木齐。第 2 大类可以分为两类，其中一类只含有山西方山一个群体；另一类中包含山西蒲县、河南陕县及陕西志丹 3 个群体。第 3 大类只包含内蒙古阿拉善左旗一个群体。

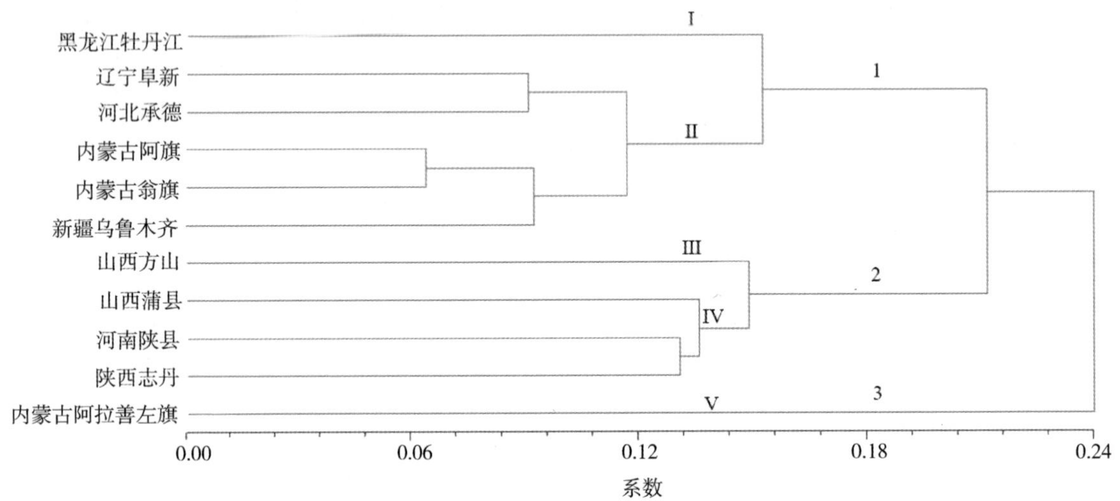


**图 2-2　11 个文冠果群体聚类图**

对文冠果 11 个群体的地理距离以非加权数据分析法（UPGMA）作聚类分析，结果见图 2-3。在系数为 730.36 处，可以将 11 个群体分为 3 大类，第 1 大类又可分为两类，其中一类只含有黑龙江牡丹江一个群体；另一类中包含 5 个群体，分别是辽宁阜新、河北承德、内蒙古阿鲁科尔沁旗、内蒙古翁牛特旗以及新疆乌鲁木齐。第 2 大类只包含内蒙古阿拉善左旗。第 3 大类可以分为两类，其中一类只含有山西方山，另一类中包含山西蒲县、河南陕县及陕西志丹 3 个群体。

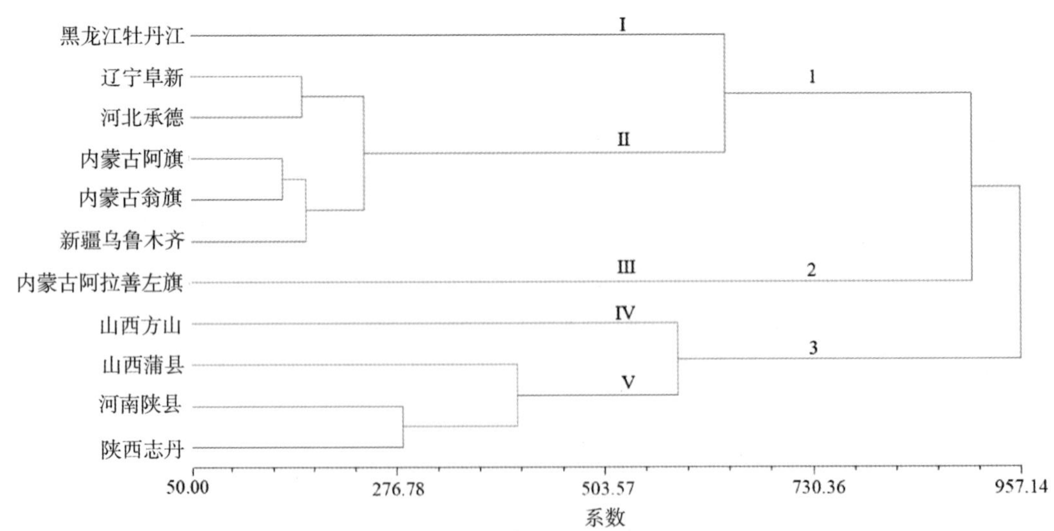


**图 2-3　11 个文冠果群体的地理距离聚类图**

对 11 个群体的遗传距离与地理距离进行相关性分析，结果见图 2-4。11 个群体的遗传距离与地理距离之间存在显著的正相关（$r=0.811$，$p<0.01$）。

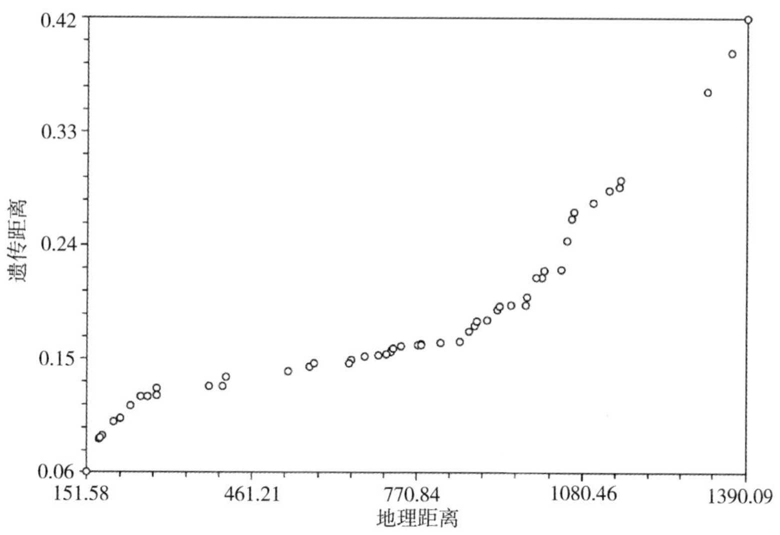


**图 2-4　11 个文冠果群体的遗传距离与地理距离的相关性分析**

为研究 138 份文冠果种质资源的亲缘关系，计算 Dice 相似系数以非加权数据分析法（UPGMA）生成亲缘关系树状图（图 2-5）。在相似系数为 0.478 处，可将 138 份种质分为 4 大类。第 1 类包含 123 份种质，第 2 类包含来自内蒙古阿鲁科尔沁旗的 8 份种质和来自内蒙古翁牛特旗的 1 份种质，第 3 类包含来自内蒙古阿鲁科尔沁旗的 3 份种质和来自内蒙古翁牛特旗的 2 份种质，第 4 类只含有来自阜新的 1 份种质。在相似系数为 0.445 处，第 1 类又可以分为两类，其中第Ⅰ类主要包含来自黑龙江牡丹江、山西方山县及山西蒲县的 31 份种质，第Ⅱ类主要包含来自内蒙古、河北、河南以及新疆的 92 份种质。

## 2.2.4　核心种质的构建与评价

基于 138 份种质的聚类情况，采用逐步聚类法，分别构建了 50%、30%及 20%的核心种质，其遗传多样性对比结果见表 2-15。与原始种质相比，随着核心种质比例的下降，等位基因数与观测杂合度也随之降低，等位基因数从 3.48 降低至 3.26，观测杂合度从 0.73 降低至 0.69；而有效等位基因数与固定指数却随之升高，有效等位基因数从 2.46 升高至 2.50，固定指数从 0.37 升高至 0.41；PIC 值没有变化，一直保持在 0.51。对不同核心种质的遗传指标进行 t 检验，发现它们与原始种质均没有显著差异。根据逐步聚类法的原则，核心种质应为原始种质的 20%～30%（Hu *et al.*，2000），所以选择种质数较少的 20%作为核心种质，这样既能够保持原始种质的遗传多样性，又保证了种质的数量最少。由此可以认为本研究所构建的文冠果核心种质能够充分地代表原始种质的遗传多样性。

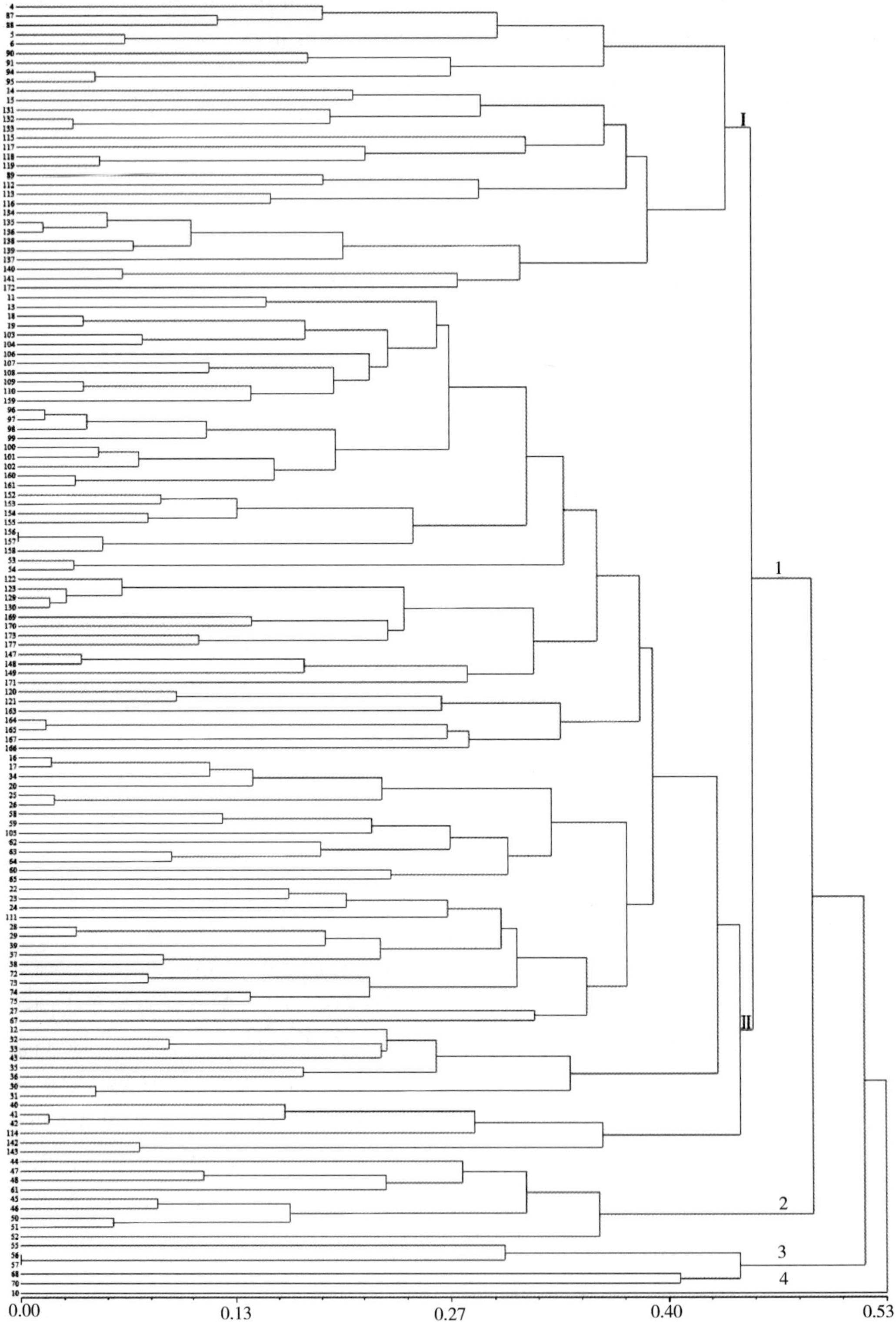

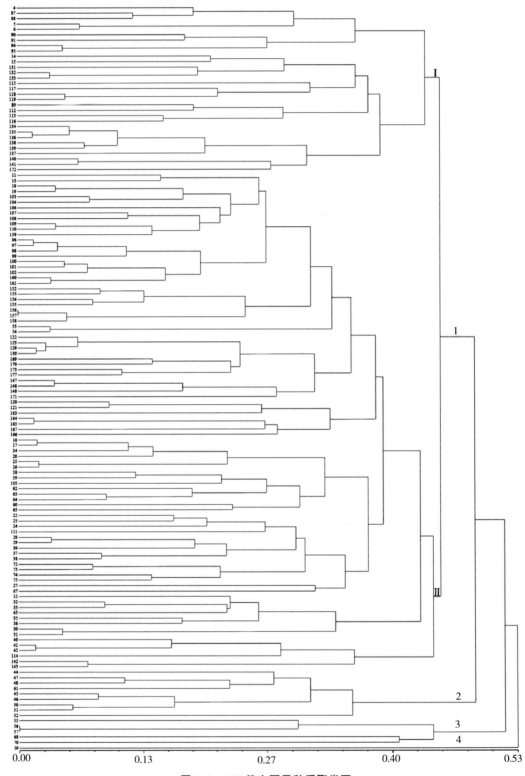

图 2-5　138 份文冠果种质聚类图

**表 2-15　不同核心种质的遗传多样性比较**

| 核心种质比例（%） | 等位基因数（Na） | 有效等位基因数（Ne） | Shannon's 信息指数（I） | 观测杂合度（Ho） | 期望杂合度（He） | 固定指数（Fst） | PIC 值（PIC） |
|---|---|---|---|---|---|---|---|
| 100 | 3.48 | 2.46 | 0.99 | 0.73 | 0.58 | 0.37 | 0.51 |
| 50 | 3.48 | 2.49 | 0.99 | 0.72 | 0.59 | 0.39 | 0.51 |
| 30 | 3.30 | 2.51 | 0.99 | 0.71 | 0.60 | 0.40 | 0.51 |
| 20 | 3.26 | 2.50 | 0.98 | 0.69 | 0.60 | 0.41 | 0.51 |

图 2-6 为 20%原始种质的核心种质聚类图，包含 25 份种质，它们的编号及采集地分别为：5（黑龙江牡丹江）、10（辽宁阜新）、12（辽宁阜新）、14（辽宁阜新）、47（内蒙古阿鲁科尔沁旗）、50（内蒙古阿鲁科尔沁旗）、52（内蒙古阿鲁科尔沁旗）、53（内蒙古阿鲁科尔沁旗）、56（内蒙古阿鲁科尔沁旗）、58（内蒙古翁牛特旗）、67（内蒙古翁牛特旗）、68（内蒙古翁牛特旗）、70（内蒙古翁牛特旗）、72（内蒙古翁牛特旗）、87（内蒙古阿拉善左旗）、90（内蒙古阿拉善左旗）、96（河北承德）、113（山西方山）、114（山西方山）、115（山西方山）、135（山西蒲县）、142（山西蒲县）、152（河南陕县）、169（新疆乌鲁木齐）、171（新疆乌鲁木齐）。表 2-16 为核心种质在各群体的分配情况。25 份核心种质分布在 10 个群体中，其中辽宁阜新、黑龙江牡丹江、内蒙古翁牛特旗以及新疆乌鲁木齐 4 个群体的核心种质数分别为 3、1、5、2；它们分别占该群体原始种质数的 50.00%、33.33%、33.33%及 33.33%，均远高于核心种质占原始种质的 20%，说明这 4 个群体的遗传多样性的丰富度远高于原始种质。反之，由于河北承德群体只有 1 份核心种质，占该群体原始种质的 6.67%，而陕西志丹群体没有核心种质，这也可以说明，陕西志丹与河北承德 2 个群体的遗传多样性很低。

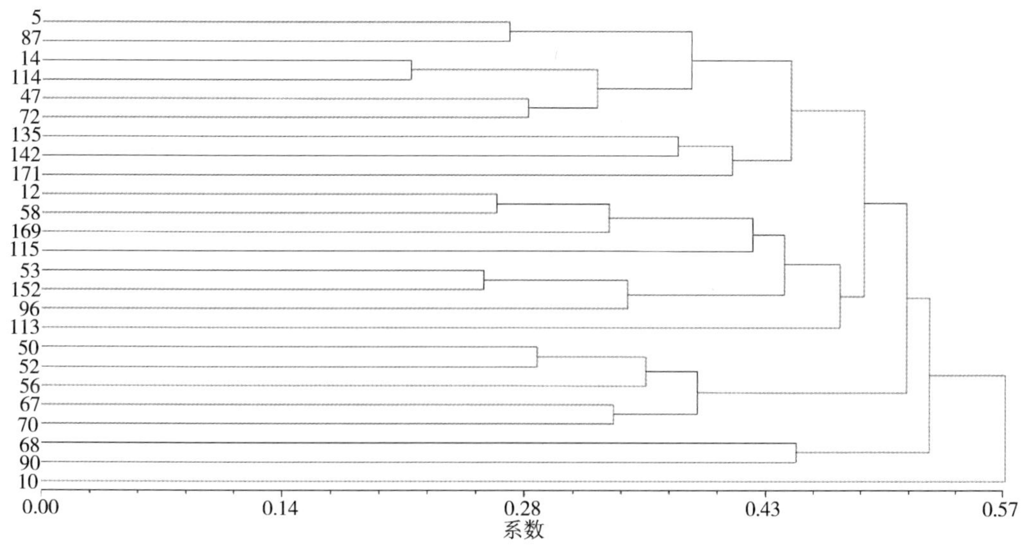


**图 2-6　20%核心种质聚类图**

表 2-16　各群体的核心种质数及其占该群体原始种质数的比例

| 群体 | 原始种质数 | 核心种质数 | 百分比（%） |
|---|---|---|---|
| 黑龙江牡丹江 | 3 | 1 | 33.33 |
| 辽宁阜新 | 6 | 3 | 50.00 |
| 内蒙古阿鲁科尔沁旗 | 40 | 5 | 12.50 |
| 内蒙古翁牛特旗 | 15 | 5 | 33.33 |
| 内蒙古阿拉善左旗 | 7 | 2 | 28.57 |
| 河北承德 | 15 | 1 | 6.67 |
| 山西方山 | 15 | 3 | 20.00 |
| 河南蒲县 | 16 | 2 | 12.50 |
| 河南陕县 | 10 | 1 | 10.00 |
| 陕西志丹 | 5 | 0 | 0 |
| 新疆乌鲁木齐 | 6 | 2 | 33.33 |

## 2.3　DNA 指纹图谱构建及 SSR 核心引物筛选

### 2.3.1　引物的大小及编码

23 对引物对 138 份种质扩增出的等位基因条带大小范围及前人设计引物时的条带大小见表 2-17，各引物的胶板标准化图见图 2-7。相同的引物在本研究中扩增出的条带大小与前人设计引物（Bi & Guan，2014）的大小有出入。其中引物 QXH002、QBLB65、QXH120 以及 QXH323 扩增出的条带大小与前人报道的大小基本一致，其余的 19 对引物扩增出的条带大小均比前人报道的大，超出的范围为 11～154bp，这可能是由于本研究中的种质数量更多、采集地区更广、遗传背景更为丰富造成的。

表 2-17　23 对引物扩增出的等位基因条带大小

| 引物名称 | 本研究中条带大小范围（bp） | 前人设计条带大小（bp） |
|---|---|---|
| QXH002 | 146～148 | 148 |
| QXH049 | 256～309 | 196 |
| QBLB51 | 236～275 | 217 |
| QBLB58 | 261～282 | 216 |
| QBLB62 | 442～449 | 392 |
| QBLB65 | 359～475 | 355 |
| QXH083 | 358～374 | 331 |
| QXRB116 | 175～199 | 127 |
| QXH120 | 279～310 | 298 |
| QXH177 | 251～269 | 208 |

（续）

| 引物名称 | 本研究中条带大小范围（bp） | 前人设计条带大小（bp） |
|---|---|---|
| QBRS192 | 292~315 | 279 |
| QXH197 | 155~175 | 106 |
| QBRB203 | 409~424 | 371 |
| QXH262 | 273~292 | 250 |
| QXH274 | 194~241 | 158 |
| QXH282 | 280~394 | 240 |
| QXH323 | 346~408 | 346 |
| QXR343 | 359~409 | 318 |
| QXH365 | 198~235 | 154 |
| QXHS371 | 275~288 | 241 |
| QXR634 | 388~411 | 338 |
| QXR639 | 160~198 | 118 |
| QXH643 | 380~397 | 268 |

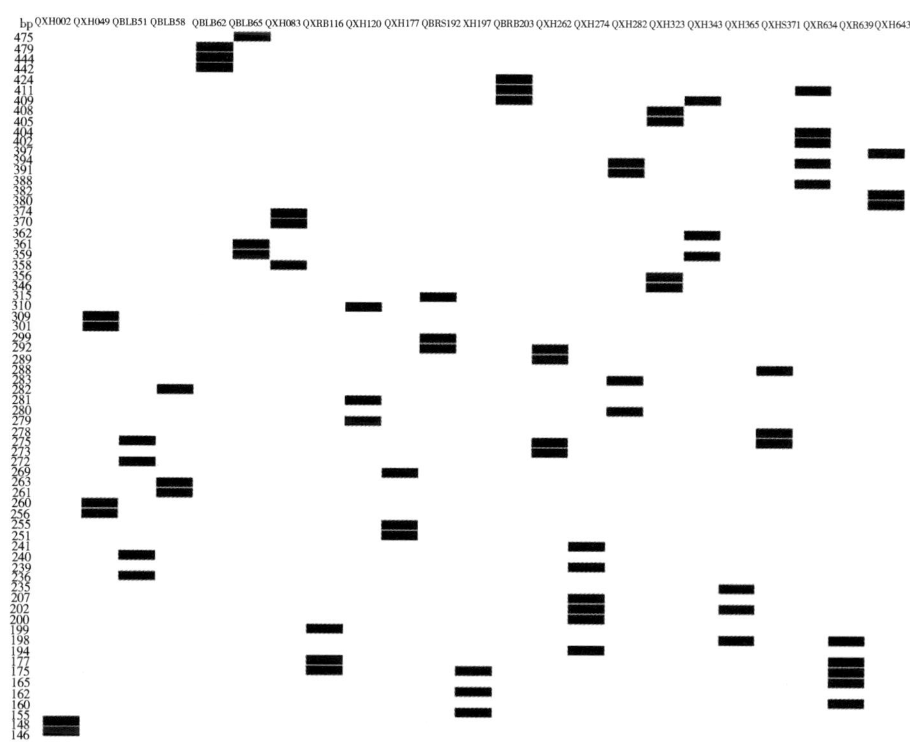


**图 2-7 SSR 扩增产物标准化模式图**

由于本研究中单个位点最多扩增出 6 个等位基因，23 个位点共扩增出 80 个等位基因，因此按照这 80 个等位基因的大小，从小到大依次赋值为 1~6 的自然整数，从而进行编码，结果见表 2-18。例如在 QXH002 位点中，扩增出了大小分别为 146bp 和 148bp 的等位基因，按照等位基因的大小，将 146bp 的等位基因赋值为 1，将 148bp 的等位基因赋值为 2。

表 2-18　等位基因的赋值标准

| 引物名称 | 编码 | | | | | |
|---|---|---|---|---|---|---|
| | 1 | 2 | 3 | 4 | 5 | 6 |
| QXH002 | 146 | 148 | | | | |
| QXH049 | 256 | 260 | 301 | 309 | | |
| QBLB51 | 236 | 240 | 272 | 275 | | |
| QBLB58 | 261 | 263 | 282 | | | |
| QBLB62 | 442 | 444 | 449 | | | |
| QBLB65 | 359 | 361 | 475 | | | |
| QXH083 | 358 | 370 | 374 | | | |
| QXRB116 | 175 | 177 | 199 | | | |
| QXH120 | 279 | 281 | 310 | | | |
| QXH177 | 251 | 255 | 269 | | | |
| QBRS192 | 292 | 299 | 315 | | | |
| QXH197 | 155 | 162 | 175 | | | |
| QBRB203 | 409 | 411 | 424 | | | |
| QXH262 | 273 | 275 | 289 | 292 | | |
| QXH274 | 194 | 200 | 202 | 207 | 239 | 241 |
| QXH282 | 280 | 283 | 391 | 394 | | |
| QXH323 | 346 | 356 | 405 | 408 | | |
| QXR343 | 359 | 362 | 409 | | | |
| QXH365 | 198 | 202 | 235 | | | |
| QXHS371 | 275 | 278 | 288 | | | |
| QXR634 | 388 | 394 | 402 | 404 | 411 | |
| QXR639 | 160 | 165 | 175 | 177 | 198 | |
| QXH643 | 380 | 382 | 397 | | | |

## 2.3.2　种质 DNA 指纹图谱的构建

根据 23 对引物的扩增结果及其等位基因赋值编码结果，对 138 份种质构建 DNA 指纹数据库，即它们的分子身份证，结果见表 2-19。以 4 号种质为例，其 DNA 指纹数据库为 121013121013020212101212121346121310120212102 3，说明 4 号种质在引物 QXH002 的 146 bp（1）和 148 bp（2）、QXH049 的 256 bp（1）、QBLB51 的 236 bp（1）和 272 bp（3）、QBLB58 的 261 bp（1）和 263 bp（2）、QBLB62 的 442 bp（1）、QBLB65 的 359 bp（1）和 475 bp（3）、QXH083 的 370 bp（2）、QXRB116 的 177 bp（2）、QXH120 的 279 bp（1）和 281 bp（2）、QXH177 的 251 bp（1）、QBRS192 的 292 bp（1）和 299 bp（2）、QXH197 的 155 bp（1）和 162 bp（2）、QBRB203 的 409 bp（1）和 411 bp（2）、QXH262 的 273 bp

(1) 和 289 bp (3)、QXH274 的 207 bp (4) 和 241 bp (6)、QXH282 的 280 bp (1) 和 283 bp (2)、QXH323 的 346 bp (1) 和 405 bp (3)、QXR343 的 359 bp (1)、QXH365 的 198 bp (1) 和 202 bp (2)、QXHS371 的 278 bp (2)、QXR634 的 388 bp (1) 和 394 bp (2)、QXR639 的 160 bp (1)、以及 QXH643 的 382 bp (2)、397 bp (3) 位点处有扩增条带出现。根据各种质的指纹数据库构建各种质的指纹图谱，结果见图 2-8。指纹图谱中黑色条带代表该种质在此处扩增出了条带，每份种质的图谱均与表 2-19 中的指纹编码相对应。

**表 2-19 138 份种质的指纹编码数据库**

| 种质编号 | 指纹编码 |
|---|---|
| 4 | 1210131210130202121012121213461213101202121023 |
| 5 | 1012131212130202120312121213461224122302121423 |
| 6 | 1012131210130202120312121210461224102302121402 |
| 10 | 1002131312121210121013020212460203021312121013 |
| 11 | 1213131212121303121313121212121013121212121212 |
| 12 | 1213121212120312121312121012121013021202120212 |
| 13 | 1213131310121003121310021212121313021202121212 |
| 14 | 1212131212121202121213121212461213121313101423 |
| 15 | 1213101210121203121313121212461213021213101423 |
| 16 | 1212131212131010121212121213121212122302121423 |
| 17 | 1212131212131010121212121213121212122323121423 |
| 18 | 1212131210121023121212121212121213121223121223 |
| 19 | 1212131210121023121212121212121213121212021223 |
| 20 | 1212131212121010021212121213141213101223121423 |
| 22 | 1210121212121002101210021213121003132323121412 |
| 23 | 1210121212121002101210101202121003102312121012 |
| 24 | 1210131212131002101010121213121403022312121002 |
| 25 | 1212121212131312121312121313121213122313241412 |
| 26 | 1212121212131012121312121313121213122313241412 |
| 27 | 1210121212030302121012121313101023122312241012 |
| 28 | 1212121212121202121010121313121213122313100212 |
| 29 | 1212121212120202101010121313121213122313100212 |
| 30 | 1212121212020303031010121312131234021013101212 |
| 31 | 1212101212020303031010021312131234021023101212 |
| 32 | 1213131212020312121012021312131313021223101212 |
| 33 | 1213131212021012121012121312131313021223101212 |
| 34 | 1212131212131210121212121313131213122323121413 |
| 35 | 1212131212131310101212021313121213021223121413 |
| 36 | 1212131212121310101210121312121213021223100212 |

（续）

| 种质编号 | 指纹编码 |
|---|---|
| 37 | 1212131212120302121010121013121223122312121402 |
| 38 | 1212101212121202121010021013121223122312121402 |
| 39 | 1214121212121212121010121012121013022313121202 |
| 40 | 1012131212021002100210121012121213022313131012 |
| 41 | 1012131212121003120210121312121213022312131212 |
| 42 | 1012131212121003120210021312121213022312131212 |
| 43 | 1010121212121312131010021312121013121223131212 |
| 44 | 1013131012120202130210021323121003102312351012 |
| 45 | 1210131312100210120210021323121023022323351412 |
| 46 | 1213121312100210120210021323121023122323121412 |
| 47 | 1212121312120202100210021323121212122323121212 |
| 48 | 1212131312120202121310021323121212122323121213 |
| 50 | 1213131312121210121213021323121434122323121012 |
| 51 | 1213121312120210121213021323121434022323121012 |
| 52 | 1202120212120210131213121323120213122323121012 |
| 53 | 1012130212121003121013021323231213101212121412 |
| 54 | 1012131212121003121013021323231213101212101412 |
| 55 | 1214131012121002120213101323041434122312101212 |
| 56 | 1214121212021010130213101323121412102312101002 |
| 57 | 1214121212021010130213101323121412102312101002 |
| 58 | 1214121212121310121210121313121412131212120212 |
| 59 | 1214121212121310121212121312121434131212121210 |
| 60 | 1014131210131010121012121312121413101312100212 |
| 61 | 1212131210120202101212021313251213102312121412 |
| 62 | 1210131212121210131212021313141013102302101012 |
| 63 | 1214121212121310121012021313121012102312101312 |
| 64 | 1214121212121313131012021313121012132312121212 |
| 65 | 1012120212131212121010121312121212131312122512 |
| 67 | 1212100212031212101010101302121012100212121012 |
| 68 | 1010121212121012101312121312141412101213130513 |
| 70 | 1214121212121210131312101302141403101202021013 |
| 72 | 1012121212121202121212121302141223121312021412 |
| 73 | 1012121213121202121212121312141223101312121412 |
| 74 | 1210121213101202121012021313141023100212121012 |
| 75 | 1012121213101202121012121313141234121212121212 |
| 87 | 1210121212130202121012121212461013122302231302 |

（续）

| 种质编号 | 指纹编码 |
|---|---|
| 88 | 1210121212130212121012121212461210021212231002 |
| 89 | 1012121212131212121012121202461013021310121423 |
| 90 | 1010121210030210121212121210461412121310101223 |
| 91 | 1210121212131210121013121212051412121312101423 |
| 94 | 1210121012130212021010121212461434121212102412 |
| 95 | 1210121010100212021010021212461434121212102412 |
| 96 | 1212121210101203021012121013121212121312121002 |
| 97 | 1212121310101203021012121013121212121312121002 |
| 98 | 1212121310101203021012121013121212121312121223 |
| 99 | 1010121210101303021012121013121010121312121223 |
| 100 | 1210121210101323021012121013121013120212121023 |
| 101 | 1213121212101323021012121013121013122312121023 |
| 102 | 1210121212101323021012121213021010120212121023 |
| 103 | 1212121212121002021012121213021313121212121223 |
| 104 | 1212121212121002121212121213231313121212121212 |
| 105 | 1014121212121010121313121213231412120212121210 |
| 106 | 1212121212121302121313121213231212101312121223 |
| 107 | 1012121212121303121313121213231013121202121212 |
| 108 | 1012121212121203121310121213231213121212121023 |
| 109 | 1212121212121323121210121234121212121312121212 |
| 110 | 1212121212121023121210121234121212121302121212 |
| 111 | 1213131212122313231313101212561023021312121012 |
| 112 | 12101002121212223230313101212051023121312121423 |
| 113 | 12101012121212223230313101212051023121313121423 |
| 114 | 1012101312120202231013101013261023021213121012 |
| 115 | 1012101312120202231010101013261234021213121012 |
| 116 | 1012121312120202231010101013261234021213121012 |
| 117 | 1002122312121213021010101010050234021013121012 |
| 118 | 10121213121212223121013131313261234021213121012 |
| 119 | 10121003121212223231013101313261234021213121012 |
| 120 | 10121003101202223231002101312141212021212121012 |
| 121 | 10121023101202223231002101312141212021212122412 |
| 122 | 1012101210020223020213101302021210021012121410 |
| 123 | 1012131210020223230213131312021210021312121410 |
| 129 | 1210121212101202121310101212101013121312121510 |
| 130 | 1010121212101212121302131212121013021313121223 |

（续）

| 种质编号 | 指纹编码 |
|---|---|
| 131 | 1012120212101212021302101212461210020213121410 |
| 132 | 10121312121012231202131312121212121313121223 |
| 133 | 1210131210100313101012131312231012021313121412 |
| 134 | 1012131210101212021312131312461210232313121413 |
| 135 | 10121312101212121212021313124612022232313101012 |
| 136 | 1212131210120213121310131312461202021313101012 |
| 137 | 1212131210120213121310101312461202021313101402 |
| 138 | 1010130210101213121010101312231203021313121302 |
| 139 | 1013130210121213121010131312231403231313121323 |
| 140 | 1213131212121213121013101312121012231312021023 |
| 141 | 1213131212121213121313131312121012231312021423 |
| 142 | 1213101212121213121013131312121012231312021423 |
| 143 | 1213101212121213121313131312121012231312021423 |
| 147 | 1212121210121013231013131312461223231212131212 |
| 148 | 1212121210121013231013131312461223231212121012 |
| 149 | 1012121210121002231213131312161223021212121023 |
| 152 | 1014120212121003121013121212241413022312121010 |
| 153 | 1214120212121203121213121212241413022312121312 |
| 154 | 1214121312121203121213121212241413122312121312 |
| 155 | 1214121313121203121013121212241410022312121312 |
| 156 | 1212120213121223121010101202021213022312231212 |
| 157 | 1212120213121223121010101202021213022312231212 |
| 158 | 1212120213121203121010101202121213022312121212 |
| 159 | 1212121212121003101310121213121213122312121212 |
| 160 | 1214121212121023021010121213121413022312121023 |
| 161 | 1212121212121023021010121213121413022312121012 |
| 163 | 1010140210121012121210101214231003022302121412 |
| 164 | 1012141312101012121010131212231212022302101212 |
| 165 | 1012141312101012121010131212231212022312101212 |
| 166 | 1213141212131210121010101202231034021223120212 |
| 167 | 1212102310031012121010131202231234021312121012 |
| 169 | 1212141212121013121312101314121213020212121223 |
| 170 | 1213141212121013121312131312121413231212121023 |
| 171 | 1012141210021002021312131312231202021312121202 |
| 172 | 1012141212120223021312131312121213231312131212 |
| 173 | 1213141212121023121212131312461013231312121012 |
| 177 | 1213140210021023121012131312141013231312121023 |

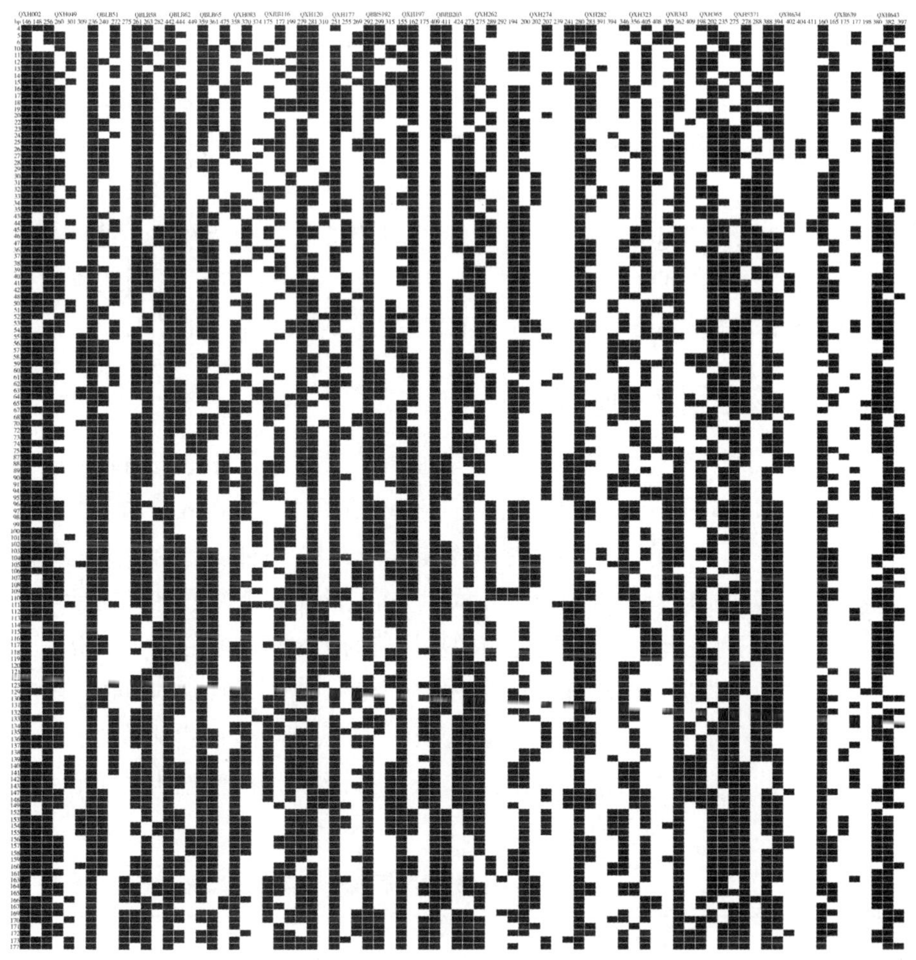

**图 2-8 138 份文冠果种质的 DNA 指纹图谱**

## 2.3.3 SSR 核心引物的初步筛选

构建植物种质的指纹图谱数据库的目的是以较少数量的引物组合及较高效率的鉴定方法，鉴别尽可能多的种质数量。由表 2-19 和图 2-8 可以看出，用现有的 23 对引物对 138 份种质构建的指纹编码及指纹图谱非常冗长，因此有必要对 23 对引物进行筛选，从而得到核心引物，这对于提高构建种质指纹图谱的效率是非常有帮助的。由于在不同基因型中，每个微卫星序列重复单位的重复次数存在很大的差异，从而导致其等位基因的数目有所不同。前人设计的 38 对 SSR 引物中有 15 对不能扩增出清晰的多态性条带，其余 23 对引物对 138 份种质扩增的等位基因数及其多样性指数见表 2-14。23 对引物对种质扩增出的等位基因数平均为 3.48 个，其中 QXH274 对种质扩增出的等位基因数最多（6 个）；QXH002 对种质扩增出的等位基因数最少（2 个）。扩增出的等位基因数比平均值大的引物有 8 个，分别为 QXH274、QXR639、QXR634、QXH323、QXH262、QBLB51、QXH049 以及 QXH282。引物扩增出的等位基因数越多，说明该引物在鉴别种质之间差异性方面的能力越强。23 对引物的遗传多样性指数平均为 0.58，其中 QXH274 的最高，为 0.74。引物的遗传多样性指数比平均值大的引物有 10 个，分别为 QXH274、QXH323、QXH365、QXRB116、QXH262、QXHS371、QXH643、QBLB51、QBRB203 以及 QXH083。23 对引物 PIC 的平均值为 0.51，其中 QXH274 的 PIC 值最高，为 0.70。引物的 PIC 值比平均值大的引物有 9 个，分别为 QXH274、QXH323、QXH365、QXRB116、QXH262、QBLB51、QXHS371、QXH643 以及 QBRB203。等位基因数、遗传多样性指数及 PIC 值均高于平均值的引物有 4 个，分别为 QXH274、QXH323、QXH262 以及 QBLB51，说明这 4 对引物能够更好的反映出 138 份种质的差异，初步将这 4 对引物作为 SSR 的核心引物。

### 2.3.4 SSR 的核心引物的确定

23 对引物能对 138 份种质中的 134 份形成独一无二的分子身份证编码，即能够区分 97.10%的种质，其中 56 号与 57 号种质的分子身份证编码相同，156 号与 157 号种质的分子身份证编码相同（表 2-20），平均每对引物能区分 5.83 份种质。由于文冠果广泛分布于我国北方地区，其种质数量非常庞大，而构建 DNA 指纹图谱的最终目的是对所有种质均赋予独一无二的分子身份证。在本研究中初步构建的 138 份种质的分子身份证已经有 46 位，今后在对更多的种质进行构建分子身份证的研究时，需要设计新的引物，随着 SSR 引物数量的不断增加，种质的分子身份证也会越来越长，从而导致构建种质的分子身份证失去原本的意义。因此，有必要根据本研究初步筛选的引物，继续筛选出其核心引物，达到用最少的引物组合区分最多种质的目的。

**表 2-20　23 对引物不能区分的种质编号及其指纹编码**

| 指纹编码 | 种质编号 |
| --- | --- |
| 1214121212021010130213101323121412102312101002 | 56，57 |
| 1212120213121223121010101202021213022312231212 | 156，157 |

根据引物的遗传多样性指数、PIC 值及等位基因数等指标，逐步去除引物，观察对能够区分种质数量的影响，从而筛选核心引物。表 2-21 显示了逐步去除引物后对区分种质数量的影响。本研究首次去除一批多样性指数最低、PIC 值也最低的引物，它们为 QXH002、QBLB62、QXH177。剩余的 20 对引物能够区分 132 份种质，只增加了 142 号与 143 号这两个不能区分的种质。即用 20 对引物可以区分 95.65%的种质，平均每对引物能区分 6.60 份种质。再去除 20 对引物中多样性指数最低、等位基因数也最低、同时 PIC 值较低的两个引物（QBRS192 和 QXR343）。剩余的 18 对引物可以区分 95.65%的种质，平均每对引物能区分 7.33 份种质。进一步去除 18 对引物中等位基因最少、多样性指数及 PIC 值均较低的 4 对引物（QXH197、QBLB65、QXH120、QBLB58）。剩余的 14 对引物能够区分 122 份种质，又增加了 10 份不能区分的种质，它们为：41 号与 42 号的分子身份证编码相同，94 号与 95 号的相同，96 号与 97 号的相同，142 号的与 143 号的相同，153 号的与 154 号的相同。即用 14 对引物可以区分 88.41%的种质，平均每对引物能区分 8.71

份种质。之后再去除 14 对引物中等位基因较多，但多样性指数及 PIC 值均较低的 4 对引物（QXH282、QXR634、QXR639、QXH049）。剩余的 10 对引物能够区分 116 份种质，又增加了 6 份不能区分的种质，它们为：53 号与 54 号的分子身份证相同，96 号与 97 号的相同，147 号的与 148 号的相同。即用 10 对引物可以区分 84.06%的种质，平均每对引物能区分 11.60 份种质。最后去除 10 对引物中等位基因较少，但多样性指数及 PIC 值均较高的 2 对引物（QXH083、QBRB203）。剩余的 8 对引物能够区分 104 份种质，又增加了 12 份不能区分的种质，它们为：25 号与 26 号的分子身份证编码相同，28 号与 29 号的相同，32 号与 33 号的相同，94 号的与 95 号的相同，120 号的与 121 号的相同，140 号的与 141 号的相同。即用 8 对引物可以区分 75.36%的种质，平均每对引物能区分 13.00 份种质。

**表 2-21　减少引物对区分种质的影响**

| 去除的引物名称 | 新增不能区分的种质 | |
|---|---|---|
| | 种质数量 | 种质编号 |
| QXH002，QBLB62，QXH177 | 2 | 142，143 |
| QBRS192，QXR343 | 0 | |
| QXH197，QBLB65，QXH120，QBLB58 | 10 | 41，42，94，95，96，97，142，143，153，154 |
| QXH282，QXR634，QXR639，QXH049 | 6 | 53，54，96，97，147，148 |
| QXH083，QBRB203 | 12 | 25，26，28，29，32，33，94，95，120，121，140，141 |

在剩余的 8 对引物中，QXH643 为等位基因数、多样性指数及 PIC 值均最低的引物，其多样性指数为 0.60，等位基因数为 3，PIC 值为 0.53。如果继续去除该引物，会增加 9 份新的不能区分的种质，即用 7 对引物能区分 68.84%的种质，平均每对引物能区分 13.57 份种质。如果继续去除引物，将会大量减少能区分的种质数量，但每对引物区分种质的数量增加的却很少，因此停止对引物的筛选。最终获得了 8 对核心引物，它们是：QBLB51、QXH643、QXHS371、QXH262、QXRB116、QXH365、QXH323 以及 QXH274。这 8 对引物共能区分 104 份种质，平均每对引物能区分 13 份种质，不仅保证了区分种质的总数量，而且每对引物也能区分较多的种质数量。因此，这 8 对引物可以作为构建文冠果分子身份证的核心引物。

### 2.3.5　不同引物组合对种质的区分

在本研究中，23 对引物能将 138 份种质中的 134 份完全区分开，为了能够简便快捷的区分每个种质，对 23 对引物的不同组合进行分析，旨在达到用较少的引物组合来区分较多种质。首先分析单对引物能够区分的种质，结果见表 2-22。发现引物 QXH083 能区分出编号为 111 的 1 份种质；引物 QBRB203 能区分出编号为 10 的 1 份种质；引物 QXH274 能区分出 4 份种质（55、61、111、149）；引物 QXR639 能区分出 3 份种质（65、68、129）。

表 2-22　1 对引物能够区分的种质及其编码

| 引物 | 种质编号及其具有的特异等位基因编码 |
|---|---|
| QXH083 | 111（23） |
| QBRB203 | 10（02） |
| QXH274 | 55（04），61（25），111（56），149（16） |
| QXR639 | 65（25），68（05），129（15） |

注：括号内数字表示该引物在某一种质下的特异扩增条带编码。

除了能够用单对引物区分的 8 份种质以外，为了用较少的引物组合来区分其余的 126 份种质，将引物按照 PIC 值由高到低的顺序进行组合。首先选择 PIC 值最高的 2 对引物 QXH274 及 QXH323 来区分 126 份种质，发现该引物组合能区分出 10 份种质（27、70、75、90、91、99、114、117、155、171）。再加入第 3 对 PIC 值较高的引物 QXH365，又新增能区分开的种质 21 份（20、34、58、59、62、67、74、87、88、102、103、105、122、123、131、134、135、163、166、167、177）。按照这种方法，在引物组合中依次加入新的引物，对种质进行区分，结果见表 2-23。

表 2-23　逐个增加引物组合对种质的区分

| 序号 | 引物组合 | 新增区分开的种质 | 小计 | 合计 |
|---|---|---|---|---|
| 1 | QXH274+QXH323 | 27，70，75，90，91，99，114，117，155，171 | 10 | 10 |
| 2 | QXH365+前 2 对引物 | 20，34，58，59，62，67，74，87，88，102，103，105，122，123，131，134，135，163，166，167，177 | 21 | 31 |
| 3 | QXRB116+前 3 对引物 | 4，15，52，60，64，89，100，104，106，130，133，169，170，172，173 | 15 | 46 |
| 4 | QXH262+前 4 对引物 | 5，6，14，23，35，36，39，40，44，72，73，132，158，159 | 14 | 60 |
| 5 | QBLB51+前 5 对引物 | 22，24，30，31，37，38，45，46，47，48，50，51，63，115，116，118，119 | 17 | 77 |
| 6 | QXHS371+前 6 对引物 | 11，12，13，16，17，18，19，43，107，108，109，110，112，113，164，165 | 16 | 93 |
| 7 | QXH643+前 7 对引物 | 98，136，137，138，139，152，161 | 7 | 100 |
| 8 | QBRB203+前 8 对引物 | 101，160 | 2 | 102 |
| 9 | QXR639+前 9 对引物 | 120，121，140，141，147，148 | 6 | 108 |
| 10 | QXH049+前 10 对引物 |  | 0 | 108 |
| 11 | QXH083+前 11 对引物 | 25，26，28，29，32，33 | 6 | 114 |
| 12 | QBLB58+前 12 对引物 | 53，54，96，97，153，154 | 6 | 120 |
| 13 | QXH120+前 13 对引物 |  | 0 | 120 |
| 14 | QBLB65+前 14 对引物 | 94，95 | 2 | 122 |
| 15 | QXH197+前 15 对引物 | 41，42 | 2 | 124 |

（续）

| 序号 | 引物组合 | 新增区分开的种质 | 小计 | 合计 |
|---|---|---|---|---|
| 16 | QXH282+前 16 对引物 | | 0 | 124 |
| 17 | QXR634+前 17 对引物 | | 0 | 124 |
| 18 | QBRS192+前 18 对引物 | | 0 | 124 |
| 19 | QXR343+前 19 对引物 | | 0 | 124 |
| 20 | QXH177+前 20 对引物 | 142，143 | 2 | 126 |
| 21 | QBLB62+前 21 对引物 | | 0 | 126 |
| 22 | QXH002+前 22 对引物 | | 0 | 126 |

从表中可以看出，第 3 个引物组合可以新增能区分开的种质 15 份。第 4 个引物组合至第 9 个引物组合能够新增区分开的种质数分别为：14、17、16、7、2、6 份；第 10 个引物组合不能区分出新的种质；第 11、12 个引物组合分别能新区分出 6 份种质；第 13 个引物组合不能区分出新的种质；第 14、15 个引物组合分别能新区分出 2 份种质；第 16 个引物组合至第 19 个引物组合均不能区分出新的种质；第 20 个引物组合可以新增能区分出的种质 2 份。至此，除去不能新增区分开种质的引物组合，共用 14 个引物组合可以把 126 份种质完全分开。

## 2.4 小结与讨论

### 2.4.1 种子性状变异及优良种质筛选

在本研究的 14 个群体中，文冠果种质的平均含油率为 53. 83±3. 85%，远高于一些木本能源植物，如无患子 35. 57%（Lovato *et al.*, 2014；孙操稳等，2016）、水黄皮 31. 4%（Mukta *et al.*, 2009）、乌桕 21%（Karmakar *et al.*, 2010）等，说明文冠果是能源植物中种子含油率较高的物种。本研究中所测得的脂肪酸成分与前人研究基本一致（Zhang *et al.*, 2010；Qu *et al.*, 2013；Yao *et al.*, 2013）。文冠果种仁油中的不饱和脂肪酸含量远高于饱和脂肪酸含量，这一现象也出现在黄榆（Azmir *et al.*, 2014）和向日葵（Edem，2002）等植物中。

在生物柴油性状方面，内蒙古阿鲁科尔沁旗和山西永和群体的十六烷值符合美国标准（ASTM D6751—10）和我国标准（GB/T 20828—2014）。对于混合燃料来说，其十六烷值决定于每个成分的性质；并且当碳链长度与饱和度上升时，十六烷值会随之变大，较低的十六烷值与过多的不饱和脂肪酸含量有关（Ruangsomboon，2015）。因此，硬脂酸与棕榈酸拥有较高的十六烷值，而亚麻酸和亚油酸的十六烷值则较低（Harrington，1986）。本研究也证实了这一说法。根据欧盟标准，含有 4 个双键的脂肪酸含量不得高于脂肪酸总含量的 1%（BS，2003）。而在文冠果的脂肪酸成分中未发现含有 4 个双键的脂肪酸，因此符合欧盟标准中的规定。

种仁油中的脂肪酸受环境因素和基因型的双重影响（Linder，2000；O′Neill *et al.*，2003）。本研究中，种子产量指标与生物柴油指标受环境影响很大，而种子中含量最高的脂肪酸，如油酸、亚油酸，则与环境因素没有明显的关系。一些环境因子与脂肪酸之间存在显著相关性，说明不同群体的文冠果受当地环境的影响很大。这为今后按所需脂肪酸来选择文冠果的采样地奠定了基础。本研究发现种子表型性状间存在较大联系，含油率会随着种子的变大而上升，同时也会增加不饱和脂肪酸含量。含量较高的几个脂肪酸，如油酸、亚油酸，它们的含量与种子大小存在紧密联系，而含量较低的脂肪酸与种子大小没有关系，这一现象在前人研究中也曾出现（夏国华，2014）。生物柴油指标与脂肪酸之间表现出了更强烈的响应，每个生物柴油的指标几乎都与所有的脂肪酸存在显著的相关性。性状间的联系说明在文冠果中含量较低的脂肪酸更具有遗传性，含量较高的脂肪酸则与种子表型有较强联系。根据表型针对性地对脂肪酸成分进行筛选，既能完善文冠果种质资源的遗传多样性信息，又能通过表型筛选促进对脂肪酸及生物柴油性状的选优。

在文冠果优良单株的筛选方面，刘克武等（2008）以生长量和产量为指标，筛选出了8个黑龙江地区文冠果优良无性系。汪智军等以可孕花比例、千粒重、结实性状以及产量等性状，对新疆维吾尔自治区木垒县和察布查尔县林场文冠果进行筛选，选出6株文冠果优良高产单株（汪智军等，2011）。本研究收集的143份文冠果资源来自14个群体，几乎涵盖了文冠果所有的适生区，具有广泛的代表性，采集地之间存在较大的地理跨度，为文冠果的良种选育及推广奠定了基础。最终筛选出了14份文冠果优良种质，对于文冠果优良无性系筛选体系的建立具有非常高的参考价值。

### 2.4.2 种质资源遗传多样性与核心种质构建

Nybom等（2004）的研究表明，自花授粉、混合授粉及异花授粉的群体内的遗传多样性分别为0.120、0.180及0.250。本研究中的群体内平均遗传多样性系数为0.50，从分子水平证实了文冠果属于异花授粉的杂交体系。群体内遗传多样性较低的原因可能与近年来由于人类的干扰和自然灾害而导致的种质分布范围缩小有关（Zhang *et al.*，2010）。由于文冠果群体内的破碎及较低的遗传多样性，应该实施更加严格而有效的保护措施来保持物种内的遗传多样性，使其发展成为未来育种工程的良好资源。

本研究11个文冠果群体之间存在大量的遗传变异，所有位点均显示出多态性。SSR标记的等位基因中存在较高水平的多态性，这也为大量的遗传变异提供了依据，AMOVA分析也显示了群体之间存在67%的遗传变异。群体间高水平的遗传变异是由多个因素形成的，比如地理隔离、生境破坏、繁育体系以及基因流限制等（Parks *et al.*，1994；Kamm *et al.*，2009）。11个群体的遗传距离与地理距离显著正相关，长期的地理隔离及生境破坏已经影响了文冠果的地理变异。等位基因的缺失也可能发生在地理转变及生境破坏过程中，这些缺失也增加了群体间的变异（Matsuki *et al.*，2008）。小范围的生态过程如种子散布方式、传粉者的行为、繁育体系及不间断的生境破坏，都会影响文冠果群体的遗传结构。文冠果的传粉者多为蜜蜂、甲虫等，都不具远距离飞行能力，说明花粉传播距离有限

(*Kamm et al.*, 2009)。这些结论为推测文冠果群体间的演化过程、探索物种内多样性和适应性的机理奠定了基础。

本研究首次使用 SSR 标记的方法研究文冠果的遗传多样性，选用了 23 对多态性引物对 138 份文冠果种质进行了遗传多样性分析，所有引物均表现出了多态性，这一结果高于前人使用 RAPD 和 ISSR 标记结果（Guan *et al.*, 2010；张芸香等，2014；芦娟等，2014）。本研究中每个位点的平均等位基因数为 3.48，平均 PIC 值为 0.51，说明 SSR 标记能很好地运用在文冠果的遗传多样性研究中。

对 138 份文冠果种质进行聚类，发现它们的遗传系数较小，这说明它们的遗传背景很相似。大部分地理来源相同的种质聚在了同一类群中，也有少部分不同地理来源的种质聚在了同一类群中，这可能是在文冠果的栽培过程中出现了混合播种的情况，增加了不同生态环境下种质资源的基因交流。

构建核心种质的目的是以最少的种质资源数量及其遗传多样性最大程度地代表整个种质资源的遗传多样性。实现这个目的的关键是选择合理的种质比例。核心种质比例一般占原始种质的 5%~40%，都保持在 20 份种质以上（Ortiz *et al.*, 1998；崔艳华等，2003；Li *et al.*, 2012）。本研究在 138 份种质的基础上，逐步构建了 50%、30%和 20%的核心种质，最终选取 20%的比例，构建的核心种质共 25 份，来自 10 个群体，它们的遗传多样性与原始种质的差异不显著，因此，构建的核心种质能充分代表原始种质资源的遗传多样性。

### 2.4.3 DNA 指纹图谱构建及 SSR 核心引物筛选

构建种质的分子身份证不仅仅为了能够区分种质，还应该具有非常高的可重复性和简便性。SSR 标记技术具很高的可重复性，不需要对 DNA 模板进行酶切。因此，非常适合用于构建植物种质的分子身份证。利用 SSR 鉴别种质的关键是一定数量的核心引物，其中最关键的是引物的选择与确定。由于二倍体植物的基因型相对简单、等位基因频率容易计算，因此常采用遗传多样性指数、PIC 值、等位基因数作为确定核心引物的参考标准（Piperidis *et al.*, 2004；王凤格等，2004；刘新龙等，2010；蒋林峰等，2014）。本研究通过逐步去除多样性指数较低、有效等位基因数较少、多态信息含量较低的引物，最终筛选出 8 对引物作为文冠果种质鉴别的核心引物，能区分 138 份种质中的 104 份，为总种质的 75.36%，平均每对引物能区分 13 份种质，从而使区分种质的总数量和每对引物区分种质的数量都较高。

目前构建植物种质指纹图谱的主要方法有特征条带法（王凤格等，2003）、单引物法（缪恒彬等，2008）和引物组合法（汪斌等，2011）。当有大量种质需要鉴定时，一般将引物组合后进行鉴定，使用几个多态性高的引物组合就能完成大规模种质鉴定（Archak *et al.*, 2003）。本研究用 23 对引物可以区分 134 份种质，并且按照引物 PIC 值的高低依次添加，组成不同的引物组合，更快捷地将种质完全区分开。随着引物组合数量的不断增加，能够区分的种质数量也在大量增加，其代表的遗传变异信息量也更加准确、丰富及全面，适用于大量的文冠果种质鉴别。另外，其中 8 份种质可以用 1 对引物区分出来，这极大提高了种质鉴定效率。但由于筛选的引物数量有限，产生的特征条带还较少，不足以用于大量文冠果种质 DNA 指纹数据库的构建。此外，在种质数量大幅度增加后，特征条带也极有可能出现在种质中，即目前的引物特征条带在材料范围上具有一定的局限性（匡猛等，2011）。今后还需筛选大量引物，得到更多种质特征条带，为种质保护提供理论支持。

# 第3章 文冠果油料能源林开花生物学特性研究

生产中文冠果的一个严重问题是开花多坐果少，即繁花少实的现象。造成这种现象的原因除了粗放管理之外，文冠果花的形态特征和开花生物学特性也是重要因素。首先，文冠果按照花瓣形态可以划分为单瓣花和重瓣花。单瓣花有花瓣5片，倒卵形，质薄，白色，雄蕊8枚，长约为花瓣之半。子房圆形，花柱短而粗。文冠果有些单株是只开花不结实的，即重瓣花植株。重瓣花花瓣数约25枚，扭曲反卷，雌雄蕊和角状突起特化为绒状花瓣，花器退化，不能结实，也被称为“无性花”，以花期观赏性为主要特征。其次，单瓣花根据性别还可以分为雌能花和雄能花。对于单瓣花植株来说，雌能花由2年生枝顶芽萌发形成，可以结实，雄能花主要着生在2年生枝腋芽，这些花不能结实，仅能提供花粉，因此，雌雄比例低，导致文冠果种实产量低。针对以上现象，深入研究不同类型和性别花的形态特征、发育过程、形成机制和影响因素是进行性别调控的基础，对促进雌能花分化，提高雌雄比例，进而大幅提高种子产量具有重要理论和实践意义。

植物性别决定是一定环境条件诱导下，基因表达、激素调节、矿质营养、microRNA（miRNA）调控等相互作用的动态过程。大量植物激素涉及性别鉴定基因和发育通路，其作用效应依激素种类、作用时期和植物种类而不同，各内源激素是相互增益或拮抗的动态平衡关系，共同控制营养转向，对性别分化起显著调控作用。有机营养、矿质元素是花芽分化的重要物质和能量来源，其含量、运输和分配模式一直是雌雄配子体发育研究的重点。miRNA通过转录后基因调控的方式在花发育过程中发挥重要作用，与性别特异性相关的miRNA主要涉及影响育性、雌雄蕊发育及成熟度等。气象因子尤其是温度能影响植物体内碳水化合物等营养物质的积累及激素分配。植物生长发育期一般需要具有特定阈值的活动积温，温度会影响花芽分化进程，并影响花性别。此外，湿度对花芽分化和性别分化进程也有重要影响。文冠果不同类型、不同性别花的花芽分化过程、性别分化关键期，影响性别的关键激素、激素平衡关系、有机营养和矿质元素的水平、miRNA的调控作用等研究尚不深入，性别分化过程与气象条件的关系尚未构建，这些对花型花性分化调控尤为重要。

本研究明确了文冠果单瓣花和重瓣花的分化过程以及相关miRNA的调控作用；针对单瓣花深入研究其花芽分化、性别分化过程及雌、雄蕊发生败育的关键时期，建立内外部形态特征的相关性，以及该分化过程与气象因子的关系；同时探究花芽分化过程中的关键营养物质和关键激素及激素间平衡关系，矿质元素及营养物质动态变化规律；确定文冠果性别分化关键时期差异表达的 miRNA，挖掘调控性别分化的关键 miRNA；利用文冠果的多种器官组织，通过多种分析方法确定适用于不同分子试验目的的内参基因组合。研究结果将为今后利用分子、生理和栽培等技术措施调控文冠果性别分化，提高两性花比例，进而提高种子产量提供重要理论依据。

## 3.1　文冠果单瓣花与重瓣花的形成及 miRNA 研究

### 3.1.1　单瓣花与重瓣花的形态结构特征与花芽分化过程

#### 3.1.1.1　单瓣花与重瓣花形态特征及开花习性

材料取自河北省承德市 45 年生文冠果林分，平均树高 5.11m，平均地径 19.67cm，平均冠幅 2.5m，单位投影面积产种量约 90g/m$^2$。2011 年 4 月至 6 月观测开花物候，记录花发育形态特征及开花物候期。5%花开放为初花期，25%的花开放为盛花始期，50%的花开放为盛花期，75%的花开放为盛花末期，75%的花朵凋谢为终花期。从 3 月初开始，单瓣花（wild type，WT）和重瓣花（mutant，M）分别随机选择 1 植株，每间隔 10~15d 从两种类型植株的东、南、西、北 4 个方向各取 1 年生小枝上饱满顶芽，一部分进行形态解剖学观察，记录芽的外形变化。另一部分用 FAA 固定，制作石蜡切片，观察花芽分化过程。

单瓣花为总状花序，顶生花序长约 19cm，花朵密度 1.92 朵/cm。花瓣 5 枚，平展，花径约 2cm。花瓣长约 1.2cm，宽 0.7~0.9cm，花瓣上部白色，初开时花瓣基部黄色，开花 1d 后花瓣基部逐渐变为紫色。花瓣有长椭圆形和倒卵形，边缘有时稍反卷，基部渐狭成匙状（图 3-1）。1 枚雌蕊，子房被灰色绒毛。8 枚雄蕊，雄蕊长约 0.7cm，花丝无毛。花梗长 1.2~2cm，3 枚苞片，长约 0.5cm。萼片 5 枚，全缘，长椭圆形，长 0.6~0.7cm，萼片两面被灰色毛。在萼片内与花瓣基部着生 5 枚角状附属体，长约 0.5cm，宽约 0.1cm，橙黄色。

重瓣花同样是总状花序，长约 13cm，花冠大，花径接近 2.5cm。花瓣密集，花瓣数约 17~25 枚，扭曲反卷，宽窄变化较大，外观与茉莉花相似（图 3-1）。花瓣白色，基部紫红色。花内部雌、雄蕊和角状附属体特化为花瓣，内轮的花瓣上可见到黄色花药的残迹。外缘的花瓣形状较大，较宽，向里面逐渐变窄，中心处花瓣最小。中心处小花瓣长约 7mm，宽约 2mm。萼片、苞片均为绿色，花萼 5 片，基部稍相连，椭圆形，苞片 3 枚。花梗比较粗短。全株都为同一花型，不能结实。

重瓣花花期比单瓣花大约晚 3~5d。一般单株花期约半月左右。不同植株间花期一般相差不超过 10d。单个花序一般开放 8d 左右，一朵花花期约 5d。从花蕾露白到开放大约 7h。同一株树上，顶生花序比侧生花序生长快，生长量大，停止生长也晚。一般情况下，顶生花序底部的花先开放，尖端最后开放，侧生花序基本同时开放，有利于授粉。

Ⅰ 单瓣花开花

Ⅱ 重瓣花开花

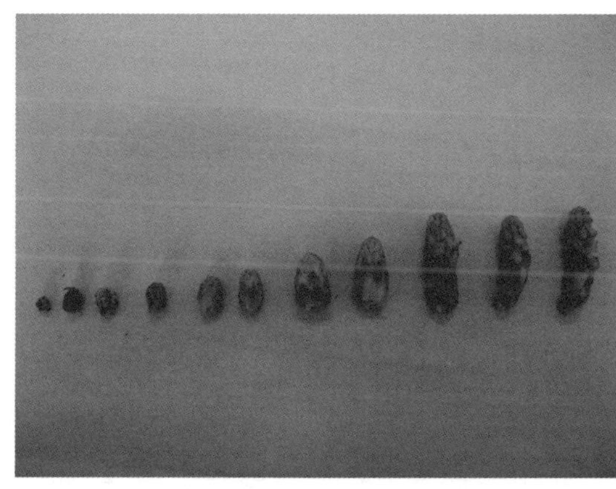

Ⅲ 单瓣花花芽发育

Ⅳ 重瓣花花芽发育

**图 3-1 文冠果单瓣花与重瓣花及花芽发育外部形态**

#### 3.1.1.2 单瓣花与重瓣花的性别特征

单瓣型植株的花通常分为雌能花（图 3-2 Ⅰ）和雄能花（图 3-2 Ⅱ）；雌能花子房发育正常，雄蕊退化；雄花的雌蕊败育，雄蕊发育正常。图 3-2 显示了单瓣型文冠果雌、雄能花外部形态发育过程。

单瓣雌、雄能花的结构特点见图 3-3。图 3-3 Ⅰ、Ⅱ 分别为雌能花及其雌、雄蕊，图3-3 Ⅴ、Ⅵ 分别为雄能花及其雌、雄蕊。雌能花雄蕊退化，花丝较短，囊状花药内有花粉粒（图 3-3 Ⅲ），但是花药不开裂撒粉。但雌蕊发育正常，授粉受精后子房膨大，形成胚珠，逐渐发育为种子（图 3-3 Ⅳ）。雄能花的雄蕊发育正常，雄蕊原基发育完毕后，雄花的花丝较长，花粉母细胞继续分裂，形成具有较高活力的花粉粒，并在后期花药开裂撒粉（图 3-3 Ⅶ），但其雌蕊发育不完全，有些仅有微小突起，有些后期子房停止发育（图 3-3 Ⅷ）。

文冠果新梢在 6 月下旬停止生长，形成顶芽。此时开始花芽分化，直到第 2 年春天。一般 2 年生枝顶芽形成雌能花，15~50 朵花，开花时间集中；侧芽形成雄能花，产生和散布花粉。所以侧生花序数量上远多于顶生花序，如果 2 年生枝较长，侧生花序则更多。侧

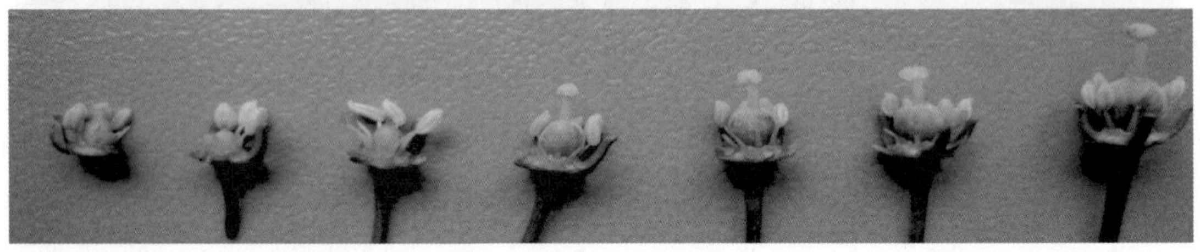

I 单瓣雌能花

II 单瓣雄能花

**图 3-2 单瓣型文冠果的雌能花和雄能花**

生生花序一般 10~40 朵花，开放持续时间长。顶芽萌生雌能花，侧芽萌发雄能花可能是顶端优势导致养分优先供应顶芽所致，营养充足有利于雌花的分化。

图 3-4 显示了重瓣型的雌能花和雄能花的结构。图 3-4 I 为重瓣型的雌能花，可见其子房膨大（图 3-4 II），顶部的花柱和柱头均发生瓣化，子房和花柱都被有白色绒毛，其子房内可见胚珠（图 3-4 III），但受到花柱和柱头瓣化影响，雌蕊不能授粉，随着花凋谢逐渐萎蔫。图 3-4 IV 为重瓣型的雄能花，中心位置可见极小的雌蕊（图 3-4 V、图 3-4 VI）。雌蕊同样外面包被着很多白色绒毛，纵切后发现子房内部没有胚珠，并且花柱和柱头极短，发生瓣化（图 3-4 VII）。重瓣型的雌能花和雄能花的雄蕊在伸长后都发生瓣化，形成细窄的花瓣（图 3-4 VIII），瓣化的花瓣基部可见花丝的残迹，瓣化花瓣上部有囊状物，是花药残迹。囊状物切开后，可以见到内部有花粉粒（图 3-4 IX、图 3-4 X）。但由于已经瓣化，花粉粒被包裹在花瓣中，此囊状物并不开裂撒粉。另外，与单瓣型不同，重瓣型的雌能花和雄能花都没有橙色角状附属体，已特化为花瓣。

I 雌能花

II 雌能花的雌、雄蕊

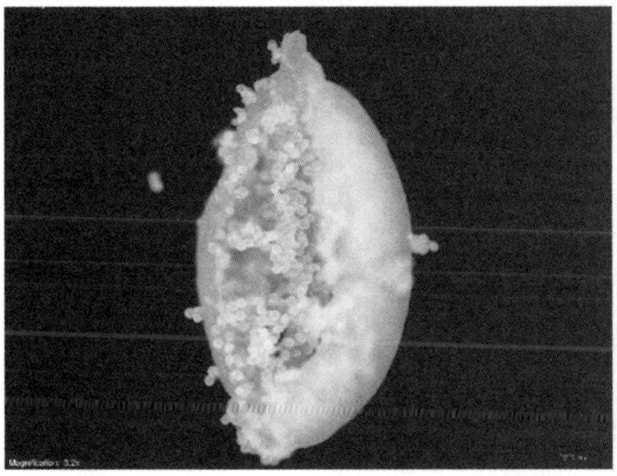

III 雌能花花药纵切

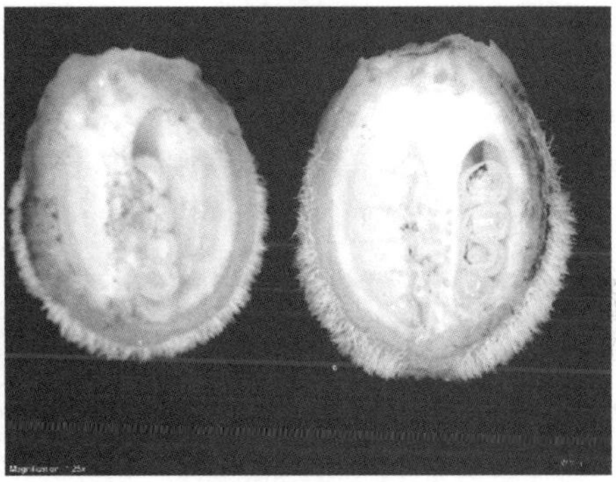

IV 雌能花子房纵切

V 雄能花

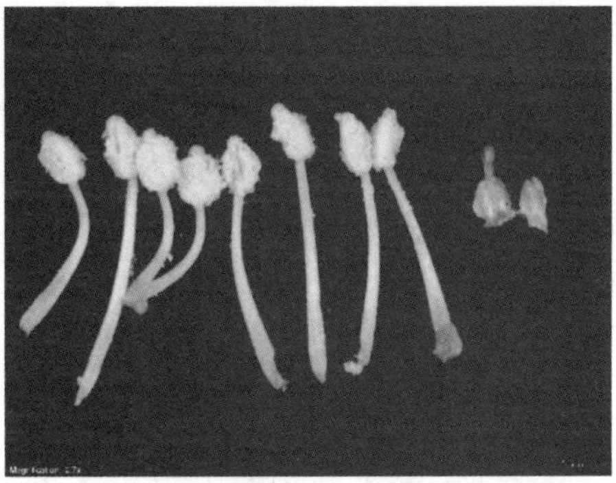

VI 雄能花的雌、雄蕊

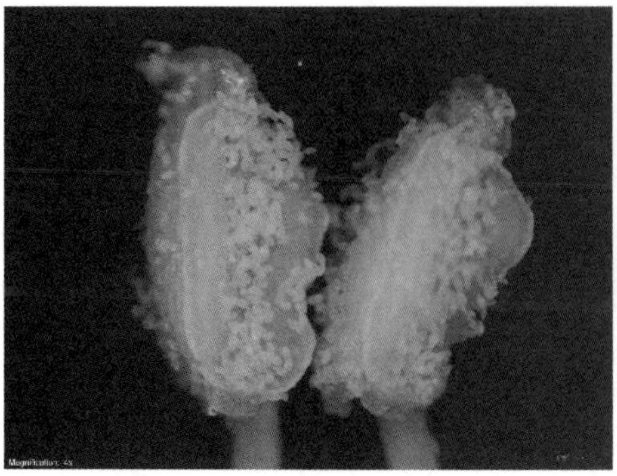

VII 雄能花花药纵切

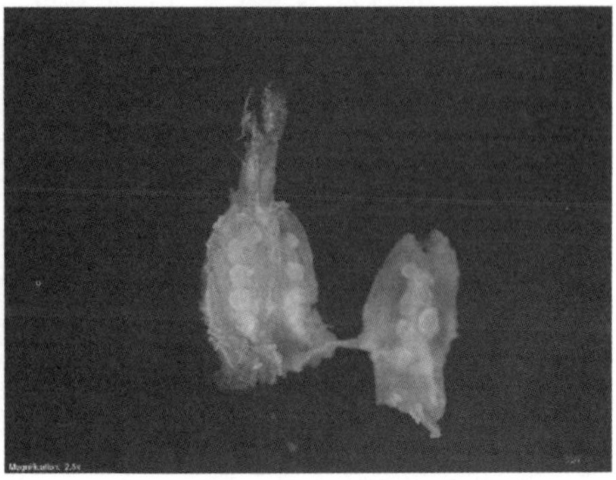

VIII 雄能花子房纵切

**图 3-3 单瓣型文冠果雌能花与雄能花的雌雄蕊**

I 雌能花　II 雌能花的雌蕊

III 雌能花的雌蕊纵切　IV 雄能花

V 雄能花　VI 雄能花的雌蕊

VII 雄能花的雌蕊纵切　VIII 雌能花和雄能花发生瓣化的雄蕊

**图 3-4　重瓣型文冠果的雌能花与雄能花的雌雄蕊**

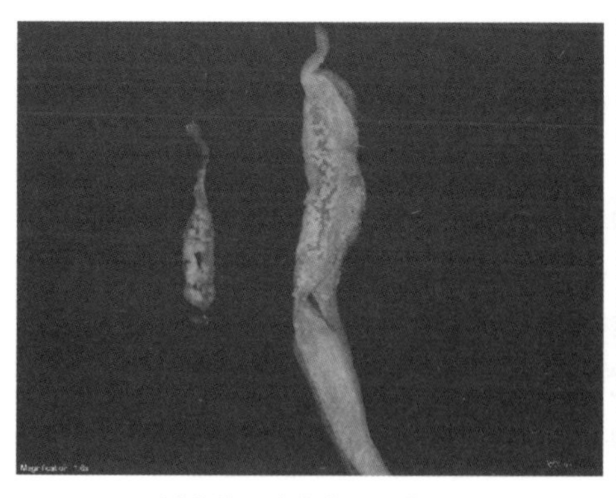

IX 瓣化雄蕊囊状物（花药）纵切

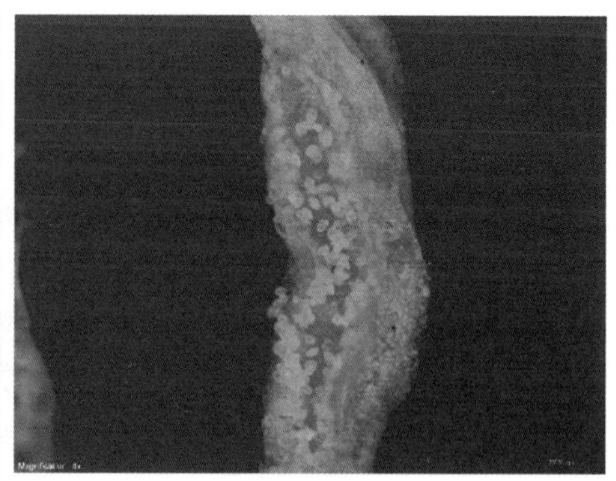

X 囊状物内花粉粒

**图 3-4　重瓣型文冠果的雌能花与雄能花的雌雄蕊（续）**

#### 3.1.1.3　单瓣花与重瓣花的花芽分化过程

重瓣花花芽分化与单瓣花类似，包括花芽尚未分化期、花原基及花序原基分化期、苞片分化期、萼片分化期、花瓣分化期、雄蕊分化期和雌蕊分化期。从花瓣分化期开始，单瓣花和重瓣花的花芽分化过程出现差异。

（1）花芽尚未分化期

6 月中旬至 7 月上旬，花芽还未分化，生长点顶端尖，呈小圆锥形，最外为芽鳞片包围。随着分化的进行，顶端生长点逐渐扩大，细胞分裂加快，分化中心由圆锥形逐渐变为圆形（图 3-5 I）。

（2）花原基及花序原基分化期

7 月中旬花芽开始分化。顶端分生组织变成较大的弧形。芽外侧分生组织周围出现苞片，苞片的分化略早于小花原基。苞片腋部形成突起，即为小花原基（第一轮花原基，图 3-5 II）。小花原基继续生长，顶部变平，由三角形发育为圆球形。随着花序轴的不断分化和向上伸长，在其周围小花原基也不断分化，逐渐分化出多轮花原基，总状花序形成（图 3-5 III、图 3-5 IV）。小花原基发育方式为由下向上，逐渐发育成熟。共有 3 枚苞片。外侧苞片快速生长，包被着花原基，内侧分化出第二和第三片苞片，但生长慢于外侧苞片（图 3-5 V）。

（3）萼片分化期

苞片形成后，很快在其内侧形成萼片原基。花原基顶部变得扁平，四周产生几个小突起，即为萼片原基（图 3-5 VI）。萼片原基伸长，向内弯曲，进一步发育形成萼片，紧包花瓣原基。5 枚萼片的分化不同步，先有 1 枚萼片分化，即位于花序外侧的萼片最先分化（图 3-5 VI）。之后其余再分化生长，最后几枚萼片等长。在纵切面上仅见 2 枚（图 3-5 VII）。

（4）花瓣分化期

单瓣花随着萼片原基的不断分化和发育，花轴伸长明显，顶端生长点逐渐平展、扩大，形成花托盘。在花托盘的边缘，紧邻萼片原基的内侧分化成突起，即花瓣原基(图 3-5 VIII)，花瓣原基纵切面呈半圆形。

重瓣花在紧邻萼片原基的内侧分化成突起，即花瓣原基（图 3-6 VIII）。与单瓣花不同，花瓣数量不再是 5 枚，而是 17~25 枚，因此，分化形成的花瓣原基也明显增多。

（5）雄蕊分化期

单瓣花中，伴随着花瓣原基的形成，在花瓣原基内侧基部边缘上出现点状突起，即为雄蕊原基（图 3-5 IX），花芽进入雄蕊分化期。雄蕊分化快于花瓣，文冠果的雄蕊为 8 枚，雄蕊原基初期逐步伸长，经过半球形后逐渐膨大呈棒状圆柱体（图 3-5 X），比花瓣大，当雄蕊横切面近似蝴蝶形时，雄蕊原基发育完毕。随着雄蕊原基的不断生长，可见花药原基和花丝原基的形成，上部逐渐形成囊状花药，下部形成梗状花丝（图 3-5 XI）。

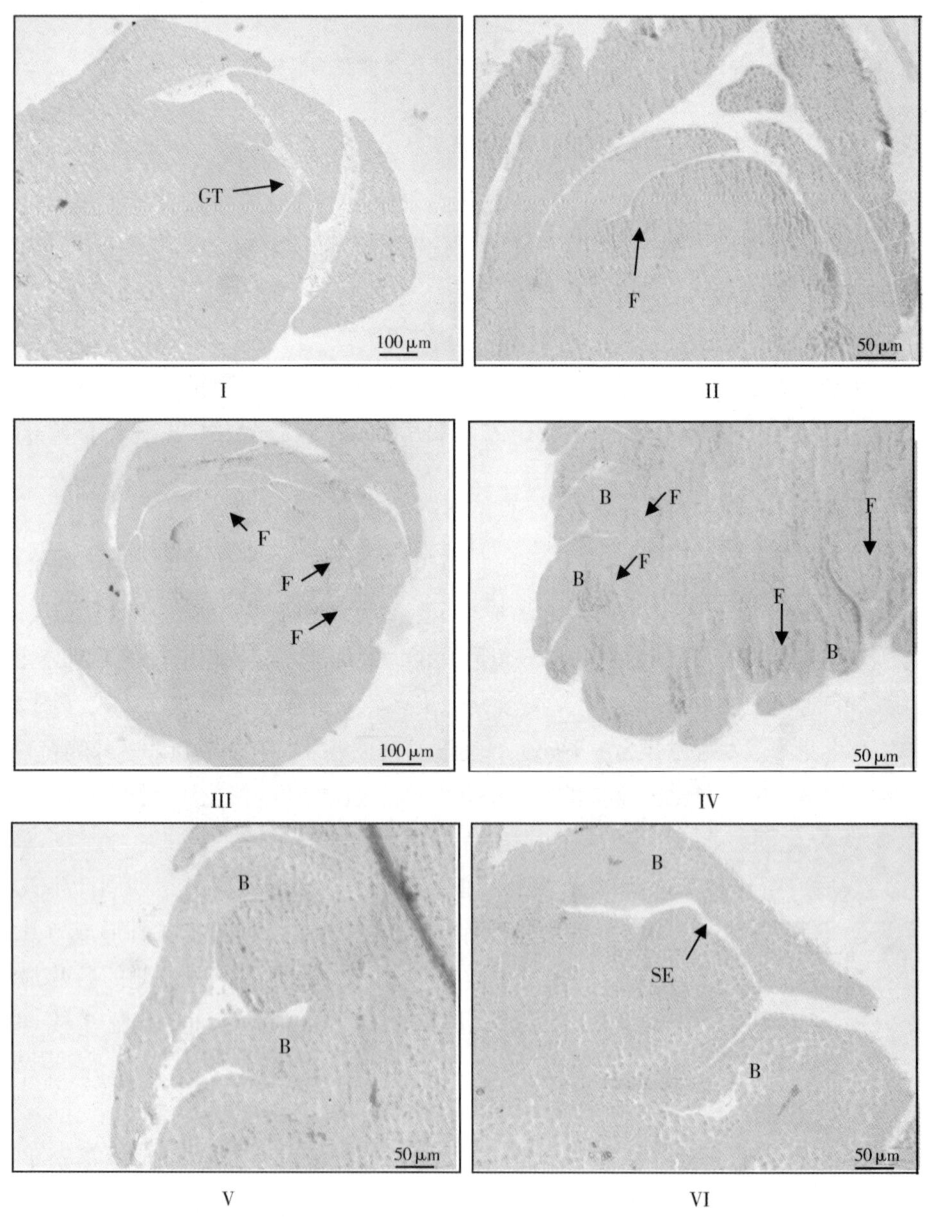


**图 3-5　文冠果单瓣花花芽分化**

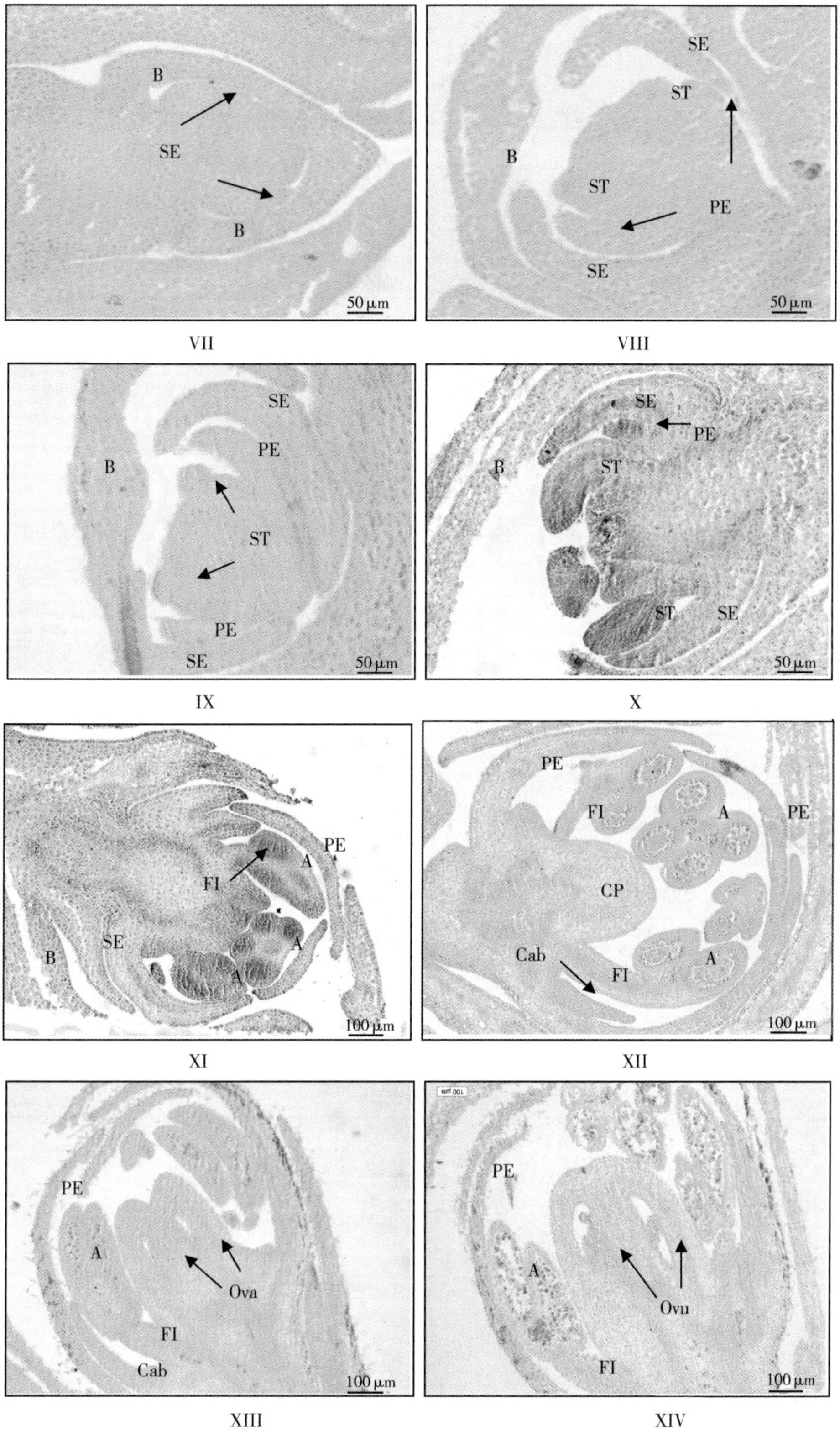

VII　　VIII

IX　　X

XI　　XII

XIII　　XIV

**图 3-5　文冠果单瓣花花芽分化（续）**

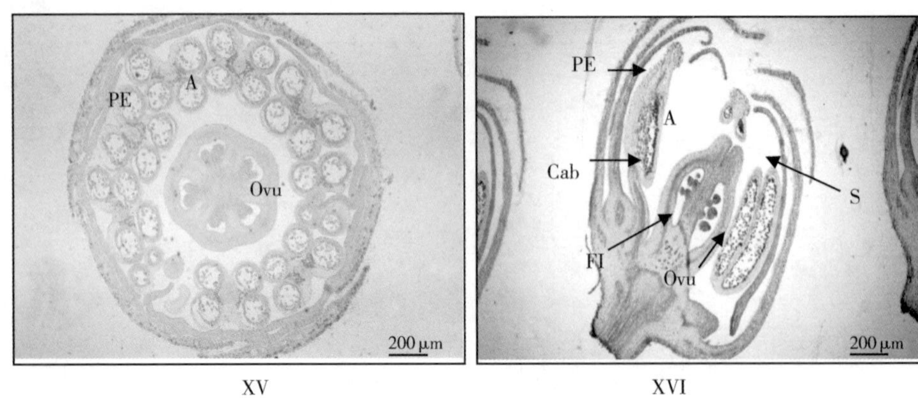


XV　　XVI

**图 3-5　文冠果单瓣花花芽分化（续）**

注：I 花芽尚未分化；II 小花原基出现；III、IV 总状花序形成；V 苞片形成；VI、VII 花萼原基出现；VIII 花瓣原基形成；IX 雄蕊原基形成；X 雄蕊伸长；XI 形成花药花丝；XII 形成心皮原基；XIII 子房形成；XIV、XV 胚珠出现；XVI 形成花柱。GT 生长锥，F 小花原基，B 苞片，SE 花萼原基，PE 花瓣原基，ST 雄蕊原基，A 花药，FI 花丝，CP 心皮原基，Cab 角状附属体，Ova 子房，Ovu 胚珠，S 花柱。

重瓣花中，伴随着花瓣原基的形成，在花瓣原基内侧基部边缘上出现点状突起，即为雄蕊原基（图 3-6 IX），由于重瓣重瓣型的花瓣原基增加，雄蕊原基与花瓣原基很难区分，靠近中央的为雄蕊原基。雄蕊原基逐步伸长，形成棒状（图 3-6 X）。随着雄蕊原基的不断生长，逐渐形成花药和花丝（图 3-6 XI）。但是，后期随着雄蕊的瓣化，花丝逐渐发育为细小花瓣的基部，花药则发育为花瓣顶部，但会形成具有花药囊的花瓣，内部有花粉粒（图 3-6 XI、图 3-6 XII）。

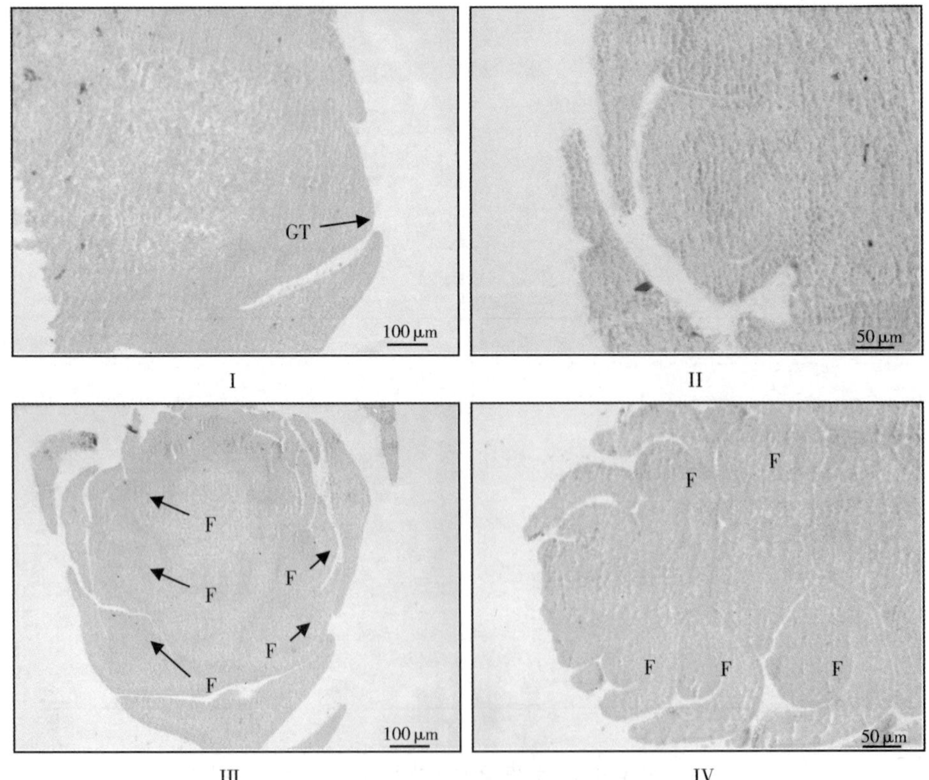


I　　II

III　　IV

**图 3-6　文冠果重瓣花花芽分化**

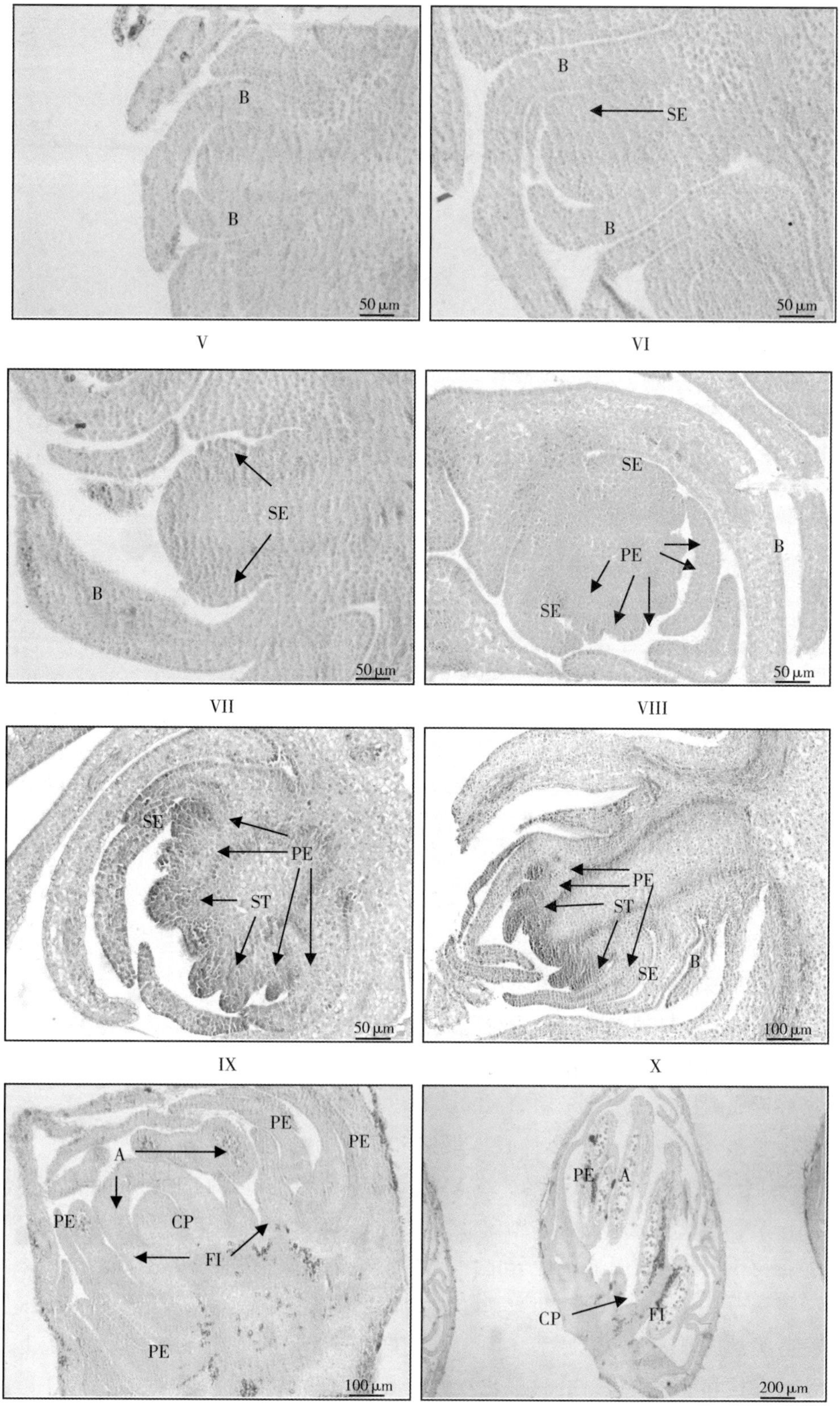

V

VI

VII

VIII

IX

X

XI

XII

**图 3-6　文冠果重瓣花花芽分化（续）**

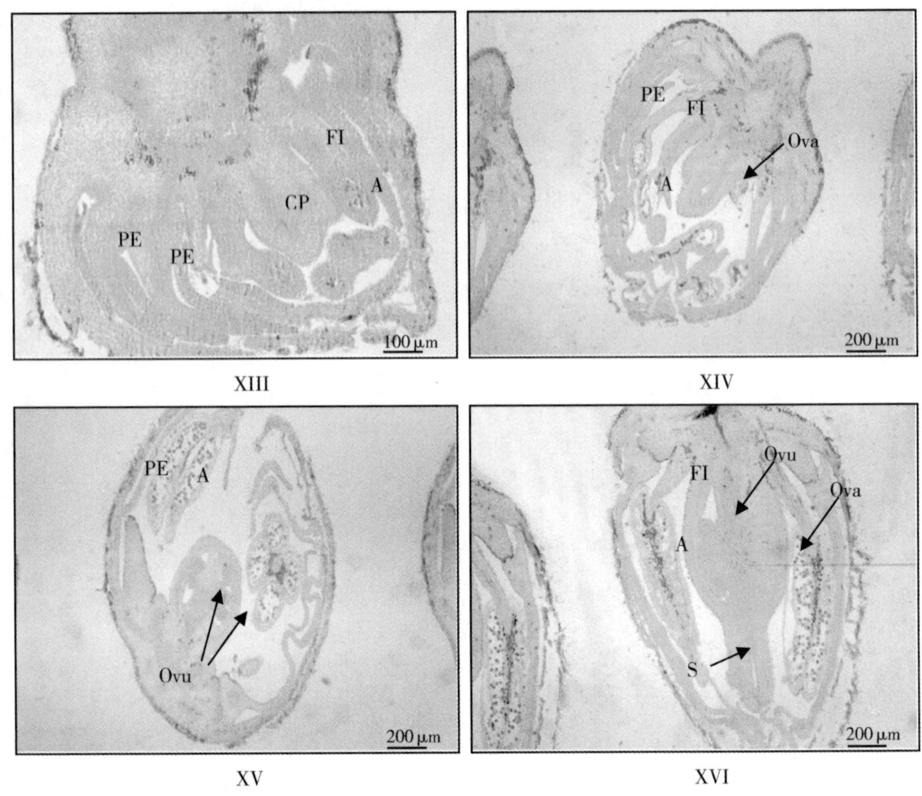


**图 3-6　文冠果重瓣花花芽分化（续）**

注：I 花芽尚未分化；II 小花原基出现；III、IV 总状花序形成；V 苞片形成；VI、VII 花萼原基出现；VIII 花瓣原基形成；IX 雄蕊原基形成；X 雄蕊伸长；XI 形成花药花丝；XII 雄花雄蕊形成，心皮突起，后期停止发育；XIII 雌花形成心皮突起；XIV 雌花出现子房；XV 雌花胚珠形成；XVI 雌花花柱形成。GT 生长锥，F 小花原基，B 苞片，SE 花萼原基，PE 花瓣原基，ST 雄蕊原基，A 花药，FI 花丝，CP 心皮原基，Ova 子房，Ovu 胚珠，S 花柱。

（6）雌蕊分化期

在雄蕊和花瓣原基形成后，单瓣花雌蕊原基开始分化。初期原基内侧生长点凹陷，随后两侧逐渐长高，出现原基突起，为雌蕊的心皮原基（图 3-5 XII）。文冠果在萼片与花瓣基部着生 5 枚角状附属体，心皮原基形成的同时，角状附属体也出现。心皮原基逐渐靠拢闭合，最终形成圆柱状子房。子房形成时，心皮外部逐渐产生纵向的凹陷裂缝，在心皮内部生长锥中心部分不断进行分裂伸长，最终和子房顶部相连，将子房分成室（图 3-5 XIII）。子房内分化出球形胚珠（图 3-5 XIV、图 3-5 XV 横切面）。心皮的突起顶部保持分化状态，结合形成花柱和柱头（图 3-5 XVI）。

重瓣花与单瓣花同样具有花性分化，花性差异主要体现在雌蕊的发育上。在雄蕊原基形成后，雌蕊原基开始分化。初期原基内侧生长点凹陷，随后两侧逐渐长高，出现原基突起，此突起为形成雌蕊的心皮原基（图 3-6 XII）。重瓣型的雄花心皮原基形成突起后发育停止，或者花柱和柱头极短，并且瓣化。雌花心皮原基则继续突起（图 3-6 XIII），最终形成圆柱状子房（图 3-6 XIV）。子房内分化出球形胚珠（图 3-6 XV）。心皮的突起顶部

分化形成花柱（图3-6 XVI）。但是与雄花一样，花柱和柱头也发生瓣化，因此不能授粉。

## 3.1.2 单瓣花与重瓣花的 miRNA 鉴定与表达分析

### 3.1.2.1 RNA 提取及检测

两种类型的文冠果各选取3株，每株选取10个花芽，于3月初采集一次，用于小RNA测序，4月末采集一次，除采集两种类型的花芽外，还采集幼嫩叶片、嫩茎等组织，用于小RNA表达的验证。采用TIANGEN的总RNA提取试剂盒提取两种类型文冠果花芽RNA，用Solexa深度测序，sRNA的文库构建和Solexa测序均在华大基因公司（Beijing Genome Institute，BGI）完成。miRNA提取采用Ambion的mirVana™ miRNA Isolation Kit。

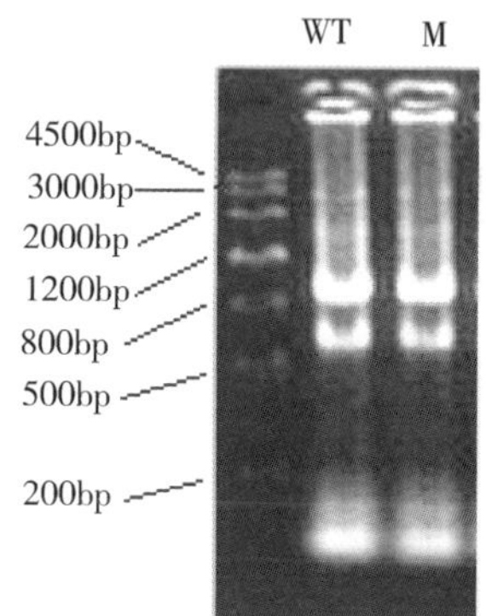


**图3-7 单瓣花和重瓣花花芽提取的总RNA电泳图谱**

注：WT单瓣花，M重瓣花。下同。

提取的两种类型文冠果花芽中的RNA，沉淀呈无色透明状。总RNA经1.0%的琼脂糖凝胶电泳检测，由图3-7可见，谱带的完整性较好，RNA分布为28S、18S、5S RNA 3条带，总RNA提取质量较好，未见DNA谱带，能够用于后续研究。

采用Agilent 2100生物分析仪检测，将样品在冰上融化后，离心并充分混匀，取1μml样品在70℃变性2min后，进行检测，结果见表3-1。样品RNA质量检测均合格，可用于建库。

**表3-1 文冠果花芽中RNA的质量检测**

| 样品 | 原液浓度（ng/μl） | 体积（μl） | 总量（μg） | RIN | 28S：18S | 检测结论 |
|---|---|---|---|---|---|---|
| 单瓣型WT | 1390.0 | 65 | 90.35 | 8.5 | 1.9 | 合格 |
| 重瓣型M | 2880.0 | 65 | 187.2 | 9.1 | 1.9 | 合格 |

### 3.1.2.2 Solexa 测序生物信息学分析

高通量Solexa平台测序从单瓣型和重瓣型分别测得17879296和15842969条高质量小RNA序列信息（表3-2）。

**表3-2 单瓣型和重瓣型库中小RNA序列统计**

| Item | Total sRNAs | | Unique sRNAs | |
|---|---|---|---|---|
| | WT library | M library | WT library | M library |
| Raw reads | 17879296 | 15842969 | | |
| Clean reads | 17323202 | 15357701 | 6730006 | 5863163 |
| Mapping to the genome | 807218 | 716708 | 71480 | 59688 |
| Matching known miRNAs | 1588749 | 1623002 | 25619 | 22451 |
| unknown sRNAs | 15014985 | 13292286 | 6647615 | 5799441 |

去除低质量序列后，单瓣型和重瓣型分别剩余 17323202 和 15357701 clean reads。将 clean reads 用于比对 GenBank，Rfam database 及 miRBase 17.0 非编码 RNA，注释 rRNA，tRNA，snRNA，snoRNA 和 known miRNA，各类 RNA 的比率见图 3-8。

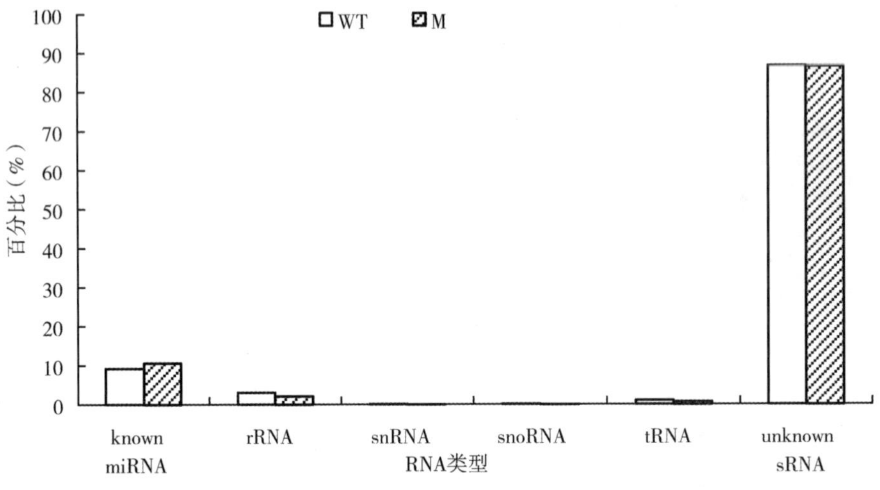


**图 3-8　重瓣型与单瓣型文冠果小 RNA 注释**

小 RNA 注释表明，单瓣型和重瓣型分别检测到 1588749 和 1623002 条已知 miRNA reads。此外，单瓣型已知 miRNA 比率为 9.17%，而重瓣型增至 10.57%（图 3-8）。单瓣型中 6647615 和重瓣型中 5799441 未知 sRNAs 用于预测 novel miRNA。

**表 3-3　单瓣型和重瓣型文库的小 RNA 丰度分布**

| Size（nt） | Reads | |
|---|---|---|
| | WT | M |
| 18 | 62522 | 41424 |
| 19 | 167035 | 131669 |
| 20 | 269344 | 250697 |
| 21 | 1807393 | 2014670 |
| 22 | 2254176 | 2161206 |
| 23 | 1372349 | 1259419 |
| 24 | 10667391 | 9129540 |
| 25 | 384711 | 256868 |
| 26 | 113309 | 50516 |
| 27 | 84927 | 24104 |
| 28 | 75333 | 12067 |
| 29 | 37949 | 4992 |
| 30 | 10786 | 4290 |
| Total | 17307225 | 15341462 |

#### 3.1.2.3　小 RNA 测序的长度统计分析

两个库中小 RNA 丰度分布见表 3-3，长度分布情况见图 3-9。两个库中大部分小 RNA 长度为 21~24nt（>90%），长度为 24nt 的小 RNA 在两个库中序列测序丰度最高，在单瓣型和重瓣型中分别占 61.36% 和 59.28%，分别为 10667391 条和 9129540 条。其次为 22、21 和 23nt 的小分子 RNA 序列。其他长度的小 RNA 序列相对低丰度表达。24nt 显著高于其他长度的序列。重瓣型中 24nt 的 sRNAs 比单瓣型降低了 2.08%，而 21nt sRNAs 则升高了 2.68%。

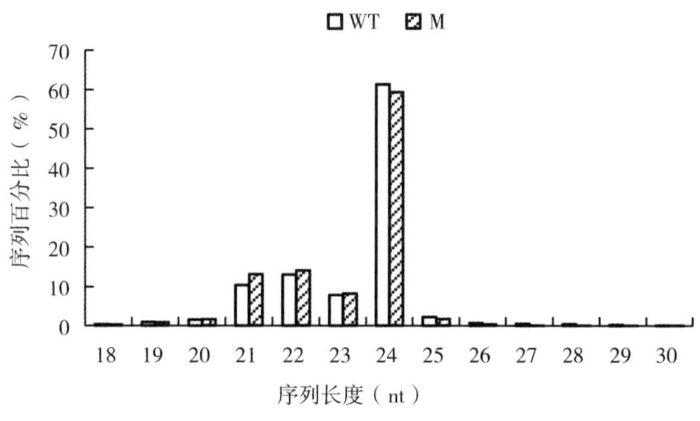


**图 3-9　重瓣型与单瓣型小 RNA 序列长度分布**

### 3.1.2.4　保守 miRNA 分析

为检测文冠果花芽保守 miRNA，将 sRNA 与 miRBase 17.0 进行比对。单瓣型和重瓣型分别鉴定出 25619 和 22451 条已知 miRNA 序列（表 3-3）。除去低表达序列（<5 reads）后，与甜橙的 EST 序列比对预测二级结构，单瓣型鉴定出 43 个保守 miRNA，隶属于 30 个家族。重瓣型则有 42 个保守 miRNA，隶属于 29 个家族，结果见表 3-4。保守 miRNA 中 miR473 只出现在单瓣型库中，重瓣型库中没有表达。单瓣型中表达丰度高于 1000 reads 的保守 miRNA 有 24 个，重瓣型有 26 个。保守 miRNA 的表达丰度差异很大。miR166 家族在两种类型中表达丰度都最高。miR166a-f 在单瓣型和重瓣型中丰度分别为 207211 和 151275。单瓣型中 miR166 家族占总表达量的 85.65%，重瓣型中则占 84.93%。有些 miRNA 家族表达量中等，比如 miR160、miR390 及 miR472。相反，有些则表达丰度很低，例如 miR477 和 miR479 表达丰度都低于 10。保守 miRNA 中 31 条序列的 5′端为 U 开头，符合 miRNA 序列的典型特征。而且，大部分保守 miRNA 长度为 21nt。24 个 miRNA 位于 5′ 端，21 个位于 3′ 端。所有保守 miRNA 家族中 miR166 成员最多，有 7 个成员。miR3954 家族有 4 个成员，miR160、miR164、miR167、miR395 都分别有 2 个成员，其余家族均只有 1 个成员。不同的 miRNA 成员在同一个家族中的表达丰度也存在差异，例如 miR166 家族成员的丰度变化在单瓣型库中从 89703 到 207211 reads，在重瓣型库中从 124678 到 151275 reads，暗示着文冠果同一保守 miRNA 的表达差异显著。另外，通常被认为降解掉的 miRNA* 链也有个别存在，检测到了 11 个 miRNA* 链。miRNA* s 序列是由 DCL1 剪切 miRNA 前体序列获得的，是证明这些 miRNA 是真正 miRNA 又一有力证据。miRNA* 链的表达丰度都低于成熟链。这种丰度反差也说明 miRNA 与其 star 链之间可能存在着一种动态平衡来维持其功能。

表 3-4　单瓣型与重瓣型文冠果花芽的保守 miRNA

| Members | miRNA sequence (5′-3′) | Length (nt) | miRNA reads | | miRNA normalized reads | | Fold -change | miRNA* sequence (5′-3′) | miRNA* reads | |
|---|---|---|---|---|---|---|---|---|---|---|
| | | | WT | M | WT | M | | | WT | M |
| miR156 | UGACAGAAGAGAGUGAGCAC | 20 | 4910 | 3617 | 283.43 | 235.52 | 0.83 | | | |
| miR159 | UUUGGAUUGAAGGGAGCUCUA | 20 | 8700 | 11192 | 502.22 | 728.75 | 1.45 | | | |
| miR160a | GCGUAUGAGGAGCCAUGCAUA | 21 | 1439 | 1715 | 83.07 | 111.67 | 1.34 | | | |
| miR160b | GCGUAUGAGGAGCCAUGCAUA | 21 | 1439 | 1715 | 83.07 | 111.67 | 1.34 | UGCCUGGCUCCCUGUAUGCCA | 360 | 236 |
| miR162 | UCGAUAAACCUCUGCAUCCAG | 21 | 1000 | 1363 | 57.73 | 88.75 | 1.54 | GGAGGCAGCGGUUCAUCGAUC | 31 | 21 |
| miR164a | UGGAGAAGCAGGGCACGUGCA | 21 | 4698 | 2743 | 271.20 | 178.61 | 0.66 | | | |
| miR164b | UGGAGAAGCAGGGCACGUGCA | 21 | 4698 | 2743 | 271.20 | 178.61 | 0.66 | | | |
| miR166a | UCGGACCAGGCUUCAUUCCCC | 21 | 207211 | 151275 | 11961.47 | 9850.11 | 0.82 | GGAAUGUUGUCUGGCUCGAGG | 1234 | 1479 |
| miR166b | UCGGACCAGGCUUCAUUCCCC | 21 | 207211 | 151275 | 11961.47 | 9850.11 | 0.82 | GGAAUGUUGUCUGGCUCGAGG | 1206 | 1427 |
| miR166c | UCGGACCAGGCUUCAUUCCCC | 21 | 207211 | 151275 | 11961.47 | 9850.11 | 0.82 | GGAAUGUUGUCUGGCUCGAGG | 1234 | 1479 |
| miR166d | UCGGACCAGGCUUCAUUCCCC | 21 | 207211 | 151275 | 11961.47 | 9850.11 | 0.82 | GGAAUGUUGUCUGGCUCGAGG | 1234 | 1479 |
| miR166e | UCGGACCAGGCUUCAUUCCCC | 21 | 207211 | 151275 | 11961.47 | 9850.11 | 0.82 | GGAAUGUUGUCUGGCUCGAGG | 1234 | 1479 |
| miR166f | UCGGACCAGGCUUCAUUCCCC | 21 | 207211 | 151275 | 11961.47 | 9850.11 | 0.82 | GGAAUGUUGUCUGGCUCGAGG | 1234 | 1479 |
| miR166g | UCGGACCAGGCUUCAUUCCCG | 21 | 89703 | 125678 | 5178.20 | 8183.39 | 1.58 | GGAAUGUUGUUUGGCUCGAGG | 128 | 108 |
| miR167a | UGAAGCUGCCAGCAUGAUCU | 20 | 181 | 210 | 10.45 | 13.67 | 1.31 | GUCAUCUUGCAGCUUCAAU | 0 | 1 |
| miR167b | UGAAGCUGCCAGCAUGAUCU | 20 | 181 | 210 | 10.45 | 13.67 | 1.31 | | | |
| miR168 | CCCGCCUUGCAUCAACUGAAU | 21 | 513 | 494 | 29.61 | 32.17 | 1.09 | | | |
| miR169 | CAGCCAAGGAUGACUUGCCGG | 21 | 3517 | 4582 | 203.02 | 298.35 | 1.47 | | | |
| miR171 | UGAUUGAGCCGUGCCAAUAUC | 21 | 993 | 1015 | 57.32 | 66.09 | 1.15 | | | |
| miR172 | AGAAUCUUGAUGAUGCUGCAU | 21 | 687 | 765 | 39.66 | 49.81 | 1.26 | | | |
| miR319 | AGCUGCCGACUCAUUCAUCCA | 21 | 782 | 1392 | 45.14 | 90.64 | 2.01 | | | |

（续）

| Members | miRNA sequence (5′-3′) | Length (nt) | miRNA reads | | miRNA normalized reads | | Fold -change | miRNA * sequence (5′-3′) | miRNA * reads | |
|---|---|---|---|---|---|---|---|---|---|---|
| | | | WT | M | WT | M | | | WT | M |
| miR390 | AAGCUCAGGAGGGAUAGCGCC | 21 | 1443 | 1143 | 83.30 | 74.43 | 0.89 | CGCUAUCCAUCCUGAGUUUCA | 36 | 36 |
| miR393 | UUCCAAAGGGAUCGCAUUGAUC | 22 | 64 | 80 | 3.69 | 5.21 | 1.41 | | | |
| miR394 | UUGGCAUUCUGUCCACCUCC | 20 | 163 | 190 | 9.41 | 12.37 | 1.31 | | | |
| miR395a | CUGAAGUGUUUGGGGGAACUC | 21 | 90 | 320 | 5.16 | 20.84 | 4.04 | | | |
| miR395b | CUGAAGUGUUUGGGGGAACUC | 21 | 90 | 320 | 5.16 | 20.84 | 4.04 | | | |
| miR396 | UUCCACAGCUUUCUUGAACUU | 21 | 260 | 130 | 15.00 | 8.46 | 0.56 | | | |
| miR397 | UCAUUGAGUGCAGCGUUGAUG | 21 | 189 | 110 | 10.91 | 7.16 | 0.66 | | | |
| miR399 | UGCCAAAGGAGAGUUGCCCUG | 21 | 8 | 7 | 0.46 | 0.46 | 0.99 | | | |
| miR403 | UUAGAUUCACGCACAAACUCG | 21 | 161 | 144 | 9.29 | 9.38 | 1.01 | | | |
| miR472 | UUUUCCAACACCUCCCAUACC | 21 | 2217 | 2331 | 127.98 | 151.78 | 1.19 | | | |
| miR473 | ACUCUUCCUCAAGGGCUUCC | 20 | 17 | 0 | 0.98 | 0.00 | 0.00 | | | |
| miR477 | ACUCUUCCUCAAGGGCUUCCU | 21 | 8 | 5 | 0.46 | 0.33 | 0.70 | | | |
| miR479 | UGUGAUAUUGCUUCGGCUCUUC | 22 | 50 | 70 | 2.90 | 4.60 | 1.59 | | | |
| miR482 | UCUUCCCUAUUCCACCCAUGCC | 22 | 1237 | 2912 | 71.41 | 189.61 | 2.66 | | | |
| miR530 | UGCAUUUGCACCUGCAUCUGA | 21 | 90 | 180 | 5.20 | 11.70 | 2.25 | | | |
| miR535 | UGACAAGGAGAGAGAGCACGC | 21 | 6905 | 4114 | 398.60 | 267.88 | 0.67 | | | |
| miR827 | UUAGAUGACCAUCAACAAACA | 21 | 238 | 103 | 13.74 | 6.71 | 0.49 | | | |
| miR894 | CGUUUCACGUCGGGUUCACCA | 21 | 3419 | 3283 | 197.37 | 213.77 | 1.08 | | | |
| miR3954a | UGGACAGAGAAAUCACGGUCA | 21 | 5756 | 4939 | 332.27 | 321.60 | 0.97 | | | |
| miR3954b | UGGACAGAGAAAUCACGGUCA | 21 | 5756 | 4939 | 332.27 | 321.60 | 0.97 | | | |
| miR3954c | UGGACAGAGAAAUCACGGUCA | 21 | 5756 | 4939 | 332.27 | 321.60 | 0.97 | | | |
| miR3954d | UGGACAGAGAAAUCACGGUCA | 21 | 5756 | 4939 | 332.27 | 321.60 | 0.97 | | | |

#### 3.1.2.5 Novel miRNA 预测

在预测新 miRNA 之前，候选序列首先要与已知的非编码 RNA（Non-coding RNA）数据库比对，排除与之完全匹配的序列。因为这些小 RNA 有可能就是 rRNA，tRNA，snoRNA 或 snRNA。剩余的 6647615（WT）和 5799441（M）条 unknown sRNA 序列作为 miRNA 候选者，需要进行二级结构的预测分析。

根据 miRNA 的前体能够形成典型的二级结构来预测新 miRNA（Ambros *et al.*, 2003），基于植物 miRNA 最新注释规则（Meyers *et al.*, 2008），发现了 10 个带有 miRNA*s 序列的特异序列，结果见表 3-5。

Xso-M007a 和 Xso-M007b，Xso-M008a 和 Xso-M008b 都是具有相同的成熟序列，但前体不同，因此认为是同一家族的不同成员。所有 novel miRNA 中，Xso-M008a-b 表达丰度最高，单瓣型中为 1479，重瓣型中为 1235 reads。Xso-M002 和 Xso-M001 表达丰度次之，Xso-M002 在单瓣型和重瓣型中分别为 361 和 236。

如文献报道，这些低表达的 novel miRNA 可能与它们在特殊的组织或发育阶段中的功能有关（Zhao *et al.*, 2010）。新发现的 miRNA 的表达丰度明显相对较低，这与前人的研究结果一致（Fahlgren *et al.*, 2007；Rajagopalan *et al.*, 2006）。

10 个 novel miRNA 中 Xso-M001、Xso-M002、Xso-M003、Xso-M008a-b 是单瓣型和重瓣型都有的，Xso-M007a-b 只在单瓣型中发现，Xso-M004、Xso-M005 和 Xso-M006 只出现在重瓣型中。

除 Xso-M004 为 20nt 以外，其余 novel miRNA 长度均为 21nt。这些新预测的 miRNA 前体长度变化范围是 101nt 到 180nt。最低自由能（MFE）变化范围为-59.2~40.1kcal/mol，平均为-50.59kcal/mol。

miRNA 前体基因经表达后必须形成茎环结构，才能被植物体内的 Dicer 酶识别并切割，进而产生相应的 miRNA（Jones-Rhoades *et al.*, 2004）。miRNA 的这一特点也成为区分 miRNA 和内源小分子 RNA 最重要的一个标准。利用 mfold 预测文冠果 miRNA 前体基因片段转录后所形成的茎环结构如图 3-10。

表 3-5 重瓣型与单瓣型文冠果花芽的 novel miRNA

| Members | miRNA sequence（5′-3′） | miRNA star | Arm | Length（nt） | miRNA reads | | Fold-change | MFE[a] | LP[b] |
|---|---|---|---|---|---|---|---|---|---|
| | | | | | WT | M | | | |
| Xso-M001 | CUAGUGGAAGUAGCAAAGAAA | UUUUUGCUACUUCUACUGG GA | 3′ | 21 | 130 | 180 | 1. 56 | -42. 3 | 113 |
| Xso-M002 | UGCCUGGCUCCCUGUAUGCCA | GCGUAUGAGGAGCCAUGCAUA | 5′ | 21 | 361 | 236 | 0. 74 | -50. 8 | 104 |
| Xso-M003 | CGCUAUCCAUCCUGAGUUUCA | AAGCUCAGGAGGGAUAGCGCC | 3′ | 21 | 36 | 36 | 1. 13 | -56. 6 | 122 |
| Xso-M004 | ACUGAACUAAGAGCGCUUUC | UUGCUGUUCAAUUAUUUCAGUUC | 3′ | 20 | 0 | 20 | — | -49. 2 | 156 |
| Xso-M005 | GGAGGCAGCGGUUCAUCGAUC | UCGAUAAACCUCUGCAUCCAG | 5′ | 21 | 0 | 21 | — | -40. 1 | 108 |
| Xso-M006 | UGCCAAAGGAGAGUUGCCCUG | GGGCACCUCUUACUUGGCAUG | 3′ | 21 | 0 | 7 | — | -56. 5 | 130 |
| Xso-M007a | CUGAAGUGUUUGGGGGAACUC | GUUCCUCCGAUCACUUCAUUG | 3′ | 21 | 9 | 0 | 0 | -49. 2 | 101 |
| Xso-M007b | CUGAAGUGUUUGGGGGAACUC | GUUCCUCCGAUCACUUCAUUG | 3′ | 21 | 9 | 0 | 0 | -48. 1 | 101 |
| Xso-M008a | GGAAUGUUGUCUGGCUCGAGG | UCGGACCAGGCUUCAUUCCCC | 5′ | 21 | 1479 | 1235 | 0. 94 | -59. 2 | 180 |
| Xso-M008b | GGAAUGUUGUCUGGCUCGAGG | UCGGACCAGGCUUCAUUCCCC | 5′ | 21 | 1479 | 1235 | 0. 94 | -53. 9 | 157 |

注释：[a] MFE 表示最小折叠自由能；[b]LP 表示前体长度。

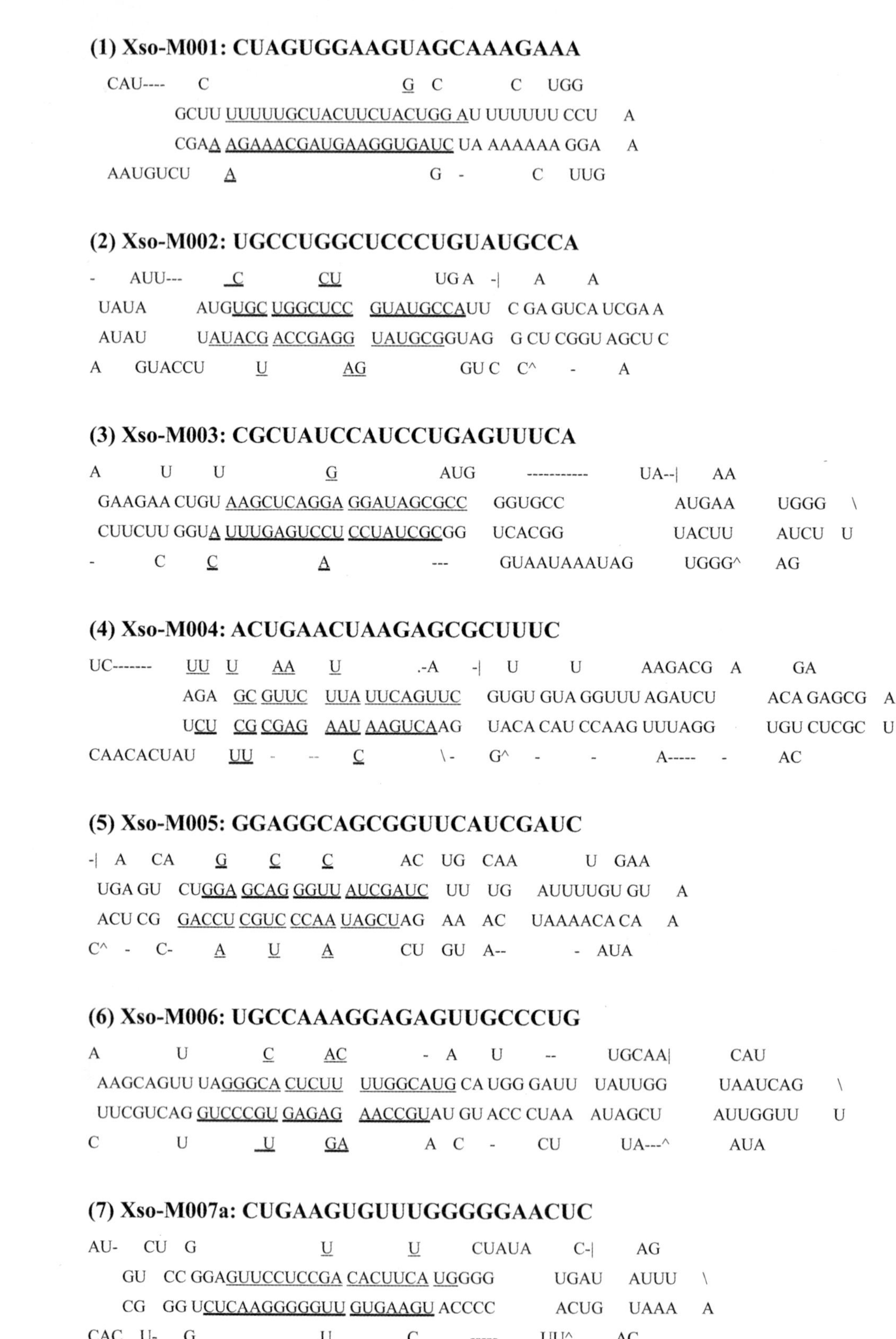

**(1) Xso-M001: CUAGUGGAAGUAGCAAAGAAA**

```
   CAU----      C                           G  C          C    UGG
              GCUU UUUUUGCUACUUCUACUGG AU UUUUUU CCU      A
              CGAA AGAAACGAUGAAGGUGAUC UA AAAAAA GGA      A
   AAUGUCU      A                          G  -          C    UUG
```

**(2) Xso-M002: UGCCUGGCUCCCUGUAUGCCA**

```
-    AUU---        C           CU              UG A  -|    A      A
 UAUA        AUGUGC UGGCUCC  GUAUGCCAUU  C GA GUCA UCGA A
 AUAU        UAUACG ACCGAGG  UAUGCGGUAG  G CU CGGU AGCU C
A    GUACCU        U           AG              GU C  C^    -      A
```

**(3) Xso-M003: CGCUAUCCAUCCUGAGUUUCA**

```
A        U     U              G            AUG         -----------      UA--|    AA
 GAAGAA CUGU AAGCUCAGGA GGAUAGCGCC    GGUGCC                 AUGAA      UGGG   \
 CUUCUU GGUA UUUGAGUCCU CCUAUCGCGG    UCACGG                 UACUU      AUCU   U
-        C     C              A            ---      GUAAUAAAUAG       UGGG^    AG
```

**(4) Xso-M004: ACUGAACUAAGAGCGCUUUC**

```
UC-------    UU  U    AA    U         .-A    -|  U       U       AAGACG  A      GA
             AGA   GC GUUC   UUA UUCAGUUC    GUGU GUA GGUUU AGAUCU        ACA GAGCG  A
             UCU   CG CGAG   AAU AAGUCAAG    UACA CAU CCAAG UUUAGG        UGU CUCGC  U
CAACACUAU    UU  -    --    C          \-    G^  -       -       A-----  -      AC
```

**(5) Xso-M005: GGAGGCAGCGGUUCAUCGAUC**

```
-|  A   CA     G     C     C        AC   UG   CAA         U   GAA
 UGA GU   CUGGA GCAG GGUU AUCGAUC    UU   UG    AUUUUGU GU    A
 ACU CG   GACCU CGUC CCAA UAGCUAG    AA   AC    UAAAACA CA    A
C^  -   C-     A     U     A        CU   GU   A--         -   AUA
```

**(6) Xso-M006: UGCCAAAGGAGAGUUGCCCUG**

```
A          U          C        AC         -  A     U     --      UGCAA|       CAU
 AAGCAGUU UAGGGCA CUCUU   UUGGCAUG CA UGG GAUU   UAUUGG       UAAUCAG     \
 UUCGUCAG GUCCCGU GAGAG   AACCGUAU GU ACC CUAA   AUAGCU       AUUGGUU     U
C          U          U        GA         A  C     -     CU      UA---^       AUA
```

**(7) Xso-M007a: CUGAAGUGUUGGGGAACUC**

```
AU-    CU   G                  U          U        CUAUA       C-|      AG
    GU   CC GGAGUUCCUCCGA CACUUCA UGGGG            UGAU    AUUU     \
    CG   GG UCUCAAGGGGGUU GUGAAGU ACCCC            ACUG    UAAA     A
CAC    U-   G                  U          C        -----    UU^      AC
```

**(8) Xso-M007b: CUGAAGUGUUUGGGGGAACUC**

```
UU-| CU    G                     U          U        CUAUA     C-      AG
    GU   CC GGAGUUCCUCCGA CACUUCA UGGGG          UGAU   AUUU     \
    CG   GG UCUCAAGGGGGUU GUGAAGU ACCCC          ACUG   UAAA     A
CAC^ U-    G                     U          C        -----     UU      AG
```

**(9) Xso-M008a: GGAAUGUUGUCUGGCUCGAGG**

```
UCUU     A          UU        CU    GGC          -----------      UU      UUA-          -|    CA    U      GUUUCAUUU
    UUG  GGGGAAUG   GUCUGG   CGA    CACUAACU                    AGAUC   UGAU     AUCUCAGU   UGAU   UA
AUUU                \
    AAC  CCCCUUAC   CGGACC   GCU    GUGAUUGA                  UCUAG   ACUA     UAGAGUUA   AUUA   AU UAAA
U
UAAU     C          UU        AG    GCA          AUUAAUAGAAU      UU      CCCA          U^      --  U
AUACCUUCU
```

**(10) Xso-M008b: GGAAUGUUGUCUGGCUCGAGG**

```
-   U    A          UU       CU    G     A   GCUU--      -     AUUAAUUUUACG|     U    CA-      CU
 UGU UUG GGGGAAUG   GUCUGG   CGA GAC CU          GUUG AUCC                 UAUUC CU   UAGAU   \
 AUA AAC CCCCUUAC   CGGACC   GCU CUG GG          CGAC UAGG                 AUAGG GG   GUCUA   A
U   U    C          UU       AG    G     C   UUUAUU      U     CAUAUAACA---^     U    UAA      CG
```

图 3-10　文冠果新 miRNA 前体二级结构

注：＿ 部分为成熟 miRNA，＿ 部分为 miRNA*s。

### 3.1.2.6　单瓣型和重瓣型中的差异表达 miRNA

许多 miRNA 不仅参与调控开花时间，而且还参与花的形态调控（Gynheung，1994）。因此，我们研究单瓣型和重瓣型文冠果花芽中 miRNA 的差异，寻找参与花器官分化与发育的相关 miRNA。两种类型之间公共及特有序列的统计结果见表 3-6。

表 3-6　单瓣型和重瓣型之间公共及特有序列统计

| 类型 | Unique sRNAs | 百分比（%） | Total sRNAs | 百分比（%） |
|---|---|---|---|---|
| Total_ sRNAs | 10963713 | 100. 00 | 32680903 | 100. 00 |
| M_ &_ WT | 1629456 | 14. 86 | 21418708 | 65. 54 |
| M_ specific | 4233707 | 38. 62 | 4931934 | 15. 09 |
| WT_ specific | 5100550 | 46. 52 | 6330261 | 19. 37 |

Solexa 高通量测序两小 RNA 文库总共得到高质量 sRNA 序列共 32680903 条 reads 和 10963713 个特异的 sRNA 序列。统计两文库之间的公共和特有序列发现，单瓣型和重瓣型之间共有的特异序列有 1629456 个，占总特异序列的 14. 86%，而这些特异序列的总 reads 却占两个库总 reads 的 65. 54%，说明这些共有的特异序列表达丰度相对较高；在重瓣型小 RNA 文库中特有的序列占 38. 62%，而它们的丰度表达却占 15. 09%；在单瓣型库中，特

异序列相对多些，占 46.52%，丰度表达占 19.37%；这些在各个小 RNA 文库中的特异序列可能是由于它们的表达在各个文库中受到抑制或者诱导，导致特异性表达。

miRNA 表达量在两个库中差异较大。由表 3-7 可见，共有 15 个 miRNA（14 个保守 miRNA 和 1 个 novel miRNA）表现出显著上调或下调表达。其中有 9 个 miRNA 表现为显著上调表达（fold-change > 1.5）；6 个 miRNA 表现为显著下调表达（fold-change < 0.67）。miR395a-b 的表达变化最明显，fold-change 值达到 4.04。有些 miRNA 只出现在一个库中，比如 Xso-M004、Xso-M005 和 Xso-M006 只出现在重瓣型中，miR473、Xso-M007a-b 只出现在单瓣型中。

**表 3-7　单瓣型与重瓣型之间表达差异显著的 miRNA**

| Members | miRNA sequence（5′-3′） | miRNA normalized reads | | Fold-change | Mode |
|---|---|---|---|---|---|
| | | WT | M | | |
| miR162 | UCGAUAAACCUCUGCAUCCAG | 57.73 | 88.75 | 1.54 | up-regulated |
| miR166g | UCGGACCAGGCUUCAUUCCCG | 5178.20 | 8183.39 | 1.58 | up-regulated |
| miR319 | AGCUGCCGACUCAUUCAUCCA | 45.14 | 90.64 | 2.01 | up-regulated |
| miR395a | CUGAAGUGUUUGGGGGAACUC | 5.16 | 20.84 | 4.04 | up-regulated |
| miR395b | CUGAAGUGUUUGGGGGAACUC | 5.16 | 20.84 | 4.04 | up-regulated |
| miR479 | UGUGAUAUUGCUUCGGCUCUUC | 2.90 | 4.6 | 1.58 | up-regulated |
| miR482 | UCUUCCCUAUUCCACCCAUGCC | 71.41 | 189.61 | 2.66 | up-regulated |
| miR530 | UGCAUUUGCACCUGCAUCUGA | 5.20 | 11.70 | 2.26 | up-regulated |
| Xso-M001 | CUAGUGGAAGUAGCAAAGAAA | 7.50 | 11.70 | 1.56 | up-regulated |
| miR164a | UGGAGAAGCAGGGCACGUGCA | 271.20 | 178.61 | 0.66 | down-regulated |
| miR164b | UGGAGAAGCAGGGCACGUGCA | 271.20 | 178.61 | 0.66 | down-regulated |
| miR396 | UUCCACAGCUUUCUUGAACUU | 15.00 | 8.46 | 0.56 | down-regulated |
| miR397 | UCAUUGAGUGCAGCGUUGAUG | 10.91 | 7.16 | 0.66 | down-regulated |
| miR535 | UGACAAGGAGAGAGAGCACGC | 398.60 | 267.88 | 0.67 | down-regulated |
| miR827 | UUAGAUGACCAUCAACAAACA | 13.74 | 6.71 | 0.49 | down-regulated |

虽然有关 miRNA 在植物开花过程中作用的研究已经有很多报道，但是有关文冠果 miRNA 的研究至今未见报道。因此，在其花器官分化和发育过程中 miRNA 的作用也仍然未知。在本研究中，一些在文献中报道与花器官分化有关的 miRNA（Nag *et al.*, 2009；Nagpal *et al.*, 2005）也被检测到在两种类型之间表达量差异显著，比如 miR319 和 miR166g 都显著上调表达。miR164a 和 miR164b 则显著下调表达。这些都与它们在花器官发育过程中的功能作用有关。

研究证明，从开花诱导至花器官分化全过程中 miRNA 都发挥作用，参与调控花发育与形态分化（Rubio-Somoza *et al.*, 2011；Sun, 2011）。miR156 和 miR172 对植物生长阶段的改变起重要作用（Aukerman *et al.*, 2003）。miR172 和 miR169 影响花器官分化（Cartolano *et al.*, 2007）。miR159 和 miR319 的过表达均会引起一些发育障碍，如花期延

迟。miR164 和 miR167 涉及生长素信号的表达（Aida *et al.*, 1997；Allen *et al.*, 2007；Nag *et al.*, 2009；Nagpal *et al.*, 2005）。

miR164 家族能通过调节具有 NAC 功能域的转录因子（NAM/ATAF/CUC，NAC）基因家族中的 CUC1（CUP SHAPED COTYLEDON1）、CUC2 和 CUC3 来实现对植物的花瓣数量以及花器官边缘细胞与顶端分生组织细胞分化的调控（Aida *et al.*, 1997；Laufs *et al.*, 2004）。在 miR164 突变体中，花瓣数量增加，雄蕊减少。本研究中重瓣型中 miR164a 和 miR164b 的表达量显著低于单瓣型。而重瓣型的花瓣数量显著多于单瓣型，这与该 miRNA 在开花过程中的功能一致。

miR166g 在我们的测序结果中表现出在重瓣型中显著上调表达。据报道，miR166 在分生组织活动调控方面与花器官中分生组织的形成密切相关。在 miR166 过表达的突变体中，花结构被严重地破坏，突变体的雌蕊群很小，心皮数量也减少（Jung *et al.*, 2007）。这些特征都与文冠果重瓣花的结构特征一致。

miR319 过表达均会引起一些发育障碍，如花期延迟，雄蕊败育（Nag *et al.*, 2009）。在本研究中，文冠果重瓣型的 miR319 显著上调表达，这也许与其育性缺陷有关。而且，采用 qRT-PCR 对 miRNA 验证后，发现 miR319 在重瓣型中花发育的早期和晚期表达量都比较高。

miR156 和 miR172 会影响植物生长阶段的改变和开花诱导（Lauter *et al.*, 2005；Wu *et al.*, 2009）。本研究中，它们的表达差异并不显著，这可能与两种类型的生长阶段和花期比较相似有关。

另外，miR827 和 miR395 在两种类型之间差异显著，分别为显著下调和上调表达。前人研究得出它们分别受磷胁迫和硫胁迫诱导（Hsieh *et al.*, 2009；Liang *et al.*, 2010）。结合本研究结果，认为 miRNA 可能具有多重作用，也许它们对花器官的形成及发育过程同样有影响。另外，在不同植物之间 miRNA 的功能可能有所不同。

#### 3.1.2.7 文冠果 miRNA 的验证

（1）提取小 RNA

材料分别为单瓣型和重瓣型的早期花芽（3 月初采集，即测序所用材料）（early stage of flower development，EF）、晚期花芽（4 月末采集）（late stage of flower development，LF）、嫩茎（stem，S）和叶片（leaf，L）。1.0%的琼脂糖凝胶电泳检测结果表明（图 3-11）：28S 和 18S rRNA 谱带清晰，5S rRNA 谱带较弱，说明 RNA 的完整性很好，没有出现降解等问题，能够用于常规 RT-PCR 和 qRT-PCR 等后续研究。

（2）普通 PCR 验证

以单瓣型早期花芽的 small RNA 反转录成的 cDNA 为模板，进行普通 PCR。产物经 3%的非变性琼脂糖凝胶电泳后结果如图 3-12。以 5.8S rRNA 引物的产物为对照，产物中有 11 个均一性表达，只有一条明显的条带，片段大约都在 64bp，选择这些引物进行 qRT-PCR 分析。

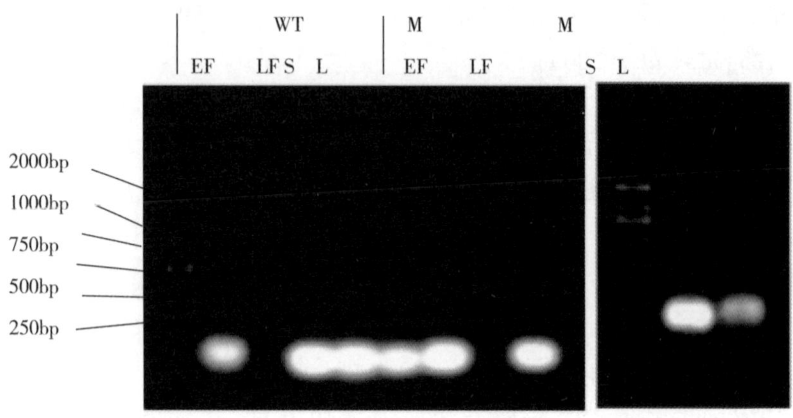


图 3-11 两种类型文冠果各组织提取的小 RNA 电泳图谱

注：EF 表示早期花芽；LF 表示晚期花芽；S 表示茎；L 表示叶。

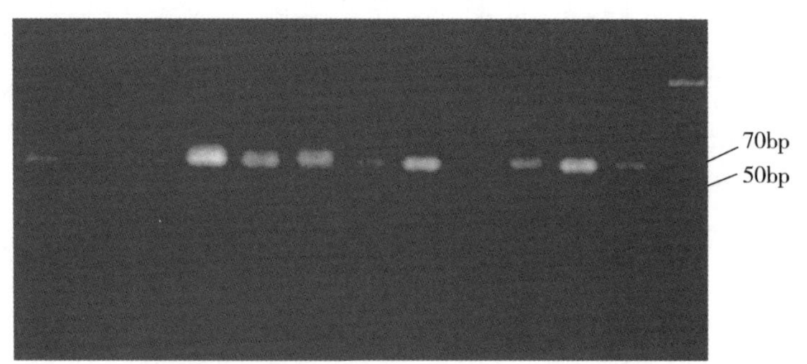


图 3-12 普通 PCR 验证文冠果 miRNA 表达

（3）qRT-PCR 检测

为了验证 Solxea 测序后经生物信息学分析所得的 miRNA 是否在文冠果中表达以及它们在不同的组织和发育时期表达量的变化，对经过普通 PCR 筛选后的 11 个 miRNA（7 个保守的和 4 个新的 miRNA）进行荧光定量 PCR 分析。图 3-13 是荧光定量 PCR 过程产生的溶解曲线，均为单一峰，表明 cDNA 扩增产物非常专一，特异性较高，结果可以用于后续的分析。

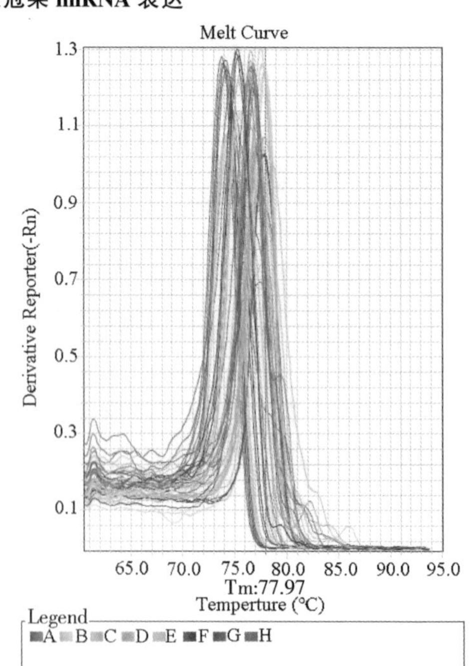


图 3-13 miRNA 引物 qRT-PCR 产物溶解曲线

以单瓣型文冠果早期花芽中的 miRNA 为对照，利用 qRT-PCR 技术，以文冠果 5.8S rRNA 作为内参，系统研究了 Xso-M002、Xso-M003、Xso-M007a-b、Xso-M008a-b、miR159、miR166a-f、miR167a-b、miR169、miR319、miR482、miR827 共 11 个序列的 miRNA 在文

冠果单瓣型和重瓣型的不同组织中的表达差异，其相对表达量见图 3-14。

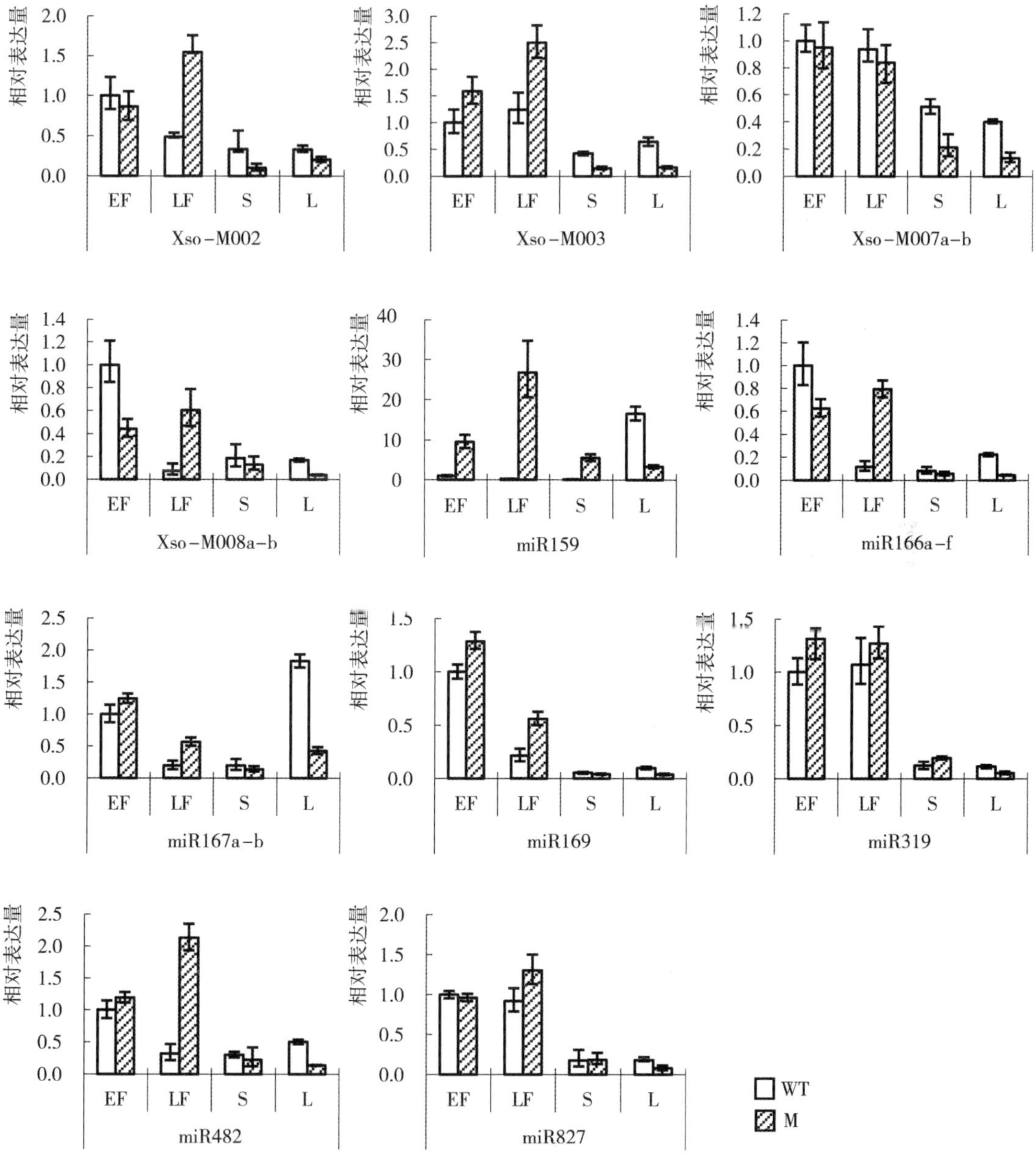

**图 3-14 单瓣型与重瓣型中部分 miRNA 表达量的 qRT-PCR 验证**

注：5.8S rRNA 作为内参基因，将单瓣型文冠果早期花芽中的 miRNA 表达水平设置为 1。

由荧光定量检测结果可以看出，在文冠果的两种类型的 4 个组织中均检测到了 11 个 miRNA 序列的表达，只是 miR159 在单瓣型的早晚期花芽和茎中的表达量相对较低，所以图中表现不明显。根据以上定量分析结果，总结出在单瓣型和重瓣型中各 miRNA 在不同组织的表达量情况见表 3-8。

表 3-8 单瓣型与重瓣型中各 miRNA 在不同组织的表达量

| 单瓣型 | | 重瓣型 | |
|---|---|---|---|
| miRNA | 不同组织表达量 | miRNA | 不同组织表达量 |
| Xso-M002，Xso-M007a-b | EF>LF>S>L | Xso-M007a-b，miR169，miR319 | EF>LF>S>L |
| Xso-M003 | LF>EF>L>S | Xso-M002，Xso-M003 | LF>EF>L>S |
| Xso-M008a-b | EF>S>L>LF | | |
| miR159 | L>EF>LF>S | | |
| miR166a-f，miR482 | EF>L>LF>S | | |
| miR167a-b | L>EF>S>LF | | |
| miR169，miR827 | EF>LF>L>S | miR167a-b | EF>LF>L>S |
| miR319 | LF>EF>S>L | Xso-M008a-b，miR159，miR166a-f，miR482，miR827 | LF>EF>S>L |

以上结果多次重复试验表达差异趋势相同。因此，以小 RNA 为模板的 qRT-PCR 方法可以很好地检测 miRNA 的表达差异。所有检测的花芽发育的早期的 miRNA 表达量趋势与 Solexa 测序结果一致，说明测序结果准确可靠。然而，两个技术之间的结果还是存在微小的差异的，例如 Solexa 测序检测到 Xso-M007a-b 只出现在单瓣型中，而 qRT-PCR 在两个库中都检测到了 Xso-M007a-b，这可能是由于 Solexa 测序没有完全检测到所有表达的 miRNAs。另外，miR482 在 Solexa 测序结果显示 M/WT 的表达量比值是 2.66，而 qRT-PCR 是 1.19。这可能是由于高通量测序结果的通量不够，不足以反应整个真实的 miRNA 的表达量，也有可能是由于两个技术方法的归一化的标准不一样：qRT-PCR 的数据都是相对于内参 5.8S rRNA 的表达变化，而测序的结果是相对于 miRNA 被测到的次数而言。

关于花发育早期和晚期 miRNA 的表达量，以单瓣型（WT）文冠果早期花芽（EF）中的 miRNA 为对照，与对照相比，在两种类型花发育的晚期，Xso-M003 和 miR319 全部表现出上调表达。相反，Xso-M007a-b，Xso-M008a-b，miR166a-f，miR167 和 miR169 全部表现出下调表达。在单瓣型中，与该类型花芽发育早期相比，花芽发育晚期的 Xso-M003 及 miR319 表现出上调表达，其余 miRNA 则相反。在重瓣型中，与该类型花芽发育早期相比，花芽发育晚期的 Xso-M007a-b，miR319，miR167a-b 及 miR169 表现出下调表达，其余 miRNA 则上调表达。

关于 miRNA 在 4 种组织中的表达差异，由两种类型的 miRNA 在早期花芽、晚期花芽、嫩茎和叶片共 4 个组织中表达量分析可以看出，Xso-M002，Xso-M003，Xso-M007a-b，miR169，miR319 和 miR827 共 6 个序列在两个类型花芽中的表达量均高于在嫩茎和叶片中的表达量，说明这些 miRNA 可能与花器官的分化和发育有关。而且，文献也报道过 miR169，miR319 参与植物花器官发育（Nag *et al.*，2009），这与我们的验证结果一致。

Xso-M007a-b 与 miR169 在两种类型中都是花芽发育早期的表达量最高，Xso-M003 在两种类型中都是花芽发育晚期的表达量最高。Xso-M007a-b 在 4 个组织中都是单瓣型的表达量高于重瓣型。miR159 在两个类型中的表达量差异比较大。在早期花芽中单瓣型表达

量为 1，重瓣型为 9.48；在晚期花芽中单瓣型表达量为 0.20，重瓣型高达 26.76；在嫩茎中分别为 0.18 和 5.52。另外，单瓣型的 miR159 在叶片中表达量（16.50）显著高于其他组织，单瓣型的 miR167a-b 也是在叶片中表达量高于其他组织。

由图 3-14 和表 3-8 可见，在两个类型的 4 个组织中表达量变化趋势一致的只有 Xso-M007a-b（EF>LF>S>L）与 Xso-M003（LF>EF>L>S）。其余 miRNA 的表达量变化比较多样化，充分验证了 miRNA 在不同组织器官表达存在差异。

### 3.1.3 miRNA 靶基因预测

共预测到 230 个靶基因。共有 29 个靶基因对应 10 个 novel miRNA，保守 miRNA 预测到 201 个靶基因，结果见表 3-9。每个 miRNA 预测到的靶基因从 1 个至 24 个不等，某一个 miRNA 的靶蛋白可能不止个，多数都有几个靶基因，其中 miR396 和 miR156 预测的靶基因较多，这意味着这些 miRNA 功能的多样性。而且，不同的 miRNA 可能会靶向相同的基因，例如 Xso-M006 和 miR399 都靶向基因 EY652506，说明 miRNA 可能通过对靶基因的一种复杂的网络调控机制来参与调控。

**表 3-9 文冠果新 miRNA 和保守 miRNA 的靶基因预测**

| miRNA | Target EST | Target description |
|---|---|---|
| Xso-M001 | EY693630 | Chromosome chr15 scaffold_37; *Vitis vinifera* |
| | TC6712 | DNA-directed RNA polymerase; *Vitis vinifera* |
| | CK938357 | Proline-rich protein family-like; *Oryza sativa* Japonica Group |
| | CX045646 | Chromosome chr8 scaffold_34; *Vitis vinifera* |
| | TC25281 | Small heat shock protein; *Nicotiana tabacum* |
| | DN619250 | Membrane attack complex component/perforin/complement C9; *Medicago truncatula* |
| Xso-M002 | EY707686 | Extensin; *Volvox carteri* |
| | EY650805 | Chromosome chr13 scaffold_17; *Vitis vinifera*; |
| Xso-M003 | EY734554 | Envelope glycoprotein; Human immunodeficiency virus 1 |
| Xso-M004 | EY719510 | Chromosome chr12 scaffold_38; *Vitis vinifera* |
| Xso-M005 | EY666355 | Chromosome chr4 scaffold_6; *Vitis vinifera* |
| | EY702275 | Solute carrier family 2 facilitated glucose transporter member 10; *Mus musculus* |
| Xso-M006 | CV712967 | Os10g0474300 protein; *Oryza sativa* Japonica Group |
| | TC10182 | Peroxidase; *Eucalyptus globulus* subsp. |
| | EY652506 | Peroxidase precursor; *Spinacia oleracea* |
| | TC3386 | Elongation factor 1-gamma; *Prunus avium* |
| Xso-M007a-b | EY667637 | Isoform 2 of Q9FPT1; *Arabidopsis thaliana* |
| | EY720265 | Chromosome chr18 scaffold_1; *Vitis vinifera* |
| | EY726040 | ATP sulfurylase; *Arabidopsis thaliana* |
| | EY674223 | ATP sulfurylase; *Arabidopsis thaliana* |
| | EY667140 | ATP sulfurylase; *Arabidopsis thaliana* |
| | EY743022 | ATP sulfurylase; *Arabidopsis thaliana* |

（续）

| miRNA | Target EST | Target description |
|---|---|---|
| | TC7183 | ATP sulfurylase; *Arabidopsis thaliana* |
| | EY709836 | ATP sulfurylase; *Arabidopsis thaliana* |
| | EY658203 | TBC1 domain family member 25; *Rattus norvegicus* |
| | TC25886 | ATP sulfurylase; *Arabidopsis thaliana* |
| | TC5775 | ATP sulfurylase precursor; *Brassica juncea* |
| | EY685189 | Aldehyde dehydrogenase 22A1 precursor; *Arabidopsis thaliana* |
| Xso-M008a-b | EY694690 | CBL-interacting protein kinase 1; *Populus trichocarpa* |
| miR160a-b | EY658032 | Chromosome chr8 scaffold_29; *Vitis vinifera* |
| | EY717682 | Chromosome chr12 scaffold_36; *Vitis vinifera* |
| | EY730974 | Chromosome chr19 scaffold_66; *Vitis vinifera* |
| | EY704656 | ELIP; *Brassica rapa* subsp. *pekinensis* |
| miR162 | TC9460 | Chromosome chr8 scaffold_23; *Vitis vinifera* |
| miR164a-b | TC3550 | Chromosome chr13 scaffold_45; *Vitis vinifera* |
| | EY665955 | 52O08_11; *Brassica rapa* subsp. *pekinensis* |
| | EY692154 | Chromosome chr3 scaffold_8; *Vitis vinifera* |
| | EY662901 | Tocopherol cyclase; *Eucalyptus gunnii* |
| miR166a-f | EY737911 | Chromosome chr6 scaffold_3; *Vitis vinifera* |
| | EY708619 | Aldo/keto reductase AKR; *Manihot esculenta* |
| miR166g | EY737911 | Chromosome chr6 scaffold_3; *Vitis vinifera* |
| miR167a-b | TC17305 | Chromosome chr18 scaffold_1; *Vitis vinifera* |
| | EY752486 | Geranyl diphosphate synthase small subunit; *Antirrhinum majus* |
| | DN620810 | Chromosome chr19 scaffold_111; *Vitis vinifera* |
| miR390 | CK935773 | Transposase; *Victivallis vadensis* ATCC BAA-548 |
| | EY733102 | LigA; *Methylobacterium* sp. 4-46 |
| | EY733264 | Glyoxal or galactose oxidase; *Chlamydomonas reinhardtii* |
| | EY674848 | HSP70 class molecular chaperones involved in cell morphogenesis; *Methanopyrus kandleri* |
| | EY666298 | Chromosome chr7 scaffold_44; *Vitis vinifera* |
| | TC25463 | Os08g0229300 protein; *Oryza sativa* Japonica Group |
| miR395a-b | EY667637 | Isoform 2 of Q9FPT1; *Arabidopsis thaliana* |
| | EY720265 | Chromosome chr18 scaffold_1; *Vitis vinifera* |
| | EY726040 | ATP sulfurylase; *Arabidopsis thaliana* |
| | EY674223 | ATP sulfurylase; *Arabidopsis thaliana* |
| | EY667140 | ATP sulfurylase; *Arabidopsis thaliana* |
| | EY743022 | ATP sulfurylase; *Arabidopsis thaliana* |
| | EY712026 | Chromosome chr18 scaffold_1; *Vitis vinifera* |
| | TC7183 | ATP sulfurylase; *Arabidopsis thaliana* |
| | EY709836 | ATP sulfurylase; *Arabidopsis thaliana* |
| | EY658203 | TBC1 domain family member 25; *Rattus norvegicus* |

（续）

| miRNA | Target EST | Target description |
|---|---|---|
| | TC25886 | ATP sulfurylase; *Arabidopsis thaliana* |
| | TC5775 | ATP sulfurylase precursor; *Brassica juncea* |
| | DY305609 | Chromosome chr6 scaffold_305; *Vitis vinifera* |
| | EY685189 | Aldehyde dehydrogenase 22A1 precursor; *Arabidopsis thaliana* |
| | EY723539 | Chromosome undetermined scaffold_144; *Vitis vinifera* |
| miR396 | BQ623090 | Chromosome chr6 scaffold_3; *Vitis vinifera* |
| | EY733229 | Cysteine protease CP1; *Manihot esculenta* |
| | EY741800 | Cysteine protease CP1; *Manihot esculenta* |
| | EY738555 | Cysteine protease Cp6; *Actinidia deliciosa* |
| | EY741007 | Cysteine protease Cp6; *Actinidia deliciosa* |
| | EY667620 | Cysteine protease Cp6; *Actinidia deliciosa* |
| | EY709467 | Cysteine protease CP1; *Manihot esculenta* |
| | EY734592 | Cysteine protease CP1; *Manihot esculenta* |
| | EY739120 | Cysteine protease CP1; *Manihot esculenta* |
| | EY742107 | Cysteine protease CP1; *Manihot esculenta* |
| | DY305671 | Cysteine proteinase; *Elaeis guineensis* |
| | EY702276 | Oil palm polygalacturonase allergen PEST472; *Elaeis guineensis* |
| | EY722391 | Cysteine protease Cp6; *Actinidia deliciosa* |
| | EY706820 | Cysteine protease CP1; *Manihot esculenta* |
| | EY670024 | Cysteine protease CP1; *Manihot esculenta* |
| | TC8158 | Cysteine protease Cp6; *Actinidia deliciosa* |
| | EY676947 | Cysteine protease CP1; *Manihot esculenta* |
| | TC5144 | Cysteine protease CP1; *Manihot esculenta* |
| | TC941 | Cysteine protease Cp6; *Actinidia deliciosa* |
| | EY750148 | Cysteine protease CP1; *Manihot esculenta* |
| | TC5632 | Cysteine protease Cp6; *Actinidia deliciosa* |
| | TC10607 | Oil palm polygalacturonase allergen PEST472; *Elaeis guineensis* |
| | EY657498 | Cysteine protease Cp6; *Actinidia deliciosa* |
| | EY657979 | Cysteine protease CP1; *Manihot esculenta* |
| miR399 | CV712967 | Os10g0474300 protein; *Oryza sativa* Japonica Group |
| | TC10182 | Peroxidase; *Eucalyptus globulus* subsp. *globulus* |
| | EY652506 | Peroxidase precursor; *Spinacia oleracea* |
| | EY666268 | Chromosome chr8 scaffold_34; *Vitis vinifera* |
| | TC3386 | Elongation factor 1-gamma; *Prunus avium* |
| | EY714209 | Chromosome chr6 scaffold_3; *Vitis vinifera* |
| miR403 | TC10597 | Chromosome chr2 scaffold_187; *Vitis vinifera* |
| | TC12064 | PHAP2B protein; *Petunia × hybrida* |
| miR3954a-d | EY666059 | Translation elongation and release factors; *Thermoanaerobacter tengcongensis* |

（续）

| miRNA | Target EST | Target description |
|---|---|---|
| | EY672708 | Kunitz inhibitor like protein 1 precursor; *Drosophila virilis* |
| | TC24755 | Predicted protein; *Botryotinia fuckeliana* B05. 10 |
| | TC25032 | Pyruvate ferredoxin/flavodoxin oxidoreductase; *Staphylothermus marinus* F1 |
| | TC9614 | Pyruvate ferredoxin/flavodoxin oxidoreductase, delta subunit; *Staphylothermus marinus* F1 |
| | TC20811 | Chromosome chr8 scaffold_29; *Vitis vinifera* |
| | EY674210 | Hydroxyproline-rich glycoprotein DZ-HRGP precursor; *Volvox carteri* f. *nagariensis* |
| | EY658225 | AGAP008905-PA; *Anopheles gambiae* str. PEST |
| | EY658373 | Chromosome chr8 scaffold_29; *Vitis vinifera* |
| | EY657044 | No apical meristem protein; *Oryza sativa* Japonica Group |
| | EY744065 | Precollagen-NG; *Mytilus galloprovincialis* |
| | EY741915 | versican; *Mus musculus* |
| | EY666286 | Chromosome chr8 scaffold_29; *Vitis vinifera* |
| | EY653298 | NAC domain protein NAC1; *Phaseolus vulgaris* |
| | EY736252 | Chromosome 2 SCAF14997; *Tetraodon nigroviridis* |
| miR156 | TC19272 | Squamosa promoter-binding-like protein 2; *Arabidopsis thaliana* |
| | TC12300 | Chromosome chr1 scaffold_136; *Vitis vinifera* |
| | TC14021 | Chromosome chr11 scaffold_14; *Vitis vinifera* |
| | TC6166 | Chromosome chr8 scaffold_34; *Vitis vinifera* |
| | TC14277 | Promoter binding protein; *Gossypium hirsutum* |
| | EY652288 | Squamosa promoter-binding-like protein 3; *Oryza sativa* |
| | TC7461 | Chromosome chr15 scaffold_19; *Vitis vinifera* |
| | EY707623 | Chromosome chr1 scaffold_136; *Vitis vinifera* |
| | EY718495 | Promoter binding protein; *Gossypium hirsutum* |
| | EY719206 | Chromosome chr8 scaffold_34; *Vitis vinifera* |
| | EY684259 | Promoter binding protein; *Gossypium hirsutum* |
| | CK665702 | Chromosome chr15 scaffold_19; *Vitis vinifera* |
| | TC25164 | Chromosome chr12 scaffold_18; *Vitis vinifera* |
| | TC10142 | Molybdenum cofactor guanylyltransferase; *Candidatus Ruthia magnifica* |
| | TC14957 | Chromosome chr12 scaffold_18; *Vitis vinifera* |
| | EY687746 | Diguanylate cyclase/phosphodiesterase; *Methylibium petroleiphilum* PM1 |
| | TC3600 | SBP transcription factor; *Gossypium hirsutum* |
| | EY752996 | Cytoplasmic ribosomal protein S14; *Brassica napus* |
| | TC7955 | TGA transcription factor 2; *Populus tremula* × *Populus alba* |
| | TC15642 | Chromosome chr1 scaffold_5; *Vitis vinifera* |
| | EY708584 | Chromosome 5 SCAF15026; *Tetraodon nigroviridis* |
| miR159 | TC4638 | Chromosome chr11 scaffold_56; *Vitis vinifera* |
| | EY665527 | Pyruvate, phosphate dikinase, chloroplast precursor; *Mesembryanthemum crystallinum* |

（续）

| miRNA | Target EST | Target description |
|---|---|---|
| miR169 | EY690183 | Subtilisin-like protease 3; *Pneumocystis carinii* |
| | TC4367 | Chromosome chr6 scaffold_3; *Vitis vinifera* |
| | EY736145 | Chromosome undetermined scaffold_142; *Vitis vinifera* |
| | DR909514 | Chromosome chr9 scaffold_7; *Vitis vinifera* |
| | TC15690 | Chromosome chr9 scaffold_7; *Vitis vinifera* |
| | EY656107 | Chromosome chr18 scaffold_1; *Vitis vinifera* |
| | EY649570 | Chromosome chr18 scaffold_1; *Vitis vinifera* |
| miR171 | TC19143 | Chromosome chr15 scaffold_37; *Vitis vinifera* |
| | TC11302 | Chromosome chr4 scaffold_32; *Vitis vinifera* |
| | EY676677 | Chromosome chr4 scaffold_32; *Vitis vinifera* |
| | EY755241 | Chromosome chr4 scaffold_32; *Vitis vinifera* |
| | TC16049 | Chromosome chr14 scaffold_27; *Vitis vinifera* |
| | EY669925 | Chromosome chr14 scaffold_27; *Vitis vinifera* |
| | EY665511 | nodulin MtN3 family protein; *Arabidopsis thaliana* |
| | EY663107 | Chromosome chr14 scaffold_9; *Vitis vinifera* |
| miR172 | TC16431 | Chromosome chr6 scaffold_3; *Vitis vinifera* |
| | EY682577 | Chromosome chr6 scaffold_3; *Vitis vinifera* |
| | EY688891 | Envelope glycoprotein; *Human immunodeficiency virus* 1 |
| | TC7810 | Chromosome chr6 scaffold_3; *Vitis vinifera* |
| | TC15666 | Chromosome chr6 scaffold_3; *Vitis vinifera* |
| | TC12064 | PHAP2B protein; *Petunia* × *hybrida* |
| | TC15635 | Chromosome chr7 scaffold_20; *Vitis vinifera* |
| | TC14205 | Transcription factor AHAP2; *Malus* × *domestica* |
| | EY683813 | VWA containing CoxE-like; *Anaeromyxobacter dehalogenans* 2CP-C |
| | EY709164 | Matrix metalloproteinase; *Volvox carteri* f. *nagariensis* |
| miR319 | TC20990 | Membrane associated protein; *Arabidopsis thaliana* |
| miR393 | TC4916 | Chromosome chr14 scaffold_9; *Vitis vinifera* |
| | TC1009 | Chromosome chr14 scaffold_9; *Vitis vinifera* |
| miR394 | TC13219 | Chromosome chr1 scaffold_136; *Vitis vinifera* |
| | EY658376 | Chromosome chr1 scaffold_136; *Vitis vinifera* |
| | EY652491 | Inositol-3-phosphate synthase; *Citrus* × *paradisi* |
| | TC17914 | Chromosome chr13 scaffold_48; *Vitis vinifera* |
| | EY747464 | Chromosome chr13 scaffold_48; *Vitis vinifera* |
| | DR909212 | Taste receptor type 1 member 2b; *Danio rerio* |
| miR397 | TC3269 | Chromosome chr8 scaffold_23; *Vitis vinifera* |
| | EY730868 | Chromosome chr9 scaffold_7; *Vitis vinifera* |
| | EY725562 | Chromosome chr9 scaffold_7; *Vitis vinifera* |
| | TC15627 | Chromosome chr9 scaffold_7; *Vitis vinifera* |

（续）

| miRNA | Target EST | Target description |
|---|---|---|
| | EY725569 | Chromosome chr9 scaffold_7; *Vitis vinifera* |
| | EY727461 | Chromosome chr18 scaffold_24; *Vitis vinifera* |
| | TC13341 | Chromosome undetermined scaffold_296; *Vitis vinifera* |
| miR472 | EY679020 | MscS Mechanosensitive ion channel precursor; *Pelobacter propionicus* DSM 2379 |
| | EY675884 | Chromosome chr16 scaffold_86; *Vitis vinifera* |
| | EY701787 | Chromosome chr9 scaffold_7; *Vitis vinifera* |
| | EY676181 | Chromosome chr8 scaffold_23; *Vitis vinifera* |
| | EY658047 | Chromosome chr2 scaffold_112; *Vitis vinifera* |
| | EY734357 | Chromosome chr6 scaffold_3; *Vitis vinifera* |
| | EY687716 | Chromosome chr18 scaffold_59; *Vitis vinifera* |
| miR473 | EY736446 | Nucleoside diphosphate kinase; *Vitis vinifera* |
| | EY699803 | Chromosome chr5 scaffold_2; *Vitis vinifera* |
| | TC6181 | Chromosome chr1 scaffold_46; *Vitis vinifera* |
| miR477 | EY736446 | Nucleoside diphosphate kinase; *Vitis vinifera* |
| | EY699803 | Chromosome chr5 scaffold_2; *Vitis vinifera* |
| | EY755648 | Chromosome chr2 scaffold_97; *Vitis vinifera* |
| miR479 | TC24849 | Chromosome chr1 scaffold_5; *Vitis vinifera* |
| | TC22094 | Chromosome chr11 scaffold_13; *Vitis vinifera* |
| miR482 | EY711846 | Chromosome chr18 scaffold_24; *Vitis vinifera* |
| | EY701971 | Heat shock protein DnaJ; *Medicago truncatula* |
| | EY738950 | Pyruvate dehydrogenase; *Citrus × paradisi* |
| | CV885513 | Chromosome undetermined scaffold_80; *Vitis vinifera* |
| | CK933674 | Chromosome undetermined scaffold_141; *Vitis vinifera* |
| | TC15771 | Chromosome undetermined scaffold_53; *Vitis vinifera* |
| | TC18127 | IPP/DMAPP synthase; *Stevia rebaudiana* |
| | EY727729 | Chromosome chr4 scaffold_6; *Vitis vinifera* |
| | EY672414 | Peptidase S8 and S53, subtilisin, kexin, sedolisin precursor; *Methanospirillum hungatei* JF-1 |
| | EY691643 | Integral membrane protein; *Leeuwenhoekiella blandensis* MED217 |
| | TC25550 | Chromosome chr7 scaffold_42; *Vitis vinifera* |
| miR530 | EY736857 | Nucleolin; *Gallus gallus* |
| | TC1082 | Poliovirus receptor-related protein 1 precursor (Herpes virus entry mediator C) (HveC) (Nectin-1) (Herpesvirus Ig-like receptor) (HIgR) (CD111 antigen); *Xenopus tropicalis* |
| | EY740744 | Chromosome chr2 scaffold_112; *Vitis vinifera* |
| | TC531 | Chromosome chr5 scaffold_67; *Vitis vinifera* |
| | EY655921 | Integrin beta; *Nematostella vectensis* |
| | EY677528 | Chromosome chr2 scaffold_112; *Vitis vinifera* |
| | EY677028 | Chromosome chr15 scaffold_37; *Vitis vinifera* |

（续）

| miRNA | Target EST | Target description |
|---|---|---|
| | EY743746 | Chromosome chr18 scaffold_1；*Vitis vinifera* |
| | TC12148 | Chromosome chr2 scaffold_112；*Vitis vinifera* |
| | TC10085 | Chromosome chr15 scaffold_37；*Vitis vinifera* |
| | EY679643 | Coat protein；*Tobacco streak virus* |
| | TC12158 | Mitochondrial serine hydroxymethyltransferase；*Populus tremuloides* |
| miR535 | TC498 | SBP；*Medicago truncatula* |
| | EY710511 | Fasciclin-like arabinogalactan protein 19；*Gossypium hirsutum* |
| | TC11784 | Fasciclin-like arabinogalactan protein 19；*Gossypium hirsutum* |
| | EY677181 | Fasciclin-like arabinogalactan protein 19；*Gossypium hirsutum* |
| | EY721100 | Fasciclin-like arabinogalactan protein 19；*Gossypium hirsutum* |
| | EY677841 | Fasciclin-like arabinogalactan protein 19；*Gossypium hirsutum* |
| | EY721347 | Glycine-rich protein；*Nicotiana tabacum* |
| | TC7461 | Chromosome chr15 scaffold_19；*Vitis vinifera* |
| | EY707623 | Chromosome chr1 scaffold_136；*Vitis vinifera* |
| | CK665702 | Chromosome chr15 scaffold_19；*Vitis vinifera* |
| | TC12300 | Chromosome chr1 scaffold_136；*Vitis vinifera* |
| | TC6166 | Chromosome chr8 scaffold_34；*Vitis vinifera* |
| miR827 | TC2683 | Chromosome chr2 scaffold_112；*Vitis vinifera* |
| | EY672830 | Chromosome chr2 scaffold_112；*Vitis vinifera* |
| | CB610971 | Glycerol-3-phosphate permease like protein；*Arabidopsis thaliana* |
| miR894 | TC5763 | Chromosome chr8 scaffold_29；*Vitis vinifera* |

预测到的靶基因来自于不同的基因家族并且具有不同的生物功能，涉及植物生长发育和环境响应的各个方面，包括信号转导，代谢途径，生物和非生物胁迫反应，转录调控，生长及发育，新陈代谢等。miRNA 比较倾向于靶定转录因子，例如 SBP transcription factor，TGA transcription factor 等。miR156 的靶基因 SPL 蛋白，影响着植株从营养生长过渡到生殖生长阶段，诱导植株开花（Gandikota *et al.*，2007；Wang *et al.*，2009），从而实现对文冠果花器官极性的调控。此外 miR172 和 miR403 分别靶向作用于 AP2 蛋白。文献报道 miR172 通过调控靶标 AP2 和 AP2-like 基因来调节植物开花的时间和花的形态（Aukerman *et al.*，2003；Chen，2004）。SQUA 启动子结合蛋白（SBPs）是植物特有的转录因子，最初在金鱼草中发现，能够与花分生组织基因 SQUAMOSA 的启动子结合。在拟南芥中，受 miRNA156 调控的靶基因中有超过 10 个基因编码该蛋白（Llave *et al.*，2002）。文冠果 miR156 和 miR535 的靶标中也有靶基因编码 SBPs，表明在文冠果中 SQUAMOSA 基因可能被 miR156 和 miR535 所调控。另外一些 miRNA 与植物的生长和凋亡有关，例如 miR3954a-d 的靶基因 No apical meristem（NAM）在植物的分生组织和原基的生长过程中发挥重要的功能（Souer *et al.*，1996）。Xso-M001、miR319 都含膜相关蛋白，miR482 的靶基因具有某种膜内在蛋白（integral membrane protein）的功能域，暗示这些靶蛋白在相关 miRNA 的调控下，

可能导致生物膜系统的结构和性质的变化，说明其与生物膜上进行的相关代谢活动可能有关。

# 3.2 文冠果单瓣花花芽与性别分化相关研究

## 3.2.1 花芽分化过程及内源激素、气象因子观测

### 3.2.1.1 花芽分化过程中外部形态与内部结构关系

材料取自山东东营当地起源的 8 年生人工林。平均树高 2.8m，平均胸径 13cm，株行距3m×3m，树冠体积在 4.5~5.0$m^3$之间。选择林分内生长健壮、树势一致、无病虫害的文冠果植株 10 株作为花芽分化过程外部观测和采样对象。参考前人对文冠果花芽分化过程的研究结果（敖妍，2012），从芽分化形成（2016 年 5 月 8 日）至开花散粉（2017 年 4 月 30 日）期间定期取样。5 月 8 日至 11 月 30 日，取样树东南西北四个方向外围枝条的顶、侧芽，侧芽采集枝条形态学下端第 3~5 个花芽，每 20d 取一次；休眠期不采样；2 月 21 日至 3 月 31 日，每 5d 取样一次；4 月 1 日至 4 月 30 日，每 3d 取样一次；雄能花散粉、雌能花可授时，停止取样。整个花芽分化过程共取样 28 次。每次每棵树顶、侧花芽（蕾）各取 8 个，共 80 个花芽（蕾）。每次采集的样品用于外部形态观测、内部结构观测。

通过显微结构观察，文冠果雌能花和雄能花花芽在未分化期至两性期，分化过程无显著差异，雌雄蕊发育后期出现差异。花芽分化过程分为花芽未分化期、花序原基及花原基分化期、萼片原基分化期、花瓣原基分化期、雄蕊原基分化期、雌蕊原基分化期。其分化过程中花芽外部形态与内部结构的对应见表 3-10、图 3-15。

**表 3-10 文冠果花芽分化不同时期外部形态与内部结构**

| 分化时期 | 日期（月-日） | 花芽外部形态 | 花芽内部解剖结构 |
|---|---|---|---|
| 花芽未分化期 | 5-28~6-16 | 花芽呈浅绿色，顶芽横径 3.87~4.52mm、纵径 3.86~4.22mm，侧芽横径 2.54~3.10mm、纵径 3.02~3.54mm（图 3.15，①） | 芽内生长锥稍尖呈圆锥形，细胞分裂加快，逐步进入活跃分化状态（图 3.15，①a） |
| 花序原基及花原基分化期 | 6-17~7-06 | 花芽由浅绿色变为绿色，顶芽横径 4.58~5.12mm、纵径 4.02~4.78mm，侧芽横径 3.28~3.74mm、纵径 3.82~4.35mm（图 3.15，②） | 顶端生长点膨大呈圆锥形，花序原基形成（图 3.15，②a），两侧分化出苞片，在苞片基部形成三角状花原基（图 3.15，②b），花原基顶端由三角状变为圆弧状，并由下到上分化出许多花原基，6 月 27 日，总状花序形成（图 3.15，②b）。花原基两侧不断生出苞片，包被着花原基 |
| 萼片原基分化期 | 7-07~8-15 | 花芽由绿变浅褐色，顶芽横径 4.92~5.86mm、纵径 4.48~5.65mm，侧芽横径 3.58~3.84mm、纵径 3.78~4.72mm（图 3.15，③） | 花原基顶端扁平，苞片内侧分化出圆球状小突起萼片原基（图 3.15，③a）。7 月 27 日，萼片原基向内弯曲（图 3.15，③b） |

（续）

| 分化时期 | 日期（月-日） | 花芽外部形态 | 花芽内部解剖结构 |
| --- | --- | --- | --- |
| 花瓣原基分化期 | 8-16~11-24 | 花芽为褐色，顶芽横径 6.67~8.32mm、纵径 5.46~6.21mm，侧芽横径 3.98~4.87mm、纵径 4.32~5.12mm（图 3.15，④） | 顶端生长点继续扩大，萼片伸长。紧贴着萼片形成三角状小突起，出现花瓣原基（图 3.15，④a） |
| 雄蕊原基分化期 | | | 雄蕊原基突起（图 3.15，④b）。9 月 25 日，雄蕊原基伸长（图 3.15，④c）。11 月 24 日，变成棒状圆柱体（图 3.15，④d） |
| 休眠期 | 11-25~3-02 | — | — |
| 雌蕊原基分化期 | 3-03~3-17 | 芽呈圆锥形膨大，芽鳞错开，顶芽横径 5.21~7.92mm、纵径 6.73~9.91mm，侧芽横径 4.33~6.63mm、纵径 5.61~8.75mm（图 3.15，⑤） | 雌蕊原基分化，生长点显著扩大并突起为圆弧状（图 3.15，⑤a）。3 月 13 日，雌蕊原基继续膨大（图 3.15，⑤b）。雄蕊伸长，顶端形成分生组织，出现幼嫩花药，花丝伸长，花粉囊出现（图 3.15，⑤c） |

3 月 18 日~4 月 2 日，文冠果雌能花和雄能花均为两性，均具雌蕊和雄蕊，且发育正常。其中，3 月 18 日~3 月 23 日，芽继续膨大，鳞片浅绿色，芽体露出，顶部露出花蕾，侧芽横径 5.13~8.34mm、纵径 9.36~12.35mm，顶芽横径 5.88~9.32mm、纵径 10.56~13.22mm（图 3-15，⑥）。雌蕊继续膨大。花药呈蝶形，4 室，左右对称（图 3-15，⑥a），药室内处于造孢细胞时期，最内一层细胞体积较大，胞质浓厚（图 3-15，⑥b）。随着周缘细胞的分裂，由外向内逐渐分化出花药壁，造孢细胞相应分裂形成体积较大、细胞核明显、细胞质浓厚、无明显液泡的花粉母细胞，即小孢子母细胞（图 3-15，⑥c）。同时花药壁发育完全，由 5 层细胞组成，由外向内依次为表皮细胞、纤维层细胞、两层中间层细胞、绒粘层细胞（图 3-15，⑥c）。3 月 23 日~4 月 2 日，花序迅速伸长，鳞片脱落，露出绿色花蕾，侧花序横径 8.38~10.01mm、纵径 13.03~21.17mm，花蕾横径 1.76~2.31mm、纵径 1.72~2.10mm。顶花序横径 8.92~10.38mm、纵径 15.76~20.03mm，花蕾横径 1.22~1.54mm、纵径 1.23~1.45mm（图 3-15，⑦⑧）。内部花粉囊的中层和绒粘层逐渐解体（图 3-15，⑦a），小孢子母细胞彼此分离，进入减数分裂阶段（图 3-15，⑦b）。随后进入小孢子四分体时期，其胞质分裂方式为同时型分裂，四分体的 4 个子细胞呈四面体排列（图 3-15，⑧a）。出现子房、胚珠雏形（图 3-15，⑧b），部分花出现实心子房（图 3-15，⑧c），胚珠继续发育（图 3-15，⑧d），柱头伸长（图 3-15，⑧e）。

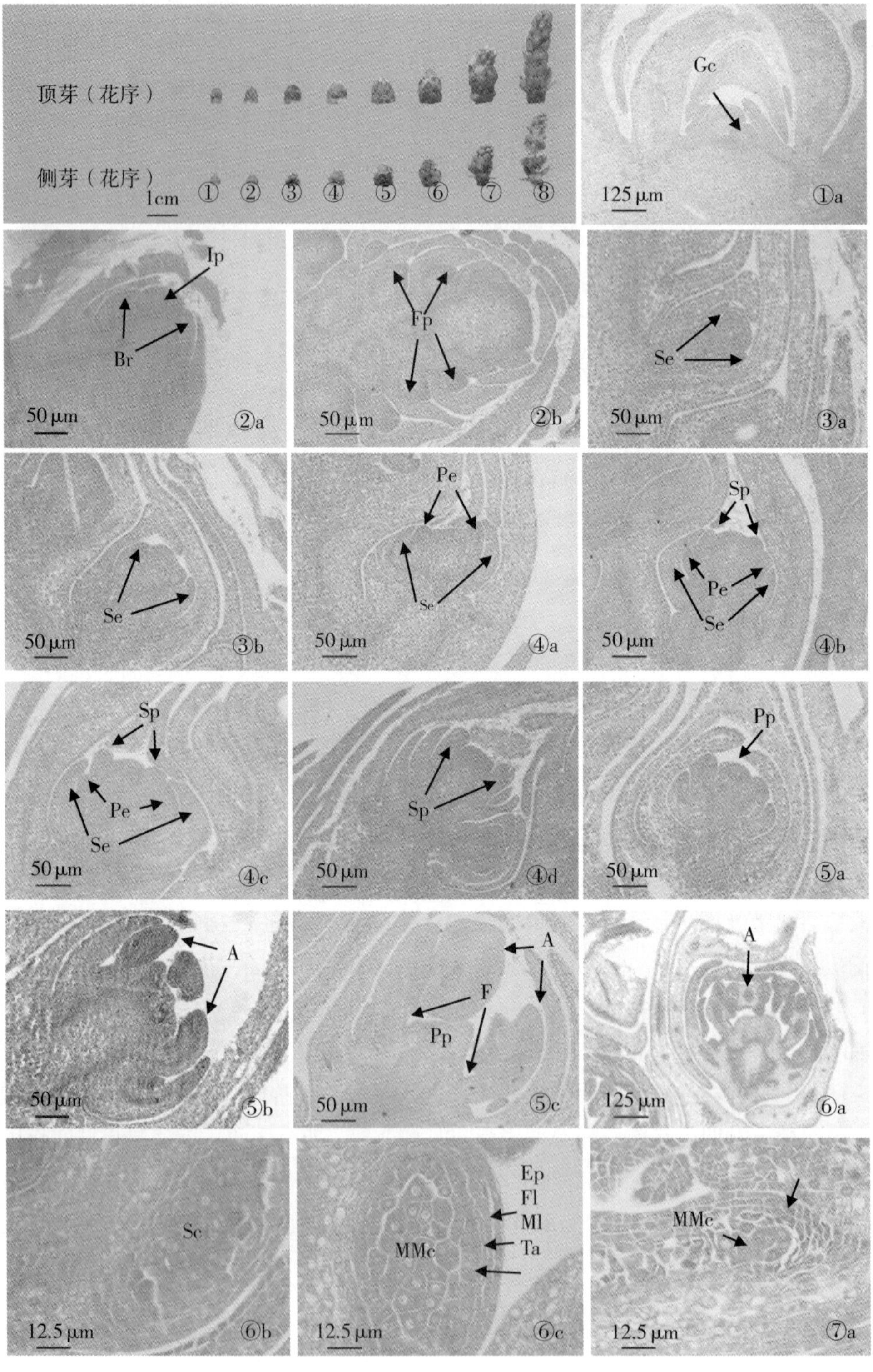

图 3-15　文冠果花芽分化过程中外部形态与内部结构特点

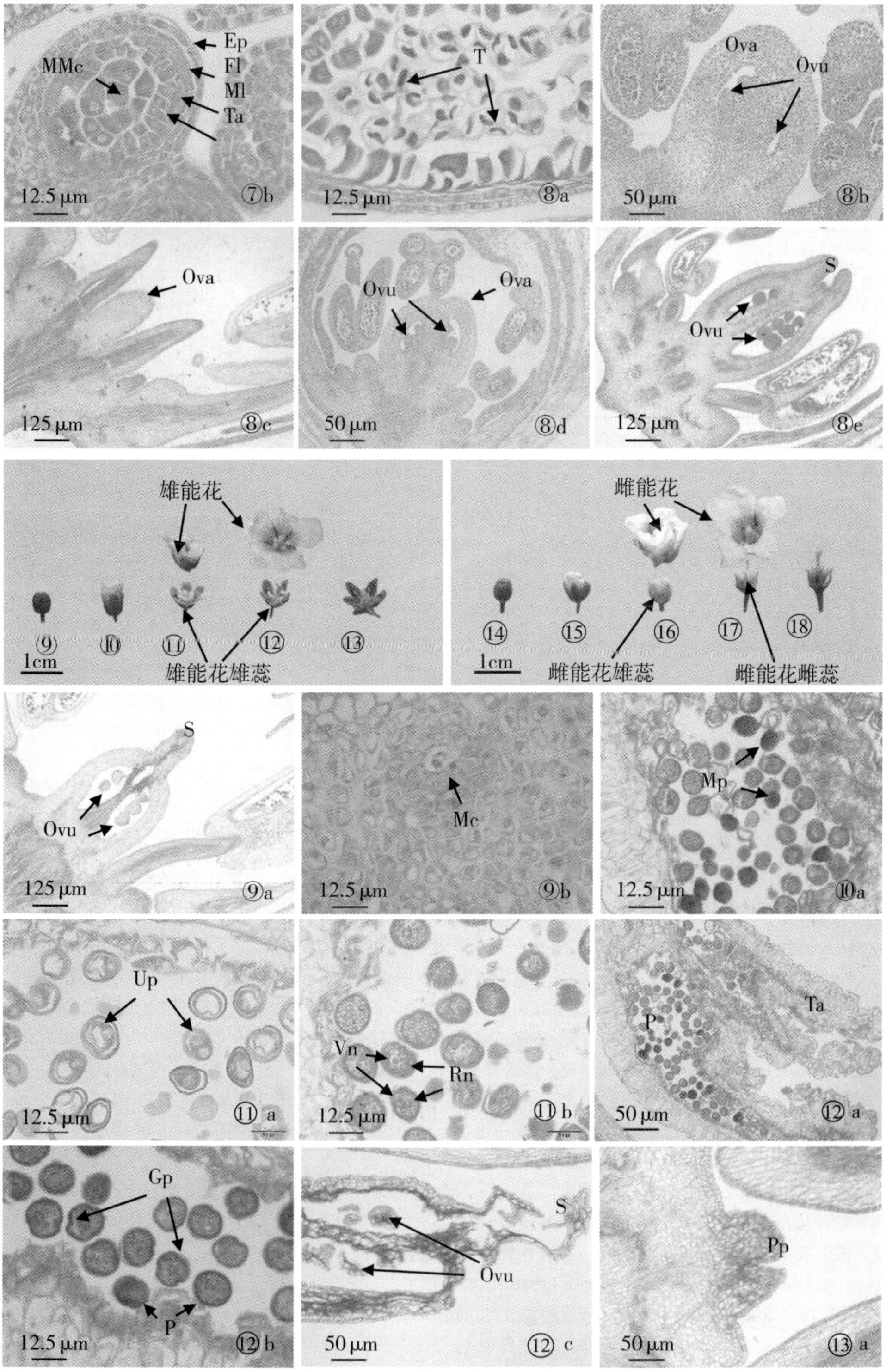

图 3-15　文冠果花芽分化过程中外部形态与内部结构特点（续）

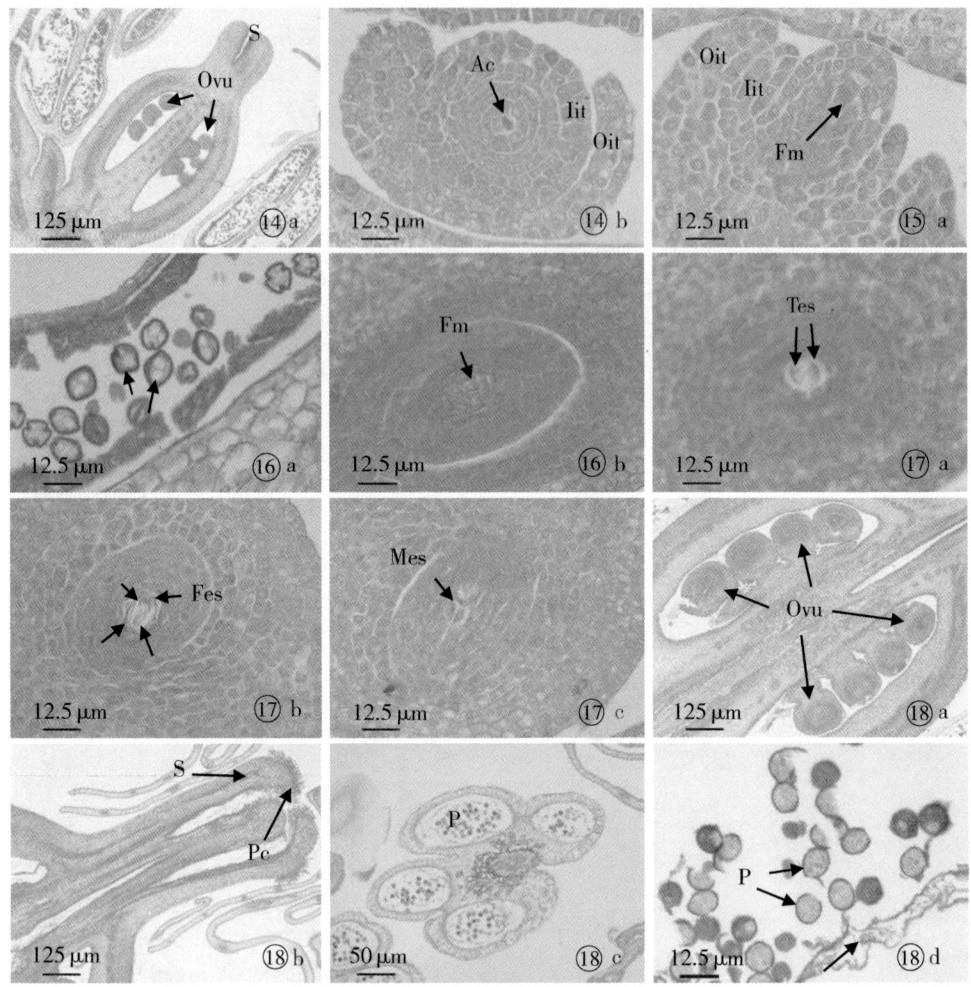


**图 3-15 文冠果花芽分化过程中外部形态与内部结构特点（续）**

注：①2016 年 5 月 28 日花芽；②2016 年 6 月 17 日花芽；③2016 年 7 月 7 日花芽；④2016 年 8 月 16 日花芽；⑤2017 年 3 月 3 日花芽；⑥2017 年 3 月 23 日花芽；⑦2017 年 3 月 28 日花序；⑧2017 年 4 月 2 日花序；⑨4 月 3 日雄能花花蕾；⑩4 月 6 日雄能花；⑪4 月 9 日雄能花；⑫4 月 12 日雄能花；⑬4 月 15 日雄能花；⑭4 月 3 日雌能花花蕾；⑮4 月 9 日雌能花；⑯4 月 12 日雌能花；⑰4 月 15 日雌能花；⑱4 月 18 日雌能花。

①a. 花芽尚未分化；②a. 花序原基出现；②b. 花原基出现及总状花序形成；③a. 萼片原基出现；③b 萼片原基弯曲；④a. 花瓣原基出现；④b. 雄蕊原基出现；④c. 雄蕊原基伸长；④d. 雄蕊呈棒状；⑤a. 雌蕊原基出现；⑤b. 雌蕊原基膨大、花药伸长；⑤c. 花药形成、花丝伸长；⑥a. 雌蕊原基膨大、花粉囊形成；⑥b. 造孢细胞时期；⑥c. 小孢子母细胞、花药壁形成；⑦a. 中层绒粘层解体；⑦b. 小孢子母细胞分离；⑧a. 四分体时期；⑧b. 胚珠原基出现；⑧c. 实心子房；⑧d. 子房胚珠继续发育；⑧e. 柱头伸长；⑨a. 子房胚珠发生败育；⑨b. 大孢子母细胞四分体；⑩a. 单核花粉粒；⑪a. 单核花粉靠边期；b. 双核花粉粒；a. 花药变形；⑫b. 成熟花粉粒；⑫c. 败育的子房胚珠；⑬a. 萎缩的实心子房；⑭a. 柱头伸长；⑭b. 胚珠和孢原细胞；⑮a. 小孢子母细胞四分体时期；⑯a. 单核花粉粒有丝分裂时期；⑯b. 单核胚囊；⑰a. 双核胚囊；⑰b. 四核胚囊；⑰c. 八核胚囊；⑱a. 胚珠；⑱b. 花柱、柱头和乳突状细胞；⑱c. 不开裂的花药；⑱d. 花药壁残迹、败育花粉。

Gc：生长锥；Ip：花序原基；Br：苞片；Fp：花原基；Se：萼片原基；Pe：花瓣原基；Sp. 雄蕊原基；Pp. 雌蕊原基；A. 花药；F. 花丝；Sc. 造孢细胞；MMc. 小孢子母细胞；Ep. 表皮；Fl. 纤维层；Ml. 中层；Ta. 绒粘层；T. 四面体型；Op. 胚珠原基；Ova. 子房；Ovu. 胚珠；S. 柱头；Mc. 大孢子母细胞；Mp. 单核花粉粒；Up. 单核靠边花粉；Vn. 营养核；Rn. 生殖核；P. 花粉；Gp. 萌发孔；Ac. 孢原细胞；Iit. 内珠被；Oit. 外珠被；Fm. 功能大孢子；Tes. 二核胚囊；Fes. 四核胚囊；Mes. 成熟胚囊；Pc：乳突状细胞。

图①a、图①b 意为该时期对应的外部形态为图①，以此类推。

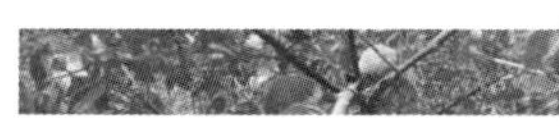

4月2日之后文冠果雌能花和雄能花的发育便出现了差异，其雌雄蕊发育过程中外部形态与内部结构特征对应见表3-11。

### 3.2.1.2 花芽分化过程中激素的变化

针对花芽分化过程中采集各阶段的样品采用高效液相色谱法进行内源激素测定。花芽分化过程中ZT、GA、IAA、ABA含量变化见图3-16。由图可知，分化初期至两性期（5月28日至次年4月2日），ZT含量在雌能花和雄能花中变化趋势一致。5月28日至次年3月3日，ZT含量在雌能花和雄能花中都呈上升趋势，在雌蕊原基分化时（3月3日）达到第一次高峰。在两性期和雌雄配子体形成过程中（3月3日至4月17日），3月28日雌能花和雄能花ZT含量均下降至最低（雌能花0.97mg/g FW，雄能花1.44mg/g FW）。4月2日，在子房胚珠出现时ZT含量迅速上升。4月8日，雄能花子房、胚珠发育出现异常时，ZT含量继续升高，雌能花ZT含量下降，此时两者ZT含量差异不明显。4月11日，雌能花花粉发育异常时，ZT含量又升高，为6.31mg/g FW，约为雄能花的2倍。之后雄能花ZT含量在花粉成熟期升高，并达到第二次高峰值（7.02mg/g FW）。雌能花在发育后期一直上升至第二次峰值（11.24mg/g FW），且其ZT含量始终高于雄能花。

由图3-16-B可知，文冠果雌能花和雄能花GA含量变化趋势一致，雌蕊原基分化之前（5月28日至次年3月3日）GA含量呈缓慢上升趋势，3月23日达到峰值，之后逐渐下降至低水平。但在4月8日雄能花大孢子母细胞四分体时期急剧上升至最高峰，此时雄能花GA含量为103.9mg/g FW，约为子房胚珠出现时（4月2日）的5倍，雌能花GA含量为55.1mg/g FW，约为子房胚珠出现时的2倍多，且雄能花GA含量远高于雌能花。4月11日，雌能花花粉液泡化衰败，GA含量又急剧下降，此后两者中GA含量均呈上升趋势，且雌能花含量高于雄能花。

由图3-16-C可知，5月28日至次年4月8日，雌能花和雄能花的IAA含量变化趋势一致，呈“M”形变化，且在7月7日萼片原基分化时达到第一次高峰，此时雄能花IAA含量3.58mg/g FW，雌能花为5.65mg/g FW。在4月2日胚珠出现时达到第二次高峰，雌能花IAA含量6.72mg/g FW，为雄能花的2.2倍。4月8日，雄能花雌蕊发生败育时，其IAA含量迅速下降至最低（1.42mg/g FW），此时雌能花IAA含量为3.88mg/g FW。之后雌能花IAA含量呈缓慢下降趋势。而雄能花4月8日之后，直到花粉成熟期间IAA含量呈逐渐上升趋势，并最终高于雌能花IAA含量。

由图3-16-D可知，文冠果两性期和雌雄配子体时期ABA含量低于花芽原基分化期。雌能花和雄能花在分化初期至雌蕊原基分化期（5月28日至3月3日），ABA含量呈先上升后急剧下降的趋势，在8月16日花瓣原基分化时和雄蕊原基分化时达到最高（雌能花3.87mg/g FW，雄能花5.04mg/g FW），3月3日雌蕊原基分化时达到最低值（雌能花1.36mg/g FW，雄能花1.08mg/g FW）。两性期ABA含量呈缓慢上升趋势，4月8日雄能花雌蕊发育出现异常和4月12日雌能花雄蕊出现异常时，ABA含量下降，之后又呈缓慢上升趋势。

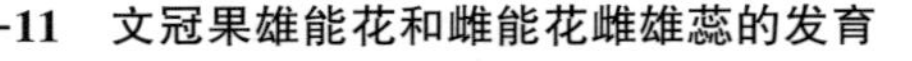

表 3-11　文冠果雄能花和雌能花雌雄蕊的发育

| 日期（月-日） | 雄能花 | | | 雌能花 | | |
|---|---|---|---|---|---|---|
| | 外形态部 | 内部结构 | | 外部形态 | 内部结构 | |
| | | 雌蕊 | 雄蕊 | | 雌蕊 | 雄蕊 |
| 4-03~4-09 | 花蕾增大至露白，横径 2.05~4.54mm、纵径 2.99~5.32mm（图 3-15，⑨⑩） | 子房和胚珠出现败育，子房壁细胞不规则扭曲变形（图 3-15，⑨a），大孢子母细胞四分体出现异常（图 3-15，⑨b） | 绒粘层分泌胼胝质酶，溶解四分体的胼胝质壁，释放单核花粉粒，花粉粒具浓厚的细胞质（图 3-15，⑩a） | 花蕾横径 1.83~2.92mm、纵径 2.01~3.12mm（图 3-15，⑭） | 子房胚珠正常发育，柱头继续伸长（图 3-15，⑭a），胚珠为双珠被，珠心内部体积大、细胞质浓厚的细胞为孢原细胞（图 3-15，⑭b） | — |
| 4-09~4-12 | 雄能花逐渐开放，横径 6.89~8.42mm、纵径 5.24 ~ 7.33mm（图 3-15，⑪） | — | 花粉粒细胞质明显液泡化，形成中央大液泡，花粉发育进入单核靠边期（图 3-15，⑪a）。之后形成双核花粉粒（图 3-15，⑪b） | 花蕾露白，横径 3.58~7.29mm、纵径 3.86 ~ 7.69mm（图 3-15，⑮） | 大孢子母细胞经两次减数分裂，发育为大孢子四分体，其中 3 个大孢子逐渐退化消失，1 个大孢子发育为胚囊（即功能大孢子）（图 3-15，⑮a） | — |
| 4-12~4-15 | 花朵开放，横径 21.20~25.31mm、纵径 14.57 ~ 17.65mm，8 枚雄蕊看不到子房（图 3-15，⑫⑬） | 子房完全败育，胚珠停止发育并退化，柱头严重萎缩（图 3-15，⑫c）；前期出现实心子房的花子房干瘪，顶端萎缩，无花柱（图 3-15，⑬a） | 绒粘层完全解体（图 3-15，⑫a），花粉粒进一步增大，整个细胞从花粉粒壁部脱离，可见 3 个萌发孔，花粉粒成熟（图 3-15，⑫b） | 花横径 12.25~18.30mm、纵径 8.30 ~ 10.98mm；花柱长 2.52~2.74mm，柱头高于雄蕊（图 3-15，⑯⑰） | 功能大孢子体积增大，发育为单核胚囊（图 3-15，⑯b）。之后连续进行 3 次有丝分裂，依次形成二核、四核、八核胚囊（图 3-15，⑰a、⑰b、⑰c） | 花药中单核花粉粒有丝分裂异常，液泡化衰败，看不到明显的细胞核（图 3-15，⑯a） |
| 4-18 | — | — | — | 柱头发育为圆球形，子房膨大，花药干瘪（图 3-15，⑱） | 子房胚珠形态发育完全（图 3-15，⑱a），中空花柱道，柱头开裂，乳突状细胞可见（图 3-15，⑱b） | 花粉囊无唇细胞，不开裂（图 3.15，⑱c），绒粘层解体不完全，留一层萎缩的细胞质残迹，花粉无萌发孔（图 3-15，⑱d） |

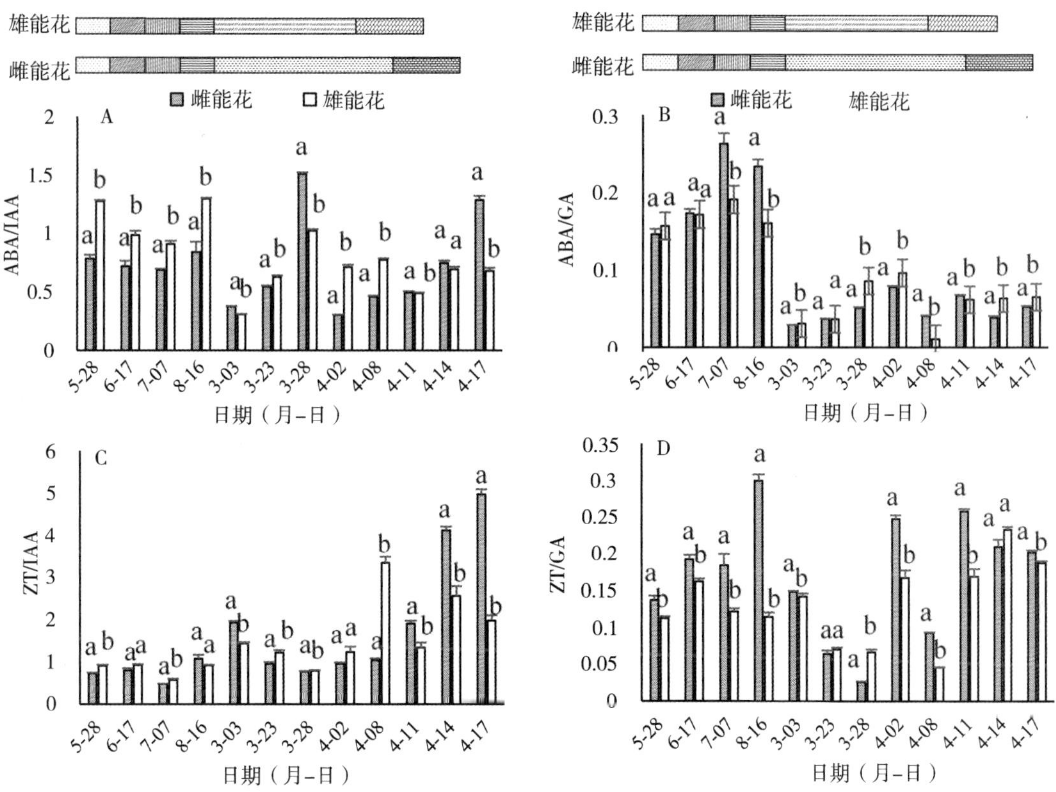


**图 3-16 文冠果花芽分化过程中 4 种内源激素动态变化**

注：花芽未分化期；花序原基及花原基分化期；萼片原基分化期；花瓣原基分化期和雄蕊原基分化期；雌能花两性期；雌能花配子体形成期；雄能花两性期；雄能花配子体形成期，下同。不同小写字母代表差异显著（$p<0.05$），下同。

花芽分化过程中雌能花和雄能花内源激素比值变化情况见图 3-17。由图 3-17-A、3-17-B 可知，雌能花的 ABA/IAA 和 ABA/GA 变化趋势与雄能花一致。在 3 月 3 日雌蕊原基分化之前，ABA/IAA 和 ABA/GA 整体均维持在较高水平。ABA/IAA 呈先下降后上升的趋势，且雄能花的 ABA/IAA 显著高于雌能花。ABA/GA 呈逐渐上升趋势，在萼片原基分化时（7 月 7 日）达到最高峰值，雌能花为 0.26，雄能花为 0.19，说明高含量的 ABA 能促进树体的休眠。次年 3 月 3 日，ABA/IAA 和 ABA/GA 迅速降低，与春天树体休眠解除，细胞活动旺盛，IAA 含量急剧上升有关。之后比值逐渐上升，ABA/IAA 在 3 月 28 日大孢子母细胞减数分裂时期达到峰值，此时雌能花的 ABA/IAA 显著高于雄能花。ABA/GA 在 4 月 2 日胚珠出现时达到峰值，在雌雄配子体成熟时期，雌能花和雄能花 ABA/IAA 均升高。4 月 8 日，雄能花胚珠发育异常时，ABA/GA 处于最低值 0.01，可能与 GA 的促雄作用有关。

由图 3-17-C 可知，雌能花和雄能花的 ZT/IAA 在分化初期至雌蕊原基分化时（5 月 28 日至次年 3 月 3 日）均呈先下降后上升的趋势，且两者差异不显著。在 3 月 3 日雌蕊原基分化时达到较高峰值。两性期（3 月 3 日至 3 月 28 日）比值逐渐降低。4 月 2 日，胚珠出现之后，ZT/IAA 逐渐升高。雄能花在 4 月 8 日子房出现败育时，ZT/IAA 达到最高峰值

(3.35)，是雌能花的 3.2 倍，说明高水平的 ZT/IAA 对雄蕊发育有利。雌能花在 3 月 28 日大孢子母细胞减数分裂之后，ZT/IAA 一直呈上升趋势，在胚囊成熟时达到最大值 3.97。

由图 3-17-D 可知，雌能花和雄能花的 ZT/GA 在分化初期至雌蕊原基分化时（5 月 28 日至次年 3 月 3 日）均处于较高水平。8 月 16 日花瓣原基和雄蕊原基分化时，雌能花的 ZT/GA 显著高于雄能花。3 月 28 日至 4 月 17 日，雌能花和雄能花的 ZT/GA 变化趋势呈“M”形。3 月 28 日，两者 ZT/GA 达到较低值，4 月 2 日胚珠出现时迅速上升，此时雌能花的 ZT/GA 较 3 月 28 日时增大 8.5 倍，雄能花增大 1.5 倍。4 月 8 日雄能花胚珠出现败育时，两者比值迅速下降到低水平。在雌雄配子体成熟阶段，两者均又达到较高水平。

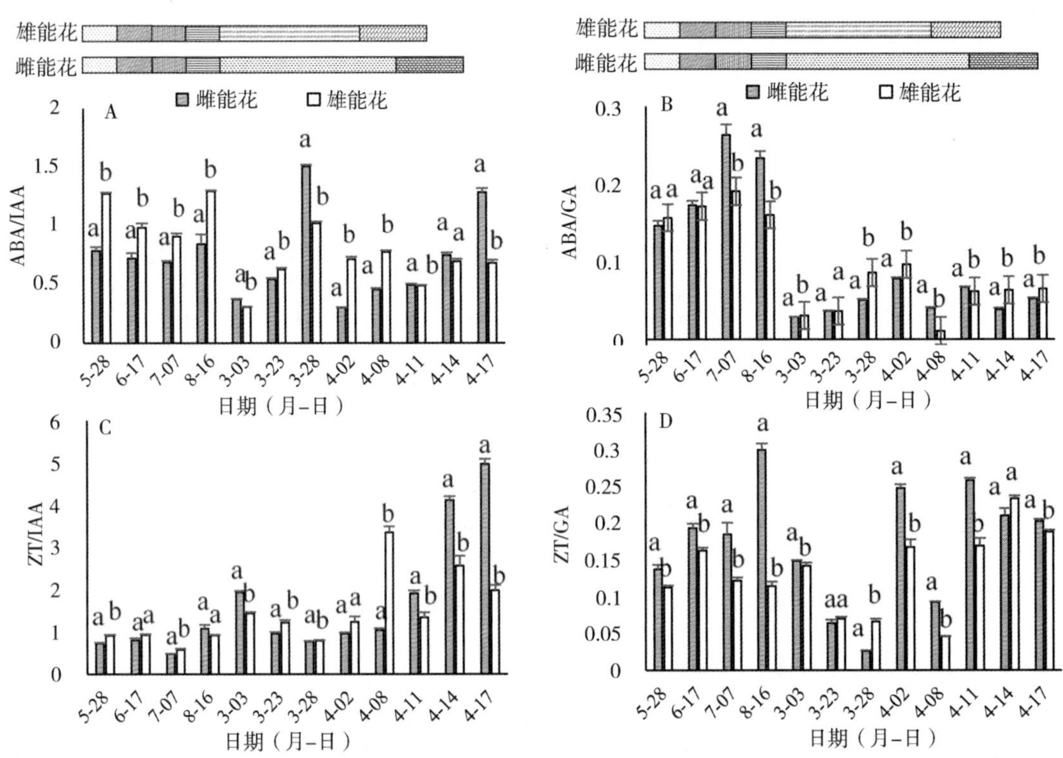


**图 3-17 文冠果花芽分化过程中内源激素比值动态变化**

### 3.2.1.3 花芽分化与气象因子的关系

试验材料及试验地概况同 3.2.1.1。2016 年 5 月 8 日至 2017 年 4 月 30 日期间，在试验地中部放置 ARN-17 温湿度自动记录仪，记录地表以上 20cm 处空气温、湿度，数据每隔 1h 记录存储 1 次。降水数据由气象站获得，试验地无灌溉。生物学零度及有效积温算法见公式（3-1）至（3-4）。

$$K = \sum T/N \tag{3-1}$$

式中：$K$ 表示生物学零度；$T$ 表示芽膨大前 10d 平均温度（先计算每天平均温度值，再计算 10d 平均值所得）；$N$ 表示观测年份。

日平均气温高于生物学零度时起计算各时期开始时和各时期内的有效积温、平均温度和平均湿度。

$$\geqslant K \text{有效积温} \sum T = \sum (t-K) \tag{3-2}$$

$$\geqslant 5℃ \text{有效积温} \sum T = \sum (t-5) \tag{3-3}$$

$$\geqslant 10℃ \text{有效积温} \sum T = \sum (t-10) \tag{3-4}$$

式中：$t$ 表示日平均气温（其中 $t-K$、$t-5$、$t-10$ 均大于 0，若小于等于 0，以 0 计算）。

文冠果花芽在 2017 年 3 月 3 日开始萌动，根据 3.2.1.3 公式（3-1）得出文冠果生物学零度 $K$ 为 4.4℃。从 2 月下旬气温开始回升，至 3 月 3 日雌蕊原基开始分化，期间平均气温达到 4.4℃，可视为休眠期结束的温度指标。结合 3.1.2 内部解剖结构观察结果，得出文冠果花芽发育各时期开始时有效积温变化和各时期，花芽外发育各时期与该时期内气象因子的对应关系见表 3-12。当有效积温达到 64.1℃，≥5℃有效积温达到 60.5℃，≥10℃有效积温达到 30.5℃时，雄能花雌蕊败育；当有效积温达到 89.1℃，≥5℃有效积温达到 85.5℃，≥10℃有效积温达到 55.5℃时，雌能花花粉败育。

## 3.2.2 花性别分化关键期及矿质营养、miRNA 研究

### 3.2.2.1 性别分化关键期的确定及转录组数据库的构建

试验地和材料同 3.2.1.1。选择林分内生长健壮、树势一致的 5 株文冠果作为采样对象。根据 3.2.1 研究结果，文冠果在花序伸长时期发生雌、雄蕊的败育从而导致性别分化。为准确获得性别分化关键期样品，于花序开始伸长（2018 年 3 月 27 日）开始采集试验材料，直至开花，连续 6 次，每次间隔 2~3d，即 2018 年 3 月 27 日、3 月 31 日、4 月 3 日、4 月 7 日、4 月 10 日及 4 月 13 日。每棵树选取顶生花序中部的 10 个花芽，将 50 个顶芽混合，锡纸包好，放入液氮，后期作为雌性材料使用。将每棵树侧生花序中部 10 个花芽作为雄性材料。用于后期构建转录组和 sRNA 文库、筛选内参基因以及测定矿质营养试验。以上材料同时利用石蜡切片观察顶、侧花芽雌、雄蕊的发育。

各时期顶、侧花芽外部形态如图 3-18 所示。顶生花序在前 3 个时期（3 月 27 日、3 月 31 日、4 月 3 日）缓慢生长、逐渐伸长，花芽开始分离并逐渐圆润。4 月 7 日开始，花

**图 3-18　6 个时期的文冠果顶生花序和侧生花序**

注：A1、B1、C1、D1、E1、F1 分别表示 2018 年 3 月 27 日、3 月 31 日、4 月 3 日、4 月 7 日、4 月 10 日、4 月 13 日的顶生花序（雌能花花序）；A2、B2、C2、D2、E2、F2 分别表示 2018 年 3 月 27 日、3 月 31 日、4 月 3 日、4 月 7 日、4 月 10 日、4 月 13 日的侧生花序（雄能花花序）。

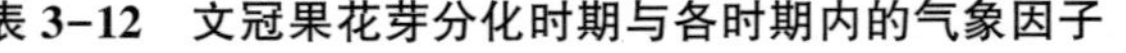

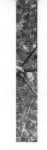

表 3-12　文冠果花芽分化时期与各时期内的气象因子

| 日期（月-日） | 分化时期 | 持续时间（d） | ≥$K$ 有效积温（℃） | ≥5℃有效积温（℃） | ≥10℃有效积温（℃） | 平均温度（℃） | 平均湿度（%） | 降水量（mm） |
|---|---|---|---|---|---|---|---|---|
| 5-28~6-16 | 花芽未分化期 | 20 | 389. 1 | 377. 1 | 277. 1 | 23. 85 | 54. 02 | 116. 2 |
| 6-17~7-06 | 花序原基及花原基分化期 | 20 | 451. 1 | 439. 1 | 339. 1 | 26. 96 | 66. 45 | 94. 3 |
| 7-07~8-15 | 萼片原基分化期 | 40 | 957. 5 | 933. 5 | 733. 5 | 28. 34 | 78. 36 | 233. 7 |
| 8-16~11-24 | 花瓣原基和雄蕊原基分化期 | 101 | 1381. 7 | 1322. 9 | 870. 6 | 17. 88 | 67. 89 | 187. 9 |
| 11-25~3-02 | 休眠期 | 98 | 41. 5 | 31. 6 | 0 | 2. 00 | 59. 69 | 30. 7 |
| 3-03~3-07 | 雌蕊原基分化期 | 5 | 7. 8 | 6. 5 | 0 | 5. 40 | 51. 88 | 0 |
| 3-08~3-17 | 花药形成期、造孢细胞时期 | 10 | 46. 5 | 41. 0 | 10. 0 | 9. 05 | 36. 44 | 0 |
| 3-18~3-22 | 花药壁分化完全、小孢子母细胞时期 | 5 | 33. 5 | 30. 5 | 6. 5 | 11. 10 | 42. 62 | 0 |
| 3-23~4-02 | 小孢子母细胞减数分裂时期；子房胚珠雏形期 | 11 | 62. 1 | 55. 5 | 13. 0 | 10. 05 | 58. 22 | 22. 4 |
| 4-03~4-08 | 雄能花单核花粉粒时期、子房胚珠败育期<br>雌能花柱头伸长期、大孢子母细胞时期 | 6 | 64. 1 | 60. 5 | 30. 5 | 15. 08 | 64. 61 | 4. 0 |
| 4-09~4-12 | 雄能花双核花粉粒形成期<br>雌能花大孢子母细胞减数分裂时期 | 4 | 33. 4 | 31. 0 | 11. 5 | 12. 75 | 40. 19 | 0 |
| 4-13~4-15 | 雄能花花粉粒成熟期、子房胚珠完全败育期 | 3 | 47. 8 | 46. 0 | 31. 0 | 20. 33 | 45. 50 | 23. 3 |
| 4-13~4-18 | 雌能花花粉败育期、胚囊成熟期 | 6 | 89. 1 | 85. 5 | 55. 5 | 19. 25 | 48. 80 | 23. 3 |

序伸长速度加快，每个花芽彼此分离。4 月 13 日，花序和花芽发育成熟，花芽露白。侧生花序的发育状态与顶生花序相类似。

为了确定文冠果性别分化的关键时期，以 6 个时期的顶、侧花芽为材料，确定了雌蕊和雄蕊开始发生败育的时间（图 3-19，3-20）。发育初期不同性别花之间的雌蕊形态并没有明显的结构差异（图 3-19 A1，A2，B1，B2，C1，C2）。直到 4 月 7 日，雌能花的子房发育正常，柱头上出现明显的乳突状细胞，雌蕊逐渐发育成熟（图 3-19 D1）。然而，雄能花子房和胚珠发育不正常且出现停止生长的趋势，柱头上没有乳突状细胞，雌蕊退化（图 3-19 D2）。同时，雄能花和雌能花的花序外部形态也有较大变化。花序伸长速度加

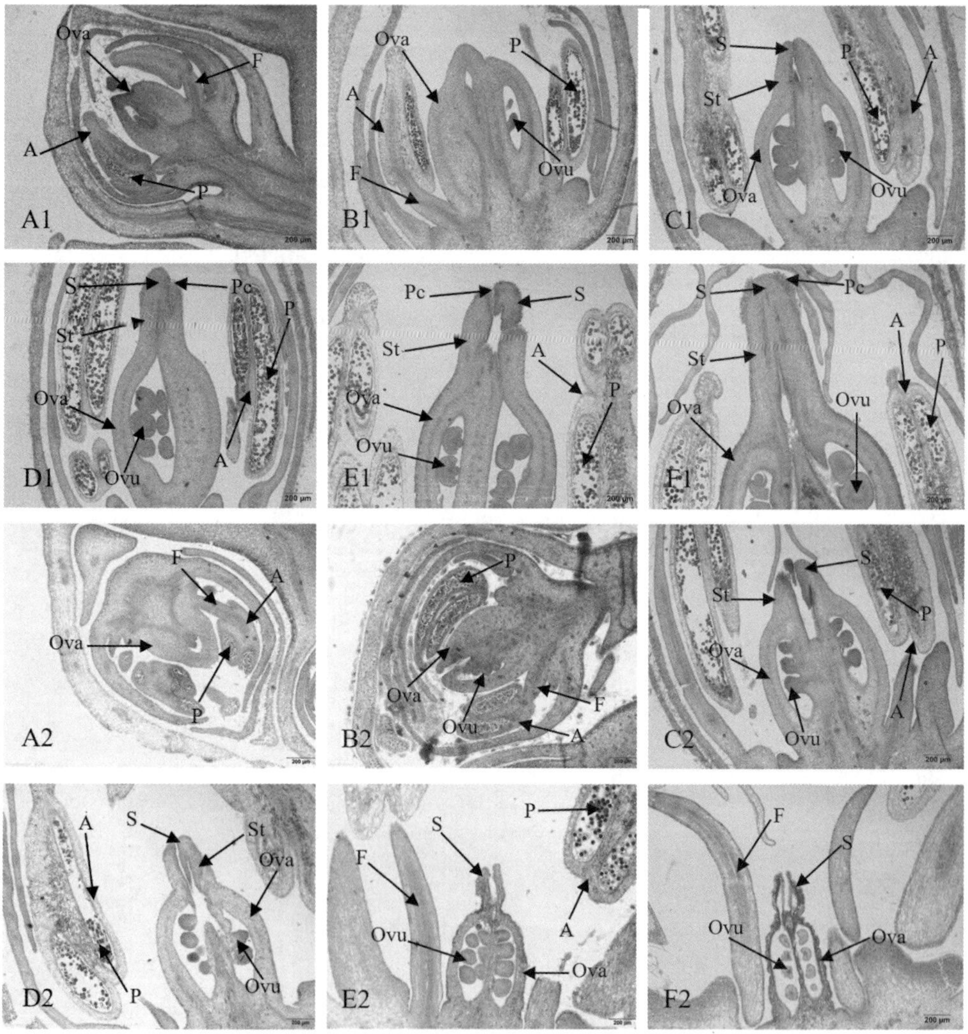

**图 3-19　文冠果雌、雄能花的雌蕊发育过程**

注：A1、B1、C1、D1、E1、F1 分别表示 2018 年的 3 月 27 日、3 月 31 日、4 月 3 日、4 月 7 日、4 月 10 日、4 月 13 日的雌能花的雌蕊外部形态；A2、B2、C2、D2、E2、F2 分别表示 2018 年的 3 月 27 日、3 月 31 日、4 月 3 日、4 月 7 日、4 月 10 日、4 月 13 日的雄能花的雌蕊外部形态；Ova 子房；Ovu 胚珠；St 花柱；S 柱头；F 花丝；A 花药；P 花粉；PC 乳突状细胞。

快，花芽彼此开始发生显著分离。雌花芽的横、纵径分别达到 2. 53～3. 90mm 和 2. 62～4. 14mm，雄花芽则分别为 2. 66～4. 15mm 和 2. 76～4. 34mm（图 3-18 D1，D2）。随着发育的进行，雌能花的子房和胚珠愈加饱满，柱头乳突状细胞更加浓密，雌蕊完全成熟（图 3-19 E1，F1）。雄能花的雌蕊没有进一步发育，最终败育（图 3-19 E2，F2）。

在 4 月 7 日，雌能花和雄能花的雄蕊外部形态也出现了明显差异。雌能花的雄蕊停止伸长，而雄能花的雄蕊不断生长直到成熟（图 3-19 D1，D2）。雌能花花粉呈现液泡化衰败，花粉粒中没有可见的细胞核，细胞质稀疏（图 3-20 D1）。雄能花花粉粒内含发育良好的细胞核，细胞质浓厚（图 3-20 D2）。雌能花花粉进一步液泡化并最终丧失功能（图 3-20 F1），雄能花的花粉则继续发育（图 3-20 F2）。

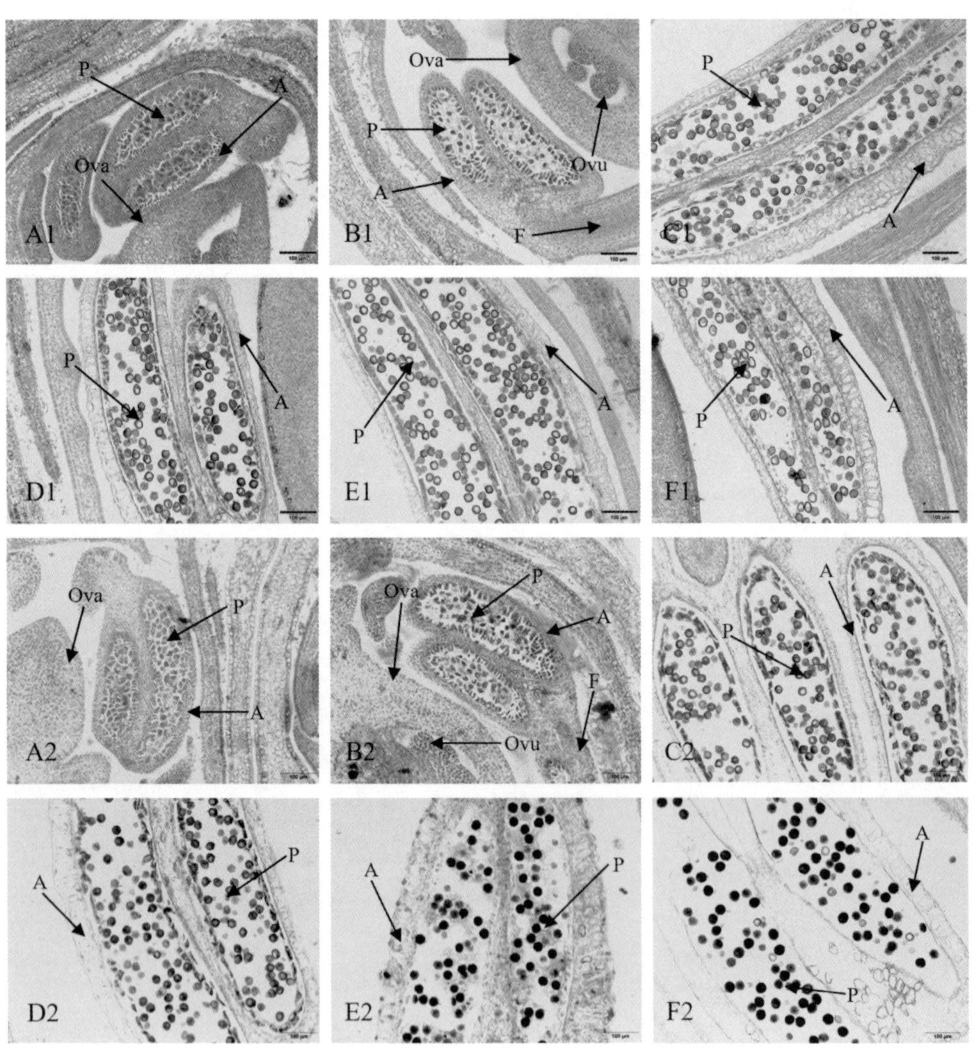


**图 3-20　文冠果雌、雄能花的雄蕊发育过程**

注：A1、B1、C1、D1、E1、F1 分别表示 2018 年的 3 月 27 日、3 月 31 日、4 月 3 日、4 月 7 日、4 月 10 日、4 月 13 日雌能花的雄蕊外部形态；A2、B2、C2、D2、E2、F2 分别表示 2018 年的 3 月 27 日、3 月 31 日、4 月 3 日、4 月 7 日、4 月 10 日、4 月 13 日的雄能花的雄蕊外部形态；Ova 子房；Ovu 胚珠；F 花丝；A 花药；P 花粉。

基于6个时期花芽雌、雄蕊形态变化的观察结果，将雌、雄蕊形态为出现差异的时期（3月31日）与雌、雄蕊形态出现明显差异的时期（4月7日）之间的阶段视为文冠果性别分化的关键时期，并以此两个时期的雌、雄花芽为材料进行后续工作。3月31日的雌、雄花芽分别以Fa、Ma表示，4月7日的雌、雄花芽分别以Fb、Mb表示。为了为后期文冠果性别分化关键时期miRNA的生物信息学分析提供对比数据库，以3月31日的雌花芽（Fa）、雄花芽（Ma）的混合花芽和4月7日的雌花芽（Fb）、雄花芽（Mb）的混合花芽为材料，利用Illumina HiSeq测序平台构建了2个转录组文库（Ta和Tb），并且将雌、雄蕊未出现差异时的sRNA文库与相应的未出现差异时的转录组进行比对，即Fa、Ma与Ta比对。同样，Fb、Mb与Tb进行比对。转录组共得到37.13Gb原始数据。去除低质量序列并进行de novo组装后，共得到29430条Unigenes，总长度为33684794bp，平均长度1144bp，N50为1748bp，GC含量为41.77%（表3-13）。

**表3-13　文冠果de novo转录组组装统计**

| 类别 | 总数 | N50 | GC含量（%） | 总长度（bp） | 最大长度（bp） | 最小长度（bp） | 平均长度（bp） |
|---|---|---|---|---|---|---|---|
| 转录本 | 40659 | 1815 | 41.63 | 50898515 | 13585 | 224 | 1251 |
| Unigenes | 29430 | 1748 | 41.77 | 33684794 | 13585 | 224 | 1144 |

### 3.2.2.2　性别分化关键期的miRNA分析

（1）性别分化关键期sRNA的表达分析

为了鉴定文冠果性别分化关键时期表现出组织特异性及阶段特异性的miRNAs，以3月31日的雌花芽（Fa）、雄花芽（Ma）和4月7日的雌花芽（Fb）、雄花芽（Mb）为材料提

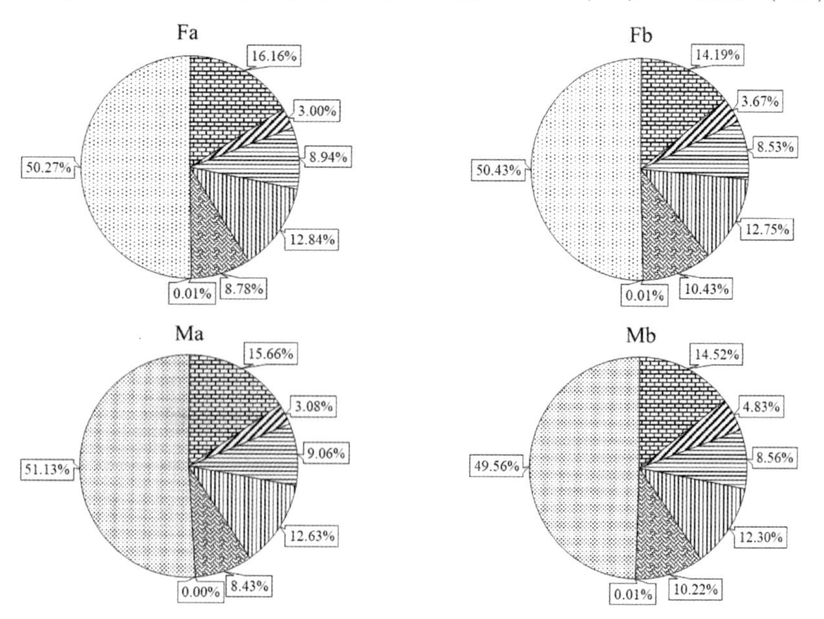


**图3-21　文冠果非编码sRNA的分类注释**

注：Fa表示3月31日的雌花芽；Ma表示3月31日的雄花芽；Fb表示4月7日的雌花芽；Mb表示4月7日的雄花芽。

取总 RNA 并分别构建 4 个 sRNA 文库，以此来进行不同时期、不同性别文库间的相互比较。共得到 116105527 raw reads，去除低质量序列后，共剩余 109240787 clean reads 用于 sRNA 的分类注释。clean reads 与 rfam 数据库的比对结果显示，Fa，Fb，Ma 和 Mb 文库中分别有 40. 94%、39. 14%、40. 43%和 40. 21% 的 unique reads 注释到了已知的非编码 sRNA（nc-sRNA，non-coding sRNAs），这些 nc-sRNA 包括 rRNAs、tRNAs、snRNAs 和 other sRNAs。除了这些鉴定为已知的 nc-sRNA，上述 4 个文库中分别剩余 8. 79%、10. 44%、8. 43%和 10. 23%的 clean reads 用于 miRNA（包括保守 miRNA 和 novel miRNA）的鉴定与预测（图 3-21）。

在 4 个文库中，sRNA 的长度主要分布于 21~24nt。其中，24nt 的 sRNA 丰富度最高，其次是 20nt（图 3-22A），这与拟南芥（*Arabidopsis thaliana*）（Rajagopalan *et al.*，2006）和水稻（*Oryza sativa*）（Morin *et al.*，2008）中报道的 sRNA 长度分布相一致。进一步对

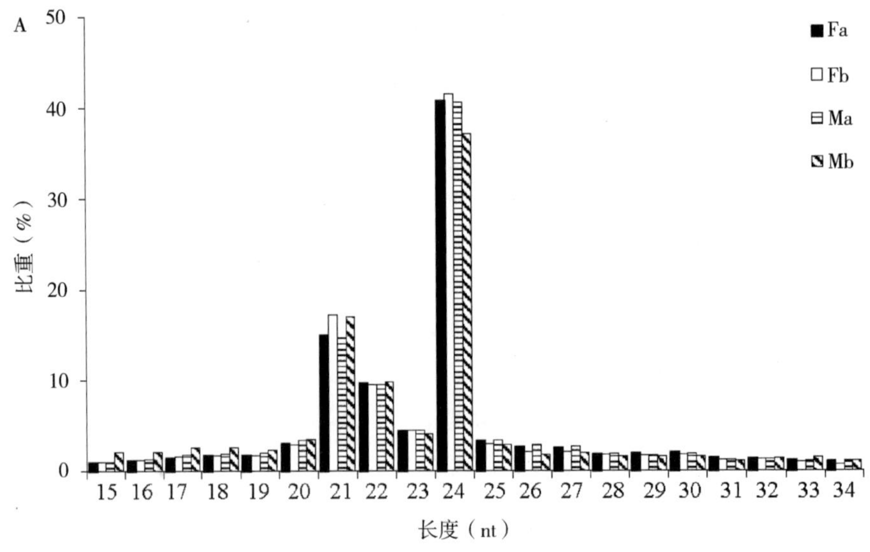


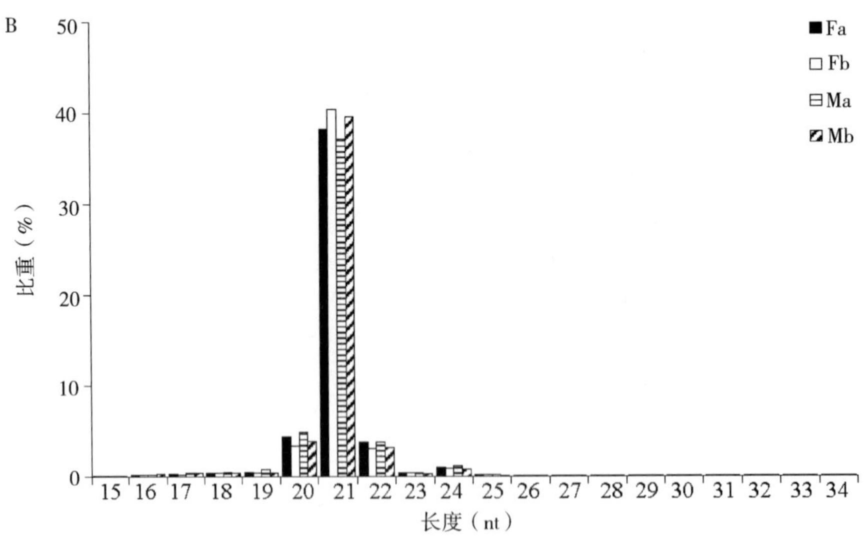


**图 3-22　4 个库中文冠果 sRNA 和 miRNA 的长度分布**

注：A 表示 sRNA 的长度分布；B 表示 miRNA 的长度分布。

miRNA 的长度分布分析发现，文冠果中 miRNA 的长度分布规律类似于最初在植物中发现的 miRNA（Reinhart *et al.*，2002）。长度为 21nt 的 miRNA 所占比重最大，比例达到了近 80%，其次是长度为 20nt 和 22nt 的 miRNA，数量差异巨大（图 3-22B）。

与植物中最早研究发现的 miRNA 一样（Reinhart *et al.*，2002），在本研究鉴定的 miRNA 中，尿嘧啶（U）是所有序列 5′端首位点最为常见的含氮碱基，这样的 miRNA 占总数的 90%以上。miRNA 序列的第 10 碱基位点是常见的靶基因切割位点，本研究中此位点的碱基主要是腺嘌呤（A）或鸟嘌呤（G）。而作为另一个常见的靶基因切割位点的第 11 碱基位点则为胞嘧啶（C）是主要的含氮碱基（图 3-23）。

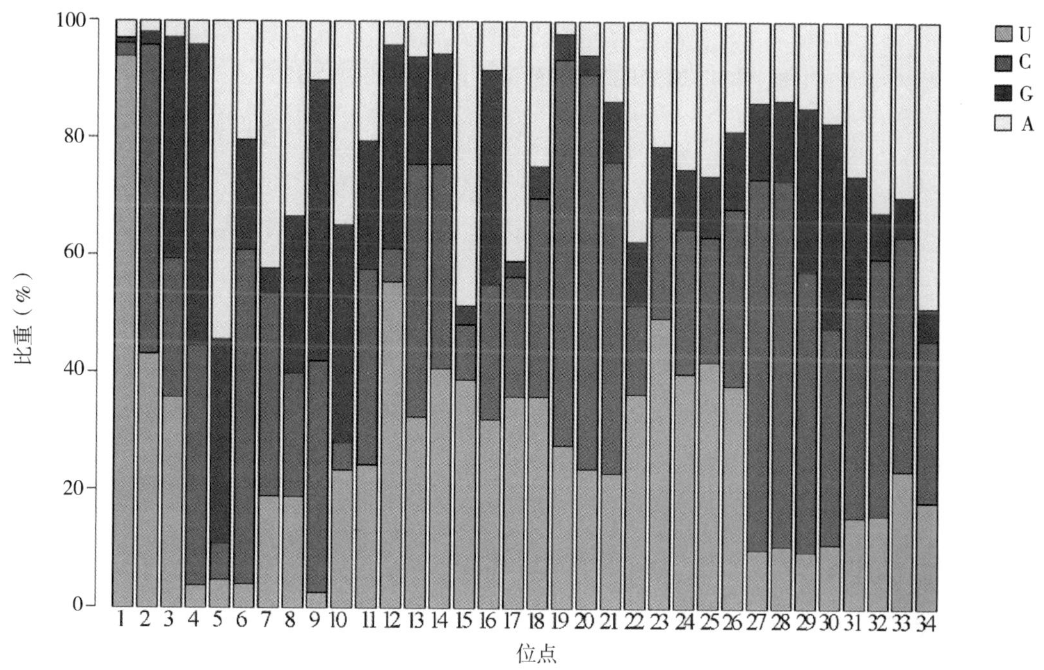


**图 3-23　文冠果 miRNA 各个位点的碱基相对偏好性**

（2）性别分化关键时期保守 miRNA 分析

sRNA 分类注释后，将未被注释的 sRNA 与 miRBase 数据库按照标准进行比对以鉴定保守 miRNA。4 个文库中共 1619 个 miRNA 与 57 个已知物种中的 miRNAs 高度匹配，因此，这些 miRNAs 被鉴定为保守 miRNA。在 57 个物种中，对比到大豆（*Glycine max*）的保守 miRNA 数量最多，为 136 个，占总数的 8.4%。其次是蒺藜苜蓿（*Medicago truncatula*）（n=1318.091%），二穗短柄草（*Brachypodium distachyon*）（n=1297.968%）和水稻（*Oryza sativa*）（n=1287.906%）。这说明文冠果与这些物种间存在密切关系。其他物种所比对到的 miRNA 数量均少于 100（图 3-24）。

这些保守 miRNA 主要分布于 34 个家族（图 3-25）。同时，这些家族在其他植物中也表现为高度保守。34 个 miRNA 家族中，miR156 包含 33 个成员，位于首位。其次是 miR166 和 miR171 分别包含 32 和 31 个成员。miR482、miR159、miR169、miR396、miR319、miR167、miR172 和 miR395 以包含 21~28 个成员数量的水平处于第二优势等级。

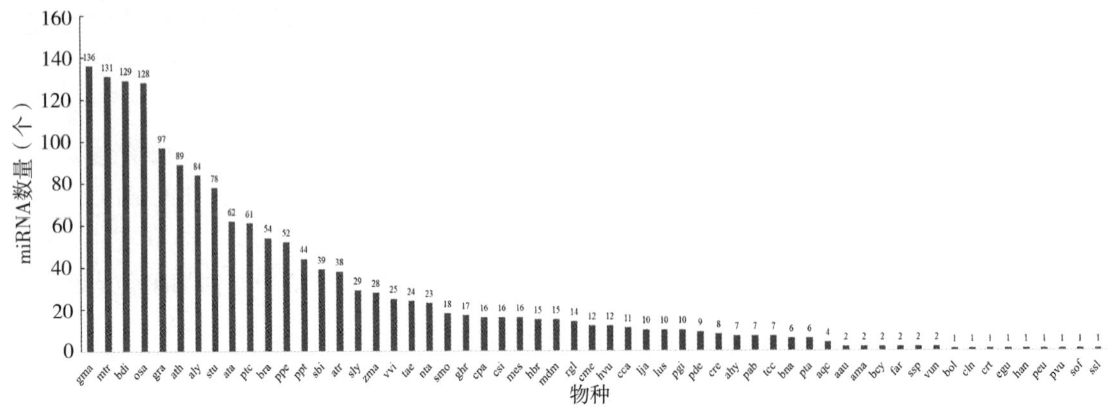


**图 3-24　文冠果中鉴定的保守 miRNA 的物种分布**

其他家族均位于第三优势等级，其成员数量均低于 20。经过对保守 miRNA 的表达量（RPM）分析发现，不同家族在各个文库（Fa，Fb，Ma 和 Mb）中的表达水平及稳定性存在显著差异。有的家族在 4 个文库中的表达量均稳定的处于较高水平，如 miR159、miR396、miR319 和 miR845，而许多其他家族的表达水平较低且其在各个文库中的丰富度浮动变化较大。此外，即使是同一家族中的不同成员之间，其表达量也可能存在显著差别，如 miR166 家族中的 miR166b 和 miR166d 在 4 个文库中的表达量均在 100000RPM 以上，而 miR166i 和其他成员的表达水平均只达到 1000RPM 甚至更低。

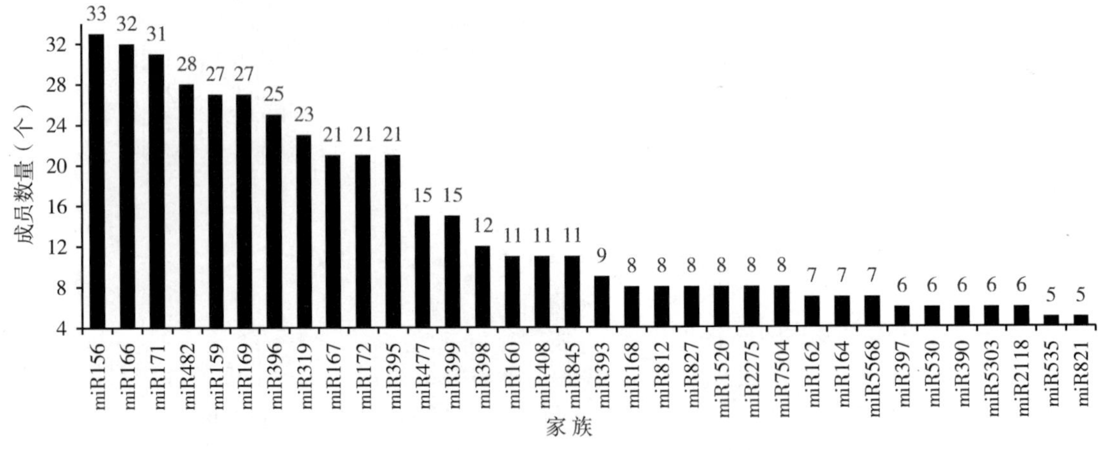


**图 3-25　文冠果中保守 miRNA 的主要家族（成员数量>5）分布**

（3）性别分化关键时期 novel miRNA 分析

通过生物信息学预测，将既没有得到 sRNA 分类注释，也没有鉴定为保守 miRNA 的 unique reads 进行 novel miRNA 的鉴定。最终共得到 219 个 novel miRNA，其长度分布与保守 miRNA 一致，最主要的均为 21nt（图 3-22B）。与前人研究一致，本研究中 novel miRNA 的表达水平远低于保守 miRNA（Chen *et al.*，2016；Cuperus *et al.*，2011；Mao *et al.*，2012；Song *et al.*，2010）。仅 novel-m0271-5p 和 novel-m0285-5p 的表达量处于相对较高水平，分别达到了 100 和 300 RPM。其次是 novel-m0267-3p，novel-m0054-5p，novel-

m0072-5p 和 novel-m0233-5p，其表达量均在 10RPM 以上，说明了这些 novel miRNA 在文冠果性别分化过程中的潜在重要性。

（4）性别分化关键时期 miRNA 差异表达分析

将来自 4 个文库的 miRNA 进行表达量标准化处理，并分为 4 个对比组合以进行两两比对，即 Fa vs. Fb、Ma vs. Mb、Ma vs. Fa 和 Mb vs. Fb。根据筛选标准，在所有比对组合中共有 162 个保守 miRNA 和 14 个 novel miRNA 被鉴定为差异表达的 miRNA。

在比对组合 Fa vs. Fb 中，共存在 53 个差异表达 miRNA，包括 49 个保守 miRNA 和 4 个 novel miRNA。在差异表达 miRNA 中，相对于 Fa，共 24 和 29 个 miRNA 在 Fb 中分别表现为上调和下调表达。其中，表达量最高的是在 Fb 中下调表达的 bra-miR168a-5p_ R1-16L21，其表达量在 Fa 和 Fb 中分别达到了 9561. 212 RPM 和 3673. 808 RPM，而其他差异表达的 miRNA 的表达量远不及此，表明其可能抑制雌性器官的发育。此外，mtr-miR2673b_ R17-2L22 和 bdi-miR5169b_ R7-21L21 同样在 Fb 中下调表达，且其分别被注释到在花粉成熟和花发育中发挥作用。有关这两类 miRNA 家族功能研究的报道十分有限，有待进一步深入挖掘。

在 Ma vs. Mb 组合中，共 78 个保守 miRNA 和 7 个 novel miRNA 表现为差异表达。与 Ma 相比，在 Mb 中上调表达的 miRNA 包括 40 个，其中 2 个 miRNA 的表达量处于较高水平（RPM>10000）：ata-miR396c-5p_ R1-18L21（Ma 中表达量为 26288. 922 RPM；Mb 中表达量为 69898. 909 RPM）和 ata-miR396e-5p_ 14T-C（Ma 中表达量为 57563. 624 RPM；Mb 中表达量为 175577. 005 RPM）。其次，ptc-miR6478_ R1-20L21 的表达量在 Ma 和 Mb 中均在 1000 RPM 以上，同样远高于其他差异表达的 miRNA；在 Mb 中下调表达 miRNA 的有 45 个，其中，在 Ma 中 RPM > 10000 的 miRNA 包括 miR166c-3p_ R1-18L21（Ma 中表达量为 19721. 288 RPM）和 bra-miR162-3p_ R1-17L21（Ma 中表达量为 11253. 918 RPM）。两个文库中 RPM 均高于 1000 的 miRNA 包括 ata-miR169d-5p，cme-miR166i_R1-19L20，lus-miR159c_ R1-21L21 和 ppt-miR319e_ R1-21L21。在 7 个差异表达的 novel miRNA 中，novel-m0271-5p 在 Mb 中所达到的表达水平最高，为 194. 989 RPM，其他的 novel miRNA 的表达量与之相差甚远。

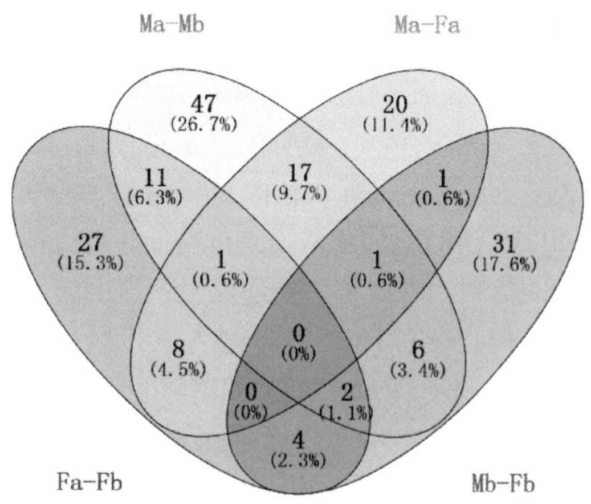


**图 3-26　文冠果 4 个对比组合中差异表达 miRNA 的 V-N 图**

注：Fa 表示 3 月 31 日的雌花芽；Ma 表示 3 月 31 日的雄花芽；Fb 表示 4 月 7 日的雌花芽；Mb 表示 4 月 7 日的雄花芽。

Ma vs. Fa 中共有 46 个保守 miRNA 和 2 个 novel miRNA 差异表达。其中，30 个 miRNA 在 Fa 中上调表达，剩余的 18 个 miRNA 则在 Fa 中下调表达。在这个比对组合中，存在一个 miRNA 在 Fa vs. Fb 组合中同样存在，即 bra-miR168a-5p_ R1-16L21。bra-miR168a-5p_ R1-16L21 是在 Fa 中上调表达的 miRNA 中的一员，在 Fa 和 Ma 文库中的表达量分别为 9561. 212 RPM 和 3480. 273 RPM，

远高于其他差异表达的 miRNA。此外，pab-miR3711_R18-1L20 与 bra-miR168a-5p_R1-16L21 类似，在两个文库中的表达水平较高（Fa 中表达量为 1294.221；Ma 中表达量为 625.401），且在 Fa 中上调表达，这表明 pab-miR3711_R18-1L20 的过表达可能对雌能花的形成具有关键作用。与 Ma vs. Mb 组合相同，novel-m0271-5p 在 Ma 中同样表现为下调表达，其在 Fa 中的表达量处于较高水平（相对于 novel miRNA 而言），为 119.955 RPM，但不及其在 Mb 中的表达量（194.989 RPM）。

在比对组合 Mb vs. Fb 中，与 Mb 相比，共有 23 和 22 个 miRNA 分别在 Fb 中表现为上调和下调表达。包括 40 个保守 miRNA 和 5 个 novel miRNA。这个比对组合中的 miRNA 表达量均处于较低水平，仅 zma-miR2275c-5p_R21-6L21 在 Mb 和 Fb 中分别达到了 689.184 和 209.510 RPM。

对 4 个比对组合的综合分析发现，不同组合中的差异表达 miRNA 之间中存在或多或少的交集，但是不存在任何一个 miRNA 同时出现在 4 个组合中（图 3-26）。在这些被多个组合同时包含的 miRNA 中，bra-miR168a-5p_R1-16L21 表现出了最高的表达水平，其次是 zma-miR2275c-5p_R21-6L21，nta-miR477a，cme-miR159b_R2-21L21 和 pab-miR396a 以及 novel miRNA 中的 novel-m0271-5p，而其他的 miRNA 则处于低水平的表达量。说明这些高表达的 miRNA 在性别分化过程中发挥重要作用。

（5）miRNA 靶基因预测和功能注释

利用 miRanda 和 RNAhybrid，共预测到了 112 个差异表达的 miRNA 所对应的 1677 个靶基因，包括 101 个保守 miRNA 和 11 个 novel miRNA。一个 miRNA 可以预测到多个靶基因，且不同 miRNA 所预测到的靶基因数量不尽相同。ata-miR396e-3p_R1-15L21、ata-miR396c-3p_R5-19L21 和 tcc-miR399e_R1-15L21 预测到的靶基因的数量最多，分别为 531526 和 337 个，而其他差异表达 miRNA 的靶基因个数均不及 60 个。表明这 3 个具有多数量靶基因的 miRNA 参与诸多代谢过程，并在花发育过程中发挥多种功能。另一方面，同一个基因也可以被不同家族的多个 miRNA 靶向。例如，TR12296 | c0_g1 可以被 miR156 和 miR396 家族成员同时靶向，TR1924 | c0_g1 可以与 miR159 和 miR319 家族的成员相互对应（表 3-14）。表明多个 miRNA 可能同时参与某一代谢途径，共同发挥某种功能。

为了确定差异表达的 miRNA 在性别分化过程中发挥的作用，利用 GO 和 KEGG 对这些 miRNA 所对应的靶基因进行功能注释。GO 注释结果表明共 697 个靶基因富集到了 496 个功能类别，涵盖了生物过程、细胞组成和分子功能。经过对这些 GO 注释到的靶基因进一步分析，确定了 17 个 miRNA 直接影响了文冠果的花和配子体发育，其中包括 2 个 novel miRNA 和来自 miR393、miR396、miR156、miR159、miR319、miR408、miR162、miR2673 及 miR5169 家族的 15 个保守 miRNA（表 3-14）。在这 17 个 miRNA 中，一些具有相同靶基因的 miRNA 参与了相同的生物学过程。例如，miR159 和 miR319 家族的成员都参与了花的发育。此外，一个 miRNA 也可以同时参与多个过程，例如 ata-miR156e-5p_R1-19L20_7A-G 同时影响着花粉管、花和叶序的发育。KEGG 功能注释显示，20 个差异表达 miRNA 所对应的 82 个靶基因被富集到了 23 个代谢途径。其中包括碳水化合物代谢中的丙酸代谢和丙酮酸代谢，多糖生物合成及代谢中的淀粉和蔗糖代谢、果糖和甘露糖代谢、糖胺聚糖降解、鞘糖脂生物合成以及其他糖降解途径。与 GO 功能注释类似，来自不同家族的几种

miRNA 可以参与相同的途径，如 miR399，miR396，miR156 和 miR393 家族均可参与植物激素信号转导。此外，靶基因预测显示 miR396 和 miR399 家族所对应的靶基因数量远多于其他 miRNA，表明这两个家族的 miRNA 可能在文冠果的性别分化过程中参与更多的代谢途径并发挥更加丰富的功能。

**表 3-14　与文冠果花和配子体发育相关的 miRNA 及其靶基因**

<table>
<tr><th>miRNA</th><th>靶基因</th><th>靶基因功能</th></tr>
<tr><td>gma-miR393k_14G-A<br>mes-miR393d<br>atr-miR393</td><td>TR6435|c4_g4</td><td>花粉成熟；雄蕊发育</td></tr>
<tr><td>gma-miR396e<br>ata-miR396c-5p_R1-18L21<br>ata-miR396e-3p_R1-15L21</td><td>TR3538|c0_g1</td><td>胚囊发育；胚珠发育</td></tr>
<tr><td>cme-miR159b_R2-21L21<br>gma-miR319l<br>gma-miR319q</td><td>TR1924|c0_g1</td><td>花发育</td></tr>
<tr><td>cme-miR156j_R2-22L22<br>ata-miR156e-5p_R1-19L20_7A-G</td><td>TR12296|c0_g1</td><td>花药发育</td></tr>
<tr><td rowspan="2">ata-miR156e-5p_R1-19L20_7A-G</td><td>TR10002|c0_g1</td><td>花粉管发育</td></tr>
<tr><td>TR3055|c0_g1</td><td>花发育；叶序发育</td></tr>
<tr><td rowspan="2">ata-miR408-3p_R1-17L20</td><td>TR16019|c0_g1</td><td>胚胎发育；花发育；<br>果实发育；叶片发育</td></tr>
<tr><td>TR10727|c0_g1</td><td>器官生长</td></tr>
<tr><td>bra-miR162-3p_R1-17L21</td><td>TR9505|c0_g1</td><td>胚囊发育</td></tr>
<tr><td>mtr-miR2673b_R17-2L22</td><td>TR1482|c0_g1</td><td>花粉成熟</td></tr>
<tr><td>bdi-miR5169b_R7-21L21</td><td>TR4178|c0_g1</td><td>花发育</td></tr>
<tr><td>novel-m0351-5p</td><td>TR8265|c0_g1</td><td>花药发育</td></tr>
<tr><td>novel-m0318-5p</td><td>TR10202|c0_g1</td><td>花发育调控；花器官形成</td></tr>
</table>

（6）miRNA 的验证

采用 RT-qPCR 验证高通量测序结果的准确性。利用 EASYspin 植物 RNA 快速提取试剂盒（北京艾德莱生物科技有限公司）提取 4 个时期（Fa、Fb、Ma、Mb）材料的总 RNA，并使用 *TransScript* © miRNA First-Strand cDNA Synthesis Super Mix（北京全式金生物技术有限公司）将 RNA 反转为 cDNA。选取差异表达的 16 个保守 miRNA 和 3 个 novel miRNA，根据其成熟序列设计 RT-qPCR 反应的上游引物，以试剂盒中的通用引物作为各 miRNA 的下游引物，以 U6 作为内参基因（表 3-15）。委托上海生工生物技术有限公司合成引物。

表 3-15 RT-qPCR 中各 miRNA 及内参基因的引物序列

| miRNA | 上游引物序列 | 下游引物序列 |
|---|---|---|
| gma-miR396e | GCTTCCACAGCTTTCTTGAACTGT | |
| novel-m0009-5p | GCGGCGTGATTGTGATTTATTTGACT | |
| novel-m0271-5p | CATTGGTCTTGATTTGTGGCT | GATCGCCCTTC-TACGTCGTAT |
| novel-m0351-5p | AGGAGCTTGTGTTTTTGTGGATGG | |
| pab-miR396a | GCGTTCCACAGCTTTCTTGAACTA | |
| sly-miR390b-3p_R3-21L21 | CTATCCATCCTGAGTTTCACT | |
| ata-miR396c-5p_R1-18L21 | CGCTTCCACAGCTTTCTTGAAT | |
| csi-miR393_R1-21L22 | ATCCAAAGGGATCGCATTGATT | |
| ppe-miR858_R4-21L21 | CGTTTGTTGTCTGTTCGACCTTG | |
| ata-miR156e-5p_R1-19L20_7A-G | TGACAGGAGAGAGTGAGCA | |
| atr-miR393 | TCCAAAGGGATCGCATTGATCC | |
| cme-miR156j_R2-22L22 | TTGACAGAAGAGAGTGAGCAC | |
| gma-miR393k_14G-A | GGTTCCAAAGGGATCACATTGATC | GATCGCCCTTC-TACGTCGTAT |
| cme-miR398b_R1-21L21 | TGTGTTCTCAGGTCACCCCTTT | |
| ata-miR169d-5p | CAGCCAAGGATGACTTGCCGG | |
| cme-miR166i_R1-19L20 | TCGGACCAGGCTTCATTCTTTTCT | |
| ata-miR167e-5p_R1-21L21 | TGAAGCTGCCAGCATGATCTAT | |
| tcc-miR530a_R1-20L20 | TGCATTTGCACCTGCACCTCT | |
| zma-miR2275c-5p_R21-6L21 | ATCGTGAGGGTTCAAGTCCCTCTATCCCCCCCA | |
| U6 | GATAAAATTGGAACGATACAG | ATTTGGAC-CATTTCTCGATTT |

利用宝生物公司（Takara）的 Til RNaseH Plus，在 Step One Plus（Applied Biosystems）上进行 3 次生物学重复的 RT-qPCR 反应。反应总体积 10μL，反应体系为：

| | |
|---|---|
| cDNA | 2μl |
| TB Green Premix Ex Taq Ⅱ | 5μl |
| Rox Reference Dye | 0. 2μl |
| 正向引物 | 0. 25μl |
| 反向引物 | 0. 25μl |
| RNase-free Water | 2. 3μl |
| Total | 10μl |

反应程序为：95℃预变性 3min，95℃变性 30s，60℃退火 20s，72℃延伸 30s，循环 40 次，72℃延伸 10min，于 60~95℃采集熔解曲线荧光信号。采用 $2^{-\triangle\triangle Ct}$（Livak & Schmitt-

gen，2001）法计算各 miRNA 相对表达量的高低。

结果显示，这些 miRNA 的表达差异及变化趋势与高通量测序结果一致。在 Fa vs. Fb 比对组合中，所有 miRNA 在 Fb 中的表达水平均高于 Fa 中，表明这些 miRNA 随着雌能花的发育而呈现上调表达的趋势。与 Fa vs. Fb 组合相似，在 Ma vs. Mb 比对中，大多数 miRNA 的表达量随着雄能花的发育而逐渐增加（图 3-27）。证明了高通量测序的准确性和真实性，其所鉴定的 miRNA 可以进行深入的分析。

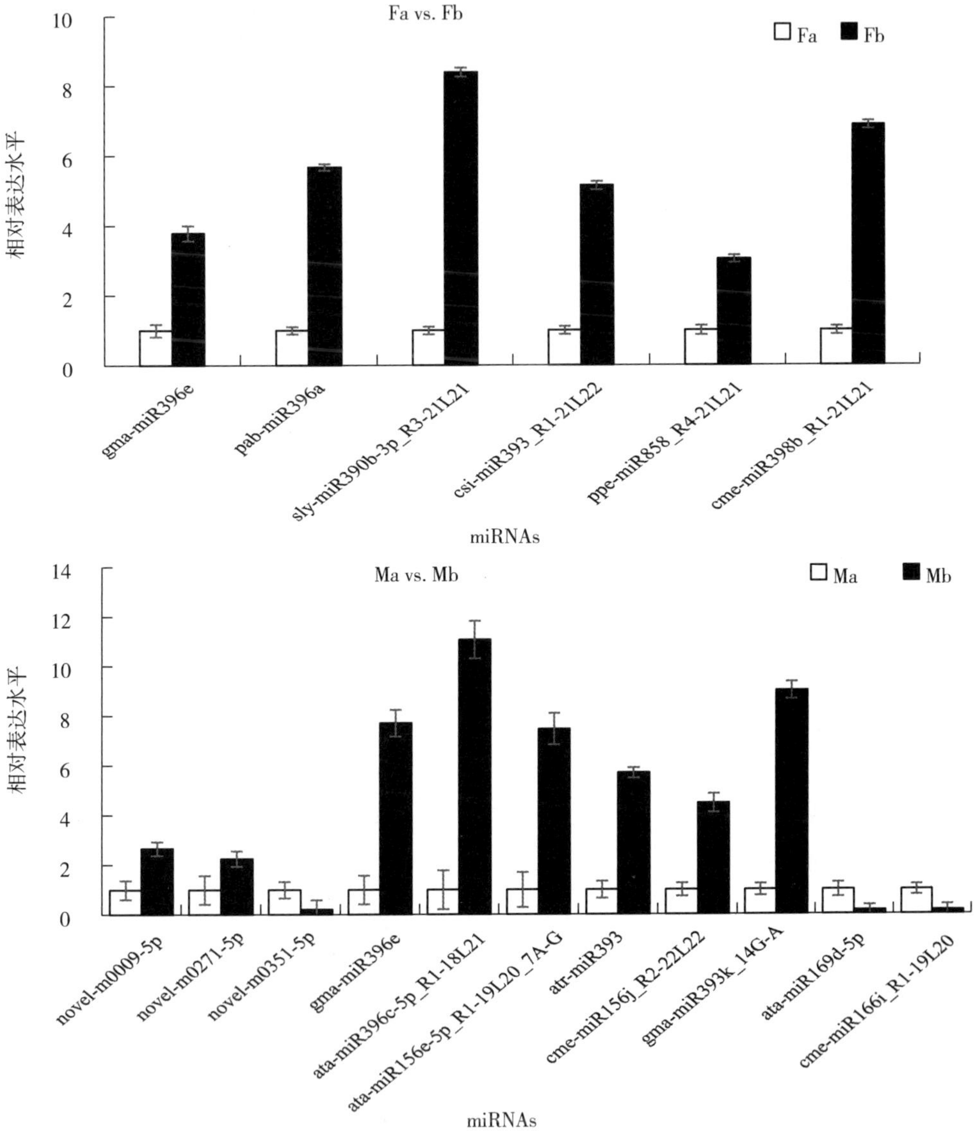

Fa vs. Fb
Fa Fb
相对表达水平
10
8
6
4
2
0
gma-miR396e
pab-miR396a
sly-miR390b-3p_R3-21L21
csi-miR393_R1-21L22
ppe-miR858_R4-21L21
cme-miR398b_R1-21L21
miRNAs

Ma vs. Mb
Ma Mb
相对表达水平
14
12
10
8
6
4
2
0
novel-m0009-5p
novel-m0271-5p
novel-m0351-5p
gma-miR396e
ata-miR396c-5p_R1-18L21
ata-miR156e-5p_R1-19L20_7A-G
atr-miR393
cme-miR156j_R2-22L22
gma-miR393k_14G-A
ata-miR169d-5p
cme-miR166i_R1-19L20
miRNAs

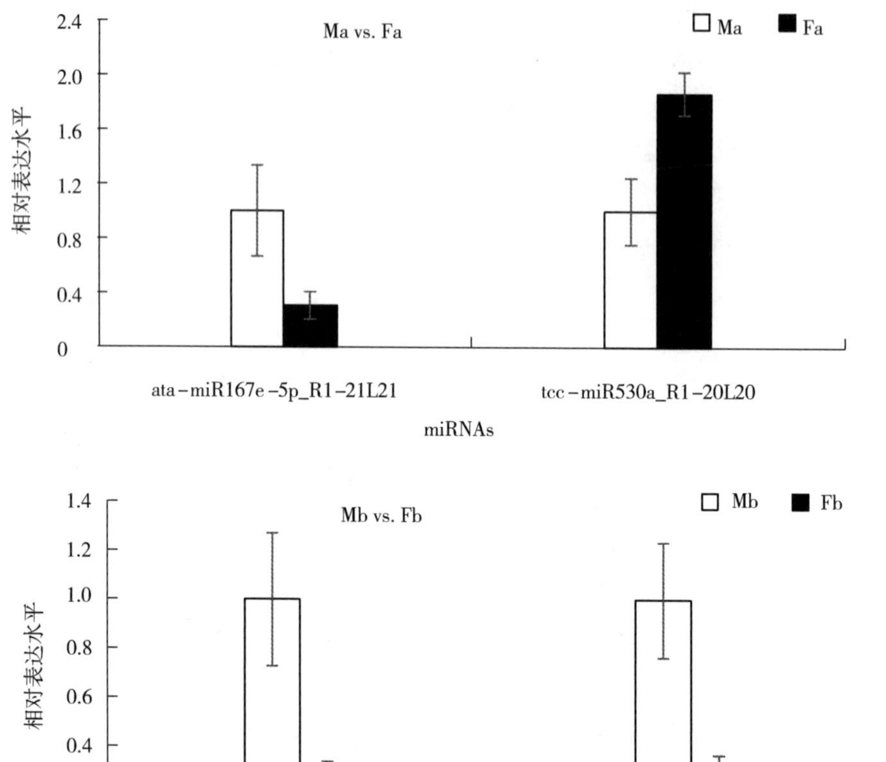


**图 3-27 4 组比对中高通量测序鉴定的 miRNA 相对表达水平的 RT-qPCR 验证**

注：Fa 表示 3 月 31 日的雌花芽；Ma 表示 3 月 31 日的雄花芽；Fb 表示 4 月 7 日的雌花芽；Mb 表示 4 月 7 日的雄花芽。

### 3.2.2.3 性别分化关键期的矿质和营养元素动态变化

（1）矿质元素动态变化

以上述 6 个时期的顶、侧花芽为材料。矿质元素测定用浓硫酸-双氧水消煮，利用火焰分光光度计（SpectrAA 220）测定钾（K）、镁（Mg）、钙（Ca）、锰（Mn）、铜（Cu）、铁（Fe）的含量。营养物质测定采用蒽酮比色法测定可溶性糖和淀粉含量。6 个时期雌、雄花芽的内部形态结构变化见表 3-16，矿质元素测定结果如图 3-28 所示。

矿质营养作为电子载体的组分、酶的组成部分或激活剂以及营养物质等对这些生理生化活动的正常进行有着重要作用。矿质元素在花性别分化关键期前后的变化见图 3-28。在不同发育时期，文冠果的雌、雄能花内 K 含量变化较为稳定，但是存在有一定的差异。两种花中的 K 含量在 A、B 两个时期期间呈现相同的上升趋势，且雄能花中的含量高于雌能花。到达 C 时期时，两种花中的 K 含量趋于一致，但此时雌能花中的 K 含量为（21.420mg/g），略高于雄能花中的含量（21.350mg/g），同时，此时的雌能花中 K 含量达

到峰值。C 时期过后，K 在两种花中的含量总体呈现下降的趋势，且在雌能花中下降更为明显，至 D 时期（即性别分化关键期）形成较大的差异（雄能花 20.770mg/g；雌能花 18.935mg/g）。最终，K 在成熟的雄能花（F 时期）中有明显的积累（22.930mg/g），而在成熟雌能花中处于最低水平（17.105mg/g）。而且，在 C 时期过后，K 在雄能花中的含量始终高于雌能花。

**表 3-16　文冠果性别分化过程中不同时期的雌、雄能花的内部形态结构**

| 不同分化时期 | 日期 | 雌能花 | 雄能花 |
|---|---|---|---|
| A | 3 月 27 日 | 雌、雄蕊发育正常，雌蕊子房圆润饱满；雄蕊花粉粒开始成型；雄蕊长度长于雌蕊 | 同雌能花 |
| B | 3 月 31 日 | 雌雄蕊进一步正常发育，雌蕊子房内出现清晰可见的胚珠；雄蕊花粉粒逐渐成型、细胞质含量增加；雌、雄蕊长度此时大致相同 | 同雌能花 |
| C | 4 月 3 日 | 雌蕊的花柱和柱头结构明显，胚珠圆润；雄蕊花粉粒形成可观察到细胞核；雄蕊发育速度较快且其长度高于雌蕊 | 胚珠不及雌能花圆润饱满，其他与雌能花相似 |
| D | 4 月 7 日 | 雌蕊花柱伸长，柱头出现乳突状细胞，胚珠圆润；雄蕊花粉粒内细胞质含量逐渐减少，开始发生液泡化衰败；雌蕊长度与雄蕊持平 | 雌蕊开始退化，柱头未出现乳突状细胞，胚珠逐渐萎缩；雄蕊花粉粒内细胞质含量增加，细胞核清晰可见；雄蕊长度高于雌蕊 |
| E | 4 月 10 日 | 雌蕊饱满，胚珠正常成熟，柱头乳突状细胞更加浓密；雄蕊花粉粒的液泡化衰败程度加深；雌蕊长度开始高于雄蕊 | 雌蕊进一步萎缩，柱头和花柱消失，子房壁变薄；雄蕊花粉粒的细胞质含量增加，趋于成熟；雌蕊长度开始低于雄蕊花丝 |
| F | 4 月 13 日 | 雌蕊发育成熟，柱头乳突状细胞清晰可见，胚珠、子房圆润饱满；雄蕊花粉粒彻底液泡化衰败，细胞质稀疏；雌蕊长度高于雄蕊 | 雌蕊退化败育完全，附着于雄蕊花丝基部；雄蕊花粉粒内细胞质浓密，发育成熟 |

Mg 在雌、雄能花中的含量波动变化差异较大。雄能花在初期（A 时期）的 Mg 含量最高，为 1.605mg/g，并在 B 时期急剧下降至 1.400mg/g，此后，Mg 在雄能花中的含量变化趋于稳定并呈现平缓的上升趋势。反观雌能花中的 Mg 含量变化波动幅度较大，其在 A、B 时期期间较为平缓的下降，但在 C 时期剧烈上升至 1.700mg/g，并维持至 D 时期，即性别分化关键期（1.750mg/g），继而在 E 时期剧烈下降至 1.465mg/g，且在随后的 F 时期仍继续下降。就整个发育时期而言，雄能花中 Mg 的含量在分化初期（A、B 时期）和花成熟时期（E、F 时期）高于雌能花。

雌、雄能花中 Ca 的含量变化趋势较为一致，均为先剧烈下降，然后总体呈现上升趋势，并最终在成熟的花中有明显的积累。但雄能花分化初期的 Ca 含量为 0.708mg/g，远低于雌能花的含量（1.535mg/g），且其下降到 B 时期后即逐渐升高，而雌能花的 Ca 含量

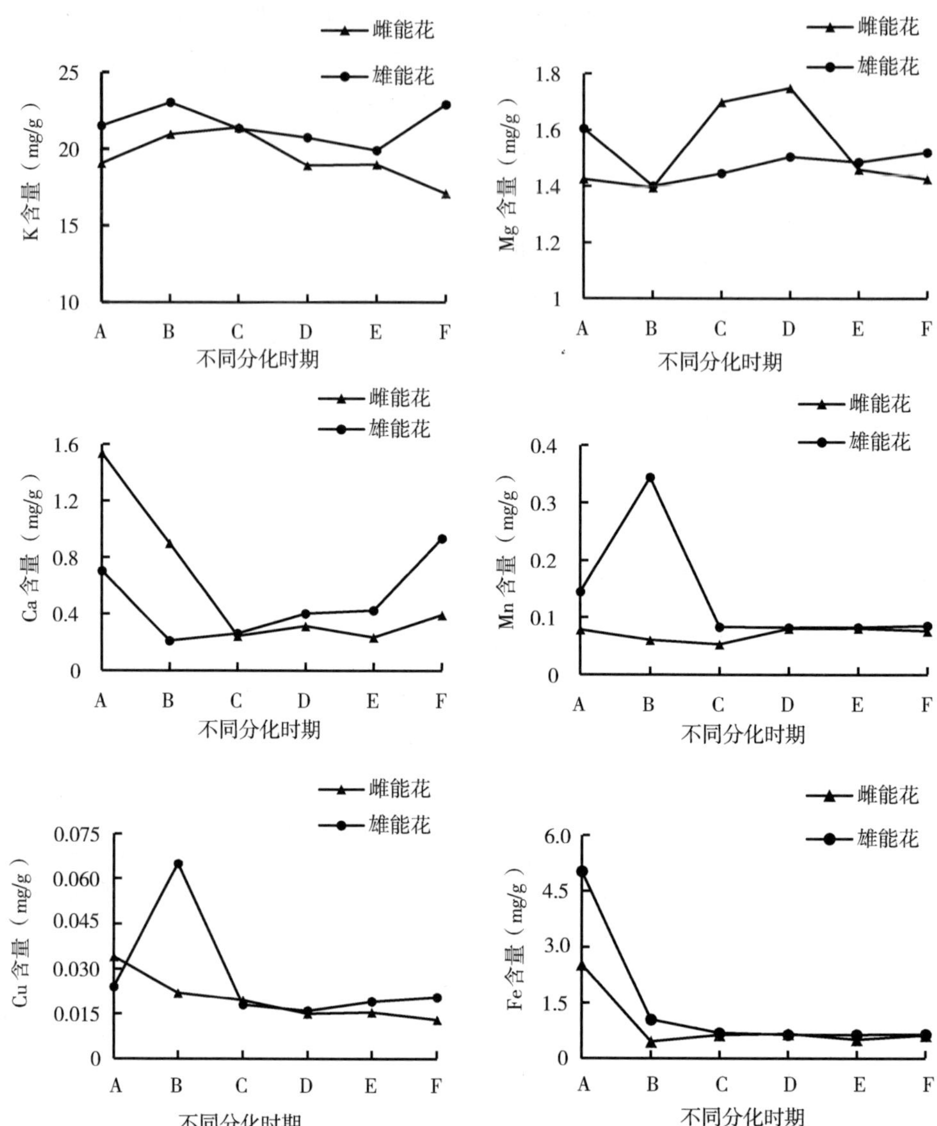


**图 3-28　文冠果性别分化过程中 6 种矿质元素的含量动态变化**

注：A 表示 3 月 27 日；B 表示 3 月 31 日；C 表示 4 月 3 日；D 表示 4 月 7 日；E 表示 4 月 10 日；F 表示 4 月 13 日。

下降到 C 时期后才逐渐上升。同时，二者 Ca 含量于 C 时期发生转折，雄能花中的含量（0. 263mg/g）开始略高于雌能花的含量（0. 243mg/g），且此后其含量差距越来越大。

Mn 在两种花的各个时期的含量稳定性差异较为明显，雌能花中的 Mn 含量变化幅度较雄能花来说相对稳定，且其在前三个时期与后三个时期的变化趋势一致，总体上均为含量随着分化的进行而逐渐减少，但在 C、D 时期间有明显过渡，其含量由 0. 054mg/g 增加至 0. 081mg/g。雄能花 Mn 含量在前 3 个时期变化剧烈，并在 B 时期达到峰值（0. 345mg/g），下降至 C 时期（0. 084mg/g）之后，变化幅度趋于平缓，并呈现升高趋势。总体而言，6 个分化时期，雄能花中的 Mn 含量始终高于雌能花，尤其前 3 个时期。

与 Mn 在雌、雄能花中的含量变化类似，Cu 在雌能花中的含量变化较为稳定，而在雄能花中的波动幅度较为明显，且雄能花中的 Cu 含量在 C 时期后开始逐渐上升。不同的是，雌能花中的 Cu 含量自 A 时期（0.034mg/g）开始，持续保持平缓的降低趋势；Cu 在 A、C 时期的雌能花中的含量（0.034mg/g、0.020mg/g）略高于雄能花（0.024mg/g、0.018mg/g）；D 时期后雄能花中的 Cu 含量高于雌能花，且差异显著性逐渐增大。

Fe 在雌能花和雄能花中的含量变化趋势一致，均在 A 时期（2.525mg/g、5.025mg/g）剧烈下降至 B 时期（0.462mg/g、1.046mg/g），随后趋于平缓，但雄能花中的 Fe 含量总体高于雌能花。

此外，通过对文冠果性别分化关键时期 miRNA 的生物信息学分析，挖掘出了来自 miR162、miR475、miR482 、miR6479、miR319、miR397、miR156、miR408 和 miR396 家族的 13 个保守 miRNA，及 3 个 novel miRNA 与矿质元素（Fe、Mn、Cu、Ca、Mg）的结合和转运直接相关（表 3-17）。

**表 3-17　与文冠果花中矿质元素相关的 miRNA 及其靶基因**

| miRNA | 靶基因 | 靶基因功能 |
|---|---|---|
| bra-miR162-3p_R1-17L21 | TR7356 \| c1_g1 | 对铁离子的细胞反应 |
| ptc-miR475d-3p_R1-17L21<br>ptc-miR482c-3p_10G-T<br>ptc-miR6479_R1-15L21 | TR11991 \| c1_g1 | 铁离子结合 |
| gma-miR319l<br>gma-miR319q | TR11589 \| c0_g2 | 铁离子结合 |
| atr-miR397b_R1-17L21 | TR8196 \| c0_g1 | 铜离子结合 |
| ata-miR156e-5p_R1-19L20_7A-G | TR13209 \| c0_g1 | 铜离子结合 |
| ata-miR408-3p_R1-17L20<br>cpa-miR408_R2-20L21<br>stu-miR408b-3p_R1-21L21 | TR12054 \| c0_g1 | 铜离子转运 |
| cme-miR396e_R1-20L21 | TR7311 \| c0_g1 | 镁离子结合 |
| ata-miR156e-5p_R1-19L20_7A-G<br>cme-miR156j_R2-22L22 | TR10589 \| c0_g1 | 对锰离子的响应；钙离子转运 |
| novel-m0263-5p | TR3240 \| c0_g1 | 铁离子结合 |
| novel-m0318-5p | TR9405 \| c0_g1 | 钙离子结合 |
| novel-m0009-5p | TR10521 \| c0_g1 | 钙离子结合 |

（2）营养元素动态变化

可溶性糖和淀粉是是植物正常生长和代谢必不可少的非结构性碳水化合物，它们是植物体内碳水化合物转运、细胞原生质构成、呼吸、储存和合成物质的重要基质（简令成，1964）。为了确定文冠果性别分化过程，雌、雄能花中的营养物质的含量变化，采用蒽酮比色法测定了 6 个不同分化时期的雌、雄能花中淀粉和可溶性糖的含量，结果如图 3-29、

3-30 所示。在雌能花中，随着分化的进行，淀粉含量波动幅度相对雄能花来说较为剧烈，尤其前 3 个时期。雌能花中的淀粉含量由 A 时期（1.491%）急剧增加至 B 时期（4.128%）并达到峰值，随后剧烈下降至 C 时期（1.559%）后下降幅度减小，直到 E 时期（0.892%），随后再次升高至 F 时期（1.327%）。雄能花中的淀粉含量由 A 时期（1.843%）下降至 B 时期（1.139%）达到最低值，其含量变化较为稳定，且保持总体上升的趋势至 D 时期（1.939%），随后再呈现下降趋势至 E 时期（1.616%），最后在成熟雄花中大量剧烈上升（2.822%）。C 时期为一个转折期，在 C 时期后，雄能花中的淀粉含量开始明显多于雌能花，且在 E 时期后淀粉含量增长幅度高于雌能花（图 3-29）。在性别分化过程中，不同发育时期的雌能花或雄能花中淀粉的含量均存在极显著差异。

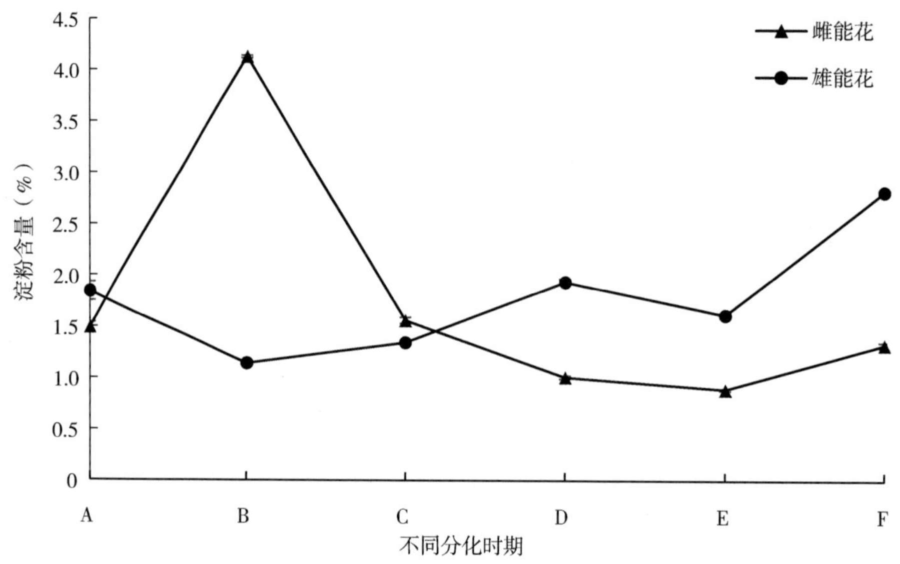


**图 3-29　文冠果花性别分化过程中淀粉含量动态变化**

注：A 表示 3 月 27 日；B 表示 3 月 31 日；C 表示 4 月 3 日；D 表示 4 月 7 日；E 表示 4 月 10 日；F 表示 4 月 13 日。

如图 3-30 所示，可溶性糖在雌能花与雄能花中的含量变化趋势类似，总体上均为先升高后接近平稳，但仍有一些差别。在雌能花中，可溶性糖含量由 A 时期（4.147%）下降至 B 时期达到最低值（2.869%），随后升高，至 D 时期（10.445%）达到峰值，随后逐渐减少至 F 时期（8.551%）。雄能花中，可溶性糖在起始 A 时期处于最低值（3.426%），之后持续增长至 D 时期（11.098%），增长幅度开始减小，增长至 F 时期（11.747）达到峰值。相对于淀粉，可溶性糖含量的转折期较早，在 A 时期后的短时间内，雄能花中的可溶性糖的含量即开始明显高于雌能花。但雌能花中可溶性糖含量呈现下降趋势的时期比淀粉晚。在性别分化过程中，雄能花中的可溶性糖含量总体高于雌能花，在 D 时期前，二者含量相近，D 时期后，可溶性糖在雄能花中的含量逐渐提高，而在雌能花中快速下降。在整个性别分化过程中，不同发育时期的雌能花或雄能花中淀粉的含量均存在极显著差异。

经过对文冠果性别分化关键时期差异表达的 miRNA 的深度分析，来自 miR162、

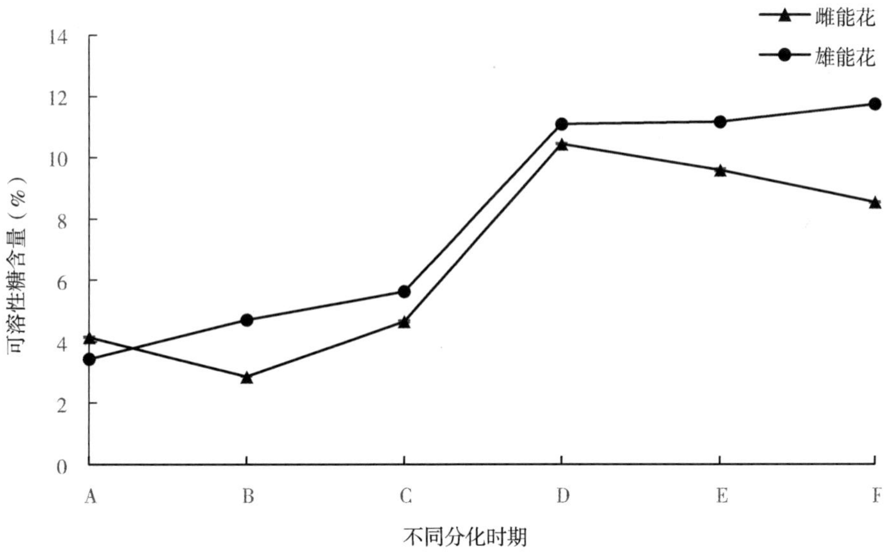


**图 3-30 文冠果花性别分化过程中可溶性糖含量动态变化**

注：A 表示 3 月 27 日；B 表示 3 月 31 日；C 表示 4 月 3 日；D 表示 4 月 7 日；E 表示 4 月 10 日；F 表示 4 月 13 日。

miR8709、miR159、miR396、miR156、miR394、miR408、miR413、miR5169、miR8590 和 miR6140 家族的 12 个保守 miRNA，及 2 个 novel miRNA 被注释到直接影响淀粉和糖的合成代谢（表 3-18），表明这些 miRNA 可能通过影响淀粉和糖的含量，从而调控文冠果的性别分化进程。

**表 3-18 与文冠果营养物质相关的 miRNA 及其靶基因**

| miRNA | 靶基因 | 靶基因功能 |
|---|---|---|
| bra-miR162-3p_ R1-17L21 | TR1683 \| c0_ g1 | 淀粉和蔗糖代谢 |
| | TR7356 \| c1_ g1 | 对蔗糖及果糖的响应 |
| gra-miR8709a_ R23-1L24_ 10T-C<br>lus-miR159c_ R1-21L21 | TR6109 \| c0_ g1 | 蔗糖代谢过程 |
| ata-miR396e-3p_ R1-15L21 | TR6969 \| c0_ g1 | 蔗糖代谢过程 |
| ata-miR156e-5p_ R1-19L20_ 7A-G | TR11832 \| c0_ g1 | 葡聚糖生物合成过程 |
| mes-miR394c_ R1-21L22 | TR9329 \| c0_ g1 | 淀粉及糖原生物合成过程 |
| ata-miR408-3p_ R1-17L20 | TR3632 \| c0_ g1 | 淀粉代谢过程；蔗糖分解代谢过程 |
| ath-miR413_ R17-3L21 | TR5281 \| c0_ g1 | 木聚糖生物合成过程 |
| hbr-miR408a_ R1-21L22_ 6T-G | TR1568 \| c0_ g1 | 麦芽糖生物合成过程；多糖分解代谢过程；淀粉分解代谢过程 |
| bdi-miR5169b_ R7-21L21 | TR4270 \| c0_ g1 | 岩藻糖分解代谢过程 |
| atr-miR8590_ R20-6L24 | TR6464 \| c0_ g1 | 葡聚糖生物合成过程 |
| pgi-miR6140b_ R9-23L24 | TR6251 \| c0_ g1 | 多糖分解代谢过程 |

（续）

| miRNA | 靶基因 | 靶基因功能 |
|---|---|---|
| novel-m0009-5p | TR10521 \| c0_g1 | 淀粉分解代谢过程 |
| | TR3642 \| c0_g1 | 淀粉生物合成及分解过程 |
| novel-m0318-5p | TR12985 \| c0_g1 | 糖胺聚糖生物合成及降解 |
| | TR9532 \| c0_g2 | 蔗糖代谢过程 |

### 3.2.3 内参基因的筛选

以 6 个时期的顶、侧花芽，以及雌能花、雄能花、根、茎、叶和种子为材料，提取总 RNA，去除基因组 DNA，将纯化后的 RNA 反转录合成 cDNA。根据高通量测序所得的文冠果性别分化关键期的转录组数据，选取 7 个常用管家基因：肌动蛋白基因（Actin）、多聚泛素酶基因（UBQ）、3-磷酸甘油醛脱氢酶基因（GAPDH）、β 微管蛋白基因（TUB）、18S 核糖体 RNA（18S rRNA）、翻译起始因子基因（eIF-4α）和转录延伸因子基因（EF-1α）作为候选内参基因。利用软件 Beacon Designer 7，设计候选内参引物（表 3-19）。

**表 3-19 候选内参基因的引物序列**

| 基因 | 上游引物序列（5′-3′） | 下游引物序列（5′-3′） | 扩增长度（bp） |
|---|---|---|---|
| Actin | CTGCTATGTATGTTGCTATCC | ATCAAGGCGTCTGTTAGAT | 181 |
| UBQ | GACCAAGACCAAGACCAA | ATCTACCACTACTGCTGAAG | 185 |
| EF-1α | CAACATTGTCACCTGGAAG | AGATTGGCGGTATTGGAA | 162 |
| TUB | GAAGCAACAGCAGCATTA | CACGAGCAGTTATCAGTTC | 155 |
| eIF-4α | GTAATTCAACAAGCACAGTCT | TACCACCAACACAAGCAT | 199 |
| 18S rRNA | GTCCACCATCCATAAACAC | GTTGCTCCTTCTTCTTCAG | 195 |
| GAPDH | GCCAAGACTATCCAACCT | GCAACCACATCAACATCAT | 164 |

#### 3.2.3.1 样品总 RNA 质量检测

提取文冠果 6 个时期顶、侧花芽，雌能花、雄能花、根、茎、叶和种子的 RNA 后，利用 Nanodrop 8000 检测 18 个样品总 RNA 纯度，结果显示所有样品总 RNA 的 *OD*260/*OD*280 均在 1.88~1.98，*OD*260/*OD*230 均在 2.02~2.23，说明总 RNA 纯度较好。通过 1% 琼脂糖凝胶电泳检测样品总 RNA 完整性，结果显示各个样品的 28S 和 18S 条带较亮，28S 条带的亮度约为 18S 条带的 2 倍。其中，6 个时期的顶芽、侧芽的总 RNA 中有明显的 5S 条带（图 3-31），说明总 RNA 完整性较好，均可用于后续实验。

#### 3.2.3.2 候选内参基因引物特异性及扩增效率分析

将各样品 cDNA 等量混合作为模板，对 7 个候选内参基因进行 RT-PCR，并将产物进行 1% 琼脂糖凝胶电泳检测。结果显示所有内参基因均为单一条带（图 3-32），说明无引物二聚体，且扩增长度与预期一致（表 3-17），各样品 cDNA 及候选内参基因的引物可用于进行 RT-qPCR。

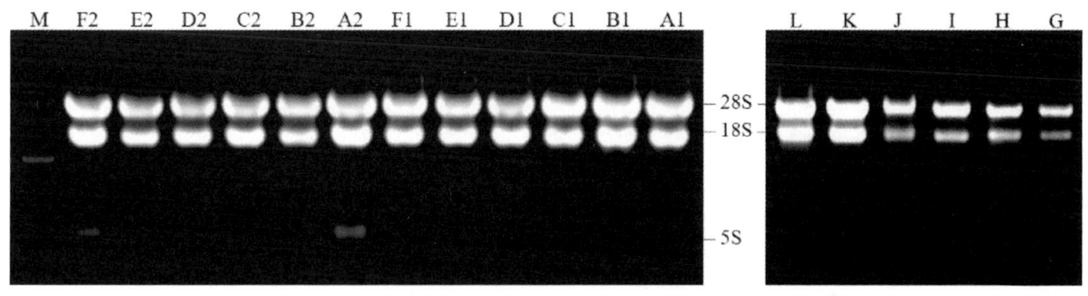


**图 3-31 文冠果 18 个样品总 RNA 琼脂糖凝胶电泳**

注：M 表示 AL2000 DNA Marker；A1、B1、C1、D1、E1、F1 分别表示 3 月 27 日、3 月 31 日、4 月 3 日、4 月 7 日、4 月 10 日、4 月 13 日的顶芽；A2、B2、C2、D2、E2、F2 分别表示 3 月 27 日、3 月 31 日、4 月 3 日、4 月 7 日、4 月 10 日、4 月 13 日的侧芽；G 表示根；H 表示茎；I 表示叶；J 表示种仁；K 表示雌能花；L 表示雄能花。

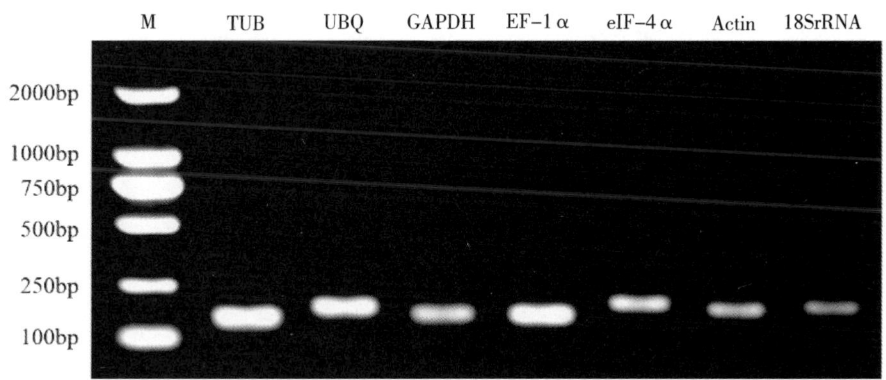


**图 3-32 文冠果 7 个候选内参基因 RT-PCR 产物琼脂糖凝胶电泳**

注：M 表示 D2000 DNA Ladder。

以各样品 cDNA 为模板，对 7 个候选内参基因进行 RT-qPCR，从溶解曲线可见各候选内参基因均只有明显的单一溶解峰，无引物二聚体等非特异性扩增（图 3-33），进一步说明 7 个内参基因引物特异性较好、反应专一性高，符合 RT-qPCR 的标准，可用于后续实验。

以 5 倍浓度梯度稀释的混合 cDNA 为模板，对 7 个候选内参基因进行 RT-qPCR，获得各候选内参基因的标准曲线。由此得到的内参基因 TUB 的相关系数为 0.9890，其他基因的相关系数均在 0.99 以上；除 TUB 扩增效率较低，为 87.67%外，其他内参基因扩增效率均在 90%以上，其中 GAPDH 和 18S rRNA 的扩增效率分别达到了 100.77%和 106.59%（表 3-20），说明内参基因 Actin、UBQ、EF-1α、eIF-4α、18S rRNA 和 GAPDH 的扩增效率和线性条件均符合要求。

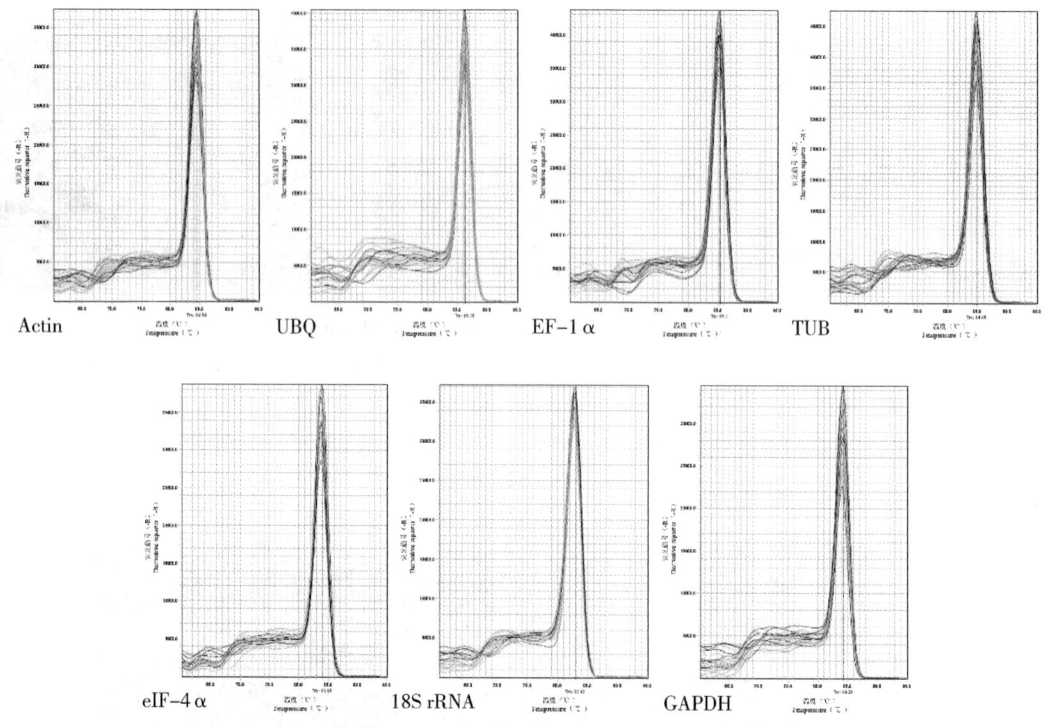


图 3-33　文冠果 7 个候选内参基因的 RT-qPCR 溶解曲线

表 3-20　候选内参基因的扩增特性

| 基因 | 扩增效率（%） | 相关系数（$R^2$） |
|---|---|---|
| Actin | 93.23 | 0.9946 |
| UBQ | 90.94 | 0.9936 |
| EF-1α | 99.64 | 0.9946 |
| TUB | 87.67 | 0.9890 |
| eIF-4α | 94.20 | 0.9938 |
| 18S rRNA | 106.59 | 0.9958 |
| GAPDH | 100.77 | 0.9969 |

### 3.2.3.3　候选内参基因的表达水平分析

7 个候选内参基因在各样品中的 RT-qPCR 结果表明，各基因的 *Ct* 值均在 23~35 之间（图 3-34）。其中，TUB 的 *Ct* 值波动幅度较大。另外，各样品中 TUB 的 *Ct* 值较低，说明其表达丰度较高。18S rRNA 的 *Ct* 值在多数样品中较高，说明其表达丰度较低。所有候选内参基因在雄能花（L）中的 *Ct* 值均高于其他样品，即在雄能花中的表达量均最低；在雌能花（K）中，TUB 和 18S rRNA 的 *Ct* 值分别为第 4 位和第 2 位（*Ct* 值从小到大排序），其他内参基因在雌能花中的 *Ct* 值均低于其他样品，说明除 TUB 和 18S rRNA 外，各内参基因在雌能花中的表达丰度比在其他样品中高。此外，这些内参基因在样品中的表达变化并

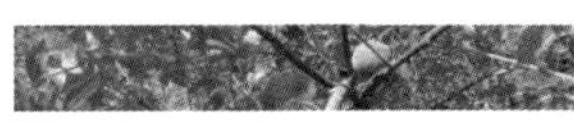

没有明显的规律性。由于各基因在雌、雄能花中的 *Ct* 值差异较大，对后期结果影响较大，因此在基因稳定性评价中将不同器官样品分为两组进行分析，即“有花组”，包含雌能花、雄能花、顶生花芽、侧生花芽、根、茎、叶、种仁；“无花组”，包含顶生花芽、侧生花芽、根、茎、叶、种仁。

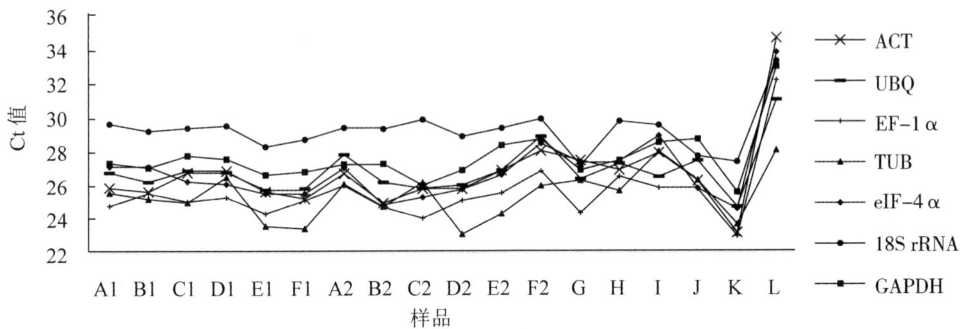


**图 3-34 文冠果 7 个候选内参基因在不同材料中的平均 *Ct* 值**

注：A1、B1、C1、D1、E1、F1 分别表示 3 月 27 日、3 月 31 日、4 月 3 日、4 月 7 日、4 月 10 日、4 月 13 日的顶芽；A2、B2、C2、D2、E2、F2-3 月 27 日、3 月 31 日、4 月 3 日、4 月 7 日、4 月 10 日、4 月 13 日的侧芽；G 表示根；H 表示茎；I 表示叶；J 表示种仁；K 表示雌能花；L 表示雄能花。

### 3.2.3.4 候选内参基因的表达稳定性评价

以 geNorm 软件通过比较计算所得的平均表达稳定值（*M*）来评估内参基因的表达稳定性。软件程序默认 1.5 为 *M* 的临界值，低于该值表明基因表达相对稳定，且 *M* 值越小说明基因稳定性越好，反之越差。在花芽分化的不同阶段，各基因 *M* 值均小于 1.5（表 3-21），说明 7 个基因均具有良好的稳定性，表达稳定程度由高到低排序为：UBQ>eIF-4α>EF-1α>GAPDH>18S rRNA>Actin>TUB；在有花组中，TUB 的 *M* 值大于 1.5，说明其稳定性较差，其他基因的 *M* 值均在 1.5 以下，表达稳定程度由高到低排序为：GAPDH>EF-1α>UBQ>

**表 3-21 geNorm 分析不同条件下候选内参基因的表达稳定性**

| 基因 | 不同阶段 | | 不同器官 | |
|---|---|---|---|---|
| | 排名 | *M* | 排名（有花组/无花组） | *M*<br>有花组/无花组 |
| Actin | 6 | 0.551 | 6/1 | 1.499/0.922 |
| UBQ | 1 | 0.426 | 3/4 | 1.197/1.000 |
| EF-1α | 3 | 0.489 | 2/2 | 1.166/0.923 |
| TUB | 7 | 0.734 | 7/6 | 1.720/1.070 |
| eIF-4α | 2 | 0.474 | 4/5 | 1.284/1.070 |
| 18S rRNA | 5 | 0.512 | 5/7 | 1.372/1.253 |
| GAPDH | 4 | 0.492 | 1/3 | 1.093/0.957 |

注：M 表示平均表达稳定值。

UBQ>eIF-4α>18S rRNA>Actin>TUB；在无花组中，各基因在不同器官中的稳定程度发生变化，*M* 值均小于 1.5，其中 TUB 和 Actin 的 *M* 值变化最明显，Actin 的稳定性排名发生较大变化，TUB 的排名变化较小，各基因稳定程度由高到低排序为：Actin> EF-1α>GAPDH >UBQ >eIF-4α = TUB > 18S rRNA。在花芽分化不同时期和不同器官中，TUB 稳定性均较低。

geNorm 软件可以通过分析计算所得的配对差异值 $V_{n/n+1}$ 来确定该实验条件下所需内参基因的最适个数，以减少使用单一内参基因所引起的偏差和波动。程序默认 $V_{n/n+1}$ 阈值为 0.15，当 $V_{n/n+1}$ 高于该值时，则说明需要引入第 $n$+1 个内参基因以进一步减小误差；反之，当 $V_{n/n+1}$ 低于该值时，则说明 $n$ 个内参基因已可以满足实验要求，无需引入第 $n$+1 个。在文冠果花芽分化的不同阶段中，$V_{2/3}$<0.15（图 3-35），说明最适内参基因个数为 2；在不同器官中，$V_{n/n+1}$ 均大于 0.15，此时不能依靠阈值（0.15）来决定最适的内参基因个数，在评估目的基因在文冠果不同器官中的表达水平时，选取 2~3 个稳定性最强的内参基因即可（李雪等，2017；任锐等，2016）。通过 geNorm 软件综合分析得出，文冠果花芽分化不同时期的最适内参基因为 UBQ 和 eIF-4α；不同器官的最适内参为 EF-1α 和 GAPDH。

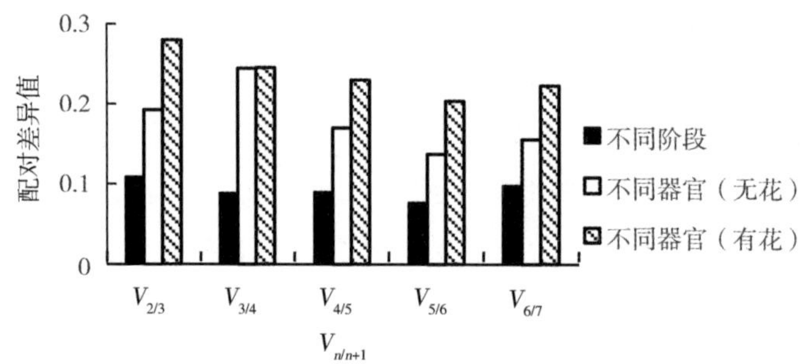


**图 3-35　geNorm 分析候选内参基因的配对差异值**

NormFinder 软件基于方差分析，以表达稳定值（*S*）评价内参基因的表达稳定性。*S* 值与候选内参基因的稳定程度成反比，*S* 值越小，则说明内参基因稳定性越好。如计算结果显示（表 3-22），NormFinder 分析结果与 geNorm 类似，在花芽分化不同阶段，UBQ 和 eIF-4α 表达稳定性较好；各基因在有花组不同器官中的表达稳定性排名完全一致；EF-1α 和 GAPDH 在不同器官中表达较为稳定；TUB 在不同分化阶段和有花组不同器官中稳定性均较差；是否有花对 Actin 的稳定性排名有重要影响。同时，两种软件分析结果也存在差别：NormFinder 结果显示各候选内参基因在花芽分化不同阶段和无花组不同器官中的稳定性排名发生了变化，排名分别为 UBQ>eIF-4α>18S rRNA>GAPDH>EF-1α>Actin >TUB 和 EF-1α>Actin> GAPDH >UBQ >eIF-4α>TUB>18S rRNA。

BestKeeper 软件根据内参基因在不同试验材料中所得的 *Ct* 值之间的标准偏差（*SD*）、变异系数（*CV*）以及相关系数（*r*）来综合评价内参基因的表达稳定性。其中 *SD* 值的默认阈值为 1.0，低于该值即认为表达稳定；*SD* 值和 *CV* 值越小，*r* 值越大，内参基因越稳定。在花芽分化的不同阶段中，7 个基因的 *SD* 值均小于 1.0，说明各基因的表达均较为稳

表 3-22　NormFinder 分析不同条件下候选内参基因的表达稳定性

| 基因 | 不同阶段 | | 不同器官 | |
|---|---|---|---|---|
| | 排名 | *S* | 排名（有花组/无花组） | *S* 有花组/无花组 |
| Actin | 6 | 0.283 | 6/2 | 0.886/0.382 |
| UBQ | 1 | 0.125 | 3/4 | 0.489/0.495 |
| EF-1α | 5 | 0.236 | 2/1 | 0.455/0.379 |
| TUB | 7 | 0.470 | 7/6 | 1.054/0.582 |
| eIF-4α | 2 | 0.217 | 4/5 | 0.604/0.576 |
| 18S rRNA | 3 | 0.220 | 5/7 | 0.698/0.743 |
| GAPDH | 4 | 0.232 | 1/3 | 0.276/0.418 |

注：*S* 表示稳定值。

定；在有花组不同器官中，7 个内参基因的 SD 值均大于 1.0，无花组中各基因 SD 值均在 1.0 以下，说明是否有花显著影响候选内参基因在不同器官中的稳定性。根据 *r* 值的大小对内参基因的稳定程度由高到低进行排序，不同阶段：UBQ>eIF-4α>EF-1α>Actin>18S rRNA>GAPDH>TUB；无花组不同器官：eIF-4α>TUB>Actin>EF-1α>GAPDH>18S rRNA>UBQ。表明在花芽分化不同阶段，UBQ 和 eIF-4α 表达最稳定，GAPDH 和 TUB 表达稳定性最差；在无花组不同器官中，eIF-4α 和 TUB 稳定性最好，其次是 Actin、EF-1α 和 GAPDH，18S rRNA 和 UBQ 稳定性最差（表 3-23）。

表 3-23　BestKeeper 分析不同条件下候选内参基因的表达稳定性

| 基因 | 不同阶段 | | | 不同器官 | | | | | |
|---|---|---|---|---|---|---|---|---|---|
| | *SD* | *CV* | *r* | *SD* | | *CV* | | *r* | |
| | | | | 有花组 | 无花组 | 有花组 | 无花组 | 有花组 | 无花组 |
| Actin | 0.291 | 1.113 | 0.559 | 1.994 | 0.606 | 7.301 | 2.263 | 0.987 | 0.686 |
| UBQ | 0.443 | 1.662 | 0.988 | 1.124 | 0.402 | 4.156 | 1.500 | 0.960 | 0.153 |
| EF-1α | 0.329 | 1.306 | 0.744 | 1.663 | 0.561 | 6.397 | 2.203 | 0.983 | 0.679 |
| TUB | 0.481 | 1.930 | 0.445 | 1.158 | 0.822 | 4.459 | 3.163 | 0.809 | 0.795 |
| eIF-4α | 0.483 | 1.840 | 0.926 | 1.893 | 0.874 | 6.873 | 3.237 | 0.975 | 0.797 |
| 18S rRNA | 0.192 | 0.658 | 0.471 | 1.334 | 0.900 | 4.578 | 3.132 | 0.907 | 0.469 |
| GAPDH | 0.217 | 0.795 | 0.456 | 1.476 | 0.609 | 5.261 | 2.203 | 0.974 | 0.624 |

注：*SD* 表示标准差；*CV* 表示变异系数；*r* 表示相关系数。

综合以上分析，Actin 在有花、无花情况下的表达稳定性差异十分显著；在花芽分化不同阶段，3 种软件的计算结果均显示 UBQ 和 eIF-4α 的表达最为稳定，TUB 的稳定性最差；geNorm 和 NormFinder 软件结果显示在不同器官中，18S rRNA 和 TUB 的稳定性总体上均低于其他内参，EF-1α 和 GAPDH 的稳定排名均位居前三；BestKeeper 结果显示 EF-1α 和 GAPDH 在不同器官中的稳定性不是最高，但是其 *SD* 值较小。因此，综合考虑各候选内参的扩增效率、表达量和稳定性等因素得出，适用于文冠果花芽分化不同阶段（性别分化关键期）研究的最优内参为 UBQ 和 eIF-4α（UBQ 优于 eIF-4α）；适用于文冠果不同器官研究的最优内参为 EF-1α 和 GAPDH（EF-1α 优于 GAPDH）；不建议选择 Actin、18S rRNA 和 TUB 作为文冠果性别分化关键期和不同器官的内参基因。

## 3.3 小结与讨论

### 3.3.1 单瓣花与重瓣花的差异研究

单瓣型与重瓣型的花结构有明显差异。单瓣型文冠果花瓣 5 枚，1 枚雌蕊，8 枚雄蕊，3 枚苞片，5 枚萼片，萼片与花瓣基部着生 5 枚橙黄色角状附属体。雌能花雌蕊发育正常，授粉后子房膨大，但雄蕊退化，花丝较短，花药不开裂撒粉。雄能花的雌蕊退化，仅有微小突起，有些后期子房停止发育，雄蕊发育正常。重瓣型花瓣数 17~25 枚，雌、雄蕊和角状附属体特化为花瓣，内轮花瓣上可见黄色花药的残迹。花瓣由外向内逐渐变窄，中心处花瓣最小。花萼 5 枚，苞片 3 枚。全株都为同一花型，由于雌、雄蕊瓣化，不能结实。重瓣型的雄蕊全部瓣化，雌、雄能花主要区别为雌蕊的发育状况，雌能花的子房发育较大，内有胚珠，雄能花相反。但雌、雄花的花柱、柱头均发生瓣化，不能授粉。

重瓣型植株特点是树体高大，分枝较多，并且细长，树冠伸展，其基本生长指标都高于野生型。这可能是因为突变型不结实，养分消耗主要用于供给树体本身生长，树势健旺。花芽分化时期两种类型基本一致，只是重瓣型的花芽原基分化至花序原基形成时期相对早于单瓣型大约 25d，原因可能是单瓣野生型在该时期正值果实生长与新梢生长的同步进行，养分竞争激烈。相反，重瓣突变型由于植株不结实，因此树体养分充足，所以新梢、新芽分化较早。

关于重瓣花的成因：自然界重瓣植物其起源大致包括积累起源、苞片起源、雌雄蕊起源、台阁起源、重复起源和花序起源 6 种方式。雌雄蕊起源是由于雌雄蕊变瓣，包括雄蕊部分瓣化、雄蕊全部瓣化、雄蕊全部瓣化而雌蕊部分瓣化和雌雄蕊全部变瓣等类型（Reynolds *et al.*，1983）。雌雄蕊起源方式在牡丹、芍药、莲、蜀葵、山茶等中尤为常见。从形态上看，雌雄蕊起源表现为花瓣数增加，花瓣由外向内逐渐变小，直到出现花瓣和雄蕊的过渡形态，还有花丝或花药的痕迹。雌雄蕊在变瓣过程中，通常雄蕊先于雌蕊发生瓣化（程金水等，2000）。从观察到的切片以及形态特征分析，文冠果重瓣花在花芽分化后期先后出现了雄蕊和雌蕊的瓣化现象。雄蕊原基的瓣化始于雄蕊原基伸长以后，圆柱形的雄蕊上部扁化、伸展而成花瓣，同时还有花药的遗迹，雌蕊原基瓣化主要体现在花柱和柱头的瓣化。文冠果重瓣花的发育过程与牡丹（王莲英，1986）、烟草（Zainol *et al.*，1998）的重瓣类型很相似，属于比较典型的雌雄蕊起源的重瓣类型。

两种类型之间 miRNA 表达差异研究中，由于本试验进行时文冠果基因组尚未公布，因此选择甜橙的 EST 用于进行 miRNA 预测。60 个已知甜橙的 miRNA 中，有 49 个在文冠果单瓣型中表达，48 个在重瓣型中表达。进一步证实了两个物种之间比对的可靠性。单

瓣型和重瓣型分别发现 43 和 42 个保守 miRNA。检测到 11 个 miRNA*s 序列。miR166 在两个库中的表达丰度最高，家族成员也最多。发现 10 个带有 miRNA*s 序列的 novel miRNA。其中，Xso-M007a-b 只在单瓣型中发现，Xso-M004，Xso-M005 和 Xso-M006 只出现在重瓣型中。9 个 miRNA 在重瓣型中显著上调，6 个显著下调。包括前人报道与花器官分化有关的 miRNA 也被检测到差异显著，表达趋势与两种类型花器官的特点印证了这些 miRNA 在花器官分化过程中的功能。据文献报道，miR827 和 miR395 分别受磷胁迫和硫胁迫诱导（Hsieh *et al.*，2009；Liang *et al.*，2010）。但本研究中它们在两种类型之间分别为显著下调和上调表达，反映出 miRNA 可能具有多重作用，另外，不同植物间 miRNA 的功能可能有所不同。230 个靶基因功能涉及信号转导、代谢、胁迫、转录调控、生长及发育等过程，这些靶标预测的准确性还有待于后续实验的进一步验证。

## 3.3.2 单瓣花花芽、性别分化研究

单瓣花花芽分化过程及与形态和积温存在对应关系。文冠果花芽分化属于由外向内分化型。从 5 月末花芽形成至次年 4 月中旬开花，历时约 11 个月。当≥*K* 有效积温达到 1402.4℃时，花芽开始分化，出现花原基。当≥*K* 有效积温达到 1854.7℃时，萼片原基分化。当≥*K* 有效积温达到 2808.4℃时，花瓣原基和雄蕊原基出现。次年 3 月初，≥*K* 有效积温达到 20.2℃时，雌蕊原基开始分化。文冠果花芽内部发育与外部形态之间具有稳定的时序性对应关系，可以依据外部形态对内部的发育进程进行初步判断。雄能花和雌能花在雌、雄配子体形成期出现差异。雄能花大孢子母细胞四分体时期细胞停止分裂，外观为花蕾绿色，横径 2.05~4.54mm，纵径 2.99~5.32mm，此时≥*K* 有效积温 230.6℃。雌能花雄蕊发育异常比雄能花雌蕊发育异常出现时间晚 4d。单核花粉粒在有丝分裂期呈液泡化衰败，花蕾横径 12.25~18.3mm，纵径 8.3~10.98mm，此时≥*K* 有效积温 264℃。文冠果雄能花雌性器官败育有两种情况。一种是雌蕊无花柱和柱头，仅由瘦瘪的心皮组成，无胚珠；另一种是雌蕊外表正常，但内部子房壁、胚珠等发育异常。雄能花子房胚珠败育期持续时间为 8d 左右。雌能花的败育表现为单核花粉粒有丝分裂异常，液泡化衰败。花粉败育期持续时间为 7d 左右。

大多数果树单性花开始分化时都经历“两性”时期，具有两性体原基，之后的发育过程中由于性别决定基因、环境因素等的调控作用，其中一种生殖器官在特定的阶段发育受到阻滞而败育，另一性器官正常发育至性成熟（Dellaporta and Calderon，1993）。无患子科植物的花在发育早期一般均表现为两性花，有些植物甚至成熟后依然表现为两性花，但其在功能上均为单性花（Delima *et al.*，2016）。本研究证实了雄能花和雌能花雌雄蕊在发育前期无差异，是后期雄能花雌配子体形成和雌能花雄配子体形成时期出现差异，导致性别出现分化。研究认为文冠果性器官的败育的原因可能与大小孢子营养不足有关（王晋华等，1992；彭伟秀等，1999）。雌能花败育的花药可能缺少某些细胞器，有生理生化代谢障碍，因此出现淀粉粒贮藏不足，子房和雄蕊对营养物质的竞争较大，小孢子因得不到足够的营养物质而败育（郑彩霞和李凤兰，1993）。本研究推测温度有可能会影响文冠果雌

雄性器官发育相关酶和蛋白的活性变化，但尚有待深入研究。此外，由于文冠果顶芽多为雌能花，侧芽多为雄能花，推测内源激素水平、营养状况对性别分化也有重要影响。

花芽分化过程中内源激素的变化研究发现：文冠果花芽未分化期至雌蕊分化期 ZT 含量逐渐上升，较高浓度的 ZT 有利于花芽分化。在雌雄配子体形成时期，雌能花 ZT 含量显著高于雄能花。文冠果中 GA 的作用与大多数植物一致，具有趋雄效应。关于 IAA 与植物成花的关系一直存在争议。本研究发现文冠果性别分化关键期，雌能花的 IAA 含量显著高于雄能花，IAA 在文冠果性别分化过程中的作用与荔枝、龙眼相反（肖华山等，2007），而与黄瓜一致（Hegele M *et al.*，2008）。在入冬前 ABA 含量逐渐升高，而在次年 3 月份降到低水平，此时树体解除休眠，细胞分裂旺盛。推断高水平 ABA 对文冠果花芽分化起抑制作用。性别分化过程中雌能花和雄能花 ABA 含量变化趋势一致，雄能花子房胚珠败育时，雌能花 ABA 含量显著高于雄能花，推测一定含量的 ABA 有利于雌能花雌蕊正常发育。较高水平的 ABA/IAA 和 ABA/GA 有利于文冠果的花芽分化，后期较高水平的 ABA/IAA 更有利于雌能花的发育。研究发现高水平 ZT/GA 有利于花粉粒的形成（Adhikari S *et al.*，2012），文冠果雌雄配子体形成时期雄能花 ZT/GA 也较高。本研究发现雄能花雌蕊发育异常时，雄能花 ZT/IAA 显著高于雌能花，推测高水平的 ZT/IAA 对雄蕊发育有利。

性别分化关键期的确定：当文冠果花序伸长，花芽彼此明显分离时，雌、雄花芽中雌蕊和雄蕊同时出现差异。雄能花雄蕊发育正常，雌蕊退化，胚珠和子房逐渐干瘪萎缩，柱头未出现乳突状细胞；雌能花雌蕊发育正常，雄蕊退化，花粉发生液泡化衰败，无成型细胞核且细胞质稀疏。随着发育进行，性器官最终完全败育，两性花成为单性花。类似于文冠果这种性器官的败育是植物产生单性花的最常见方式（DeLong *et al.*，1993）。同为无患子科的荔枝（*Litchi chinensis*）和龙眼（*Dimocarpus longan*）具有与文冠果相类似的“双性转单性”的性别分化过程（王宏国，2008；王平等，2010；王长春等，1988；魏永赞等，2017）。这表明一些性别相关的基因发生选择性表达，调控某些植物的雌雄比例是可能的。

通过性别分化关键期的 miRNA 研究，在文冠果性别分化关键期共鉴定出归属 34 个家族的 1619 个保守 miRNAs，其中，匹配到大豆（*Glycine max*）、蒺藜苜蓿（*Medicago truncatula*）和二穗短柄草（*Brachypodium distachyon*）的 miRNA 数量最多。这些保守 miRNA 属于 34 个家族，它们在所有的文库中均保持高水平的表达量，印证了它们的高度保守性。此外，靶基因预测显示 miR396 和 miR399 家族所对应的靶基因数量远多于其他 miRNA，表明这两个家族的 miRNA 可能在文冠果的性别分化过程中参与更多的代谢途径并发挥重要功能。预测到 219 个 novel miRNA。个别 novel miRNA 的表达量也存在较为明显差异，说明了这些 novel miRNA 在文冠果性别分化过程中的潜在重要性。

162 个保守 miRNAs 和 14 个 novel miRNAs 在构建的 4 个 sRNA 文库（雌、雄蕊形态结构尚未出现差异及开始出现明显差异时顶芽和侧芽的 sRNA 文库）中表达差异显著。差异表达的 miRNAs 中，预测到 112 个 miRNAs 所对应的 1677 个靶基因，这些靶基因参与多种发育和代谢过程。17 个 miRNAs 与配子体发育相关，并且碳水化合物代谢以及聚糖的生物合成和代谢是两种主要通路。验证了 miR156、miR159 和 miR319 等家族的功能，扩展了

miR393、miR396、miR162、miR408、miR2673 和 miR5169 等家族的功能。

通过性别分化关键期的矿质元素变化研究发现，性别分化过程中，K、Mn、Cu 和 Fe 在雄能花中含量总体上均高于雌能花。雌、雄蕊发生败育后，K、Mn、Cu、Fe 及 Mg 含量在雄能花中逐渐升高，在雌能花中呈下降趋势。这 4 种矿质元素的缺失不利于文冠果雄能花的构建。K 参与植物生长发育过程中诸多代谢反应，能够有效地促进植株的光合作用，对淀粉、蛋白质的合成及糖的合成、运输和代谢有明显促进作用（张晓楠等，2016）。K 含量的减少会对小孢子的发育产生影响，不利于植物雄性功能的构建（石峰和李志军，2018）。但龙眼中 K 含量对花无显著作用（苏明华等，1997）。Mn 含量过高明显提高 IAA 氧化酶的活性，从而加快 IAA 的分解。IAA 含量不足将影响维管束发育，阻断水和营养物质进入花药室的通道，花粉营养物质供应不足而败育（Jacobsen and Olszewski，1991；张红梅等，2008）。Fe 和 Cu 广泛存在于呼吸作用的电子传递链的许多成员以及与呼吸作用有关的酶中（Maas *et al.*，1988），对花粉发育有重要影响。当花蕾 Fe 和 Cu 不足时，呼吸作用受阻，影响核酸和蛋白质合成，最终使花药发育受到影响（张红梅等，2008）。Ca 在雄能花中含量开始高于雌能花，随着分化的进行，含量差距增大，有利于雄能花的形成。Ca 广泛参植物各代谢过程，在成花诱导、花芽分化和开花调控过程中扮演重要角色，尤其是花粉管生长和花粉萌发（梁述平等，2001）。而且，$Ca^{2+}$ 可以维持细胞壁、细胞膜及膜结合蛋白的稳定性，低浓度的 Ca 不利于小孢子形成细胞壁以及花粉壁，导致小孢子解体（张红梅等，2008）。本研究中 Ca 对性别分化的影响在雌、雄蕊开始发生败育后逐渐显现，虽然 Ca 在两种花中均呈上升趋势，但在雄能花中的积累量比同时期雌能花多，表明 Ca 积累有助于雄能花发育。Mg 作为酶的激活剂在糖类的合成、运输和代谢中发挥重要作用，其含量的减少会对小孢子的发育产生影响（石峰和李志军，2018），不利于花粉萌发与花粉管生长（韩志强等，2014）。Mg 在文冠果雄能花中含量不像其他元素那样总体上高于雌能花，但其在雌、雄蕊开始发生败育后显现出了明显变化趋势：在雄能花中的含量逐渐升高，在雌能花中相反，且其在成熟雄能花中的积累量高于成熟雌能花。

通过性别分化关键期的营养元素变化研究发现，雌、雄蕊开始发生败育后，雌能花分化发育所消耗的淀粉和可溶性糖远高于雄能花，高含量的淀粉和可溶性糖有助于雌能花的形成。Zhou *et al.*（2012）发现淀粉粒和蛋白质高丰度有益于文冠果大孢子细胞的减数分裂。张小方（2009）发现淀粉对于文冠果雌蕊发育很重要。龙眼、荔枝、板栗、核桃等多种植物也曾得出结果枝营养水平高于营养枝有利于雌花分化的结论（Petzold *et al.*，2013；常强，2010；董硕，2008；吕明亮等，2007）。本研究还发现在性别分化后期，雌、雄能花的淀粉含量均有上升趋势，并在雄能花中大量积累。这是因为伴随着花的成熟，花对淀粉的消耗减少并同时产生淀粉而逐渐积累，雄能花的花粉成熟会产生大量淀粉，若雄蕊中淀粉不足将导致雄性不育（曾维英等，2007；陈兴银等，2018；王晋华等，1992）。文冠果性别分化过程中，雄能花的可溶性糖含量总体高于雌能花，在雌、雄蕊发生败育前，二者含量相当，而在败育后，雄能花中的可溶性含量逐渐升高，而雌能花的含量急剧下降。表明在发生性器官败育导致性别分化的过程中，雌能花需要消耗大量可溶性糖，而雄能花消耗的可溶性糖较少，高水平含量的可溶性糖更有利于促进雌能花的发育。相对于淀粉来说，文冠果雌能花中可溶性糖含量下降的时期晚于淀粉，这可能是因为在性别分化过程中，淀粉通过代谢不断地转化为糖，之后再进行可溶性糖的消耗所形成的结果。

文冠果性别分化关键期中最稳定的内参基因是 UBQ 和 eIF-4α。文冠果不同器官中表达最稳定的内参基因是 EF-1α 和 GAPDH。需要注意内参基因的稳定性不是绝对的，即使是 UBQ、GAPDH 和 EF-1α 这些被广泛作为标准化内参的传统内参基因，在不同实验条件的稳定性也会发生很大变化。此外，各候选内参基因在雌、雄能花中的表达量与其他材料相比差异显著。所有候选内参基因在雄能花中的表达量均最低，在雌能花中的表达量处于较高水平。Actin 在两种花中的表达差异最大，推测管家基因表达量的高低影响雌能花和雄能花的成花过程，其中 Actin 的影响作用较大。

第 4 章

# 文冠果油料能源林结实生物学特性研究

文冠果果实的综合利用价值极高。果皮中含有皂苷类物质、多酚类物质，不仅可以用于制作肥皂、护肤品，更具有重要医疗保健价值，果皮还可制成活性炭、家畜饲料和聚乙烯复合材料。文冠果籽油符合国家一级食用油标准，是高级药、食兼用油。油中不饱和脂肪酸含量高达 94%，凝固点低，油中含有亚油酸、神经酸等成分，长期食用对人体极为有利，具有极高的保健和医药价值。文冠果种皮可以提取黑色素、黄酮苷、香豆素化合物、秦皮素和秦皮苷，种皮对于汞还有良好的吸附作用，具有丰富的经济、生态和医疗保健价值。近年来，随着国家的重视和大力推广，文冠果产业发展速度非常快，但是产量不理想一直是限制其综合利用产业发展的瓶颈。

文冠果结实较早，一般 2~3 年即开始挂果，10 年后逐渐进入稳产期。但是果实生长发育过程中会经历两次落果高峰，第一次是因为授粉受精不良导致的末花期之后 7~15d 落果；第二次在果实成熟采收前的半个月，此时是种子成熟关键期，也是新梢木质化、花芽分化形成时期，养分竞争激烈，部分果实得不到足够营养，导致落果。两次落果直接导致文冠果产量降低。了解其果实生长发育过程和相关机制是确定果期管理措施、采取调控技术以提高产量的基础。

本研究在观测文冠果果实、种子发育过程的基础上，分析该过程中种子油脂的形成和积累特点，脂肪酸组分、可溶性糖、淀粉等内含物的动态变化以及它们的相关性；观测不同发育时期果壳的总皂苷含量变化规律，确定以不同产物为利用目的的最佳采收时间，提高文冠果果实利用率；测定果期营养元素、内源激素动态变化，找出二者与落果、果实发育的内在联系，为修剪和喷施外源激素等花果调控措施提供理论依据。本研究还将种实表型性状与内含物质与气象因素相结合，探究气象因素对以上性状的影响。通过以上研究，明确果实种子发育过程以及物质积累规律，为采取措施提高坐果率和产量提供理论依据。同时，为确定以油脂、皂苷等不同利用目的的最佳采收时期提供参考，提高种仁和果皮的综合利用效率。

# 4.1 文冠果果实与种子发育过程

## 4.1.1 果实发育过程

试验地位于辽宁省朝阳市文冠果试验基地。该基地位于北纬 41°25′，东经 120°16′，年平均气温 9.7℃，年均降水量 438.8mm，年日照时长 2658.8h，年平均相对湿度 47.2%，无霜期 158d，北温带大陆性季风气候，土层厚 100cm 左右，褐土。试验所用的材料是 10 号、11 号和 15 号文冠果优良无性系，平均株高 135cm。株行距 1.5m×1.5m，无病虫害，长势均一。每个无性系随机选取 9 株作为采样株。从花后 10~80d，每间隔 5d 采样一次，共 15 次，每次采集 3 个无性系的果实。由于果实大小在不同时期有差异，所以采样量也不同。测量采集的果实、种子横纵径。

图 4-1 与图 4-2 是果实发育过程的横纵径变化，可见果实发育呈“慢—快—慢”的模式。从开花到花后 10d 左右为第一阶段，果实发育缓慢。花后 11d 至花后 45d 左右为第

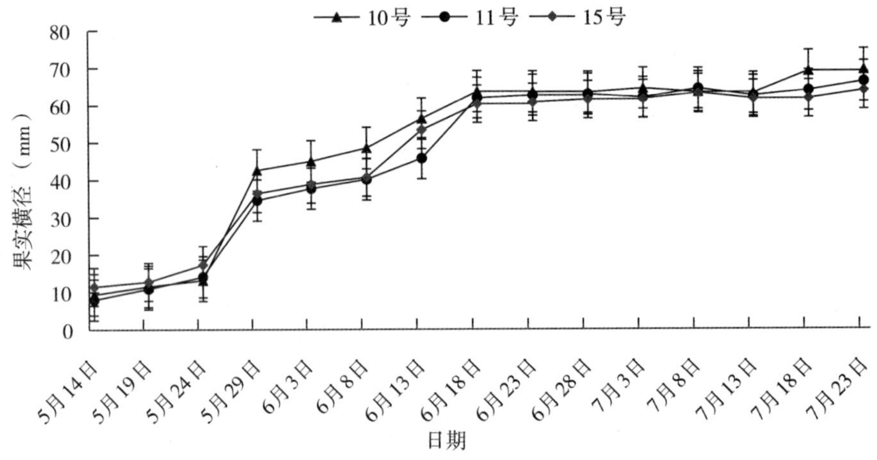


图 4-1 3 个无性系果实发育过程中横径变化规律

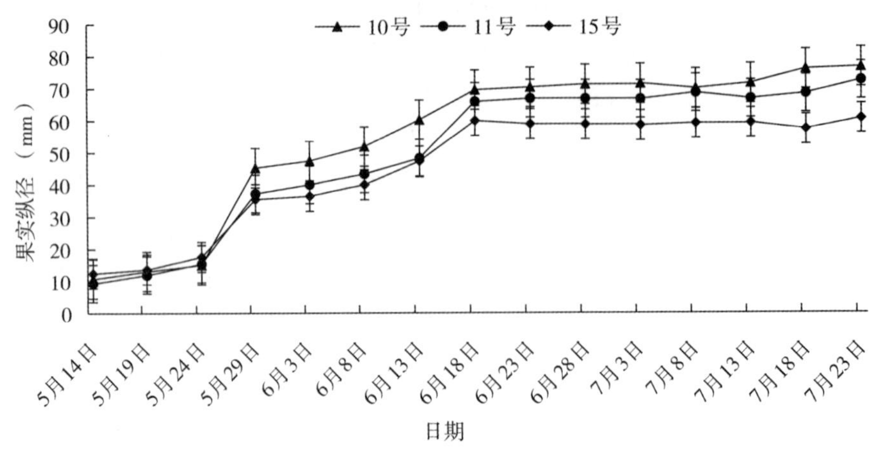


图 4-2 3 个无性系果实发育过程中纵径变化规律

二阶段，快速生长阶段。第三阶段在花后46d至花后80d左右，为平稳生长期，果实横纵径发育缓慢，果实在成熟开裂后，部分果实横纵径小幅度增加。到达平稳期后，10号无性系的平均纵径始终大于其他两个无性系，3个无性系横径差异不大。果实成熟时，3个无性系横纵径无显著差异。

通过对3个无性系各自横纵径的比较可以得知到达平稳期后10号与11号横径始终小于纵径，而15号横径大于纵径，这表明10号和11号无性系与15号无性系的果型不同，10号文冠果的果实多为平顶长方果型和长尖果型，11号则小球果果型偏多，而15号无性系多呈扁球果型。杨越等（2020）对8种文冠果果型进行了对比，研究表明果实质量：长尖果型>平顶长方果型>扁球果型>小球果型，这也与本文10号无性系果实鲜重最大相符合。

图4-3是果实发育过程中的鲜重变化。花后10d（5月14日）至花后45d（6月18日）鲜重快速增加，果实在这个时期横纵径快速增大，果实的鲜重也迅速增加。花后45d时，3个无性系鲜重分别为10号150.73g，11号102.62g，15号120.17g。鲜重日平均增长量为10号4.27g，11号2.90g，15号3.41g。在花后46d至花后65d（7月8日）左右，果实鲜重变化不大。果实在成熟后果壳会干燥开裂，含水量降低，所以7月8日之后随着果实的成熟鲜重逐渐下降。果实成熟时，3个无性系的果实鲜重无显著差异，其中10号无性系的果实重量最大（87.37g），15号无性系次之（78.14g）。

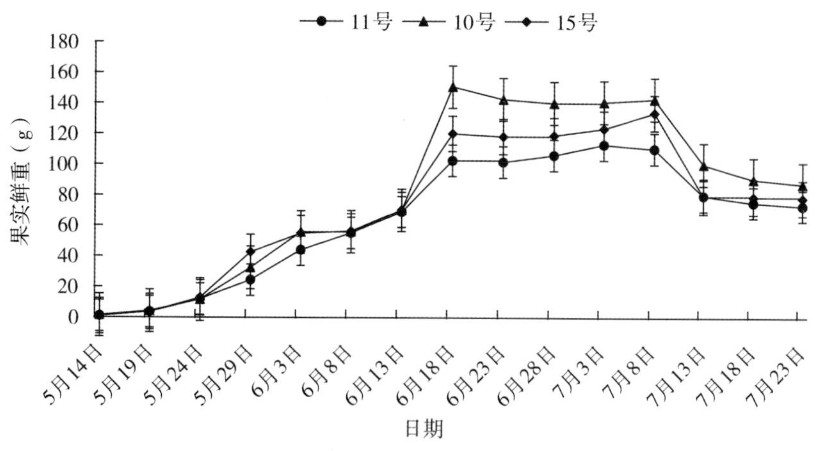


**图4-3　3个无性系果实发育过程中鲜重变化**

图4-4为果实发育过程中含水率的变化，与横纵径变化不同的是，果实在成熟时果壳会脱水干燥并开裂。从花后10d（5月14日）开始，含水率一直在上升，6月13日达到最大，之后有所下降，然后一段时间内保持平稳。含水率在7月8号之后显著下降，7月8日时3个无性系果实含水率分别为10号62.14%，11号55.74%，15号60.67%。7月23日时，3个无性系的含水率仅为10号10.33%，11号10.25%，15号10.65%。所以，鲜重随着果实成熟会显著下降。

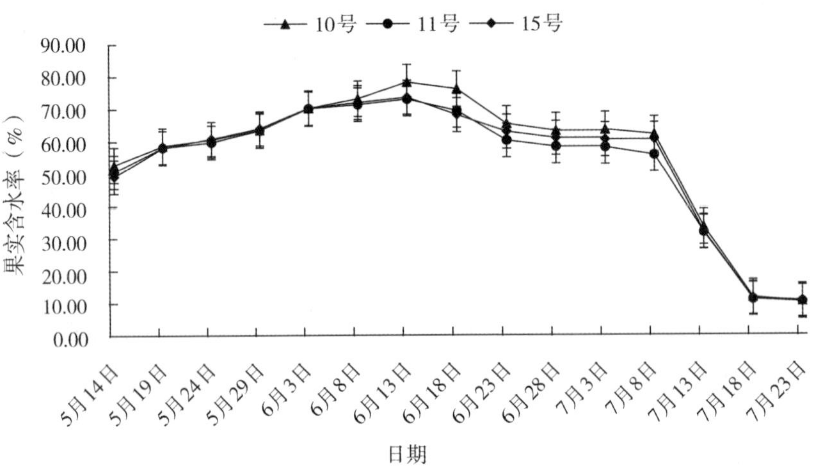

**图 4-4　3 个无性系果实发育过程中含水率变化**

图 4-5 为果实发育过程的形态变化。通过观察，果实在发育过程中，果皮颜色为绿色，在成熟后变为黄绿色，并且果皮开裂。

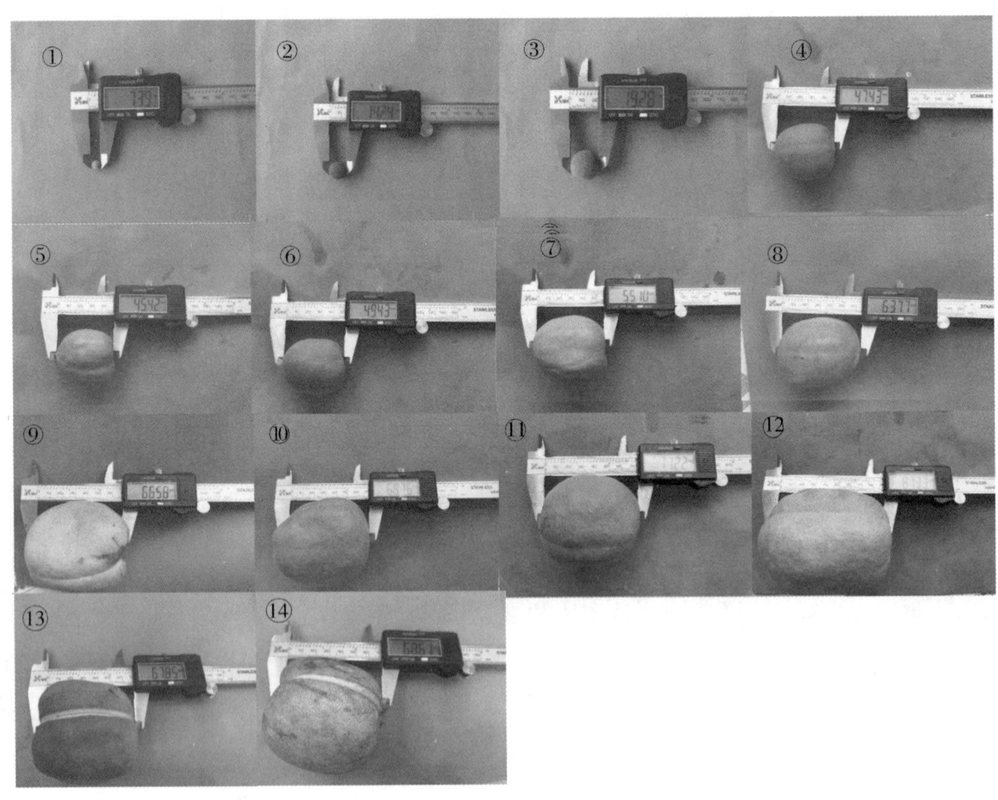


**图 4-5　文冠果果实发育过程中形态变化**

注：①5 月 14 日果实；②5 月 19 日果实；③5 月 24 日果实；④5 月 29 日果实；⑤6 月 3 日果实；⑥6 月 8 日果实；⑦6 月 13 日果实；⑧6 月 18 日果实；⑨6 月 23 日果实；⑩6 月 28 日果实；⑪7 月 3 日果实；⑫7 月 8 日果实；⑬7 月 18 日果实；⑭7 月 23 日果实。

通过构建果实生长发育的数学模型，可以对果实生长发育的状况进行评估和预测，这利于确定果实合理的采收时期，提高果实品质（宋国庆等，1998）。参考李慧峰等（2008）的方法，以文冠果花后发育天数作为横轴（$x$），分别以果实横径、纵径、鲜重的各时期平均值为纵轴（$y$），分别绘制散点图，根据曲线得到相对应的多元回归方程，结果见表 4-1。从表中方程可以看出 3 个无性系的果实形态性状与发育时期高度相关。

**表 4-1　3 个无性系果实生长发育模型**

| 性状 | 回归方程 | 相关系数 $R^2$ |
|---|---|---|
| 10 号果实横径 | $y=0.0002x^3-0.0455x^2+3.6202x-29.377$ | 0.946** |
| 10 号果实纵径 | $y=0.0001x^3-0.0367x^2+3.4371x-26.891$ | 0.955** |
| 10 号果实鲜重 | $y=-0.002x^3+0.201x^2-2.661x-5.0115$ | 0.905** |
| 11 号果实横径 | $y=-8E-05x^3-0.0065x^2+2.0063x-15.356$ | 0.964** |
| 11 号果实纵径 | $y=-7E-05x^3-0.0082x^2+2.1414x-15.614$ | 0.962** |
| 11 号果实鲜重 | $y=-0.0012x^3+0.1203x^2-0.8009x-6.5032$ | 0.956** |
| 15 号果实横径 | $y=-5E-05x^3-0.0106x^2+2.0937x-12.995$ | 0.966** |
| 15 号果实纵径 | $y=-8E-05x^3-0.006x^2+1.792x-8.9516$ | 0.959** |
| 15 号果实鲜重 | $y=-0.0014x^3+0.1269x^2-0.5057x-10.051$ | 0.914** |

注：** 表示 $p<0.01$，极显著相关。

## 4.1.2　种子发育过程

图 4-6 与图 4-7 是 3 个无性系种子发育过程的横纵径变化，种子的变化与果实相似，也是呈“慢—快—慢”的模式。从开花到花后 10d 左右可以看作第一阶段，种子发育缓慢。花后 11d 至花后 50d 左右视为第二阶段——快速生长阶段，种子横纵径快速增大。在花后 50d 时，3 个无性系种子的横、纵径日平均增长量为 10 号 0.33mm、0.38mm；11 号 0.31mm、0.34mm；15 号 0.35mm、0.37mm。第三阶段在花后 51d 至花后 80d 左右，为平稳生长期，种子横纵径发育缓慢。种子成熟时，3 个无性系果实横纵径无显著差异。

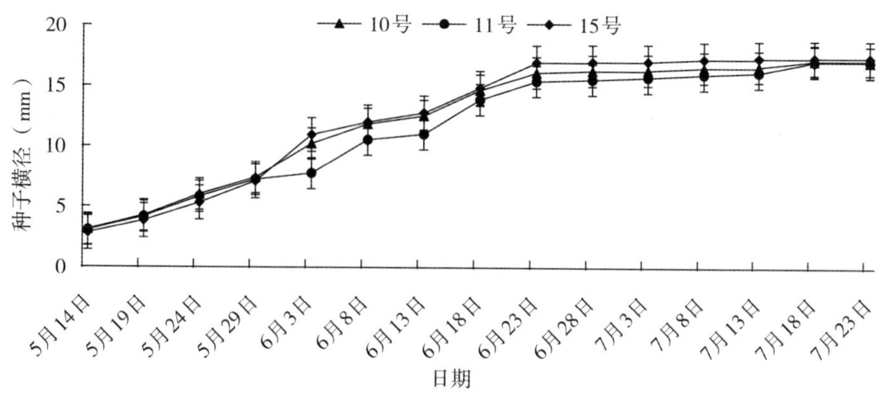


**图 4-6　3 个无性系种子发育过程中横径变化**

图 4-8 是种子发育过程中鲜重变化。种子鲜重变化规律与果实鲜重变化类似，花后 10d 至花后 45d 是快速生长阶段，种子鲜重迅速增加。花后 46~60d 左右，进入平稳生长

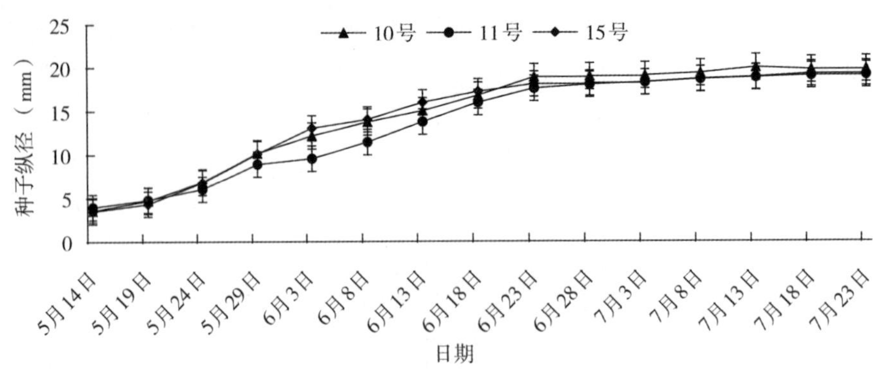


**图 4-7　3 个无性系种子发育过程中纵径变化**

期。在花后 65d 时，3 个无性系的种子鲜重均较之前一段时间有明显增加，7 月 8 日时 3 个无性系种子鲜重达到最大值，3 个无性系间无显著差异，达到最大值时的鲜重为 10 号 1.96g、11 号 1.89g、15 号 1.91g。之后与果实鲜重变化相似。

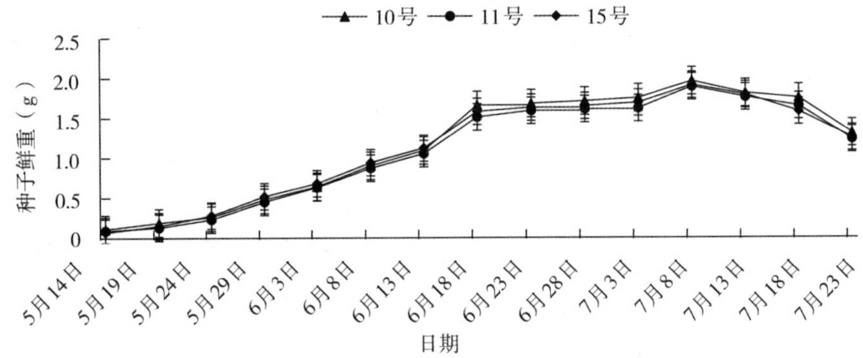


**图 4-8　3 个无性系种子发育过程中鲜重变化规律**

图 4-9 是种子在发育过程中含水率变化，花后 10d 开始，种子含水率呈增长趋势，花后 25d 达到最大。之后由于种仁开始发育，含水率下降，然后平缓。花后 70d 后，种子逐渐成熟，种皮变为黑色并革质化，种子含水率迅速降低，所以鲜重显著下降。

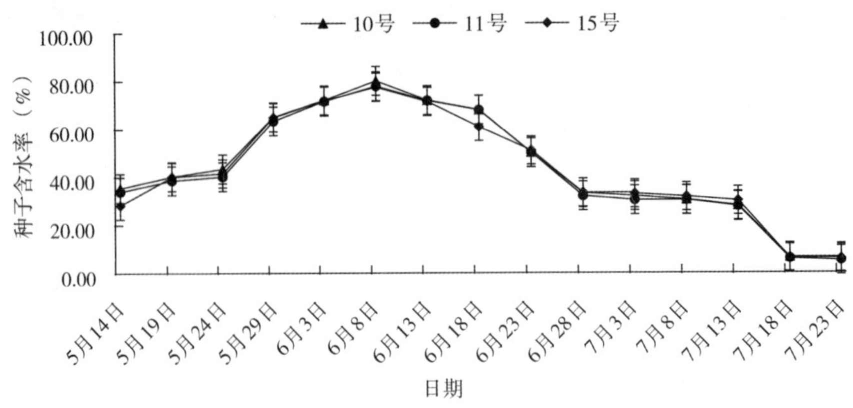


**图 4-9　3 个无性系种子发育过程中含水率变化**

图 4-10 为种子发育过程中形态变化。种皮颜色随种子发育而变化，初始时为白色。

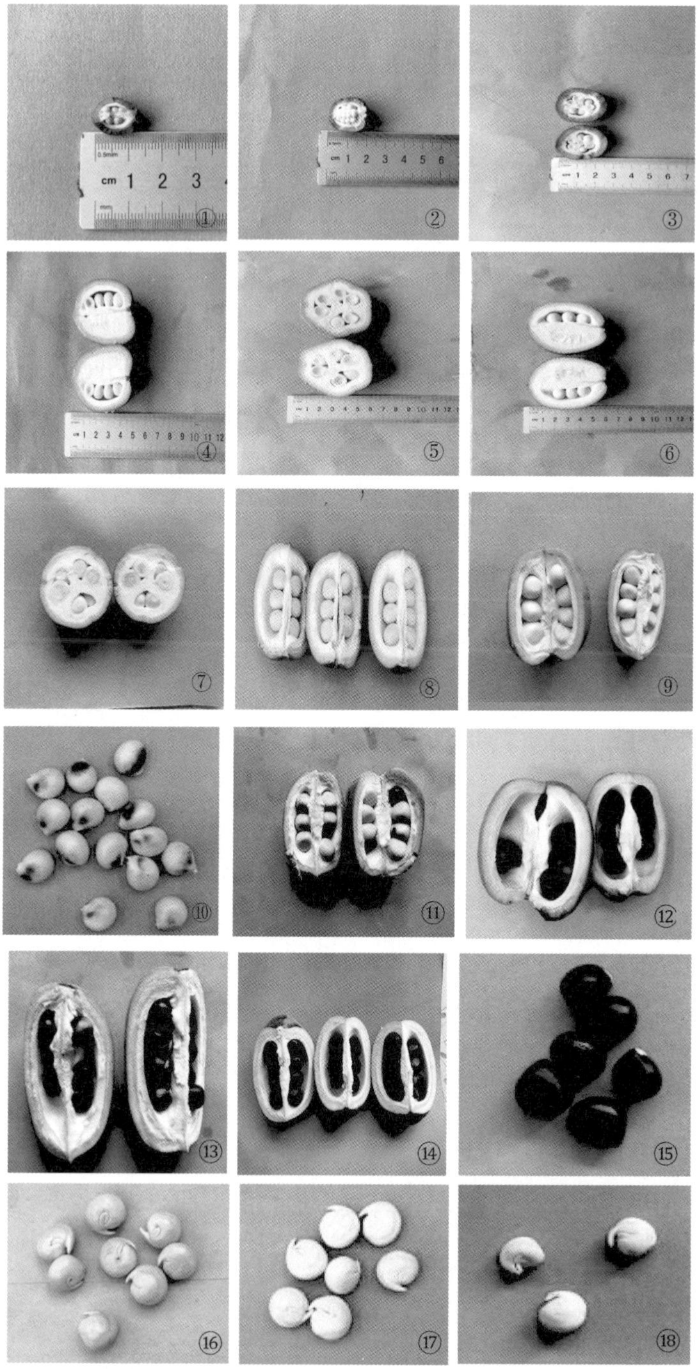

**图 4-10　文冠果种子发育过程中的形态变化**

注：①2019 年 5 月 14 日种子；②2019 年 5 月 19 日种子；③2019 年 5 月 24 日种子；④2019 年 5 月 29 日种子；⑤2019 年 6 月 3 日种子；⑥2019 年 6 月 8 日种子；⑦2019 年 6 月 13 日种子；⑧2019 年 6 月 18 日种子；⑨2019 年 6 月 23 日种子；⑩2019 年 6 月 28 日种子；⑪2019 年 7 月 3 日种子；⑫2019 年 7 月 8 日种子；⑬2019 年 7 月 13 日种子；⑭2019 年 7 月 18 日种子；⑮2019 年 7 月 23 日种子；⑯2019 年 6 月 13 日种仁；⑰2019 年 7 月 3 日种仁；⑱2019 年 7 月 23 日种仁。图⑦~⑱中比例尺表示长度为 1cm。

花后 55d 左右种皮出现红褐色斑，花后 60d 左右有部分种子已完全变成红褐色，但还有部分种子为白色，之后种子逐渐全部变为红褐色。花后 75d 左右种子逐渐成熟，种皮变黑，革质化。种子在发育过程中，花后 40d 左右出现肉眼可见的种仁，种仁起初为绿色，花后 75d 左右变为白色。

## 4.2 文冠果果实发育过程中内含物动态变化及相关性

### 4.2.1 种仁含油率与脂肪酸组分动态变化

试验区概况和采样时间同 4.1。每次采样后称取果实鲜重，将果壳与种子分开，放入 65℃烘箱中烘至恒重。用索氏提取法测定含油率。记录花后 45d 开始，即果实出现肉眼可见种仁后首次提取到种仁油脂开始，直至花后 80d，即种实完全成熟采收后的样品的种仁含油率。将提取的种仁油送至国家林业和草原局经济林产品质量检验检测中心（杭州）进行油脂脂肪酸组分的测定以及组分含量测定。

图 4-11 是 3 个无性系种子发育过程中种仁含油率变化。种仁油脂的积累呈现出“慢—快—慢”的趋势，花后 0d 至 45d 即 6 月 18 日，油脂积累缓慢。花后 45d 时，3 个无性系含油率分别为 10 号 31.22%、11 号 25.63%、15 号 38.33%。花后 45d 到花后 55d 即 6 月 28 日为油脂快速积累期，3 个无性系的种仁油含量均快速上升，日平均增长量达到 10 号 2.18%；11 号 2.51%、15 号 1.23%。花后 55d 至花后 80d（7 月 23 日）为油脂积累平缓期，油脂含量变化不显著。11 号无性系和 15 号无性系的含油率在花后 65d（7 月 8 日）时达到最大，此时 11 号无性系种仁含油率显著高于其他两个无性系，10 号与 15 号无性系无显著差异，此时 11 号 57.45%、15 号 55.43%、10 号 54.57%。花后 70d（7 月 13 日）时，10 号无性系种仁含油率达到最大值，此时 3 个无性系含油率存在显著性差异，11 号（57.20%）>10 号（55.80%）>15 号（52.50%）。到果实完全成熟，3 个无性系无显著性差异，11 号无性系含油率最高，为 55.10%。如果是以文冠果油为目标产物的话，11 号无性系在 3 个无性系中是最优选择。

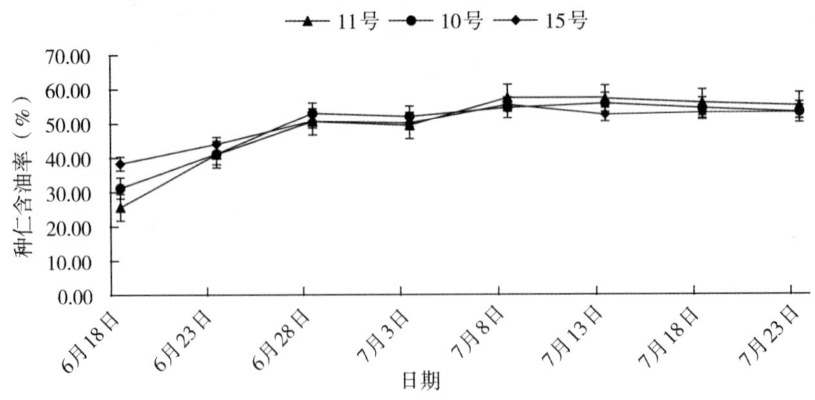


图 4-11　3 个无性系种仁发育过程中含油率变化

通过结合果实发育情况可得出，受精后种仁先开始形态建成，至花后 40d 即 6 月 13 日逐渐形成肉眼可见的种仁，花后 45～55d 时，种仁开始大量积累油脂，此时的种仁为绿色，外种皮也开始出现红褐色斑，之后油脂含量逐渐稳定，外种皮逐渐变黑，成熟后果实和种子干燥脱水，果皮开裂，种皮全黑且革质化，种仁也从绿色变为白色。所以在一定程度上，通过种皮颜色变化可推断其油脂含量变化。

油脂是由多种脂肪酸组成的，脂肪酸的种类决定了油脂的经济价值和其主要功能。在种子生长发育过程中，种仁中含有的各脂肪酸组分的含量也会发生改变，通过研究分析种子动态发育过程中脂肪酸组分的变化情况，可以针对用途和脂肪酸含量进行有目的的采摘，提高利用率。由表 4-2、表 4-3、表 4-4 可知，3 个无性系的文冠果种仁一共检测出 12 种脂肪酸。其中饱和脂肪酸有 4 种，包括棕榈酸（C16：0）、硬脂酸（C18：0）、花生酸（C20：0）和二十四酸（C24：0）；不饱和脂肪酸有 8 种，包括油酸（C18：1）、亚油酸（C18：2）、α -亚麻酸（C18：3n3）、顺-11-二十碳烯酸（C20：1）、11，14-二十碳烯酸（C20：2）、二十二碳酸（C22：0）、13-二十二碳烯酸（C22：1n9）以及二十四碳烯酸（C24：1）。在种仁发育过程里，各类饱和脂肪酸中，棕榈酸（C16：0）、花生酸（C20：0）与二十四酸（C24：0）在 3 个无性系间均随着发育而减少，棕榈酸减少的最明显。在各类不饱和脂肪酸中，3 个无性系种仁的脂肪酸无论在什么时期，油酸和亚油酸的含量所占的比例都是最高的。油酸在发育过程中呈增长趋势，除 15 号无性系外，其余两个无性系均在成熟时含量最大。顺-11-二十碳烯酸（C20：1）、二十二碳酸（C22：0）、13-二十二碳烯酸（C22：1n9）以及二十四碳烯酸（C24：1）这四种不饱和脂肪酸含量随着生长发育总体也呈现增长趋势。其中二十四碳烯酸，也叫神经酸，是神经组织以及脑神经主要组成成分，具有能够促进神经组织和神经细胞的修复再生功能，而且人体自身无法合成，只能从外界摄入。从表中可见，11 号和 15 号无性系的种仁在花后 70d（7 月 13 日）的时候，神经酸含量达到最大，之后略微降低，10 号无性系则在花后 75d（7 月 18 日）达到最大，之后略微降低。花后 70d（7 月 13 日）时，神经酸含量 10 号与 15 号优于 11 号无性系。花后 75d（7 月 18 日）时，10 号无性系含量最高，含量为 4. 23%，15 号次之，含量为 3. 44%，11 号最少，含量为 3. 20%。亚油酸在种仁发育早期形成，一直是含量最高的脂肪酸。随着种仁的发育逐渐减少，亚麻酸也呈现减少趋势。

整体来看，在种子发育过程中，不饱和脂肪酸总含量一直占优势，且随着种仁成熟含量增加。由表 4-5 可知，3 个无性系果实种仁在发育过程中，不饱和脂肪酸含量：10 号无性系从 87. 68%增加至 92. 91%；11 号无性系从 88. 12%增加至 92. 32%；15 号无性系从 89. 15%增加至 92. 21%。相反，饱和脂肪酸的含量则在发育过程中降低。3 个无性系均在成熟时不饱和脂肪酸含量最高，10 号无性系不饱和脂肪酸含量最高。

表 4-2　10 号无性系种仁脂肪酸组分含量随果实发育变化情况

| 时间 | 棕榈酸 | 硬脂酸 | 油酸 | 亚油酸 | α-亚麻酸 | 花生酸 | 顺-11-二十碳烯酸 | 11,14-二十碳烯酸 | 二十二碳酸 | 13-二十二碳烯酸 | 二十四酸 | 二十四碳烯酸 |
|---|---|---|---|---|---|---|---|---|---|---|---|---|
| 6 月 18 日 | 10.17 | 1.43 | 24.03 | 52.43 | 1.87 | 0.39 | 3.98 | 0.52 | 0.32 | 3.27 | 0.38 | 1.26 |
| 6 月 23 日 | 7.99 | 1.81 | 25.87 | 47.00 | 0.89 | 0.30 | 5.58 | 0.55 | 0.47 | 6.45 | 0.38 | 2.64 |
| 6 月 28 日 | 5.74 | 1.98 | 28.80 | 42.03 | 0.47 | 0.26 | 6.74 | 0.49 | 0.55 | 8.89 | 0.40 | 3.66 |
| 7 月 3 日 | 5.79 | 1.88 | 28.27 | 41.70 | 0.49 | 0.26 | 6.81 | 0.49 | 0.57 | 9.25 | 0.44 | 4.02 |
| 7 月 8 日 | 5.83 | 1.80 | 28.20 | 41.60 | 0.42 | 0.21 | 6.92 | 0.51 | 0.50 | 9.65 | 0.37 | 4.05 |
| 7 月 13 日 | 5.05 | 1.93 | 28.17 | 42.07 | 0.41 | 0.23 | 6.89 | 0.55 | 0.56 | 9.56 | 0.40 | 4.19 |
| 7 月 18 日 | 5.16 | 1.83 | 28.30 | 41.40 | 0.39 | 0.21 | 7.02 | 0.51 | 0.54 | 10.1 | 0.34 | 4.23 |
| 7 月 23 日 | 4.97 | 1.65 | 29.23 | 41.90 | 0.36 | 0.18 | 6.88 | 0.51 | 0.47 | 9.61 | 0.32 | 3.95 |

表 4-3　11 号无性系种仁脂肪酸组分含量随果实发育变化情况

| 时间 | 棕榈酸 | 硬脂酸 | 油酸 | 亚油酸 | α-亚麻酸 | 花生酸 | 顺-11-二十碳烯酸 | 11,14-二十碳烯酸 | 二十二碳酸 | 13-二十二碳烯酸 | 二十四酸 | 二十四碳烯酸 |
|---|---|---|---|---|---|---|---|---|---|---|---|---|
| 6 月 18 日 | 9.81 | 1.20 | 22.60 | 52.77 | 2.35 | 0.41 | 4.15 | 0.66 | 0.38 | 3.63 | 0.45 | 1.58 |
| 6 月 23 日 | 7.73 | 1.99 | 24.47 | 47.88 | 0.92 | 0.34 | 5.70 | 0.59 | 0.52 | 6.76 | 0.42 | 2.63 |
| 6 月 28 日 | 6.02 | 2.18 | 29.07 | 42.10 | 0.47 | 0.29 | 6.70 | 0.46 | 0.59 | 8.54 | 0.41 | 3.17 |
| 7 月 3 日 | 6.21 | 1.98 | 26.93 | 43.27 | 0.60 | 0.27 | 6.72 | 0.54 | 0.54 | 9.04 | 0.38 | 3.19 |
| 7 月 8 日 | 5.48 | 2.24 | 30.47 | 40.30 | 0.35 | 0.27 | 7.01 | 0.45 | 0.62 | 9.20 | 0.36 | 3.18 |
| 7 月 13 日 | 5.66 | 2.02 | 30.40 | 40.10 | 0.37 | 0.24 | 7.05 | 0.44 | 0.56 | 9.50 | 0.33 | 3.34 |
| 7 月 18 日 | 5.16 | 2.16 | 31.30 | 39.70 | 0.33 | 0.25 | 7.11 | 0.42 | 0.60 | 9.41 | 0.32 | 3.20 |
| 7 月 23 日 | 5.09 | 2.07 | 32.67 | 39.47 | 0.31 | 0.23 | 6.96 | 0.41 | 0.55 | 8.86 | 0.32 | 3.09 |

**表 4-4　15 号无性系种仁脂肪酸组分含量随果实发育变化情况**

| 时间 | 棕榈酸 | 硬脂酸 | 油酸 | 亚油酸 | α-亚麻酸 | 花生酸 | 顺-11-二十碳烯酸 | 11, 14-二十碳烯酸 | 二十二碳酸 | 13-二十二碳烯酸 | 二十四酸 | 二十四碳烯酸 |
|---|---|---|---|---|---|---|---|---|---|---|---|---|
| 6 月 18 日 | 8.44 | 1.64 | 26.26 | 48.77 | 1.31 | 0.34 | 4.95 | 0.52 | 0.40 | 5.05 | 0.38 | 1.89 |
| 6 月 23 日 | 7.66 | 1.68 | 27.00 | 46.40 | 0.91 | 0.28 | 5.69 | 0.53 | 0.43 | 6.47 | 0.36 | 2.56 |
| 6 月 28 日 | 6.20 | 1.67 | 27.00 | 43.80 | 0.49 | 0.23 | 6.58 | 0.56 | 0.49 | 8.73 | 0.37 | 3.86 |
| 7 月 3 日 | 6.15 | 1.78 | 28.90 | 42.41 | 0.48 | 0.24 | 6.64 | 0.49 | 0.49 | 8.62 | 0.36 | 3.48 |
| 7 月 8 日 | 5.49 | 1.92 | 30.70 | 40.47 | 0.39 | 0.22 | 6.85 | 0.44 | 0.52 | 9.07 | 0.35 | 3.58 |
| 7 月 13 日 | 5.50 | 1.73 | 27.50 | 42.40 | 0.43 | 0.20 | 6.87 | 0.54 | 0.49 | 9.94 | 0.33 | 4.03 |
| 7 月 18 日 | 5.38 | 2.02 | 30.63 | 39.77 | 0.40 | 0.36 | 7.25 | 0.43 | 0.55 | 9.42 | 0.33 | 3.44 |
| 7 月 23 日 | 5.24 | 2.02 | 30.00 | 40.43 | 0.39 | 0.22 | 7.07 | 0.46 | 0.53 | 9.72 | 0.31 | 3.61 |

表 4-5　3 个无性系各时期不饱和脂肪酸含量对比　%

| 时间 | 10 号 | 11 号 | 15 号 |
|---|---|---|---|
| 6 月 18 日 | 87. 68±0. 44 | 88. 12±0. 44 | 89. 15±0. 12 |
| 6 月 23 日 | 89. 45±0. 18 | 89. 47±0. 11 | 89. 99±0. 16 |
| 6 月 28 日 | 91. 63±0. 12 | 91. 10±0. 04 | 91. 51±0. 12 |
| 7 月 3 日 | 91. 60±0. 27 | 90. 83±0. 19 | 91. 51±0. 12 |
| 7 月 8 日 | 91. 85±0. 11 | 91. 58±0. 08 | 92. 02±0. 40 |
| 7 月 13 日 | 92. 41±0. 42 | 91. 76±0. 15 | 92. 20±0. 14 |
| 7 月 18 日 | 92. 49±0. 51 | 91. 87±0. 14 | 91. 89±0. 51 |
| 7 月 23 日 | 92. 91±0. 08 | 92. 32±0. 18 | 92. 21±0. 13 |

表 4-6 是 3 个文冠果无性系各脂肪酸组分间的相关分析。棕榈酸（C16：0）、亚油酸（C18：2）、α-亚麻酸（C18：3n3）和花生酸（C20：0）这 4 种脂肪酸互为显著正相关关系，且这 4 种脂肪酸与硬脂酸（C18：0）、油酸（C18：1）、二十二碳酸（C22：0）、13-二十二碳烯酸（C22：1n9）和二十四碳烯酸（C24：1）均为显著负相关关系。油酸（C18：1）与二十二碳酸（C22：0）为显著正相关关系。二十四碳烯酸（C24：1）与硬脂酸（C18：0）、油酸（C18：1）、二十二碳酸（C22：0）、13-二十二碳烯酸（C22：1n9）呈现显著正相关关系。

## 4. 2. 2　种仁可溶性糖、淀粉、蛋白质的动态变化

从文冠果种子可解剖分离出肉眼可见的种仁时开始用蒽酮比色法测量果壳和种仁可溶性糖含量和淀粉含量。根据图 4-12 可溶性糖的变化曲线可以看出，在所测阶段，可溶性糖含量总体呈下降趋势，3 个无性系均在 6 月 13 日（花后 40d）至 6 月 28 日（花后 55d）期间可溶性糖含量快速降低，花后 40d，可溶性糖含量分别为：10 号 20. 06%，11 号 18. 23%，15 号 20. 11%。到花后 55d 时，可溶性糖含量分别为：10 号 7. 66%，11 号 7. 20%，15 号 7. 06%。日平均减少量分别为 10 号 0. 83%，11 号 0. 74%，15 号 0. 87%。花后 55d 后，可溶性糖含量变化幅度减小。可以发现可溶性糖含量的变化趋势与油脂的变化趋势相反。

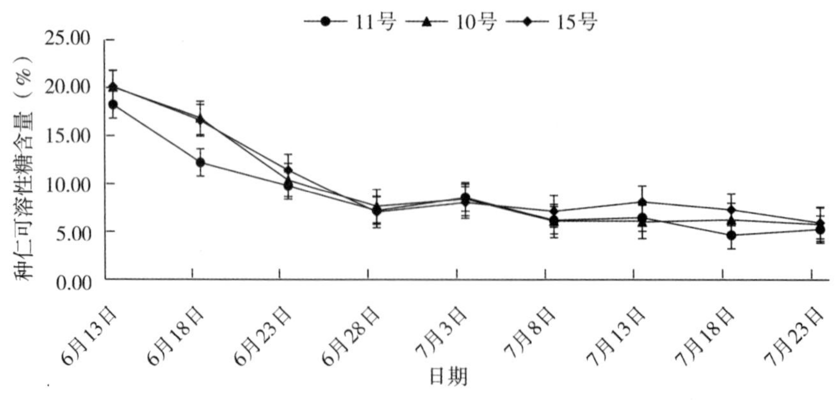


图 4-12　3 个无性系种仁可溶性糖含量变化规律

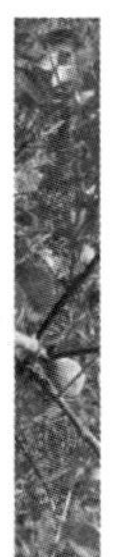

表 4-6 文冠果种仁脂肪酸之间相关性分析

| | C16：0 | C18：0 | C18：1 | C18：2 | C18：3n3 | C20：0 | C20：1 | C20：2 | C22：0 | C22：1n9 | C24：0 |
|---|---|---|---|---|---|---|---|---|---|---|---|
| C18：0 | - 0.911** | | | | | | | | | | |
| C18：1 | -0.963** | 0.852** | | | | | | | | | |
| C18：2 | 0.995** | -0.925** | -0.969** | | | | | | | | |
| C18：3n3 | 0.972** | -0.971** | -0.905** | 0.971** | | | | | | | |
| C20：0 | 0.943** | -0.852** | -0.893** | 0.927** | 0.942** | | | | | | |
| C20：1 | -0.992** | 0.947** | 0.937** | -0.993** | -0.988** | -0.929** | | | | | |
| C20：2 | 0.878** | -0.769* | -0.967** | 0.900** | 0.795* | 0.754* | -0.850** | | | | |
| C22：0 | -0.937** | 0.973** | 0.851** | -0.946** | -0.970** | -0.849** | 0.970** | -0.765* | | | |
| C22：1n9 | -0.992** | 0.930** | 0.929** | -0.990** | -0.983** | -0.937** | 0.998** | -0.832* | 0.963** | | |
| C24：0 | 0.694 | -0.531 | -0.798* | 0.679 | 0.588 | 0.625 | -0.628 | 0.806* | -0.481 | -0.622 | |
| C24：1 | -0.974** | 0.924** | 0.883** | -0.968** | -0.979** | -0.933** | 0.986** | -0.766* | 0.969** | 0.992** | -0.529 |

注：* 表示 在0.05水平相关性显著；** 表示在0.01水平相关性显著。

种仁内淀粉含量变化规律与可溶性糖类似，根据图 4-13 淀粉含量的变化曲线可以看出，淀粉含量总体也是呈下降趋势，花后 40d 时，3 个无性系的淀粉含量分别为：10 号 8.87%，11 号 9.05%，15 号 9.54%。之后平缓下降，花后 80d 时，3 个无性系的淀粉含量分别 10 号 4.29%，11 号 4.72%，15 号 4.37%。

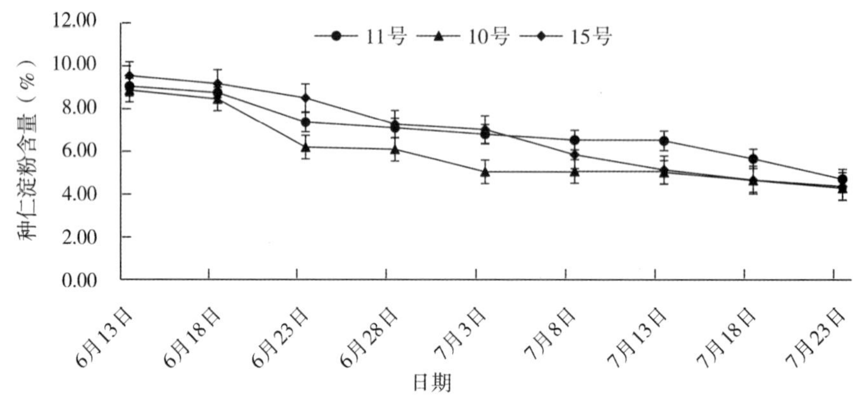


**图 4-13　3 个无性系种仁淀粉含量变化规律**

从种子可分离出肉眼可见的种仁时开始测量种仁蛋白质含量，分别是花后 40、45、50、55、60、65、70、75、80d。由图 4-14 可看出，随着种仁的发育，种仁内蛋白质的含量变化呈增长趋势。6 月 13 日（花后 40d）至 6 月 28 日（花后 55d），蛋白质含量快速积累，6 月 28 日时，3 个无性系蛋白质含量分别为 10 号 24.61%，11 号 25.10%，15 号 24.95%。日平均增长量为 10 号 1.03%，11 号 1.08%，15 号 1.08%。6 月 28 日之后，蛋白质含量积累平缓，11 号和 15 号无性系在 7 月 13 日（花后 70d）蛋白质含量达到最大值，分别为 27.57%和 26.66%。10 号无性系在 7 月 18 日（花后 75d）达到最大值，含量为 26.78%。3 个无性系在蛋白质含量达到最大值后，蛋白质含量均呈现下降趋势，但是下降幅度很小。

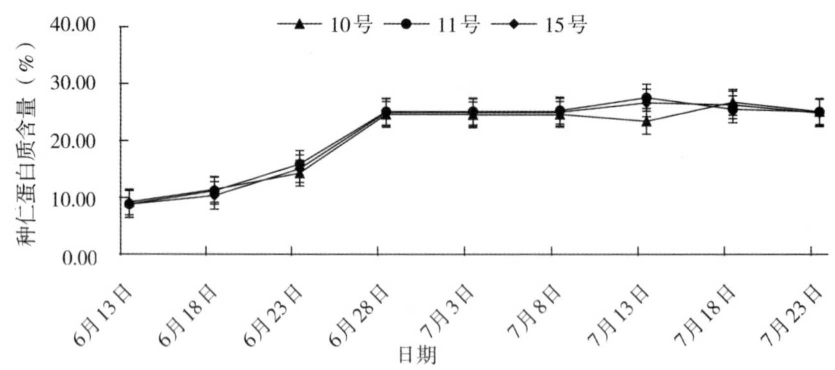


**图 4-14　3 个无性系种仁蛋白质含量变化**

### 4.2.3　果壳皂苷含量及非结构性碳水化合物含量动态变化

利用醇提法提取果皮皂苷，然后用比色法测定皂苷含量。用 3 个无性系花后 10、15、

20、25、30、35、40、45、50、55、60、65、70、75、80d 的果壳干样测定皂苷。3 个无性系的皂苷含量变化曲线图 4-15 可见，从花后 10d（5 月 14 日）至花后 65d（7 月 8 日），3 个无性系的皂苷含量均呈上升趋势，6 月 28 日至 7 月 8 日快速积累，日平均增长量分别为 10 号 0.065%，11 号 0.081%，15 号 0.100%。花后 65d（7 月 8 日）3 个无性系的皂苷含量均达到峰值，之后含量均有所下降，最后趋于稳定。文冠果完全成熟即花后 80d（7 月 23 日）时，11 号和 15 号无性系无显著差异，10 号无性系显著小于其他两个无性系。由此推断，在该地区以果壳总皂苷为目标产物，花后 65d（7 月 8 日）左右采收最为理想。此时 3 个无性系果壳总皂苷含量差异性显著，11 号无性系皂苷含量最高，总皂苷含量为 1.83%，其次是 15 号无性系，总皂苷含量为 1.57%。

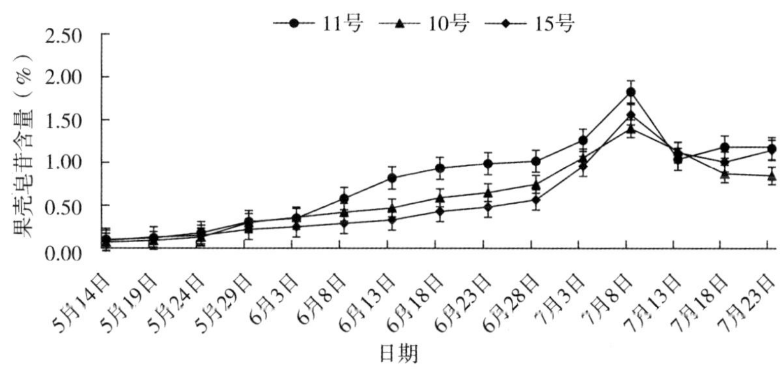


**图 4-15　3 个无性系果实发育过程中果壳总皂苷含量动态变化**

由图 4-16 可知，3 个无性系的果壳可溶性糖在花后 10d（5 月 14 日）至花后 35d（6 月 8 日）含量均呈缓慢上升趋势。6 月 8 日出现第一个峰，3 个无性系可溶性糖含量为 11 号 20.36%，10 号 17.68%，15 号 18.52%。6 月 8 日至 6 月 13 日，3 个无性系的可溶性糖含量均有下降，之后一直呈上升趋势，11 号无性系在花后 70d（7 月 13 日）达到峰值，含量为 26.11%。10 号和 15 号无性系在花后 75d（7 月 18 日）达到峰值，含量为 10 号 23.34%，15 号 24.72%。随着果实成熟，果壳内可溶性糖含量降低。6 月 8 日至 6 月 13 日果壳可溶性糖含量降低，与这段时期种子快速发育有关。

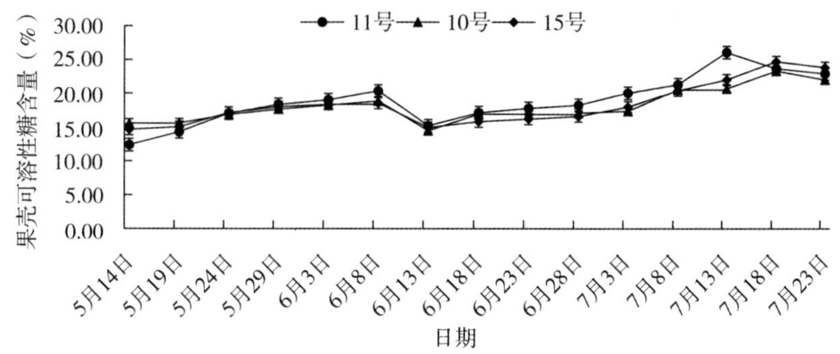


**图 4-16　3 个无性系果实发育过程中果壳可溶性糖含量变化**

由图 4-17 可知，文冠果果壳淀粉含量变化与可溶性糖含量变化类似，在花后 10d（5

月 14 日）至花后 35d（6 月 8 日）呈缓慢上升趋势逐渐积累，6 月 8 日出现第一个峰，3 个无性系含量为 11 号 8.40%，10 号 8.38%，15 号 9.35%。6 月 8 日至 6 月 13 日含量下降，然后呈上升趋势。7 月 8 日，淀粉含量达到峰值，11 号 11.51%，10 号 10.31%，15 号 10.97%。之后随着果实发育直至成熟，淀粉含量呈下降趋势。

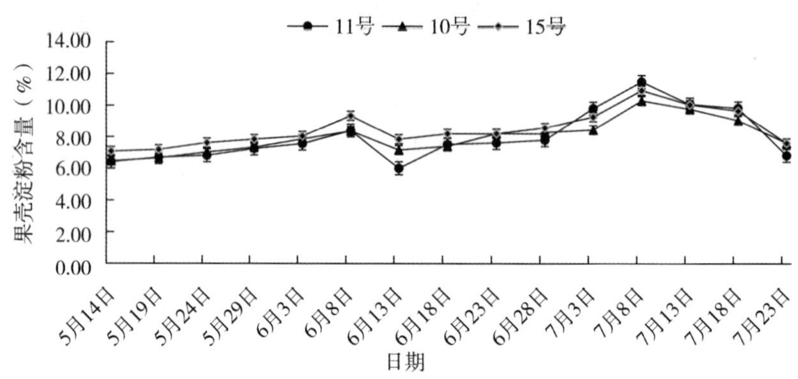


**图 4-17　3 个无性系果实发育过程中果壳淀粉含量变化**

## 4.2.4　种实表型性状与内含物的相关性

对文冠果果壳与种仁内各物质进行相关性分析，结果见表 4-7。可见，可溶性糖含量与油脂含量呈显著负相关，油脂快速积累时期，可溶性糖含量随之降低，油脂积累平缓时，可溶性糖含量也相对平缓。这与前人的研究结果一致，可以推断种仁在积累油脂的过程中，通过消耗可溶性糖来提供原料和能量。淀粉含量与油脂含量呈负相关，随着种仁生长发育过程中油脂的积累，油脂含量逐渐增加，淀粉含量降低，随着油脂含量趋于稳定，淀粉下降趋势也趋于稳定。所以种仁在积累油脂的过程中，除了会消耗可溶性糖来提供原料和能量，也消耗淀粉。种仁内蛋白质含量积累变化与油脂含量类似，二者呈显著正相关。

果壳总皂苷含量与可溶性糖含量呈正相关关系，与淀粉含量呈显著正相关关系。说明果壳总皂苷在进行积累时，糖类物质也在进行积累，果壳总皂苷含量下降时，糖类物质也在消耗。种仁可溶性糖含量与果壳可溶性糖含量呈负相关关系，种仁淀粉含量与果壳可溶性糖含量呈显著负相关关系，果壳内的可溶性糖可能与种仁内糖类物质存在运输和转化关系。

通过对果实外部形态指标与果实内含物质进行相关性分析，可以通过外部形态初步确定内含物质的含量，对生产具有指导意义。通过相关性分析可知，果实横纵径与果壳总皂苷含量呈显著正相关关系，与果壳内非结构性碳水化合物呈正相关关系，果实鲜重与果壳总皂苷含量呈显著正相关关系。果壳总皂苷从花后 10d（5 月 14 日）至花后 65d（7 月 8 日）为积累期，果实横纵径与果实鲜重在此期间总体也呈上升趋势，所以，在一定程度上可以根据果实形态大小来初步判断果壳总皂苷的含量。但果实的外部形态指标与种仁油脂含量均不存在相关性。种子横纵径与种仁内油脂含量呈显著正相关关系，与种仁内其他物质也均存在相关性。

表 4-7　文冠果种实表型性状与内含物的相关性

| | 果实横径 | 果实纵径 | 果实鲜重 | 果壳总皂苷 | 果壳可溶性糖 | 果壳淀粉 | 种子横径 | 种子纵径 | 种子鲜重 | 种仁油脂 | 种仁可溶性糖 | 种仁淀粉 |
|---|---|---|---|---|---|---|---|---|---|---|---|---|
| 果实纵径 | 0.999** | | | | | | | | | | | |
| 果实鲜重 | 0.913** | 0.915** | | | | | | | | | | |
| 果壳总皂苷 | 0.843** | 0.846** | 0.807** | | | | | | | | | |
| 果壳可溶性糖 | 0.611* | 0.617* | 0.355 | 0.698** | | | | | | | | |
| 果壳淀粉 | 0.625* | 0.627* | 0.622* | 0.833** | 0.692** | | | | | | | |
| 种子横径 | 0.979** | 0.982** | 0.906** | 0.884** | 0.661** | 0.680** | | | | | | |
| 种子纵径 | 0.990** | 0.991** | 0.905** | 0.877** | 0.654** | 0.671** | 0.997** | | | | | |
| 种子鲜重 | 0.946** | 0.950** | 0.950** | 0.899** | 0.559* | 0.754** | 0.966** | 0.962** | | | | |
| 种仁油脂 | 0.524 | 0.452 | -0.461 | 0.722* | 0.735* | 0.581 | 0.916** | 0.942** | 0.201 | | | |
| 种仁可溶性糖 | -0.632 | -0.569 | 0.527 | -0.635 | -0.738* | -0.439 | -0.959** | -0.964** | -0.045 | -0.982** | | |
| 种仁淀粉 | -0.799* | -0.762* | 0.729* | -0.612 | -0.892** | -0.337 | -0.948** | -0.969** | 0.157 | -0.897** | 0.930** | |
| 种仁蛋白质 | 0.495 | 0.431 | -0.451 | 0.648 | 0.696 | 0.526 | 0.861** | 0.886** | 0.155 | 0.971** | -0.947** | -0.862** |

注：* 表示在 0.05 水平相关性显著；** 表示在 0.01 水平相关性显著。

## 4.3 文冠果果实发育过程中内源激素及激素平衡的动态变化

### 4.3.1 果实发育过程中内源激素动态变化

试验地位于内蒙古赤峰市阿鲁科尔沁旗天山镇，北纬 43°53′24″，东经 120°16′48″。属中纬度温带半干旱大陆性季风气候。材料为 4～5 年生文冠果植株。树高、胸径、冠幅、树势等方面基本一致，且无病虫害，并已经进入结果期。平均树高 2.12m，胸径 8.75cm，冠幅 2.41～2.45m。从果实膨大期到成熟期，每隔 10～15d 采集一次，每个方向采集 3 个果实，共采集 7 次，样品置超低温冰箱中保存，采用高效液相色谱（HPLC）法进行内源激素的测定。

由图 4-18 可知，在果实生长发育过程中，$GA_3$ 含量呈先上升后下降的趋势($p< 0.01$)，在盛花后 10～20d 升高最快，盛花后 40d 达到最大值 1923.020ng/(g · FW)，比盛花后 10d 的初始值 888.150ng/(g · FW) 增加了 116%（$p< 0.01$），之后含量急剧下降。在盛花后 70d 降至最小值 438.060ng/(g · FW)。ABA 变化趋势与 $GA_3$ 基本相同，在开花后 30d 达到最大值 1047.754ng/(g · FW)，比盛花后 10d 的初始值增加了 73%（$p< 0.01$），在盛花后 20～40d 保持 834.151～1047.754ng/(g · FW) 的较高含量，之后 ABA 迅速下降至最小值 137.940ng/(g · FW)。IAA 的变化趋势成“M”型双峰，第一次峰值出现在盛花后 20d，含量为 763.437ng/(g · FW)，比初始值升高了 20%（$p< 0.01$），第二个高峰出现在盛花后 50d，含量为 214.312ng/(g · FW)，但低于初始值 66%（$p< 0.01$）。ZT 含量总体呈下降趋势，盛花期后 10～40d 内保持 709.775～992.328ng/(g · FW) 的较高水平，盛花后 30d 达到最大值 992.328ng/(g · FW)，盛花后 40d 含量开始显著下降直至最小值 94.0576ng/(g · FW)($p< 0.05$)。

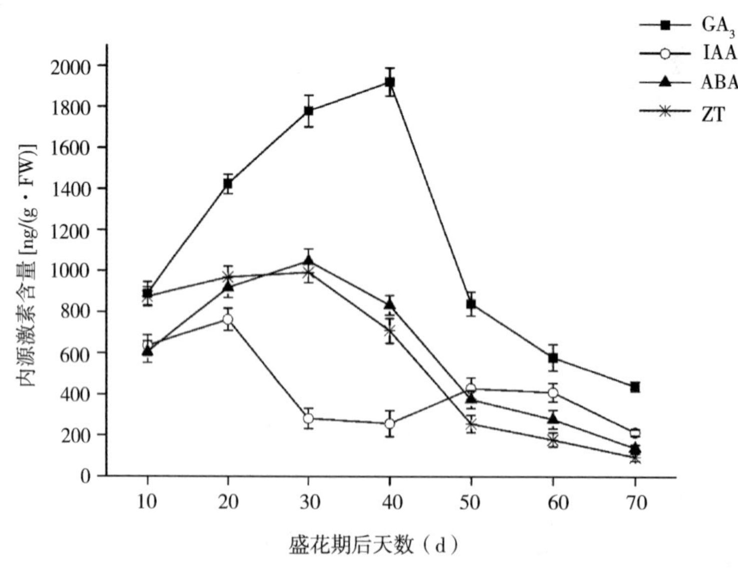


**图 4-18 文冠果果期内源激素动态化**

### 4.3.2 果实发育过程中内源激素比值动态变化

由图 4-19 可知，在果期内，ABA/ZT 的比值在盛花后 50d 内一直呈上升趋势，从 0.69 上升至 1.57，显著升高了 128%（$p< 0.01$），之后变化不大。图 4-20 显示，在文冠果的果期内，（$GA_3$+IAA）/ ABA 的比值呈先下降后上升的趋势，在盛花期后 10~40d 内的幼果脱落高峰，比值保持 1.99~2.61 的较低水平，落果高峰期过后比值显著升高至最高值 4.79（$p< 0.01$）。

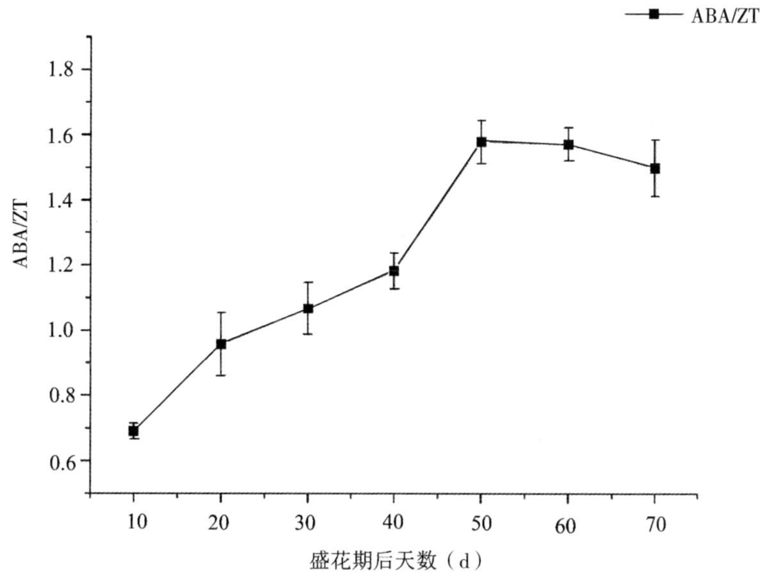


**图 4-19　文冠果果期内 ABA/ZT 的动态变化**

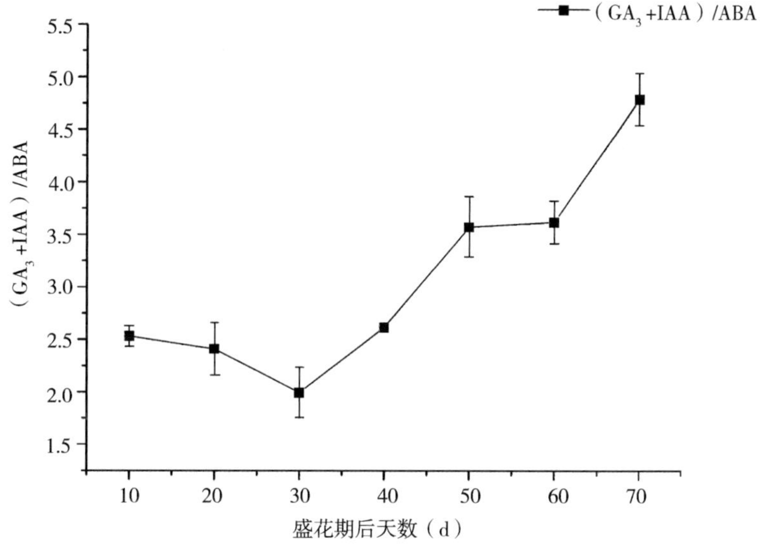


**图 4-20　文冠果果期内（$GA_3$+IAA）/ABA 动态变化**

# 4.4 文冠果果实发育与气象因子的关系

## 4.4.1 种实发育过程中气象因子变化

试验地、试验材料与方法同 4.1。气象数据由当地气象站提供。文冠果生物学零度（$K$）参考杨秀武（1995）的方法进行计算：

$K=\sum T/N$。

式中 $K$ 表示生物学零度；$T$ 表示芽膨大前 10d 的平均温度；$N$ 表示观测年份。

有效积温的计算：

$\geqslant K$ 有效积温 $\sum T=\sum(t-K)$

$\geqslant$5℃有效积温 $\sum T=\sum(t-5)$

$\geqslant$10℃有效积温 $\sum T=\sum(t-10)$

式中 $t$ 表示日平均气温。$t-K$、$t-5$、$t-10$ 的值始终$\geqslant 0$，若计算的值$<0$，则计为 0。

对 2019 年 5 月至 7 月试验地的气象数据进行分析。图 4-21 为降水量与平均湿度的变化，由图可知，7 月降水最多，其次是 5 月，6 月降水最少，但是 5 月降水天数最少。平均湿度在 5 月份起伏较大，6 月 18 日之后，平均湿度变化幅度变小。图 4-22 为采样期间的平均温度和有效积温的变化，表中平均温度为采样当日和该次采样前 4 天的日平均温度的平均值。经计算得出 2019 年该试验地的文冠果生物学零度 $K$ 为 4.8℃，$\geqslant K$ 有效积温是从 3 月 3 日即日平均气温首次超过生物学零度后开始算起，$\geqslant$5℃有效积温是从日平均温度首次达到 5℃以上时（3 月 3 日）开始计算，$\geqslant$10℃有效积温是从日平均温度首次达到 10℃以上时（3 月 18 日）开始计算。图 4-23 为总日照时数的变化。

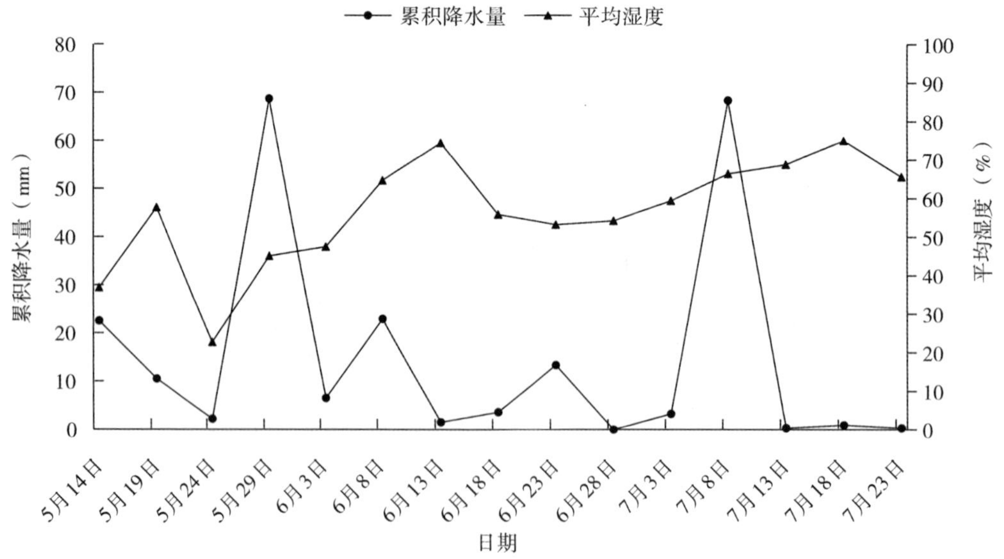


**图 4-21 文冠果果实发育期降水量与平均湿度的变化**

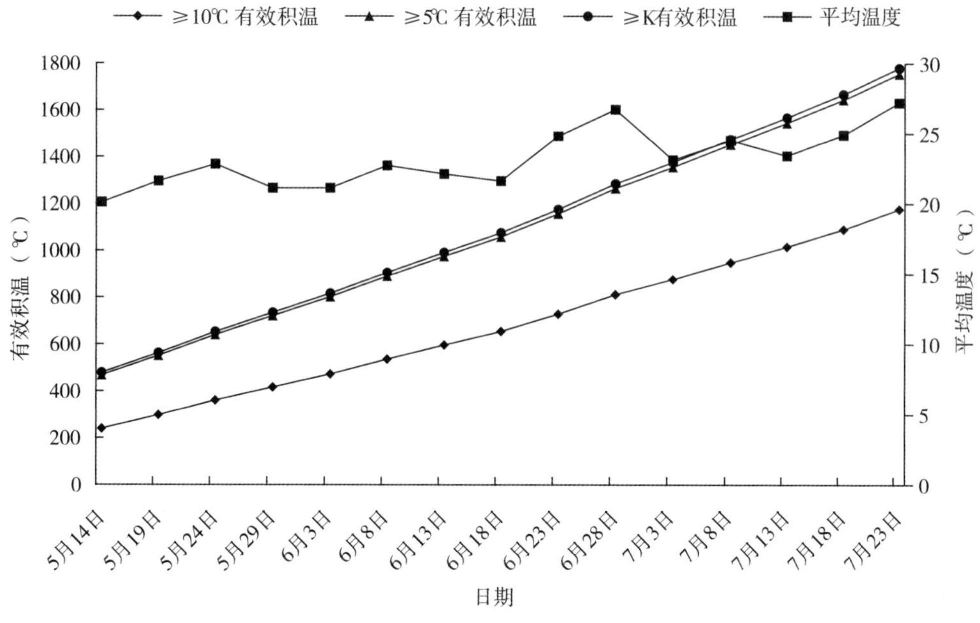


**图 4-22　文冠果果实发育期平均温度与有效积温的变化**

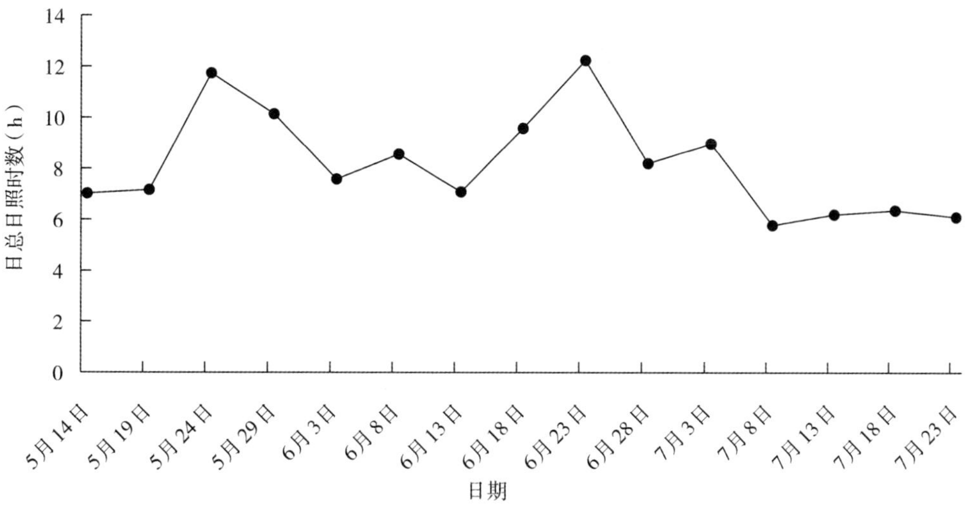


**图 4-23　文冠果果实发育期总日照时数的变化**

## 4.4.2　气象因子对种实发育的影响

种实发育过程的各时期与气象因子的对应关系见表 4-8。表中缓慢发育阶段指种实在发育或者某物质在缓慢积累，是快速发育或积累前的阶段。平稳期则是随着时间推移种实发育到一定阶段或某物质积累或者消耗到一定量之后，随着时间变化种实的形态大小或某物质的含量虽然有起伏，但基本保持平稳。

文冠果果实起初发育缓慢，5 月 14 日（花后 10d）时≥$K$ 有效积温为 478.6℃，≥5℃有效积温为 467.8℃，≥10℃有效积温为 239.1℃，5 月 15 日（花后 11d）到 6 月 18 日

表 4-8　文冠果果实发育各阶段气象因子

| 日期/月-日 | 发育时期 | 持续时间 (d) | ≥$K$ 有效积温 (℃) | ≥5℃有效积温 (℃) | ≥10℃有效积温 (℃) | 平均温度 (℃) | 平均湿度 (%) | 降水量 (mm) | 总日照时数 (h) |
|---|---|---|---|---|---|---|---|---|---|
| 5-04～5-14 | 果实缓慢发育阶段 | 11d | 478.6 | 467.8 | 239.1 | 19.5 | 25.8 | 22.5 | 102.0 |
| 5-15～6-18 | 果实快速发育阶段 | 35d | 1075.5 | 1057.7 | 654.0 | 21.9 | 52.3 | 115.9 | 309.2 |
| 6-19～7-23 | 果实平稳发育阶段 | 35d | 1779.8 | 1755.0 | 1176.3 | 24.9 | 63.1 | 86.6 | 269.3 |
| 5-04～5-14 | 种子缓慢发育阶段 | 11d | 478.6 | 467.8 | 239.1 | 19.5 | 25.8 | 22.5 | 102.0 |
| 5-15～6-23 | 种子快速发育阶段 | 40d | 1175.3 | 1156.5 | 727.8 | 22.2 | 52.4 | 129.3 | 370.4 |
| 6-24～7-23 | 种子平稳发育阶段 | 30d | 1779.8 | 1755.0 | 1176.3 | 25.0 | 64.8 | 73.2 | 208.1 |
| 5-04～6-18 | 种仁油脂缓慢积累期 | 46d | 1075.5 | 1057.7 | 654.0 | 21.3 | 46.0 | 138.4 | 411.2 |
| 6-19～6-28 | 种仁油脂快速积累期 | 10d | 1284.6 | 1264.8 | 811.1 | 25.7 | 53.5 | 13.4 | 102.2 |
| 6-29～7-23 | 种仁油脂平缓积累期 | 25d | 1779.8 | 1755.0 | 1176.3 | 24.6 | 67.0 | 73.2 | 167.1 |
| 6-13～6-28 | 种仁可溶性糖下降期 | 16d | 1284.6 | 1264.8 | 811.1 | 24.2 | 55.6 | 17.0 | 153.8 |
| 6-29～7-23 | 种仁可溶性糖平缓期 | 25d | 1779.8 | 1755.0 | 1176.3 | 24.6 | 67.0 | 73.2 | 167.1 |
| 6-13～7-23 | 种仁淀粉缓慢消耗期 | 41d | 1779.8 | 1755.0 | 1176.3 | 24.5 | 62.5 | 90.2 | 320.9 |
| 6-13～6-28 | 种仁蛋白质积累期 | 16d | 1284.6 | 1264.8 | 811.1 | 24.2 | 55.6 | 17.0 | 153.8 |
| 6-29～7-23 | 种仁蛋白质平缓期 | 25d | 1779.8 | 1755.0 | 1176.3 | 24.6 | 67.0 | 73.2 | 167.1 |
| 5-14～7-03 | 果壳皂苷含量积累期 | 51d | 1376.1 | 1355.3 | 876.6 | 22.7 | 52.8 | 132.6 | 468.8 |
| 7-04～7-23 | 果壳皂苷含量下降期 | 20d | 1779.8 | 1755.0 | 1176.3 | 25.0 | 68.9 | 69.9 | 122.2 |
| 5-14～6-08 | 果壳可溶性糖首次积累期 | 26d | 905.3 | 889.5 | 535.8 | 21.8 | 46.6 | 110.8 | 238.4 |
| 6-09～6-13 | 果壳可溶性糖首次下降期 | 5d | 991.6 | 974.8 | 596.1 | 22.1 | 74.1 | 1.5 | 35.4 |
| 6-14～7-18 | 果壳可溶性糖二次积累期 | 35d | 1668.0 | 1644.2 | 1090.5 | 24.1 | 61.7 | 89.9 | 286.7 |
| 7-19～7-23 | 果壳可溶性糖二次下降期 | 5d | 1779.8 | 1755.0 | 1176.3 | 27.2 | 65.4 | 0.3 | 30.5 |
| 5-14～6-08 | 果壳淀粉首次积累期 | 26d | 905.3 | 889.5 | 535.8 | 21.8 | 46.6 | 110.8 | 238.4 |
| 6-09～6-13 | 果壳淀粉首次下降期 | 5d | 991.6 | 974.8 | 596.1 | 22.1 | 74.1 | 1.5 | 35.4 |
| 6-14～7-08 | 果壳淀粉二次积累期 | 25d | 1474.4 | 1452.6 | 948.9 | 24.1 | 57.6 | 88.7 | 223.9 |
| 7-09～7-23 | 果壳淀粉二次下降期 | 15d | 1779.8 | 1755.0 | 1176.3 | 25.2 | 69.7 | 1.5 | 93.3 |

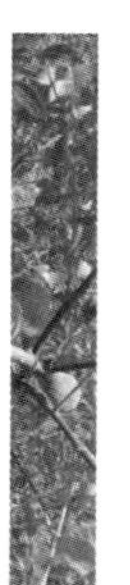

**表 4-9　气象因素与文冠果种实性状相关性**

| 气侯因素 | 果实横径 | 果实纵径 | 果实鲜重 | 果实含水率 | 种子横径 | 种子纵径 | 种子鲜重 | 种子含水率 | 果壳皂苷含量 | 果壳可溶性糖含量 | 果壳淀粉含量 | 种仁含油率 | 种仁可溶性糖含量 | 种仁淀粉含量 | 种仁蛋白质含量 |
|---|---|---|---|---|---|---|---|---|---|---|---|---|---|---|---|
| 累积降水量 | -0.109 | -0.114 | -0.064 | 0.239 | -0.191 | -0.162 | -0.102 | 0.188 | 0.088 | -0.014 | 0.246 | 0.211 | -0.141 | -0.037 | 0.069 |
| 平均湿度 | 0.683** | 0.674** | 0.507 | -0.324 | 0.675** | 0.685** | 0.646** | -0.180 | 0.644** | 0.505 | 0.515* | 0.665 | -0.635 | -0.781* | 0.640 |
| 平均温度 | 0.666** | 0.676** | 0.579* | -0.537* | 0.749** | 0.721** | 0.641* | -0.605* | 0.661** | 0.581* | 0.385 | 0.549 | -0.681 | -0.580 | 0.501 |
| ≥$K$有效积温 | 0.891** | 0.896** | 0.736** | -0.638* | 0.934** | 0.927** | 0.866** | -0.597* | 0.909** | 0.819** | 0.671** | 0.815* | -0.849** | -0.977** | 0.792* |
| ≥5℃有效积温 | 0.890** | 0.896** | 0.735** | -0.638* | 0.934** | 0.926** | 0.865** | -0.598* | 0.909** | 0.819** | 0.671** | 0.815* | -0.849** | -0.977** | 0.792* |
| ≥10℃有效积温 | 0.884** | 0.890** | 0.727** | -0.648** | 0.929** | 0.921** | 0.859** | -0.608* | 0.908** | 0.822** | 0.669** | 0.816* | -0.851** | -0.977** | 0.793* |
| 总日照时数 | -0.177 | -0.171 | -0.009 | 0.482 | -0.198 | -0.199 | -0.176 | 0.419 | -0.410 | -0.419 | -0.330 | -0.746* | 0.703 | 0.752* | -0.755* |

注：* 表示在 0.05 水平相关性显著；** 表示在 0.01 水平相关性显著。

（花后 45d）果实快速发育，共经历 35d，果实快速发育期间平均温度为 21.9℃，平均湿度为 52.3%，累积降水量为 115.9mm，总日照时数为 309.2h，到达 6 月 18 日时≥*K* 有效积温为 1075.5℃，≥5℃有效积温为 1057.7℃，≥10℃有效积温为 654℃。6 月 19 日之后果实的大小开始平缓发育，7 月 23 日（花后 80d）果实成熟，此时≥*K* 有效积温为 1779.8℃，≥5℃有效积温为 1755℃，≥10℃有效积温为 1176.3℃。

种子也是起初发育缓慢，在 5 月 15 日到 6 月 23 日（花后 50d）期间快速发育，共 40d，此期间平均温度为 22.2℃，平均湿度为 52.4%，累积降水量为 129.3mm，总日照时数为 370.4h，到达 6 月 23 日时≥*K* 有效积温为 1175.3℃，≥5℃有效积温为 1156.5℃，≥10℃有效积温为 727.8℃，之后种子发育进入平缓期。

种子油脂在 6 月 18 日前积累缓慢，到达 6 月 18 日时≥*K* 有效积温为 1075.5℃，≥5℃有效积温为 1057.7℃，≥10℃有效积温为 654℃，之后种子油脂进入快速积累期，持续 10d，此期间平均温度为 25.7℃，平均湿度为 53.5%，累积降水量为 13.4mm，总日照时数为 102.2h，到达 6 月 28 日（花后 55d）时，≥*K* 有效积温为 1284.6℃，≥5℃有效积温为 1264.8℃，≥10℃有效积温为 811.1℃。之后油脂积累平缓，含油率变化不大。

文冠果果壳总皂苷自 5 月 14 日开始积累，此时≥*K* 有效积温为 478.6℃，≥5℃有效积温为 467.8℃，≥10℃有效积温为 239.1℃，积累期持续 51d，此期间平均温度为 22.7℃，平均湿度为 52.8%，累积降水量为 132.6mm，总日照时数为 468.8h，到达 7 月 3 日（花后 60d）时≥*K* 有效积温为 1376.1℃，≥5℃有效积温为 1355.3℃，≥10℃有效积温为 876.6℃，之后果壳总皂苷含量便开始下降。

将气象数据与上述所测的其他各类指标数据进行相关性分析，结果见表 4-9。各项指标和降水量均没有相关性。果实和种子的形态指标主要受到温湿度和积温的影响。果实横纵径、种子横纵径、种子鲜重、果壳皂苷含量、果壳淀粉含量与平均湿度呈正相关关系，种仁淀粉含量与平均湿度呈负相关关系。果实横纵径、果实鲜重、种子横纵径、种子鲜重、果实皂苷含量、果壳可溶性糖含量与温度呈正相关关系。果实含水率、种子含水率与温度呈负相关关系。种仁淀粉含量和日总日照时数呈正相关。种仁含油率和种仁蛋白质含量和日总日照时数呈负相关关系。果实横纵径、种子横纵径、种子鲜重、果壳总皂苷、果壳可溶性糖、种仁含油率与有效积温呈显著正相关。果实鲜重、果壳淀粉、种仁蛋白质与有效积温呈正相关。果实含水率、种子含水率与有效积温呈负相关关系。种仁可溶性糖、种仁淀粉与有效积温呈显著负相关关系。

综上，有效积温与所有各指标均存在相关性，降水量与所测指标均未显示存在相关性，温度和湿度对果实与种子形态发育和果壳内含物质积累影响较大，日照时数主要影响种仁内含物质的积累。可以看出，果实和种子的形态指标主要受到温湿度和积温的影响。温度和积温影响果壳内可溶性糖的积累，而湿度则影响果壳内淀粉的积累，所以温湿度和积温还可能通过影响果壳内非结构性碳水化合物的积累而影响果壳内总皂苷的积累。种仁油脂含量主要受到积温和日照时数的影响，而且积温还影响种仁内可溶性糖含量的积累，积温和总日照时数影响种仁淀粉和蛋白质的积累，且相关性与表 4-9 中结果一致，说明积

温和总日照时数还可能通过影响种仁内其他物质的积累而影响种仁油脂的积累。

## 4.5 小结与讨论

### 4.5.1 果实和种子发育过程

辽宁省朝阳地区文冠果果期在5月初至7月末，果实的生长呈现出“慢—快—慢”的模式，从开花到花后10d（5月14日）是第一阶段，果实发育缓慢，果实快速发育时间在花后11d至花后45d（6月18日），鲜重也迅速增加，第三阶段在花后46d至花后80d（7月23日），果实横纵径发育缓慢。果实在7月23日左右完全成熟。种子发育过程也呈“慢—快—慢”的模式。从开花到花后10d为第一阶段。花后11d至花后50d（6月23日）为第二阶段。第三阶段在花后51d至花后80d。种子完全成熟后种皮彻底变为黑色并且革质化。种子鲜重花后10d至花后45d鲜重迅速增加，花后46d至花后60d（7月3日），鲜重变化不大。花后65d（7月8日）时，鲜重较之前有明显增加，7月8日时种子鲜重达到最大值。之后种子逐渐成熟，种子含水量迅速降低。

### 4.5.2 种仁内含物及果壳皂苷的积累

花后40d左右逐渐形成肉眼可见的种仁，花后45d至55d时，种仁开始大量积累油脂，此时的种仁为绿色，种皮也相应的开始出现红褐色斑。有研究表明，绿色的种子种仁光合作用更活跃，有助于提高油脂的合成效率（Ruuska SA，2004），这也可能是文冠果种仁油含量如此之高的原因之一，这种现象也出现在大豆，油茶等作物中（Borisjuk *et al.*，2005；Allen *et al.*，2009）。戚维聪（2008）研究发现油茶含油率高的种子叶绿素含量也同样高于含油率低的种子。在一定程度上，通过种皮的颜色变化也可以推断种仁油脂含量的变化，这对于生产实践有重要的作用。以文冠果油为目标产物的话，11号无性系在3个无性系中是最优选择。6月中旬至6月末是油脂积累的高峰期，这为朝阳地区种植实践生产中栽培管理的确定和采收期的确定提供了依据。

种子在发育过程中将光合作用形成的蔗糖转变成贮藏物质，糖类、蛋白质以及油脂在种子发育过程中因植物不同会导致它们积累量以及积累时间存在差异，但三者之间有密切联系。通过本研究可知，种仁油脂含量与可溶性糖含量还有淀粉含量呈显著负相关，与蛋白质含量呈显著正相关，这与前人的研究结果一致。可以确定种仁在积累油脂的过程中，通过消耗可溶性糖和淀粉提供原料和能量，所以在油脂积累时期可溶性糖和淀粉含量一直在降低。有研究表明蛋白质和油脂之间存在底物竞争和相互转化关系（Kaushik *et al.*，2010）。两种物质相互竞争，一种合成增加会导致另一种减少，呈负相关。蛋白质和油脂之间是否会互相转化，取决于种子的类型（Borek *et al.*，2009）。一些油料种子，例如葵花，对其外源供给氨基酸，这些氨基酸用来合成蛋白质，并不参与脂肪酸的合成。而一些蛋白质含量高的种子，如大豆，氨基酸可以为脂类合成提供碳源，说明蛋白质和油脂除了竞争，还存在相互转化的关系。通过本试验的研究我们可以发现文冠果油脂含量与蛋白质含量呈显著正相关，说明在文冠果种仁里这两种物质不存在竞争关系，两者更接近于同步积累，至于是否存在相互转化的关系还有待进一步的研究。

朝阳地区文冠果种仁含油量丰富，约为56%左右。3个无性系的文冠果种仁一共检测出12种脂肪酸。其中饱和脂肪酸有4种，不饱和脂肪酸有8种，约占总脂肪酸含量的92%左右。油脂积累过程中，各类饱和脂肪酸中，棕榈酸（C16：0）、花生酸（C20：0）与二十四酸（C24：0）随着发育而减少。油酸和亚油酸是两种优质的不饱和脂肪酸，利于人体的吸收，可以降低胆固醇，预防冠心病以及高血压等疾病。二十四碳烯酸，也称为神经酸，是神经组织以及脑神经主要组成成分，具有能够促进神经组织和神经细胞的修复再生功能。本研究中，油酸和神经酸在发育过程中逐渐增加。亚油酸一直是含量最高的脂肪酸，随着种仁发育逐渐减少。3个无性系种仁油酸和亚油酸含量所占的比例一直都最高，说明该地区文冠果种仁富含油酸以及亚油酸，可以作为高级食用油的原料，而且也是制作生物柴油的理想原料。如果以制作食用油为目的，11号无性系是最优选择，因为11号无性系含油率最高，且油酸含量也最高。如果是以神经酸为目标产物，10号无性系在3个无性系中是最优选择，花后75d左右采收获得的种仁神经酸含量最高。种子横纵径与种仁内油脂含量呈显著正相关关系，与种仁内其他物质也均存在相关性，说明在种子出现种仁开始积累油脂后可以初步根据种子形态大小来判断种仁油脂的含量。

文冠果果壳中的皂苷类物质在医学领域被广泛应用，有很大的利用价值。果壳中主要的皂苷类物质是五环三萜类皂苷。果壳总皂苷从花后10d（5月14日）至花后65d（7月8日）为积累期，含量最高时约为1.6%左右，之后有所下降。果实横纵径与果壳总皂苷含量呈显著正相关关系，与果壳内非结构性碳水化合物呈正相关关系，果实鲜重与果壳总皂苷含量呈显著正相关关系。果壳总皂苷在积累期时，果实横纵径与果实鲜重在此期间总体也呈上升趋势，所以可初步根据果实形态大小来判断果壳总皂苷的含量。如果以总皂苷为目标产物，11号无性系是最优选择，在花后65d左右时采收含量最高。

随着种仁油含量的积累，可溶性糖含量和淀粉含量逐渐减少，与油脂含量呈显著负相关关系，说明种仁在积累油脂的过程中，可能通过消耗可溶性糖和淀粉来提供原料和能量。而蛋白质积累与油脂积累类似，与油脂含量呈显著正相关关系。果壳糖类物质（可溶性糖与淀粉）与果壳总皂苷积累类似，呈显著正相关关系，说明果壳总皂苷在进行积累时，果壳内的糖类物质也在进行积累，果壳总皂苷含量下降时，果壳内糖类物质也在消耗。

## 4.5.3 果实发育过程中内源激素的变化

$GA_3$、ABA、ZT在促进果实发育过程中扮演着重要角色，在诱导细胞分裂、促进细胞伸长及营养物质向果实转移等方面都具有重要的生理作用（樊卫国等，2004）。本研究中，$GA_3$、ABA、ZT都随着果实的发育呈先上升后下降的趋势，而IAA表现为“M”形动态变化。结合文冠果果实与种子的生长发育动态变化，从幼果期到果实快速膨大期，果实$GA_3$、ZT和ABA都保持较高含量。研究表明果实体积的增大主要取决于细胞数目的增加

和细胞体积的增大，而幼果前期的细胞分裂是构成果形指数的细胞学基础（Goffinet *et al.*，1995）。高含量的 ZT 和 $GA_3$能够促进细胞分裂和伸长，从而使果实在这一期间迅速膨大。Yuan（1988）认为 ABA 和 IAA 的作用可能是相反的，ABA 促进落果，而 IAA 延缓落果。文冠果的果实从盛花期 10d 到 40d 内 ABA 一直保持着较高含量，而 IAA 在幼果期内只有短时间内保持高水平之后，迅速下降，再加上树体经过发芽、开花，养分贮藏不足，必然会影响幼果的生长发育，从而部分幼果停止生长直至脱落。在果实快速膨大期之后，仍处于正常发育的幼果尚未形成硬实的种仁，大约在果实生长的最后一个月，种子开始形成小粒硬实种仁（徐东翔，2010），此时文冠果的蛋白氮和可溶性氮的含量均处于整个生长发育期的最高水平。郝云（2009）在关于杏花的研究中发现，IAA 与可溶性蛋白呈正相关关系，说明在可溶性蛋白的合成过程中，IAA 起着一定的作用，因此文冠果在果实膨大期之后，种子硬化的过程中，IAA 含量的增加可能与种仁的形成与发育有关。

通过比较果期内 ABA/ZT 与（$GA_3$+IAA）/ABA 的比值发现，ABA/ZT 的比值与果实的生长曲线相一致，说明 ABA 与 ZT 共同作用影响着文冠果果实的膨大生长。（$GA_3$+IAA）/ABA 的比值在落果高峰期较小，之后逐渐升高说明文冠果在幼果期的落果可能是由（$GA_3$+IAA）/ABA 比值的变化所导致的。在幼果期，喷施一定浓度的 IAA，增加 IAA 与 ABA 的比值，从而减少幼果的脱落，理论上也能达到增加产量的目的。也有研究结果证实 GA 对 IAA 的合成有促进作用，因此也可以在花序伸长期和末花期喷施一定浓度的 $GA_3$从而促进 IAA 的合成。

### 4.5.4 气象因子与果实发育

气象因素中，果实和种子的形态指标主要受到温湿度和积温的影响；果壳总皂苷含量也受到温湿度和积温的影响，而且温度和积温影响果壳内可溶性糖的积累，而湿度则影响果壳内淀粉的积累，所以温湿度和积温还可能通过影响果壳内非结构性碳水化合物的积累而影响果壳内总皂苷的积累；种仁油脂含量主要受到积温和日照时数的影响，而且积温还影响种仁内可溶性糖含量的积累，积温和总日照时数影响种仁淀粉和蛋白质的积累，说明积温和总日照时数还可能通过影响种仁内其他物质的积累而影响种仁油脂的积累。本研究仅对一年的气象条件与果实发育进行了分析，要准确确定气象条件的影响，还需进行连续多年观测。本研究分析了文冠果果实发育时期以及各种内含物质积累时期与当地气象因子的相关性，可以为当地文冠果的采收以及其他地区探究文冠果与气象因子的关系提供一定参考。

第 5 章

# 文冠果油料能源林开花结实调控技术研究

文冠果造林建园后，能否实现栽培的优质、低耗、高效的关键是花果调控。花果调控主要指直接用于花和果实上的各项促进或调控技术。通过采取保花保果措施提高坐果率是获得丰产的关键环节，特别是对初果期幼树和自然坐果率偏低的树种尤为重要。造成文冠果落花落果的主要原因有贮藏养分不足，花器官败育，授粉受精不良，激素不足，不能调运足够的营养物质促进子房继续膨大，树体同化养分不足，器官间养分竞争加剧等。提高坐果率的主要途径包括加强树体管理，确保树势旺盛；合理配置授粉树，人工授粉，提高坐果率；使用生长调节剂和微量元素；正确运用疏花疏果技术，控制坐果数量，使树体合理负载等等。

本研究通过探究叶幕微气候对文冠果开花和种实质量的影响，分析不同叶幕区域的光合特性，明确了最适合开花结实的叶幕微气候条件；通过观测不同类型枝条性状、枝类组成与结实的关系及结实特点，建立了文冠果枝类分级标准以及修剪标准；通过观测拉枝、刻芽和短截处理下，不同部位芽内源激素分布的变化，以及对枝条生长发育和坐果的影响，明确了最佳拉枝角度、刻芽和短截方法；通过修剪时单位面积不同留枝量处理对产量的影响分析，确定了单位面积最佳留枝量；通过分析疏花时间和疏花强度对叶片营养、新梢和果实生长、坐果率、种子性状的影响，明确了最佳疏花时间和强度；通过探索最佳人工授粉技术，分析控制授粉后坐果情况、种实产量及种实品质，获得基于不同开发利用目的的各无性系最佳授粉组合；通过探究一定浓度梯度的6-BA、$GA_3$、蔗糖、硼酸对文冠果花序碳氮营养、雌能花比例、坐果率和果实品质等方面的影响，确定了外源补充植物生长调节剂和营养的合理时间和浓度。

以上研究为文冠果整形修剪、建立牢固而合理的树体骨架、群体结构和在充分利用光能的基础上调节种实的质量和数量提供了理论依据，为建立科学合理的花果调控技术体系，改善树体营养条件，使林分提早进入生产期，提高产量和质量，实现连年稳产，减少病虫危害，延长生产年限提供技术参考。

## 5.1 叶幕微气候对文冠果生长发育和产量的影响

试验地位于辽宁省朝阳市，地处北纬41°25′、东经120°16′。该地区为北温带大陆性季风

气候。年均日照 2861.7h，年均温 8.4℃，年均降水量 489mm，无霜期 158d。试验材料为 2016 年夏季嫁接的文冠果优良无性系，株行距 1.5m×4.0m，平均冠幅 2.5m，平均树高 1.6m。2018 年秋，选取 14B 号无性系的 20 个单株，树形为自然圆头形，生长健壮、无病虫害，用于观测叶幕微气候、表型性状和物候期，选择其中的 3 个样株进行叶片光合特性测定。

叶幕区域划分方法：以树干为中心，将树冠分为东、南、西、北 4 个方向，从树干中心水平向外，每隔 45cm 分一层，划分为内外两侧：0~45cm 为内侧，45~90cm 为外侧；从树冠基部（距地面高度 40cm）开始向上，每隔 60cm 分一层，划分为上下两层：40~100cm 为下层，100~160cm 为上层，共划分为 16 个叶幕区域（图 5-1）。

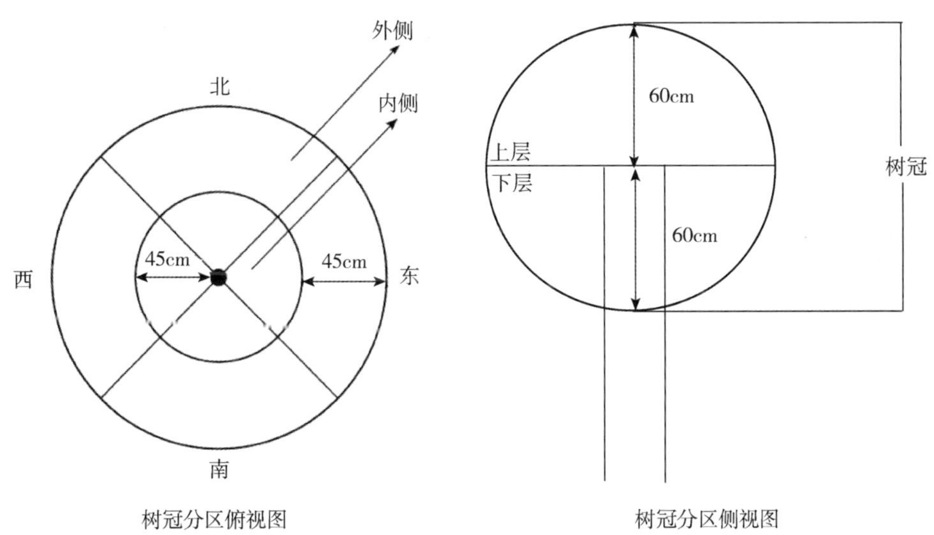


**图 5-1　叶幕分区示意图**

## 5.1.1　叶幕微气候的分布规律

### 5.1.1.1　叶幕微气候的年变化分析

（1）光照强度的年变化分析

自 2018 年 11 月至 2019 年 10 月进行为期一年的叶幕微气候观测。休眠期（2018 年 11 月至 2019 年 3 月）每隔 15d，生长季（2019 年 4~10 月）每隔 7d 观测 1 次不同区域的光照强度、温度和相对湿度。用 TES 1339R 手持照度计测定各区域的光照强度，用 SMART SENSOR AR837 数字式温湿度计测定温湿度（8：00，10：00，13：00，15：00），取平均值作为 1d 的观测数据。于萌芽期至末花期（2019 年 4 月 5 日~5 月 15 日）记录不同叶幕区域的逐日温度，以研究有效积温对文冠果花芽和花性状的影响。

为研究积温与文冠果花芽和花性状的相关性，根据芽膨大前 10d 平均气温公式法（杨秀武，1995），计算文冠果的生物学零度。

$$K=\sum T \tag{5-1}$$

式中：$K$ 为生物学零度；$T$ 为花芽膨大前 10d 的平均温度（首先计算逐日均温，再计算

10d 平均值所得）。

从日均温高于生物学零度开始，计算各时期内的有效积温。

$$\geqslant K \text{有效积温} \sum T = \sum (t-K) \tag{5-2}$$

$$\geqslant 10℃ \text{有效积温} \sum T = \sum (t-10) \tag{5-3}$$

式中：$t$ 表示日均温（其中 $t-K$、$t-10$ 均大于 0，若≤0，以 0 计算）。

不同区域光照强度的全年变化如表 5-1 所示。结果表明：树冠内光照强度随季节而发生变化，1~4 月文冠果尚未展叶，各层的光照强度均逐渐增大；5~6 月文冠果开始展叶，由于枝叶量的不断增加，各层光照强度呈现下降趋势；7 月文冠果叶幕基本形成，枝叶量不再增加，因此，7~8 月树冠内的光照强度又逐步升高；9~12 月，随着太阳高度角的减小，光照强度逐渐减小。从总体上看，不同月份各区域的平均光照强度存在极显著差异（$p<0.01$），8 月的平均光照强度最高，可达 65300lx，其次为 7 月，平均光照强度为 61400lx；1 月的平均光照强度最低，仅为 22400lx，其次为 11 月，仅为 22900lx。

由表 5-1 可知，不同区域光照强度的分布规律存在季节性差异。1~4 月文冠果叶幕尚未形成，11~12 月文冠果已落叶，在不同方位上，光照强度均呈现上层外侧>上层内侧>下层外侧>下层内侧的变化趋势；5~10 月文冠果叶幕逐步形成，光照强度呈现上层外侧>下层外侧>上层内侧>下层内侧的变化规律。不同叶幕区域的全年平均光照强度差异极显著，其中，南上层外侧的光照强度最高，可达 52900lx，显著高于区域（$p<0.05$）；其次为东上层外侧，达 51600lx；北下层内侧全年平均光照强度最低，仅为 21900lx，其次为西下层内侧，仅为 24400lx。

变异系数能够反映不同时期各区域光照强度的稳定程度，其中叶幕形成期（5~10 月）变异系数较大，8 月变异系数高达 39.68%，此时南上层外侧与北下层内侧的光照强度差值最大，为 83500lx；叶幕尚未形成期及落叶后（1~4 月，11~12 月）变异系数较小，3 月变异系数仅为 9.14%，此时南上层外侧与北下层内侧的光照强度差值仅为 9800lx。

（2）温度的年变化分析

温度的全年变化见表 5-2。结果显示：树冠内温度的高低随季节的变化而变化，不同月份的各区域平均温度差异极显著（$p<0.01$），其中，7 月的平均温度最高，可达 31.9℃；11 月的平均温度最低，仅为-2.0℃。不同叶幕区域的年变化规律基本一致，从 1 月开始，随着冠层外气温逐步回升，文冠果树冠内各区域的温度均逐渐升高，直至夏季（7~8 月）达到峰值，从 9 月开始各层温度逐渐下降。其中，南上层外侧 7 月和 11 月的温差最大，高达 37.2℃，北下层内侧 5 月和 6 月的温差最小，仅为 0.1℃。

不同叶幕区域的年均温呈现极显著差异，其中，南上层外侧的年均温最高，可达 16.0℃，显著高于区域；北下层内侧的年平均温度最低，仅为 12.2℃。由表 5-2 可知，全年各月温度在不同冠层、不同方位的变化规律基本一致，均呈现上层外侧>上层内侧>下层外侧>下层内侧的变化趋势。在垂直方向上，随着冠层高度的增加，温度均逐渐升高，其中 7 月东方向上、下两层内侧的温差最大，高达 3.3℃，12 月西方向上、下两层外侧的温差最小，仅为 0.2℃；在水平方向上，树冠外侧温度明显大于内侧温度，其中 7 月东下层内、外两侧的温差最大，可达 1.8℃，1 月南上层内、外两侧的温差最小，仅为 0.1℃。

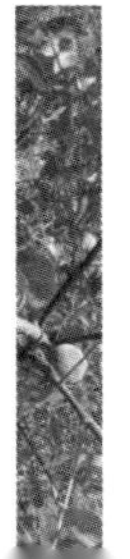

**表 5-1　文冠果树冠不同区域光照强度的年变化**

×10² lx

| 区域 | 1 月 | 2 月 | 3 月 | 4 月 | 5 月 | 6 月 | 7 月 | 8 月 | 9 月 | 10 月 | 11 月 | 12 月 | 均值 |
|---|---|---|---|---|---|---|---|---|---|---|---|---|---|
| 北下层内侧 | 168±30a | 227±20a | 332±31a | 453±48a | 212±18a | 184±15a | 278±23a | 280±26a | 188±17a | 176±25a | 173±33a | 181±33a | 219±22a |
| 北下层外侧 | 215±17bc | 239±14b | 351±21b | 483±30b | 455±28c | 397±24bc | 602±35c | 539±39d | 420±25c | 299±21c | 220±19b | 228±19b | 350±30c |
| 北上层内侧 | 256±17e | 270±7c | 395±10cd | 534±21c | 309±21b | 269±19b | 412±33b | 428±37b | 284±24b | 273±14bc | 258±16c | 266±16cd | 305±28bc |
| 北上层外侧 | 257±22e | 281±4cd | 411±6d | 558±14cd | 581±15d | 504±13cd | 755±22d | 808±24e | 530±16d | 369±15cd | 260±19c | 268±19cd | 430±65d |
| 东下层内侧 | 217±20c | 239±9b | 351±13b | 488±17b | 297±12b | 259±10b | 388±16b | 402±17b | 267±11b | 237±14ab | 216±20ab | 226±21b | 276±33b |
| 东下层外侧 | 232±18cd | 241±9b | 354±13b | 493±19b | 592±27d | 517±23d | 785±32d | 841±35e | 552±23d | 360±14c | 234±15b | 243±17c | 419±57d |
| 东上层内侧 | 247±20b | 268±9c | 394±13cd | 548±23cd | 402±32c | 352±26bc | 527±44bc | 556±49c | 367±32bc | 303±14c | 255±20c | 263±20cd | 345±36c |
| 东上层外侧 | 264±21e | 280±7cd | 411±10d | 573±19d | 760±21e | 661±18e | 991±26e | 1069±29f | 700±19e | 442±17d | 270±20d | 280±20d | 516±77e |
| 南下层内侧 | 201±22bc | 235±12b | 346±18ab | 488±28b | 298±15b | 260±13b | 391±21b | 406±23b | 269±15b | 229±20b | 203±29ab | 211±29ab | 273±27b |
| 南下层外侧 | 214±16bc | 242±8b | 356±12b | 506±20bc | 614±21d | 537±18d | 810±27d | 869±30e | 570±20d | 356±19cd | 219±22ab | 227±22b | 425±64d |
| 南上层内侧 | 225±24c | 280±9cd | 412±13d | 579±18d | 429±30c | 376±25bc | 564±45bc | 597±49cd | 393±32c | 297±14c | 232±28b | 240±28c | 357±33c |
| 南上层外侧 | 239±28d | 293±10d | 430±14e | 603±14e | 794±13e | 690±11e | 1032±11e | 1115±12f | 729±8e | 437±22d | 246±30bc | 254±30cd | 529±81e |
| 西下层内侧 | 188±28b | 247±8bc | 364±11bc | 510±15bc | 229±13a | 200±12ab | 305±21a | 311±23a | 208±15ab | 200±17ab | 195±27a | 203±27ab | 244±23a |
| 西下层外侧 | 211±21bc | 259±6c | 381±10c | 537±19c | 526±18cd | 460±15c | 695±27cd | 742±27de | 487±17cd | 321±15c | 214±20ab | 222±20b | 390±52cd |
| 西上层内侧 | 220±16bc | 279±11cd | 409±16d | 573±24d | 328±25b | 287±22b | 436±39b | 456±43b | 302±28bc | 256±15bc | 224±16b | 232±16bc | 309±67bc |
| 西上层外侧 | 237±12d | 292±7d | 429±10e | 602±18e | 659±18de | 572±16d | 861±24de | 925±27ef | 606±17de | 386±10cd | 241±13bc | 249±13c | 467±80de |
| 均值 | 224±33 | 261±24 | 383±35 | 533±50 | 468±181 | 408±157 | 614±234 | 653±260 | 429±168 | 309±79 | 229±33 | 237±33 | 396±40 |
| 变异系数（%） | 14.70 | 9.20 | 9.14 | 9.38 | 38.70 | 38.49 | 38.09 | 39.68 | 39.12 | 25.57 | 14.43 | 13.93 | 24.20 |
| *F* 值 | 22.313** | 73.440** | 71.256** | 59.808** | 130.833** | 114.592** | 170.598** | 171.160** | 170.046** | 214.802** | 13.480** | 13.558** | 102.157** |

注：数据用均值±标准差表示；** 表示同一列数据差异极显著（$p< 0.01$）。

表 5-2　文冠果树冠不同区域温度的年变化

℃

| 区域 | 1 月 | 2 月 | 3 月 | 4 月 | 5 月 | 6 月 | 7 月 | 8 月 | 9 月 | 10 月 | 11 月 | 12 月 | 均值 |
|---|---|---|---|---|---|---|---|---|---|---|---|---|---|
| 北下层内侧 | 0.9±0.5b | 7.4±0.6ab | 10.2±1.1ab | 15.3±1.2a | 21.2±2.2a | 21.3±2.2a | 28.8±2.8a | 25.6±3.1a | 17.0±2.2a | 10.6±1.4a | −2.1±0.4a | 1.7±1.0b | 12.2±1.4a |
| 北下层外侧 | 1.2±0.6bc | 7.9±0.5b | 10.8±1.1b | 16.2±1.2b | 21.7±2.2a | 21.8±2.1a | 29.5±2.6bc | 26.2±3.0a | 17.4±2.1a | 10.9±1.3a | −2.0±0.4ab | 1.9±1.0b | 12.7±1.5a |
| 北上层内侧 | 1.4±0.6bc | 8.5±0.5bc | 11.5±1.1bc | 17.3±1.3bc | 22.6±2.1b | 22.5±2.0ab | 30.8±2.4c | 27.3±2.9ab | 18.1±2.0ab | 11.4±1.3b | −1.7±0.5b | 2.3±0.8c | 13.5±1.8ab |
| 北上层外侧 | 1.5±0.5bc | 8.9±0.4c | 12.1±0.9c | 18.1±1.3c | 23.4±2.2c | 23.3±2.2b | 31.9±2.3cd | 28.2±2.9b | 18.7±2.0ab | 11.8±1.3b | −1.5±0.6c | 2.4±0.7c | 14.1±2.1b |
| 东下层内侧 | 1.5±0.5bc | 8.9±0.9c | 11.8±0.8bc | 17.4±1.2bc | 22.0±2.3b | 21.7±2.1a | 29.4±2.9bc | 26.2±3.2a | 17.3±2.1a | 10.8±1.4a | −2.0±0.7ab | 2.3±0.6c | 13.3±1.6ab |
| 东下层外侧 | 1.6±0.5c | 9.2±0.8c | 12.3±0.9c | 18.1±1.2c | 23.2±2.2c | 22.9±2.1ab | 31.3±2.7cd | 27.7±3.1ab | 18.4±2.1ab | 11.5±1.4b | −1.9±0.7ab | 2.5±0.7c | 14.1±1.9b |
| 东上层内侧 | 1.8±0.5c | 9.7±0.7cd | 12.8±1.0cd | 18.8±1.2cd | 24.3±2.2c | 24.0±2.1bc | 32.7±2.6d | 28.9±3.1b | 19.2±2.1b | 12.1±1.3c | −1.8±0.7ab | 2.5±0.7c | 14.8±2.1bc |
| 东上层外侧 | 1.9±0.5c | 10.1±0.8d | 13.2±0.9d | 19.3±1.1d | 25.3±2.3d | 24.8±2.1c | 34.0±2.5e | 30.0±3.1c | 19.9±2.1bc | 12.6±1.4cd | −1.6±0.7b | 2.7±0.7c | 15.4±2.6c |
| 南下层内侧 | 1.1±0.6b | 8.6±1.2bc | 11.3±2.1bc | 16.5±2.0b | 24.3±1.8c | 23.4±1.9b | 32.5±1.8d | 28.8±2.6b | 19.1±1.8b | 12.0±1.1c | −2.3±0.8a | 1.9±0.6b | 14.3±2.0b |
| 南下层外侧 | 1.3±0.6bc | 8.9±1.5c | 11.9±1.9bc | 17.4±1.7bc | 25.1±1.8d | 24.2±1.9bc | 33.7±1.8de | 29.7±2.6bc | 19.7±1.8bc | 12.4±1.1c | −2.0±0.7ab | 2.2±0.6c | 15.0±2.3bc |
| 南上层内侧 | 1.4±0.6bc | 9.2±1.6c | 12.3±1.9c | 18.0±1.7c | 25.7±1.9d | 24.9±1.9c | 34.6±2.0e | 30.5±2.7c | 20.3±1.9c | 12.8±1.2cd | −1.9±0.8ab | 2.4±0.6c | 15.5±2.6c |
| 南上层外侧 | 1.5±0.6c | 9.4±1.4c | 12.6±1.8c | 18.5±1.7cd | 26.3±1.8e | 25.6±1.9d | 35.5±1.8f | 31.3±2.6d | 20.8±1.8c | 13.1±1.1d | −1.7±0.8b | 2.6±0.7c | 16.0±2.8d |
| 西下层内侧 | −0.4±0.2a | 6.7±0.9a | 9.2±1.2a | 14.8±1.4a | 21.6±2.0a | 22.0±2.0ab | 29.8±2.2bc | 26.5±2.9a | 17.5±2.0a | 11.0±1.3b | −2.9±0.3a | 0.3±0.1a | 13.0±1.8ab |
| 西下层外侧 | −0.3±0.1a | 7.0±0.8a | 9.5±1.1a | 15.2±1.3a | 22.4±2.0b | 22.5±2.0ab | 30.5±2.2c | 27.1±2.8ab | 18.0±2.0ab | 11.2±1.2b | −2.6±0.4a | 0.4±0.2a | 13.5±2.2ab |
| 西上层内侧 | −0.2±0.1a | 7.3±0.8ab | 10.0±1.0ab | 15.8±1.3ab | 23.8±2.0c | 23.8±2.0b | 32.4±2.1d | 28.7±2.8b | 19.1±1.9b | 12.0±1.2c | −2.5±0.4a | 0.5±0.2a | 14.3±2.4b |
| 西上层外侧 | 0.2±0.1a | 7.7±0.9b | 10.4±1.1ab | 16.5±1.4b | 24.7±2.2c | 24.5±2.1bc | 33.6±2.1de | 29.6±2.9bc | 19.7±2.0bc | 12.4±1.3c | −2.3±0.3a | 0.6±0.3a | 14.9±2.5bc |
| 均值 | 1.0±0.9 | 8.5±1.4 | 11.4±1.7 | 17.1±1.9 | 23.6±2.5 | 23.3±2.4 | 31.9±3.0 | 28.3±3.2 | 18.8±2.2 | 11.8±1.4 | −2.0±0.9 | 1.8±1.1 | 14.6±2.3 |
| 变异系数（%） | 89.11 | 16.55 | 14.95 | 11.13 | 10.60 | 11.15 | 9.39 | 11.32 | 11.73 | 11.89 | −32.89 | 60.71 | 18.80 |
| *F* 值 | 27.609** | 16.936** | 13.011** | 14.243** | 8.672** | 2.911** | 7.662** | 3.443** | 3.390** | 3.533** | 4.141** | 5.226** | 10.065** |

注：数据用均值±标准差表示；** 表示同一列数据呈现极显著差异（$p<0.01$）。

（3）相对湿度的年变化分析

不同区域相对湿度的全年变化情况如表 5-3 所示。结果表明：树冠内的相对湿度在不同季节有所变化，不同月份的各区域平均相对湿度存在极显著（$p<0.01$）差异。1~6 月各区域相对湿度的变化幅度在 10%以内，其中，5 月的平均相对湿度最低，仅为 13.8%。相对湿度在 7~8 月达到最大值，其中，7 月的平均相对湿度最高，可达 49.6%；9~12 月各区域相对湿度变化幅度小于 15%。不同叶幕区域相对湿度的年变化规律基本一致，其中北下层内侧 5 月和 7 月的相对湿度差值最大，高达 39.5%，南上层外侧 11 月和 12 月相对湿度相等。

由表 5-3 可知，不同叶幕区域的全年平均相对湿度差异极显著，其中，北下层内侧的全年平均相对湿度最高，可达 27.0%，显著高于区域（$p<0.05$）；南上层外侧的平均相对湿度最低，仅为 24.1%。全年各月相对湿度在树冠内不同层次、不同方位的变化规律与温度相反，均呈现下层内侧>下层外侧>上层内侧>上层外侧的变化趋势。在垂直方向上，随着冠层的升高，相对湿度均逐渐降低，其中 7 月北方向的上、下两层外侧相对湿度差值最大，可达 2.2%，6 月东方向的上、下两层外侧差值最小，仅为 0.1%。在水平方向上，树冠内侧相对湿度明显大于外侧，其中 1 月西下层内、外两侧的差值最大，为 1.7%，9 月西方向下层内、外两侧的相对湿度相等。

### 5.1.1.2　叶幕微气候的日动态变化分析

（1）光照强度的日动态变化分析

在一天内测定 4 个时间（8：00，10：00，13：00，15：00）的叶幕微气候，计算全年同一时间的微气候均值，作为日动态分析的最终数据。树冠内光照强度的日动态变化结果见图 5-2。光照强度在不同叶幕区域的日变化规律基本一致，从 8：00~13：00，随着太阳高度角的增加，太阳辐射增加，各区域光照强度均逐渐增加，且 8：00~10：00 光照强度的增加速度快于 10：00~13：00；从 13：00~15：00，随着太阳高度角的减小，太阳辐射变弱，各区域光照强度均逐渐减小。由图中不同曲线比较可知，在 8：00~15：00 光照强度的变化过程中，不同方向的上层外侧光照强度均最高，变化趋势最大；下层内侧光照强度均最低，变化趋于平缓。

（2）温度的日动态变化分析

不同叶幕区域温度的日动态变化见图 5-3。结果表明：不同叶幕区域温度的日变化规律基本一致，8：00~10：00，由于太阳辐射逐渐增强，各区域温度均不断升高，变化范围为 4.9~5.6℃；而 10：00~13：00，太阳辐射所增加的热量仍大于散失的热量，这段时间仍持续升温，温度变化范围为 3.4~4.8℃；从 13：00~15：00，由于太阳辐射逐渐变弱，各区域温度逐渐降低，同时变化趋势较小，变化范围仅为 0.3~0.7℃。由图中不同曲线比较可知，在 8：00~15：00 温度的变化过程中，垂直方向上，随着冠层的升高，每个时间点温度均逐渐升高；水平方向上，外侧温度始终高于内侧。不同方位上，南上层外侧的温度始终高于区域，一天之中最高均温可达 17.2℃；西下层内侧的温度始终低于区域，一天之中的最低均温仅 5.0℃。

表 5-3　文冠果树冠不同区域相对湿度的年变化

%

| 区域 | 1月 | 2月 | 3月 | 4月 | 5月 | 6月 | 7月 | 8月 | 9月 | 10月 | 11月 | 12月 | 均值 |
|---|---|---|---|---|---|---|---|---|---|---|---|---|---|
| 北下层内侧 | 24.8±1.6d | 23.5±1.3d | 16.7±1.1d | 22.7±1.6e | 15.3±1.0c | 24.7±3.1c | 54.9±3.0e | 51.4±2.8f | 22.1±1.4e | 29.1±1.8d | 32.8±1.3d | 32.9±1.4c | 27.0±1.8d |
| 北下层外侧 | 24.6±1.6d | 23.4±1.5d | 16.5±1.0d | 22.5±1.5e | 15.2±1.0c | 24.6±2.8c | 54.5±3.2e | 51.1±2.8f | 22.0±1.4e | 28.9±1.8d | 32.5±1.1d | 32.4±1.2c | 26.9±1.6d |
| 北上层内侧 | 24.0±1.4cd | 23.0±1.5d | 16.2±1.0d | 22.0±1.4d | 14.9±0.9c | 24.5±2.2c | 53.3±3.1de | 50.0±2.5e | 21.4±1.3d | 28.2±1.6c | 31.9±1.0c | 31.8±1.0b | 26.5±1.5c |
| 北上层外侧 | 23.6±1.2c | 22.8±1.4c | 15.8±0.8c | 21.5±1.2d | 14.5±0.7bc | 24.3±1.7c | 52.3±2.9de | 49.1±2.0de | 21.0±1.0d | 27.7±1.3c | 31.4±0.9c | 31.3±1.0b | 26.1±1.3c |
| 东下层内侧 | 23.1±1.6c | 22.5±1.7c | 15.5±1.1c | 21.1±1.6d | 14.2±1.0b | 24.2±2.1b | 51.3±3.3d | 48.2±2.9d | 20.5±1.5c | 27.1±1.9c | 31.1±1.3c | 31.0±1.3b | 25.8±1.1b |
| 东下层外侧 | 22.9±1.6bc | 22.4±1.8c | 15.4±1.1c | 20.9±1.6c | 14.1±1.0b | 24.1±1.8b | 50.9±3.3d | 47.8±3.0d | 20.3±1.5c | 26.8±1.9c | 31.0±1.3b | 31.0±1.4b | 25.7±0.9b |
| 东上层内侧 | 22.4±1.6b | 22.0±1.8bc | 15.0±1.1c | 20.4±1.5c | 13.8±1.0ab | 24.0±1.9b | 49.9±3.3cd | 46.9±2.9c | 19.9±1.5b | 26.2±1.9b | 30.7±1.4b | 30.6±1.5a | 25.3±0.9b |
| 东上层外侧 | 22.0±1.6b | 21.7±2.0b | 14.7±1.1b | 20.0±1.6c | 13.6±1.0ab | 23.7±2.2b | 49.0±3.4cd | 46.2±2.9c | 19.5±1.5b | 25.7±2.0b | 30.4±1.4b | 30.4±1.5a | 25.0±0.7b |
| 南下层内侧 | 21.5±1.3ab | 21.2±2.1b | 14.4±0.9b | 19.6±1.3b | 13.3±0.8ab | 23.5±1.7ab | 48.0±2.7c | 45.3±2.4b | 19.0±1.2b | 25.2±1.6b | 30.4±1.2b | 30.5±1.3a | 24.7±0.8a |
| 南下层外侧 | 21.2±1.1ab | 20.9±1.8ab | 14.3±0.7b | 19.4±1.1b | 13.1±0.7a | 23.4±1.8ab | 47.5±2.2bc | 44.8±1.9b | 18.8±1.0a | 24.9±1.2a | 30.3±1.1b | 30.4±1.1a | 24.5±0.7a |
| 南上层内侧 | 20.8±0.6a | 20.3±1.1ab | 14.0±0.4b | 19.0±0.7a | 12.9±0.4a | 23.3±2.1ab | 46.7±0.9b | 44.1±0.8ab | 18.4±0.4a | 24.4±0.5a | 29.9±1.0a | 30.1±0.9a | 24.2±0.6a |
| 南上层外侧 | 20.6±0.6a | 19.7±1.0a | 13.9±0.4a | 18.8±0.7a | 12.8±0.4a | 23.1±2.5ab | 46.3±1.1b | 43.7±1.0a | 18.3±0.5a | 24.2±0.6a | 29.8±1.0a | 30.0±0.9a | 24.1±0.4a |
| 西下层内侧 | 23.7±0.9c | 21.1±1.1b | 14.7±0.6b | 20.0±1.0c | 13.8±0.6ab | 23.3±1.4ab | 48.6±1.7c | 45.8±1.5bc | 19.3±0.8b | 25.5±0.9b | 31.0±0.9c | 31.3±1.1b | 25.5±1.2b |
| 西下层外侧 | 21.9±1.1b | 20.8±1.1ab | 14.5±0.7b | 19.7±1.0b | 13.5±0.6ab | 23.1±1.6ab | 47.8±1.8bc | 45.1±1.6b | 19.3±1.1b | 25.0±1.0a | 30.9±1.0c | 31.1±1.1b | 25.1±0.9b |
| 西上层内侧 | 21.8±1.6b | 20.6±1.0ab | 14.3±0.6b | 19.6±1.0b | 13.1±0.6a | 22.8±1.7a | 46.7±1.4b | 44.1±1.3ab | 18.9±0.8a | 24.8±0.7a | 30.6±1.0b | 30.8±1.1a | 24.8±0.8a |
| 西上层外侧 | 21.1±1.1ab | 20.3±0.9ab | 13.9±0.5a | 19.0±0.9a | 12.8±0.4a | 22.5±2.1a | 45.4±1.6a | 42.9±1.7a | 18.4±0.6a | 24.4±0.9a | 30.3±0.9b | 30.5±1.0a | 24.4±0.6a |
| 均值 | 22.5±1.8 | 21.6±1.8 | 15.0±1.2 | 20.4±1.7 | 13.8±1.2 | 23.7±2.1 | 49.6±4.3 | 46.6±3.8 | 19.8±1.6 | 26.1±2.1 | 30.9±1.4 | 31.0±1.4 | 26.8±1.9 |
| 变异系数（%） | 8.00 | 8.32 | 8.01 | 8.34 | 8.68 | 8.86 | 8.68 | 8.15 | 8.08 | 8.05 | 4.40 | 4.52 | 7.67 |
| F值 | 15.153** | 9.739** | 17.436** | 14.544** | 11.916** | 2.092** | 8.254** | 8.264** | 12.091** | 2.303** | 5.772** | 4.664** | 10.186** |

注：数据用均值±标准差表示；** 表示同一列数据呈现极显著差异（$p < 0.01$）。

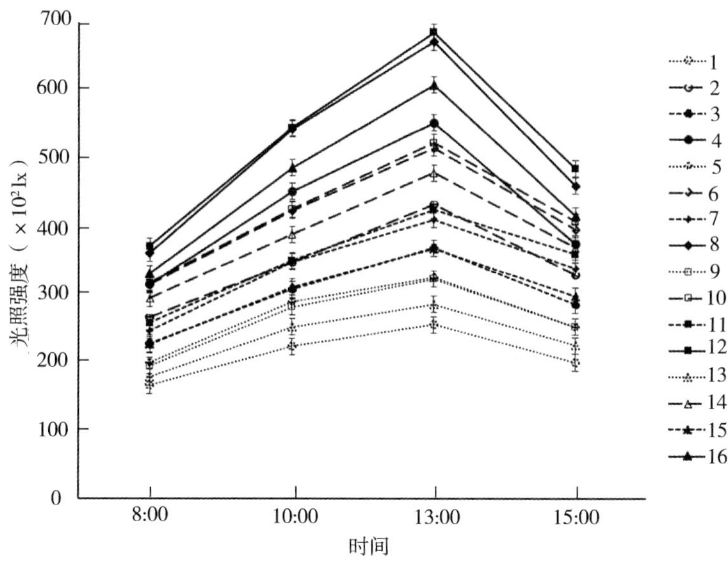


**图 5-2　树冠内不同区域光照强度的日变化**

注：1 表示北下层内侧；2 表示北下层外侧；3 表示北上层内侧；4 表示北上层外侧；5 表示东下层内侧；6 表示东下层外侧；7 表示东上层内侧；8 表示东上层外侧；9 表示南下层内侧；10 表示南下层外侧；11 表示南上层内侧；12 表示南上层外侧；13 表示西下层内侧；14 表示西下层外侧；15 表示西上层内侧；16 表示西上层外侧。误差线表示标准误。下同。

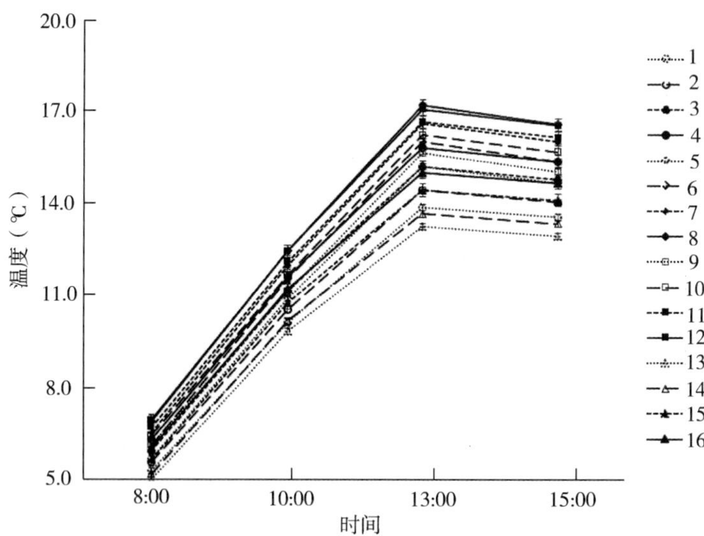


**图 5-3　树冠内不同区域温度的日变化**

（3）相对湿度的日动态变化分析

树冠内相对湿度的动态日变化如图 5-4 所示。不同叶幕区域的相对湿度在一天从早到晚中均变化显著，从 8：00~15：00，各区域相对湿度均逐渐减小，其中，8：00~10：00 相对湿度的变化趋势最大，变化范围为 9.7%~10.6%；10：00~12：00 各区域相对湿度的

变化范围为 2.8%~3.3%；13：00~15：00 相对湿度变化趋势较小，变化范围仅为 2.5%~3.0%。由图中不同曲线比较可知，8：00~15：00 垂直方向上，随着冠层高度的增加，每个时间点相对湿度均逐渐降低；在水平方向上，内侧的相对湿度始终大于外侧。不同方位上，北下层内侧的相对湿度始终高于区域，其一天之中相对湿度变幅为 20.6%~37.1%；南上层外侧的相对湿度始终低于区域，其一天之中相对湿度变幅为 17.2%~32.5%。

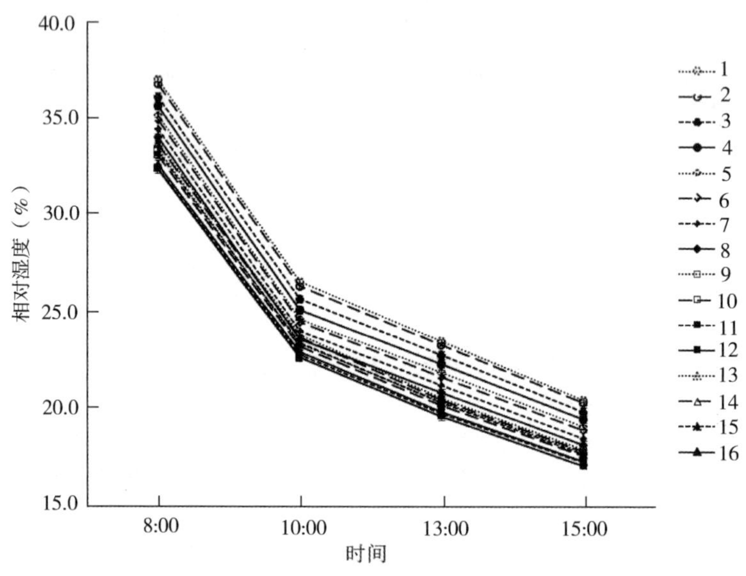


**图 5-4　树冠内不同区域相对湿度的日变化**

### 5.1.1.3　萌芽期至末花期不同区域有效积温的变化

（1）≥*K* 有效积温的变化分析

从萌芽期至末花期，有效积温对文冠果生长发育的影响最为显著（严婷，2014；张宁等，2018）。4 月 5 日，文冠果的花芽开始萌动，计算可得文冠果生物学零度（*K*）为 4.8℃；根据公式计算出树冠内不同区域的≥*K* 有效积温，结果见图 5-5。萌芽期至末花期不同叶幕区域的≥*K* 有效积温逐渐增加，其中萌芽期（4 月 5 日）不同区域的平均≥*K* 有效积温为 43.8℃，花蕾出现期（4 月 20 日）的平均≥*K* 有效积温为 213.8℃，初花期（5 月 5 日）的平均≥*K* 有效积温为 433.2℃，盛花期（5 月 10 日）的平均≥*K* 有效积温为 433.2℃，末花期（5 月 15 日）的平均≥*K* 有效积温为 586.6℃。同时，≥*K* 有效积温在不同物候期均呈现出上层外侧>上层内侧>下层外侧>下层内侧的变化规律。在所有区域中，东上层外侧在各物候期的平均≥*K* 有效积温最高，为 343.1℃；西下层内侧最低，为 233.8℃。

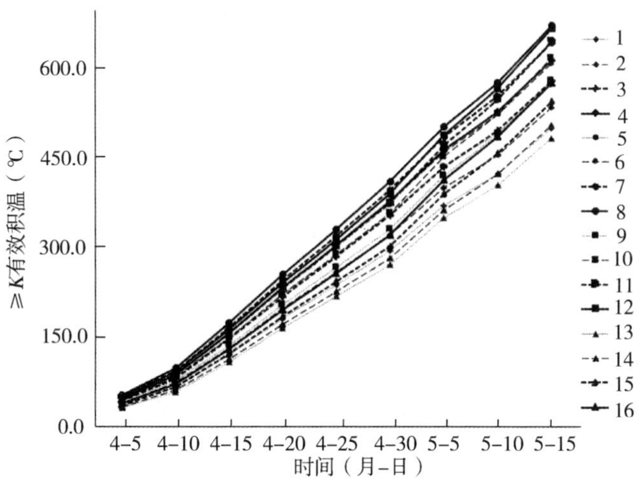


**图 5-5　萌芽期至末花期不同区域的≥*K* 有效积温**

（2）≥10 ℃有效积温的变化分析

根据 5. 1. 1. 1 公式（5-3）计算出不同时期各区域的≥10℃有效积温，结果见图 5-6。4 月 5 日，当各区域的平均≥10℃有效积温达到 18. 7℃时，进入萌芽期；4 月 20 日，当平均≥10℃有效积温达到 111. 6℃时，进入花蕾出现期；5 月 5 日，当平均≥10℃有效积温达到 253. 7℃时，进入初花期；5 月 10 日，当平均≥10℃有效积温达到 319. 5℃时，进入盛花期；5 月 15 日，当平均≥10℃有效积温达到 381. 1℃时为末花期。由图 5-6 可知，不同物候期的≥10℃有效积温均呈现出上层外侧>上层内侧>下层外侧>下层内侧的变化规律。其中，东上层外侧在各物候期的平均≥10℃有效积温最高，为 218. 9℃；西下层内侧最低。

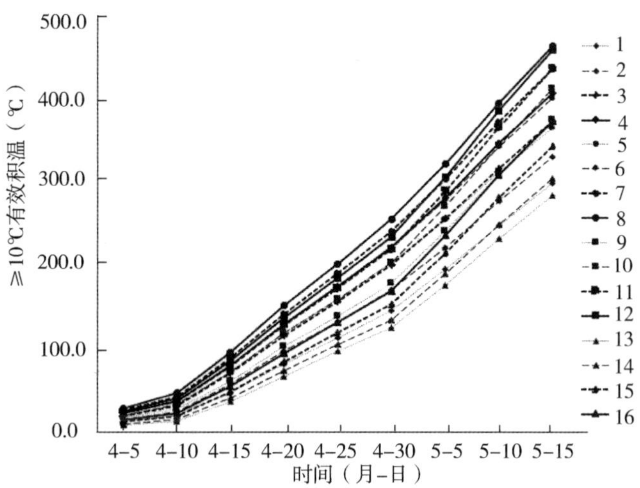


**图 5-6　萌芽期至末花期不同区域的≥10℃有效积温**

### 5.1.2 不同叶幕区域物候期的变化规律

#### 5.1.2.1 不同区域物候期差异

物候期观测参照《中国物候观测方法》(2017) 进行。于萌芽期至末花期 (2019 年 4 月 5 日~5 月 15 日) 每 3d 观测 1 次, 坐果期至落叶期 (2019 年 5 月 22 日~10 月 21 日) 每 5d 观测 1 次, 分区统计各个阶段到达的日期和持续时间。所有物候期数据统计均以 2019 年 1 月 1 日为基准 (0), 将其换算成距离 1 月 1 日的天数。

文冠果物候期大致划分为 11 个阶段, 包括:

①萌芽期: 花芽开始萌动, 芽呈圆锥形膨大, 露出黄绿色伴有红色的芽体。

②花蕾出现期: 花芽开放露出花蕾、花序顶端, 一般以花芽开放露出花蕾、花序长度约达 3. 3cm 左右时的日期为准。

③初花期: 观测区域内约 5%的花开放。

④盛花期: 观测区域内约 70%的花开放。

⑤末花期: 观测区域内大部分花的柱头枯萎, 始见落花。

⑥展叶初期: 每个新梢上端的第 1 个或第 2 个叶序的叶片展开。

⑦展叶盛期: 该区域内每个新梢上 70%叶片展开。

⑧坐果期: 观测区域内有 50%的文冠果开始结果的时期, 即开始生长发育的时期。

⑨果实速生期: 果实体积迅速增大的时期。

⑩果实成熟期: 果皮由光滑变为粗糙, 由绿色变为绿黄色; 种子由棕红色变为黑色。当观测区域内有 50%的种实开始变色, 即为成熟期。

⑪落叶期: 指秋冬季叶片自然枯黄脱落的时期。

不同叶幕区域的物候期如表 5-4 所示。4 月初花芽开始呈圆锥形膨大, 露出黄绿色芽体; 经过 10~15d 芽鳞脱落, 露出绿色花蕾; 5 月初花芽完全展开并初见总状花序, 不同方向的上层外侧花朵最先开放, 下层内侧花朵较慢开放, 此时观测区域大约有 5%的花朵开放, 且开放的大多为雄能花; 5 月 6~10 日各区域进入盛花期, 此时观测区域内约 70%的花开放; 5 月 10~15 日进入末花期, 观测区域内大部分花的柱头枯萎, 花瓣凋落, 受精子房开始膨大坐果。5 月初, 伴随着文冠果进入初花期, 每个新梢上端的第 1~2 个叶序的叶片展开, 进入展叶初期; 于 5 月 6~12 日进入展叶盛期, 此时每个新梢上 70%叶片展开; 至 6 月末、7 月初各区域的叶片数目不再增加, 此时叶幕结构稳定。5 月下旬文冠果进入坐果期; 之后 5~10d 果实体积迅速增大, 进入果实速生期; 7 月 18~25 日, 进入果实成熟期, 果实不再膨大, 果皮由光泽变为粗糙, 由绿色变为绿黄色, 尖端微裂。种子首先变为棕红色, 最后呈黑色。于 10 月中下旬叶片开始脱落, 进入落叶期。

表 5-4　文冠果树冠不同区域的物候期

| 区域 | 物候期（月-日） | | | | | | | | | | | 总花期 | 总生长期 |
|---|---|---|---|---|---|---|---|---|---|---|---|---|---|
| | 萌芽期 | 花蕾出现期 | 初花期 | 盛花期 | 末花期 | 展叶初期 | 展叶盛期 | 坐果期 | 果实速生期 | 果实成熟期 | 落叶期 | （d） | （d） |
| 北下层内侧 | 4-12 | 4-25 | 5-5 | 5-10 | 5-15 | 5-5 | 5-12 | 5-27 | 6-3 | 7-24 | 10-16 | 10 | 186 |
| 北下层外侧 | 4-11 | 4-24 | 5-4 | 5-8 | 5-13 | 5-5 | 5-11 | 5-26 | 6-2 | 7-21 | 10-18 | 9 | 190 |
| 北上层内侧 | 4-10 | 4-24 | 5-4 | 5-9 | 5-14 | 5-4 | 5-12 | 5-27 | 6-3 | 7-22 | 10-16 | 10 | 189 |
| 北上层外侧 | 4-9 | 4-23 | 5-3 | 5-8 | 5-13 | 5-2 | 5-9 | 5-25 | 6-2 | 7-20 | 10-18 | 10 | 192 |
| 东下层内侧 | 4-9 | 4-23 | 5-4 | 5-9 | 5-13 | 5-3 | 5-9 | 5-25 | 5-31 | 7-20 | 10-16 | 9 | 191 |
| 东下层外侧 | 4-8 | 4-22 | 5-3 | 5-7 | 5-12 | 5-2 | 5-8 | 5-24 | 5-29 | 7-19 | 10-18 | 9 | 194 |
| 东上层内侧 | 4-6 | 4-21 | 5-3 | 5-8 | 5-13 | 5-1 | 5-9 | 5-25 | 5-31 | 7-20 | 10-18 | 10 | 195 |
| 东上层外侧 | 4-5 | 4-20 | 5-3 | 5-7 | 5-11 | 4-29 | 5-6 | 5-23 | 5-29 | 7-18 | 10-19 | 8 | 197 |
| 南下层内侧 | 4-9 | 4-23 | 5-3 | 5-7 | 5-11 | 5-3 | 5-9 | 5-23 | 5-29 | 7-19 | 10-18 | 8 | 192 |
| 南下层外侧 | 4-8 | 4-22 | 5-3 | 5-7 | 5-11 | 5-2 | 5-8 | 5-22 | 5-28 | 7-18 | 10-19 | 8 | 195 |
| 南上层内侧 | 4-7 | 4-22 | 5-3 | 5-7 | 5-11 | 5-2 | 5-8 | 5-23 | 5-29 | 7-18 | 10-19 | 8 | 195 |
| 南上层外侧 | 4-6 | 4-21 | 5-2 | 5-6 | 5-10 | 5-1 | 5-7 | 5-22 | 5-28 | 7-17 | 10-21 | 7 | 199 |
| 西下层内侧 | 4-13 | 4-26 | 5-4 | 5-9 | 5-14 | 5-6 | 5-12 | 5-26 | 6-1 | 7-25 | 10-15 | 11 | 185 |
| 西下层外侧 | 4-12 | 4-25 | 5-4 | 5-8 | 5-12 | 5-5 | 5-10 | 5-24 | 5-30 | 7-22 | 10-16 | 8 | 187 |
| 西上层内侧 | 4-11 | 4-25 | 5-4 | 5-8 | 5-13 | 5-4 | 5-11 | 5-25 | 5-31 | 7-24 | 10-15 | 9 | 187 |
| 西上层外侧 | 4-10 | 4-24 | 5-3 | 5-7 | 5-11 | 5-4 | 5-10 | 5-23 | 5-29 | 7-22 | 10-16 | 8 | 189 |
| 相差天数/天 | 8 | 6 | 3 | 4 | 5 | 7 | 6 | 5 | 6 | 7 | 7 | 4 | 14 |

注：相差天数表示同一物候期最早和最迟日期间相差的天数。总花期=末花期-初花期；总生长期=落叶期-萌芽期。

由表 5-4 可知，文冠果不同叶幕区域的物候期存在明显差异。其中，萌芽期差异最大，最早日期为 4 月 5 日（东上层外侧），最晚日期为 4 月 13 日（西下层内侧），相差 8d。初花期差异最小，最早日期为 5 月 2 日（南上层外侧），最晚日期为 5 月 5 日（北下层内侧），相差 3d。在所有叶幕区域中，南上层外侧除萌芽期、初花期和落叶期外，物候期均最早，其总生长期最长，为 199d；西下层内侧的萌芽期、花蕾出现期、展叶期和果实成熟期最晚，其总生长期最短，仅为 185d，与南上层外侧相差 14d。所有区域中，西下层内侧的总花期最长，为 11d；南上层外侧的总花期最短，仅 7d。

#### 5.1.2.2 物候期与叶幕微气候的相关性分析

计算文冠果物候期与叶幕微气候的相关系数，结果见表 5-5。可见，除落叶期和总生长期外，物候期与年均光照强度和温度极显著负相关（$p<0.01$），而与年均相对湿度呈现正相关关系，说明在光照强、温度高且湿度低的区域，文冠果的萌芽期、花蕾出现期、初花期等呈现提早趋势，而落叶期较晚，由此导致总生长期变长。

5 月的叶幕微气候对文冠果的花期、果期和总生长期影响最为显著；6 月的叶幕微气候对文冠果的展叶期影响最显著；10 月的叶幕微气候对文冠果的落叶期影响最显著；12 月的叶幕微气候对文冠果的萌芽期和花蕾出现期影响最显著。

### 5.1.3 不同叶幕区域表型性状的变化规律

#### 5.1.3.1 不同区域花芽性状的变化规律

（1）不同区域花芽形态性状的变化

花芽性状观测：于 2019 年 4 月观测文冠果的花芽形态性状，分化初期花序未伸长时（4 月 1~26 日），测量所有样株各区域顶侧芽的横、纵径（3 个重复），侧芽选择枝条形态学下端第 3~5 个花芽，每 5d 测量 1 次。

萌芽期不同区域的花芽形态见图 5-7。分化初期花序未伸长时（4 月 1~26 日）观测顶侧芽的横、纵径，结果见图 5-8 至图 5-11。4 月 6 日，东南方向上层外侧的花芽开始萌动，此时各区域的顶芽平均横径为 4.80mm，纵径为 7.68mm，侧芽平均横径为 3.85mm，纵径为 5.02mm。4 月 11 日，大部分区域的花芽均已萌动，顶芽平均横径为 5.09mm，纵径为 9.30mm，侧芽平均横径为 4.08mm，纵径为 6.34mm。4 月 16 日，所有区域的花芽均已萌动，花芽继续膨大，鳞片浅绿色，芽体露出，各区域顶芽的平均横径为 5.87mm，纵径为 10.83mm，侧芽平均横径为 4.69mm，纵径为 7.65mm。4 月 21 日，文冠果东南方向的上层外侧出现花蕾，各区域顶侧芽横纵径均明显增大，顶芽平均横径为 7.65mm，纵径为 27.41mm，侧芽平均横径为 6.37mm，纵径为 19.29mm。4 月 26 日，各区域的花芽鳞片脱落，露出绿色花蕾，顶芽平均横径为 8.92mm，纵径为 30.65mm，侧芽平均横径为 7.50mm，纵径为 21.72mm。从总体上看，在不同时期文冠果各区域的顶侧芽横、纵径均存在极显著（$p<0.01$）差异，且均呈现上层外侧>上层内侧>下层外侧>下层内侧的变化趋

**表 5-5 叶幕微气候与文冠果物候期的相关系数**

| 时期 | 叶幕微气候 | 萌芽期 | 花蕾出现期 | 初花期 | 盛花期 | 末花期 | 展叶初期 | 展叶盛期 | 坐果期 | 果实速生期 | 果实成熟期 | 落叶期 | 总花期 | 总生长期 |
|---|---|---|---|---|---|---|---|---|---|---|---|---|---|---|
| | 光照强度 | -0.661** | -0.623** | -0.591* | -0.444 | -0.387 | -0.678** | -0.505* | -0.254 | -0.219 | -0.490 | 0.395 | -0.182 | 0.577* |
| 1月 | 温度 | -0.783** | -0.822** | -0.422 | -0.242 | -0.272 | -0.753** | -0.595* | -0.156 | -0.112 | -0.753** | 0.702** | -0.124 | 0.776** |
| | 相对湿度 | 0.524* | 0.459 | 0.819** | 0.811** | 0.855** | 0.480 | 0.641** | 0.906** | 0.901** | 0.645** | -0.448 | 0.794** | -0.537* |
| | 光照强度 | -0.413 | -0.308 | -0.544* | -0.472 | -0.454 | -0.412 | -0.323 | -0.355 | -0.299 | -0.207 | 0.241 | -0.312 | 0.339 |
| 2月 | 温度 | -0.961** | -0.968** | -0.682** | -0.516* | -0.528* | -0.940** | -0.820** | -0.456 | -0.433 | -0.869** | 0.772** | -0.331 | 0.923** |
| | 相对湿度 | 0.225 | 0.145 | 0.556* | 0.657** | 0.669** | 0.180 | 0.378 | 0.750** | 0.762** | 0.237 | -0.226 | 0.625** | -0.261 |
| | 光照强度 | -0.417 | -0.312 | -0.554* | -0.484 | -0.464 | -0.413 | -0.331 | -0.370 | -0.315 | -0.212 | 0.245 | -0.321 | 0.344 |
| 3月 | 温度 | -0.950** | -0.957** | -0.674** | -0.500* | -0.506* | -0.929** | -0.798** | -0.423 | -0.394 | -0.859** | 0.783** | -0.304 | 0.920** |
| | 相对湿度 | 0.333 | 0.259 | 0.623** | 0.707** | 0.701** | 0.302 | 0.486 | 0.814** | 0.837** | 0.322 | -0.254 | 0.628** | -0.339 |
| | 光照强度 | -0.436 | -0.331 | -0.605* | -0.568* | -0.550* | -0.425 | -0.391 | -0.485 | -0.441 | -0.252 | 0.272 | -0.416 | 0.374 |
| 4月 | 温度 | -0.954** | -0.946** | -0.719** | -0.534* | -0.522* | -0.942** | -0.821** | -0.439 | -0.416 | -0.817** | 0.735** | -0.298 | 0.903** |
| | 相对湿度 | 0.352 | 0.280 | 0.640** | 0.716** | 0.714** | 0.319 | 0.505* | 0.825** | 0.848** | 0.348 | -0.283 | 0.636** | -0.364 |
| | 光照强度 | -0.605* | -0.634** | -0.744** | -0.785** | -0.773** | -0.635** | -0.746** | -0.716** | -0.662** | -0.646** | 0.673** | -0.655** | 0.708** |
| 5月 | 温度 | -0.791** | -0.732** | -0.868** | -0.864** | -0.862** | -0.753** | -0.770** | -0.851** | -0.800** | -0.870** | 0.715** | -0.704** | 0.924** |
| | 相对湿度 | 0.367 | 0.286 | 0.647** | 0.707** | 0.687** | 0.332 | 0.491 | 0.808** | 0.834** | 0.833 | -0.270 | 0.592* | -0.650** |
| | 光照强度 | -0.606* | -0.635** | -0.764** | -0.787** | -0.775** | -0.701** | -0.748** | -0.718** | -0.665** | -0.655** | 0.674** | -0.657** | 0.683** |
| 6月 | 温度 | -0.792** | -0.729** | -0.868** | -0.851** | -0.843** | -0.757** | -0.756** | -0.819** | -0.763** | -0.707** | 0.710** | -0.676** | 0.786** |
| | 相对湿度 | -0.166 | -0.217 | 0.204 | 0.334 | 0.353 | 0.636 | 0.742 | 0.527* | 0.588* | -0.066 | 0.149 | 0.390 | 0.125 |
| | 光照强度 | -0.600* | -0.630** | -0.741** | -0.786** | -0.772** | -0.630** | -0.743** | -0.715** | -0.663** | -0.644** | 0.669** | -0.655** | 0.678** |
| 7月 | 温度 | -0.743** | -0.678** | -0.862** | -0.858** | -0.838** | -0.709** | -0.722** | -0.827** | -0.774** | -0.669** | 0.682** | -0.672** | 0.746** |
| | 相对湿度 | 0.229 | 0.168 | 0.533* | 0.644** | 0.662** | 0.208 | 0.432 | 0.775** | 0.802** | 0.264 | -0.190 | 0.631** | -0.250 |

（续）

| 时期 | 叶幕微气候 | 萌芽期 | 花蕾出现期 | 初花期 | 盛花期 | 末花期 | 展叶初期 | 展叶盛期 | 坐果期 | 果实速生期 | 果实成熟期 | 落叶期 | 总花期 | 总生长期 |
|---|---|---|---|---|---|---|---|---|---|---|---|---|---|---|
| 8月 | 光照强度 | −0.600* | −0.630** | −0.741** | −0.786** | −0.772** | −0.630** | −0.743** | −0.715** | −0.663** | −0.644** | 0.670** | −0.655** | 0.678** |
| | 温度 | −0.743** | −0.676** | −0.862** | −0.858** | −0.841** | −0.708** | −0.724** | −0.830** | −0.778** | −0.670** | 0.680** | −0.677** | 0.746** |
| | 相对湿度 | 0.230 | 0.169 | 0.534* | 0.643** | 0.662** | 0.208 | 0.432 | 0.774** | 0.803** | 0.265 | −0.191 | 0.629** | −0.251 |
| 9月 | 光照强度 | −0.601* | −0.630** | −0.741** | −0.786** | −0.772** | −0.630** | −0.743** | −0.715** | −0.663** | −0.644** | 0.669** | −0.655** | 0.678** |
| | 温度 | −0.737** | −0.670** | −0.856** | −0.859** | −0.841** | −0.701** | −0.716** | −0.825** | −0.773** | −0.662** | 0.676** | −0.681** | 0.739** |
| | 相对湿度 | 0.331 | 0.255 | 0.620** | 0.696** | 0.688** | 0.297 | 0.478 | 0.808** | 0.835** | 0.320 | −0.253 | 0.611* | −0.339 |
| 10月 | 光照强度 | −0.661** | −0.677** | −0.764** | −0.768** | −0.741** | −0.689** | −0.743** | −0.663** | −0.612* | −0.654** | 0.675** | −0.593* | 0.707** |
| | 温度 | −0.743** | −0.675** | −0.855** | −0.847** | −0.822** | −0.709** | −0.710** | −0.807** | −0.752** | −0.657** | 0.784** | −0.653** | 0.740** |
| | 相对湿度 | 0.298 | 0.227 | 0.591* | 0.683** | 0.683** | 0.269 | 0.465 | 0.799** | 0.828** | 0.299 | −0.485 | 0.623** | −0.310 |
| 11月 | 光照强度 | −0.681** | −0.642** | −0.613* | −0.464 | −0.397 | −0.694** | −0.515* | −0.268 | −0.230 | −0.493 | 0.428 | −0.182 | 0.599* |
| | 温度 | −0.733** | −0.751** | −0.441 | −0.257 | −0.294 | −0.735** | −0.537* | −0.128 | −0.039 | −0.669** | 0.660** | −0.143 | 0.717** |
| | 相对湿度 | 0.574* | 0.502* | 0.774** | 0.781** | 0.773** | 0.543* | 0.679** | 0.864** | 0.890** | 0.542* | −0.429 | 0.635** | −0.568* |
| 12月 | 光照强度 | −0.687** | −0.649** | −0.609* | −0.461 | −0.397 | −0.701** | −0.524* | −0.269 | −0.233 | −0.498 | 0.426 | −0.184 | 0.603* |
| | 温度 | −0.786** | −0.821** | −0.454 | −0.275 | −0.311 | −0.755** | −0.613* | −0.192 | −0.144 | −0.779** | 0.740** | −0.160 | 0.798** |
| | 相对湿度 | 0.665** | 0.599* | 0.719** | 0.796** | 0.789** | 0.635** | 0.741** | 0.862** | 0.884** | 0.624** | −0.484 | 0.628** | −0.649** |
| 全年 | 光照强度 | −0.628** | −0.642** | −0.762** | −0.786** | −0.767** | −0.655** | −0.738** | −0.699** | −0.645** | −0.636** | 0.656** | −0.634** | 0.685** |
| | 温度 | −0.811** | −0.748** | −0.889** | −0.859** | −0.845** | −0.779** | −0.796** | −0.840** | −0.811** | −0.721** | 0.683** | −0.665** | 0.799** |
| | 相对湿度 | 0.464 | 0.404 | 0.698** | 0.761** | 0.784** | 0.426 | 0.619** | 0.883** | 0.899** | 0.494 | −0.408 | 0.702** | −0.489 |

注：** 表示在 0.01 水平显著相关；* 表示在 0.05 水平显著相关。

势，其中西上层外侧的顶侧芽在不同时期平均横、纵径均最大，北下层内侧最小。

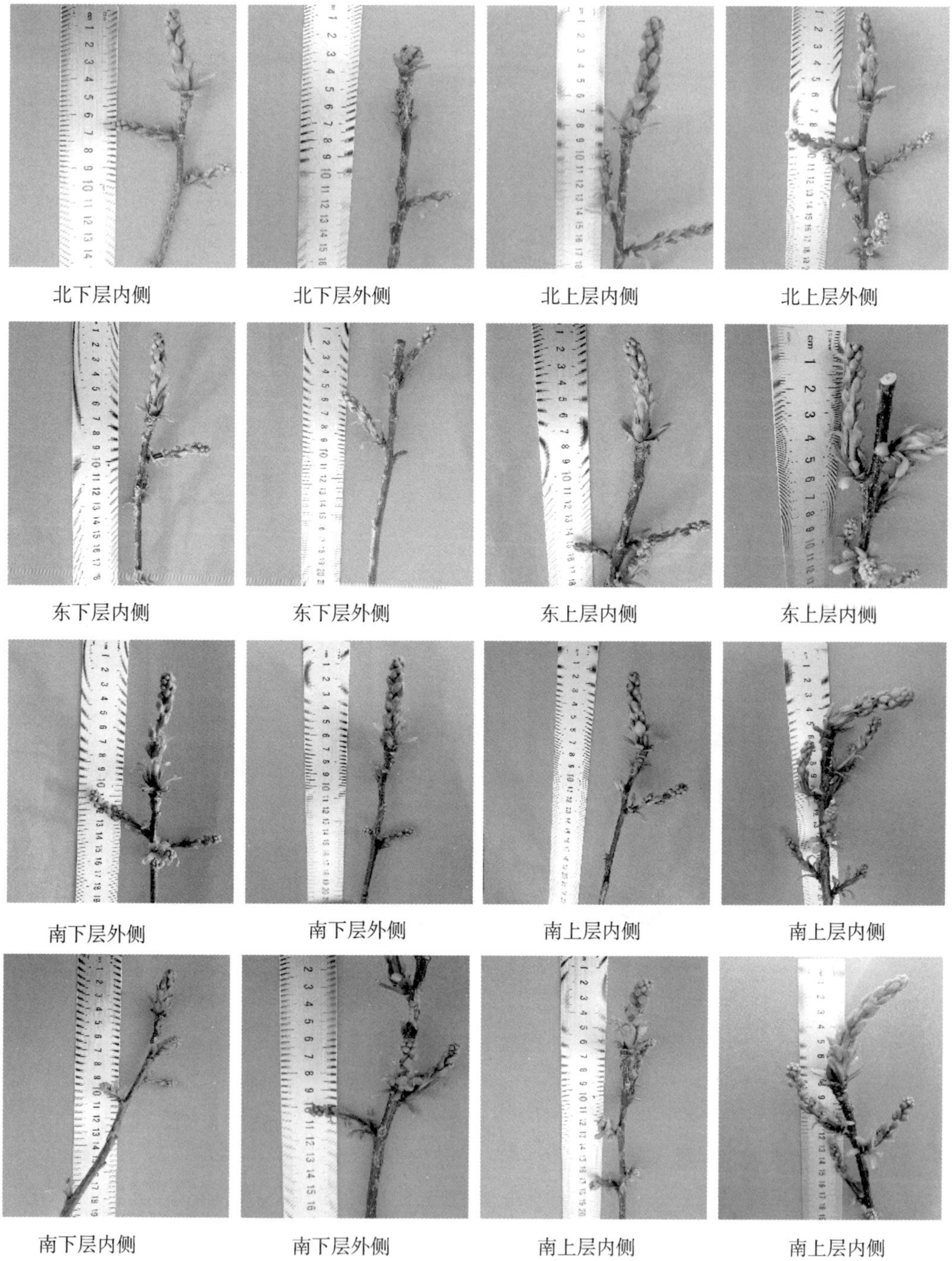

北下层内侧　北下层外侧　北上层内侧　北上层外侧

东下层内侧　东下层外侧　东上层内侧　东上层内侧

南下层外侧　南下层外侧　南上层内侧　南上层内侧

南下层内侧　南下层外侧　南上层内侧　南上层内侧

图 5-7　文冠果萌芽期树冠不同区域的花芽形态图

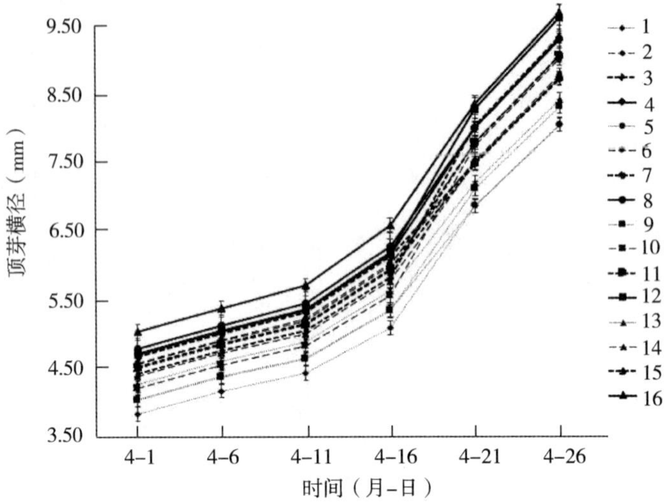


**图 5-8　树冠内不同区域的顶芽横径**

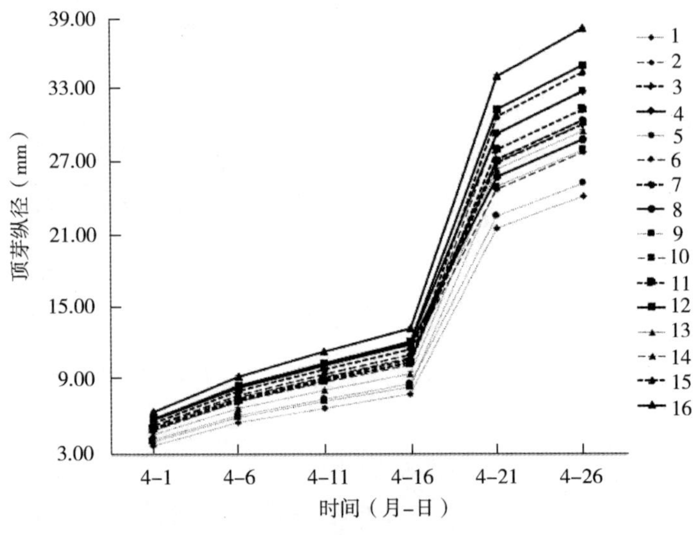


**图 5-9　树冠内不同区域的顶芽纵径**

计算文冠果花芽性状与叶幕微气候的相关系数，结果见表 5-6。结果显示：所有花芽性状与年均光照强度和温度显著（$p$<0.05）或极显著（$p$<0.01）正相关，而与年均相对湿度显著或极显著负相关，表明在光照强、温度高且湿度低的区域，有利于文冠果花芽的生长发育。在有效积温方面，顶侧芽横径与≥$K$ 有效积温和≥10℃有效积温均极显著正相关，其中顶芽横径与≥$K$ 有效积温和≥10℃有效积温的关系较为密切，相关系数分别为 0.933 和 0.922；说明随着有效积温的升高，文冠果的顶侧芽横径呈现增大趋势。

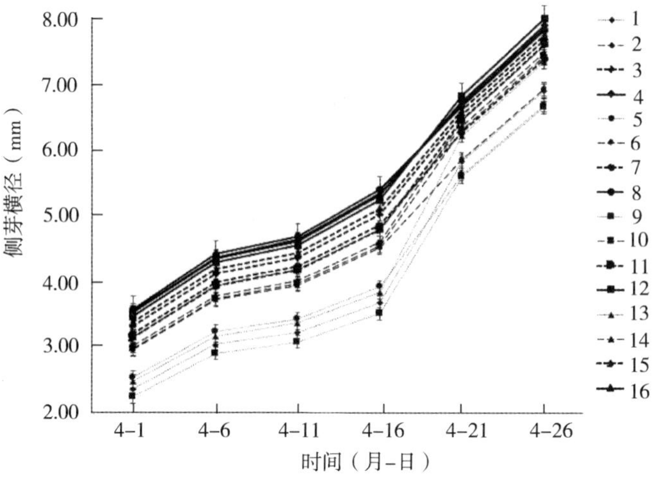


**图 5-10　树冠内不同区域的侧芽横径**

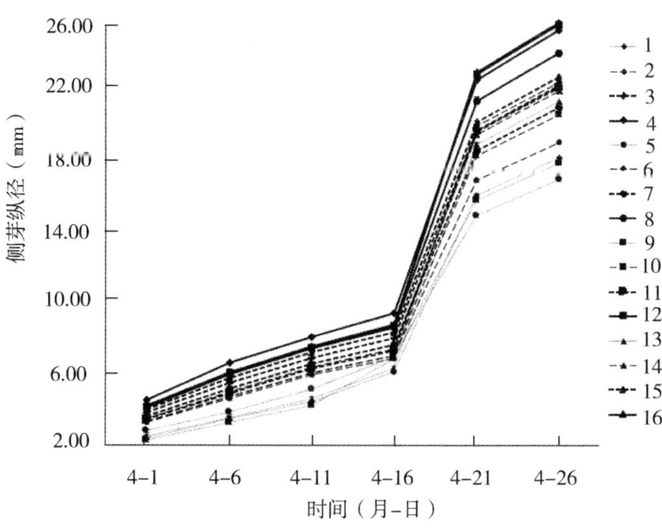


**图 5-11　树冠内不同区域的侧芽纵径**

由表 5-6 可知，顶侧芽横、纵径与 4 月的光照强度和温度的相关系数均最高，与 2 月的相对湿度相关系数最高；而这 4 个性状与叶幕微气候的平均相关系数最高的月份均为 4 月，说明 4 月的光照强度、温度和相对湿度对文冠果花芽性状的影响较为显著。

**表 5-6　不同时期花芽性状与叶幕微气候的相关性分析**

| 时期 | 叶幕微气候 | 顶芽横径 | 顶芽纵径 | 侧芽横径 | 侧芽纵径 |
|---|---|---|---|---|---|
| 1 月 | 光照强度 | 0.270 | 0.467 | 0.344 | 0.576* |
| | 温度 | -0.482 | -0.321 | -0.457 | -0.253 |
| | 相对湿度 | -0.761** | -0.684** | -0.732** | -0.568* |
| 2 月 | 光照强度 | 0.700** | 0.795** | 0.774** | 0.909** |
| | 温度 | -0.109 | 0.011 | -0.093 | 0.047 |
| | 相对湿度 | -0.881** | -0.749** | -0.847** | -0.641** |

（续）

| 时期 | 叶幕微气候 | 顶芽横径 | 顶芽纵径 | 侧芽横径 | 侧芽纵径 |
|---|---|---|---|---|---|
| 3 月 | 光照强度 | 0.715** | 0.804** | 0.785** | 0.912** |
| | 温度 | −0.130 | 0.013 | −0.106 | 0.060 |
| | 相对湿度 | −0.869** | −0.736** | −0.822** | −0.608* |
| 4 月 | 光照强度 | 0.803** | 0.856** | 0.858** | 0.930** |
| | 温度 | 0.657** | 0.695** | 0.663** | 0.673** |
| | 相对湿度 | −0.857** | −0.727** | −0.811** | −0.599* |
| 5 月 | 光照强度 | 0.502* | 0.628** | 0.522* | 0.665** |
| | 温度 | 0.593* | 0.628** | 0.594* | 0.593* |
| | 相对湿度 | −0.846** | −0.728** | −0.793** | −0.588* |
| 6 月 | 光照强度 | 0.504* | 0.628** | 0.523* | 0.664** |
| | 温度 | 0.604* | 0.652** | 0.614* | 0.637** |
| | 相对湿度 | −0.714** | −0.491 | −0.642** | −0.321 |
| 7 月 | 光照强度 | 0.504* | 0.629** | 0.523* | 0.664** |
| | 温度 | 0.651** | 0.692** | 0.656** | 0.665** |
| | 相对湿度 | −0.857** | −0.705** | −0.823** | −0.590* |
| 8 月 | 光照强度 | 0.505* | 0.630** | 0.524* | 0.665** |
| | 温度 | 0.653** | 0.689** | 0.658** | 0.663** |
| | 相对湿度 | −0.856** | −0.706** | −0.823** | −0.589* |
| 9 月 | 光照强度 | 0.505* | 0.630** | 0.524* | 0.664** |
| | 温度 | 0.012 | 0.167 | 0.045 | 0.223 |
| | 相对湿度 | −0.853** | −0.718** | −0.803** | −0.583* |
| 10 月 | 光照强度 | 0.495 | 0.644** | 0.528* | 0.698** |
| | 温度 | 0.647** | 0.690** | 0.655** | 0.672** |
| | 相对湿度 | −0.867** | −0.723** | −0.824** | −0.597* |
| 11 月 | 光照强度 | 0.299 | 0.493 | 0.373 | 0.605* |
| | 温度 | −0.325 | −0.083 | −0.248 | 0.058 |
| | 相对湿度 | −0.761** | −0.673** | −0.721** | −0.560* |
| 12 月 | 光照强度 | 0.292 | 0.482 | 0.365 | 0.596* |
| | 温度 | −0.458 | −0.296 | −0.428 | −0.227 |
| | 相对湿度 | −0.699** | −0.641** | −0.665** | −0.537* |
| 全年 | 光照强度 | 0.541* | 0.674** | 0.569* | 0.722** |
| | 温度 | 0.637** | 0.673** | 0.641** | 0.640** |
| | 相对湿度 | −0.771** | −0.651** | −0.730** | −0.529* |
| ≥$K$有效积温 | | 0.933** | 0.088 | 0.922** | 0.146 |
| ≥10℃积温 | | 0.914** | 0.098 | 0.899** | 0.160 |

注：** 表示在 0.01 水平显著相关；* 表示在 0.05 水平上显著相关。

（2）花芽性状与叶幕微气候的回归分析

分别以光照强度（$X_1$）、温度（$X_2$）和相对湿度（$X_3$）为自变量，文冠果各花芽性状（$Y$）为因变量进行多元回归分析，结果见表 5-7。可见，大部分回归方程的 $R^2$ 均较大，表明文冠果花芽性状与叶幕微气候较为密切相关，模型拟合效果较好。在顶侧芽横、纵径的回归方程中，1~5 月的 $R^2$ 均大于月份，说明 1~5 月的光照强度、温度和相对湿度更能准确预测文冠果顶侧芽横、纵径的大小；同时 4 月的 $R^2$ 在全年中均最大，说明 4 月的叶幕微气候对文冠果顶侧芽性状的影响最为显著。

**表 5-7　不同时期花芽性状与叶幕微气候的回归分析**

| 性状 | 月份 | 回归方程 | $R^2$ |
|---|---|---|---|
| 顶芽横径 | 1 月 | $Y=0.015X_1-0.748X_2-0.392X_3+12.701$ | 0.926** |
| | 2 月 | $Y=0.015X_1-0.171X_2-0.474X_3+14.154$ | 0.889** |
| | 3 月 | $Y=0.012X_1-0.207X_2-0.597X_3+13.167$ | 0.927** |
| | 4 月 | $Y=0.011X_1-0.192X_2-0.352X_3+11.090$ | 0.928** |
| | 5 月 | $Y=0.002X_1-0.284X_2-1.114X_3+27.637$ | 0.817** |
| | 6 月 | $Y=0.002X_1+0.135X_2-0.870X_3+23.244$ | 0.556* |
| | 7 月 | $Y=0.001X_1+0.003X_2-0.221X_3+16.938$ | 0.566* |
| | 8 月 | $Y=0.001X_1+0.001X_2-0.247X_3+17.580$ | 0.564* |
| | 9 月 | $Y=0.002X_1-0.201X_2-0.629X_3+22.029$ | 0.580* |
| | 10 月 | $Y=0.003X_1-0.250X_2-0.474X_3+20.771$ | 0.599* |
| | 11 月 | $Y=0.021X_1-1.650X_2-0.522X_3+14.516$ | 0.530* |
| | 12 月 | $Y=0.012X_1-0.730X_2-0.697X_3+26.630$ | 0.503* |
| | 全年 | $Y=0.004X_1-0.316X_2-0.859X_3+31.422$ | 0.658** |
| 顶芽纵径 | 1 月 | $Y=0.050X_1-1.588X_2-0.726X_3+21.012$ | 0.847** |
| | 2 月 | $Y=0.054X_1-0.276X_2-0.702X_3+17.635$ | 0.799** |
| | 3 月 | $Y=0.039X_1-0.308X_2-0.878X_3+15.909$ | 0.814** |
| | 4 月 | $Y=0.033X_1-0.266X_2-0.409X_3+9.658$ | 0.851** |
| | 5 月 | $Y=0.006X_1-0.394X_2-1.802X_3+45.740$ | 0.690** |
| | 6 月 | $Y=0.005X_1+0.348X_2-1.280X_3+34.235$ | 0.609* |
| | 7 月 | $Y=0.003X_1+0.148X_2-0.308X_3+23.074$ | 0.549* |
| | 8 月 | $Y=0.003X_1+0.164X_2-0.347X_3+24.136$ | 0.547* |
| | 9 月 | $Y=0.005X_1-0.037X_2-0.886X_3+30.419$ | 0.558* |
| | 10 月 | $Y=0.011X_1-0.137X_2-0.709X_3+30.839$ | 0.587* |
| | 11 月 | $Y=0.059X_1-3.107X_2-0.899X_3+22.264$ | 0.594* |
| | 12 月 | $Y=0.045X_1-1.516X_2-1.190X_3+43.344$ | 0.592* |
| | 全年 | $Y=0.011X_1-0.205X_2-1.077X_3+40.458$ | 0.593* |

（续）

| 性状 | 月份 | 回归方程 | $R^2$ |
|---|---|---|---|
| 侧芽横径 | 1 月 | $Y=0.019X_1-0.813X_2-0.373X_3+10.380$ | 0.931** |
| | 2 月 | $Y=0.022X_1-0.198X_2-0.416X_3+10.481$ | 0.910** |
| | 3 月 | $Y=0.016X_1-0.221X_2-0.511X_3+9.372$ | 0.932** |
| | 4 月 | $Y=0.014X_1-0.205X_2-0.267X_3+6.738$ | 0.938** |
| | 5 月 | $Y=0.002X_1-0.242X_2-1.023X_3+24.302$ | 0.725** |
| | 6 月 | $Y=0.002X_1+0.157X_2-0.798X_3+19.948$ | 0.587* |
| | 7 月 | $Y=0.001X_1-0.221X_2-0.511X_3+14.878$ | 0.523* |
| | 8 月 | $Y=0.001X_1+0.020X_2-0.236X_3+15.449$ | 0.521* |
| | 9 月 | $Y=0.002X_1-0.128X_2-0.565X_3+18.334$ | 0.603* |
| | 10 月 | $Y=0.004X_1-0.197X_2-0.444X_3+18.188$ | 0.543* |
| | 11 月 | $Y=0.025X_1-1.693X_2-0.472X_3+10.946$ | 0.578* |
| | 12 月 | $Y=0.016X_1-0.778X_2-0.634X_3+22.661$ | 0.579* |
| | 全年 | $Y=0.004X_1-0.254X_2-0.772X_3+27.155$ | 0.610* |
| 侧芽纵径 | 1 月 | $Y=0.052X_1-1.371X_2-0.421X_3+9.597$ | 0.823** |
| | 2 月 | $Y=0.065X_1-0.288X_2-0.256X_3+1.507$ | 0.888** |
| | 3 月 | $Y=0.046X_1-0.266X_2-0.279X_3+0.118$ | 0.890** |
| | 4 月 | $Y=0.038X_1-0.235X_2-0.059X_3-6.852$ | 0.896** |
| | 5 月 | $Y=0.005X_1-0.194X_2-0.911X_3+26.148$ | 0.675** |
| | 6 月 | $Y=0.005X_1+0.287X_2-0.629X_3+16.531$ | 0.555* |
| | 7 月 | $Y=0.003X_1+0.148X_2-0.167X_3+12.142$ | 0.577* |
| | 8 月 | $Y=0.003X_1+0.173X_2-0.059X_3+12.380$ | 0.576* |
| | 9 月 | $Y=0.004X_1-0.185X_2-0.400X_3+12.935$ | 0.568* |
| | 10 月 | $Y=0.011X_1+0.062X_2-0.382X_3+16.132$ | 0.610* |
| | 11 月 | $Y=0.058X_1-2.437X_2-0.450X_3+5.976$ | 0.609* |
| | 12 月 | $Y=0.050X_1-1.272X_2-0.604X_3+19.578$ | 0.576* |
| | 全年 | $Y=0.011X_1+0.001X_2-0.433X_3+17.395$ | 0.563* |

注：$X_1$表示光照强度；$X_2$表示温度；$X_3$表示相对湿度。** 表示在 0.01 水平上显著相关；* 表示在 0.05 水平上显著相关。

### 5.1.3.2 不同区域花性状的变化规律

（1）不同区域花形态性状的变化分析

花性状调查：花序伸长后（4 月 27 日～5 月 9 日），测量不同区域雌雄能花的横、纵径（各 3 个重复），每 3d 测量 1 次。于花期（5 月 10 日）分区观测每个枝条上的花序个数、花序长度、花朵数和雌能花数。计算雌能花比例＝雌能花数/花朵数；雄能花数＝花朵数－雌能花数；花朵密度（朵/cm）＝花朵数/花序长。

花序伸长后（2019 年 4 月 27 日～5 月 9 日）动态观测不同区域的雌、雄能花形态性

北下层内侧　北下层外侧　北上层内侧　北上层外侧

东下层内侧　东下层外侧　东上层内侧　东上层外侧

南上层内侧　南上层外侧　南下层内侧　南下层外侧

西下层内侧　西下层外侧　西上层内侧　西上层外侧

**图 5-12　文冠果花蕾出现期树冠不同区域的花芽形态**

状，花蕾出现期、初花期不同区域的花朵形态图见图 5-12 至图 5-13。横、纵径观测结果见图 5-14 至图 5-17。4 月 27 日，文冠果各区域均已进入花蕾出现期，雌雄能花的花蕾增大至露白，不同区域的雄能花平均横径为 1. 91mm，纵径为 3. 32mm，雌能花平均横径为 1. 60mm，纵径为 2. 27mm。4 月 30 日，雌雄能花继续膨大，此时各区域的雄能花平均横径为 5. 00mm，纵径为 6. 43mm，雌能花平均横径为 3. 78mm，纵径为 4. 97mm。5 月 3 日，不

**图 5-13　文冠果初花期树冠不同区域的花朵形态**

同区域的上层外侧的花朵逐渐开放，且雄能花开放的时间早于雌能花，各区域的雄能花平均横径为 8. 08mm，纵径为 9. 53mm，雌能花平均横径为 6. 34mm，纵径为 8. 09mm。5 月 6 日，各叶幕区域的花朵均已开放，雌雄能花的横、纵径迅速增大，南上层外侧超过 70%的花朵已开放，进入盛花期，各区域雄能花的平均横径为 18. 41mm，纵径为 17. 41mm，雌能花平均横径为 17. 15mm，纵径为 15. 19mm。5 月 9 日，除北下层内侧外，文冠果的叶幕区

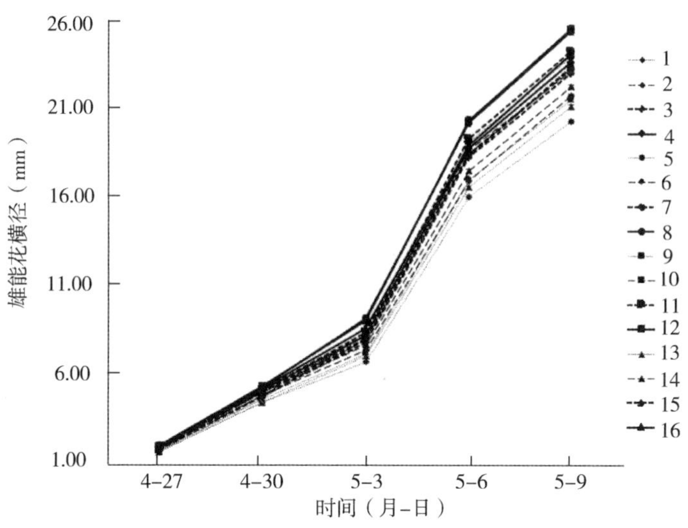


**图 5-14　树冠内不同区域的雄能花横径**

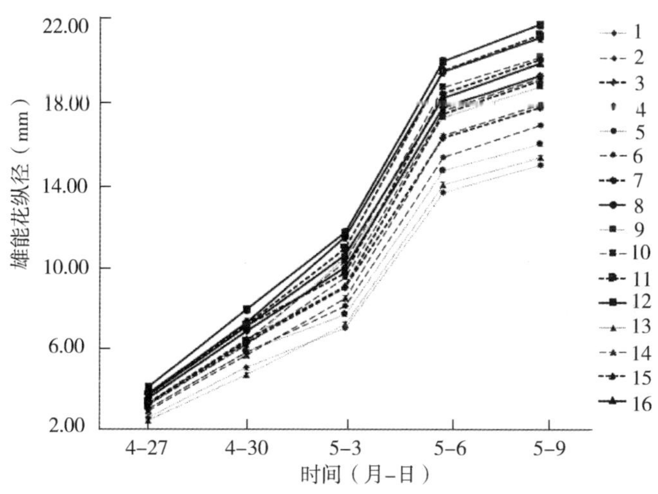


**图 5-15　树冠内不同区域的雄能花纵径**

域均已进入盛花期，此时雄能花散粉、雌能花可授，各区域雄能花的平均横径为23. 23mm，纵径为19. 05mm，雌能花平均横径为21. 67mm，纵径为16. 94mm。在花期的不同阶段，文冠果雌雄能花的横、纵径均存在极显著（$p<0.01$）差异，且均呈现上层外侧>上层内侧>下层外侧>下层内侧的变化趋势，其中南上层外侧的雌雄能花在不同阶段平均横、纵径均最大，北下层内侧均最小。

（2）花形态性状与叶幕微气候的相关性

计算文冠果的花形态性状与叶幕微气候的相关系数，结果见表 5-8。结果显示：所有性状与年均光照强度和温度显著（$p<0.05$）或极显著（$p<0.01$）正相关，而与年均相对湿度显著或极显著负相关，表明在温度高、光照强且湿度低的区域，有利于文冠果花的生长发育。其中，雄能花纵径与年均叶幕微气候的平均相关系数最高，为 0. 844。在有效积

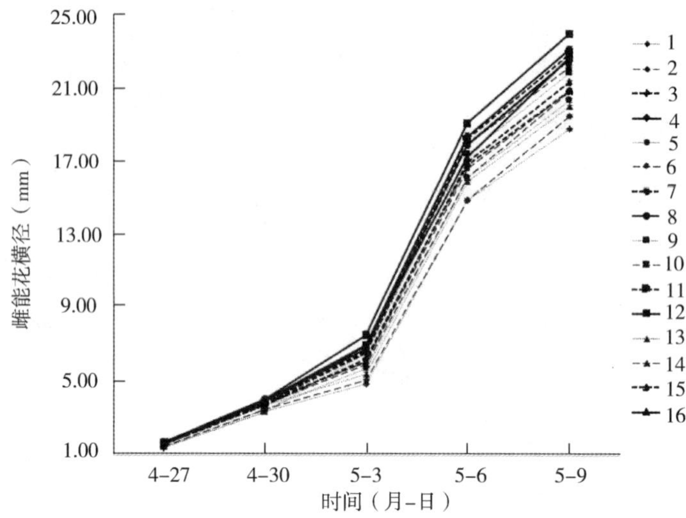


图 5-16　树冠内不同区域的雌能花横径

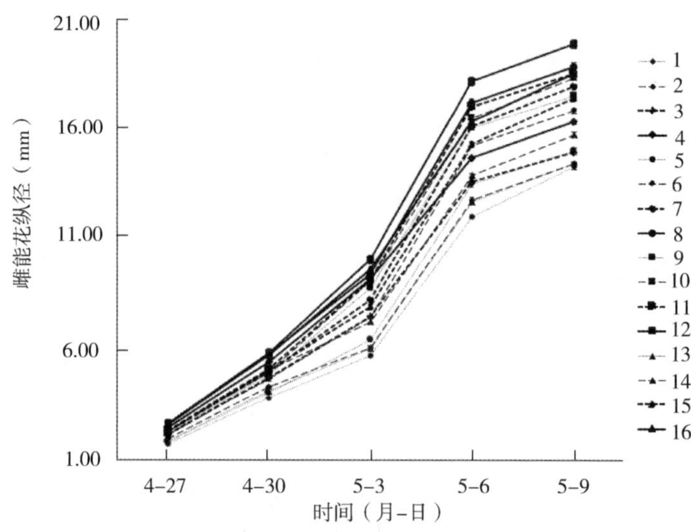


图 5-17　不同区域的雌能花纵径

温方面，雌雄花横、纵径与有效积温均极显著正相关，其中雄能花纵径与≥$K$有效积温和≥10℃有效积温关系较为密切，说明随着有效积温的升高，文冠果的雌雄花横、纵径呈现增大趋势。

由表 5-8 可知，雌雄花横、纵径与 4 月光照强度相关性均最密切，与 5 月的温度相关性最密切，与 3 月的相对湿度相关系数最高；而这 4 个性状与叶幕微气候的平均相关系数最高的月份均为 4 月。说明 3~5 月的叶幕微气候对文冠果的花形态性状影响较为显著，其中应重点研究 4 月的光照强度、温度和相对湿度。

**表 5-8　花形态性状与叶幕微气候的相关性分析**

| 时期 | 叶幕微气候 | 雄能花横径 | 雄能花纵径 | 雌能花横径 | 雌能花纵径 |
|---|---|---|---|---|---|
| 1 月 | 光照强度 | 0. 369 | 0. 484 | 0. 339 | 0. 363 |
| | 温度 | −0. 240 | −0. 021 | −0. 253 | −0. 151 |
| | 相对湿度 | −0. 905 ** | −0. 929 ** | −0. 905 ** | −0. 941 ** |
| 2 月 | 光照强度 | 0. 713 ** | 0. 747 ** | 0. 707 ** | 0. 696 ** |
| | 温度 | 0. 156 | 0. 356 | 0. 146 | 0. 239 |
| | 相对湿度 | −0. 922 ** | −0. 860 ** | −0. 939 ** | −0. 918 ** |
| 3 月 | 光照强度 | 0. 727 ** | 0. 759 ** | 0. 721 ** | 0. 710 ** |
| | 温度 | 0. 126 | 0. 336 | 0. 118 | 0. 211 |
| | 相对湿度 | −0. 940 ** | −0. 930 ** | −0. 957 ** | −0. 946 ** |
| 4 月 | 光照强度 | 0. 823 ** | 0. 844 ** | 0. 817 ** | 0. 808 ** |
| | 温度 | 0. 798 ** | 0. 912 ** | 0. 787 ** | 0. 863 ** |
| | 相对湿度 | −0. 936 ** | −0. 894 ** | −0. 955 ** | −0. 944 ** |
| 5 月 | 光照强度 | 0. 587 * | 0. 673 ** | 0. 538 * | 0. 612 * |
| | 温度 | 0. 836 ** | 0. 937 ** | 0. 824 ** | 0. 891 ** |
| | 相对湿度 | −0. 923 ** | −0. 887 ** | −0. 946 ** | −0. 939 ** |
| 6 月 | 光照强度 | 0. 588 * | 0. 675 ** | 0. 540 * | 0. 614 * |
| | 温度 | 0. 801 ** | 0. 915 ** | 0. 789 ** | 0. 861 ** |
| | 相对湿度 | −0. 678 ** | −0. 526 * | −0. 716 ** | −0. 643 ** |
| 7 月 | 光照强度 | 0. 586 * | 0. 672 ** | 0. 537 * | 0. 611 * |
| | 温度 | 0. 831 ** | 0. 933 ** | 0. 822 ** | 0. 887 ** |
| | 相对湿度 | −0. 907 ** | −0. 840 ** | −0. 925 ** | −0. 898 ** |
| 8 月 | 光照强度 | 0. 587 * | 0. 673 ** | 0. 538 * | 0. 612 * |
| | 温度 | 0. 836 ** | 0. 935 ** | 0. 827 ** | 0. 890 ** |
| | 相对湿度 | −0. 906 ** | −0. 840 ** | −0. 925 ** | −0. 897 ** |
| 9 月 | 光照强度 | 0. 587 * | 0. 673 ** | 0. 537 * | 0. 611 * |
| | 温度 | 0. 237 | 0. 433 | 0. 230 | 0. 308 |
| | 相对湿度 | −0. 929 ** | −0. 881 ** | −0. 949 ** | −0. 936 ** |
| 10 月 | 光照强度 | 0. 586 * | 0. 685 ** | 0. 538 * | 0. 606 * |
| | 温度 | 0. 827 ** | 0. 929 ** | 0. 816 ** | 0. 880 ** |
| | 相对湿度 | −0. 931 ** | −0. 876 ** | −0. 950 ** | −0. 931 ** |
| 11 月 | 光照强度 | 0. 395 | 0. 515 * | 0. 368 | 0. 393 |
| | 温度 | −0. 130 | 0. 091 | −0. 148 | −0. 054 |
| | 相对湿度 | −0. 904 ** | −0. 911 ** | −0. 924 ** | −0. 927 ** |
| 12 月 | 光照强度 | 0. 390 | 0. 509 * | 0. 362 | 0. 388 |
| | 温度 | −0. 204 | 0. 014 | −0. 214 | −0. 117 |
| | 相对湿度 | −0. 865 ** | −0. 898 ** | −0. 884 ** | −0. 895 ** |

（续）

| 时期 | 叶幕微气候 | 雄能花横径 | 雄能花纵径 | 雌能花横径 | 雌能花纵径 |
|---|---|---|---|---|---|
| 全年 | 光照强度 | 0.624** | 0.712** | 0.577* | 0.644** |
| | 温度 | 0.826** | 0.931** | 0.823** | 0.880** |
| | 相对湿度 | −0.898** | −0.889** | −0.918** | −0.921** |
| ≥K 有效积温 | | 0.918** | 0.943** | 0.907** | 0.937** |
| ≥10℃积温 | | 0.902** | 0.933** | 0.895** | 0.925** |

注：** 表示在 0.01 水平显著相关；* 表示在 0.05 水平显著相关。

（3）花形态性状与叶幕微气候的回归分析

分别以各微气候因子为自变量，文冠果的花形态性状（$Y$）为因变量进行多元回归分析，结果如表 5-9 所示。可见，大部分回归方程的 $R^2$ 均较大，表明文冠果花形态性状与叶幕微气候密切相关，模型拟合效果较好。在雌雄花横径的回归方程中，2～5 月的 $R^2$ 均大于月份，说明 2～5 月的叶幕微气候能够较为准确地拟合文冠果雌雄花横径的模型；在雌雄花纵径的回归方程中，3～6 月的 $R^2$ 均大于月份，同时 5 月的 $R^2$ 在全年中均最大，说明 3～6 月的叶幕微气候更能准确预测文冠果雌雄花纵径的大小，且 5 月的微气候对其影响最为显著。

**表 5-9　花形态性状与叶幕微气候的回归分析**

| 性状 | 月份 | 回归方程 | $R^2$ |
|---|---|---|---|
| 雄能花横径 | 1 月 | $Y=0.016X_1-0.587X_2-0.693X_3+23.371$ | 0.551* |
| | 2 月 | $Y=0.015X_1+0.111X_2-0.761X_3+22.597$ | 0.928** |
| | 3 月 | $Y=0.012X_1-0.012X_2-0.975X_3+21.086$ | 0.959** |
| | 4 月 | $Y=0.010X_1-0.023X_2-0.642X_3+19.907$ | 0.967** |
| | 5 月 | $Y=0.002X_1-0.026X_2-1.186X_3+27.030$ | 0.909** |
| | 6 月 | $Y=0.001X_1+0.436X_2-0.999X_3+23.750$ | 0.606* |
| | 7 月 | $Y=0.001X_1+0.193X_2-0.252X_3+16.866$ | 0.522* |
| | 8 月 | $Y=0.001X_1+0.234X_2-0.278X_3+16.915$ | 0.520* |
| | 9 月 | $Y=0.001X_1+0.120X_2-0.698X_3+21.838$ | 0.523* |
| | 10 月 | $Y=0.003X_1+0.221X_2-0.536X_3+21.319$ | 0.538* |
| | 11 月 | $Y=0.018X_1-1.170X_2-1.034X_3+36.369$ | 0.591* |
| | 12 月 | $Y=0.011X_1-0.619X_2-1.211X_3+46.945$ | 0.605* |
| | 全年 | $Y=0.003X_1+0.027X_2-0.995X_3+34.610$ | 0.853** |
| 雄能花纵径 | 1 月 | $Y=0.022X_1-0.348X_2-0.988X_3+28.303$ | 0.551* |
| | 2 月 | $Y=0.021X_1+0.460X_2-0.952X_3+21.854$ | 0.533* |
| | 3 月 | $Y=0.016X_1+0.262X_2-1.225X_3+19.784$ | 0.950** |
| | 4 月 | $Y=0.012X_1+0.223X_2-0.809X_3+16.817$ | 0.941** |
| | 5 月 | $Y=0.002X_1+0.366X_2-1.003X_3+15.017$ | 0.959** |
| | 6 月 | $Y=0.002X_1+0.804X_2-0.867X_3+11.786$ | 0.947** |

（续）

| 性状 | 月份 | 回归方程 | $R^2$ |
|---|---|---|---|
| 雄能花纵径 | 7 月 | $Y=0.001X_1+0.467X_2-0.236X_3+6.046$ | 0.564* |
| | 8 月 | $Y=0.001X_1+0.558X_2-0.809X_3+5.480$ | 0.563* |
| | 9 月 | $Y=0.002X_1+0.667X_2-0.565X_3+8.701$ | 0.559* |
| | 10 月 | $Y=0.004X_1+0.940X_2-0.470X_3+10.698$ | 0.571* |
| | 11 月 | $Y=0.019X_1-0.421X_2-1.501X_3+51.970$ | 0.580* |
| | 12 月 | $Y=0.016X_1-0.459X_2-1.640X_3+53.538$ | 0.568* |
| | 全年 | $Y=0.003X_1+0.646X_2-0.798X_3+20.685$ | 0.927** |
| 雌能花横径 | 1 月 | $Y=0.015X_1-0.589X_2-0.711X_3+23.072$ | 0.542* |
| | 2 月 | $Y=0.014X_1+0.108X_2-0.801X_3+22.698$ | 0.950** |
| | 3 月 | $Y=0.011X_1-0.017X_2-1.025X_3+21.083$ | 0.982** |
| | 4 月 | $Y=0.009X_1-0.024X_2-0.687X_3+19.358$ | 0.984** |
| | 5 月 | $Y=0.001X_1-0.038X_2-1.288X_3+27.880$ | 0.926** |
| | 6 月 | $Y=0.001X_1+0.465X_2-1.078X_3+21.422$ | 0.520* |
| | 7 月 | $Y=0.001X_1+0.206X_2-0.270X_3+16.586$ | 0.533* |
| | 8 月 | $Y=0.001X_1+0.247X_2-0.300X_3+16.773$ | 0.532* |
| | 9 月 | $Y=0.001X_1+0.111X_2-0.75X_3+22.351$ | 0.535* |
| | 10 月 | $Y=0.002X_1+0.237X_2-0.571X_3+21.331$ | 0.548* |
| | 11 月 | $Y=0.016X_1-1.128X_2-1.104X_3+38.091$ | 0.516* |
| | 12 月 | $Y=0.009X_1-0.617X_2-1.288X_3+48.790$ | 0.535* |
| | 全年 | $Y=0.002X_1+0.059X_2-1.060X_3+35.188$ | 0.866** |
| 雌能花纵径 | 1 月 | $Y=0.016X_1-0.501X_2-0.975X_3+28.145$ | 0.551* |
| | 2 月 | $Y=0.015X_1+0.294X_2-1.029X_3+25.203$ | 0.537* |
| | 3 月 | $Y=0.012X_1+0.110X_2-1.323X_3+23.154$ | 0.954** |
| | 4 月 | $Y=0.010X_1+0.081X_2-0.895X_3+20.914$ | 0.962** |
| | 5 月 | $Y=0.002X_1+0.138X_2-1.360X_3+23.987$ | 0.964** |
| | 6 月 | $Y=0.001X_1+0.681X_2-1.158X_3+20.263$ | 0.951** |
| | 7 月 | $Y=0.001X_1+0.353X_2-0.283X_3+11.855$ | 0.559* |
| | 8 月 | $Y=0.001X_1+0.422X_2-0.313X_3+11.724$ | 0.558* |
| | 9 月 | $Y=0.001X_1+0.363X_2-0.795X_3+17.629$ | 0.564* |
| | 10 月 | $Y=0.003X_1+0.608X_2-0.610X_3+17.200$ | 0.570* |
| | 11 月 | $Y=0.014X_1-0.789X_2-1.493X_3+50.678$ | 0.582* |
| | 12 月 | $Y=0.009X_1-0.594X_2-1.668X_3+59.887$ | 0.587* |
| | 全年 | $Y=0.003X_1+0.289X_2-1.140X_3+33.125$ | 0.907** |

注：$X_1$表示光照强度；$X_2$表示温度；$X_3$表示相对湿度。** 表示在 0.01 水平上极显著相关；* 表示在 0.05 水平上显著相关。

（4）叶幕区域花数量性状的差异分析

于花期（2019 年 5 月）调查文冠果不同叶幕区域的花数量性状，盛花期的花朵形态见图 5-18。结果显示：文冠果不同叶幕区域的花数量性状均呈现极显著（$p<0.01$）差异。在花序个数方面（图 5-19），不同方位上均呈现上层外侧>下层外侧>上层内侧≥下层内侧的变化趋势，南上层的花序个数外侧最多（16 个），其次为东上层外侧（14 个），北下层内侧、北上层内侧和西上层内侧最少（3 个）；在花序长度方面（图 5-20），不同方位上均呈现上层外侧>下层外侧>上层内侧>下层内侧的变化规律，其中，南上层外侧花序长度

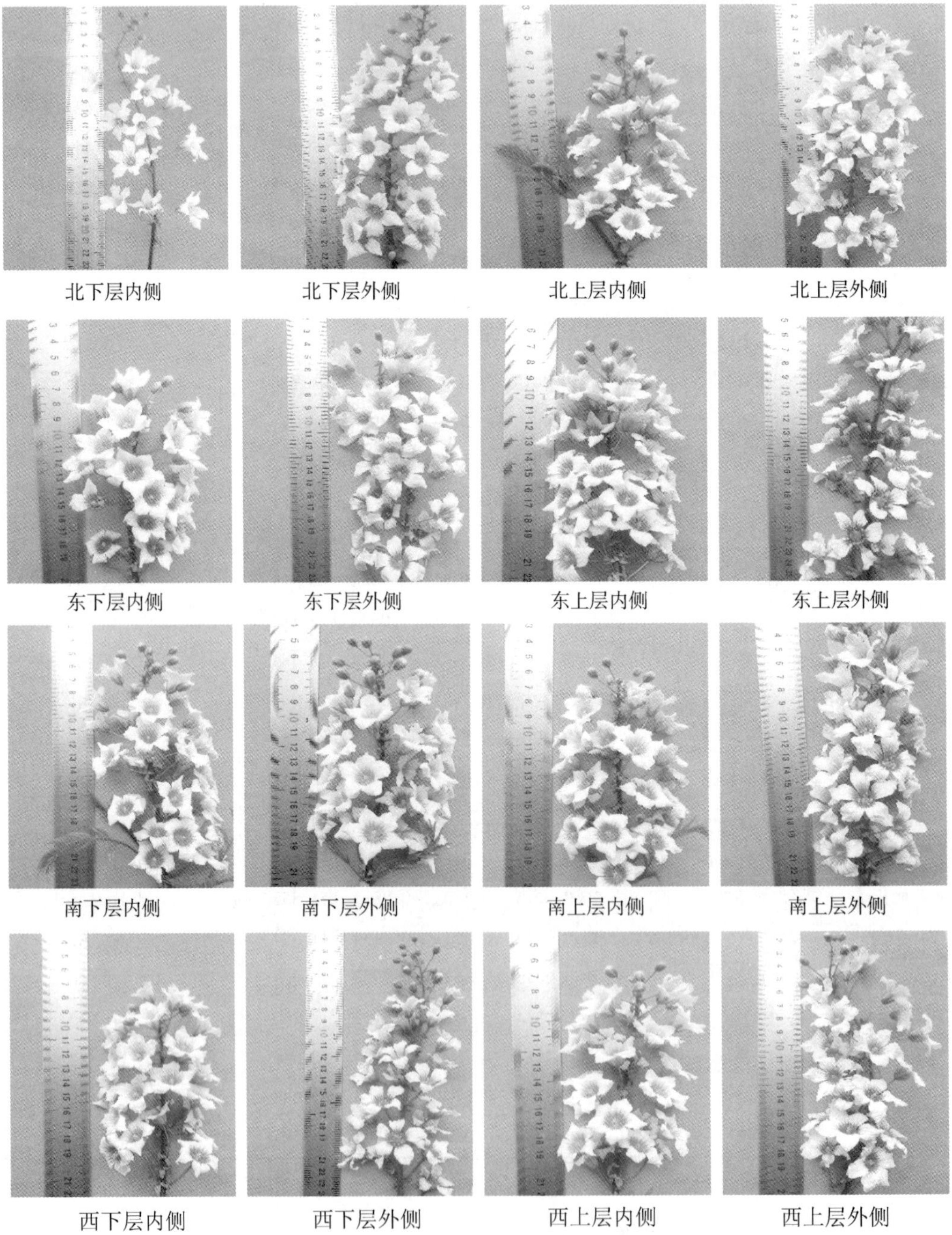

北下层内侧　北下层外侧　北上层内侧　北上层外侧

东下层内侧　东下层外侧　东上层内侧　东上层外侧

南下层内侧　南下层外侧　南上层内侧　南上层外侧

西下层内侧　西下层外侧　西上层内侧　西上层外侧

**图 5-18　文冠果盛花期树冠不同区域的花朵形态**

最大（22.67cm），北下层内侧最小（14.23cm）。

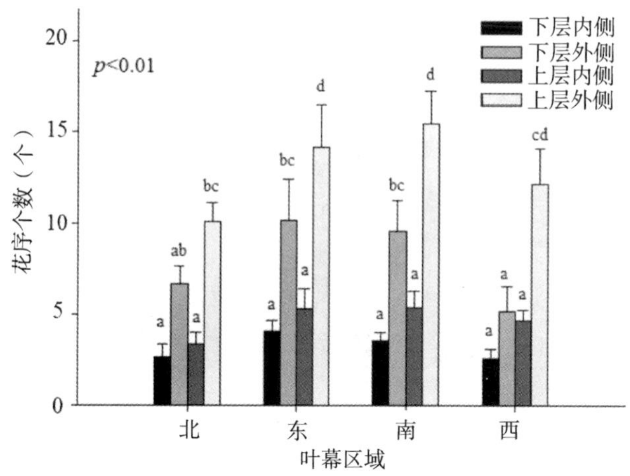


**图 5-19　树冠内不同区域的花序个数**

注：不同字母表示 0.05 水平下不同处理间的差异显著性，误差线代表标准误。

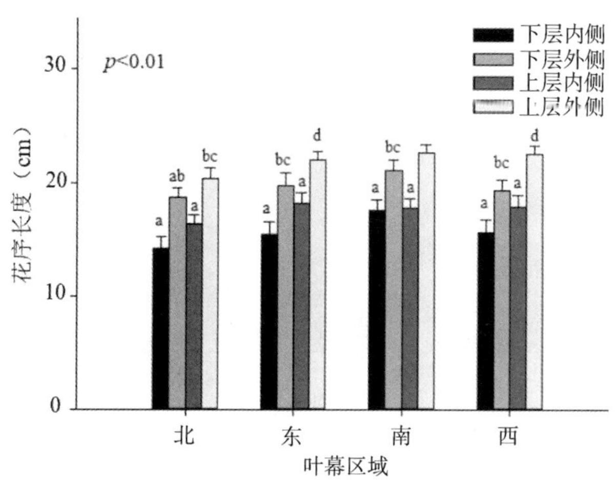


**图 5-20　树冠内不同区域的花序长度**

花朵数、雌雄能花数（图 5-21 至图 5-23）是反映文冠果开花坐果情况的重要指标。在垂直方向上，随着冠层的升高，不同方向的花朵数、雌能花数和雄能花数均有明显的增加，其中以西上层外侧和下层外侧的花朵数（139 朵）和雄能花数（115 朵）差值最大，南方向的上、下两层外侧的雌能花数差别最大（26 朵）。在水平方向上，外侧的花朵数、雌能花数和雄能花数显著高于内侧，东南方向显著（$p<0.05$）高于西北方向。从总体上看，南上层外侧的花朵数（305 朵）、雌能花数（60 朵）和雄能花数（245 朵）最多，北下层内侧的花朵数（45 朵）、雌能花数（3 朵）和雄能花数（42 朵）最少。

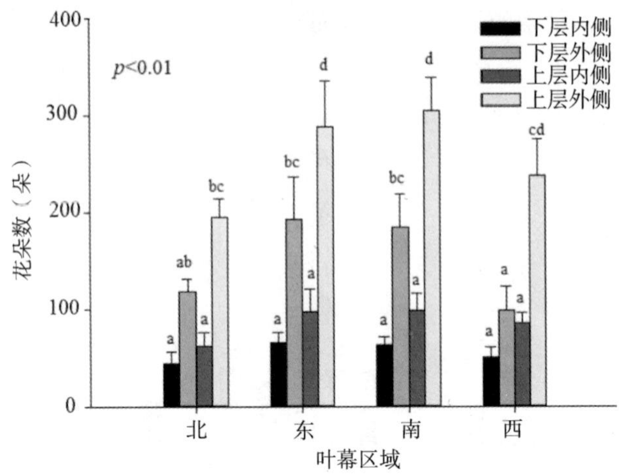

**图 5-21　树冠内不同区域的花朵数**

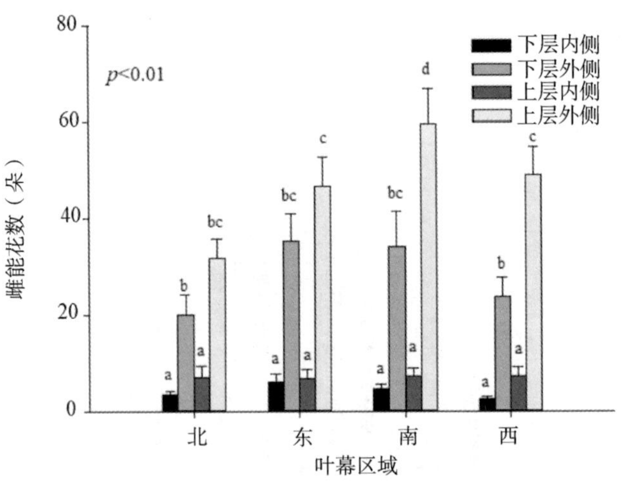


**图 5-22　树冠内不同区域的雌能花数**

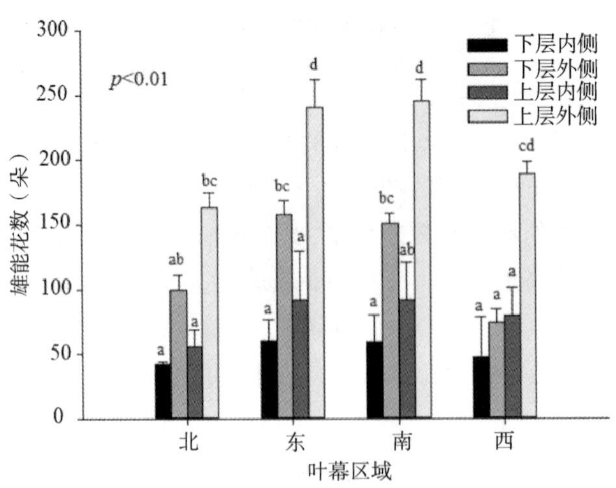


**图 5-23　树冠内不同区域的雄能花数**

在雌能花比例方面（图 5-24），南北两侧呈现上层外侧>下层外侧>上层内侧>下层内侧的变化规律，东西两侧呈现下层外侧>上层外侧>上层内侧>下层内侧的变化趋势，其中西下层外侧的雌能花比例最高（29.87%），西下层内侧最低（5.67%）。在花朵密度方面（图 5-25），均呈现出上层外侧>下层外侧>上层内侧>下层内侧的变化趋势，其中，南上层内侧最大（13.73 朵/cm），西下层内侧最小（3.20 朵/cm）。

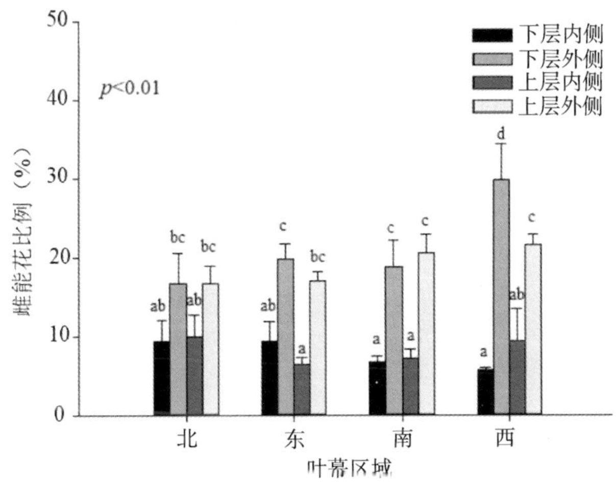


**图 5-24　树冠内不同区域的雌能花比例**

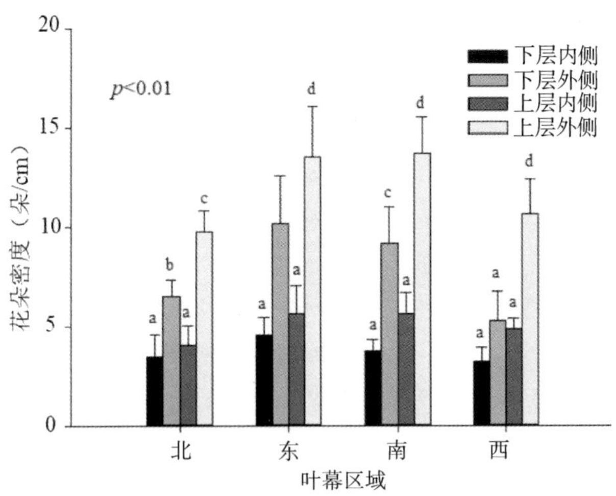


**图 5-25　树冠内不同区域的花朵密度**

（5）花数量性状与叶幕微气候的相关性分析

计算文冠果花数量性状与叶幕微气候的相关系数，结果如表 5-10 所示。所有性状均与年均光照强度和温度显著（$p<0.05$）或极显著（$p<0.01$）正相关，而与年均相对湿度负相关，说明在光照强、温度高且湿度低的区域，有利于文冠果花朵的生长发育。随着有效积温升高，文冠果的花序个数、雌雄花数量等均呈现增大趋势。

如表 5-10 所示，花序个数、花朵数、雄能花数和花朵密度均与 5 月的光照强度和相对湿度相关系数最高，同时均与 6 月温度的相关系数最高，分别为 0.671、0.688、0.710

和0.665；而这4个性状与叶幕微气候的平均相关系数最高的月份为5月。花序长度和雌能花数与1月的相对湿度相关性最为密切，与5月的光照强度相关性最密切，同时与7月的温度相关系数最高；这两个性状与叶幕微气候的平均相关系数最高的月份为5月。雌能花比例与7月的光照强度相关系数最高，而与全年各月份的温度和相对湿度无显著相关性，说明雌能花比例受温度和相对湿度的影响程度较小。

综上所述，1月、5~7月的光照强度、温度和相对湿度对文冠果花数量性状的影响较为显著，进一步研究文冠果的花数量性状应重点关注5月的叶幕微气候。

**表5-10　花朵性状与叶幕微气候的相关性分析**

| 时期 | 叶幕微气候 | 花序个数 | 花序长度 | 花朵数 | 雌能花数 | 雄能花数 | 雌能花比例 | 花朵密度 |
|---|---|---|---|---|---|---|---|---|
| 1月 | 光照强度 | 0.545* | 0.595* | 0.596* | 0.502* | 0.616* | 0.235 | 0.610* |
| | 温度 | 0.309 | 0.153 | 0.317 | 0.184 | 0.351 | -0.136 | 0.376 |
| | 相对湿度 | -0.467 | -0.616* | -0.473 | -0.446 | -0.476 | -0.253 | -0.435 |
| 2月 | 光照强度 | 0.530* | 0.602* | 0.573* | 0.508* | 0.585* | 0.223 | 0.538* |
| | 温度 | 0.507* | 0.406 | 0.519* | 0.365 | 0.556* | -0.041 | 0.562* |
| | 相对湿度 | -0.353 | -0.493 | -0.354 | -0.361 | -0.348 | -0.209 | -0.295 |
| 3月 | 光照强度 | 0.531* | 0.607* | 0.573* | 0.509* | 0.585* | 0.223 | 0.537* |
| | 温度 | 0.510* | 0.406 | 0.530* | 0.376 | 0.567* | -0.034 | 0.576* |
| | 相对湿度 | -0.373 | -0.531* | -0.381 | -0.362 | -0.382 | -0.177 | -0.330 |
| 4月 | 光照强度 | 0.554* | 0.651** | 0.592* | 0.532* | 0.602* | 0.251 | 0.551* |
| | 温度 | 0.578* | 0.499 | 0.608* | 0.456 | 0.644** | 0.037 | 0.648** |
| | 相对湿度 | -0.383 | -0.535* | -0.391 | -0.373 | -0.391 | -0.185 | -0.341 |
| 5月 | 光照强度 | 0.956** | 0.961** | 0.965** | 0.963** | 0.956** | 0.736** | 0.962** |
| | 温度 | 0.654** | 0.717** | 0.668** | 0.565* | 0.689** | 0.149 | 0.646** |
| | 相对湿度 | -0.484 | -0.536* | -0.501* | -0.358 | -0.518* | -0.096 | -0.478 |
| 6月 | 光照强度 | 0.954** | 0.961** | 0.964** | 0.961** | 0.954** | 0.737** | 0.961** |
| | 温度 | 0.671** | 0.732** | 0.688** | 0.582* | 0.710** | 0.156 | 0.665** |
| | 相对湿度 | 0.013 | -0.158 | 0.018 | -0.054 | 0.038 | -0.141 | 0.075 |
| 7月 | 光照强度 | 0.953** | 0.961** | 0.962** | 0.961** | 0.952** | 0.742** | 0.960** |
| | 温度 | 0.666** | 0.737** | 0.681** | 0.584* | 0.702** | 0.168 | 0.654** |
| | 相对湿度 | -0.306 | -0.499 | -0.318 | -0.340 | -0.309 | -0.302 | -0.267 |
| 8月 | 光照强度 | 0.953** | 0.961** | 0.962** | 0.961** | 0.952** | 0.742** | 0.960** |
| | 温度 | 0.660** | 0.731** | 0.675** | 0.578* | 0.695** | 0.163 | 0.648** |
| | 相对湿度 | -0.307 | -0.499 | -0.319 | -0.341 | -0.309 | -0.305 | -0.268 |
| 9月 | 光照强度 | 0.953** | 0.961** | 0.963** | 0.961** | 0.953** | 0.741** | 0.960** |
| | 温度 | 0.658** | 0.733** | 0.673** | 0.577* | 0.693** | 0.170 | 0.646** |
| | 相对湿度 | -0.358 | -0.504* | -0.365 | -0.344 | -0.367 | -0.145 | -0.315 |

（续）

| 时期 | 叶幕微气候 | 花序个数 | 花序长度 | 花朵数 | 雌能花数 | 雄能花数 | 雌能花比例 | 花朵密度 |
|---|---|---|---|---|---|---|---|---|
| 10 月 | 光照强度 | 0.930** | 0.949** | 0.950** | 0.926** | 0.947** | 0.675** | 0.951** |
| | 温度 | 0.657** | 0.728** | 0.674** | 0.570* | 0.695** | 0.145 | 0.646** |
| | 相对湿度 | −0.345 | −0.511* | −0.354 | −0.349 | −0.352 | −0.211 | −0.303 |
| 11 月 | 光照强度 | 0.563* | 0.612* | 0.615** | 0.513* | 0.637** | 0.222 | 0.626** |
| | 温度 | 0.468 | 0.330 | 0.486 | 0.372 | 0.513* | 0.060 | 0.534* |
| | 相对湿度 | −0.458 | −0.573* | −0.472 | −0.409 | −0.485 | −0.123 | −0.441 |
| 12 月 | 光照强度 | 0.565* | 0.609* | 0.617* | 0.514* | 0.639** | 0.222 | 0.630** |
| | 温度 | 0.332 | 0.165 | 0.336 | 0.207 | 0.369 | −0.121 | 0.394 |
| | 相对湿度 | −0.483 | −0.595* | −0.500* | −0.422 | −0.517* | −0.114 | −0.477 |
| 全年 | 光照强度 | 0.944** | 0.963** | 0.960** | 0.946** | 0.954** | 0.701** | 0.955** |
| | 温度 | 0.673** | 0.736** | 0.693** | 0.589* | 0.715** | 0.508* | 0.675** |
| | 相对湿度 | −0.407 | −0.547** | −0.415 | −0.390 | −0.418 | −0.206 | −0.376 |
| ≥K 有效积温 | | 0.584* | 0.506* | 0.609* | 0.557* | 0.646** | 0.023 | 0.647** |
| ≥10℃积温 | | 0.591* | 0.514* | 0.617* * | 0.563* | 0.653** | 0.527* | 0.654** |

注：** 表示 0.01 水平显著相关；* 表示 0.05 水平显著相关。

（6）花数量性状与叶幕微气候的回归分析

分别以光照强度（$X_1$）、温度（$X_2$）和相对湿度（$X_3$）为自变量，文冠果花数量性状（$Y$）为因变量进行多元回归分析，结果见表 5-11。结果显示：在花序个数、花朵数、雌能花数和花朵密度的回归方程中，5~8 月的 $R^2$ 均大于月份，说明 5~8 月的光照强度、温度和相对湿度更能准确预测这 4 个花数量性状的大小；在花序长度和雌能花数的回归方程中，5~7 月的 $R^2$ 均大于月份，说明 5~7 月的叶幕微气候能够准确拟合文冠果的花序长度和雌能花数，同时 5 月的 $R^2$ 在全年中均最大，说明 5 月的叶幕微气候对其影响最为显著；同理，在雌能花比例方程中，6~7 月的光照强度、温度和湿度更能准确预测其大小，且 7 月叶幕微气候对雌能花比例影响更为显著。

**表 5-11　花朵性状与叶幕微气候的回归分析**

| 性状 | 月份 | 回归方程 | $R^2$ |
|---|---|---|---|
| 花序个数 | 1 月 | $Y=0.062X_1+0.705X_2-1.161X_3+18.662$ | 0.426 |
| | 2 月 | $Y=0.061X_1+1.720X_2-0.664X_3-8.797$ | 0.444 |
| | 3 月 | $Y=0.042+1.402X_2-0.798X_3-12.872$ | 0.447 |
| | 4 月 | $Y=0.027X_1+1.346X_2-0.414X_3-21.549$ | 0.464 |
| | 5 月 | $Y=0.021X_1+0.113X_2+0.087X_3-6.520$ | 0.914** |
| | 6 月 | $Y=0.024X_1+0.177X_2+0.469X_3-17.748$ | 0.915** |

（续）

| 性状 | 月份 | 回归方程 | $R^2$ |
|---|---|---|---|
| 花序个数 | 7月 | $Y=0.016+0.333X_2+0.233X_3-24.710$ | 0.924** |
| | 8月 | $Y=0.014X_1+0.405X_2+0.269X_3-26.178$ | 0.925** |
| | 9月 | $Y=0.022X_1+0.422X_2+0.296X_3-16.047$ | 0.612* |
| | 10月 | $Y=0.048X_1+0.288X_2+0.078X_3-12.974$ | 0.567* |
| | 11月 | $Y=0.029X_1+3.844X_2-1.974X_3+69.563$ | 0.452 |
| | 12月 | $Y=0.062X_1+0.451X_2-1.547X_3+39.690$ | 0.393 |
| | 全年 | $Y=0.043X_1+0.194X_2+0.455X_3-22.666$ | 0.895** |
| 花序长度 | 1月 | $Y=0.051X_1-0.281X_2-0.923X_3+28.284$ | 0.592* |
| | 2月 | $Y=0.041X_1+0.809X_2-0.668X_3+15.557$ | 0.495 |
| | 3月 | $Y=0.028X_1+0.605X_2-0.907X_3+14.539$ | 0.506* |
| | 4月 | $Y=0.020X_1+0.590X_2-0.521X_3+8.546$ | 0.526* |
| | 5月 | $Y=0.013X_1-0.034X_2-0.529X_3+20.919$ | 0.944** |
| | 6月 | $Y=0.014X_1+0.179X_2-0.377X_3+17.660$ | 0.941** |
| | 7月 | $Y=0.009X_1+0.121X_2-0.077X_3+13.004$ | 0.942** |
| | 8月 | $Y=0.008X_1+0.142X_2-0.084X_3+13.170$ | 0.542* |
| | 9月 | $Y=0.013X_1+0.122X_2-0.237X_3+15.502$ | 0.543* |
| | 10月 | $Y=0.029X_1-0.157X_2-0.326X_3+20.033$ | 0.530* |
| | 11月 | $Y=0.044X_1+0.251X_2-1.266X_3+48.459$ | 0.523* |
| | 12月 | $Y=0.050X_1-0.434X_2-1.264X_3+46.938$ | 0.158 |
| | 全年 | $Y=0.027X_1-0.294X_2-0.512X_3+26.152$ | 0.937** |
| 花朵数 | 1月 | $Y=1.491X_1+11.538X_2-22.983X_3+307.751$ | 0.475 |
| | 2月 | $Y=1.456X_1+35.577X_2-11.468X_3-295.612$ | 0.492 |
| | 3月 | $Y=0.994X_1+29.045X_2-14.471X_3-356.789$ | 0.495 |
| | 4月 | $Y=0.639X_1+28.237X_2-6.631X_3-550.691$ | 0.511* |
| | 5月 | $Y=0.430X_1+3.886X_2+3.638X_3-206.088$ | 0.953** |
| | 6月 | $Y=0.484X_1+4.990X_2+10.998X_3-437.674$ | 0.936** |
| | 7月 | $Y=0.324X_1+7.386X_2+4.674X_3-529.452$ | 0.943** |
| | 8月 | $Y=0.293X_1+8.936X_2+5.391X_3-558.508$ | 0.941** |
| | 9月 | $Y=0.450X_1+10.571X_2+6.837X_3-390.041$ | 0.532* |
| | 10月 | $Y=0.993X_1+6.597X_2+1.648X_3-290.552$ | 0.604* |
| | 11月 | $Y=0.868X_1+69.604X_2-38.658X_3+1277.203$ | 0.499 |
| | 12月 | $Y=1.448X_1+6.565X_2-30.517X_3+718.443$ | 0.448 |
| | 全年 | $Y=0.867X_1+7.615X_2+11.868X_3-589.032$ | 0.927** |

（续）

| 性状 | 月份 | 回归方程 | $R^2$ |
|---|---|---|---|
| 雌能花数 | 1月 | $Y=0.310X_1-0.350X_2-4.760X_3+59.426$ | 0.362 |
| | 2月 | $Y=0.287X_1+5.230X_2-2.978X_3-33.086$ | 0.340 |
| | 3月 | $Y=0.205X_1+4.169X_2-3.310X_3-54.660$ | 0.377 |
| | 4月 | $Y=0.141X_1+4.162X_2-1.583X_3-92.239$ | 0.358 |
| | 5月 | $Y=0.111X_1-2.950X_2-2.579X_3+74.945$ | 0.943** |
| | 6月 | $Y=0.127X_1-2.189X_2-1.352X_3+53.253$ | 0.937** |
| | 7月 | $Y=0.082X_1-1.155X_2-0.016X_3+8.684$ | 0.932** |
| | 8月 | $Y=0.074X_1-1.383X_2-0.022X_3+13.127$ | 0.532* |
| | 9月 | $Y=0.117X_1-3.059X_2-1.029X_3+49.355$ | 0.535* |
| | 10月 | $Y=0.252X_1-6.595X_2-1.694X_3+65.661$ | 0.578* |
| | 11月 | $Y=0.194X_1+9.765X_2-7.104X_3+216.818$ | 0.342 |
| | 12月 | $Y=0.309X_1-0.895X_2-5.628X_3+124.396$ | 0.312 |
| | 全年 | $Y=0.234X_1-6.638X_2-2.927X_3+104.164$ | 0.926** |
| 雄能花数 | 1月 | $Y=1.181X_1+11.888X_2-18.223X_3+248.325$ | 0.504* |
| | 2月 | $Y=1.169X_1+30.347X_2-8.490X_3-262.526$ | 0.532* |
| | 3月 | $Y=0.789X_1+24.876X_2-11.161X_3-302.129$ | 0.537* |
| | 4月 | $Y=0.498X_1+24.075X_2-5.048X_3-458.452$ | 0.558* |
| | 5月 | $Y=0.319X_1+6.835X_2+6.217X_3-281.033$ | 0.940** |
| | 6月 | $Y=0.357X_1+7.180X_2+12.350X_3-490.926$ | 0.928** |
| | 7月 | $Y=0.241X_1+8.541X_2+4.690X_3-538.136$ | 0.937** |
| | 8月 | $Y=0.219X_1+10.318X_2+5.413X_3-571.635$ | 0.938** |
| | 9月 | $Y=0.333X_1+13.630X_2+7.866X_3-439.396$ | 0.521* |
| | 10月 | $Y=0.741X_1+13.192X_2+3.341X_3-356.213$ | 0.603* |
| | 11月 | $Y=0.674X_1+59.929X_2-31.555X_3+1060.385$ | 0.538* |
| | 12月 | $Y=1.179X_1+7.460X_2-24.889X_3+594.047$ | 0.483 |
| | 全年 | $Y=0.633X_1+14.253X_2+14.795X_3-693.196$ | 0.922** |
| 雌能花比例 | 1月 | $Y=0.001X_1-0.028X_2-0.008X_3+0.140$ | 0.164 |
| | 2月 | $Y=0.001X_1-0.007X_2-0.007X_3+0.188$ | 0.072 |
| | 3月 | $Y=0.001X_1-0.006X_2-0.006X_3+0.118$ | 0.066 |
| | 4月 | $Y=0.001X_1-0.004X_2-0.002X_3+0.028$ | 0.071 |
| | 5月 | $Y=0.001X_1-0.041X_2-0.028X_3+1.278$ | 0.800** |
| | 6月 | $Y=0.001X_1-0.039X_2-0.032X_3+1.582$ | 0.851** |
| | 7月 | $Y=0.035X_1-3.243X_2-1.041X_3+147.747$ | 0.865** |
| | 8月 | $Y=0.031X_1-3.894X_2-1.203X_3+159.803$ | 0.569* |
| | 9月 | $Y=0.050X_1-5.769X_2-2.136X_3+143.255$ | 0.603* |
| | 10月 | $Y=0.109X_1-10.079X_2-2.312X_3+159.663$ | 0.586* |

（续）

| 性状 | 月份 | 回归方程 | $R^2$ |
|---|---|---|---|
| 雌能花比例 | 11 月 | $Y=0.001X_1-0.034X_2+0.001X_3+-0.133$ | 0.067 |
| | 12 月 | $Y=0.001X_1-0.025X_2+0.001X_3+0.044$ | 0.119 |
| | 全年 | $Y=0.107X_1-9.542X_2-5.564X_3+250.997$ | 0.890** |
| 花朵密度 | 1 月 | $Y=0.060X_1+0.758X_2-0.860X_3+12.155$ | 0.477 |
| | 2 月 | $Y=0.056X_1+1.640X_2-0.342X_3-14.016$ | 0.489 |
| | 3 月 | $Y=0.038X_1+1.364X_2-0.453X_3-15.976$ | 0.496 |
| | 4 月 | $Y=0.023X_1+1.332X_2-0.195X_3-23.702$ | 0.521* |
| | 5 月 | $Y=0.018X_1+0.236X_2+0.473X_3-13.325$ | 0.951** |
| | 6 月 | $Y=0.020X_1+0.162X_2+0.752X_3-22.742$ | 0.940** |
| | 7 月 | $Y=0.014X_1+0.297X_2+0.261X_3-23.746$ | 0.949** |
| | 8 月 | $Y=0.012X_1+0.359X_2+0.298X_3-25.062$ | 0.949** |
| | 9 月 | $Y=0.019X_1+0.476X_2+0.465X_3-19.147$ | 0.533* |
| | 10 月 | $Y=0.042X_1+0.270X_2+0.195X_3-14.127$ | 0.608* |
| | 11 月 | $Y=0.032X_1+3.474X_2-1.511X_3+53.615$ | 0.514* |
| | 12 月 | $Y=0.061X_1+0.539X_2-1.123X_3+26.586$ | 0.458 |
| | 全年 | $Y=0.036X_1+0.474X_2+0.796X_3-32.834$ | 0.926** |

注：$X_1$表示光照强度；$X_2$表示温度；$X_3$表示相对湿度。** 表示在 0.01 水平显著相关；* 表示在 0.05 水平上显著相关。

### 5.1.3.3　不同区域枝叶性状的变化规律

（1）不同叶幕区域枝条性状的差异分析

于文冠果叶幕建成后（7 月）进行枝条性状观测，统计所有样株不同区域当年生枝条的数目、长度和基径。展叶初期的新梢形态见图 5-26，性状观测结果见图 5-27 至图 5-29。结果显示：文冠果不同叶幕区域的枝条性状差异均极显著（$p<0.01$）。在当年生枝条数量方面，同一方向的下层外侧均显著（$p<0.05$）高于区域，东南方向的当年生枝条数量呈现下层外侧>上层外侧>下层内侧>上层内侧的变化规律，西北方向的下层枝条数量显著高于上层；从总体上看，东南方向的当年生枝条数量较多，西北方向较为稀疏，其中，东下层外侧的当年生枝条数量最多（40 个），西上层内侧最少（9 个）。

树冠内所有区域的平均当年生枝条长度为 37.6cm，在同一方向上，当年生枝条长度均表现出上层外侧>上层内侧>下层外侧>下层内侧的变化趋势，与温度的变化规律相似。

综合来看，东南方向的枝条显著长于西北方向，南上层外侧当年生枝条的平均长度最大（50.6cm），北下层内侧最小（23.4cm）。不同叶幕区域的平均当年生枝条基径为 6.50mm，其分布规律与当年生枝条长度相似，南上层外侧当年生枝条的平均基径最大（8.17mm），北下层内侧最小（4.05mm）。

| 北下层内侧 | 北下层外侧 | 北上层内侧 | 北上层外侧 |
|---|---|---|---|
| 东下层内侧 | 东下层外侧 | 东上层内侧 | 东上层外侧 |
| 南下层内侧 | 南下层外侧 | 南上层内侧 | 南上层外侧 |
| 西下层内侧 | 西下层外侧 | 西上层内侧 | 西上层外侧 |

**图 5-26　文冠果展叶初期不同区域的新梢形态**

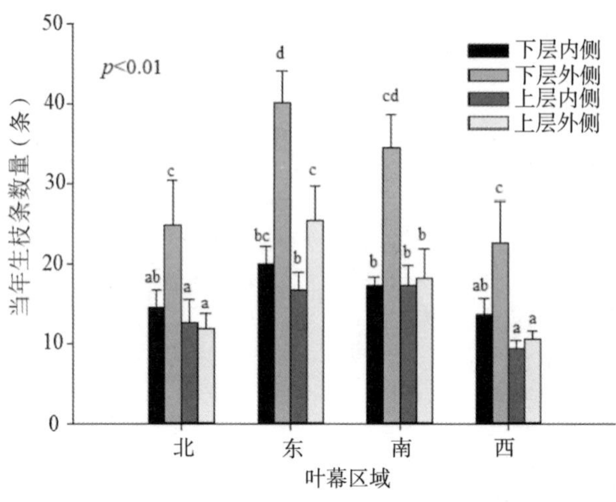

图 5-27　树冠内不同区域的当年生枝条数量

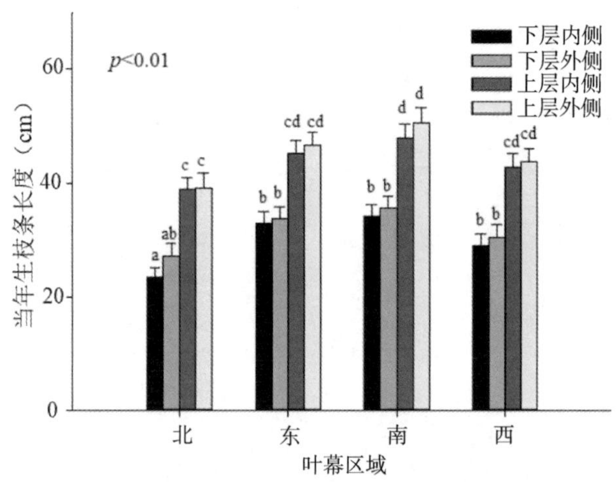


图 5-28　树冠内不同区域的当年生枝条长度

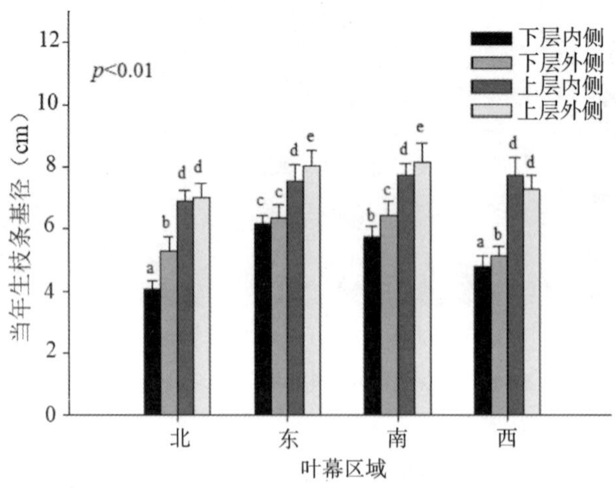


图 5-29　树冠内不同区域的当年生枝条基径

（2）叶幕区域叶片性状的差异分析

叶片展开后（2019 年 6 月），对所有样株树冠内的新生小叶进行计数；在各区域内分别随机选取 3 片成熟小叶，测量叶片长、宽，取三个重复的平均值作为最终分析数据。计算叶形指数=叶长/叶宽。叶面积=叶长×叶宽×2/3。展叶盛期的叶片形态见图 5-30，观测结果见图 5-31 至图 5-35。结果表明：文冠果不同叶幕区域的叶片性状均呈现极显著（$p<0.01$）差异，且均有外侧>内侧的现象。

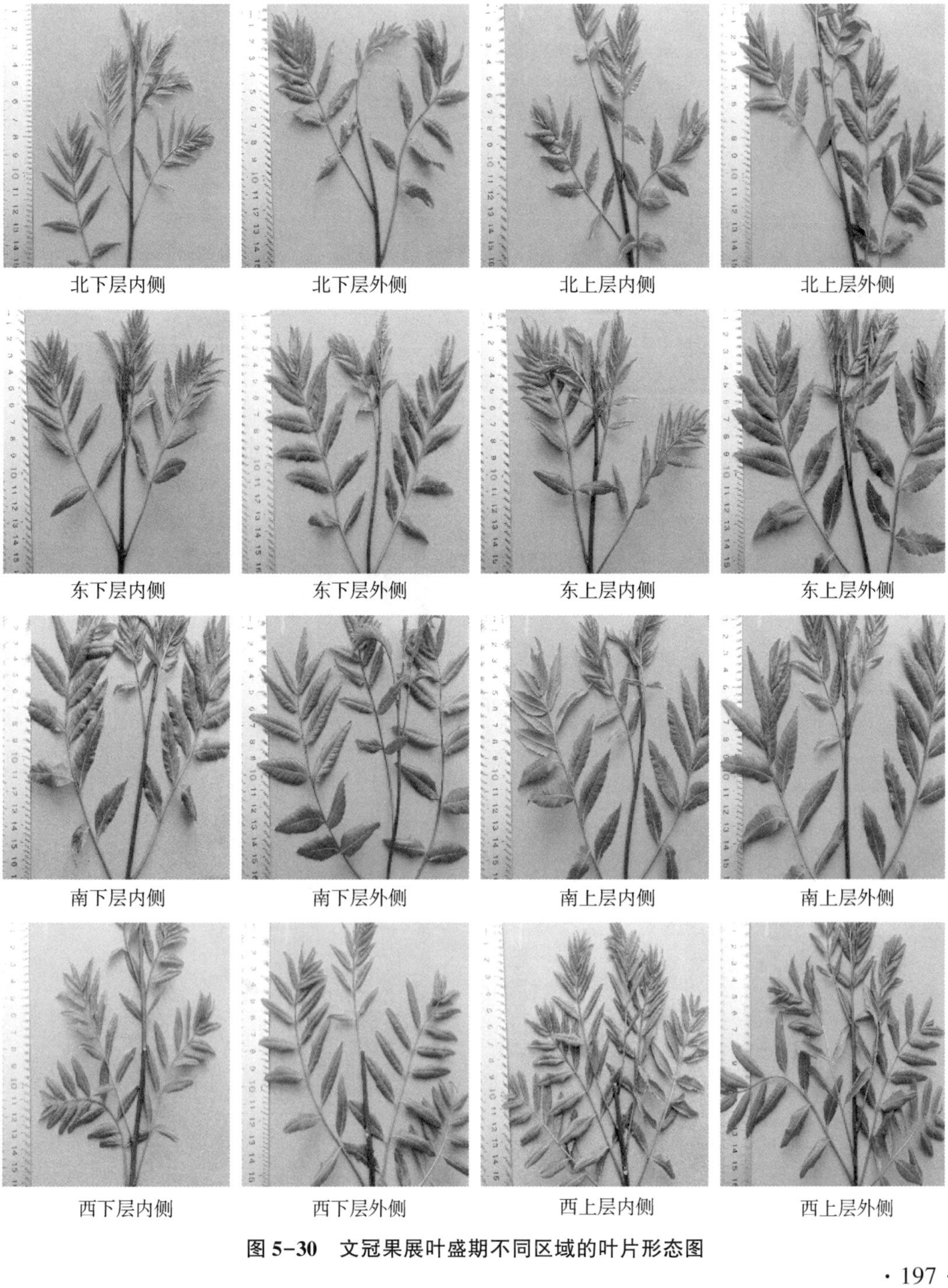

北下层内侧　北下层外侧　北上层内侧　北上层外侧

东下层内侧　东下层外侧　东上层内侧　东上层外侧

南下层内侧　南下层外侧　南上层内侧　南上层外侧

西下层内侧　西下层外侧　西上层内侧　西上层外侧

**图 5-30　文冠果展叶盛期不同区域的叶片形态图**

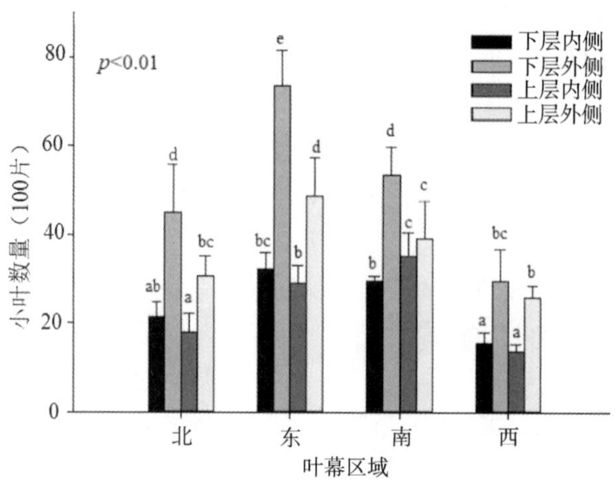


图 5-31　树冠内不同区域的小叶数量

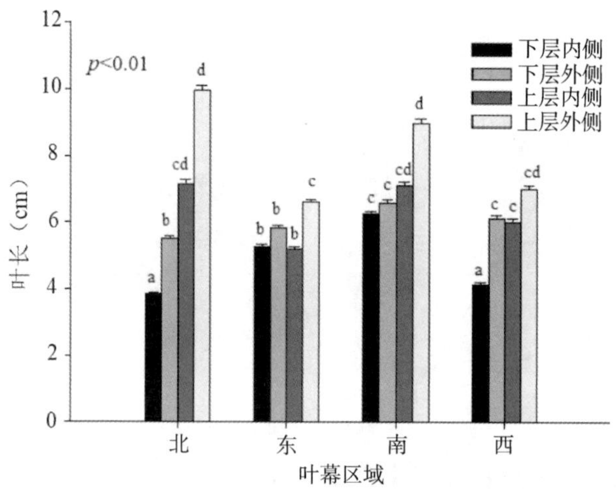


图 5-32　树冠内不同区域的叶长

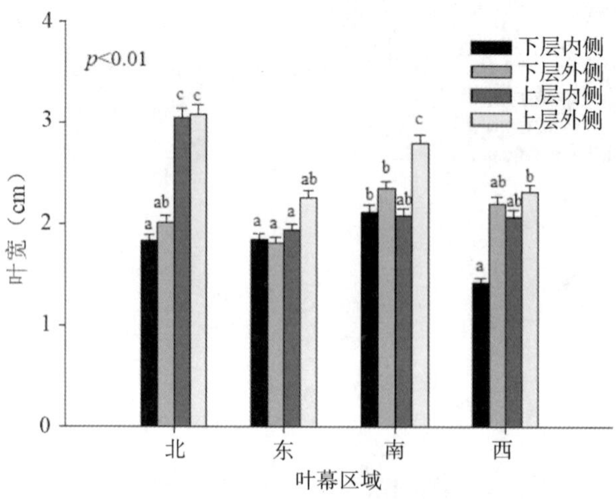


图 5-33　树冠内不同区域的叶宽

在同一方向上，下层外侧的小叶数量均显著（$p<0.05$）高于区域，北、东、西三个方向的小叶数量均呈现下层外侧>上层外侧>下层内侧>上层内侧的变化规律，南方向呈现下层外侧>上层外侧>上层内侧>下层内侧的趋势。从总体上看，东南方向的小叶数量较多，西北方向较为稀疏，其中东下层外侧的小叶数量最多（7349 片），其次为南下层外侧（5349 片），西上层内侧最少（1377 片）。

叶长、叶宽和叶面积是反映文冠果叶片生长性状的重要指标，由图 5-32 至图 5-34 可知：在垂直方向上，随着冠层高度的增加，叶长、叶宽和叶面积均显著增大。在水平方向上，三项指标均呈现外侧>内侧的变化趋势。在不同方位上，三项指标的平均值大小顺序均为南>北>西>东。在所有叶幕区域中，北上层外侧的叶长（9.96cm）、叶宽（3.09cm）和叶面积（20.58cm$^2$）均最大，北下层内侧的叶长（3.84cm）最小，西下层内侧的叶宽（1.43cm）和叶面积（3.95cm$^2$）均最小。

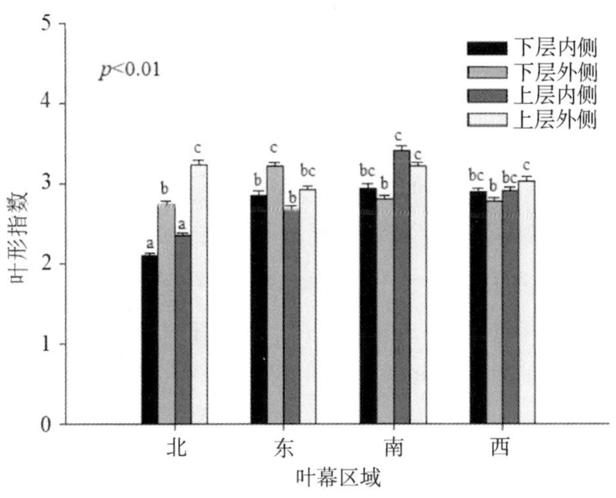


图 5-34　树冠内不同区域的叶面积

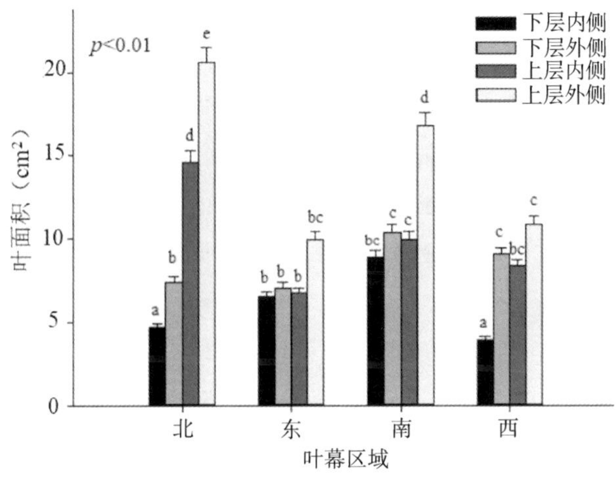


图 5-35　树冠内不同区域的叶形指数

由图 5-35 可知，叶形指数在树冠内不同方向的变化规律存在明显差异，东、西、北三个方向的叶形指数均呈现外侧>内侧的变化规律，其中，西、北方向的上层外侧叶形指数最大，东方向的下层外侧叶形指数最大；南方向的叶形指数呈现上层>下层，内侧>外侧的趋势；综合来看，南上层内侧的叶形指数最大（3.42），北下层内侧最小（2.10）。

（3）枝叶性状与叶幕微气候的相关性分析

对文冠果的枝叶性状与叶幕微气候进行相关性分析，结果见表 5-12。结果表明：从总体上看，除当年生枝条数量外，所有枝叶性状与年均光照强度显著（$p<0.05$）或极显著（$p<0.01$）正相关；当年生枝条长度、当年生枝条基径和叶长与年均温度显著或极显著正相关；当年生枝条长度和基径、叶形指数与年均相对湿度显著或极显著负相关。其中，当年生枝条长度与年均叶幕微气候的平均相关系数最高；枝条数量与年均叶幕微气候的平均相关系数最低，说明叶幕微气候对当年生枝条长度和基径的影响程度远大于当年生枝条数量。

由表 5-12 可知，当年生枝条长度、当年生枝条基径和叶形指数与 4 月光照强度的相关系数最高，与 5 月相对湿度的相关系数最高，与 6 月温度的相关系数最高；这 3 个性状与叶幕微气候的平均相关系数最高的月份均为 5 月。小叶数量、叶长、叶宽和叶面积均与 6 月光照强度的相关系数最高。小叶数量与 3 月份温度的相关系数最高。叶长和叶面积与 6 月温度的相关系数均最高。以上 4 个性状与叶幕微气候的平均相关系数最高的月份均为 6 月。当年生枝条数量与全年所有月份的光照强度、温度和相对湿度无显著相关性。综上所述，3~6 月的叶幕微气候对文冠果枝叶性状的影响较为显著，为进一步研究文冠果枝叶性状，应重点关注 5~6 月的光照强度、温度和相对湿度。

（4）枝叶性状与叶幕微气候的回归分析

分别以光照强度（$X_1$）、温度（$X_2$）和相对湿度（$X_3$）为自变量，文冠果枝条和叶片性状（$Y$）为因变量进行多元回归分析，结果如表 5-13 所示。结果表明：在当年生枝条长度和基径的回归方程中，4~8 月的 $R^2$ 均大于月份，说明 4~8 月的光照强度、温度和相对湿度更能准确预测当年生枝条长度和基径的大小。在小叶数量、叶长、叶宽、叶形指数和叶面积的回归方程中，6 月的 $R^2$ 在全年中均最大，说明 6 月的叶幕微气候对文冠果叶片性状影响最为显著，其能更为准确地模拟文冠果叶片性状的大小。在当年生枝条数量的回归方程中，全年不同月份的 $R^2$ 均较小，说明这些回归方程的模拟值和实测值存在一定偏差。

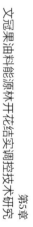

**表 5-12 枝叶性状与叶幕微气候的相关性分析**

| 时期 | 叶幕微气候 | 当年生枝条数量 | 当年生枝条长度 | 当年生枝条基径 | 小叶数量 | 叶长 | 叶宽 | 叶形指数 | 叶面积 |
|---|---|---|---|---|---|---|---|---|---|
| 1月 | 光照强度 | 0. 021 | 0. 732** | 0. 810** | 0. 246 | 0. 679** | 0. 645** | 0. 371 | 0. 656** |
| | 温度 | 0. 389 | 0. 306 | 0. 381 | 0. 550* | 0. 298 | 0. 306 | 0. 098 | 0. 298 |
| | 相对湿度 | −0. 079 | −0. 705** | −0. 627** | −0. 168 | −0. 409 | −0. 155 | −0. 605* | −0. 236 |
| 2月 | 光照强度 | −0. 420 | 0. 869** | 0. 824** | −0. 182 | 0. 690** | 0. 570* | 0. 469 | 0. 637** |
| | 温度 | 0. 372 | 0. 607* | 0. 658** | 0. 568* | 0. 425 | 0. 319 | 0. 353 | 0. 357 |
| | 相对湿度 | 0. 103 | −0. 581* | −0. 461 | 0. 068 | −0. 286 | −0. 026 | −0. 566* | −0. 135 |
| 3月 | 光照强度 | −0. 414 | 0. 873 | 0. 825 | −0. 178 | 0. 684 | 0. 556 | 0. 481 | 0. 627 |
| | 温度 | 0. 362 | 0. 606* | 0. 662** | 0. 569* | 0. 458 | 0. 357 | 0. 351 | 0. 398 |
| | 相对湿度 | 0. 028 | −0. 618** | −0. 516* | −0. 017 | −0. 276 | 0. 011 | −0. 615* | −0. 105 |
| 4月 | 光照强度 | −0. 356 | 0. 889** | 0. 830** | −0. 138 | 0. 647** | 0. 478 | 0. 540* | 0. 561* |
| | 温度 | 0. 300 | 0. 703** | 0. 759** | 0. 528* | 0. 524* | 0. 406 | 0. 413 | 0. 459 |
| | 相对湿度 | 0. 007 | −0. 620** | −0. 515* | −0. 037 | −0. 287 | 0. 001 | −0. 618** | −0. 117 |
| 5月 | 光照强度 | 0. 395 | 0. 564* | 0. 575* | 0. 600* | 0. 638** | 0. 452 | 0. 525* | 0. 539* |
| | 温度 | 0. 091 | 0. 872** | 0. 822** | 0. 290 | 0. 592* | 0. 376 | 0. 596* | 0. 454 |
| | 相对湿度 | 0. 036 | −0. 779** | −0. 729** | −0. 027 | −0. 276 | 0. 022 | −0. 717** | −0. 104 |
| 6月 | 光照强度 | 0. 400 | 0. 555* | 0. 575* | 0. 609* | 0. 691** | 0. 646** | 0. 527* | 0. 657** |
| | 温度 | 0. 046 | 0. 900** | 0. 848** | 0. 259 | 0. 624** | 0. 416 | 0. 611* | 0. 595* |
| | 相对湿度 | 0. 060 | −0. 132 | −0. 011 | 0. 177 | 0. 470 | 0. 294 | −0. 384 | 0. 299 |
| 7月 | 光照强度 | 0. 406 | 0. 550** | 0. 571* | 0. 607* | 0. 632** | 0. 447 | 0. 524* | 0. 533* |
| | 温度 | 0. 038 | 0. 886** | 0. 828** | 0. 242 | 0. 618** | 0. 401 | 0. 607 | 0. 486 |
| | 相对湿度 | −0. 010 | −0. 511* | −0. 398 | −0. 003 | −0. 244 | 0. 014 | −0. 553* | −0. 085 |

（续）

| 时期 | 叶幕微气候 | 当年生枝条数量 | 当年生枝条长度 | 当年生枝条基径 | 小叶数量 | 叶长 | 叶宽 | 叶形指数 | 叶面积 |
|---|---|---|---|---|---|---|---|---|---|
| 8 月 | 光照强度 | 0.406 | 0.550* | 0.572* | 0.607* | 0.633** | 0.447 | 0.525* | 0.533* |
| | 温度 | 0.034 | 0.887** | 0.829** | 0.235 | 0.616** | 0.397 | 0.610* | 0.482 |
| | 相对湿度 | -0.013 | -0.511* | -0.397 | -0.005 | -0.243 | 0.014 | -0.552* | -0.085 |
| 9 月 | 光照强度 | 0.406 | 0.550* | 0.572* | 0.608* | 0.632** | 0.447 | 0.524* | 0.533* |
| | 温度 | 0.031 | 0.887** | 0.829** | 0.234 | 0.614** | 0.397 | 0.606* | 0.480 |
| | 相对湿度 | 0.021 | -0.610* | -0.507* | -0.019 | -0.263 | 0.023 | -0.612* | -0.094 |
| 10 月 | 光照强度 | 0.344 | 0.638** | 0.671** | 0.565* | 0.685** | 0.519* | 0.528* | 0.595* |
| | 温度 | 0.013 | 0.895** | 0.839** | 0.221 | 0.620** | 0.408 | 0.600* | 0.491 |
| | 相对湿度 | 0.007 | -0.582* | -0.473 | -0.014 | -0.253 | 0.023 | -0.590* | -0.086 |
| 11 月 | 光照强度 | 0.012 | 0.761** | 0.827** | 0.240 | 0.672** | 0.630** | 0.377 | 0.646** |
| | 温度 | 0.195 | 0.449 | 0.534* | 0.427 | 0.565* | 0.607* | 0.123 | 0.594* |
| | 相对湿度 | -0.076 | -0.741** | -0.669** | -0.171 | -0.395 | -0.084 | -0.709** | -0.217 |
| 12 月 | 光照强度 | 0.022 | 0.758** | 0.826** | 0.249 | 0.664** | 0.623** | 0.377 | 0.636** |
| | 温度 | 0.389 | 0.331 | 0.398 | 0.552* | 0.353 | 0.348 | 0.141 | 0.353 |
| | 相对湿度 | -0.116 | -0.778** | -0.728** | -0.231 | -0.441 | -0.138 | -0.716** | -0.264 |
| 全年 | 光照强度 | 0.329 | 0.629** | 0.649** | 0.547* | 0.679** | 0.506* | 0.545* | 0.581* |
| | 温度 | 0.107 | 0.908** | 0.865** | 0.305 | 0.600* | 0.361 | 0.647** | 0.456 |
| | 相对湿度 | -0.097 | -0.635** | -0.534* | -0.144 | -0.331 | -0.042 | -0.639** | -0.157 |

注：** 表示在 0.01 水平显著相关；* 表示在 0.05 水平显著相关。

**表 5-13　枝叶性状与叶幕微气候的回归分析**

| 性状 | 月份 | 回归方程 | $R^2$ |
|---|---|---|---|
| 当年生枝条数量 | 1 月 | $Y=-0.095X_1+5.876X_2-1.074X_3+58.839$ | 0.216 |
| | 2 月 | $Y=-2.279X_1+4.763X_2-0.273X_3+96.607$ | 0.485 |
| | 3 月 | $Y=-0.194X_1+3.805X_2-2.994X_3+95.362$ | 0.493 |
| | 4 月 | $Y=-0.171X_1+3.733X_2-3.388X_3+116.102$ | 0.495 |
| | 5 月 | $Y=0.027X_1-1.229X_2+0.953X_3+22.606$ | 0.214 |
| | 6 月 | $Y=0.037X_1-2.607X_2-0.206X_3+70.079$ | 0.258 |
| | 7 月 | $Y=0.025X_1-1.931X_2-0.092X_3+70.275$ | 0.269 |
| | 8 月 | $Y=0.022X_1-2.326X_2+0.133X_3+76.675$ | 0.269 |
| | 9 月 | $Y=0.036X_1-3.934X_2-0.673X_3+91.141$ | 0.276 |
| | 10 月 | $Y=0.073X_1-6.201X_2-0.729X_3+89.087$ | 0.224 |
| | 11 月 | $Y=-0.125X_1+10.236X_2-2.178X_3+136.276$ | 0.102 |
| | 12 月 | $Y=-0.098X_1+5.034X_2-1.803X_3+89.428$ | 0.211 |
| | 全年 | $Y=0.056X_1-4.400X_2-2.418X_3+122.512$ | 0.167 |
| 当年生枝条长度 | 1 月 | $Y=0.177X_1+0.455X_2-3.362X_3+73.136$ | 0.527* |
| | 2 月 | $Y=0.222X_1+3.590X_2-1.787X_3-12.096$ | 0.458* |
| | 3 月 | $Y=0.154X_1+2.757X_2-2.323X_3-17.868$ | 0.456* |
| | 4 月 | $Y=0.107X_1+2.528X_2-1.005X_3-42.295$ | 0.944** |
| | 5 月 | $Y=-0.003X_1+5.051X_2+0.916X_3-92.759$ | 0.766** |
| | 6 月 | $Y=-0.007X_1+5.798X_2+1.483X_3-130.093$ | 0.829** |
| | 7 月 | $Y=-0.003X_1+4.194X_2+0.400X_3-113.998$ | 0.801** |
| | 8 月 | $Y=-0.003X_1+5.041X_2+0.498X_3-42.295$ | 0.944** |
| | 9 月 | $Y=-0.006X_1+7.872X_2+1.269X_3-132.710$ | 0.606* |
| | 10 月 | $Y=0.001X_1+10.422X_2+0.639X_3-102.041$ | 0.610* |
| | 11 月 | $Y=0.140X_1+3.172X_2-5.527X_3+183.022$ | 0.550* |
| | 12 月 | $Y=0.159X_1-0.095X_2-5.524X_3+171.285$ | 0.517* |
| | 全年 | $Y=-0.017X_1+10.456X_2+3.746X_3-199.239$ | 0.879** |
| 当年生枝条基径 | 1 月 | $Y=0.032X_1+0.113X_2-0.428X_3+8.938$ | 0.552* |
| | 2 月 | $Y=0.035X_1+0.611X_2-0.146X_3-4.589$ | 0.602* |
| | 3 月 | $Y=0.023X_1+0.494X_2-0.226X_3-4.601$ | 0.604* |
| | 4 月 | $Y=0.016X_1+0.466X_2-0.056X_3-8.724$ | 0.902** |
| | 5 月 | $Y=0.001X_1+0.768X_2+0.303X_3-15.798$ | 0.693** |
| | 6 月 | $Y=-0.001X_1+0.826X_2+0.437X_3-22.952$ | 0.764** |
| | 7 月 | $Y=-0.001X_1+0.622X_2+0.114X_3-19.000$ | 0.728** |
| | 8 月 | $Y=0.001X_1+0.750X_2+0.136X_3-21.024$ | 0.734** |
| | 9 月 | $Y=0.001X_1+1.188X_2+0.311X_3-21.803$ | 0.526* |
| | 10 月 | $Y=0.002X_1+1.523X_2+0.183X_3-16.783$ | 0.545* |

（续）

| 性状 | 月份 | 回归方程 | $R^2$ |
|---|---|---|---|
| 当年生枝条基径 | 11月 | $Y=0.026X_1+0.543X_2-0.705X_3+23.492$ | 0.564* |
| | 12月 | $Y=0.864X_1+0.029X_2+0.037X_3-0.703$ | 0.546* |
| | 全年 | $Y=-0.002X_1+1.685X_2+0.829X_3-37.715$ | 0.854** |
| 小叶数量 | 1月 | $Y=-6.858X_1+1225.222X_2-251.534X_3+9338.004$ | 0.347 |
| | 2月 | $Y=-32.668X_1+1060.951X_2-246.760X_3+8250.623$ | 0.465 |
| | 3月 | $Y=-23.659X_1+878.737X_2-390.437X_3+8299.755$ | 0.485 |
| | 4月 | $Y=-22.945X_1+850.441X_2-446.784X_3+10196.984$ | 0.493 |
| | 5月 | $Y=5.656X_1+61.871X_2+542.130X_3-8211.188$ | 0.414 |
| | 6月 | $Y=7.435X_1-250.253X_2+384.783X_3-2921.822$ | 0.632** |
| | 7月 | $Y=5.175X_1-119.578X_2+111.575X_3-1508.720$ | 0.447 |
| | 8月 | $Y=4.677X_1-145.632X_2+122.238X_3-1259.698$ | 0.477 |
| | 9月 | $Y=7.083X_1-229.433X_2+197.171X_3+734.898$ | 0.434 |
| | 10月 | $Y=15.032X_1-479.590X_2+96.996X_3+1856.170$ | 0.380 |
| | 11月 | $Y=-18.054X_1+2595.158X_2-528.447X_3+29178.567$ | 0.252 |
| | 12月 | $Y=-7.151X_1+1045.931X_2-371.514X_3+14685.437$ | 0.335 |
| | 全年 | $Y=11.389X_1-201.547X_2+127.397X_3-1162.353$ | 0.322 |
| 叶长 | 1月 | $Y=0.037X_1+0.006X_2-0.295X_3+4.688$ | 0.522* |
| | 2月 | $Y=0.046X_1+0.388X_2+0.074X_3-10.589$ | 0.542* |
| | 3月 | $Y=0.031X_1+0.361X_2+0.141X_3-11.899$ | 0.551* |
| | 4月 | $Y=0.022X_1+0.330X_2+0.217X_3-15.377$ | 0.517* |
| | 5月 | $Y=-18.256X_1+0.003X_2+0.605X_3+0.644$ | 0.501* |
| | 6月 | $Y=0.003X_1+0.475X_2+0.481X_3-17.536$ | 0.705** |
| | 7月 | $Y=0.002X_1+0.420X_2+0.140X_3-15.489$ | 0.507* |
| | 8月 | $Y=0.002X_1+0.508X_2+0.163X_3-17.095$ | 0.510* |
| | 9月 | $Y=0.003X_1+0.974X_2+0.503X_3-23.112$ | 0.530* |
| | 10月 | $Y=0.008X_1+1.104X_2+0.278X_3-16.509$ | 0.549* |
| | 11月 | $Y=0.020X_1+1.373X_2-0.521X_3+20.609$ | 0.533* |
| | 12月 | $Y=0.033X_1+0.093X_2-0.361X_3+9.510$ | 0.469 |
| | 全年 | $Y=0.007X_1+0.824X_2-0.596X_3+-23.034$ | 0.517* |
| 叶宽 | 1月 | $Y=0.011X_1-0.012X_2+0.004X_3-0.430$ | 0.417 |
| | 2月 | $Y=0.015X_1+0.054X_2+0.135X_3-5.051$ | 0.445 |
| | 3月 | $Y=0.010X_1+0.068X_2+0.194X_3-5.297$ | 0.468 |
| | 4月 | $Y=0.007X_1+0.061X_2+0.179X_3-6.277$ | 0.423 |
| | 5月 | $Y=0.001X_1+0.223X_2+0.386X_3-8.635$ | 0.406 |
| | 6月 | $Y=0.001X_1+0.115X_2+0.282X_3-7.415$ | 0.665** |
| | 7月 | $Y=0.001X_1+0.117X_2+0.072X_3-5.439$ | 0.345 |

（续）

| 性状 | 月份 | 回归方程 | $R^2$ |
|---|---|---|---|
| 叶宽 | 8 月 | $Y=0.001X_1+0.141X_2+0.082X_3-5.943$ | 0.347 |
| | 9 月 | $Y=0.001X_1+0.332X_2+0.262X_3-9.397$ | 0.429 |
| | 10 月 | $Y=0.002X_1+0.356X_2+0.158X_3-6.676$ | 0.424 |
| | 11 月 | $Y=0.008X_1+0.349X_2+0.033X_3+0.136$ | 0.457 |
| | 12 月 | $Y=0.012X_1+0.024X_2+0.094X_3-3.500$ | 0.410 |
| | 全年 | $Y=0.002X_1+0.280X_2+0.374X_3-10.810$ | 0.376 |
| 叶形指数 | 1 月 | $Y=0.003X_1+0.001X_2-0.134X_3+5.231$ | 0.418 |
| | 2 月 | $Y=0.002X_1+0.108X_2-0.142X_3+4.613$ | 0.459 |
| | 3 月 | $Y=0.001X_1+0.077X_2-0.191X_3+4.394$ | 0.486 |
| | 4 月 | $Y=0.001X_1+0.073X_2-0.137X_3+4.125$ | 0.488 |
| | 5 月 | $Y=0.001X_1-0.008X_2-0.209X_3+5.673$ | 0.689** |
| | 6 月 | $Y=0.001X_1+0.073X_2-0.153X_3+4.556$ | 0.455 |
| | 7 月 | $Y=0.001X_1+0.042X_2-0.032X_3+2.935$ | 0.438 |
| | 8 月 | $Y=0.001X_1+0.051X_2-0.035X_3+2.853$ | 0.439 |
| | 9 月 | $Y=0.001X_1-0.016X_2-0.117X_3+4.643$ | 0.470 |
| | 10 月 | $Y=0.001X_1+0.037X_2-0.083X_3+4.203$ | 0.461 |
| | 11 月 | $Y=0.001X_1+0.068X_2-0.263X_3+10.898$ | 0.525* |
| | 12 月 | $Y=0.001X_1-0.002X_2-0.282X_3+11.400$ | 0.517* |
| | 全年 | $Y=0.001X_1+0.032X_2-0.157X_3+6.067$ | 0.482 |
| 叶面积 | 1 月 | $Y=0.109X_1-0.119X_2-0.239X_3-9.308$ | 0.436 |
| | 2 月 | $Y=0.144X_1+0.699X_2+0.908X_3-53.272$ | 0.488 |
| | 3 月 | $Y=0.097X_1+0.777X_2+1.352X_3-66.092$ | 0.506* |
| | 4 月 | $Y=0.068X_1+0.720X_2+1.332X_3+20.914$ | 0.462 |
| | 5 月 | $Y=0.007X_1+1.776X_2+2.729X_3-73.328$ | 0.408 |
| | 6 月 | $Y=0.008X_1+1.111X_2+2.105X_3-69.461$ | 0.701** |
| | 7 月 | $Y=0.006X_1+1.118X_2+0.580X_3-58.504$ | 0.401 |
| | 8 月 | $Y=0.006X_1+1.350X_2+0.665X_3-63.163$ | 0.403 |
| | 9 月 | $Y=0.007X_1+2.865X_2+2.014X_3-86.711$ | 0.444 |
| | 10 月 | $Y=0.021X_1+3.174X_2+1.211X_3-65.795$ | 0.460 |
| | 11 月 | $Y=0.065X_1+3.734X_2-0.461X_3+16.795$ | 0.465 |
| | 12 月 | $Y=0.103X_1+0.251X_2+0.106X_3-18.482$ | 0.407 |
| | 全年 | $Y=0.019X_1+2.424X_2+2.562X_3-96.325$ | 0.421 |

注：$X_1$表示光照强度；$X_2$表示温度；$X_3$表示相对湿度。** 表示在 0.01 水平显著相关；* 表示在 0.05 水平显著相关。

#### 5.1.3.4 不同区域果实性状的变化规律

（1）叶幕区域坐果性状的差异分析

于果期调查所有样株各区域每个枝条的初始坐果数（2019 年 5 月 25 日）和采收时的

最终坐果数（7 月 25 日）。计算初始坐果率（%）=（初始坐果数/雌能花数）×100%；最终坐果率（%）=（最终坐果数/雌能花数）×100%。果实成熟后（7 月 25 日），采收各区域内的全部果实。用电子天平称量各区域的果实总鲜重为果实总产量；单果质量=果实鲜重/结果数。按区域测量所有果实的横、纵径和果皮厚。

果实成熟期的果实形态见图 5-36，坐果性状的测量结果见图 5-37 至图 5-40。结果表明：文冠果不同叶幕区域的坐果性状差异均极显著（$p<0.01$）。在初始坐果数方面，随着

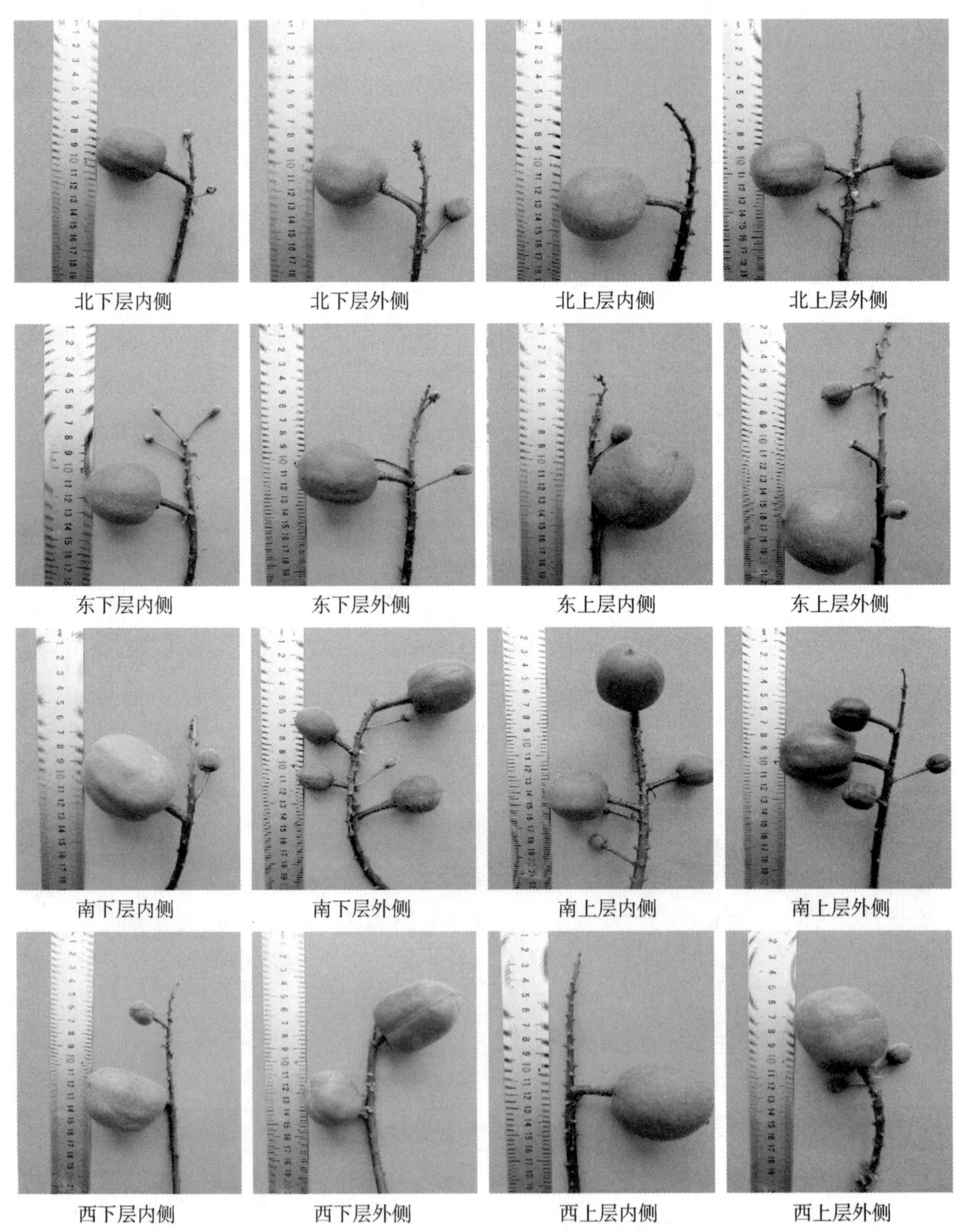


**图 5-36　文冠果在果实成熟期不同区域的果实形态**

冠层的升高，不同方向的结果数均增加，其中以南上层外侧（37 个）和南下层外侧（21 个）的差值最大。在水平方向上，外侧的初始坐果数显著（$p<0.05$）高于内侧，东南方向显著高于北方向。从总体上看，南上层外侧（37 个）的初始坐果数最多，其次为东上层外侧（29 个），北下层内侧和西下层内侧最少（2 个）。在初始坐果率方面，不同方位上的平均值大小顺序为南（60. 25%）>东（56. 34%）>北（55. 17%）>西（54. 49%）。从总体上看，南下层内侧的初始坐果率最高（63. 04%）北上层内侧最低（44. 29%）。

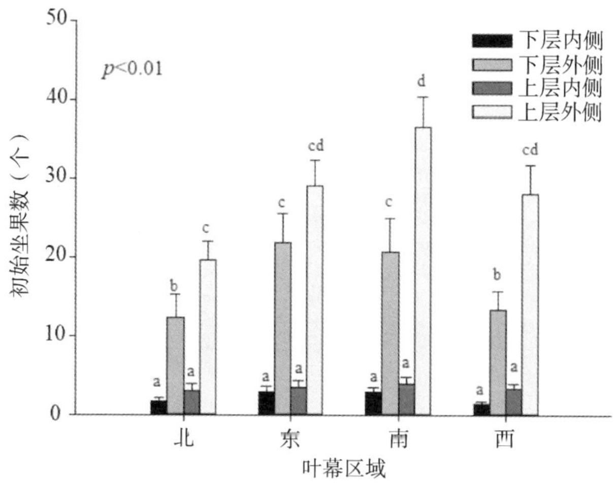


**图 5-37　树冠内不同区域的初始坐果数**

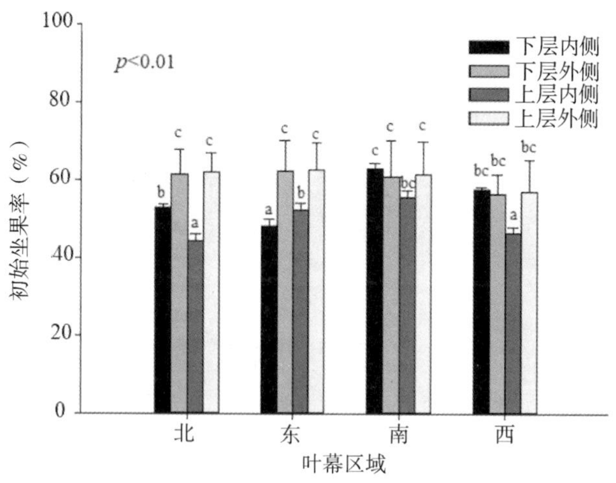


**图 5-38　树冠内不同区域的初始坐果率**

如图 5-39 所示，与初始坐果相比，最终坐果数大大降低，不同方位上的最终坐果数均呈现上层外侧>下层外侧>上层内侧>下层内侧的变化趋势，其中南上层外侧最多（5 个），其次为东上层外侧（4 个），北下层内侧和西下层内侧平均坐果数最少。在最终坐果率方面，在水平方向上，不同冠层上均呈现内侧>外侧的变化趋势；在垂直方向上，东北方向的上层最终坐果率较高，西南方向的下层最终坐果率较高；在不同方位上，东南方向的最终坐果率高于西北方向，最终坐果率的平均值大小顺序为：南（7. 79%）>东

（6.67%）>西（6.49%）>北（6.09%）；从总体上看，南下层外侧的最终坐果率最高（9.12%），其次为南上层外侧（8.57%），北上层内侧最低（4.29%）。

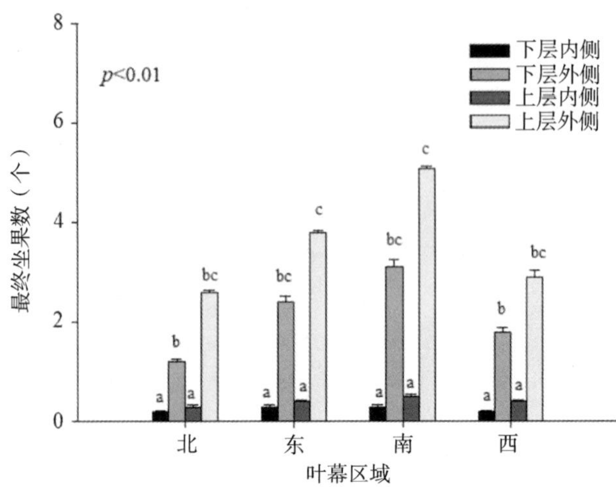


**图 5-39　树冠内不同区域的最终坐果数**

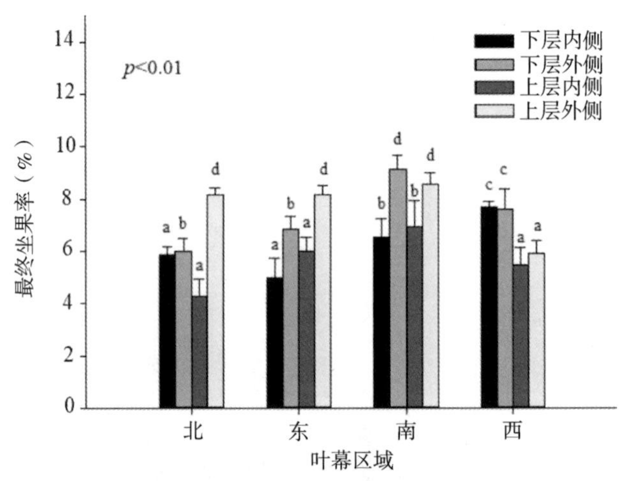


**图 5-40　树冠内不同区域的最终坐果率**

（2）不同叶幕区域果实产量性状的差异分析

果实总产量和单果质量是反映文冠果不同叶幕区域果实产量性状的重要指标，如图5-41至图5-42所示，文冠果不同叶幕区域的果实总产量和单果质量均呈现显著（$p<0.05$）或极显著（$p<0.01$）差异。在果实总产量方面，其在不同方位上均呈现上层外侧>下层外侧>上层内侧≥下层内侧的变化趋势，与文冠果叶幕形成期光照强度的变化规律一致。不同方位上的平均果实总产量大小顺序为南（191.22g）>东（164.53g）>西（123.20g）>北（120.83g）。在所有叶幕区域中，南上层外侧的果实总产量最高（376.68g），其次为东上层外侧（321.28g），西下层内侧最低（57.24g）。如图5-42所示，不同方位上的单果质量分布规律存在显著差异，西、北、南方向的上层内侧单果质量最大，东方向的上层外侧单果质量最高，不同方位上的平均单果质量大小顺序为北（85.84g）>东（78.68g）>

南（76.88g）>西（74.73g）。在所有叶幕区域中，西上层内侧单果质量最高（96.84g），西下层内侧单果质量最低（57.24g）。

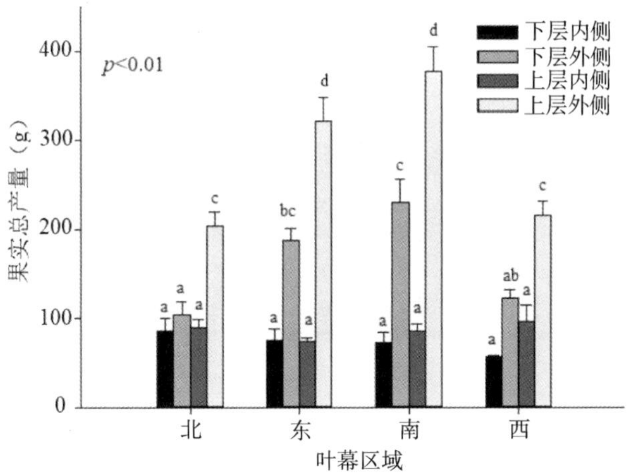


**图 5-41　树冠内不同区域的果实总产量**

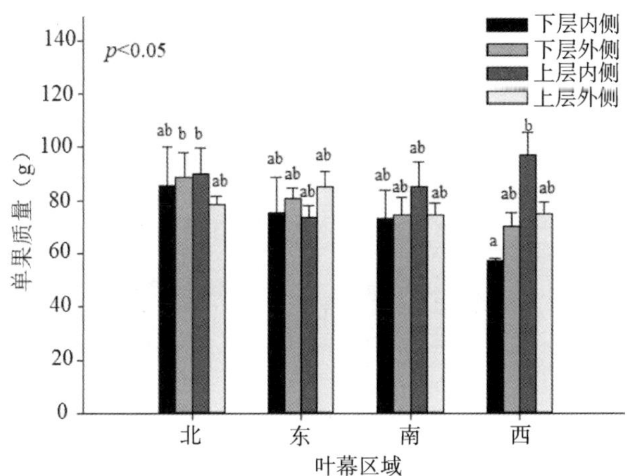


**图 5-42　树冠内不同区域的单果质量**

（3）不同叶幕区域果实形态性状的差异分析

果实横径、果实纵径和果皮厚是反映文冠果不同叶幕区域果实形态性状的重要指标，如图 5-43 至图 5-45 所示，文冠果不同叶幕区域的果实横、纵径差异均极显著（$p<0.01$），北、南、西三个方向上层内侧的果实横、纵径均最大，东方向的上层外侧的果实横径最大，上层内侧的果实纵径最大。在所有叶幕区域中，西上层内侧的果实横径最大（6.74cm），北上层内侧的果实纵径最大（6.71cm）。如图 5-45 所示，不同叶幕区域的果皮厚无显著差异。

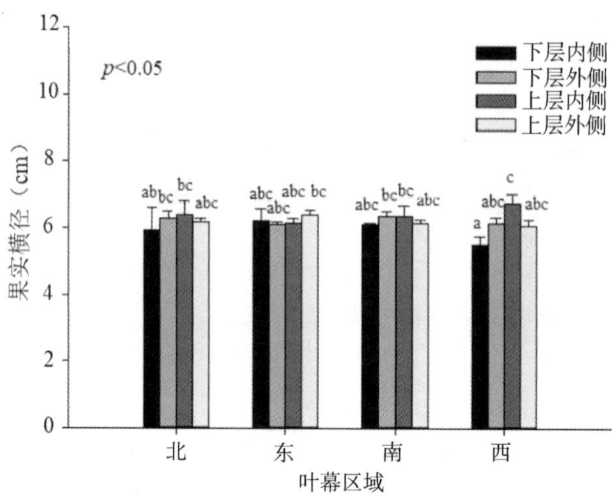


图 5-43　树冠内不同区域的果实横径

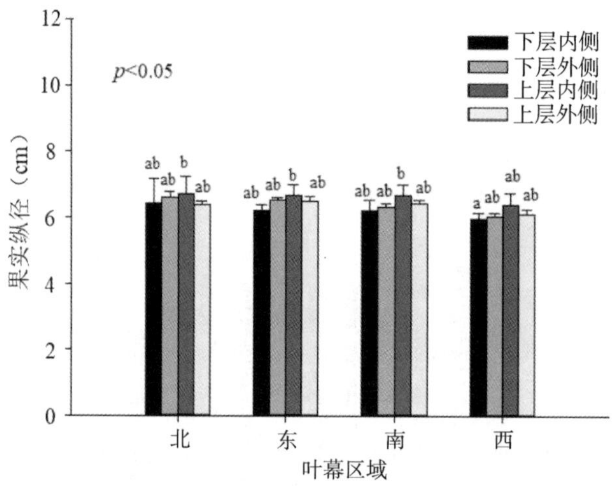


图 5-44　树冠内不同区域的果实纵径

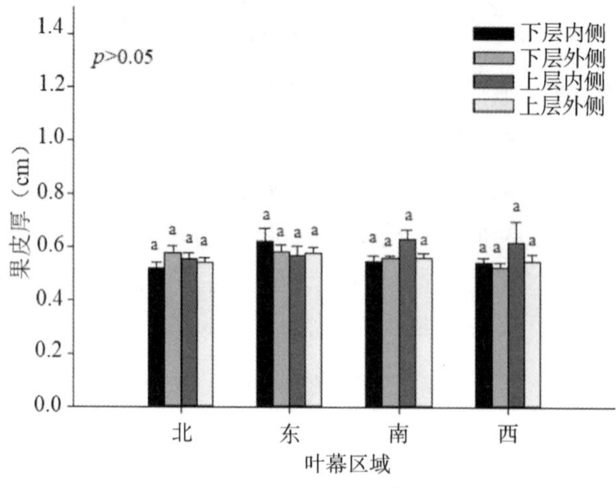


图 5-45　树冠内不同区域的果皮厚

**表 5-14　果实性状与叶幕微气候的相关性分析**

| 时期 | 叶幕微气候 | 初始坐果数 | 初始坐果率 | 最终坐果数 | 最终坐果率 | 果实总产量 | 单果质量 | 果实横径 | 果实纵径 | 果皮厚 |
|---|---|---|---|---|---|---|---|---|---|---|
| 1月 | 光照强度 | 0.495 | 0.032 | 0.474 | 0.064 | 0.504* | 0.253 | 0.448 | 0.466 | 0.223 |
| | 温度 | 0.214 | 0.199 | 0.241 | 0.069 | 0.306 | 0.262 | 0.251 | 0.711** | 0.241 |
| | 相对湿度 | -0.431 | -0.226 | -0.464 | -0.408 | -0.451 | 0.149 | -0.296 | 0.141 | -0.297 |
| 2月 | 光照强度 | 0.485 | -0.062 | 0.478 | 0.156 | 0.510* | 0.160 | 0.324 | 0.176 | 0.174 |
| | 温度 | 0.386 | 0.258 | 0.415 | 0.222 | 0.478 | 0.156 | 0.325 | 0.596* | 0.352 |
| | 相对湿度 | -0.341 | -0.162 | -0.378 | -0.429 | -0.354 | 0.308 | -0.071 | 0.364 | -0.182 |
| 3月 | 光照强度 | 0.485 | -0.053 | 0.478 | 0.165 | 0.508* | 0.144 | 0.317 | 0.166 | 0.179 |
| | 温度 | 0.398 | 0.250 | 0.428 | 0.223 | 0.491 | 0.192 | 0.333 | 0.636** | 0.346 |
| | 相对湿度 | -0.344 | -0.214 | -0.374 | -0.438 | -0.351 | 0.330 | -0.101 | 0.353 | -0.234 |
| 4月 | 光照强度 | 0.508* | -0.002 | 0.506* | 0.231 | 0.526* | 0.076 | 0.311 | 0.088 | 0.215 |
| | 温度 | 0.472 | 0.220 | 0.491 | 0.231 | 0.549* | 0.175 | 0.346 | 0.600* | 0.348 |
| | 相对湿度 | -0.356 | -0.228 | -0.390 | -0.459 | -0.367 | 0.345 | -0.088 | 0.342 | -0.222 |
| 5月 | 光照强度 | 0.964** | 0.590* | 0.958** | 0.629** | 0.925** | -0.024 | 0.208 | 0.076 | -0.017 |
| | 温度 | 0.564* | 0.326 | 0.601* | 0.461 | 0.636** | 0.049 | 0.377 | 0.232 | 0.290 |
| | 相对湿度 | -0.338 | -0.201 | -0.366 | -0.489 | -0.358 | 0.302 | -0.106 | 0.313 | -0.284 |
| 6月 | 光照强度 | 0.962** | 0.592* | 0.957** | 0.628** | 0.923** | -0.024 | 0.211 | 0.077 | -0.014 |
| | 温度 | 0.580* | 0.312 | 0.616* | 0.456 | 0.654** | 0.065 | 0.379 | 0.254 | 0.272 |
| | 相对湿度 | -0.032 | -0.086 | -0.059 | -0.308 | 0.006 | 0.453 | 0.193 | 0.706 | -0.052 |
| 7月 | 光照强度 | 0.963** | 0.590* | 0.956** | 0.625** | 0.921** | -0.021 | 0.212 | 0.077 | -0.015 |
| | 温度 | 0.581* | 0.322 | 0.616** | 0.479 | 0.647** | 0.038 | 0.352 | 0.737 | 0.252 |
| | 相对湿度 | -0.319 | -0.200 | -0.357 | -0.463 | -0.309 | 0.388 | -0.066 | 0.433 | -0.137 |

（续）

| 时期 | 叶幕微气候 | 初始坐果数 | 初始坐果率 | 最终坐果数 | 最终坐果率 | 果实总产量 | 单果质量 | 果实横径 | 果实纵径 | 果皮厚 |
|---|---|---|---|---|---|---|---|---|---|---|
| 8月 | 光照强度 | 0. 963** | 0. 590* | 0. 956** | 0. 626** | 0. 921** | −0. 021 | 0. 212 | 0. 077 | −0. 015 |
| | 温度 | 0. 574* | 0. 317 | 0. 611* | 0. 477 | 0. 643** | 0. 034 | 0. 354 | 0. 203 | 0. 258 |
| | 相对湿度 | −0. 320 | −0. 199 | −0. 358 | −0. 464 | −0. 310 | 0. 392 | −0. 063 | 0. 432 | −0. 135 |
| 9月 | 光照强度 | 0. 963** | 0. 589* | 0. 956** | 0. 626** | 0. 921** | −0. 021 | 0. 213 | 0. 077 | −0. 015 |
| | 温度 | 0. 574* | 0. 313 | 0. 608* | 0. 467 | 0. 639** | 0. 052 | 0. 364 | 0. 214 | 0. 259 |
| | 相对湿度 | −0. 327 | −0. 204 | −0. 359 | −0. 436 | −0. 341 | 0. 338 | −0. 083 | 0. 349 | −0. 238 |
| 10月 | 光照强度 | 0. 926** | 0. 508* | 0. 916** | 0. 550* | 0. 894** | 0. 035 | 0. 276 | 0. 175 | 0. 037 |
| | 温度 | 0. 567* | 0. 310 | 0. 602* | 0. 465 | 0. 637** | 0. 057 | 0. 362 | 0. 228 | 0. 258 |
| | 相对湿度 | −0. 331 | −0. 204 | −0. 365 | −0. 452 | −0. 336 | 0. 358 | −0. 079 | 0. 378 | −0. 201 |
| 11月 | 光照强度 | 0. 507* | 0. 053 | 0. 492 | 0. 103 | 0. 521* | 0. 240 | 0. 430 | 0. 485 | 0. 215 |
| | 温度 | 0. 391 | 0. 135 | 0. 408 | 0. 083 | 0. 474 | 0. 405 | 0. 369 | 0. 737 | 0. 148 |
| | 相对湿度 | −0. 399 | −0. 246 | −0. 437 | −0. 457 | −0. 434 | 0. 287 | −0. 173 | 0. 176 | −0. 345 |
| 12月 | 光照强度 | 0. 508* | 0. 054 | 0. 491 | 0. 101 | 0. 524* | 0. 240 | 0. 431 | 0. 482 | 0. 225 |
| | 温度 | 0. 238 | 0. 209 | 0. 276 | 0. 119 | 0. 343 | 0. 255 | 0. 251 | 0. 707 | 0. 241 |
| | 相对湿度 | −0. 414 | −0. 244 | −0. 450 | −0. 429 | −0. 450 | 0. 248 | −0. 231 | 0. 092 | −0. 388 |
| 全年 | 光照强度 | 0. 944** | 0. 530* | 0. 937** | 0. 585* | 0. 910** | 0. 008 | 0. 251 | 0. 117 | 0. 021 |
| | 温度 | 0. 586* | 0. 296 | 0. 620** | 0. 464 | 0. 649** | −0. 003 | 0. 356 | 0. 208 | 0. 324 |
| | 相对湿度 | −0. 378 | −0. 273 | −0. 426 | −0. 506 | −0. 404 | 0. 336 | −0. 126 | 0. 265 | −0. 249 |

注：** 表示在 0. 01 水平显著相关；* 表示在 0. 05 水平显著相关。

（4）果实性状与叶幕微气候的相关性分析

计算文冠果的果实性状与叶幕微气候的相关系数，结果见表 5-14。可见，与花芽性状和花性状相比，果实性状与叶幕微气候在不同时期的相关系数均较小，说明文冠果的果实性状受叶幕微气候的影响程度较小。同时对比不同时期的相关系数可发现，光照强度对果实性状的影响程度最大，其次为温度和相对湿度。从总体上看，初始坐果数、初始坐果率、最终坐果数、最终坐果率和果实总产量与年均光照强度显著（$p<0.05$）或极显著（$p<0.01$）正相关，初始坐果数、最终坐果数和果实总产量与年均温度显著或极显著正相关，所有果实性状与年均相对湿度无显著相关性。表明光照强、温度高的区域，坐果数、坐果率和果实总产量均较高。其中，最终坐果数与年均叶幕微气候的平均相关系数最高。

由表 5-14 可知，初始坐果数、初始坐果率、最终坐果数和最终坐果率与 5 月光照强度的相关系数均最高。初始坐果数和最终坐果数与 7 月温度的相关系数最高，而与全年所有月份的相对湿度均无显著相关性。初始坐果率和最终坐果率与所有月份的温度和相对湿度均无显著相关性。以上 4 个性状与叶幕微气候的平均相关系数最高的月份均为 5 月。果实总产量与 5 月光照强度的相关系数最高，与 6 月温度的相关系数最高。果实纵径与 6 月相对湿度的相关系数最大，与 7 月温度的相关系数最大；而果实横径、果皮厚、单果质量与全年各月份的光照强度、温度和相对湿度均无显著相关性。因此，为进一步研究文冠果的果实性状，需要重点关注 5~7 月叶幕微气候。

（5）果实性状与叶幕微气候的回归分析

分别以各气候因子，即光照强度（$X_1$）、温度（$X_2$）和相对湿度（$X_3$）为自变量，各果实性状（$Y$）为因变量进行多元回归分析，结果如表 5-15 所示。可见，与花芽性状和花性状相比，不同月份回归方程的 $R^2$ 较小，说明叶幕微气候对文冠果果实性状的影响程度比花芽和花性状小。在初始坐果数和最终坐果数的回归方程中，5~10 月的 $R^2$ 均大于月份，说明 5~10 月的光照强度、温度和相对湿度更能准确预测这两个果实性状的大小；同时 5 月的 $R^2$ 在全年中均最大，说明 5 月的叶幕微气候对文冠果的坐果数影响最为显著。在果实总产量和果实纵径的回归方程中，5~8 月的 $R^2$ 均大于月份，说明 5~8 月的叶幕微气候能够准确拟合文冠果的果实总产量和果实纵径的大小。在坐果率、单果质量、果实横径和果皮厚的回归方程中，全年不同月份的 $R^2$ 均较小，说明这些性状的回归方程模拟值和实测值存在一定偏差。

**表 5-15　果实性状与叶幕微气候的回归分析**

| 性状 | 月份 | 回归方程 | $R^2$ |
|---|---|---|---|
| 初始坐果数 | 1 月 | $Y=0.179X_1+0.422X_2-2.874X_3+36.782$ | 0.346 |
| | 2 月 | $Y=0.162X_1+3.554X_2-1.794X_3-20.723$ | 0.330 |
| | 3 月 | $Y=0.116+2.464X_2-1.988X_3-34.427$ | 0.328 |
| | 4 月 | $Y=0.077X_1+2.832X_2-1.012X_3-55.870$ | 0.349 |
| | 5 月 | $Y=0.068X_1-1.597X_2-1.067X_3+33.313$ | 0.943** |
| | 6 月 | $Y=0.078X_1-1.320X_2-0.402X_3+21.363$ | 0.939** |

（续）

| 性状 | 月份 | 回归方程 | $R^2$ |
|---|---|---|---|
| 初始坐果数 | 7月 | $Y=0.051X_1-0.618X_2-0.119X_3-4.675$ | 0.937** |
| | 8月 | $Y=0.046X_1-0.735X_2+0.133X_3-2.701$ | 0.935** |
| | 9月 | $Y=0.072X_1-1.657X_2-0.322X_3+19.411$ | 0.928** |
| | 10月 | $Y=0.155X_1-3.673X_2-0.795X_3+29.011$ | 0.874** |
| | 11月 | $Y=0.101X_1+7.402X_2-4.452X_3+142.505$ | 0.340 |
| | 12月 | $Y=0.179X_1+0.043X_2-3.414X_3+76.073$ | 0.302 |
| | 全年 | $Y=0.144X_1-3.801X_2-1.401X_3+49.607$ | 0.922** |
| 初始坐果率 | 1月 | $Y=0.001X_1+0.023X_2-0.013X_3+0.949$ | 0.115 |
| | 2月 | $Y=-0.001X_1+0.021X_2-0.019X_3+1.037$ | 0.161 |
| | 3月 | $Y=-0.001X_1+0.015X_2-0.025X_3+1.008$ | 0.169 |
| | 4月 | $Y=-0.001X_1+0.014X_2-0.023X_3+1.085$ | 0.166 |
| | 5月 | $Y=0.001X_1-0.008X_2-0.007X_3+0.742$ | 0.363 |
| | 6月 | $Y=0.001X_1-0.009X_2-0.012X_3+0.949$ | 0.380 |
| | 7月 | $Y=0.018X_1-0.505X_2-0.071X_3+65.456$ | 0.359 |
| | 8月 | $Y=0.016X_1-0.598X_2-0.075X_3+66.622$ | 0.360 |
| | 9月 | $Y=0.025X_1-1.385X_2-0.585X_3+83.220$ | 0.366 |
| | 10月 | $Y=0.046X_1-1.444X_2-0.424X_3+70.601$ | 0.267 |
| | 11月 | $Y=-0.001X_1+0.057X_2-0.027X_3+1.689$ | 0.120 |
| | 12月 | $Y=0.001X_1+0.018X_2-0.023X_3+1.362$ | 0.110 |
| | 全年 | $Y=0.051X_1-3.373X_2-2.591X_3+151.348$ | 0.343 |
| 最终坐果数 | 1月 | $Y=0.020X_1+0.177X_2-0.440X_3+6.840$ | 0.358 |
| | 2月 | $Y=0.018X_1+0.539X_2-0.324X_3-0.557$ | 0.361 |
| | 3月 | $Y=0.013X_1+0.429X_2-0.348X_3-3.125$ | 0.237 |
| | 4月 | $Y=0.008X_1+0.413X_2-0.217X_3-5.396$ | 0.370 |
| | 5月 | $Y=0.009X_1-0.120X_2-0.104X_3+1.880$ | 0.922** |
| | 6月 | $Y=0.010X_1-0.098X_2-0.083X_3+1.853$ | 0.920** |
| | 7月 | $Y=0.006X_1-0.038X_2+0.005X_3-1.400$ | 0.916** |
| | 8月 | $Y=0.006X_1-0.042X_2+0.007X_3-1.319$ | 0.914** |
| | 9月 | $Y=0.009X_1-0.124X_2-0.042X_3+0.865$ | 0.917** |
| | 10月 | $Y=0.019X_1-0.334X_2-0.109X_3+2.412$ | 0.848** |
| | 11月 | $Y=0.007X_1+1.352X_2-0.730X_3+25.319$ | 0.372 |
| | 12月 | $Y=0.019X_1+0.125X_2-0.568X_3+14.406$ | 0.311 |
| | 全年 | $Y=0.018X_1-0.433X_2-0.250X_3+7.486$ | 0.895** |

（续）

| 性状 | 月份 | 回归方程 | $R^2$ |
|---|---|---|---|
| 最终坐果率 | 1月 | $Y=0.001X_1+0.003X_2-0.005X_3+0.209$ | 0.208 |
| | 2月 | $Y=0.001X_1+0.004X_2-0.008X_3+0.251$ | 0.299 |
| | 3月 | $Y=0.001X_1+0.003X_2-0.009X_3+0.220$ | 0.270 |
| | 4月 | $Y=0.001X_1+0.002X_2-0.008X_3+0.243$ | 0.291 |
| | 5月 | $Y=0.001X_1-0.003X_2-0.007X_3+0.218$ | 0.418 |
| | 6月 | $Y=0.001X_1-0.001X_2-0.009X_3+0.277$ | 0.474 |
| | 7月 | $Y=0.003X_1-0.082X_2-0.141X_3+14.318$ | 0.450 |
| | 8月 | $Y=0.003X_1-0.098X_2-0.158X_3+14.971$ | 0.446 |
| | 9月 | $Y=0.005X_1-0.304X_2-0.406X_3+18.297$ | 0.451 |
| | 10月 | $Y=0.009X_1-0.316X_2-0.318X_3+15.985$ | 0.382 |
| | 11月 | $Y=0.001X_1+0.012X_2-0.010X_3+0.464$ | 0.275 |
| | 12月 | $Y=0.010X_1+0.002X_2-0.010X_3+0.402$ | 0.230 |
| | 全年 | $Y=0.010X_1-0.742X_2-0.979X_3+38.333$ | 0.466 |
| 果实总产量 | 1月 | $Y=1.239X_1+19.098X_2-26.607X_3+451.107$ | 0.383 |
| | 2月 | $Y=1.290X_1+38.432X_2\ \ 16.433X_3-156.080$ | 0.416 |
| | 3月 | $Y=0.938X_1+31.100X_2-16.782X_3-311.364$ | 0.410 |
| | 4月 | $Y=0.578X_1+29.400X_2-9.473X_3-466.938$ | 0.419 |
| | 5月 | $Y=0.463X_1+5.799X_2+8.144X_3-316.069$ | 0.857** |
| | 6月 | $Y=0.529X_1+4.347X_2+9.707X_3-397.453$ | 0.856** |
| | 7月 | $Y=0.352X_1+7.069X_2+4.585X_3-519.710$ | 0.861** |
| | 8月 | $Y=0.318X_1+8.848X_2+5.373X_3-558.630$ | 0.862** |
| | 9月 | $Y=0.489X_1+11.179X_2+7.945X_3-427.157$ | 0.604* |
| | 10月 | $Y=1.048X_1+8.109X_2+1.860X_3-317.882$ | 0.600* |
| | 11月 | $Y=0.316X_1+106.449X_2-42.621X_3+1738.248$ | 0.426 |
| | 12月 | $Y=1.220X_1+15.129X_2-33.809X_3+881.290$ | 0.347 |
| | 全年 | $Y=0.959X_1+0.858X_2+6.023X_3-365.713$ | 0.831** |
| 单果质量 | 1月 | $Y=0.086X_1+1.662X_2+1.421X_3+26.023$ | 0.126 |
| | 2月 | $Y=0.187X_1+0.306X_2+4.262X_3-64.542$ | 0.241 |
| | 3月 | $Y=0.117X_1+0.896X_2+5.596X_3-59.890$ | 0.261 |
| | 4月 | $Y=0.097X_1+0.581X_2+4.986X_3-84.461$ | 0.280 |
| | 5月 | $Y=-0.015X_1+5.770X_2+10.576X_3-196.045$ | 0.335 |
| | 6月 | $Y=-0.016X_1+2.744X_2+9.637X_3-206.896$ | 0.389 |
| | 7月 | $Y=-0.006X_1+3.003X_2+2.381X_3-131.282$ | 0.322 |
| | 8月 | $Y=-0.005X_1+3.614X_2+2.712X_3-146.365$ | 0.327 |
| | 9月 | $Y=-0.017X_1+8.448X_2+7.444X_3-219.589$ | 0.398 |
| | 10月 | $Y=-0.026X_1+10.470X_2+5.090X_3-169.395$ | 0.357 |

（续）

| 性状 | 月份 | 回归方程 | $R^2$ |
|---|---|---|---|
| 单果质量 | 11 月 | $Y=0.057X_1+7.091X_2+3.678X_3-33.262$ | 0.250 |
| | 12 月 | $Y=0.129X_1+1.621X_2+5.081X_3-112.162$ | 0.231 |
| | 全年 | $Y=-0.028X_1+9.908X_2+11.877X_3-352.345$ | 0.375 |
| 果实横径 | 1 月 | $Y=0.004X_1+0.028X_2-0.040X_3+6.273$ | 0.242 |
| | 2 月 | $Y=0.004X_1+0.062X_2+0.019X_3+4.299$ | 0.172 |
| | 3 月 | $Y=0.002X_1+0.055X_2+0.017X_3+4.448$ | 0.168 |
| | 4 月 | $Y=0.002X_1+0.046X_2+0.031X_3+3.834$ | 0.167 |
| | 5 月 | $Y=0.001X_1+0.148X_2+0.161X_3+0.590$ | 0.246 |
| | 6 月 | $Y=0.001X_1+0.105X_2+0.135X_3+0.637$ | 0.246 |
| | 7 月 | $Y=-0.001X_1+0.078X_2+0.027X_3+2.422$ | 0.178 |
| | 8 月 | $Y=-0.001X_1+0.095X_2+0.032X_3+2.072$ | 0.184 |
| | 9 月 | $Y=0.001X_1+0.197X_2+0.106X_3+0.487$ | 0.239 |
| | 10 月 | $Y=0.001X_1+0.229X_2+0.062X_3+1.920$ | 0.201 |
| | 11 月 | $Y=0.003X_1+0.120X_2-0.024X_3+6.553$ | 0.200 |
| | 12 月 | $Y=0.004X_1+0.017X_2-0.017X_3+5.808$ | 0.190 |
| | 全年 | $Y=0.001X_1+0.233X_2+0.168X_3+-1.201$ | 0.226 |
| 果实纵径 | 1 月 | $Y=0.002X_1+0.179X_2+0.030X_3+5.110$ | 0.550* |
| | 2 月 | $Y=0.003X_1+0.115X_2+0.103X_3+2.294$ | 0.549* |
| | 3 月 | $Y=0.002X_1+0.112X_2+0.136X_3+2.276$ | 0.614* |
| | 4 月 | $Y=0.001X_1+0.102X_2+0.106X_3+1.897$ | 0.576* |
| | 5 月 | $Y=-0.001X_1+0.229X_2+0.377X_3-3.975$ | 0.752** |
| | 6 月 | $Y=-0.001X_1+0.119X_2+0.321X_3-3.786$ | 0.771** |
| | 7 月 | $Y=0.001X_1+0.120X_2+0.081X_3-1.349$ | 0.657** |
| | 8 月 | $Y=0.001X_1+0.143X_2+0.091X_3-1.815$ | 0.653** |
| | 9 月 | $Y=-0.001X_1+0.308X_2+0.248X_3-4.058$ | 0.566* |
| | 10 月 | $Y=-0.001X_1+0.384X_2+0.169X_3-2.328$ | 0.595* |
| | 11 月 | $Y=0.001X_1+0.405X_2+0.052X_3+5.428$ | 0.571 |
| | 12 月 | $Y=0.003X_1+0.160X_2+0.098X_3+2.337$ | 0.615** |
| | 全年 | $Y=-0.001X_1+0.392X_2+0.394X_3-8.714$ | 0.726** |
| 果皮厚 | 1 月 | $Y=0.001X_1+0.010X_2-0.007X_3+0.209$ | 0.152 |
| | 2 月 | $Y=0.001X_1+0.012X_2-0.006X_3+0.600$ | 0.160 |
| | 3 月 | $Y=0.001X_1+0.009X_2-0.008X_3+0.602$ | 0.166 |
| | 4 月 | $Y=0.001X_1+0.008X_2-0.005X_3+0.561$ | 0.152 |
| | 5 月 | $Y=0.001X_1+0.011X_2-0.001X_3+0.370$ | 0.166 |
| | 6 月 | $Y=0.001X_1+0.013X_2+0.004X_3+0.215$ | 0.154 |
| | 7 月 | $Y=-0.001X_1+0.009X_2+0.001X_3+0.271$ | 0.131 |

（续）

| 性状 | 月份 | 回归方程 | $R^2$ |
|---|---|---|---|
| 果皮厚 | 8 月 | $Y=-0.001X_1+0.011X_2-0.001X_3+0.232$ | 0.137 |
| | 9 月 | $Y=-0.001X_1+0.014X_2+0.001X_3+0.332$ | 0.132 |
| | 10 月 | $Y=0.001X_1+0.021X_2+0.001X_3+0.338$ | 0.105 |
| | 11 月 | $Y=0.001X_1+0.015X_2-0.014X_3+1.035$ | 0.144 |
| | 12 月 | $Y=0.001X_1+0.008X_2-0.015X_3+1.038$ | 0.184 |
| | 全年 | $Y=0.001X_1+0.029X_2+0.009X_3-0.006$ | 0.229 |

注：$X_1$表示光照强度；$X_2$表示温度；$X_3$表示相对湿度。** 表示在 0.01 水平显著相关；* 表示在 0.05 水平显著相关。

#### 5.1.3.5 不同区域种子性状的变化规律

（1）叶幕区域种子产量性状的差异分析

2019 年 8 月，分区域记录各果实的种子总数，每果种子数＝种子总数/结果数。称量各区域的种子总鲜重。各区域随机选取 10 粒种子，测量种子单粒重量、种子横、纵径，计算千粒重。单位投影面积种子产量＝种子鲜重/树冠投影面积。出籽率＝种子鲜重/果实鲜重×100%。

种子产量性状结果见图 5-46 至图 5-51。结果表明：除出籽率外，文冠果不同叶幕区域的种子产量性状均呈现显著（$p<0.05$）或极显著（$p<0.01$）差异。在种子总数方面，垂直方向上，随着冠层的升高，不同方位上的种子总数均增多，其中北上层外侧和下层外侧的种子总数差别最大（28 个）；水平方向上，外侧的种子总数显著高于内侧，其中南上层外侧和内侧的种子总数差别最大（65 个）。在所有叶幕区域中，南上层外侧种子总数最多（83 个），北下层内侧最少（17 个）。在每果种子数方面，不同方位上的平均每果种子数的大小顺序为北（20 个）>西（19 个）>东（17 个）＝南（17 个），其中，北下层内侧的每果种子数最多（22 个），南上层外侧最少（16 个）。

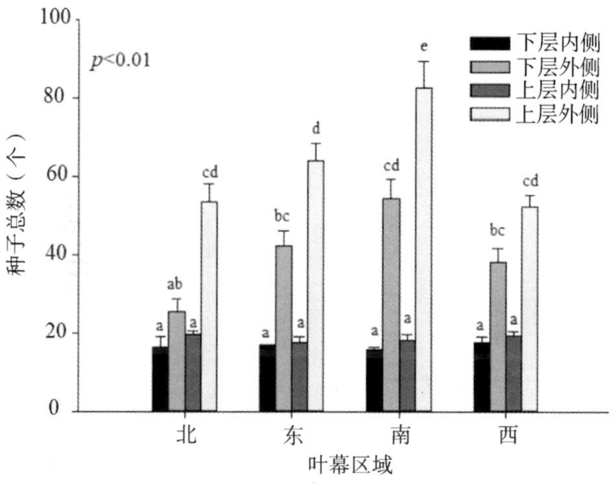


图 5-46　树冠内不同区域的种子总数

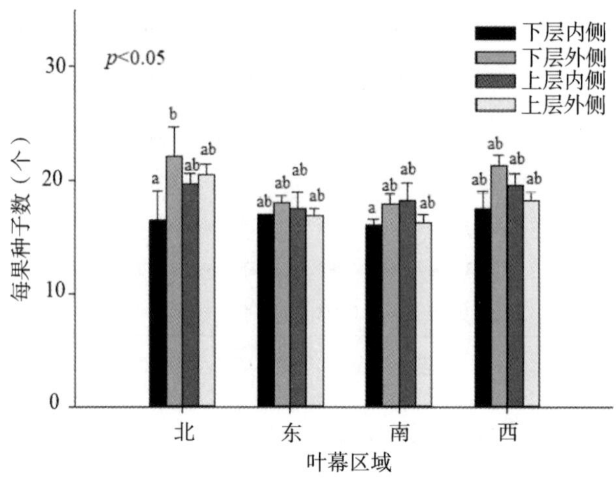

图 5-47　树冠内不同区域的每果种子数

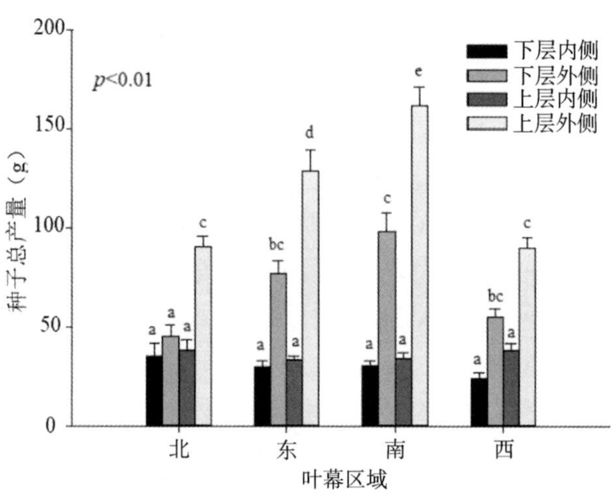


图 5-48　树冠内不同区域的种子总产量

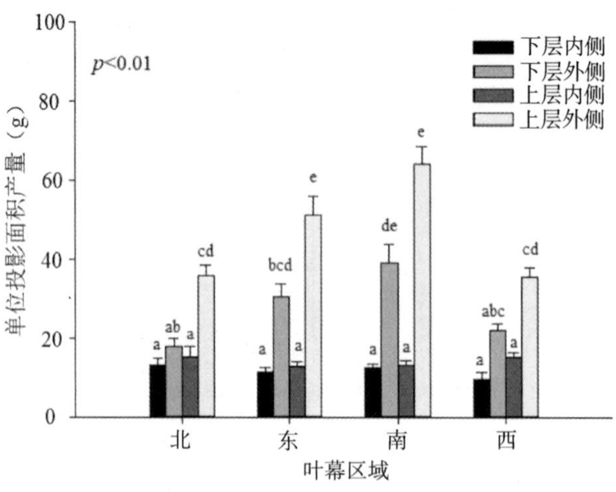


图 5-49　树冠内不同区域的单位投影面积产量

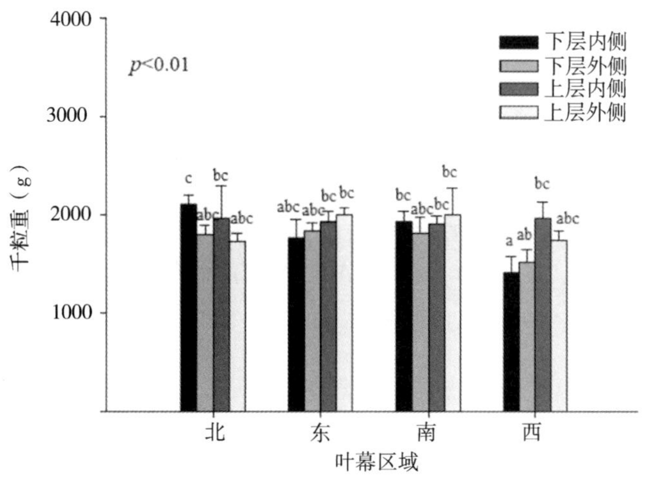


**图 5-50　树冠内不同区域的千粒重**

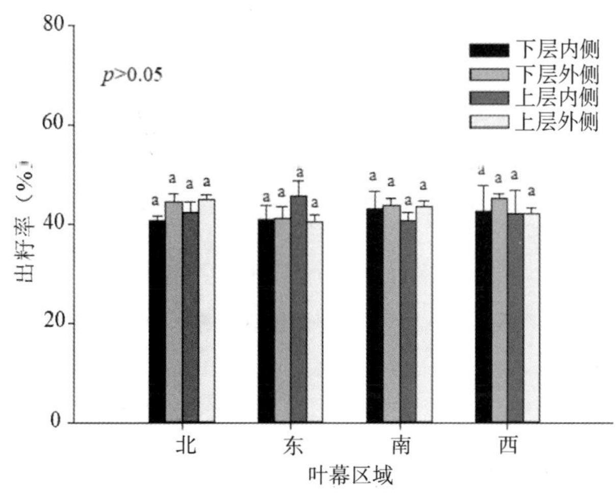


**图 5-51　树冠内不同区域的出籽率**

种子总产量、单位投影面积产量、千粒重和出籽率是反映文冠果产量性状的重要指标。由图 5-48 可知，在种子总产量方面，不同方位上均呈现上层外侧>下层外侧>上层内侧>下层内侧的变化趋势，其中南上层外侧和下层内侧的种子总产量差别最大（131. 19g）。在所有叶幕区域中，南上层外侧的种子总产量最高（161. 97g），西下层内侧最低（24. 33g）。在单位投影面积产量方面，其变化规律与种子总产量一致，呈现上层外侧>下层外侧>上层内侧>下层内侧的变化趋势，不同方位上的平均单位投影面积产量的大小排列顺序为南（36. 27g）>东（26. 54g）>西（20. 62g）>北（20. 52g）。在千粒重方面，不同方位上的平均值大小顺序为南（1916. 41g）>北（1899. 81g）>东（1882. 40g）>西（1660. 73g），其中北下层内侧的种子千粒重最大（2104. 29g），西下层内侧最小（1414. 70g）。在出籽率方面，不同叶幕区域之间无显著差异。

(2) 叶幕区域种子形态性状的差异分析

种子横、纵径是衡量文冠果种子形态性状的重要指标，如图 5-52～图 5-53 所示，文冠果不同叶幕区域的种子横、纵径均呈现显著（$p<0.05$）差异。在种子横径方面，不同方位上的平均值大小顺序为北（1.63cm）>南（1.62cm）=东（1.62cm）>西（1.53cm），其中北下层内侧的种子横径最大（1.71cm），西下层内侧最小（1.49cm）。在种子纵径方面，不同方位上平均值的大小顺序为东（1.77cm）>南（1.75cm）=北（1.75cm）>西（1.72cm）。在所有叶幕区域中，西上层内侧的种子纵径最大（1.86cm），西下层内侧最小（1.62cm）。

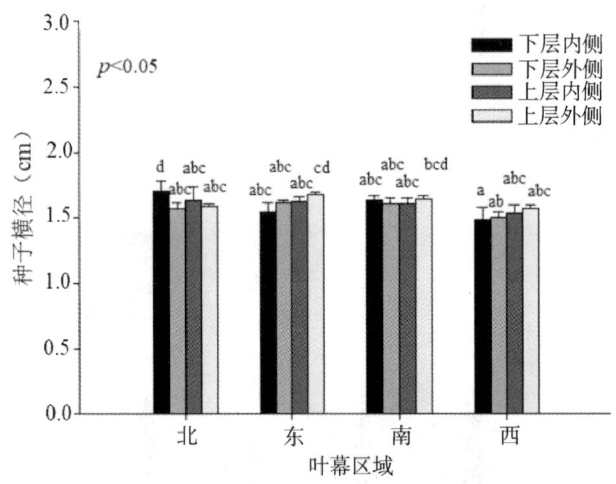

图 5-52 树冠内不同区域的种子横径

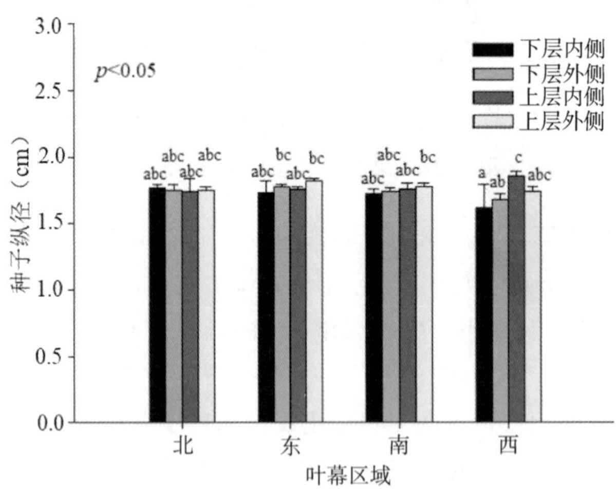

图 5-53 树冠内不同区域的种子纵径

(3) 叶幕区域种仁含油率的差异分析

种仁含油率是衡量文冠果产油性状的重要指标，各区域随机选取 10 粒种子，采用索氏抽提法测定种仁含油率（张旭辉，2016）。由图 5-54 可知，文冠果不同叶幕区域的种仁含油率呈现极显著（$p<0.01$）差异。北、东、西三个方向均呈现下层种仁含油率高于上

层的变化规律，其中东方向上层内侧和下层内侧的种仁含油率差别最大（9.86%）。不同方位上种仁含油率的平均值大小顺序为北（59.85%）>西（59.23%）= 南（58.98%）>东（57.15%）。在所有叶幕区域中，西下层外侧的种仁含油率最高（63.17%）；东上层内侧的种仁含油率最低（51.03%）。

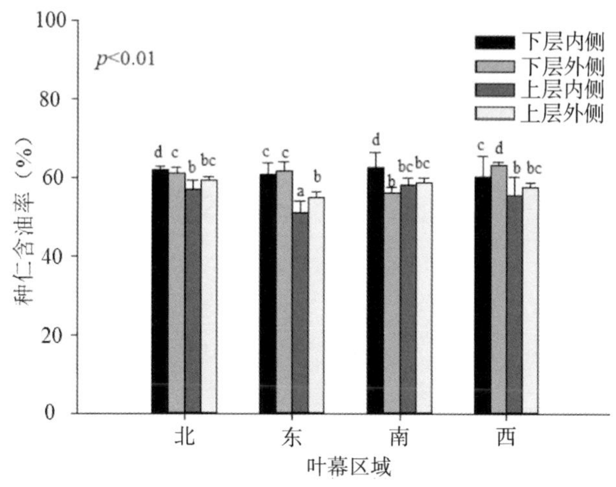


**图 5-54　树冠内不同区域的种仁含油率**

（4）种子性状与叶幕微气候的相关性分析

计算文冠果种子形状与叶幕微气候的相关系数，结果如表 5-16 所示。可见，与花芽和花性状相比，不同时期种子性状与叶幕微气候的相关系数均较小，说明叶幕微气候对文冠果种子性状的影响程度较小。从总体上看，种子总数、种子总产量和单位投影面积产量与年均光照强度和温度显著（$p<0.05$）或极显著（$p<0.01$）正相关，种仁含油率与年均光照强度和温度显著负相关，表明光照强、温度高的区域，种子总数和种子产量较高，而种仁含油率较低。所有种子性状与年均相对湿度无显著相关性。在所有性状中，单位投影面积产量与年均微气候的平均相关系数最高，千粒重与年均微气候相关性最小。

由表 5-16 可知，种子总数、种子总产量和单位投影面积产量与 5 月的光照强度相关系数均最高，种子总数与 7 月温度的相关系数最高，种子总产量和单位投影面积产量与 6 月温度的相关系数最高，这 3 个性状与叶幕微气候平均相关系数最高的月份为 5 月。千粒重、种子横径、种子纵径和种仁含油率与 7 月温度的相关性最强；千粒重和种子横径与 6 月相对湿度的相关系数最高，种仁含油率与 4 月光照强度的相关系数最高，以上 4 个性状与叶幕微气候平均相关系数最高的月份均为 7 月。每果种子数和出籽率与全年所有月份的光照强度、温度和湿度均无显著相关性。

（5）种子性状与叶幕微气候的回归分析

分别以光照强度（$X_1$）、温度（$X_2$）和相对湿度（$X_3$）为自变量，各种子性状（$Y$）为因变量进行多元回归分析，结果见表 5-17。结果表明：与花芽性状和花性状相比，全

表 5-16　种子性状与叶幕微气候的相关性分析

| 时期 | 叶幕微气候 | 种子总数 | 每果种子数 | 种子总产量 | 单位投影面积产量 | 千粒重 | 出籽率 | 种子横径 | 种子纵径 | 种仁含油率 |
|---|---|---|---|---|---|---|---|---|---|---|
| 1月 | 光照强度 | 0.486 | 0.163 | 0.502* | 0.504* | 0.191 | 0.124 | 0.166 | 0.397 | −0.580* |
| | 温度 | 0.217 | −0.271 | 0.300 | 0.297 | 0.573* | −0.091 | 0.693** | 0.379 | −0.282 |
| | 相对湿度 | −0.439 | 0.403 | −0.447 | −0.451 | −0.088 | −0.005 | 0.027 | −0.197 | 0.278 |
| 2月 | 光照强度 | 0.510* | 0.077 | 0.513* | 0.512* | 0.116 | 0.071 | −0.018 | 0.351 | −0.531* |
| | 温度 | 0.388 | −0.387 | 0.466 | 0.465 | 0.509* | −0.094 | 0.585* | 0.440 | −0.461 |
| | 相对湿度 | −0.370 | 0.326 | −0.355 | −0.359 | 0.152 | −0.030 | 0.276 | 0.015 | 0.174 |
| 3月 | 光照强度 | 0.509* | 0.070 | 0.511* | 0.510* | 0.103 | 0.074 | −0.029 | 0.340 | −0.532* |
| | 温度 | 0.404 | −0.346 | 0.482 | 0.480 | 0.525* | −0.083 | 0.600* | 0.462 | −0.462 |
| | 相对湿度 | −0.359 | 0.375 | −0.346 | −0.351 | 0.150 | −0.012 | 0.255 | −0.009 | 0.246 |
| 4月 | 光照强度 | 0.527* | 0.003 | 0.527* | 0.527* | 0.065 | 0.071 | −0.075 | 0.316 | −0.524* |
| | 温度 | 0.474 | −0.284 | 0.539* | 0.538* | 0.453 | −0.054 | 0.511* | 0.473 | −0.542* |
| | 相对湿度 | −0.374 | 0.391 | −0.362 | −0.367 | 0.145 | −0.014 | 0.235 | 0.002 | 0.239 |
| 5月 | 光照强度 | 0.939** | −0.062 | 0.927** | 0.927** | 0.068 | 0.132 | 0.217 | 0.311 | −0.218 |
| | 温度 | 0.582* | −0.413 | 0.629** | 0.632** | 0.370 | −0.013 | 0.318 | 0.417 | −0.503* |
| | 相对湿度 | −0.372 | 0.430 | −0.350 | −0.354 | 0.095 | 0.044 | 0.215 | −0.059 | 0.294 |
| 6月 | 光照强度 | 0.937** | −0.061 | 0.925** | 0.925** | 0.067 | 0.133 | 0.215 | 0.311 | −0.219 |
| | 温度 | 0.602* | −0.377 | 0.648** | 0.650** | 0.372 | 0.010 | 0.319 | 0.431 | −0.532* |
| | 相对湿度 | −0.051 | 0.261 | 0.005 | −0.001 | 0.500* | −0.021 | 0.571 | 0.391 | −0.139 |
| 7月 | 光照强度 | 0.936** | −0.053 | 0.923** | 0.924** | 0.163 | 0.133 | 0.211 | 0.310 | −0.416 |
| | 温度 | 0.604* | −0.364 | 0.643** | 0.646** | 0.587* | 0.011 | 0.699** | 0.501* | −0.623** |
| | 相对湿度 | −0.345 | 0.275 | −0.310 | −0.316 | 0.262 | −0.097 | 0.337 | 0.196 | 0.434 |

（续）

| 时期 | 叶幕微气候 | 种子总数 | 每果种子数 | 种子总产量 | 单位投影面积产量 | 千粒重 | 出籽率 | 种子横径 | 种子纵径 | 种仁含油率 |
|---|---|---|---|---|---|---|---|---|---|---|
| | 光照强度 | 0.936** | −0.053 | 0.923** | 0.924** | 0.063 | 0.134 | 0.211 | 0.310 | −0.216 |
| 8月 | 温度 | 0.599* | −0.370 | 0.639** | 0.641** | 0.325 | 0.011 | 0.268 | 0.394 | −0.508* |
| | 相对湿度 | −0.346 | 0.276 | −0.311 | −0.317 | 0.263 | −0.100 | 0.337 | 0.097 | 0.134 |
| | 光照强度 | 0.936** | −0.054 | 0.923** | 0.924** | 0.063 | 0.133 | 0.211 | 0.311 | −0.217 |
| 9月 | 温度 | 0.595* | −0.357 | 0.635** | 0.637** | 0.335 | 0.013 | 0.273 | 0.408 | −0.508* |
| | 相对湿度 | −0.345 | 0.406 | −0.335 | −0.340 | 0.142 | 0.019 | 0.244 | 0.001 | 0.240 |
| | 光照强度 | 0.902** | −0.011 | 0.895** | 0.896** | 0.098 | 0.144 | 0.218 | 0.351 | −0.325 |
| 10月 | 温度 | 0.590* | −0.350 | 0.632** | 0.635** | 0.337 | 0.011 | 0.279 | 0.408 | −0.532* |
| | 相对湿度 | −0.351 | 0.354 | −0.332 | −0.338 | 0.188 | −0.031 | 0.280 | 0.033 | 0.211 |
| | 光照强度 | 0.501* | 0.151 | 0.519* | 0.521* | 0.200 | 0.142 | 0.181 | 0.400 | −0.622** |
| 11月 | 温度 | 0.410 | −0.062 | 0.474 | 0.470 | 0.586* | −0.027 | 0.679** | 0.500* | −0.356 |
| | 相对湿度 | −0.420 | 0.454 | −0.426 | −0.431 | 0.036 | 0.027 | 0.119 | −0.105 | 0.337 |
| | 光照强度 | 0.502* | 0.141 | 0.521* | 0.523* | 0.201 | 0.126 | 0.184 | 0.403 | −0.618** |
| 12月 | 温度 | 0.255 | −0.291 | 0.339 | 0.335 | 0.577* | −0.106 | 0.698** | 0.375 | −0.249 |
| | 相对湿度 | −0.431 | 0.440 | −0.443 | −0.448 | −0.009 | 0.004 | 0.073 | −0.151 | 0.393 |
| | 光照强度 | 0.922** | −0.034 | 0.912** | 0.913** | 0.080 | 0.136 | 0.199 | 0.337 | −0.507* |
| 全年 | 温度 | 0.604* | −0.388 | 0.642** | 0.644** | 0.288 | −0.003 | 0.235 | 0.391 | −0.536* |
| | 相对湿度 | −0.406 | 0.437 | −0.401 | −0.405 | 0.082 | −0.019 | 0.142 | −0.018 | 0.220 |

注：** 表示在 0.01 水平显著相关；* 表示在 0.05 水平显著相关。

年不同月份回归方程的 $R^2$ 均较小，说明文冠果种子性状受叶幕微气候的影响程度较小。在种子总数、种子总产量和单位投影面积产量的回归方程中，5~8 月的 $R^2$ 均大于其他月份，说明 5~8 月的光照强度、温度和相对湿度更能准确预测文冠果种子总数和产量的大小。5 月的 $R^2$ 在全年中均最大，说明 5 月的叶幕微气候对以上 3 个性状影响最为显著。从千粒重、种子横、纵径和种仁含油率的回归方程可以看出，5~7 月的叶幕微气候更能够准确拟合其大小，同时 7 月的叶幕微气候对以上 4 个性状影响较为显著。

**表 5-17　种子性状与叶幕微气候的回归分析**

| 性状 | 月份 | 回归方程 | $R^2$ |
|---|---|---|---|
| 种子总数 | 1 月 | $Y=0.308X_1+1.112X_2-5.389X_3+85.819$ | 0.345 |
| | 2 月 | $Y=0.305X_1+6.395X_2-3.613X_3-20.685$ | 0.358 |
| | 3 月 | $Y=0.223+5.172X_2-3.652X_3-54.514$ | 0.352 |
| | 4 月 | $Y=0.146X_1+5.028X_2-1.982X_3-88.133$ | 0.366 |
| | 5 月 | $Y=0.115X_1-1.723X_2-1.308X_3+40.010$ | 0.886** |
| | 6 月 | $Y=0.131X_1-1.288X_2-0.863X_3+32.145$ | 0.881** |
| | 7 月 | $Y=0.085-0.420X_2+0.142X_3-10.623$ | 0.878** |
| | 8 月 | $Y=0.077X_1-0.461X_2+0.163X_3-9.907$ | 0.878** |
| | 9 月 | $Y=0.120X_1-1.389X_2-0.279X_3+14.930$ | 0.578* |
| | 10 月 | $Y=0.258X_1-4.164X_2-1.257X_3+37.156$ | 0.520* |
| | 11 月 | $Y=0.129X_1+16.949X_2-9.148X_3+323.069$ | 0.363 |
| | 12 月 | $Y=0.296X_1+0.804X_2-6.888X_3+176.727$ | 0.306 |
| | 全年 | $Y=0.242X_1-5.602X_2-2.787X_3+96.264$ | 0.867** |
| 每果种子数 | 1 月 | $Y=0.042X_1-1.381X_2+0.776X_3-7.118$ | 0.490 |
| | 2 月 | $Y=0.046X_1-0.977X_2-0.960X_3-5.979$ | 0.457 |
| | 3 月 | $Y=0.030X_1-0.676X_2+1.227X_3-3.588$ | 0.426 |
| | 4 月 | $Y=0.027X_1-0.592X_2+1.108X_3-8.456$ | 0.427 |
| | 5 月 | $Y=0.003X_1-0.594X_2+0.377X_3+25.629$ | 0.265 |
| | 6 月 | $Y=0.004X_1-0.740X_2+0.388X_3+24.950$ | 0.232 |
| | 7 月 | $Y=0.003X_1-0.525X_2+0.017X_3+32.700$ | 0.201 |
| | 8 月 | $Y=0.002X_1-0.636X_2+0.013X_3+34.246$ | 0.205 |
| | 9 月 | $Y=0.003X_1-0.583X_2+0.342X_3+21.291$ | 0.212 |
| | 10 月 | $Y=0.010X_1-1.356X_2+0.113X_3+28.483$ | 0.230 |
| | 11 月 | $Y=0.063X_1-3.330X_2+1.667X_3-54.424$ | 0.435 |
| | 12 月 | $Y=0.048X_1-1.110X_2+1.515X_3-37.938$ | 0.444 |
| | 全年 | $Y=0.010X_1-1.045X_2+0.354X_3+20.659$ | 0.298 |

（续）

| 性状 | 月份 | 回归方程 | $R^2$ |
|---|---|---|---|
| 种子总产量 | 1 月 | $Y=0.528X_1+7.619X_2-11.040X_3+185.417$ | 0.377 |
| | 2 月 | $Y=0.559X_1+15.613X_2-6.785X_3-67.957$ | 0.408 |
| | 3 月 | $Y=0.410X_1+12.694X_2-6.609X_3-138.974$ | 0.402 |
| | 4 月 | $Y=0.255X_1+11.994X_2-3.643X_3-203.309$ | 0.411 |
| | 5 月 | $Y=0.198X_1+2.152X_2+3.614X_3-129.995$ | 0.871** |
| | 6 月 | $Y=0.226X_1+1.411X_2+3.800X_3-152.004$ | 0.859** |
| | 7 月 | $Y=0.150X_1+2.631X_2+1.816X_3-203.193$ | 0.863** |
| | 8 月 | $Y=0.136X_1+3.297X_2+2.120X_3-217.532$ | 0.864** |
| | 9 月 | $Y=0.208X_1+4.441X_2+3.464X_3-178.108$ | 0.557* |
| | 10 月 | $Y=0.447X_1+2.633X_2+0.701X_3-124.188$ | 0.602* |
| | 11 月 | $Y=0.163X_1+44.784X_2-19.254X_3+719.577$ | 0.420 |
| | 12 月 | $Y=0.519X_1+6.165X_2-13.831X_3+357.706$ | 0.340 |
| | 全年 | $Y=0.412X_1-0.929X_2+1.816X_3-120.576$ | 0.835** |
| 单位投影面积产量 | 1 月 | $Y=0.212X_1+2.922X_2-4.426X_3+73.956$ | 0.380 |
| | 2 月 | $Y=0.220X_1+6.209X_2-2.781X_3-24.627$ | 0.409 |
| | 3 月 | $Y=0.161X_1+5.035X_2-2.758X_3-52.518$ | 0.402 |
| | 4 月 | $Y=0.100X_1+4.761X_2-1.556X_3-77.769$ | 0.411 |
| | 5 月 | $Y=0.079X_1+0.831X_2+1.302X_3-49.359$ | 0.872** |
| | 6 月 | $Y=0.090X_1+0.575X_2+1.379X_3-57.787$ | 0.860** |
| | 7 月 | $Y=0.060X_1+1.044X_2+0.689X_3-79.178$ | 0.863** |
| | 8 月 | $Y=0.054X_1+1.309X_2+0.807X_3-84.853$ | 0.864** |
| | 9 月 | $Y=0.083X_1+1.728X_2+1.284X_3-68.408$ | 0.558* |
| | 10 月 | $Y=0.178X_1+1.004X_2+0.213X_3-47.301$ | 0.604* |
| | 11 月 | $Y=0.059X_1+17.409X_2-7.693X_3+285.211$ | 0.420 |
| | 12 月 | $Y=0.208X_1+2.356X_2-5.593X_3+144.834$ | 0.343 |
| | 全年 | $Y=0.164X_1-0.422X_2+0.587X_3-43.924$ | 0.836** |
| 千粒重 | 1 月 | $Y=-1.248X_1+154.506X_2-20.908X_3+2433.943$ | 0.362 |
| | 2 月 | $Y=0.754X_1+85.776X_2+29.287X_3+283.600$ | 0.285 |
| | 3 月 | $Y=0.433X_1+76.486X_2+43.595X_3+151.091$ | 0.313 |
| | 4 月 | $Y=0.073X_1+63.441X_2+33.131X_3+42.283$ | 0.253 |
| | 5 月 | $Y=-0.548X_1+182.360X_2+240.821X_3-5532.290$ | 0.659** |
| | 6 月 | $Y=0.583X_1+113.889X_2+200.382X_3-5333.722$ | 0.650** |
| | 7 月 | $Y=-0.278X_1+104.276X_2+53.759X_3-3984.520$ | 0.693** |

（续）

| 性状 | 月份 | 回归方程 | $R^2$ |
|---|---|---|---|
| 千粒重 | 8 月 | $Y=-0.245X_1+125.248X_2+61.326X_3-4402.359$ | 0.600 * |
| | 9 月 | $Y=-0.559X_1+241.962X_2+158.184X_3-5594.746$ | 0.541 * |
| | 10 月 | $Y=-1.153X_1+337.627X_2+112.918X_3-4734.485$ | 0.525 * |
| | 11 月 | $Y=-3.400X_1+435.096X_2-32.851X_3+4525.769$ | 0.440 |
| | 12 月 | $Y=0.556X_1+130.834X_2+12.235X_3+1353.454$ | 0.345 |
| | 全年 | $Y=-1.171X_1+290.382X_2+243.002X_3-8004.342$ | 0.549 * |
| 出籽率 | 1 月 | $Y=0.017X_1-0.482X_2+0.083X_3+37.591$ | 0.050 |
| | 2 月 | $Y=0.010X_1-0.218X_2+0.057X_3+40.757$ | 0.020 |
| | 3 月 | $Y=0.007X_1-0.167X_2+0.096X_3+40.415$ | 0.019 |
| | 4 月 | $Y=0.006X_1-0.140X_2+0.105X_3+39.598$ | 0.017 |
| | 5 月 | $Y=0.002X_1-0.198X_2+0.024X_3+45.733$ | 0.036 |
| | 6 月 | $Y=0.003X_1-0.215X_2+0.146X_3+50.062$ | 0.033 |
| | 7 月 | $Y=0.002X_1-0.237X_2-0.106X_3+54.416$ | 0.047 |
| | 8 月 | $Y=0.002X_1-0.289X_2-0.124X_3+55.595$ | 0.049 |
| | 9 月 | $Y=0.002X_1-0.201X_2+0.008X_3+45.335$ | 0.028 |
| | 10 月 | $Y=0.006X_1-0.636X_2-0.131X_3+51.635$ | 0.043 |
| | 11 月 | $Y=0.029X_1-1.477X_2+0.373X_3+21.572$ | 0.075 |
| | 12 月 | $Y=0.018X_1-0.460X_2+0.198X_3+33.040$ | 0.060 |
| | 全年 | $Y=0.007X_1-0.690X_2-0.382X_3+59.749$ | 0.053 |
| 种子横径 | 1 月 | $Y=-0.001X_1+0.062X_2-0.003X_3+1.736$ | 0.527 * |
| | 2 月 | $Y=0.001X_1+0.034X_2+0.012X_3+1.082$ | 0.414 |
| | 3 月 | $Y=0.001X_1+0.030X_2+0.016X_3+1.056$ | 0.449 |
| | 4 月 | $Y=0.001X_1+0.027X_2+0.009X_3+1.086$ | 0.381 |
| | 5 月 | $Y=0.001X_1+0.053X_2+0.086X_3-0.796$ | 0.661 ** |
| | 6 月 | $Y=0.001X_1+0.025X_2+0.067X_3-0.546$ | 0.668 ** |
| | 7 月 | $Y=-0.001X_1+0.027X_2+0.018X_3-0.156$ | 0.672 ** |
| | 8 月 | $Y=-0.001X_1+0.032X_2+0.021X_3-0.262$ | 0.561 * |
| | 9 月 | $Y=-0.001X_1+0.065X_2+0.053X_3-0.641$ | 0.586 * |
| | 10 月 | $Y=0.001X_1+0.091X_2+0.038X_3-0.404$ | 0.579 * |
| | 11 月 | $Y=-0.001X_1+0.169X_2-0.009X_3+2.532$ | 0.526 * |
| | 12 月 | $Y=0.001X_1+0.054X_2+0.010X_3+1.271$ | 0.534 * |
| | 全年 | $Y=0.001X_1+0.073X_2+0.073X_3-1.243$ | 0.428 |

（续）

| 性状 | 月份 | 回归方程 | $R^2$ |
|---|---|---|---|
| 种子纵径 | 1月 | $Y=0.001X_1+0.019X_2+0.006X_3+1.762$ | 0.222 |
| | 2月 | $Y=0.001X_1+0.018X_2+0.009X_3+1.164$ | 0.283 |
| | 3月 | $Y=0.001X_1+0.017X_2+0.011X_3+1.183$ | 0.288 |
| | 4月 | $Y=0.001X_1+0.015X_2+0.012X_3+1.036$ | 0.288 |
| | 5月 | $Y=0.001X_1+0.034X_2+0.044X_3+0.365$ | 0.649** |
| | 6月 | $Y=0.001X_1+0.024X_2+0.046X_3+0.118$ | 0.654** |
| | 7月 | $Y=0.001X_1+0.021X_2+0.011X_3+0.494$ | 0.690** |
| | 8月 | $Y=0.001X_1+0.026X_2+0.013X_3+0.402$ | 0.397 |
| | 9月 | $Y=-0.001X_1+0.050X_2+0.033X_3+0.174$ | 0.407 |
| | 10月 | $Y=-0.001X_1+0.065X_2+0.022X_3+0.411$ | 0.388 |
| | 11月 | $Y=0.001X_1+0.066X_2-0.006X_3+2.071$ | 0.264 |
| | 12月 | $Y=0.001X_1+0.014X_2+0.001X_3+1.542$ | 0.204 |
| | 全年 | $Y=-0.001X_1+0.066X_2+0.059X_3-0.648$ | 0.448 |
| 种仁含油率 | 1月 | $Y=-0.067X_1-0.101X_2+0.354X_3+66.002$ | 0.355 |
| | 2月 | $Y=-0.072X_1-1.073X_2-0.216X_3+91.339$ | 0.398 |
| | 3月 | $Y=-0.045X_1-0.911X_2-0.030X_3+86.785$ | 0.390 |
| | 4月 | $Y=-0.013X_1-0.910X_2-0.226X_3+96.304$ | 0.410 |
| | 5月 | $Y=0.005X_1-1.938X_2-1.254X_3+119.503$ | 0.617** |
| | 6月 | $Y=0.007X_1-1.967X_2-1.744X_3+143.167$ | 0.625** |
| | 7月 | $Y=0.004X_1-1.557X_2-0.434X_3+127.725$ | 0.682** |
| | 8月 | $Y=0.003X_1-1.838X_2-0.492X_3+131.628$ | 0.375 |
| | 9月 | $Y=0.006X_1-3.035X_2-1.157X_3+136.064$ | 0.364 |
| | 10月 | $Y=0.007X_1-4.065X_2-0.805X_3+125.457$ | 0.360 |
| | 11月 | $Y=-0.080X_1+0.656X_2+0.443X_3+64.676$ | 0.406 |
| | 12月 | $Y=-0.073X_1+0.225X_2+0.587X_3+57.464$ | 0.402 |
| | 全年 | $Y=0.016X_1-4.805X_2-3.109X_3+199.755$ | 0.526* |

注：$X_1$表示光照强度；$X_2$表示温度；$X_3$表示相对湿度；** 表示在 0.01 水平显著相关；* 表示在 0.05 水平显著相关。

## 5.1.4 不同叶幕区域光合特性的变化规律

### 5.1.4.1 不同物候期各区域光合日动态的变化规律

从展叶初期至落叶期，于各物候期内各测定一次不同叶幕区域的光合日动态，结果见图 5-55。从总体上看，文冠果在不同物候期净光合速率的日变化规律基本一致，均呈现不对称的双峰曲线特征，同时存在明显的“光合午休”现象，峰值出现在 11：00 和 15：00左右，并且第 1 个峰值均高于第 2 个峰值；两峰之间还有一低谷，出现在 13：00。

7：00~11：00，光强不断增加，文冠果叶片的气孔逐渐打开，净光合速率不断升高，在 11：00 达到当日峰值。随着光强继续增加，部分气孔关闭，净光合速率在 13：00 出现谷值。13：00 后光强逐渐减小，净光合速率在 15 点达到第 2 个峰值。17：00 光强达到当天最小值，净光合速率也为当天最低值。

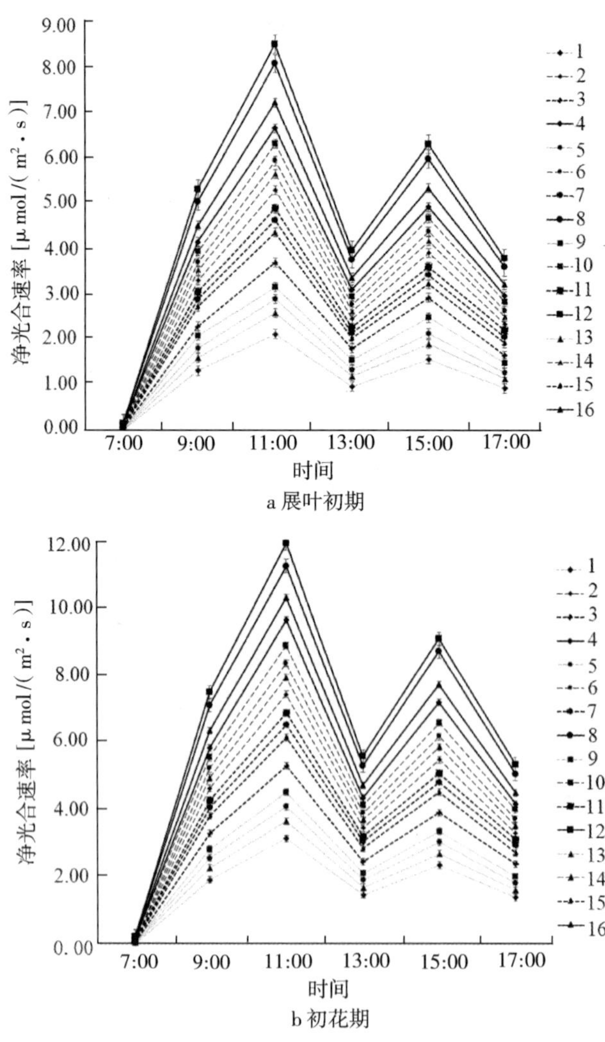


a 展叶初期

b 初花期

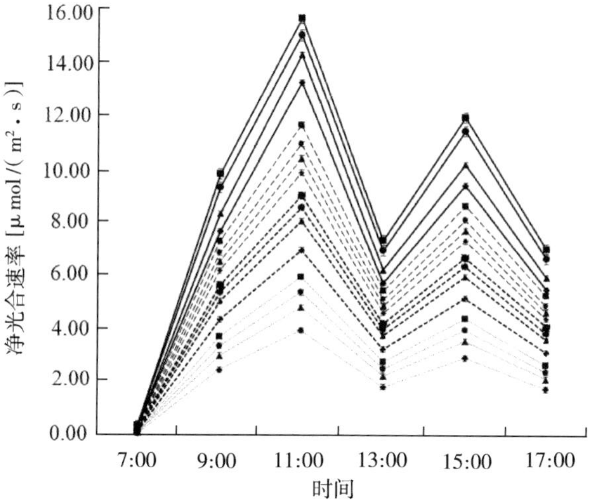

c 盛花期

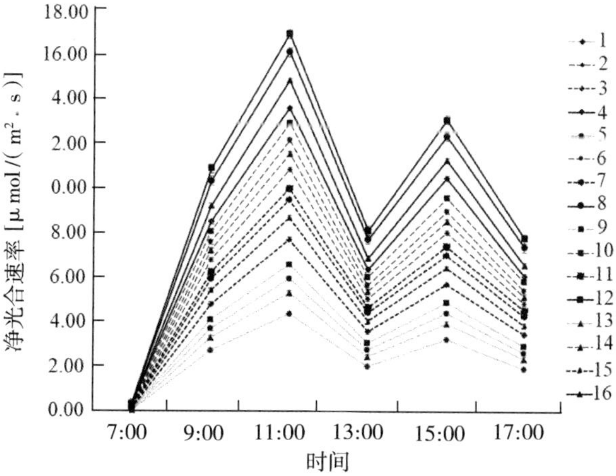

d 展叶盛期

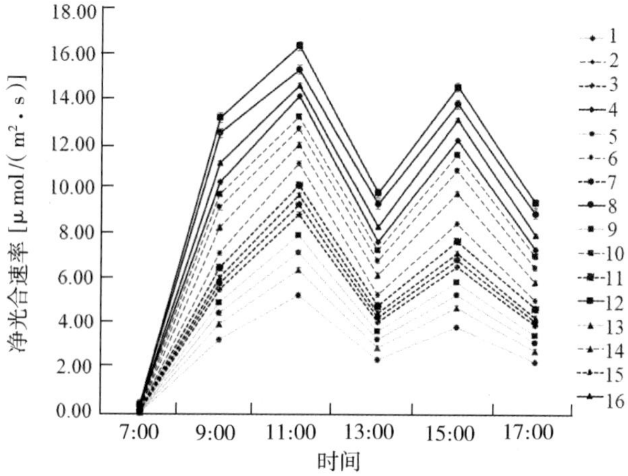

e 末花期

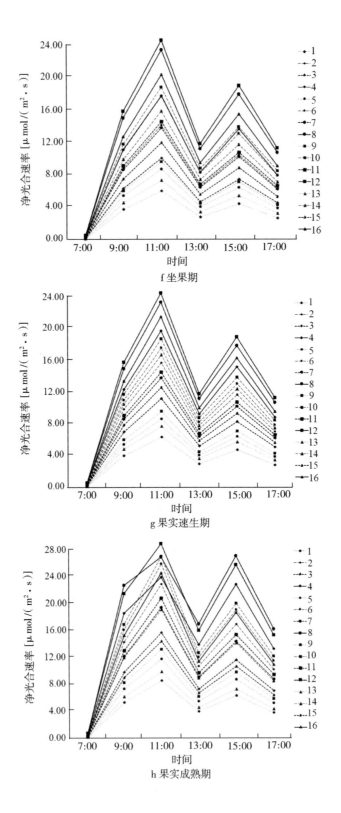

净光合速率 [μ mol/( m² · s)]

24.00 20.00 16.00 12.00 8.00 4.00 0.00

7:00 9:00 11:00 13:00 15:00 17:00

时间

1 2 3 4 5 6 7 8 9 10 11 12 13 14 15 16

f 坐果期

净光合速率 [μ mol/( m² · s)]

24.00 20.00 16.00 12.00 8.00 4.00 0.00

7:00 9:00 11:00 13:00 15:00 17:00

时间

1 2 3 4 5 6 7 8 9 10 11 12 13 14 15 16

g 果实速生期

净光合速率 [μ mol/( m² · s)]

28.00 24.00 20.00 16.00 12.00 8.00 4.00 0.00

7:00 9:00 11:00 13:00 15:00 17:00

时间

1 2 3 4 5 6 7 8 9 10 11 12 13 14 15 16

h 果实成熟期

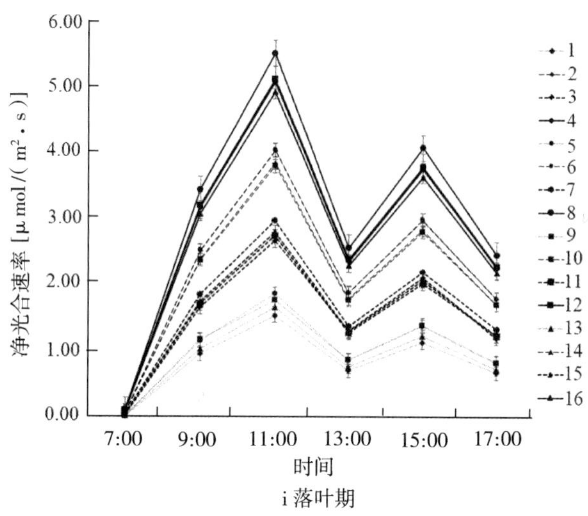

i 落叶期

**图 5-55 不同物候期各区域的光合日动态曲线（a–i）**

注：1 表示北下层内侧；2 表示北下层外侧；3 表示北上层内侧；4 表示北上层外侧；5 表示东下层内侧；6 表示东下层外侧；7 表示东上层内侧；8 表示东上层外侧；9 表示南下层内侧；10 表示南下层外侧；11 表示南上层内侧；12 表示南上层外侧；13 表示西下层内侧；14 表示西下层外侧；15 表示西上层内侧；16 表示西上层外侧。误差线表示标准误。下同。

### 5.1.4.2 不同物候期各区域光响应曲线的变化规律

展叶初期至落叶期不同叶幕区域的光响应曲线见图 5-56。结果表明：从总体上看，不同物候期内各区域的光响应曲线变化趋势基本一致，在光合有效辐射为 0μmol/(m$^2$·s) 时，文冠果的净光合速率均为负值。在低光强［光合有效辐射小于 200μmol/(m$^2$·s)］的条件下，净光合速率的变化呈现直线式增长，且不同叶幕区域的斜率不同，即表观量子效率存在明显差异。随着光合有效辐射不断升高，净光合速率的增长趋于缓慢，然后到达峰值，不同叶幕区域的最大净光合速率存在明显差异；在此之后，净光合速率保持平稳。

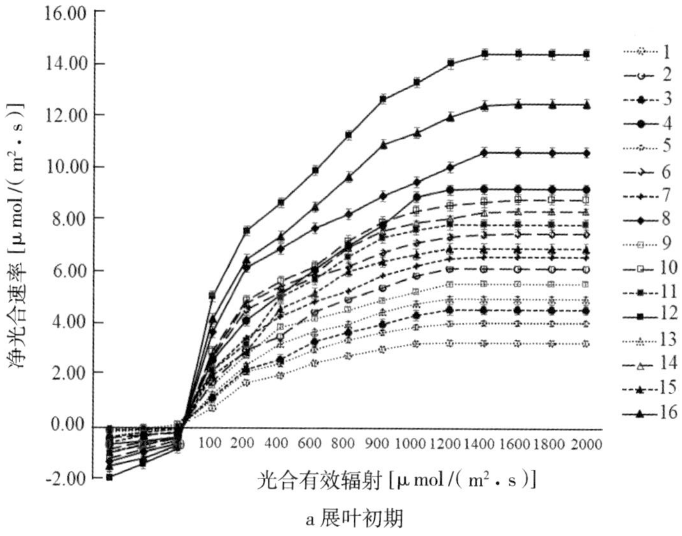

a 展叶初期

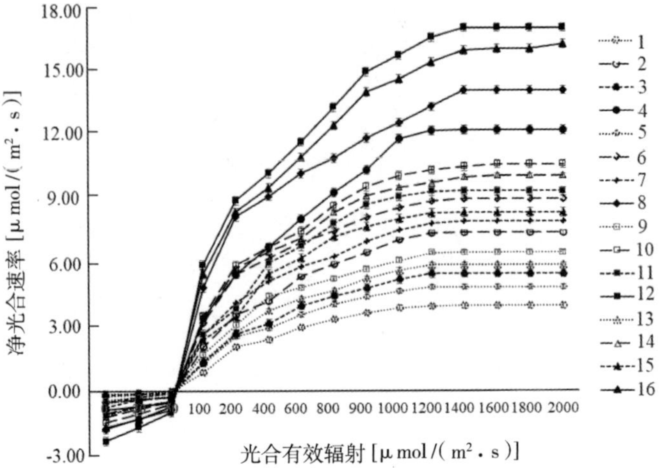

b 初花期

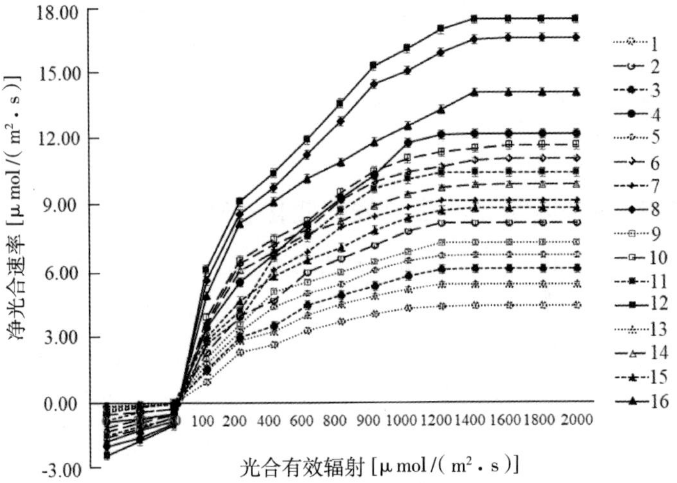

c 盛花期

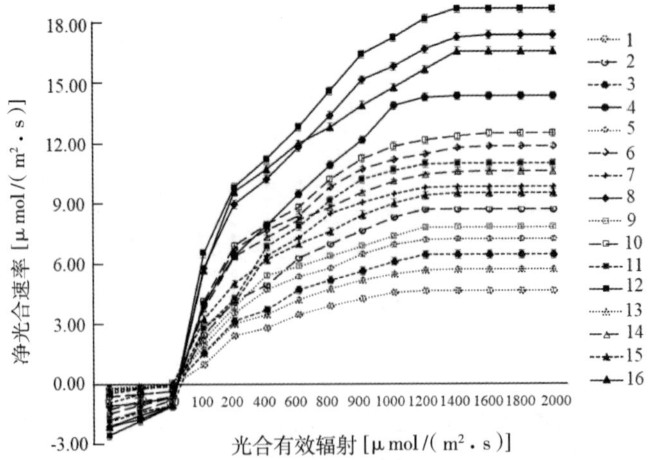

d 展叶盛期

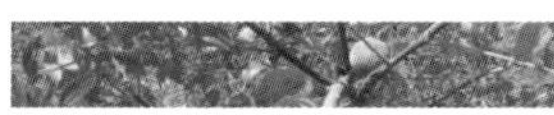

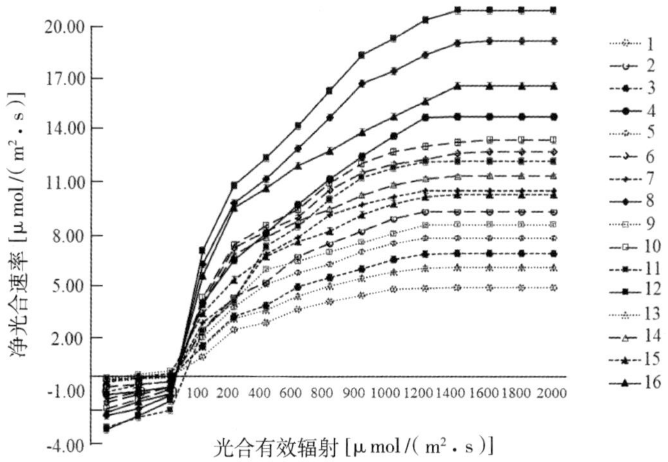

e 末花期

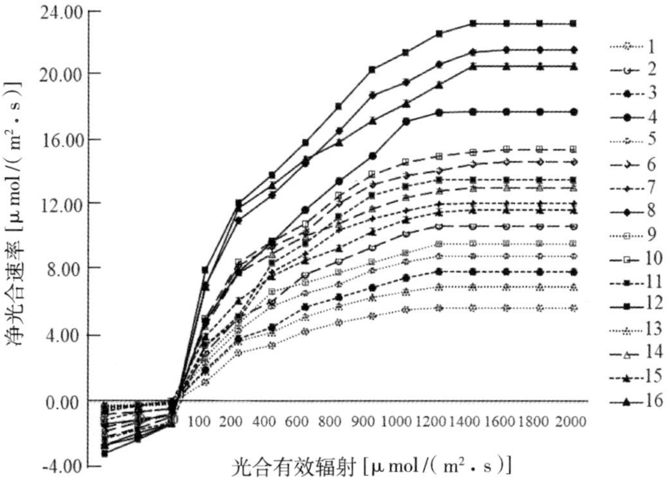

f 坐果期

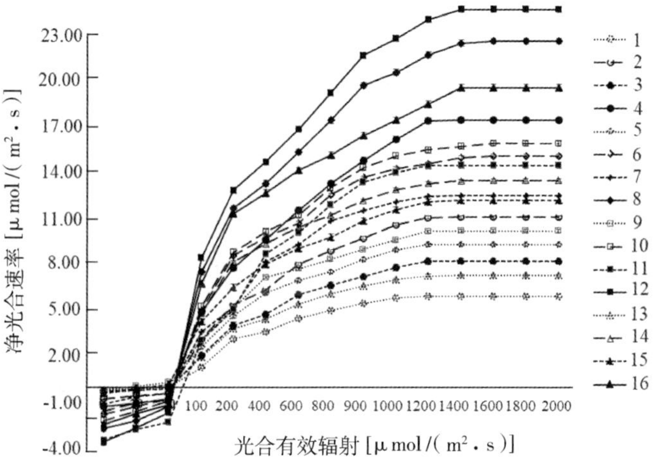

g 果实速生期

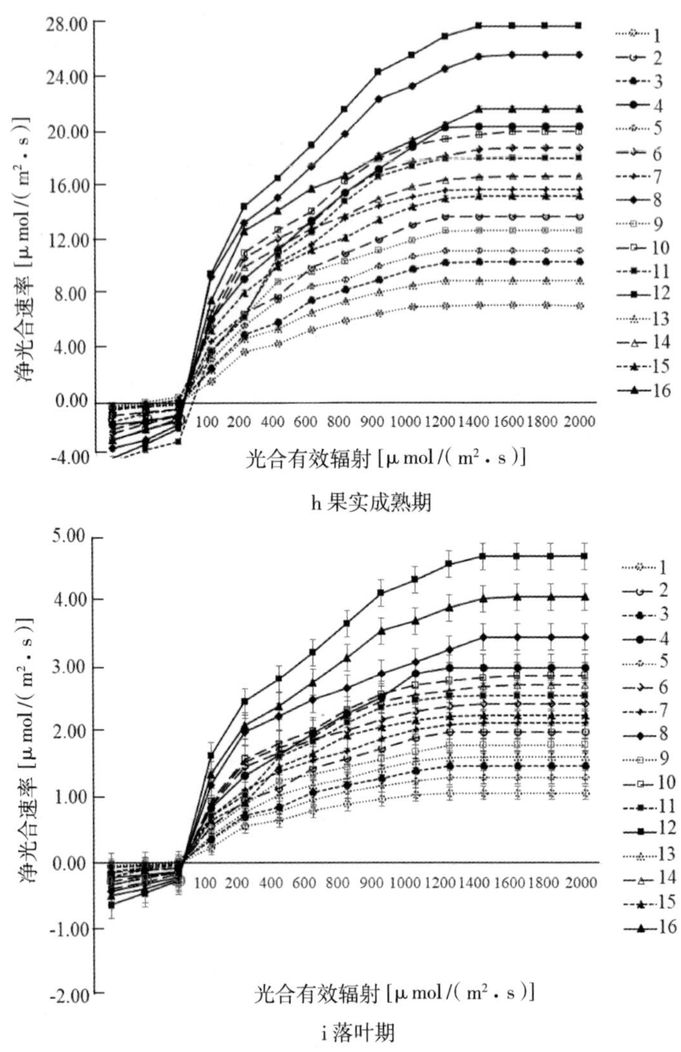


**图 5-56　不同物候期各区域的光响应曲线（a-i）**

### 5.1.4.3　不同物候期各区域光合特征参数的差异分析

（1）平均净光合速率

根据文冠果光合日动态的测定结果，计算一天内不同时间点净光合速率的平均值，得到不同物候期内各区域的平均净光合速率，结果见表 5-18。结果表明：不同物候期的平均净光合速率存在极显著差异（$p<0.01$）。从展叶初期开始，随着文冠果叶幕的不断建成，不同区域的平均净光合速率均不断增大，至果实成熟期达到峰值，此时平均净光合速率为 11.33μmol/(m$^2$ · s)；之后随着文冠果落叶，净光合速率在落叶期呈现明显下降趋势，此时平均净光合速率仅 2.80μmol/(m$^2$ · s)，在所有物候期中最低。

各物候期内不同叶幕区域的平均净光合速率差异均极显著，其变化规律基本一致，与叶幕建成后光照强度的变化趋势相似。在垂直方向上，随着冠层高度的增加，平均净光合

速率增大，果实成熟期的东上层外侧和下层外侧差别最大［5.36μmol/(m² · s)］。在水平方向上，外侧的净光合速率均高于内侧，果实成熟期的东上层外侧和上层内侧差别最大［8.19μmol/(m² · s)］。不同方位上，坐果期、果实速生期和落叶期的平均净光合速率均呈现南>西>东>北的变化趋势，物候期均呈现南>东>西>北的变化规律，其中果实成熟期南北两侧的平均净光合速率差别最大［3.68μmol/(m² · s)］。在不同物候期的所有叶幕区域中，果实成熟期的东上层外侧平均净光合速率最大［18.73μmol/(m² · s)］，落叶期的北下层内侧的平均净光合速率最小［0.72μmol/(m² · s)］。

（2）光补偿点

当净光合速率等于呼吸速率，此时的光合有效辐射称为光补偿点，它是反映植物耐阴性的一个重要指标。光补偿点较低，表示植物在较低的光照强度下，就开始积累有机物质，代表植物对弱光的适应能力较强。由表5-19可知，文冠果在不同物候期光补偿点存在极显著差异（$p<0.01$），从展叶初期至展叶盛期，光补偿点逐渐升高，在末花期略微下降，之后在果期光补偿点较为稳定，到达落叶期逐渐下降。说明文冠果在叶幕建成初期和落叶期对弱光的适应能力强于果期。从总体上看，果实速生期平均光补偿点最高，为36.07μmol/(m² · s)，展叶初期最低，为33.47μmol/(m² · s)。

各物候期内不同叶幕区域的光补偿点均存在极显著差异，总体变化规律基本一致，在垂直方向上，随着冠层高度的增加，平均光补偿点增大，其中果实成熟期的东上层内侧和下层内侧差别最大［14.66μmol/(m² · s)］。在水平方向上，外侧的光补偿点均高于内侧，果实成熟期的东下层外侧和下层内侧差别最大［19.02μmol/(m² · s)］。不同方位上，所有物候期的平均光补偿点均呈现南>西>东>北的变化趋势，其中果实成熟期南北两侧的平均光补偿点差别最大［12.47μmol/(m² · s)］。由此说明，下层内侧叶片的耐阴性最强，北方向的叶片对弱光的适应能力更强。在不同物候期的所有叶幕区域中，果实成熟期的南上层外侧的光补偿点最大［51.33μmol/(m² · s)］；展叶初期的北下层内侧的光补偿点最小［24.00μmol/(m² · s)］。

（3）光饱和点

在光响应曲线中，当净光合速率达到峰值，此时的光合有效辐射为光饱和点，它是衡量植物对强光的适应能力重要指标，光饱和点较高，表示植物对强光的适应能力较强。由表5-20可知，不同物候期的光饱和点差异极显著（$p<0.01$）。从展叶初期至果实速生期，不同区域的平均光饱和点变化幅度在1460～1480μmol/(m² · s)之间，于盛花期和坐果期有所降低，其中坐果期平均光饱和点最低［1460μmol/(m² · s)］。之后持续升高，于果实成熟期平均光饱和点达到最大值［1530μmol/(m² · s)］，在文冠果开始落叶后逐渐下降。由此说明，文冠果在果实成熟期适应强光的能力强于其他时期。

各物候期内不同区域的光饱和点均存在极显著差异，对比不同时期光饱和点的均值可发现，在水平方向上，平均光饱和点均呈现外侧大于内侧的趋势，说明外侧的叶片更能充分适应强光。不同方位上，平均光饱和点的大小顺序为东［1510μmol/(m² · s)］>南［1500μmol/(m² · s)］>西［1460μmol/(m² · s)］>北［1440μmol/(m² · s)］，说明东南方

**表 5-18　不同物候期各区域的平均净光合速率**

μmol/($m^2$ · s)

| 区域 | 展叶初期 | 初花期 | 盛花期 | 展叶盛期 | 末花期 | 坐果期 | 果实速生期 | 果实成熟期 | 落叶期 | 均值 |
|---|---|---|---|---|---|---|---|---|---|---|
| 北下层内侧 | 1. 16±0. 13a | 1. 64±0. 15a | 2. 19±0. 21a | 2. 41±0. 25a | 2. 90±0. 30a | 2. 97±0. 32a | 3. 24±0. 28a | 4. 22±0. 33a | 0. 72±0. 07a | 2. 38±0. 24a |
| 北下层外侧 | 2. 55±0. 21b | 3. 59±0. 30bc | 4. 76±0. 37c | 5. 25±0. 40c | 6. 31±0. 69cd | 6. 97±0. 78bc | 8. 00±0. 76c | 11. 20±1. 34cd | 2. 02±0. 16b | 5. 63±0. 47bc |
| 北上层内侧 | 1. 97±0. 08ab | 2. 77±0. 27b | 3. 69±0. 30b | 4. 06±0. 29bc | 4. 88±0. 39bc | 5. 18±0. 45b | 5. 91±0. 56b | 7. 98±0. 72bc | 1. 71±0. 11ab | 4. 24±0. 42b |
| 北上层外侧 | 3. 27±0. 25c | 4. 59±0. 35c | 6. 09±0. 51d | 6. 71±0. 72cd | 7. 73±0. 68d | 9. 04±1. 01d | 10. 34±1. 16d | 15. 00±1. 67de | 2. 97±0. 20bc | 7. 30±0. 69cd |
| 东下层内侧 | 1. 59±0. 11a | 2. 24±0. 24b | 2. 99±0. 30ab | 3. 29±0. 26ab | 3. 96±0. 30b | 4. 80±0. 39ab | 4. 94±0. 45ab | 6. 48±0. 65b | 1. 59±0. 13ab | 3. 54±0. 40ab |
| 东下层外侧 | 3. 49±0. 28cd | 4. 90±0. 39c | 6. 50±0. 57de | 7. 16±0. 62d | 8. 20±0. 82de | 9. 20±0. 93d | 9. 48±0. 97cd | 13. 37±1. 41d | 2. 76±0. 22bc | 7. 23±0. 71cd |
| 东上层内侧 | 2. 70±0. 24bc | 3. 79±0. 32bc | 5. 03±0. 40cd | 5. 54±0. 43c | 6. 60±0. 69cd | 7. 53±0. 62c | 7. 75±0. 67bc | 10. 54±1. 20c | 2. 40±0. 19b | 5. 76±0. 52bc |
| 东上层外侧 | 4. 46±0. 33de | 6. 25±0. 54d | 8. 29±0. 80ef | 9. 14±0. 99ef | 10. 03±1. 02ef | 12. 44±1. 37ef | 12. 83±1. 46de | 18. 73±2. 03e | 3. 74±0. 41de | 9. 55±0. 80de |
| 南下层内侧 | 1. 68±0. 09a | 2. 37±0. 22b | 3. 15±0. 26ab | 3. 47±0. 29b | 4. 17±0. 31bc | 5. 81±0. 50b | 5. 97±0. 64b | 7. 94±0. 73bc | 2. 16±0. 35b | 4. 08±0. 39b |
| 南下层外侧 | 3. 67±0. 20cd | 5. 15±0. 41cd | 6. 84±0. 62de | 7. 53±0. 76d | 8. 66±0. 82de | 10. 32±1. 14de | 10. 63±1. 19d | 14. 78±1. 52de | 3. 22±0. 43c | 7. 87±0. 90cd |
| 南上层内侧 | 2. 84±0. 18bc | 3. 98±0. 31bc | 5. 29±0. 45cd | 5. 82±0. 52c | 6. 94±0. 83cd | 8. 46±0. 78cd | 8. 69±0. 83c | 12. 00±1. 31cd | 2. 87±0. 26bc | 6. 32±0. 67c |
| 南上层外侧 | 4. 70±0. 41e | 6. 60±0. 56d | 8. 74±0. 84f | 9. 63±1. 02f | 10. 61±1. 12f | 13. 63±1. 42f | 14. 04±1. 47e | 18. 39±2. 11e | 4. 13±0. 39e | 10. 05±1. 05e |
| 西下层内侧 | 1. 42±0. 07a | 2. 00±0. 20b | 2. 67±0. 26a | 2. 93±0. 32ab | 3. 53±0. 38ab | 5. 31±0. 44b | 5. 63±0. 42b | 6. 20±0. 54b | 2. 64±0. 25bc | 3. 59±0. 50ab |
| 西下层外侧 | 3. 11±0. 22c | 4. 37±0. 34c | 5. 79±0. 52d | 6. 38±0. 63cd | 7. 45±0. 68d | 9. 50±0. 99d | 10. 21±1. 09d | 11. 23±1. 20cd | 3. 81±0. 48de | 6. 87±0. 60c |
| 西上层内侧 | 2. 40±0. 16ab | 3. 37±0. 29bc | 4. 48±0. 37c | 4. 93±0. 36c | 5. 93±0. 52c | 7. 78±0. 81c | 8. 32±0. 94c | 9. 15±0. 72c | 3. 46±0. 44c | 5. 54±0. 49bc |
| 西上层外侧 | 3. 98±0. 32d | 5. 59±0. 43cd | 7. 41±0. 64e | 8. 16±0. 76de | 9. 25±0. 94e | 11. 96±1. 33e | 12. 87±1. 37de | 14. 16±1. 51de | 4. 61±0. 45e | 8. 67±1. 42d |
| 均值 | 2. 81±0. 29 | 3. 95±0. 44 | 5. 24±0. 72 | 5. 78±0. 86 | 6. 70±0. 77 | 8. 17±1. 24 | 8. 68±1. 44 | 11. 33±1. 29 | 2. 80±0. 42 | 6. 16±0. 87 |
| *F* 值 | 23. 529** | 25. 633** | 18. 557** | 27. 331** | 28. 229** | 30. 004** | 33. 857** | 36. 254** | 36. 503** | 17. 212** |

注：表中数据用均值±标准差表示。不同字母表示同一列数据的差异显著（$p<0.05$）。** 表示同一列数据呈现极显著差异（$p<0.01$）。下同。

**表 5-19　不同物候期各区域的光补偿点**

μmol/(m² · s)

| 区域 | 展叶初期 | 初花期 | 盛花期 | 展叶盛期 | 末花期 | 坐果期 | 果实速生期 | 果实成熟期 | 落叶期 | 均值 |
|---|---|---|---|---|---|---|---|---|---|---|
| 北下层内侧 | 24.00±1.23a | 22.94±1.56a | 23.00±1.67a | 26.61±1.84a | 25.10±1.72a | 26.94±2.02a | 25.44±1.84a | 26.38±1.98b | 25.33±1.72a | 25.08±1.76a |
| 北下层外侧 | 31.47±2.34b | 32.09±2.46b | 30.72±2.23b | 33.85±2.67b | 33.32±2.89b | 32.91±2.67b | 33.36±2.93b | 33.27±2.95c | 31.67±2.56b | 32.52±2.65b |
| 北上层内侧 | 24.08±1.42a | 23.42±1.36a | 23.29±1.42a | 26.71±1.90a | 26.20±2.04a | 27.48±2.05a | 28.32±2.36a | 29.92±3.02b | 27.21±2.54a | 26.29±2.02a |
| 北上层外侧 | 34.33±2.41b | 34.63±2.65b | 34.86±2.78b | 35.33±3.04b | 35.05±2.98b | 35.88±3.14b | 35.77±3.04b | 35.42±2.94c | 32.78±3.44b | 34.89±3.08b |
| 东下层内侧 | 25.29±1.56a | 25.88±1.64a | 26.63±1.82a | 24.43±1.43a | 25.00±1.52a | 24.38±1.93a | 24.26±1.57a | 19.85±1.13a | 27.00±1.83a | 24.75±1.89a |
| 东下层外侧 | 37.07±2.67bc | 36.60±2.54bc | 38.22±3.22bc | 38.89±3.45bc | 39.58±4.02bc | 39.11±3.89bc | 39.20±3.52bc | 38.87±3.65cd | 38.33±3.52bc | 38.43±3.72bc |
| 东上层内侧 | 26.38±1.67a | 26.60±1.79a | 32.80±2.26b | 34.78±2.40b | 34.45±2.57b | 35.06±2.89b | 34.68±2.76b | 34.51±3.02c | 24.14±2.03a | 31.49±2.64b |
| 东上层外侧 | 39.46±3.06bc | 39.33±4.32bc | 40.28±4.48c | 40.73±4.67c | 41.01±4.82c | 40.91±4.33c | 41.03±5.01c | 41.16±4.48d | 39.69±3.87bc | 40.40±3.92c |
| 南下层内侧 | 32.06±2.98b | 33.93±2.72b | 34.71±3.04b | 35.74±3.15b | 36.71±2.49b | 37.71±3.02bc | 38.11±3.53bc | 39.28±3.64cd | 31.49±2.51b | 35.53±2.89b |
| 南下层外侧 | 41.82±3.78c | 41.08±3.55c | 40.91±3.47c | 41.26±3.46cd | 41.80±3.30c | 42.41±3.69c | 41.92±3.56c | 42.25±3.52d | 40.27±3.54c | 41.52±3.62cd |
| 南上层内侧 | 33.70±2.82b | 37.44±2.72bc | 37.94±2.02bc | 38.12±2.03bc | 39.36±2.43bc | 41.10±3.20c | 41.70±3.02c | 41.99±3.21d | 33.12±2.69b | 38.27±3.51bc |
| 南上层外侧 | 41.37±3.92c | 41.57±3.69c | 41.27±3.78c | 42.53±3.62d | 44.25±2.74d | 49.66±3.02d | 50.03±3.31d | 51.33±2.98e | 41.33±3.22c | 44.82±3.76d |
| 西下层内侧 | 31.60±3.03b | 32.91±3.44b | 32.71±3.56b | 41.74±3.67bc | 26.03±1.76a | 27.55±1.82a | 27.94±1.93a | 29.34±2.45b | 31.34±2.67b | 31.24±3.04b |
| 西下层外侧 | 38.90±3.02bc | 37.04±2.21bc | 37.75±2.45bc | 37.29±2.82bc | 36.96±2.53b | 37.17±2.62bc | 37.45±2.67bc | 37.22±2.54cd | 38.60±2.96bc | 37.60±2.61bc |
| 西上层内侧 | 33.42±2.97b | 36.87±2.49bc | 35.62±2.71bc | 36.68±2.92bc | 36.16±2.89b | 37.11±2.92bc | 37.18±3.03bc | 35.24±2.72c | 33.24±2.71b | 35.72±3.03b |
| 西上层外侧 | 40.50±3.91c | 37.68±2.62bc | 37.82±2.70bc | 40.25±3.68c | 39.38±2.67bc | 40.04±4.12c | 40.79±4.21c | 40.02±3.04d | 40.71±3.02c | 39.69±3.78bc |
| 均值 | 33.47±4.02 | 33.75±2.54 | 34.28±3.31 | 35.93±2.69 | 35.02±2.92 | 35.96±3.02 | 36.07±3.14 | 36.00±3.18 | 33.52±2.98 | 34.89±2.82 |
| *F* 值 | 8.345** | 7.521** | 10.332** | 13.556** | 17.330** | 19.232** | 21.108** | 23.353** | 26.781** | 6.112** |

向的叶片对强光的适应能力较强。

（4）最大净光合速率

叶片的最大光合速率是光饱和时的净光合速率，最大净光合效率越大，表明植物对强光的利用效率越高。由表5-21可知，不同物候期的平均最大净光合速率呈现极显著（$p<0.01$）差异。从展叶初期开始，随着时间的推移，不同叶幕区域最大净光合速率的均值不断增大，直至果实成熟期达到最大值［18.40μmol/(m$^2$·s)］，随着文冠果落叶，最大净光合速率开始下降，在落叶期达到最低值［2.59μmol/(m$^2$·s)］。表明果实成熟期文冠果的叶片对于强光的利用效率最高。

各物候期内不同叶幕区域的最大净光合速率差异均极显著，垂直方向上，上层的最大净光合速率明显大于下层，其中果实速生期的北上层外侧和下层外侧差别最大［9.54μmol/(m$^2$·s)］。在水平方向上，外侧的最大净光合速率均高于内侧，果实成熟期的东上层外侧和上层内侧差别最大［18.15μmol/(m$^2$·s)］。不同方位上，展叶初期、初花期和落叶期的平均最大净光合速率均呈现南>西>东>北的变化趋势，物候期均呈现南>东>西>北的变化规律，其中果实成熟期南北两侧的平均最大净光合速率差别最大［7.27μmol/(m$^2$·s)］。表明东南方向上层外侧的叶片对强光的利用效率最高。在不同物候期的所有叶幕区域中，果实成熟期的东上层外侧的最大净光合速率最大［34.55μmol/(m$^2$·s)］，落叶期的南下层内侧和西下层内侧的最大净光合速率最小［1.32μmol/(m$^2$·s)］。

（5）表观量子效率

光响应曲线中低光强下直线的斜率为表观量子效率，斜率越大，表示植物对弱光的利用效率越高。由表5-22可知，不同物候期的平均表观量子效率差异显著（$p<0.05$）。从展叶初期开始，随着文冠果叶幕的不断建成，不同叶幕区域表观量子效率的均值不断增大，直到果实成熟期达到峰值（0.06mol/mol），随着文冠果开始落叶，表观量子效率逐渐下降，在落叶期达到最小值（0.01mol/mol）。表明文冠果在果实成熟期对弱光的利用效率最高。

各物候期内不同区域的表观量子效率均呈现显著（$p<0.05$）或极显著（$p<0.01$）差异，总体上变化规律基本一致，均呈现上层外侧>下层外侧>上层内侧>下层内侧的变化趋势，表明上层外侧的叶片对弱光的利用效率更高。不同方位上，所有物候期的平均表观量子效率均呈现南>东>西>北的变化趋势，其中果实成熟期南北两侧的平均表观量子效率差别最大（0.03mol/mol），表明东南方向的叶片对弱光的利用效率更高。在不同物候期的所有叶幕区域中，果实成熟期的南上层外侧的表观量子效率最大（0.10mol/mol），落叶期的北下层内侧最小（0.01mol/mol）。

#### 5.1.4.4 光合特征参数与表型性状的相关性分析

对文冠果在不同时期的光合参数与相对应的表型性状（花数量性状、枝叶性状、果实性状和种子性状）进行相关性分析，结果如表5-23所示。对比光合参数与各表型性状相关系数的平均值，可见，文冠果的光合参数与花数量性状的相关性最为密切。在花

表 5-20　不同物候期各区域的光饱和点

$\times 10^3$ μmol/($m^2$ · s)

| 区域 | 展叶初期 | 初花期 | 盛花期 | 展叶盛期 | 末花期 | 坐果期 | 果实速生期 | 果实成熟期 | 落叶期 | 均值 |
|---|---|---|---|---|---|---|---|---|---|---|
| 北下层内侧 | 1.53±0.40c | 1.43±0.40ab | 1.45±0.34c | 1.47±0.33bc | 1.50±0.41cd | 1.41±0.32a | 1.48±0.34bc | 1.44±0.34ab | 1.20±0.19a | 1.44±0.45ab |
| 北下层外侧 | 1.48±0.33bc | 1.42±0.37ab | 1.47±0.32bc | 1.44±0.34ab | 1.42±0.35ab | 1.43±0.35ab | 1.45±0.32b | 1.45±0.36b | 1.42±0.23bc | 1.44±0.43ab |
| 北上层内侧 | 1.44±0.27ab | 1.45±0.29ab | 1.46±0.40ab | 1.42±0.27a | 1.47±0.41bc | 1.41±0.33a | 1.43±0.35ab | 1.43±0.36ab | 1.50±0.26c | 1.44±0.43ab |
| 北上层外侧 | 1.47±0.40bc | 1.49±0.38bc | 1.47±0.37bc | 1.45±0.33bc | 1.53±0.39cd | 1.45±0.35bc | 1.49±0.37bc | 1.47±0.35bc | 1.37±0.27ab | 1.46±0.37b |
| 东下层内侧 | 1.53±0.46c | 1.49±0.31bc | 1.40±0.33a | 1.43±0.36ab | 1.47±0.35bc | 1.51±0.40cd | 1.48±0.36bc | 1.49±0.36bc | 1.60±0.23cd | 1.49±0.46bc |
| 东下层外侧 | 1.44±0.35ab | 1.42±0.39ab | 1.46±0.36bc | 1.44±0.37ab | 1.42±0.36ab | 1.44±0.31ab | 1.47±0.37bc | 1.52±0.37cd | 1.22±0.18a | 1.54±0.47cd |
| 东上层内侧 | 1.46±0.36bc | 1.49±0.34bc | 1.47±0.36bc | 1.46±0.38bc | 1.46±0.37bc | 1.43±0.30ab | 1.46±0.38bc | 1.41±0.32a | 1.52±0.25c | 1.46±0.46b |
| 东上层外侧 | 1.44±0.39ab | 1.48±0.35bc | 1.52±0.38cd | 1.49±0.41bc | 1.48±0.36bc | 1.52±0.43cd | 1.50±0.35cd | 1.52±0.43cd | 1.61±0.25cd | 1.51±0.49cd |
| 南下层内侧 | 1.53±0.42c | 1.54±0.37cd | 1.39±0.36a | 1.50±0.42cd | 1.40±0.33a | 1.40±0.35a | 1.36±0.37a | 1.40±0.29a | 1.72±0.26d | 1.47±0.48bc |
| 南下层外侧 | 1.53±0.40c | 1.42±0.37ab | 1.42±0.36ab | 1.43±0.33ab | 1.45±0.34b | 1.46±0.37bc | 1.51±0.43cd | 1.45±0.35b | 1.61±0.26cd | 1.48±0.47bc |
| 南上层内侧 | 1.42±0.36ab | 1.58±0.37d | 1.44±0.39ab | 1.49±0.40bc | 1.55±0.35d | 1.48±0.39bc | 1.44±0.37ab | 1.46±0.37bc | 1.48±0.26bc | 1.48±0.48bc |
| 南上层外侧 | 1.55±0.38c | 1.54±0.38cd | 1.54±0.37c | 1.52±0.37c | 1.51±0.37cd | 1.54±0.39d | 1.67±0.44d | 1.54±0.40d | 1.49±0.28bc | 1.54±0.52d |
| 西下层内侧 | 1.43±0.40ab | 1.54±0.39cd | 1.54±0.38c | 1.43±0.33ab | 1.50±0.40cd | 1.45±0.35b | 1.41±0.37ab | 1.48±0.40bc | 1.27±0.23a | 1.45±0.45ab |
| 西下层外侧 | 1.45±0.36b | 1.41±0.32ab | 1.39±0.37a | 1.47±0.36bc | 1.45±0.32b | 1.42±0.36ab | 1.45±0.39b | 1.41±0.32a | 1.51±0.31c | 1.46±0.45b |
| 西上层内侧 | 1.39±0.33a | 1.39±0.38a | 1.47±0.38bc | 1.48±0.38bc | 1.49±0.35bc | 1.48±0.44bc | 1.44±0.36ab | 1.44±0.39ab | 1.31±0.21ab | 1.43±0.45ab |
| 西上层外侧 | 1.48±0.30bc | 1.53±0.36cd | 1.48±0.39bc | 1.51±0.40cd | 1.52±0.44cd | 1.49±0.39bc | 1.51±0.43cd | 1.51±0.44cd | 1.63±0.28cd | 1.52±0.48cd |
| 均值 | 1.47±0.44 | 1.47±0.42 | 1.46±0.42 | 1.46±0.43 | 1.48±0.43 | 1.46±0.43 | 1.47±0.45 | 1.53±0.45d | 1.47±0.25bc | 1.47±0.52 |
| *F* 值 | 61.221** | 69.332** | 70.435** | 75.387** | 79.145** | 83.452** | 76.223** | 80.732** | 68.335** | 61.002** |

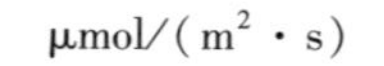

表 5-21　不同物候期各区域的最大净光合速率

μmol/(m² · s)

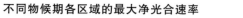

| 区域 | 展叶初期 | 初花期 | 盛花期 | 展叶盛期 | 末花期 | 坐果期 | 果实速生期 | 果实成熟期 | 落叶期 | 均值 |
|---|---|---|---|---|---|---|---|---|---|---|
| 北下层内侧 | 3.99±0.45a | 4.80±0.45a | 4.40±0.42a | 5.46±0.53a | 5.13±0.55a | 5.82±0.73a | 5.71±0.62a | 7.28±0.52a | 1.47±0.14a | 4.90±0.66a |
| 北下层外侧 | 7.05±0.56bc | 7.29±0.59ab | 8.04±0.59b | 8.78±0.62b | 9.64±0.68c | 11.14±0.68cd | 12.35±0.67d | 14.06±0.57c | 2.46±0.17ab | 8.98±0.58c |
| 北上层内侧 | 4.46±0.37a | 6.56±0.55ab | 6.02±0.49ab | 6.96±0.54a | 8.01±0.57bc | 8.45±0.63bc | 8.26±0.62bc | 10.60±0.60b | 1.54±0.22a | 6.76±0.63b |
| 北上层外侧 | 10.17±0.67d | 13.18±0.90cd | 13.19±0.94d | 15.30±1.04e | 15.30±0.69e | 19.42±0.75f | 21.89±0.73f | 21.75±0.58e | 3.02±0.24bc | 14.80±0.59f |
| 东下层内侧 | 4.78±0.39a | 5.44±0.50a | 6.59±0.58ab | 7.53±0.69ab | 8.59±0.54bc | 10.29±0.77c | 10.17±0.73cd | 12.68±0.66bc | 1.65±0.18a | 7.52±0.61bc |
| 东下层外侧 | 8.26±0.60cd | 9.63±0.62bc | 12.07±0.76cd | 12.55±0.80cd | 13.17±0.53de | 15.57±0.73e | 16.64±0.65e | 27.69±0.70f | 1.94±0.17a | 13.06±0.72e |
| 东上层内侧 | 6.96±0.58bc | 8.64±0.63bc | 10.49±0.69bc | 11.08±0.78cd | 11.79±0.62d | 12.99±0.79d | 14.08±0.69de | 16.40±0.68cd | 2.40±0.20ab | 10.54±0.69cd |
| 东上层外侧 | 10.46±0.69d | 14.57±0.91d | 17.69±1.00e | 18.13±1.23ef | 19.50±0.61 | 23.02±0.68g | 23.49±0.68g | 34.55±0.69g | 4.15±0.24cd | 18.40±0.70gh |
| 南下层内侧 | 6.50±0.60bc | 6.71±0.64ab | 7.68±0.72ab | 8.58±0.80ab | 9.71±0.67c | 9.80±0.66c | 11.23±0.66cd | 13.31±0.64bc | 1.32±0.09a | 8.32±0.72c |
| 南下层外侧 | 9.78±0.64d | 10.87±0.74c | 12.67±0.82cd | 13.11±0.99d | 13.66±0.55de | 15.91±0.61e | 16.95±0.69e | 21.38±0.67e | 2.89±0.11ab | 13.02±0.80e |
| 南上层内侧 | 8.74±0.66cd | 9.94±0.70bc | 11.18±0.76cd | 11.39±0.78cd | 14.07±0.58e | 14.14±0.69de | 15.46±0.72e | 19.35±0.59de | 3.03±0.10bc | 11.92±0.65de |
| 南上层外侧 | 14.87±0.93e | 18.19±1.03e | 17.76±0.98e | 19.27±1.34f | 22.66±0.68g | 23.74±0.74g | 26.12±0.74h | 28.73±0.66f | 4.19±0.16cd | 19.50±0.58h |
| 西下层内侧 | 5.15±0.46ab | 6.98±0.62ab | 6.44±0.57ab | 5.94±0.58a | 7.01±0.50b | 7.55±0.60b | 7.38±0.70b | 10.00±0.59b | 1.32±0.14a | 6.42±0.59b |
| 西下层外侧 | 8.94±0.65cd | 10.19±0.71c | 10.17±0.74bc | 12.18±0.79cd | 12.87±0.61de | 14.01±0.70de | 15.10±0.69e | 17.65±0.52d | 3.10±0.17bc | 11.58±0.63de |
| 西上层内侧 | 7.07±0.54bc | 8.48±0.70bc | 9.44±0.64bc | 10.27±0.67c | 11.22±0.52d | 12.64±0.63d | 12.47±0.62d | 15.59±0.63c | 1.99±0.13a | 9.91±0.65cd |
| 西上层外侧 | 12.76±0.88de | 17.34±0.99e | 14.59±0.89d | 17.89±0.95ef | 18.04±0.66f | 21.57±0.72fg | 21.05±0.74f | 23.37±0.66e | 4.95±0.20d | 16.84±0.67g |
| 均值 | 8.12±0.92 | 9.93±1.00 | 10.53±0.79 | 11.52±0.76 | 12.52±0.57 | 14.13±0.74 | 14.90±0.69 | 18.40±0.67 | 2.59±0.24 | 11.40±0.71 |
| *F* 值 | 4.741** | 3.562** | 5.338** | 4.572** | 3.887** | 6.023** | 5.762** | 4.564** | 5.482** | 6.461** |

**表 5-22　不同物候期各区域的表观量子效率**

mol/mol

| 区域 | 展叶初期 | 初花期 | 盛花期 | 展叶盛期 | 末花期 | 坐果期 | 果实速生期 | 果实成熟期 | 落叶期 | 均值 |
|---|---|---|---|---|---|---|---|---|---|---|
| 北下层内侧 | 0.01±0.00a | 0.01±0.00a | 0.02±0.01a | 0.02±0.01a | 0.02±0.01a | 0.03±0.01a | 0.03±0.02a | 0.03±0.01a | 0.02±0.01a | 0.01±0.01a |
| 北下层外侧 | 0.02±0.01b | 0.02±0.01b | 0.03±0.02bc | 0.03±0.02bc | 0.03±0.02ab | 0.03±0.01ab | 0.03±0.01ab | 0.04±0.03b | 0.02±0.01a | 0.03±0.01bc |
| 北上层内侧 | 0.02±0.01a | 0.02±0.01b | 0.03±0.01b | 0.02±0.01a | 0.02±0.01a | 0.02±0.01a | 0.04±0.02ab | 0.04±0.02ab | 0.02±0.01a | 0.02±0.01b |
| 北上层外侧 | 0.03±0.02bc | 0.04±0.02c | 0.04±0.03c | 0.04±0.01c | 0.04±0.01b | 0.05±0.01bc | 0.06±0.02bc | 0.06±0.03c | 0.01±0.00a | 0.04±0.02c |
| 东下层内侧 | 0.02±0.01a | 0.02±0.01b | 0.02±0.01b | 0.03±0.01b | 0.03±0.01a | 0.03±0.02ab | 0.04±0.02ab | 0.03±0.01ab | 0.02±0.01a | 0.02±0.01b |
| 东下层外侧 | 0.03±0.01bc | 0.04±0.01c | 0.04±0.01c | 0.05±0.01cd | 0.05±0.02bc | 0.06±0.02c | 0.06±0.03c | 0.07±0.04cd | 0.02±0.01a | 0.04±0.02c |
| 东上层内侧 | 0.02±0.01b | 0.03±0.01bc | 0.03±0.01bc | 0.03±0.01bc | 0.03±0.01ab | 0.03±0.01ab | 0.03±0.01ab | 0.04±0.01b | 0.01±0.00a | 0.03±0.01bc |
| 东上层外侧 | 0.04±0.01c | 0.05±0.03cd | 0.05±0.03d | 0.06±0.02d | 0.07±0.03c | 0.07±0.03d | 0.08±0.04cd | 0.09±0.01d | 0.01±0.00a | 0.06±0.03d |
| 南下层内侧 | 0.03±0.01b | 0.02±0.01b | 0.03±0.02b | 0.03±0.02b | 0.02±0.01a | 0.03±0.02ab | 0.04±0.02ab | 0.04±0.02b | 0.01±0.00a | 0.03±0.01b |
| 南下层外侧 | 0.03±0.01bc | 0.04±0.01c | 0.04±0.02c | 0.05±0.01cd | 0.05±0.03bc | 0.06±0.03c | 0.06±0.01c | 0.08±0.01cd | 0.01±0.00a | 0.05±0.01cd |
| 南上层内侧 | 0.02±0.01b | 0.03±0.01bc | 0.03±0.01bc | 0.03±0.01bc | 0.04±0.01b | 0.04±0.01b | 0.05±0.01bc | 0.06±0.01c | 0.01±0.00a | 0.03±0.01bc |
| 南上层外侧 | 0.05±0.01d | 0.06±0.02d | 0.06±0.01d | 0.06±0.03d | 0.07±0.03d | 0.08±0.04d | 0.09±0.05d | 0.10±0.04d | 0.01±0.00a | 0.07±0.03f |
| 西下层内侧 | 0.02±0.00b | 0.02±0.01b | 0.02±0.01b | 0.02±0.01b | 0.02±0.01a | 0.02±0.01a | 0.03±0.01a | 0.03±0.01ab | 0.01±0.00a | 0.02±0.01b |
| 西下层外侧 | 0.03±0.01bc | 0.04±0.01c | 0.04±0.01c | 0.04±0.02c | 0.05±0.02bc | 0.05±0.03bc | 0.05±0.02bc | 0.07±0.03cd | 0.01±0.00a | 0.04±0.01c |
| 西上层内侧 | 0.02±0.01b | 0.03±0.01b | 0.03±0.02bc | 0.03±0.01bc | 0.03±0.02ab | 0.04±0.02b | 0.04±0.03b | 0.06±0.03bc | 0.02±0.01a | 0.03±0.02bc |
| 西上层外侧 | 0.04±0.02c | 0.06±0.03d | 0.06±0.04d | 0.06±0.03d | 0.07±0.03c | 0.07±0.03d | 0.08±0.05cd | 0.08±0.04cd | 0.02±0.01a | 0.06±0.02d |
| 均值 | 0.03±0.01 | 0.03±0.01 | 0.03±0.01 | 0.04±0.02 | 0.04±0.01 | 0.05±0.02 | 0.05±0.03 | 0.06±0.02 | 0.01±0.00 | 0.04±0.01 |
| *F* 值 | 1.213** | 1.567** | 0.899* | 1.332** | 0.794* | 1.256** | 1.468** | 1.521** | 1.331** | 0.732* |

注：表中数据用均值±标准差表示。不同字母表示同一列数据的差异显著性（$p< 0.05$）。** 表示同一列数据呈现极显著差异（$p< 0.01$）；* 表示同一列数据呈现显著差异（$p< 0.05$）。

数量性状方面，所有性状与光合特征参数均显著（$p<0.05$）或极显著（$p<0.01$）正相关，其中，花序长度与表观量子效率的相关性最高。在枝叶性状方面，除光补偿点外，当年生枝条长度、当年生枝条基径、叶长、叶形指数和叶面积与光合参数均显著或极显著正相关，小叶数量与平均净光合速率和光补偿点显著或极显著正相关，当年生枝条数量和叶宽与所有光合参数均无显著相关性。在果实性状方面，初始坐果数、初始坐果率、最终坐果数、最终坐果率和果实总产量与所有光合参数均显著或极显著正相关，单果质量、果实横纵径、果皮厚与各光合参数均无显著相关性。在种子性状方面，种子总数、种子总产量和单位投影面积产量与所有光合特性均显著或极显著正相关，种子性状与各光合参数无显著相关性。综上所述，在光能适应能力和利用效率均较高的区域，有利于文冠果花朵、枝条和叶片的生长发育，其坐果数量和种子数量较多，果实产量和种子产量较高。

**表 5-23　不同时期光合参数与对应表型性状的相关性分析**

| 表型性状 | 平均净光合速率 | 光补偿点 | 光饱和点 | 最大净光合速率 | 表观量子效率 |
|---|---|---|---|---|---|
| 花序个数 | 0.927** | 0.767** | 0.944** | 0.781** | 0.947** |
| 花序长度 | 0.975** | 0.666** | 0.952** | 0.883** | 0.966** |
| 花朵数 | 0.941** | 0.768** | 0.959** | 0.778** | 0.953** |
| 雌能花数 | 0.923** | 0.760** | 0.923** | 0.771** | 0.957** |
| 雄能花数 | 0.936** | 0.762** | 0.959** | 0.771** | 0.941** |
| 雌能花比例 | 0.681** | 0.535* | 0.609** | 0.572* | 0.692** |
| 花朵密度 | 0.929** | 0.775** | 0.947** | 0.753** | 0.931** |
| 当年生枝条数量 | 0.308 | 0.430 | 0.211 | 0.344 | 0.263 |
| 当年生枝条长度 | 0.662** | 0.470 | 0.705** | 0.562* | 0.619** |
| 当年生枝条基径 | 0.671** | 0.456 | 0.700** | 0.530* | 0.614** |
| 小叶数量 | 0.513* | 0.630** | 0.459 | 0.486 | 0.451 |
| 叶长 | 0.654** | 0.384 | 0.690** | 0.534* | 0.602* |
| 叶宽 | 0.444 | 0.103 | 0.448 | 0.245 | 0.412 |
| 叶形指数 | 0.585* | 0.424 | 0.632** | 0.679** | 0.520* |
| 叶面积 | 0.539* | 0.242 | 0.571* | 0.573* | 0.500* |
| 初始坐果数 | 0.918** | 0.768** | 0.920** | 0.771** | 0.949** |
| 初始坐果率 | 0.527* | 0.502* | 0.535* | 0.641** | 0.506* |
| 最终坐果数 | 0.918** | 0.729** | 0.915** | 0.789** | 0.947** |
| 最终坐果率 | 0.617** | 0.503* | 0.600* | 0.721** | 0.607* |
| 果实总产量 | 0.888** | 0.715** | 0.903** | 0.744** | 0.920** |
| 果实横径 | 0.274 | -0.105 | 0.217 | 0.206 | 0.183 |
| 果实纵径 | 0.078 | -0.042 | 0.047 | -0.082 | -0.047 |
| 果皮厚 | 0.058 | 0.133 | 0.065 | 0.066 | -0.009 |

（续）

| 表型性状 | 平均净光合速率 | 光补偿点 | 光饱和点 | 最大净光合速率 | 表观量子效率 |
|---|---|---|---|---|---|
| 种子总数 | 0.901** | 0.686** | 0.905** | 0.760** | 0.934** |
| 每果种子数 | -0.037 | -0.531* | -0.150 | -0.145 | -0.127 |
| 种子总产量 | 0.889** | 0.703** | 0.902** | 0.745** | 0.922** |
| 单位投影面积产量 | 0.891** | 0.701** | 0.902** | 0.750** | 0.923** |
| 千粒重 | 0.057 | 0.066 | 0.101 | -0.005 | 0.029 |
| 出籽率 | 0.153 | -0.240 | 0.076 | 0.140 | 0.129 |
| 种子横径 | 0.138 | 0.223 | 0.189 | 0.046 | 0.117 |
| 种子横径 | 0.343 | 0.149 | 0.364 | 0.236 | 0.284 |
| 种仁含油率 | -0.321 | 0.019 | -0.296 | -0.152 | -0.284 |

注：** 表示在 0.01 水平显著相关；* 表示在 0.05 水平显著相关。

### 5.1.4.5 光合特征参数与叶幕微气候的相关性分析

计算文冠果的光合参数与对应时期（5～10 月）的叶幕微气候的相关系数，结果如表 5-24 所示。可见，平均净光合速率、光补偿点、最大净光合速率和表观量子效率与 5～10 月平均光照强度和温度均极显著（$p<0.01$）正相关，与平均相对湿度显著（$p<0.05$）或极显著负相关，表明光照强、温度高并且湿度低的区域，文冠果的平均净光合速率、光补偿点、最大净光合速率和表观量子效率较高。光饱和点与平均光照强度、温度和相对湿度均无显著相关性。其中，光补偿点与 5～10 月叶幕微气候的平均相关系数最大；光饱和点与 5～10 月叶幕微气候的平均相关系数最小，说明叶幕微气候对于光饱和点的影响程度远小于光合参数。

由表 5-24 可知，平均净光合速率和光补偿点与 8 月的光照强度和相对湿度的相关系数均最高。与 7 月温度的相关系数最高，分别为 0.769 和 0.816。最大净光合速率和表观量子效率与 5 月光照强度的相关系数最高；与 6 月温度的相关系数最高；与 8 月相对湿度的相关系数最高；以上四个光合参数与叶幕微气候的平均相关关系最高的月份均为 8 月。在全年所有月份的微气候中，光饱和点仅和 6 月的相对湿度显著正相关。综上所述，7～8 月的叶幕微气候对文冠果光合特性的影响显著，为进一步研究文冠果的光合特性，应重点关注 8 月的光照强度、温度和相对湿度。

**表 5-24　光合特征参数与对应时期叶幕微气候的相关性分析**

| 时期 | 叶幕微气候 | 平均净光合速率 | 光补偿点 | 光饱和点 | 最大净光合速率 | 表观量子效率 |
|---|---|---|---|---|---|---|
| 5 月 | 光照强度 | 0.980** | 0.830** | 0.402 | 0.965** | 0.968** |
| | 温度 | 0.749** | 0.793** | -0.089 | 0.765** | 0.716** |
| | 相对湿度 | -0.524* | -0.726** | 0.340 | -0.543* | -0.552* |

（续）

| 时期 | 叶幕微气候 | 平均净光合速率 | 光补偿点 | 光饱和点 | 最大净光合速率 | 表观量子效率 |
|---|---|---|---|---|---|---|
| 6 月 | 光照强度 | 0.980** | 0.833** | 0.397 | 0.965** | 0.967** |
| | 温度 | 0.767** | 0.787** | −0.059 | 0.785** | 0.739** |
| | 相对湿度 | −0.145 | −0.438 | 0.528* | −0.138 | −0.210 |
| 7 月 | 光照强度 | 0.980** | 0.833** | 0.399 | 0.963** | 0.967** |
| | 温度 | 0.769** | 0.816** | −0.083 | 0.782** | 0.738** |
| | 相对湿度 | −0.516* | −0.721** | 0.421 | −0.505* | −0.536* |
| 8 月 | 光照强度 | 0.980** | 0.834** | 0.398 | 0.963** | 0.967** |
| | 温度 | 0.764** | 0.812** | −0.096 | 0.778** | 0.733** |
| | 相对湿度 | −0.631** | −0.786** | 0.420 | −0.656** | −0.632** |
| 9 月 | 光照强度 | 0.980** | 0.833** | 0.399 | 0.963** | 0.967** |
| | 温度 | 0.766** | 0.815** | −0.097 | 0.779** | 0.733** |
| | 相对湿度 | −0.517* | −0.730** | 0.380 | −0.527* | −0.543* |
| 10 月 | 光照强度 | 0.976** | 0.784** | 0.442 | 0.959** | 0.946** |
| | 温度 | 0.761** | 0.801** | −0.083 | 0.774** | 0.726** |
| | 相对湿度 | −0.528* | −0.736** | 0.401 | −0.527* | −0.551* |
| 5~10 月 | 平均光照强度 | 0.989** | 0.822** | 0.403 | 0.975** | 0.968** |
| | 平均温度 | 0.783** | 0.792** | −0.030 | 0.801** | 0.747** |
| | 平均相对湿度 | −0.574* | −0.766** | 0.364 | −0.583* | −0.582* |

注：** 表示在 0.01 水平显著相关；* 表示在 0.05 水平显著相关。

## 5.2 文冠果树体管理研究

### 5.2.1 枝条性状以及与结果的关系

#### 5.2.1.1 1 年生枝条分级标准

试验地位于内蒙古自治区赤峰市的阿鲁科尔沁旗天山镇（北纬 43°53′24″，东经 120°16′48″）和山东省东营市（北纬 38°15′N，东经 118°5′）。于 2014 年 3 月选取内蒙古试验地的 4 年生文冠果树 50 棵，每棵树东南西北四个方向分别选 3 个 1 年生枝，共 600 个枝（长势中等）。选取 40 年生文冠果树 50 棵，每棵树四个方向分别选 10 个 1 年生枝，共 1800 个枝（由于长期没有任何经营管理措施，长势较差）。山东试验地分别选取 6、7 年生文冠果各 50 棵，每棵树四个方向分别选 3 个 1 年生枝，供 1200 个枝（立地条件较好，并且有灌溉修剪等管理措施，长势较好）。测量枝条的顶端与基部直径、枝条的长度。

对不同长势文冠果 1 年生枝条进行分级，如表 5-25 所示，综合内蒙试验地长势中等、较差的文冠果和山东地区长势较好的文冠果，得出长度<40cm 的枝条为短枝，40~95cm

的枝条为中枝，>95cm 的枝条为长枝。顶端直径<5mm，基部直径<6mm 的枝条为弱枝，顶端直径为 5~10mm，基部直径为 6~10mm 的枝条为中庸枝，顶端直径和基部直径>10mm 的枝条为壮枝。

**表 5-25　不同长势的文冠果枝类分级标准**　　mm

| 长势 | 测量部位 | 弱枝 | 中庸枝 | 壮枝 | 短枝 | 中枝 | 长枝 |
|---|---|---|---|---|---|---|---|
| 长势差 | 顶端直径 | <3.5 | 3.5~5.2 | >5.2 | <10 | 10~23 | >23 |
| | 基部直径 | <4.8 | 4.8~6.8 | >6.8 | | | |
| 长势中 | 顶端直径 | <5.2 | 5.2~7.0 | >7.0 | <17 | 17~33 | >33 |
| | 基部直径 | <7.0 | 7.0~9.2 | >9.2 | | | |
| 长势好 | 顶端直径 | <8.4 | 8.4~11.7 | >11.7 | <52 | 52~86 | >86 |
| | 基部直径 | <9.0 | 9.0~13.7 | >13.7 | | | |
| 综合 | 顶端直径 | <5.0 | 5.0~10.0 | >10.0 | <40 | 40~95 | >95 |
| | 基部直径 | <6.0 | 6.0~10.0 | >10.0 | | | |

#### 5.2.1.2　结果枝与营养枝直径的比较

由图 5-57 可知，结果枝和营养枝的直径分布较为明显的分布在不同的区域，顶端直径 4mm，基部直径 5mm 是结果枝和营养枝较为明显的一个分界线，营养枝顶端直径都在 4mm 以下，基部直径都在 6mm 以下，而结果枝只有少部分分布在这个区域，大部分的结果枝顶端直径都在 4mm 以上，基部直径在 5mm 以上。

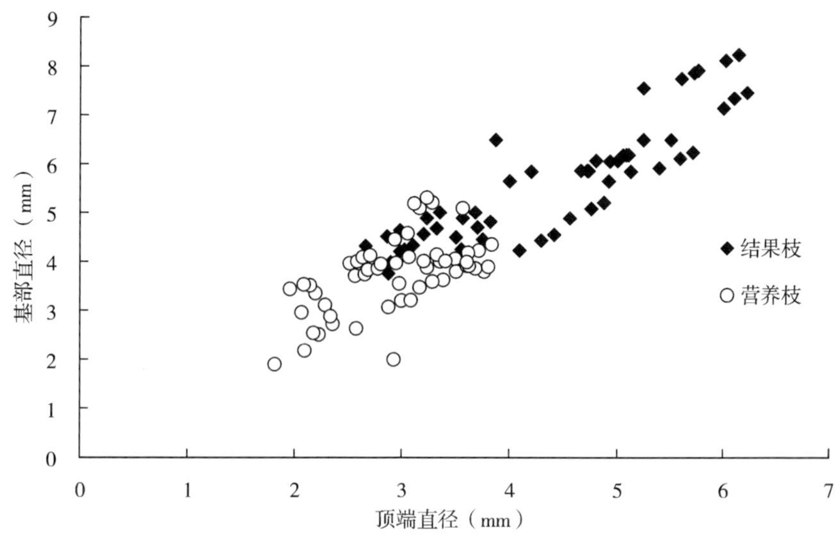


**图 5-57　结果枝和营养枝直径的分布**

#### 5.2.1.3　结果枝各性状与结果的关系

（1）结果枝各性状间的相关分析

2014 年 5 月，选取内蒙古试验地文冠果枝条主要性状进行研究。随机挑选 10 株 4 长势相近健康植株，随机选 5 个 2 年生枝。2014 年 5 月初至中旬花期分别测量每个枝的长度、基部直径、顶端直径，并统计每个 2 年生枝上所有 1 年生枝的长度、基部直径、顶端直径、雌能花、雄能花的数量。2014 年 7 月底结果期期间统计每个 2 年生枝上的枝条总数及结果枝数，并对每个果实的单果重、横径、纵径、结实量、种子重进行测量统计，不同枝类如图 5-58所示。

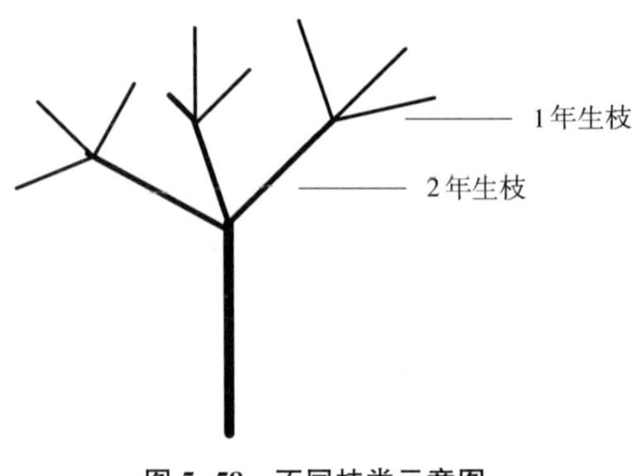


**图 5-58　不同枝类示意图**

采用双变量分析法对结果枝枝长、顶端直径、基部直径、尖削度、雌能花数、顶生花序花数，顶生花序长、坐果数、单果重、横径、总径、结实量、种子重之间的相关性进行分析，结果如表 5-26。雌能花数与结果枝的顶端直径和基部直径呈极显著正相关关系。坐果数、单果重、果径、结实量、种子重分别与结果枝顶端直径、基部直径、雌能花数都有极显著正相关关系。其中，单枝坐果数与雌能花数的相关性最大。结果枝的基部直径与结果枝顶端直径也呈显著正相关关系。单果重量与结果枝基部直径的相关性最大，与结果枝顶端直径、雌能花数和顶生花序长也呈显著的相关关系。单果横径、纵径、结实量都与结果枝的顶端直径和基部直径都呈显著的相关关系。单果内种子重与结果枝顶端直径、基部直径和雌能花数都呈显著的相关关系。总之，产量相关指标与结果枝顶端直径和基部直径都有显著相关关系。

（2）结果枝直径与单枝坐果数的关系

由表 5-26 可知，结果枝单枝坐果数与顶端直径和基部直径都呈显著的相关关系，所以对结果枝顶端直径和基部直径进行分组，对每组的单枝坐果数、单果重、横径、纵径、单果结实量、种子重进行统计比较。由表 5-27 可知，顶端直径在 4. 01mm 以上的结果枝上的单枝结果数达到 2 个、单果重达到 73. 04g 以上、果实横径达到 57. 08mm 以上，均显著的大于 4. 00mm 以下的结果枝。顶端直径在 4. 01mm 以上的结果枝的果实纵径达到 60. 96mm 以上、单果种子重达到 22. 62g 以上，均显著的大于 3mm 以下的结果枝。基部直径在 5. 01mm 以上的结果枝上的单枝坐果数达到 2 个、单果重达到 72. 00g 以上，均显著大于 5mm 以下结果枝。基部直径 7. 01mm 以上的结果枝果实横径达到 52. 27mm 以上、纵径达到 61. 36mm 以上，均显著大于 5mm 以下的结果枝。综合来说，顶部直径在 4. 01mm、基部直径在 5. 01mm 以上的结果枝的果实各指标都优于较细的结果枝。

**表 5-26　文冠果结果枝各性状因子间相关性分析**

| | 枝条顶端直径 | 枝条基部直径 | 枝条尖削度 | 雌能花数 | 顶生花序花数 | 顶生花序长 | 单枝坐果数 | 单果重 | 果实横径 | 果实纵径 | 结实量 | 种子重 |
|---|---|---|---|---|---|---|---|---|---|---|---|---|
| 枝条长度 | 0.381 | 0.298 | 0.279 | 0.490* | -0.160 | -0.016 | 0.209 | 0.356 | 0.177 | 0.244 | -0.121 | 0.359 |
| 枝条顶端直径 | | 0.920** | 0.367 | 0.587* | 0.006 | 0.233 | 0.534* | 0.480* | 0.676** | 0.483* | 0.475* | 0.601** |
| 枝条基部直径 | | | -0.017 | 0.642** | 0.181 | 0.213 | 0.669** | 0.589* | 0.792** | 0.530* | 0.648** | 0.688** |
| 枝条尖削度 | | | | -0.038 | -0.408 | -0.001 | -0.185 | -0.209 | -0.166 | -0.060 | -0.233 | -0.081 |
| 雌能花数 | | | | | 0.007 | 0.141 | 0.823** | 0.510* | 0.450 | 0.253 | 0.125 | 0.540* |
| 顶生花序花数 | | | | | | 0.358 | 0.026 | 0.103 | 0.233 | 0.178 | 0.108 | 0.044 |
| 顶生花序长 | | | | | | | 0.075 | 0.520* | 0.463 | 0.611** | -0.145 | 0.318 |
| 单枝坐果数 | | | | | | | | 0.407 | 0.470* | 0.228 | 0.435 | 0.500* |
| 单果重 | | | | | | | | | 0.832** | 0.856** | 0.240 | 0.873** |
| 果实横径 | | | | | | | | * | | 0.886** | 0.479* | 0.773** |
| 果实纵径 | | | | | | | | | | | 0.168 | 0.735** |
| 单果内结实量 | | | | | | | | | | | | 0.466 |

注：* 和 ** 分别表示 0.05 与 0.01 水平相关显著。

表 5-27　结果枝直径与结果的关系

| 直径 (mm) | 单枝坐果数 (个) | 单果重 (g) | 横径 (mm) | 纵径 (mm) | 结实量 (g) | 单果种子重 (g) |
|---|---|---|---|---|---|---|
| 顶端直径 | | | | | | |
| 2.00~3.00 | 1b | 49.67b | 48.96c | 53.79b | 17.00a | 13.04b |
| 3.01~4.00 | 1b | 59.65b | 52.25c | 57.91ab | 18.33a | 17.97ab |
| 4.01~5.00 | 2a | 75.33a | 57.08b | 60.96a | 19.67a | 22.62a |
| 5.01~6.00 | 2a | 73.04a | 63.75a | 62.10a | 23.67a | 23.05a |
| 基部直径 | | | | | | |
| 3.00~4.00 | 1b | 49.67b | 48.96c | 53.79b | 17.00b | 13.04b |
| 4.01~5.00 | 1b | 62.92b | 53.09bc | 58.62ab | 19.20a | 19.25a |
| 5.01~6.00 | 2a | 72.00a | 57.27bc | 61.36a | 18.83a | 21.75a |
| 7.01~8.00 | 2a | 73.04a | 63.75a | 62.10a | 23.67a | 23.05a |

注：同列中的不同字母表示 0.05 水平差异显著。

#### 5.2.1.4　结果母枝各性状与结果的关系

（1）各性状因子之间的相关分析

采用双变量分析法对文冠果结果母枝长、顶端直径、基部直径、尖削度、总枝条数、结果枝数、结果枝率、坐果数、单果重、果径、结实量、种子重之间的相关性进行分析，结果如表 5-28 所示。结果枝数与结果母枝顶端直径、基部直径和母枝枝条总数都达到显著的正相关关系。母枝单枝坐果数和母枝顶端直径、基部直径、母枝枝条总数和结果枝数都呈显著的正相关关系，与母枝顶端和基部直径相关性最大。结果母枝各性状因子与单枝坐果数的相关性大小排序为：母枝顶端直径=母枝基部直径>母枝枝条总数>结果枝数。结果枝数、营养枝数、单枝坐果数与母枝长度、母枝尖削度都无明显的相关性。

表 5-28　文冠果结果母枝各性状因子间相关性分析

| 性状因子 | 母枝顶端直径 | 母枝基部直径 | 母枝尖削度 | 母枝枝条总数 | 结果枝数 | 营养枝数 | 单枝结果数 |
|---|---|---|---|---|---|---|---|
| 母枝长度 | -0.237 | -0.198 | -0.396 | -0.129 | 0.147 | -0.394 | -0.062 |
| 母枝顶端直径 | | 0.992** | 0.296 | 0.730** | 0.843** | -0.279 | 0.649** |
| 母枝基部直径 | | | 0.177 | 0.751** | 0.878** | -0.304 | 0.649** |
| 母枝尖削度 | | | | 0.058 | -0.064 | 0.174 | 0.166 |
| 枝条总数 | | | | | 0.758** | 0.212 | 0.595** |
| 结果枝数 | | | | | | -0.477* | 0.567* |
| 营养枝数 | | | | | | | -0.047 |

注：** 表示 0.01 水平差异极显著；* 表示 0.05 水平差异显著。

（2）结果母枝直径与结果枝数及坐果数的关系

由表 5-29 可知，枝条总数和结果枝数与结果母枝顶端直径和基部直径均呈极显著相

关关系。对结果母枝顶端直径和基部直径进行分组，对每组的平均结果枝数、枝条总数、母枝单枝坐果数进行统计比较。由表 5-29 可知，顶端直径在 9.01mm 以上的结果母枝枝条总数为 3.0 个，显著大于顶端直径 7mm 以下的结果母枝数。顶端直径在 7.01mm 以上的结果母枝上结果枝数达到 1.9 个，显著大于 7mm 以下的结果母枝上结果枝数。顶端直径在 9.01mm 以上的结果母枝上的坐果数达到 3 个以上，显著大于 6mm 以下的结果母枝上的坐果数。基部直径在 10.01～11.00mm 的结果母枝枝条总数达到 3，显著大于 9mm 以下的结果母枝上的枝条总数。基部直径在 9.01mm 以上的结果母枝上的结果枝数达到 2.0 以上，显著高于 9.00mm 以下的结果枝数。基部直径在 10.01mm 以上的单枝坐果数高达 2.3，显著高于 8.00mm 以下的单枝坐果数。综合来说，顶端直径 7mm 以上、基部直径 9mm 以上的结果母枝的产量优于较细的结果母枝。

**表 5-29　结果母枝直径与枝条总数、结果枝数和单枝坐果数的相关性**

| 直径（mm） | 枝条总数 | 结果枝数 | 坐果数 |
|---|---|---|---|
| 顶端直径 | | | |
| 4.00～5.00 | 1.5b | 1.0c | 1.0b |
| 5.01～6.00 | 1.5b | 1.0c | 1.0b |
| 6.01～7.00 | 1.7b | 1.0c | 1.0ab |
| 7.01～8.00 | 2.3ab | 1.9b | 1.9ab |
| 8.01～9.00 | 2.5ab | 2.5ab | 2.5ab |
| 9.01～10.00 | 3.0a | 3.0a | 3.0a |
| 基部直径 | | | |
| 6.00～7.00 | 1.0b | 1.0c | 1.0b |
| 7.01～8.00 | 1.0b | 1.0c | 1.0b |
| 8.01～9.00 | 1.7b | 1.3c | 1.5ab |
| 9.01～10.00 | 2.4ab | 2.0b | 1.8ab |
| 10.01～11.00 | 3.0a | 3.0a | 2.3a |

注：同列中的不同字母表示 0.05 水平差异显著，检验方法为 Duncan 检验。

## 5.2.2　拉枝和摘心对叶片碳氮含量的影响

### 5.2.2.1　拉枝对叶片可溶性糖含量的影响

试验材料为 2010 年栽植的实生文冠果。2014 年 1 月（文冠果休眠期）进行拉枝试验。选取生长势、负载量一致的文冠果 30 株，将长势、生长方向、角度（30°）一致的 1 年生枝条侧拉成 45°、60°、90°为一组，不拉枝为对照，即对照为 30°。每株树均处理 8 组。拉枝 5 个月后，分别于 6 月 15 日、7 月 1 日、7 月 15 日、8 月 1 日、8 月 15 日、9 月 1 日、9 月 15 日、10 月 1 日采样，共 8 次。每处理每个角度每次采枝条顶部 2～3 个叶片，放入冰盒带回实验室。可溶性糖含量采用蒽酮比色法测定。

由图5-59可知，随时间的推移，不同拉枝角度可溶性糖含量变化呈现出两种规律。一方面，各拉枝角度的叶片可溶性糖含量变化趋势一致，均呈现递减趋势。6月15日~7月15日各拉枝角度的叶片可溶性糖含量急速下降，而在7月15日以后，各拉枝角度的叶片可溶性糖含量下降平缓。另一方面，6月15日、7月1日、7月15日、8月1日、9月1日60°枝条叶片可溶性糖含量最高，分别为19.35%、16.00%、13.15%、13.05%、9.73%。9月15日、10月1日90°枝条叶片可溶性糖含量最高，达到9.57%、9.04%。拉枝60°与90°可溶性糖含量无显著差异（$p>0.05$），并极显著高于30°和45°（$p<0.01$）。因此，随着拉枝角度的增大，叶片可溶性糖含量逐渐增大，但是60°和90°之间无显著差异（$p>0.05$）。

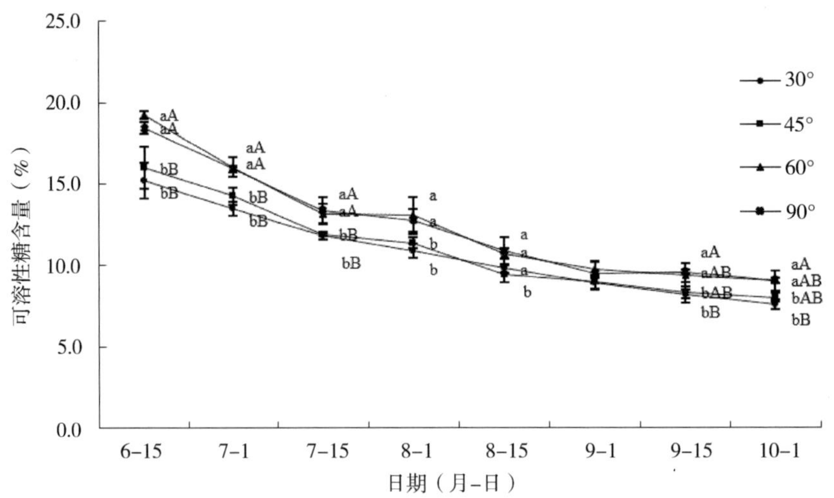


**图5-59 不同拉枝角度文冠果叶片可溶性糖含量变化**

注：不同小写字母表示差异显著（$p<0.05$），大写字母表示差异极显著（$p<0.01$），检验方法为Duncan检验。

### 5.2.2.2 拉枝对叶片淀粉含量的影响

淀粉含量采用高氯酸水解后，蒽酮比色法测定（郝建军，2007）。由图5-60可知，不同拉枝角度叶片的淀粉含量在6月15日至7月15日呈递增趋势，7月15日以后呈递减趋势，并且7月15日至8月15日急速下降，而8月15日以后下降较为平缓。6月和7月，拉枝90°叶片淀粉含量最高，达到2.47%（6月15日）、2.74%（7月1日）、3.26%（7月15日），与60°枝条无显著差异（$p>0.05$），并均显著高于30°和45°枝条叶片淀粉含量（$p<0.05$）。8月，30°枝条叶片淀粉含量最低，为1.45%、1.32%，显著低于60°和90°枝条叶片淀粉含量（$p<0.05$）。9月和10月，各拉枝处理枝条叶片淀粉含量之间均无显著差异（$p>0.05$）。总之，随着拉枝角度的增大，叶片淀粉含量逐渐增大，但是60°和90°之间没有显著差异（$p>0.05$）。

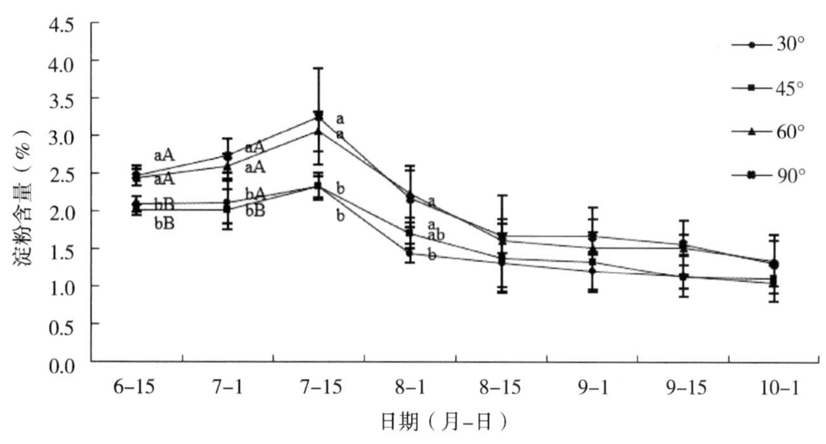


图 5-60　不同拉枝角度文冠果叶片淀粉含量变化

### 5.2.2.3　拉枝对叶片氮含量的影响

由图 5-61 可知，随着时间进展，各拉枝角度的枝条上的叶片氮含量呈递减的趋势。6 月 15 日至 8 月 1 日，各拉枝角度枝条上叶片的氮含量下降急速，而在 8 月 1 日以后下降较为平缓，10 月 1 日，拉枝 60°枝条叶片氮含量最低，为 0.91g/kg，其他日期各拉枝角度枝条上叶片的氮含量均是 30°>45°>60°>90°。6 月 60°和 90°拉枝枝条的叶片氮含量均亦显著低于 30°枝条叶片（$p<0.05$），90°拉枝枝条含量最低，但 60°和 90°之间没有显著差异。7 月也是拉枝 90°枝条叶片氮含量最低，与 60°无显著差异，但是均极显著小于 30°和 45°枝条叶片氮含量（$p<0.01$）。8 月拉枝 90°枝条叶片氮含量最低，与 60°枝条无显著差异，但是均显著低于 30°枝条叶片氮含量（$p<0.05$）。9 月和 10 月，4 个拉枝处理的枝条叶片氮含量之间均没有显著差异。总之，随着拉枝角度的增大，叶片氮含量逐渐减少，60°和 90°之间均无显著差异。

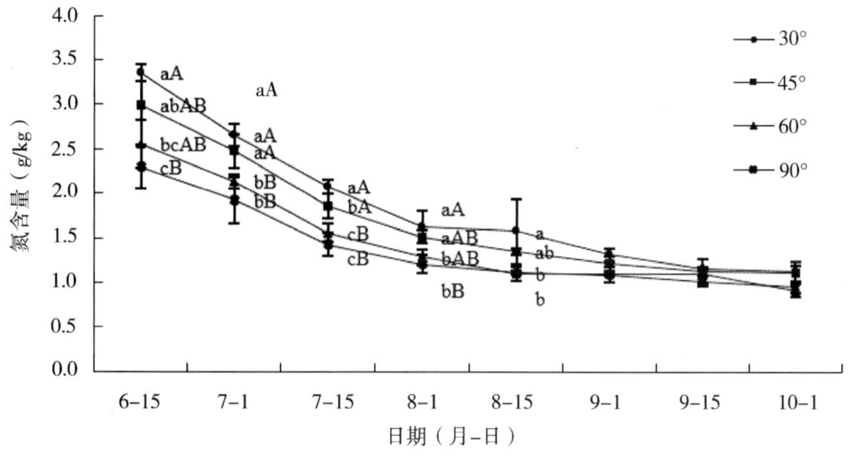


图 5-61　不同拉枝角度文冠果叶片氮含量变化

#### 5.2.2.4 拉枝对叶片碳氮比的影响

由图5-62可知，8月1日之前，各拉枝角度的枝条上碳氮比呈上升趋势，而8月1日之后，呈平缓下降的趋势，9月1日和10月1日，拉枝60°的枝条叶片的碳氮比最高，达到8.87、9.91，其余日期拉枝90°的枝条叶片碳氮比最高。6月、7月和8月，拉枝90°枝条叶片碳氮比最大，与60°没有显著差异（$p>0.05$），7月15日取样除外（90°显著高于60°），并均极显著高于30°和45°枝条叶片碳氮比（$p<0.01$）。9月和10月，拉枝60°和90°之间叶片碳氮比均无显著差异，但均显著低于30°和45°枝条叶片碳氮比（$p<0.01$）。总之，随着拉枝角度的增大，叶片碳氮比逐渐增大，并且除了一次取样之外，60°和90°枝条叶片碳氮比均无显著差异（$p>0.05$）。

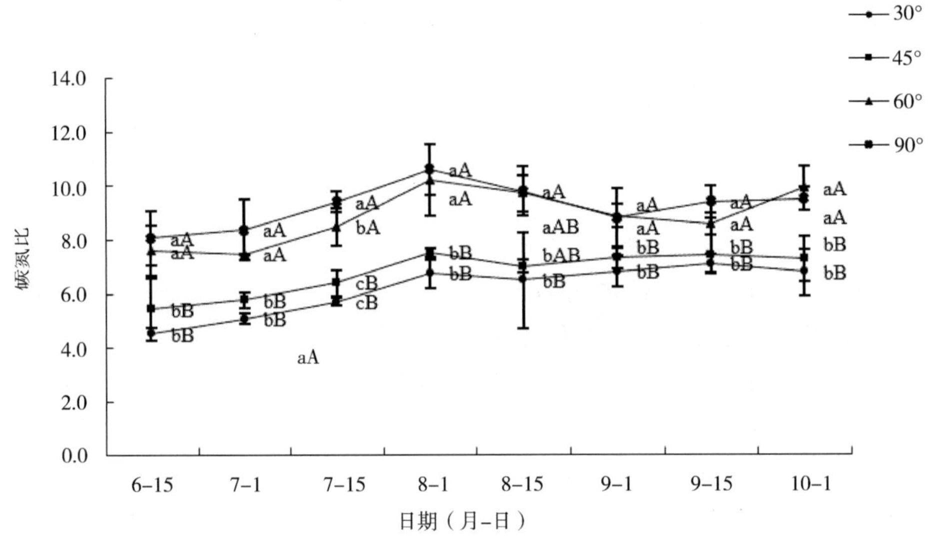


**图5-62 不同拉枝角度文冠果叶片碳氮比变化**

#### 5.2.2.5 摘心对叶片可溶性糖含量的影响

选取4年生文冠果树15株，每株树每个方向挑选12个1年生枝条，分为6组，每组中分别进行摘心和不摘心处理。摘心一周后，分别于6月16日、7月2日、7月18日、7月31日、8月15日、9月1日进行采样，共6次。每次每株树每个方向挑选一组进行混合采样，每个枝条取枝条中上部3~4个叶片，放入冰盒带回实验室。可溶性糖含量采用蒽酮比色法通过分光光度计测定；淀粉含量采用高氯酸水解后，蒽酮比色法测定；氮含量采用凯氏定氮仪测定。

由图5-63可知，6月中旬至9月初，可溶性糖含量不断升高，7月31日较之前显著提高，摘心后在9月4日达到最大值46.154mg/g；摘心后1个月内可溶性糖含量与不摘心相比没有明显变化，7月31日之后摘心后叶片可溶性糖含量显著高于不摘心13.3%~28.6%（$p<0.01$）。

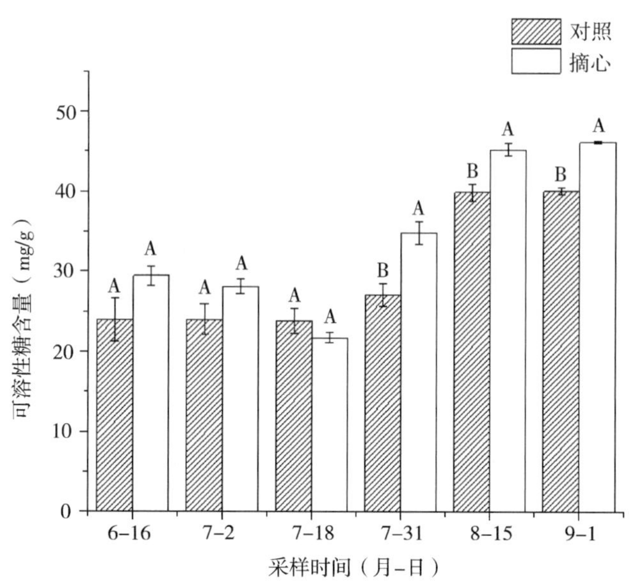


**图 5-63　摘心对文冠果叶片可溶性糖含量的影响**

注：不同大写字母表示差异极显著（$p<0.01$），检验方法为 LSD 检验。下同。

### 5.2.2.6　摘心对叶片淀粉含量的影响

由图 5-64 可知，摘心后淀粉含量在 7 月 18 日之后显著上升的趋势，并在 9 月 1 日达到最大值 33.292mg/g；摘心与对照相比对叶片中淀粉含量的影响在 7 月 31 日之后才开始有显著差异，在 7 月 31 日与 8 月 15 日摘心后的叶片淀粉含量分别高出对照 47.5% 和 30.8%，差异显著（$p<0.05$），9 月 4 日摘心后的叶片淀粉含量比对照高出 109.7%，差异极显著（$p<0.01$）。

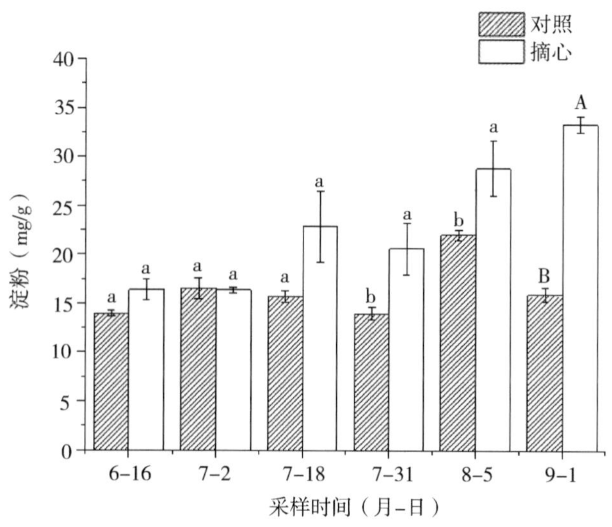


**图 5-64　摘心对文冠果叶片淀粉含量的影响**

#### 5.2.2.7 摘心对叶片氮含量的影响

由图 5-65 可知，6 月 16 日至 9 月 4 日之间，氮含量随着时间的变化呈现下降的趋势。7 月 18 日之前，摘心与对照对叶片氮含量的影响差异不显著。7 月 31 日之后，摘心后叶片中氮含量显著高于对照 7.9%～11.7%（$p<0.01$），并在 7 月 2 日分别达到最大值 3.382mg/g 和 3.429mg/g，在 9 月 4 日和 8 月 15 日分别达到最小值 2.856mg/g 和 3.093mg/g。

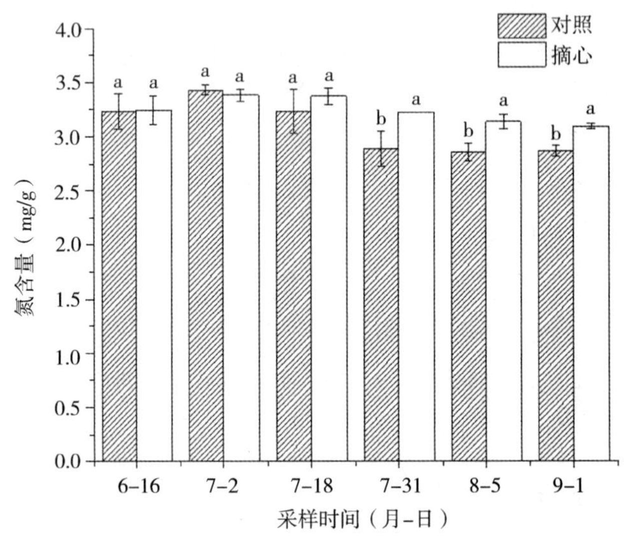


图 5-65 摘心对文冠果叶片全氮含量的影响

#### 5.2.2.8 摘心对叶片碳氮比的影响

由图 5-66 可知，叶片中的碳氮含量比逐渐升高，7 月 31 日之后显著高于之前。摘心与不摘心相比，碳氮比在 7 月 31 日及以后开始有显著变化，摘心高出不摘心 6.6%～23.2%（$p<0.05$）。

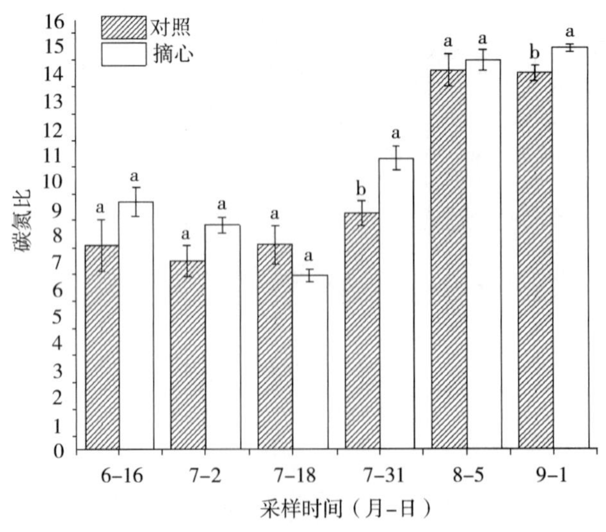


图 5-66 摘心对文冠果叶片碳氮比的影响

## 5.2.3 拉枝、刻芽、短截对1年生枝不同部位芽内源激素的影响

### 5.2.3.1 拉枝对不同部位芽内源激素分布的影响

2014年12月1日（文冠果休眠期）进行修剪，选取生长势、负载量、花型、果型一致，无病虫害的5年生文冠果树60株，将长势、生长方向、与主干形成角度一致的1枝条从自然角度30°进行侧拉，分别拉至45°、60°、90°（与主干形成的角度）3个处理，不拉枝作为对照。采用完全随机区组设计，每个处理20次重复，10次重复用于取样测内源激素，10次用于调查新梢生长情况。4月1日，芽开始膨大，从枝条第一个侧芽到最后一个侧芽平均分成3部分，分别为上、中、下部位的芽，采集顶芽以及三个部位的侧芽。先放入液氮，再放入超低温冰箱保存。采用高效液相色谱HPLC法对IAA、ABA、$GA_3$、ZT含量进行测定［ng/(g·FW)］，每样品重复3次。色谱条件：色谱柱，安捷伦SB-C18，250mm×4.60mm，5μm；测定$GA_3$、IAA、ABA流动相：梯度洗脱，起始为97%，0.1mol/L的乙酸水溶液与3%的甲醇，40min后为32.3%，0.1mol/L的乙酸水溶液与67.7%甲醇；检测波长260nm；流速1.0mL/min；进样量20μL；柱温30℃；定量方法为外标法。

不同拉枝处理不同部位芽的内源激素含量变化如表5-30。随着拉枝角度的增大，顶芽和上部芽的生长促进激素（$GA_3$、IAA和ZT）逐渐减少，生长抑制激素（ABA）逐渐增多，中部和下部芽呈相反趋势。3种拉枝角度相比，60°拉枝枝条从上到下芽的$GA_3$、IAA和ZT的含量逐渐增加，但ABA含量逐渐减少。60°枝条顶芽$GA_3$、IAA和ZT含量分别为1198.66、225.92、130.75ng/(g·FW)，显著低于45°和对照（$p<0.05$），ABA含量为162.69ng/(g·FW)，显著高于45°和对照（$p<0.05$）；60°上部芽$GA_3$、IAA和ZT含量分别为1230.23、230.32、162.52ng/(g·FW)，显著低于45°和对照（$p<0.05$），ABA含量为152.37ng/(g·FW)，显著高于45°和对照（$p<0.05$），并且和90°枝条中部芽的$GA_3$、IAA、ZT含量之间均无显著差异；60°枝条中部芽$GA_3$含量与别的处理之间无显著差异，IAA和ZT含量为261.02、172.91ng/(g·FW)，显著高于45°和对照（$p<0.05$），ABA含量为124.06ng，FW，显著低于45°和对照（$p<0.05$），四种内源激素含量和90°枝条均没有显著差异。60°枝条下部芽$GA_3$、IAA、ZT含量分别为1858.33、312.17、181.84ng/(g·FW)，显著高于45°和对照（$p<0.05$），ABA含量为122.16ng/(g·FW)，显著低于45°和对照($p<0.05$)。

表5-30 不同拉枝处理枝条不同部位芽内源激素含量的变化 ng/(g·FW)

| 部位 | 处理 | $GA_3$含量 | IAA含量 | ABA含量 | ZT含量 |
|---|---|---|---|---|---|
| 顶部 | 对照 | 2065.55±68.47a | 337.11±11.18a | 101.46±3.36d | 216.86±10.00a |
| | 45° | 1766.85±74.25b | 281.56±11.83b | 118.91±5.00c | 183.33±10.47b |
| | 60° | 1198.66±36.99c | 225.92±6.97c | 162.69±5.02b | 130.75±6.02c |
| | 90° | 907.09±35.73d | 173.13±6.82d | 188.50±7.43a | 90.87±5.73d |

（续）

| 部位 | 处理 | $GA_3$ 含量 | IAA 含量 | ABA 含量 | ZT 含量 |
|---|---|---|---|---|---|
| 上部 | 对照 | 1759. 41±87. 10a | 310. 36±15. 36a | 113. 73±5. 63c | 207. 21±13. 29a |
| | 45° | 1572. 48±60. 01b | 269. 63±10. 29b | 123. 37±4. 71b | 185. 83±8. 91b |
| | 60° | 1230. 23±66. 74c | 230. 32±12. 50c | 152. 37±8. 27a | 162. 52±10. 49c |
| | 90° | 1091. 17±65. 40c | 202. 64±12. 15c | 178. 30±10. 69a | 134. 65±9. 88d |
| 中部 | 对照 | 1441. 28±112. 50 | 212. 07±16. 55b | 176. 83±13. 80a | 151. 16±15. 01c |
| | 45° | 1389. 54±109. 10 | 238. 95±18. 76ab | 158. 48±12. 44a | 164. 53±16. 53bc |
| | 60° | 1283. 92±97. 21 | 261. 02±19. 76a | 124. 06±9. 39b | 172. 91±18. 82ab |
| | 90° | 1237. 53±82. 75 | 282. 38±18. 88a | 103. 34±6. 91b | 180. 67±17. 50a |
| 下部 | 对照 | 968. 65±71. 04d | 189. 39±13. 89d | 193. 09±14. 16a | 91. 81±9. 08d |
| | 45° | 1347. 06±110. 65c | 253. 47±20. 82c | 166. 60±13. 68a | 129. 82±14. 28c |
| | 60° | 1858. 33±164. 14b | 312. 17±27. 57b | 122. 16±10. 79b | 181. 84±23. 5b |
| | 90° | 2154. 56±110. 91a | 362. 53±18. 66a | 101. 10±5. 20b | 231. 40±17. 21a |

注：不同字母代表在 0. 05 水平下各处理之间差异显著。下同。

### 5. 2. 3. 2　拉枝对不同部位芽内源激素平衡的影响

不同拉枝处理不同部位芽的 $GA_3$/ABA 和 ZT/IAA 变化如表 5-31 所示，随着拉枝角度增大，顶部和上部芽的 $GA_3$/ABA 比值逐渐减小，中部和下部呈相反趋势，顶部和中部芽的 ZT/IAA 比值逐渐减小，下部芽比值逐渐增大。60°枝条从上到下芽的 $GA_3$/IAA 和 ZT/IAA 比值均逐渐增大。60°枝条顶部和上部芽的 $GA_3$/IAA 比值分别为 7. 37、8. 08，均显著低于 45°和对照。中部和下部芽比值为 10. 36、15. 22，均显著高于 45°和对照（$p<0.05$）。60°中部芽 ZT/IAA 比值分别为 0. 66，显著高于 45°和对照，其余三个部位比值分别为 0. 58、0. 71、0. 58，显著低于对照（$p<0.05$）。

**表 5-31　不同拉枝处理枝条不同部位芽激素的比值**

| 部位 | 处理 | $GA_3$/ABA | ZT/IAA |
|---|---|---|---|
| 顶部 | 对照 | 20. 36±0. 08a | 0. 64±0. 02b |
| | 45° | 14. 86±0. 10b | 0. 65±0. 01a |
| | 60° | 7. 37±0. 08c | 0. 58±0. 01c |
| | 90° | 4. 81±0. 08d | 0. 52±0. 00d |
| 上部 | 对照 | 15. 47±0. 07a | 0. 67±0. 00b |
| | 45° | 12. 75±0. 09b | 0. 69±0. 02a |
| | 60° | 8. 08±0. 11c | 0. 71±0. 00a |
| | 90° | 6. 12±0. 10d | 0. 66±0. 00c |
| 中部 | 对照 | 8. 16±0. 04d | 0. 71±0. 02a |
| | 45° | 8. 77±0. 07c | 0. 69±0. 01b |
| | 60° | 10. 36±0. 14b | 0. 66±0. 00c |
| | 90° | 11. 98±0. 14a | 0. 64±0. 00d |

（续）

| 部位 | 处理 | $GA_3$/ABA | ZT/IAA |
|---|---|---|---|
| 下部 | 对照 | 5.02±0.03d | 0.48±0.00d |
| | 45° | 8.09±0.07c | 0.51±0.00c |
| | 60° | 15.22±0.15b | 0.58±0.00b |
| | 90° | 21.32±0.15a | 0.64±0.00a |

### 5.2.3.3 刻芽对不同部位芽内源激素分布的影响

试验材料同5.2.2.1。采取单刻芽（用芽接刀在芽体上方5mm处横切，长为枝条粗的1/3左右，深度达木质部）、环刻芽（从下往上每2个芽环刻一圈，每个枝条共环刻3道）两种刻芽处理。采用完全随机区组设计，每个处理20次重复，10次重复用于取样测内源激素，10次用于调查新梢生长情况。

不同刻芽处理不同部位芽内源激素含量变化如表5-32。单刻芽处理枝条的上、中、下部芽的生长促进激素（$GA_3$、IAA、ZT）最高，生长抑制激素最低（ABA）。刻芽处理枝条从上到下芽的$GA_3$、IAA含量从大到小排序为上>中>下>顶，而ABA含量逐渐减少，ZT含量逐渐增加。单刻芽顶芽$GA_3$和ZT含量为1664.59、121.01ng/(g·FW)，显著低于对照。IAA含量为309.89ng/(g·FW)，显著低于环刻芽和对照处理（$p<0.05$）。单刻芽枝条的上部芽$GA_3$、IAA和ZT含量为3010.73、508.61、234.41ng/(g·FW)，显著大于对照($p<0.05$)。单刻芽处理枝条中部芽的ZT含量为270.98ng/(g·FW)，显著大于对照（$p<0.05$），ABA含量最低，为162.06ng/(g·FW)，显著低于对照（$p<0.05$）。单刻芽处理枝条下部芽的的$GA_3$、IAA、ZT含量为2139.94、323.82、282.98ng/(g·FW)，均显著高于对照（$p<0.05$）。ABA含量最低，为183.12ng/(g·FW)，显著低于对照（$p<0.05$）。

**表5-32 不同刻芽处理枝条不同部位芽的内源激素含量** ng/(g·FW)

| 部位 | 刻芽处理 | $GA_3$含量 | IAA含量 | ABA含量 | ZT含量 |
|---|---|---|---|---|---|
| 顶部 | 对照 | 2379.23±84.12a | 356.57±12.61a | 115.11±4.07b | 154.56±5.46a |
| | 单刻芽 | 1664.59±84.78b | 309.89±15.78b | 136.37±6.95ab | 121.01±6.16b |
| | 环刻芽 | 1421.02±104.69c | 273.09±20.12b | 165.65±17.54a | 104.00±7.66c |
| 上部 | 对照 | 1897.18±178.38b | 315.43±29.66b | 211.44±19.88 | 145.49±13.68b |
| | 单刻芽 | 3010.73±349.38a | 508.61±59.02a | 151.12±24.50 | 234.31±27.19a |
| | 环刻芽 | 2490.52±349.36ab | 441.31±61.9ab | 183.82±27.31 | 193.84±27.19ab |
| 中部 | 对照 | 1691.56±166.74 | 281.51±27.75 | 237.81±23.44a | 150.64±14.85b |
| | 单刻芽 | 2604.85±393.85 | 433.49±65.54 | 162.06±12.20b | 270.98±40.97a |
| | 环刻芽 | 2150.74±408.49 | 361.31±68.62 | 193.46±25.79b | 222.65±42.29ab |
| 下部 | 对照 | 1412.79±115.7b | 204.2±16.72b | 255.32±20.91a | 161.55±13.23b |
| | 单刻芽 | 2139.94±319.14a | 323.82±48.29a | 183.12±36.74b | 282.98±42.20a |
| | 环刻芽 | 1736.43±187.48ab | 283.9±30.65ab | 221.91±23.96ab | 232.23±25.07ab |

#### 5.2.3.4 刻芽对不同部位芽内源激素平衡的影响

不同刻芽处理不同部位芽 $GA_3$/ABA 和 ZT/IAA 比值变化如表 5-33 所示，刻芽枝条上芽的 $GA_3$/ABA 比值从大到小排序为上>中>顶>下，从上到下芽的 ZT/IAA 比值逐渐增大。单刻芽从上到下四个部位芽的 $GA_3$/ABA 比例分别为 12.21、19.94、16.09、11.71，ZT/IAA 比值为 0.39、0.46、0.63、0.87，除顶芽外均显著高于对照和环刻芽处理（$p<0.05$）。

表 5-33 不同刻芽处理枝条不同部位芽激素比值的变化

| 部位 | 刻芽处理 | $GA_3$/ABA | ZT/IAA |
|---|---|---|---|
| 顶部 | 对照 | 20.67±0.06a | 0.43±0.01a |
| | 单刻芽 | 12.21±0.09b | 0.39±0.00b |
| | 环刻芽 | 8.59±0.10c | 0.38±0.00c |
| 上部 | 对照 | 8.98±0.09c | 0.46±0.01a |
| | 单刻芽 | 19.94±0.19a | 0.46±0.01a |
| | 环刻芽 | 13.57±0.16b | 0.44±0.01b |
| 中部 | 对照 | 7.12±0.08c | 0.54±0.02c |
| | 单刻芽 | 16.09±0.21a | 0.63±0.02a |
| | 环刻芽 | 11.12±0.23b | 0.62±0.02b |
| 下部 | 对照 | 5.53±0.07c | 0.79±0.02c |
| | 单刻芽 | 11.71±0.20a | 0.87±0.03a |
| | 环刻芽 | 7.83±0.10b | 0.82±0.03b |

#### 5.2.3.5 短截对不同部位芽内源激素分布的影响

试验材料同 5.2.2.1。采取轻短截（截去枝条顶部至 1/4 处）、中短截（截去枝条顶部至 1/2 处）和重短截（截去枝条顶部至 2/3 处）三个短截处理，不刻芽不短截为对照。采用完全随机区组设计，每个处理 20 次重复，10 次重复用于取样测内源激素，10 次用于调查新梢生长情况。

不同短截处理不同部位芽内源激素含量变化如表 5-34。随着短截强度增大，生长促进激素（$GA_3$、IAA、ZT）逐渐增加，生长抑制激素（ABA）逐渐减少。各短截处理枝条从上到下芽的内源激素含量都是依次减少。中短截枝条中部芽的 $GA_3$、ZT 含量为 2580.53、269.55ng/(g · FW)，显著大于对照。IAA 含量为 1290.27ng/(g · FW)，显著大于轻短截和对照（$p<0.05$），ABA 含量为 112.75ng/(g · FW)，显著低于轻短截和对照（$p<0.05$）。中短截枝条下部芽的 $GA_3$、IAA 和 ZT 含量为 2120.46、234.92ng/(g · FW)，显著高于轻短截和对照处理。ZT 含量为 1060.23ng/(g · FW)，显著高于对照（$p<0.05$）。ABA 含量为 133.51ng/(g · FW)，显著低于轻短截和对照处理（$p<0.05$）。

表 5-34　不同短截处理枝条不同部位芽的内源激素含量　ng/(g·FW)

| 部位 | 短截处理 | $GA_3$含量 | IAA 含量 | ABA 含量 | ZT 含量 |
|---|---|---|---|---|---|
| 中部 | 对照 | 1691.56±166.74c | 845.78±8.41b | 167.58±16.52a | 150.64±14.85c |
| | 轻短截 | 2047.49±60.19b | 1023.75±13.51ab | 140.47±4.13b | 209.84±6.17b |
| | 中短截 | 2580.53±104.63a | 1290.27±13.84a | 112.75±4.57c | 269.55±10.93a |
| 下部 | 对照 | 1412.79±115.70c | 706.40±7.32b | 181.86±14.89a | 161.55±13.23c |
| | 轻短截 | 1635.11±64.08c | 817.55±13.98b | 159.29±6.24b | 209.27±8.2b |
| | 中短截 | 2120.46±134.94b | 1060.23±12.53a | 133.51±8.50c | 234.92±14.95b |
| | 重短截 | 2655.46±122.07a | 1327.73±19.42a | 105.19±4.84d | 279.65±12.86a |

### 5.2.3.6　短截对不同部位芽内源激素平衡的影响

不同短截处理不同部位芽的 $GA_3$/ABA 和 ZT/IAA 比值变化如表 5-35 所示，各短截处理从上到下芽的 $GA_3$/ABA 比值逐渐减小，ZT/IAA 逐渐增大。中短截处理中部芽的 $GA_3$/ABA 和 ZT/IAA 比值为 22.89、0.68，显著大于轻短截和对照处理（$p<0.05$）。中短截枝条下部芽的 $GA_3$/ABA 比值为 25.25，显著大于轻短截和对照处理（$p<0.05$）。

表 5-35　不同短截处理枝条不同部位芽激素的比值

| 部位 | 短截处理 | $GA_3$/ABA | ZT/IAA |
|---|---|---|---|
| 中部 | 对照 | 7.12±0.08c | 0.54±0.01c |
| | 轻短截 | 14.58±0.04b | 0.64±0.02b |
| | 中短截 | 22.89±0.07a | 0.68±0.02a |
| 下部 | 对照 | 5.53±0.07d | 0.79±0.03a |
| | 轻短截 | 10.27±0.06c | 0.76±0.01b |
| | 中短截 | 15.89±0.10b | 0.71±0.02c |
| | 重短截 | 25.25±0.07a | 0.69±0.02d |

## 5.2.4　拉枝、刻芽、短截对枝条生长发育和坐果的影响

文冠果花期统计各处理枝条上的雌能花比例，果期统计各处理枝条上的坐果数，并调查各处理枝条的萌芽率和成枝力，结果如表 5-36 所示。单刻芽处理的萌芽率达到 73.35%，基部直径分别达到 4.97mm，雌能花数达到 21.78 个，单枝坐果数达到 1.44 个，都显著大于环刻芽和对照（$p<0.05$）。环刻芽和对照均无显著差异。中短截处理的萌芽率达到 64.07%，新梢长度达到 29.33cm，新梢顶端直径和基部直径达到 4.18mm、5.69mm，均显著高于轻短截处理和对照（$p<0.05$）。中短截处理和重短截处理的新梢长度、顶端直径和基部直径没有显著差异。60°拉枝处理的萌芽率达到 78.62%，新梢顶端直径和基部直径分别达到 4.19mm、5.37mm，雌能花数达到 28.44 个，坐果数达到 1.33 个，均为最高，并且显著高于对照和 45°处理（$p<0.05$），但与 90°之间均无显著差异。

表 5-36　拉枝、刻芽、短截对枝条生长和坐果的影响

| 处理 | 萌芽率（%） | 新梢长度（cm） | 新梢顶端直径（mm） | 新梢基部直径（mm） | 雌能花数（个） | 单枝坐果数（个） |
|---|---|---|---|---|---|---|
| 对照 | 65. 37±2. 39b | 17. 56±2. 26a | 3. 37±0. 08b | 4. 32±0. 16b | 19. 33±2. 49b | 0. 56±0. 18b |
| 45° | 65. 90±2. 49b | 21. 78±3. 51a | 3. 42±0. 18b | 4. 15±0. 36b | 21. 56±1. 80b | 0. 56±0. 18b |
| 60° | 78. 62±3. 12a | 18. 89±2. 10a | 4. 19±0. 15a | 5. 37±0. 33a | 28. 44±2. 03a | 1. 33±0. 17a |
| 90° | 77. 91±3. 59a | 17. 44±2. 00a | 3. 93±0. 24a | 4. 81±0. 22ab | 23. 89±1. 38ab | 0. 89±0. 2ab |
| 对照 | 57. 89±4. 40b | 17. 78±2. 64a | 3. 18±0. 11b | 3. 89±0. 18b | 14. 67±1. 40b | 0. 56±0. 18b |
| 单刻芽 | 73. 35±2. 07a | 24. 67±2. 53a | 3. 94±0. 13a | 4. 97±0. 24a | 21. 78±2. 39a | 1. 44±0. 24a |
| 环刻芽 | 60. 30±2. 95b | 17. 78±2. 64a | 3. 18±0. 16b | 4. 4±0. 38ab | 14. 33±1. 49b | 0. 67±0. 17b |
| 对照 | 57. 89±4. 40b | 17. 78±2. 64b | 3. 18±0. 11b | 3. 89±0. 18b | 14. 67±1. 40a | 0. 56±0. 18a |
| 轻短截 | 61. 80±4. 34b | 20. 89±1. 33b | 3. 22±0. 12b | 3. 97±0. 21b | 13. 00±2. 57a | 0. 56±0. 18a |
| 中短截 | 64. 07±3. 62b | 29. 33±1. 13a | 4. 18±0. 40a | 5. 69±0. 30a | 19. 11±1. 82a | 1. 22±0. 28a |
| 重短截 | 85. 19±5. 86a | 29. 56±3. 93a | 4. 40±0. 39a | 5. 26±0. 35a | 17. 33±2. 09a | 0. 78±0. 22a |

## 5. 2. 5　单位面积不同留枝量对产量的影响

试验材料同 5. 2. 2. 1。试验于 2013 年 12 月进行单位面积不同留枝量试验。选取生长势、负载量、花型、果型一致，无病虫害的 5 年生文冠果树 120 株，采用轮替更新的方式进行修剪，单因素随机区组试验设计方法，设置单位面积留枝量为 8、10、12、14、16、18、20 个共 7 个处理，不修剪为对照。每个处理 3 株树，5 次重复。2014 年果期统计各处理坐果率、单果重、平均果径（横径和纵径的平均数）、单果内平均种子数、单果内平均种子重。

单位面积不同留枝量对产量的影响如图 5-67 所示。从图 5-67（a）中可以看出，单位面积留枝量为 18 和 20 的处理坐果率最高，达到 3. 44%和 3. 54%，显著高于其他处理和对照（$p<0.05$）。单位面积留枝量为 8 的处理坐果率最低，仅为 1. 21%。图 5-67（b）中可以看出，单位面积留枝量为 16、18、20 的处理单果重最高，达到 422. 91g、565. 42g、617. 73g，显著高于其他处理和对照（$p<0.05$）。如图 5-67（c）所示，不同单位面积留枝量并未对平均果径造成影响，各处理和对照间均无显著差异。如图 5-67（d）所示，单位面积留枝量为 18、20 的处理单果内平均种子数最多，达到 291、201 颗，显著高于其他处理和对照（$p<0.05$），对照的单果内平均种子数最少，仅为 138. 25 颗。从图 5-67（e）可以明显看出，单位面积留枝量为 18、20 的单果内平均种子重最大，达到 251. 52g、301. 00g，显著大于其他处理和对照（$p<0.05$）。

（a）

（b）

（c）

（d）

（e）

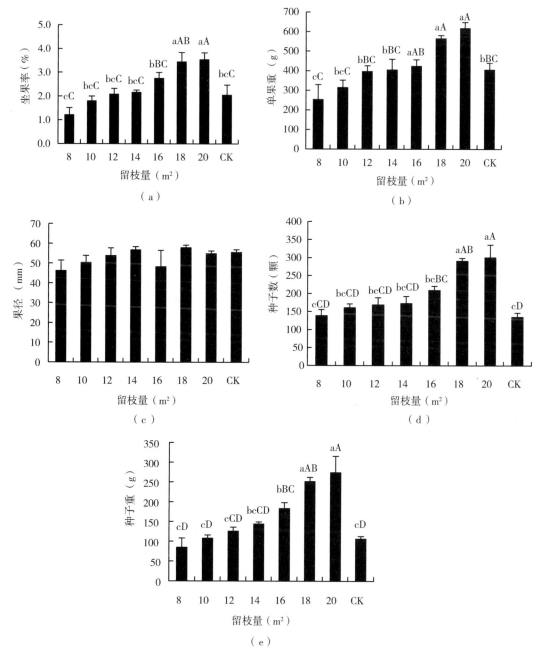

**图 5-67　单位面积不同留枝量对果实、种子性状的影响**

注：不同小写字母表示差异显著（$p<0.05$），不同大写字母表示差异极显著（$p<0.01$），检验方法为 LSD 检验。

## 5.2.6　疏花对枝叶生长和种实性状的影响

### 5.2.6.1　疏花对叶片矿质元素的影响

试验地位于北京林业大学妙峰山林场（北纬 39°54′，东经 116°28′），温带湿润型季风气候，年均气温 13.4℃，年最高气温 38℃，最低气温-12℃，无霜期 182~186d，年降水

量 620~700mm。淋溶褐土，pH 值 7.6。供试文冠果为 7 年生实生苗，株行距 1.5m×1.5m，树高1.03~2.30m，地径 11.16~57.60mm。选择长势均一、无病虫害的文冠果 70 株为试验材料。采用双因素完全随机区组设计。因素 A 为疏花时间，3 个水平分别为开花前 14d，开花 10%和开花 50%，其中 10%和 50%以开花数量占整株树上花蕾的百分比为准。因素 B 为疏花强度，分为疏除 1/3 雄能花序、疏除 1/2 雄能花序和疏除 2/3 雄能花序 3 个水平。枝条上的花序自形态学上端至下端数起，每 3 个雄能花序摘除第 1 个花序为疏除 1/3 雄能花处理，每 3 个雄能花序摘除第 1 和第 2 个花序为疏除 2/3 雄能花处理，每 2 个雄能花序摘除第 1 个雄能花为疏除 1/2 雄能花处理。以整株树的雄能花序为总体进行疏花（若此枝条最下端花序为 1，则下一枝条最上端雄能花序为 2），具体参见图 5-68，单株重复，不疏花为对照，共 10 个处理，每个处理 7 个重复。

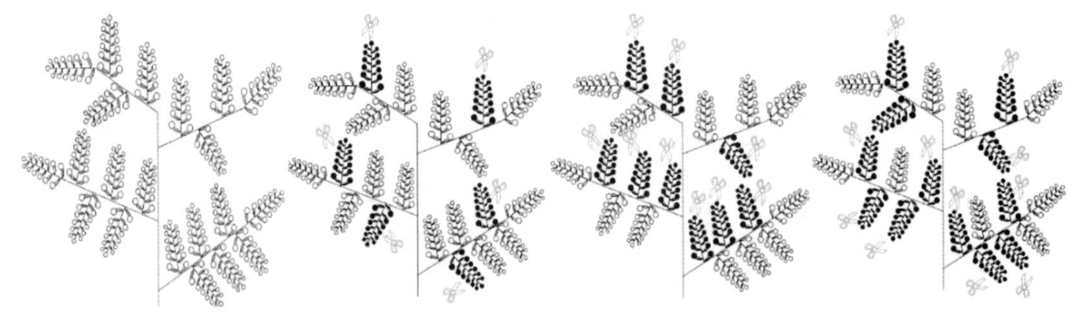

**图 5-68　疏花示意图**

注：从左到右依次为不疏花处理、疏除 1/3、1/2 和 2/3 雄能花序，白色花序为保留花序，黑色花序为疏除花序。

坐果之后，在标记枝条对应的每一果穗上选取 5 个具有结实能力的果实，顺次编号。自 5 月 13 日初坐果起至 6 月 23 日果实成熟，每隔 12~15d 测量标记果实的横纵径、果穗长度和果穗基部粗度，时间分别为花后 39d 的初坐果期（5 月 13 日），花后 53d 的果实生长速生期（5 月 27 日），花后 65d 的果实生长缓慢期（6 月 8 日）和花后 80d 的果实成熟期（6 月 23 日）。观测果实的同时取叶片。果实采收之后，叶片取样间隔仍为 12~15d，分别为花后 95d 的果实采收期（7 月 7 日，亦为果实采收 0d）、果实采收后 16d（7 月 23 日）、果实采收后 28d（8 月 4 日）、果实采收后 42d（8 月 18 日）和果实采收后 57d（9 月 3 日）。摘取 3 个新梢上的叶片，清洗干净，105℃杀青 15min，65℃烘干至恒重。将烘干后的样品用球磨仪研磨，用于后续营养元素测定。用连续流动分析仪（Auto Analyzer 3）测定全氮含量，钼锑抗比色法测定全磷含量，火焰原子吸收法测定钾含量，蒽酮比色法测定可溶性糖和淀粉含量。

（1）疏花对叶片 N 含量的影响

疏花时间和疏花强度及处理组合对叶片 N 含量的影响见表 5-37。疏花时间和疏花强度的主效应和交互效应对叶片 N 含量都没有显著影响，说明疏花虽减少了营养消耗，但是不影响后续叶片 N 素的积累和分配利用。

（2）疏花对叶片 P 含量的影响

对叶片 P 含量进行双因素方差分析（表 5-38），结果表明花后 53d 的疏花时间和疏花强

**表 5-37 疏花时间和疏花强度及处理组合对叶片 N 含量的影响**

| 变异来源 | 处理水平 | 叶片 N 含量（g/kg） | | | | | | | | |
|---|---|---|---|---|---|---|---|---|---|---|
| | | 花后 39d | 花后 53d | 花后 65d | 花后 80d | 花后 95d | 果实采收后 16d | 果实采收后 28d | 果实采收后 42d | 果实采收后 57d |
| 疏花时间（T） | CK | 30. 438±1. 566 | 24. 390±2. 375 | 24. 820±2. 935 | 22. 270±3. 375 | 23. 865±3. 412 | 24. 050±2. 881 | 26. 240±1. 723 | — | — |
| | 开花前 14d | 31. 939±1. 514 | 26. 259±0. 617 | 29. 490±2. 935 | 23. 662±0. 692 | 24. 169±0. 553 | 23. 887±0. 832 | 26. 669±0. 923 | 21. 387±0. 544 | 22. 898±0. 303 |
| | 开花 10% | 31. 282±1. 072 | 27. 531±0. 871 | 25. 925±2. 679 | 23. 387±1. 009 | 24. 368±0. 854 | 24. 487±0. 650 | 26. 113±0. 535 | 20. 749±0. 415 | 20. 329±0. 388 |
| | 开花 50% | 30. 761±0. 872 | 26. 125±0. 872 | 25. 291±3. 301 | 22. 903±0. 967 | 24. 609±1. 218 | 23. 999±0. 942 | 26. 775±0. 56 | 22. 645±0. 826 | 22. 058±0. 744 |
| | 显著性 | NS | NS | NS | NS | NS | NS | NS | NS | NS |
| 疏花强度（I） | CK | 30. 438±1. 566 | 24. 390±2. 375 | 24. 820±2. 935 | 22. 270±3. 375 | 23. 865±3. 412 | 24. 050±2. 881 | 26. 240±1. 723 | — | — |
| | 疏除 1/3 雄能花 | 31. 008±1. 439 | 27. 493±1. 110 | 24. 108±2. 192 | 22. 243±1. 32 | 25. 548±1. 349 | 24. 502±0. 798 | 26. 543±0. 819 | 21. 672±0. 506 | 20. 798±0. 712 |
| | 疏除 1/2 雄能花 | 31. 993±0. 95 | 27. 332±0. 867 | 27. 673±0. 915 | 24. 191±0. 993 | 24. 832±0. 823 | 24. 319±0. 946 | 27. 164±0. 548 | 21. 747±0. 711 | 21. 92±0. 968 |
| | 疏除 2/3 雄能花 | 30. 062±0. 793 | 25. 228±0. 331 | 25. 039±0. 600 | 22. 812±0. 415 | 23. 109±0. 836 | 23. 658±0. 629 | 25. 765±0. 518 | 21. 207±0. 701 | 21. 289±0. 405 |
| | 显著性 | NS | NS | NS | NS | NS | NS | NS | NS | NS |
| T×I | 显著性 | NS | NS | NS | NS | NS | NS | NS | NS | NS |

注：NS 表示无显著影响。花后 95d 即为果实采收 0d。果实采收 42d 之后，CK 处理植株叶片衰老凋亡，采样结束。

表 5-38　疏花时间和疏花强度及处理组合对叶片 P 含量的影响

| 变异来源 | 处理水平 | 叶片 P 含量（g/kg） | | | | | | | | |
| --- | --- | --- | --- | --- | --- | --- | --- | --- | --- | --- |
| | | 花后 39d | 花后 53d | 花后 65d | 花后 80d | 花后 95d | 果实采收后 16d | 果实采收后 28d | 果实采收后 42d | 果实采收后 57d |
| 疏花时间（T） | CK | 0. 917±0. 054 | 0. 821±0. 168 | 0. 808±0. 254 | 0. 884±0. 247 | 0. 729±0. 289 | 0. 565±0. 256 | 0. 409±0. 241a | — | — |
| | 开花前 14d | 0. 974±0. 068 | 0. 894±0. 105 | 0. 717±0. 254 | 0. 889±0. 124 | 0. 869±0. 165 | 0. 693±0. 078 | 0. 848±0. 176b | 0. 866±0. 136 | 0. 85±0. 112 |
| | 开花 10% | 0. 916±0. 038 | 0. 755±0. 035 | 0. 738±0. 075 | 0. 765±0. 062 | 0. 787±0. 075 | 0. 708±0. 069 | 0. 578±0. 049a | 0. 793±0. 065 | 0. 863±0. 083 |
| | 开花 50% | 0. 947±0. 044 | 0. 758±0. 052 | 0. 711±0. 082 | 0. 77±0. 059 | 0. 716±0. 041 | 0. 734±0. 070 | 0. 577±0. 033a | 0. 735±0. 075 | 0. 658±0. 037 |
| | 显著性 | NS | NS | NS | NS | NS | NS | * | NS | NS |
| 疏花强度（I） | CK | 0. 917±0. 054 | 0. 821±0. 168 | 0. 808±0. 254 | 0. 884±0. 247 | 0. 729±0. 289 | 0. 565±0. 256 | 0. 409±0. 241 | — | — |
| | 疏除 1/3 雄能花 | 0. 921±0. 032 | 0. 809±0. 082 | 0. 848±0. 101 | 0. 842±0. 115 | 0. 843±0. 098 | 0. 782±0. 093 | 0. 705±0. 087 | 0. 632±0. 078 | 0. 829±0. 173 |
| | 疏除 1/2 雄能花 | 1. 006±0. 069 | 0. 796±0. 053 | 0. 761±0. 107 | 0. 862±0. 075 | 0. 824±0. 110 | 0. 712±0. 075 | 0. 708±0. 108 | 0. 688±0. 088 | 0. 648±0. 068 |
| | 疏除 2/3 雄能花 | 0. 886±0. 032 | 0. 758±0. 049 | 0. 649±0. 062 | 0. 696±0. 052 | 0. 681±0. 031 | 0. 656±0. 034 | 0. 527±0. 039 | 0. 686±0. 084 | 0. 622±0. 053 |
| | 显著性 | NS | NS | NS | NS | NS | NS | NS | NS | NS |
| T×I | 显著性 | NS | * | NS | NS | NS | NS | NS | NS | NS |

注：NS 表示差异不显著。* 表示 0. 05 水平差异显著。花后 95d 即为果实采收 0d。果实采收后 42d 之后 CK 处理植株叶片衰老凋亡，采样结束。

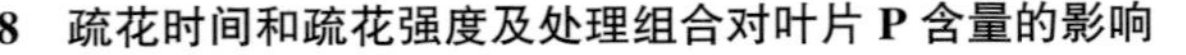

度的交互作用对叶片 P 含量有显著影响。果实采收后 28d，疏花时间对叶片 P 含量有显著影响。花后 53d 的交互作用多重比较结果显示（图 5-69），开花前 14d 疏除 1/3 雄能花的处理下叶片 P 含量最大，为 1.36g/kg，比对照组显著提高了 72.2%。果实采收后 28d、开花前 14d 的处理使叶片 P 含量达到最高值即 0.94g/kg，比对照组显著提高了 118.6%（图 5-70）。

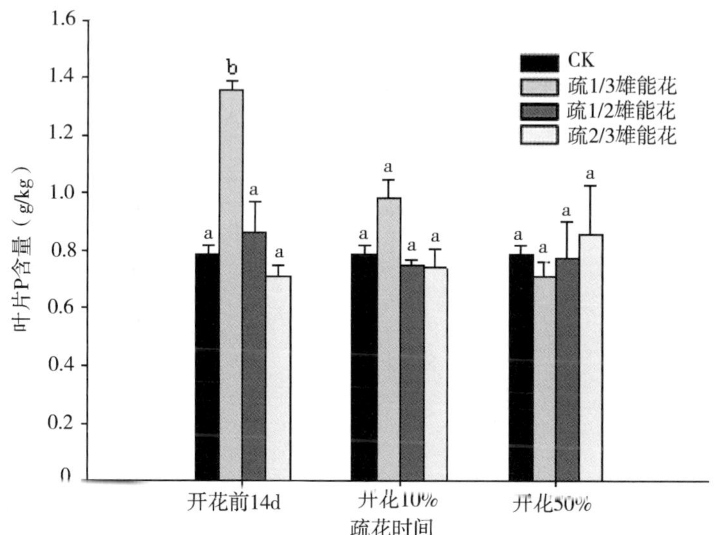


**图 5-69　疏花时间和疏花强度的交互作用对花后 53d 叶片 P 含量的影响**

注：不同字母代表在 0.05 水平下各处理之间差异显著。下同。

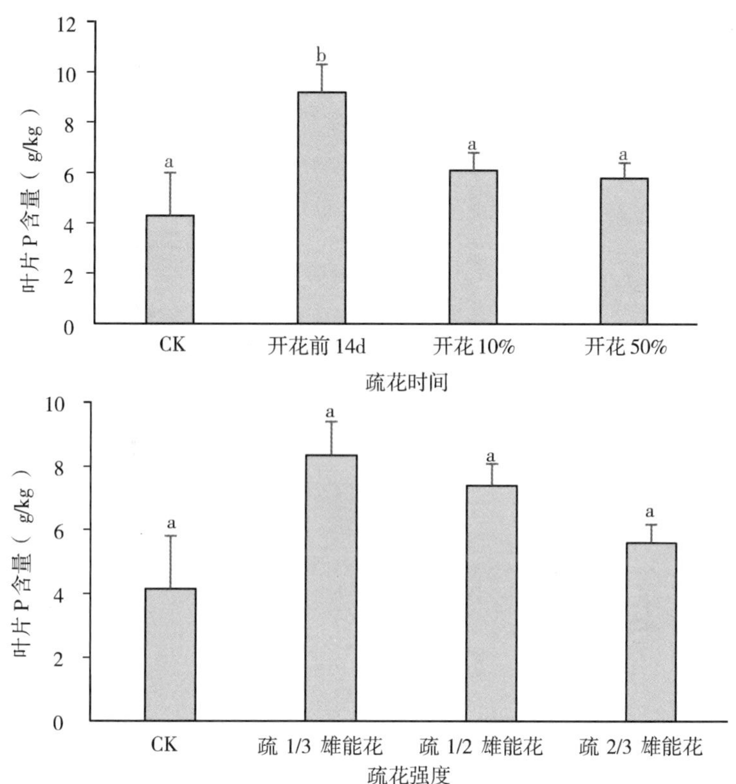


**图 5-70　疏花时间和疏花强度的主效应对果实采收后 28d 时叶片 P 含量的影响**

**表 5-39　疏花时间和疏花强度及处理组合对叶片 K 含量的影响**

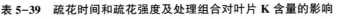

| 变异来源 | 处理水平 | 叶片 P 含量（g/kg） | | | | | | | | |
|---|---|---|---|---|---|---|---|---|---|---|
| | | 花后 39d | 花后 53d | 花后 65d | 花后 80d | 花后 95d | 果实采收后 16d | 果实采收后 28d | 果实采收后 42d | 果实采收后 57d |
| 疏花时间（T） | CK | 14. 697±0. 658 | 13. 680±2. 679 | 19. 540±3. 551 | 12. 004±2. 274 | 13. 588±3. 117 | 9. 472±6. 598 | 17. 520±3. 289 | — | — |
| | 开花前 14d | 13. 983±0. 989 | 13. 761±0. 794 | 17. 288±3. 551 | 13. 123±0. 872 | 12. 677±1. 555 | 15. 229±2. 255 | 17. 135±1. 893 | 15. 018±3. 948 | 20. 167±2. 31 |
| | 开花 10% | 14. 100±0. 882 | 15. 025±0. 963 | 20. 130±0. 917 | 12. 048±0. 718 | 12. 278±0. 904 | 13. 404±1. 769 | 16. 118±0. 841 | 10. 504±0. 719 | 21. 068±1. 032 |
| | 开花 50% | 15. 437±0. 615 | 15. 425±0. 615 | 17. 704±1. 276 | 14. 099±0. 603 | 12. 895±0. 881 | 16. 885±1. 685 | 17. 724±0. 861 | 13. 880±1. 114 | 22. 744±1. 862 |
| | 显著性 | NS | NS | NS | NS | NS | NS | NS | NS | NS |
| 疏花强度（I） | 疏除 1/3 雄能花 | 14. 805±1. 005 | 15. 211±0. 703 | 16. 557±0. 632 | 13. 139±0. 978 | 14. 276±0. 852 | 15. 448±1. 935 | 17. 372±1. 361 | 11. 355±0. 742a | 20. 137±0. 732 |
| | 疏除 1/2 雄能花 | 14. 247±0. 781 | 13. 897±0. 609 | 19. 975±1. 628 | 13. 085±0. 649 | 11. 557±0. 686 | 16. 111±1. 847 | 17. 869±1. 101 | 10. 604±1. 060a | 24. 066±2. 106 |
| | 疏除 2/3 雄能花 | 14. 837±0. 690 | 15. 805±1. 085 | 19. 216±0. 922 | 12. 801±0. 803 | 12. 494±1. 295 | 13. 787±1. 889 | 15. 709±0. 831 | 15. 947±2. 399b | 20. 502±1. 244 |
| | 显著性 | NS | NS | NS | NS | NS | NS | NS | ** | NS |
| T×I | 显著性 | NS | NS | NS | * | NS | NS | NS | * | ** |

注：* 表示 0. 05 水平差异显著，** 表示 0. 01 水平显著水平，NS 表示无显著影响。花后 95d 即为果实采收 0d。果实采收后 42d 之后 CK 处理植株叶片衰老凋亡，采样结束。

（3）疏花对叶片 K 含量的影响

对叶片 K 元素含量的双因素方差分析结果显示（表 5-39），花后 80d、果实采收后 42d、果实采收后 57d 时，疏花时间和疏花强度的交互作用对叶片 K 含量有显著或极显著影响。果实采收后 57d 开花前 14d 疏除 1/3 雄能花处理的植株叶片凋落，无营养元素含量数据。图 5-71 显示花后 80d 果实成熟时开花前 14d 疏除 2/3 雄能花处理组合的叶片 K 含量最高，达到 15. 75g/kg。果实采收后 42d 时，疏 2/3 雄能花的处理水平 K 含量极显著高于另外两个水平。图 5-72 显示，开花前 14d 疏除 2/3 雄能花的处理条件下叶片 K 含量最高，为 26. 55g/kg。果实采收后 57d（图 5-73），开花 50%时疏除 2/3 雄能花的叶片 K 含量最高。开花前 14d 疏除 2/3 雄能花的处理在花后 80d 和果实采收后 42d 两个时间点的 K 含量一直处于较高水平，而在果实采收后 57d 的 K 含量为 22. 22g/kg，与开花 50%疏除2/3 雄能花处于同一显著水平。

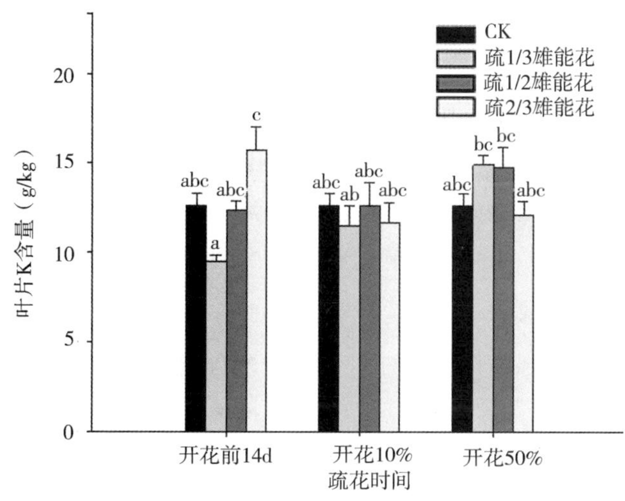


**图 5-71　疏花时间和疏花强度的交互作用对花后 80d 叶片 K 含量的影响**

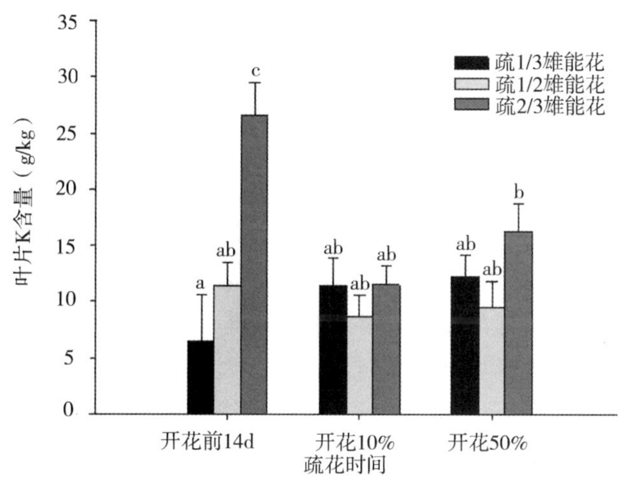


**图 5-72　疏花时间和疏花强度的交互作用对果实采收后 42d 叶片 K 含量的影响**

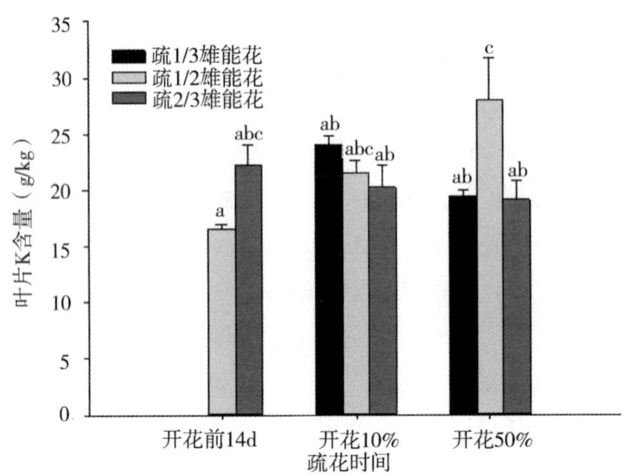


**图 5-73　疏花时间和疏花强度的交互作用对果实采收后 57d 叶片 K 含量的影响**

注：不同字母代表在 0.01 水平下各处理之间差异显著。

### 5.2.6.2　疏花对叶片碳水化合物的影响

经过双因素方差分析得到疏花时间、疏花强度以及两者的交互作用对不同时期叶片内可溶性糖和淀粉含量没有显著影响（表 5-40 和表 5-41），即疏花对各个时期叶片碳水化合物含量没有显著提高或降低效果，不影响文冠果各个生理时期叶片内光合产物的分配运输。

### 5.2.6.3　叶片营养变化规律

据图 5-74 可知，疏花强度和疏花时间对叶片 N 含量的影响变化趋势一致，在果实生长发育过程中（花后 39d 至花后 80d），叶片 N 含量呈下降趋势，CK 降幅最高为 26.8%，开花前 14d 疏花处理降幅最低为 23.6%。花后 80d 至果实采收后 28d 叶片还未衰老凋落，叶片 N 含量处于积累阶段。在果实采收后 28d 至 57d，叶片逐渐干枯衰亡，叶片 N 含量在逐渐减少，果实采收后 57d 的叶片 N 含量与花后 39d 的相比，开花前 14d 的降幅最小为 23.2%，结合刘增文等（2009）养分回流公式确定此时期发生了 N 元素的养分回流。叶片 P 含量和 N 含量的变化趋势类似，所有疏花方式均发生了养分回流，其中开花前 14d 疏花降幅最大，为 27.6%。

在果实生长初期的花后 39d 和花后 53d 两个时间，叶片 K 含量在 15g/kg 左右波动。花后 65d 的 K 含量增加，相比花后 53d 来说，CK 增幅最大为 42.8%，疏除 1/3 雄能花增幅最小为 8.4%。花后 80d 时，K 含量降低，开花 10%降幅最大为 39.1%，开花 50%疏花降幅最小为 20.6%，之后叶片 K 含量整体呈上升趋势且在落叶之前均发生养分顺流。

文冠果叶片内可溶性糖含量的变化趋势（图 5-75）与 N 元素的变化相反。在果实生长发育阶段，可溶性糖含量逐渐增加，此时期也是叶片生长最旺盛的阶段。总体来看，光合产物在叶片内有积累，但是其运输分配到果实的具体情况需进一步研究。果实成熟采摘之后叶片可溶性糖含量逐渐减少，疏花 2/3 使叶片可溶性糖含量峰值出现时间比其他疏花强度推迟半个月，之后各处理对应的可溶性糖含量几乎一致。

叶片内淀粉含量的变化趋势和可溶性糖的变化趋势几乎相同。淀粉含量在果实生长发

表 5-40　疏花时间和疏花强度及处理组合对叶片可溶性糖含量的影响

| 变异来源 | 处理水平 | 可溶性糖含量（g/g） | | | | | | | | |
|---|---|---|---|---|---|---|---|---|---|---|
| | | 花后 39d | 花后 53d | 花后 65d | 花后 80d | 花后 95d | 果实采收后 16d | 果实采收后 28d | 果实采收后 42d | 果实采收后 57d |
| 疏花时间（T） | CK | 0. 081±0. 011 | 0. 091±0. 034 | 0. 123±0. 014 | 0. 125±0. 040 | 0. 105±0. 020 | 0. 093±0. 013 | 0. 093±0. 011 | — | — |
| | 开花前 14d | 0. 105±0. 008 | 0. 089±0. 013 | 0. 099±0. 012 | 0. 161±0. 017 | 0. 145±0. 008 | 0. 096±0. 005 | 0. 108±0. 004 | 0. 074±0. 005 | 0. 142±0. 018 |
| | 开花 10% | 0. 097±0. 006 | 0. 107±0. 009 | 0. 109±0. 006 | 0. 153±0. 015 | 0. 136±0. 006 | 0. 099±0. 003 | 0. 114±0. 003 | 0. 093±0. 003 | 0. 169±0. 014 |
| | 开花 50% | 0. 092±0. 006 | 0. 102±0. 009 | 0. 129±0. 005 | 0. 169±0. 012 | 0. 144±0. 006 | 0. 094±0. 003 | 0. 104±0. 003 | 0. 088±0. 003 | 0. 15±0. 011 |
| | 显著性 | NS | NS | NS | NS | NS | NS | NS | NS | NS |
| 疏花强度（I） | 疏除 1/3 雄能花 | 0. 115±0. 008 | 0. 099±0. 012 | 0. 120±0. 008 | 0. 172±0. 020 | 0. 132±0. 009 | 0. 094±0. 005 | 0. 109±0. 004 | 0. 081±0. 005 | 0. 171±0. 020 |
| | 疏除 1/2 雄能花 | 0. 093±0. 005 | 0. 100±0. 009 | 0. 115±0. 006 | 0. 165±0. 011 | 0. 143±0. 005 | 0. 100±0. 003 | 0. 110±0. 003 | 0. 086±0. 003 | 0. 157±0. 012 |
| | 疏除 2/3 雄能花 | 0. 086±0. 006 | 0. 102±0. 010 | 0. 122±0. 004 | 0. 145±0. 012 | 0. 150±0. 006 | 0. 094±0. 004 | 0. 107±0. 003 | 0. 088±0. 004 | 0. 142±0. 012 |
| | 显著性 | NS | NS | NS | NS | NS | NS | NS | NS | NS |
| T×I | 显著性 | NS | NS | NS | NS | NS | NS | NS | NS | NS |

注：NS 表示无显著差异。花后 95d 即为果实采收 0d。果实采收后 42d 之后 CK 处理植株叶片衰老凋亡，采样结束。

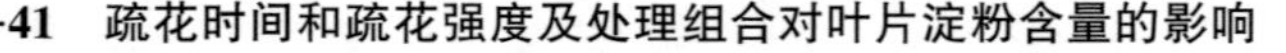

表 5-41　疏花时间和疏花强度及处理组合对叶片淀粉含量的影响

| 变异来源 | 处理水平 | 淀粉含量（g/g） | | | | | | | | |
|---|---|---|---|---|---|---|---|---|---|---|
| | | 花后 39d | 花后 53d | 花后 65d | 花后 80d | 花后 95d | 果实采收后 16d | 果实采收后 28d | 果实采收后 42d | 果实采收后 57d |
| | CK | 0. 032±0. 004 | 0. 052±0. 007 | 0. 035±0. 008 | 0. 062±0. 020 | 0. 042±0. 006 | 0. 040±0. 007 | 0. 033±0. 006 | — | — |
| 疏花时间（T） | 开花前 14d | 0. 028±0. 003 | 0. 043±0. 003 | 0. 039±0. 005 | 0. 046±0. 008 | 0. 038±0. 002 | 0. 042±0. 003 | 0. 033±0. 002 | 0. 027±0. 003 | 0. 051±0. 008 |
| | 开花 10% | 0. 031±0. 002 | 0. 044±0. 002 | 0. 040±0. 003 | 0. 051±0. 007 | 0. 040±0. 001 | 0. 040±0. 001 | 0. 031±0. 002 | 0. 033±0. 002 | 0. 048±0. 006 |
| | 开花 50% | 0. 037±0. 002 | 0. 044±0. 002 | 0. 044±0. 002 | 0. 054±0. 005 | 0. 038±0. 001 | 0. 041±0. 002 | 0. 030±0. 002 | 0. 031±0. 002 | 0. 052±0. 005 |
| | 显著性 | NS | NS | NS | NS | NS | NS | NS | NS | NS |
| 疏花强度（I） | 疏除 1/3 雄能花 | 0. 030±0. 003 | 0. 044±0. 003 | 0. 046±0. 005 | 0. 047±0. 009 | 0. 040±0. 002 | 0. 039±0. 002 | 0. 032±0. 002 | 0. 031±0. 003 | 0. 047±0. 009 |
| | 疏除 1/2 雄能花 | 0. 035±0. 002 | 0. 041±0. 002 | 0. 041±0. 003 | 0. 049±0. 005 | 0. 037±0. 001 | 0. 043±0. 002 | 0. 029±0. 002 | 0. 030±0. 002 | 0. 053±0. 005 |
| | 疏除 2/3 雄能花 | 0. 031±0. 002 | 0. 046±0. 002 | 0. 039±0. 002 | 0. 055±0. 006 | 0. 038±0. 001 | 0. 041±0. 002 | 0. 032±0. 002 | 0. 030±0. 002 | 0. 049±0. 005 |
| | 显著性 | NS | NS | NS | NS | NS | NS | NS | NS | NS |
| T×I | 显著性 | NS | NS | NS | NS | NS | NS | NS | NS | NS |

注：NS 表示无显著差异。花后 95d 即为果实采收 0d。果实采收后 42d 之后 CK 处理植株叶片衰老凋亡，采样结束。

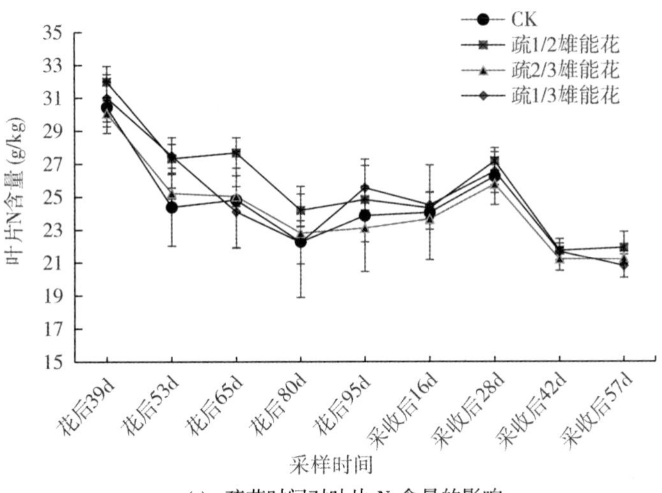


(a) 疏花时间对叶片 N 含量的影响

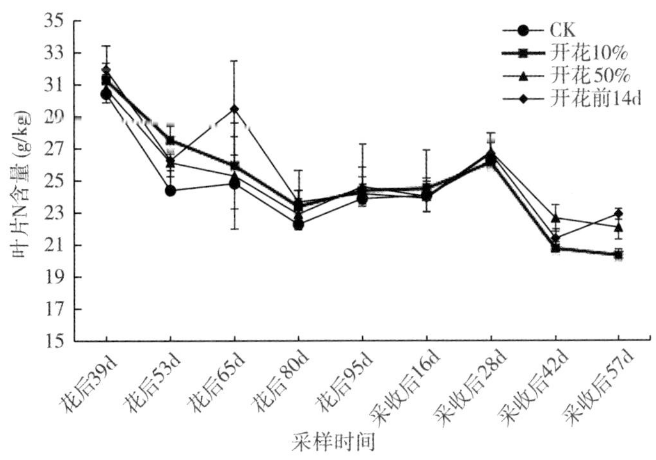


(b) 疏花强度对叶片 N 含量的影响

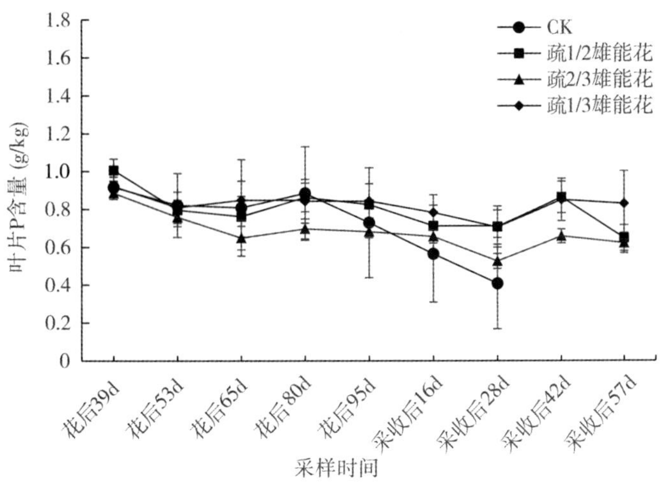


(c) 疏花时间对叶片 P 含量的影响

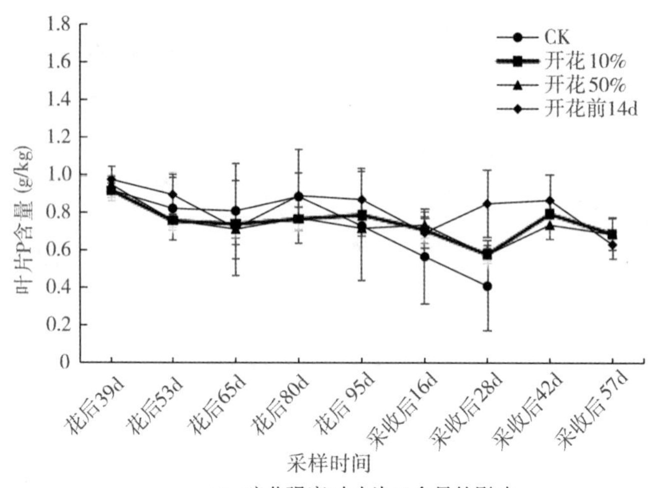


(d) 疏花强度对叶片 P 含量的影响

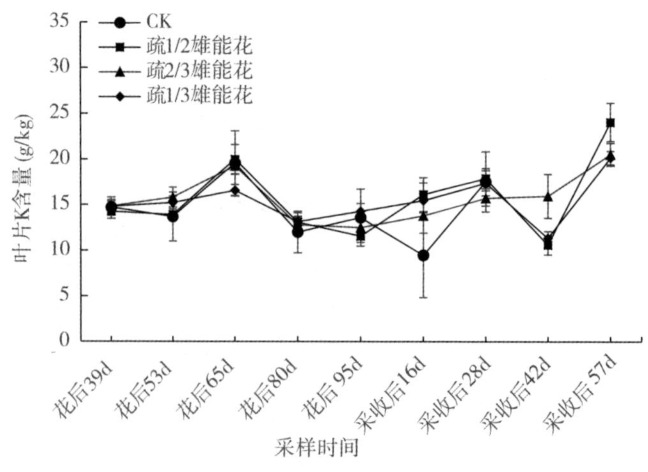


(e) 疏花时间对叶片 K 含量的影响

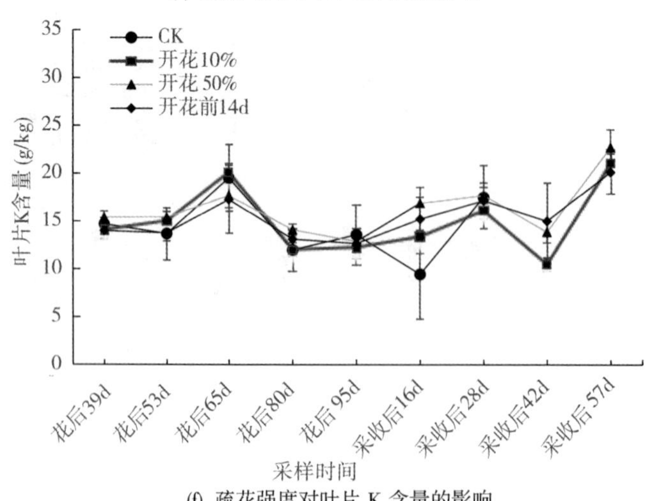


(f) 疏花强度对叶片 K 含量的影响

**图 5-74　疏花时间和疏花强度对叶片矿质营养的影响**

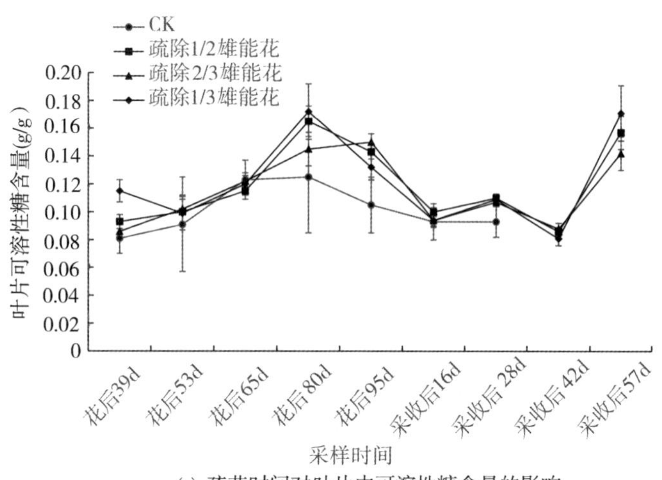

(a) 疏花时间对叶片内可溶性糖含量的影响

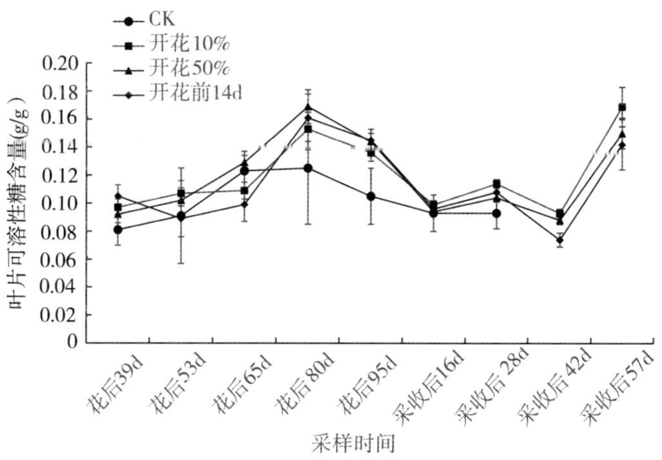

(b) 疏花强度对叶片内可溶性糖含量的影响

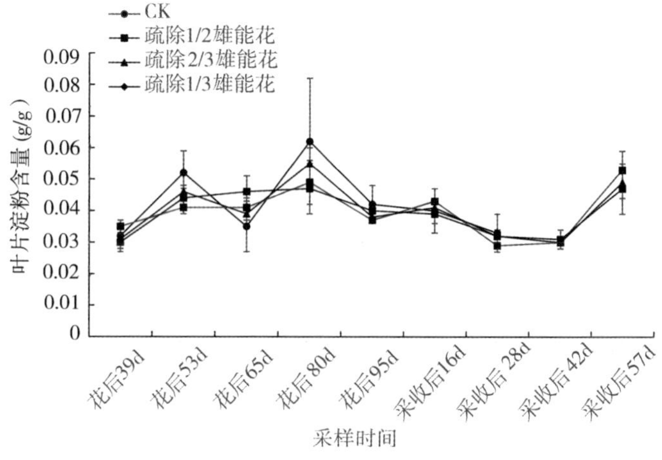

(c) 疏花时间对叶片内淀粉含量的影响

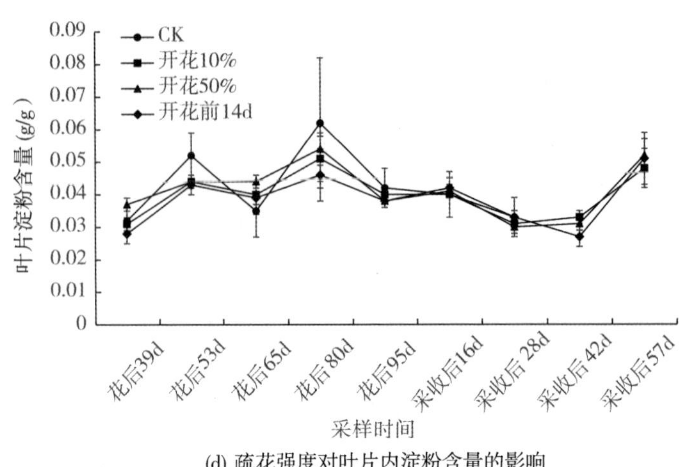


(d) 疏花强度对叶片内淀粉含量的影响

**图 5-75 疏花时间和疏花强度对叶片内碳水化合物含量的影响**

育过程中（花后 65d）出现最低值，相比花后 53d 的淀粉含量，CK 的降幅最大。开花前 14d 和开花 10%处理组的降幅分别为 9.3%和 9.0%，开花 50%处理在这两个时间的淀粉含量一样。果实成熟之后（即花后 80d 之后），可溶性糖和淀粉含量变化趋势几乎一致，在树叶衰老凋亡前都有养分顺流现象。

### 5.2.6.4 疏花对果实生长的影响

对果实横径、纵径、果穗长度和基部粗度进行双因素方差分析，结果见表 5-42。疏花时间和疏花强度的交互作用对 4 项果实形态指标均没有显著影响。花后 39d 时，疏花时间对 4 个果实形态指标均有显著影响（$p<0.05$）。开花前 14d、开花 10%和开花 50%疏花处理的果实横径分别比 CK 显著提高了 144.3%、127.4%和 110.2%，果实纵径分别比 CK 显著提高了 129.1%、117.3%和 99.0%。疏花强度对果实横径、果实纵径和果穗基部粗度有显著影响（$p<0.05$）。1/3、1/2 和 2/3 强度疏花之后，果实横径比 CK 显著提高了 112.2%、102.3%和 160.5%，果实纵径比 CK 显著提高了 100.9%、92.7%和 146.1%。花后 39d 之后直至花后 80d，疏花时间和疏花强度对果实横纵径均有显著影响（$p<0.05$），且提高 30%～40%，对果穗长度和果穗基部粗度没有显著影响。

**表 5-42 疏花时间和疏花强度及处理组合对果实形态指标的影响**

| 形态指标 | 变异来源 | 处理水平 | 调查时间 | | | |
|---|---|---|---|---|---|---|
| | | | 花后 39d | 花后 53d | 花后 65d | 花后 80d |
| 果实横径（mm） | 疏花时间（T） | CK | 9.85±3.19a | 33.91±5.44a | 37.54±3.84a | 38.44±3.95a |
| | | 开花前 14d | 24.06±2.12b | 46.75±2.94b | 45.44±2.28b | 49.19±2.35b |
| | | 开花 10% | 22.39±2.12b | 44.23±2.22ab | 50.52±1.73b | 52.72±1.61b |
| | | 开花 50% | 20.70±2.34b | 45.42±2.27b | 51.43±1.57b | 51.84±1.61b |
| | | 显著性 | * | * | * | * |

（续）

| 形态指标 | 变异来源 | 处理水平 | 调查时间 | | | |
|---|---|---|---|---|---|---|
| | | | 花后 39d | 花后 53d | 花后 65d | 花后 80d |
| 果实横径（mm） | 疏花强度（I） | CK | 9. 85±3. 19a | 33. 91±5. 44a | 37. 54±3. 84a | 38. 44±3. 95a |
| | | 疏除 1/3 雄能花 | 20. 90±2. 72b | 48. 23±2. 81b | 46. 64±2. 34b | 50. 06±2. 28b |
| | | 疏除 1/2 雄能花 | 19. 92±2. 06b | 44. 61±2. 22b | 50. 08±1. 57b | 51. 61±1. 61b |
| | | 疏除 2/3 雄能花 | 25. 65±1. 87b | 44. 06±2. 34ab | 50. 67±1. 65b | 52. 08±1. 70b |
| | | 显著性 | * | * | * | * |
| | T×I | 显著性 | NS | NS | NS | NS |
| 果实纵径（mm） | 疏花时间（T） | CK | 11. 05±3. 12a | 33. 51±7. 00a | 37. 68±4. 83a | 38. 69±5. 96a |
| | | 开花前 14d | 25. 33±2. 10b | 49. 26±3. 78b | 48. 41±2. 87b | 51. 31±3. 54b |
| | | 开花 10% | 24. 02±2. 42b | 45. 45±2. 86ab | 51. 66±2. 18b | 55. 38±2. 43b |
| | | 开花 50% | 22. 00±2. 18b | 48. 68±2. 92b | 53. 10±1. 97b | 55. 06±2. 43b |
| | | 显著性 | * | * | * | * |
| | 疏花强度（I） | CK | 11. 05±3. 12a | 33. 51±7. 00a | 37. 68±4. 83a | 38. 69±5. 96a |
| | | 疏除 1/3 雄能花 | 22. 21±2. 78b | 50. 62±3. 61b | 48. 90±2. 94b | 53. 89±3. 44b |
| | | 疏除 1/2 雄能花 | 21. 30±1. 88b | 45. 85±2. 86ab | 50. 98±1. 97b | 54. 30±2. 43b |
| | | 疏除 2/3 雄能花 | 27. 20±2. 18b | 47. 36±3. 01ab | 53. 30±2. 08b | 53. 57±2. 57b |
| | | 显著性 | * | * | * | * |
| | T×I | 显著性 | NS | NS | NS | NS |
| 果穗长度（cm） | 疏花时间（T） | CK | 12. 60±0. 90a | 12. 78±3. 22 | 13. 50±3. 29 | 13. 30±3. 02 |
| | | 开花前 14d | 15. 94±0. 95ab | 12. 45±1. 74 | 15. 06±1. 95 | 14. 55±1. 79 |
| | | 开花 10% | 15. 96±0. 93ab | 12. 43±1. 31 | 13. 15±1. 49 | 12. 46±1. 23 |
| | | 开花 50% | 18. 05±1. 30b | 15. 19±1. 34 | 17. 39±1. 35 | 16. 20±1. 23 |
| | | 显著性 | * | NS | NS | NS |
| | 疏花强度（I） | CK | 12. 60±0. 90 | 12. 78±3. 22 | 13. 50±3. 29 | 13. 30±3. 02 |
| | | 疏除 1/3 雄能花 | 16. 23±1. 33 | 12. 32±1. 66 | 15. 96±2. 01 | 14. 77±1. 74 |
| | | 疏除 1/2 雄能花 | 16. 73±1. 24 | 13. 84±1. 31 | 15. 32±1. 35 | 14. 10±1. 23 |
| | | 疏除 2/3 雄能花 | 17. 42±0. 94 | 13. 87±1. 38 | 14. 33±1. 42 | 14. 34±1. 30 |
| | | 显著性 | NS | NS | NS | NS |
| | T×I | 显著性 | NS | NS | NS | NS |
| 果穗基部粗度（mm） | 疏花时间（T） | CK | 3. 77±0. 65a | 5. 54±1. 08 | 5. 39±0. 58 | 5. 79±0. 68 |
| | | 开花前 14d | 5. 13±0. 35b | 6. 15±0. 58 | 6. 33±0. 35 | 5. 68±0. 40 |
| | | 开花 10% | 5. 03±0. 28b | 5. 61±0. 44 | 5. 77±0. 26 | 6. 28±0. 28 |
| | | 开花 50% | 4. 72±0. 27ab | 5. 87±0. 45 | 5. 97±0. 24 | 6. 27±0. 28 |
| | | 显著性 | * | NS | NS | NS |

（续）

| 形态指标 | 变异来源 | 处理水平 | 调查时间 | | | |
|---|---|---|---|---|---|---|
| | | | 花后 39d | 花后 53d | 花后 65d | 花后 80d |
| 果穗基部粗度（mm） | 疏花强度（I） | CK | 3.77±0.65a | 5.54±1.08 | 5.39±0.58 | 5.79±0.68 |
| | | 疏除 1/3 雄能花 | 4.99±0.23b | 5.77±0.56 | 5.99±0.36 | 5.80±0.39 |
| | | 疏除 1/2 雄能花 | 4.56±0.29ab | 5.74±0.44 | 5.82±0.24 | 5.89±0.28 |
| | | 疏除 2/3 雄能花 | 5.30±0.32b | 6.00±0.46 | 6.26±0.25 | 6.53±0.29 |
| | | 显著性 | * | NS | NS | NS |
| | T×I | 显著性 | NS | NS | NS | NS |

注：NS 表示无显著影响；* 表示在 0.05 水平差异显著。

#### 5.2.6.5 叶片营养与果实生长的相关性

果实发育过程中，叶片营养与果实各个测量形态指标的相关性见表 5-43。由表可知，叶片 K 元素含量与果实生长没有显著相关性，其余 4 种叶片营养与果实形态均具有相关性。从整个生长季的时间尺度分析，叶片 N 元素与果实横纵径具有极显著负相关关系，即随着果实生长发育的进行，叶片不断向果实运输分配 N 素营养；叶片 P 元素与果实横纵径、果穗长度和基部粗度呈极显著或显著负相关关系，表明在果实的生长过程中，叶片除了将 P 元素运输至果实用于生长发育之外，还将其运输至果穗用于果穗的增粗生长；可溶性糖和淀粉含量与果实大小呈极显著正相关关系，说明果实生长发育的同时，光合产物也在叶片中积累。

叶片营养与果实形态指标的相关性直至果实生长发育后期才表现出来，花后 65d 时，叶片 N 元素与果实纵径具有显著负相关性。花后 80d 时，叶片 P 元素与果实横纵径具有显著负相关性。说明对处于同一生长阶段的果实来说，果实体积越大，消耗叶片的 N 元素和 P 元素越多。花后 80d 时，叶片可溶性糖含量与果穗基部粗度呈显著负相关关系，即果穗基部越粗，叶片可溶性糖含量越少，说明在果实成熟阶段，叶片可溶性糖可能用于果穗的生长发育。

**表 5-43 叶片营养与果实形态相关性分析**

| 调查日期 | 叶片营养 | 果实横径 | 果实纵径 | 果穗基部粗度 | 果穗长度 |
|---|---|---|---|---|---|
| 花后 39d | K 含量 | 0.157 | 0.204 | -0.082 | -0.138 |
| | N 含量 | 0.121 | 0.108 | 0.061 | 0.094 |
| | P 含量 | 0.149 | 0.112 | 0.034 | 0.029 |
| | 淀粉含量 | -0.182 | -0.195 | -0.246 | -0.217 |
| | 可溶性糖含量 | 0.007 | -0.028 | -0.084 | 0.090 |
| 花后 53d | K 含量 | 0.071 | 0.016 | 0.358 | 0.158 |
| | N 含量 | -0.005 | -0.108 | -0.276 | 0.186 |
| | P 含量 | -0.053 | -0.175 | 0.140 | 0.243 |
| | 淀粉含量 | 0.110 | 0.190 | 0.071 | -0.243 |
| | 可溶性糖含量 | 0.072 | 0.110 | -0.177 | 0.142 |

（续）

| 调查日期 | 叶片营养 | 果实横径 | 果实纵径 | 果穗基部粗度 | 果穗长度 |
|---|---|---|---|---|---|
| 花后 65d | K 含量 | 0.034 | 0.151 | −0.009 | 0.002 |
| | N 含量 | −0.335 | −0.474* | −0.168 | 0.077 |
| | P 含量 | −0.251 | −0.214 | 0.297 | −0.208 |
| | 淀粉含量 | 0.378 | 0.395 | 0.127 | −0.158 |
| | 可溶性糖含量 | 0.255 | 0.277 | 0.091 | 0.254 |
| 花后 80d | K 含量 | 0.005 | 0.071 | 0.032 | −0.263 |
| | N 含量 | −0.029 | −0.139 | −0.040 | 0.009 |
| | P 含量 | −0.387* | −0.345* | −0.007 | −0.065 |
| | 淀粉含量 | 0.018 | −0.031 | −0.074 | 0.202 |
| | 可溶性糖含量 | −0.057 | −0.156 | −0.357* | −0.099 |
| 生长季动态 | K 含量 | 0.115 | 0.122 | 0.091 | −0.011 |
| | N 含量 | −0.386** | −0.402** | −0.100 | 0.067 |
| | P 含量 | −0.600** | −0.614** | −0.351** | 0.182* |
| | 淀粉含量 | 0.404** | 0.418** | 0.211* | −0.097 |
| | 可溶性糖含量 | 0.467** | 0.439** | 0.114 | −0.026 |

注：* 表示在 0.05 水平相关显著；** 表示在 0.01 水平相关显著。

### 5.2.6.6 疏花对新梢生长的影响

试验材料同 5.2.6.1。选择 6 株树体大小基本一致、枝条粗壮、无病虫害的 5 年生文冠果树，在每棵树的四个方向分别选取 4 个粗度相似、无病虫害的结果枝，在开花前 14d 和盛花期对每棵树 4 个方向的 4 个枝条分别进行不同强度的疏花处理。每个处理 3 次重复。

在花后 33d 统计每株树的果实数量，并计算初始坐果率。从花后 39d 起每隔两周测量果实的横纵径、果穗的基径和新梢的基径，测量果穗的长度和新梢的长度，记录每个枝上所有果实数量，测量日期分别为花后 39d、花后 53d 和花后 65d，花后 65d 后果实大小不再变化，停止测量。花后 80d 果实成熟，采收全部果实。测量果实、种子质量，果实横纵径，每果种子数，计算最终坐果率。测量种子横径、侧径和纵径，称重，计算千粒重、出籽率。用索氏提取法测量种仁含油率。

表 5-44 为不同疏花时间和疏花强度对新梢生长影响的方差分析表。疏花时间和疏花强度对于新梢生长有显著影响，在花后 39d，疏花时间和疏花强度的交互作用对新梢的长度有极显著影响，疏花时间对新梢基径有极显著影响。在花后 53d，疏花时间对新梢长度有极显著影响，疏花时间和疏花强度的交互作用对新梢基径有极显著的影响。在花后 65d 中，疏花时间对新梢长度和基径有极显著影响。

表 5-44　疏花时间和疏花强度对新梢生长影响的方差分析（*p* 值）

| 性状 | 处理 | 花后 39d | 花后 53d | 花后 65d |
|---|---|---|---|---|
| 新梢长度 | 疏花时间 | <0.01 ** | 0.001 ** | 0.001 ** |
| | 疏花强度 | 0.030 | 0.760 | 0.150 |
| | 疏花时间×疏花强度 | 0.003 ** | 0.13 | 0.200 |
| 新梢基径 | 疏花时间 | 0.003 ** | <0.01 ** | 0.020 ** |
| | 疏花强度 | 0.460 | 0.220 | 0.330 |
| | 疏花时间×疏花强度 | 0.070 | 0.002 ** | 0.300 |

注：** 表示在 0.01 水平上差异极显著。

表 5-45 为疏花时间和疏花强度的交互作用对花后 39d 新梢长度影响的方差分析表，开花前 14d 的对照处理与中度疏花处理与其他处理有显著差异，其中开花前 14d 中度疏花处理的新梢长度最长。

表 5-45　疏花时间和疏花强度的交互作用对花后 39d 新梢长度的影响

| 疏花时间 | 疏花强度 | 新梢长度（cm） |
|---|---|---|
| 开花前 14d | 对照（CK） | 24.69±10.62 b |
| | 轻度（QD） | 15.45±7.03 a |
| | 中度（zd） | 30.89±17.51 b |
| | 重度（ZD） | 17.03±12.35 a |
| 开花 50% | 对照（CK） | 14.16±4.30 a |
| | 轻度（QD） | 13.67±2.80 a |
| | 中度（zd） | 11.82±2.16 a |
| | 重度（ZD） | 14.99±4.30 a |

注：不同字母表示在 0.05 水平下各处理之间差异显著。QD 表示轻度疏花（每株疏除 1/3 侧花序），zd 表示中度疏花（每株疏除 1/2 侧花序），ZD 表示重度疏花（每株疏除 2/3 侧花序），CK 为对照。下同。

图 5-76 为疏花时间和疏花强度的主效应对花后 53d 新梢长度的影响。疏花时间对新梢长度有显著影响。其中，开花前 14d 疏花使新梢长度最大，这与花后 39d 新梢长度和新梢基径的结果相同，说明开花前进行疏花可能节省更多养分，并更有利于新梢的生长，从而促进树体的生长，提高下一年的产量。

图 5-77 为疏花时间和疏花强度的主效应对花后 65d 新梢长度的影响。疏花时间对新梢长度有显著影响。开花前 14d 进行疏花的新梢长度显著大于开花 50%时疏花的新梢长度，与花后 39d 和花后 53d 的结果相同，证明在开花前进行疏花会显著促进新梢的生长。

图 5-78 为疏花时间和疏花强度的主效应对花后 39d 新梢基径的影响。疏花时间对新梢基径均有显著影响。开花前 14d 疏花处理新梢基径更大。表 5-46 为疏花时间和疏花强度的交互作用对花后 53d 的新梢基径影响。开花前进行疏花更有利于新梢的生长。

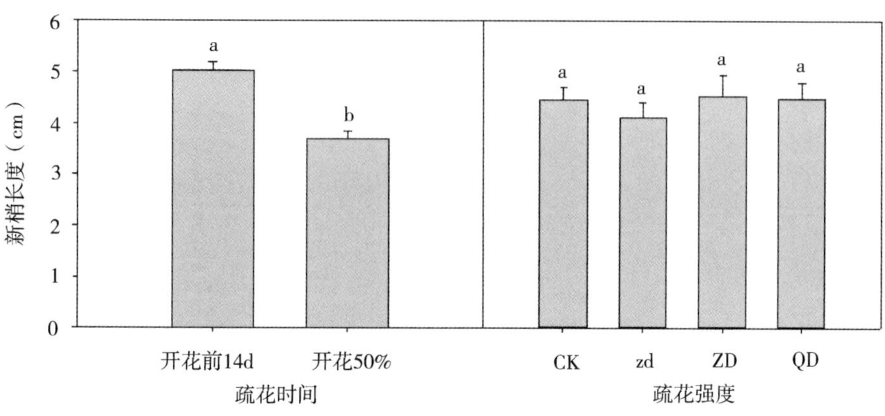


**图 5-76　疏花时间和疏花强度对花后 53d 新梢长度的影响**

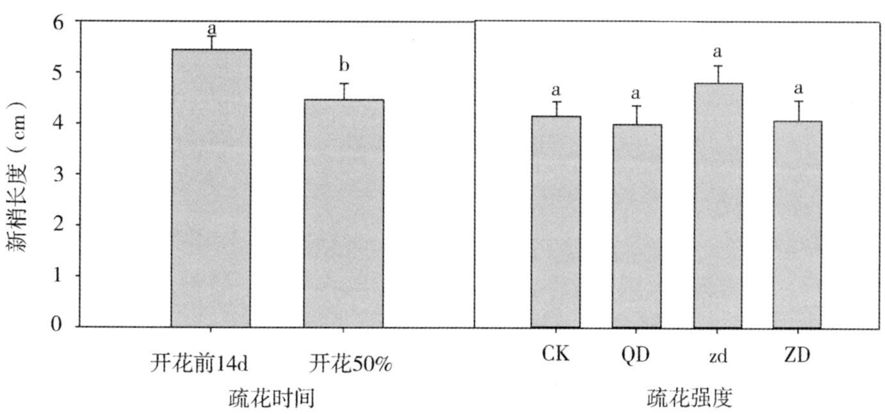


**图 5-77　疏花时间和疏花强度对花后 65d 新梢长度的影响**

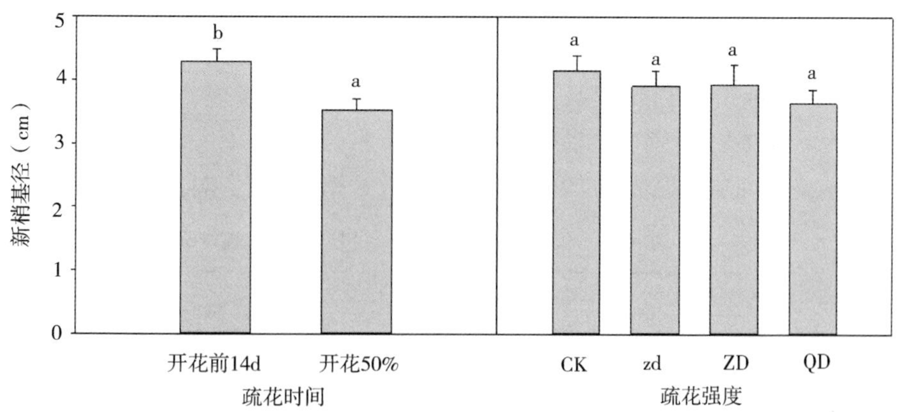


**图 5-78　不同疏花时间和疏花强度对花后 39d 新梢基径的影响**

表 5-46　疏花时间和疏花强度的交互作用对花后 53d 新梢基径的影响

| 疏花时间 | 疏花强度 | 新梢基径（mm） |
|---|---|---|
| 开花前 14d | 对照（CK） | 5.37±1.26 cd |
| | 轻度（QD） | 4.19±0.25 ab |
| | 中度（zd） | 5.97±0.79 d |
| | 重度（ZD） | 4.59±0.56 bc |
| 开花 50% | 对照（CK） | 3.38±0.14 a |
| | 轻度（QD） | 3.88±0.25 ab |
| | 中度（zd） | 3.52±0.41 b |
| | 重度（ZD） | 4.04±0.46 ab |

图 5-79 为疏花时间和疏花强度的主效应对花后 65d 新梢基径的影响。疏花时间对新梢基径有显著影响，开花前 14d 进行疏花的新梢基径显著大于开花 50%时疏花的新梢基径，这与花后 39d 和花后 53d 的结果相同。

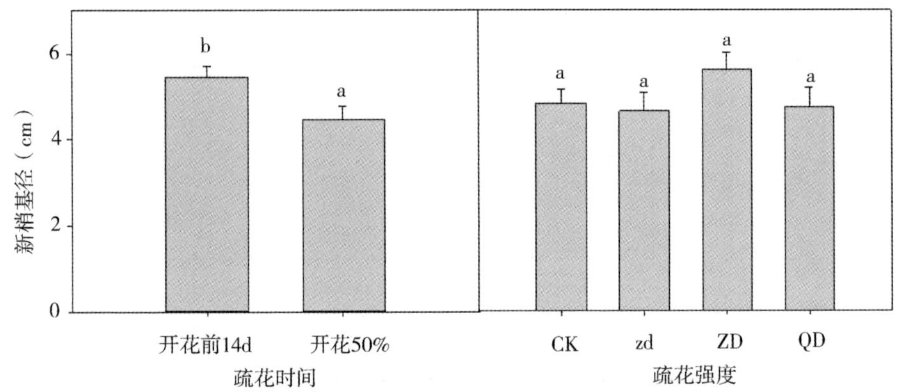


图 5-79　疏花时间和疏花强度对花后 65d 新梢基径的影响

### 5.2.6.7　疏花对坐果率的影响

表 5-47 为不同疏花方式对文冠果坐果率、种实产量的影响。疏花时间对初始坐果率有极显著的影响，疏花时间和疏花强度的交互效应对最终坐果率有显著影响，对产量无显著影响。

表 5-47　疏花时间和疏花强度对坐果率和产量的影响（$p$ 值）

| 处理 | 初始坐果率 | 最终坐果率 | 果实数量 | 果实重量 | 种子数量 | 种子重量 |
|---|---|---|---|---|---|---|
| 疏花时间 | <0.01** | 0.31 | 0.33 | 0.45 | 0.22 | 0.28 |
| 疏花强度 | 0.40 | 0.02* | 0.24 | 0.37 | 0.47 | 0.19 |
| 疏花时间×疏花强度 | 0.34 | 0.02* | 0.36 | 0.45 | 0.24 | 0.24 |

注：** 表示在 0.01 水平上差异极显著；* 表示在 0.05 水平上差异显著。

图 5-80 为疏花时间对初始坐果率的影响。在开花 50%时进行疏花的初始坐果率显著高于在开花前 14d 疏花的初始坐果率。说明在盛花期疏花可以显著提高初始坐果率，如果后期结合适当的保果措施，可以显著提高文冠果的产量。

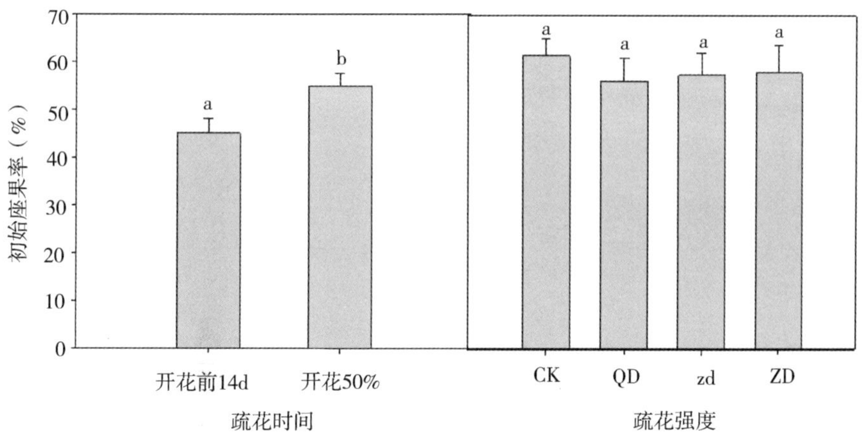


**图 5-80　疏花时间和疏花强度对初始坐果率的影响**

表 5-48 为疏花强度和疏花时间的交互效应对文冠果最终坐果率的影响。开花 50%的最终坐果率均大于开花前 14d 的最终坐果率。但开花 50%重度疏花的最终坐果率较低，且与对照有显著差异，说明重度疏花会导致坐果数量的降低。

**表 5-48　疏花时间和疏花强度的交互效应对最终坐果率的影响**

| 疏花时间 | 疏花强度 | 均值±标准差（%） |
|---|---|---|
| 开花前 14d | 对照（CK） | 2.95±4.61 bc |
| | 轻度（QD） | 0.93±1.32 ab |
| | 中度（zd） | 1.31±2.03 ab |
| | 重度（ZD） | 1.10±1.96 ab |
| 开花 50% | 对照（CK） | 5.28±8.19 c |
| | 轻度（QD） | 1.24±3.29 ab |
| | 重度（ZD） | 1.63±3.61 a |

### 5.2.6.8　疏花对种子性状的影响

表 5-49 为疏花时间和疏花强度对文冠果种子千粒重、大小、出仁率与含油率的影响。疏花时间和疏花强度的交互效应对种子千粒重、种子横径、侧径和纵径有显著影响，对出仁率与含油率无显著影响。表 5-50 为疏花时间和疏花强度的交互效应对文冠果种子千粒重的影响，开花前 14d 中度疏花时种子千粒重最大，且与开花 50%轻度疏花有显著差异。

**表 5-49　疏花时间和疏花强度对种子性状的影响（$p$ 值）**

| 处理 | 千粒重 | 横径 | 侧径 | 纵径 | 出仁率 | 含油率 |
|---|---|---|---|---|---|---|
| 疏花时间 | 0.11 | 0.00 | 0.00 | 0.00 | 0.30 | 0.41 |
| 疏花强度 | 0.13 | 0.29 | 0.00 | 0.38 | 0.11 | 0.49 |
| 疏花时间×疏花强度 | 0.04* | 0.04* | 0.03* | 0.03* | 0.39 | 0.15 |

注：* 表示在 0.05 水平差异显著。

表 5-50　疏花时间与疏花强度的交互效应对千粒重的影响

| 疏花时间 | 疏花强度 | 均值±标准差（g） |
|---|---|---|
| 开花前 14d | 对照（CK） | 693.12±211.56 b |
| | 轻度（QD） | 748.87±145.86 b |
| | 中度（zd） | 776.52±195.21 b |
| | 重度（ZD） | 721.74±125.27 b |
| 开花 50% | 对照（CK） | 705.96±200.97 b |
| | 轻度（QD） | 46.86±66.26 a |
| | 重度（ZD） | 402.78±569.62 ab |

注：不同字母代表在 0.05 水平各处理之间差异显著。

表 5-51 为疏花时间和疏花强度的交互作用对于文冠果种子横径、侧径与纵径的影响。在开花前 14d 轻度疏花时，横径和侧径最大，且显著大于其他处理；开花 50%轻度疏花处理的纵径最大。

表 5-51　疏花时间和疏花强度的交互效应对于种子大小的影响　　mm

| 疏花时间 | 疏花强度 | 横径 | 侧径 | 纵径 |
|---|---|---|---|---|
| 开花前 14d | 对照（CK） | 12.42±1.01bc | 10.12±1.06ab | 12.41±1.38ab |
| | 轻度（QD） | 12.79±1.03c | 10.68±0.73b | 11.88±1.64a |
| | 中度（zd） | 11.97±1.36b | 9.61±1.78a | 11.75±1.62a |
| | 重度（ZD） | 12.06±1.34b | 9.92±1.47a | 12.42±1.68ab |
| 开花 50% | 对照（CK） | 12.36±0.91bc | 9.68±0.76a | 13.10±1.00b |
| | 轻度（QD） | 11.97±0.82b | 9.71±1.04a | 13.15±0.94b |
| | 重度（ZD） | 11.24±0.93a | 9.80±0.87a | 11.93±0.79a |

表 5-52 为不同疏花强度和疏花时间处理下文冠果种子出仁率和种仁含油率的均值和标准差。开花前 14d 重度疏花处理出仁率最大，开花前 14d 中度疏花时文冠果的种仁含油率最大，因此，对于树体年龄小的文冠果，开花前疏花处理更适宜。

表 5-52　疏花强度和疏花时间对种子出仁率和种仁含油率的影响（$p$ 值）

| 疏花时间 | 疏花强度 | 出仁率 | 种仁含油率 |
|---|---|---|---|
| 开花前 14d | 对照（CK） | 0.32±0.14 | 0.62±0.08 |
| | 轻度（QD） | 0.24±0.03 | 0.47±0.18 |
| | 中度（zd） | 0.32±0.02 | 0.67±0.16 |
| | 重度（ZD） | 0.33±0.03 | 0.65±0.12 |
| 开花 50% | 对照（CK） | 0.28±0.18 | 0.60±0.07 |
| | 轻度（QD） | 0.05 | 0.59 |
| | 重度（ZD） | 0.36 | 0.34 |

# 5.3 文冠果授粉树配置

## 5.3.1 各无性系花期观测

### 5.3.1.1 各无性系雄能花花期

试验地同5.1。供试材料是10号、14号、15号、16号、119号文冠果优良无性系，株行距为1.5m×1.5m。每无性系随机选取10株作为花期物候观测样株。在每株树体东、南、西、北4个方向选取标准枝编号标记，于2018年4月24日至5月15日，每天8：00和16：00观测标准枝上开花数量，并统计开花数量占整个花序总花数量比例，10株中有一半以上植株达到某物候相标准时，记录该物候开始日期。各物候相标准为：25%~50%的花开放为初花期，50%~75%的花开放为盛花期，75%~95%的花开放为末花期，95%以上的花开放为终花期（马利苹等，2008；敖妍等，2017）。

各无性系雄能花花期观测结果见表5-53。文冠果5个无性系雄能花的花期在4月27日~5月14日之间。初花期相差最大天数为2d，10号和14号无性系初花期最早，119号无性系初花期最晚。盛花期相差最大天数为3d，10号和14号无性系进入盛花期最早，119号无性系最晚。末花期、终花期相差最大天数均为2d，进入末花期和终花期最早的无性系为16号，最晚的是119号无性系。5个无性系雄能花花期在15~17d之间，10号和14号无性系开花最早，花期最长；其次是15号、119号无性系；花期最短的是16号无性系。各无性系雄能花花期之间相差天数较小，花期比较集中。

**表5-53 文冠果5个无性系雄能花花期观测**

| 无性系 | 开花日期（月-日） | | | | 花期长度 |
|---|---|---|---|---|---|
| | 初花期 | 盛花期 | 末花期 | 终花期 | (d) |
| 10号 | 4-27 | 5-1 | 5-10 | 5-13 | 17 |
| 14号 | 4-27 | 5-1 | 5-10 | 5-13 | 17 |
| 15号 | 4-28 | 5-3 | 5-11 | 5-13 | 16 |
| 16号 | 4-28 | 5-3 | 5-9 | 5-12 | 15 |
| 119号 | 4-29 | 5-4 | 5-11 | 5-14 | 16 |

### 5.3.1.2 各无性系雌能花花期

各无性系雌能花花期观测结果见表5-54。5个无性系雌能花的花期集中在4月27日至5月14日。雌能花初花期最早的16号无性系与初花期最晚的119号无性系相差3d。雌能花盛花期比较集中，10号、14号、16号无性系盛花期开始日期最早（5月3日）。末花期出现在5月8日至5月10日，119号无性系末花期最晚。最早开花的16号无性系终花期最早，最晚开花的119号无性系终花期也最晚。5个无性系雌能花花期在14~16d，比雄能花花期稍短，这与文冠果雌能花、雄能花发育先后及花序轴的位置分布有关。

表 5-54　文冠果 5 个无性系雌能花花期观测

| 无性系 | 开花日期（月-日） | | | | 花期天数 |
|---|---|---|---|---|---|
| | 初花期 | 盛花期 | 末花期 | 终花期 | (d) |
| 10 号 | 4-28 | 5-3 | 5-8 | 5-12 | 15 |
| 14 号 | 4-28 | 5-3 | 5-9 | 5-13 | 16 |
| 15 号 | 4-29 | 5-4 | 5-9 | 5-12 | 14 |
| 16 号 | 4-27 | 5-3 | 5-8 | 5-10 | 14 |
| 119 号 | 4-30 | 5-4 | 5-10 | 5-14 | 15 |

#### 5.3.1.3　各无性系花期相遇情况

各无性系花期物候和相遇情况见表 5-55。文冠果 5 个无性系开花物候期虽存在一定差异，但集中在 4 月 27 日至 5 月 14 日。根据雌能花、雄能花开花先后顺序可分为雌先型（雌能花先开放）与雄先型（雄能花先开放）。其中，10 号、14 号、15 号、119 号无性系为雄先型，仅 16 号无性系为雌先型。5 个无性系雌能花花期在 14～16d 之间，盛花期持续 6～7d，雄能花花期长度在 15～17d 之间，盛花期持续 7～9d。各无性系雌能花和雄能花盛花期相遇情况为 10 号、16 号雌能花与 119 号雄能花相遇时间较短（5d），与其余无性系雄能花相遇时间为 6d；14 号雌能花与 119 号雄能花相遇时间为 6d，与其余无性系雄能花相遇时间为 7d；15 号雌能花与所有无性系雄能花相遇时间为 6d；119 号雌能花与 16 号雄能花相遇时间 6d，与其余无性系雄能花相遇时间为 7d。从花期相遇情况看，5 个无性系雌能花、雄能花盛花期较一致，相遇时间较长。各无性系雌能花、雄能花盛花期相遇时间在 5～7d，满足授粉树配置前提。

### 5.3.2　确定最佳授粉时间

#### 5.3.2.1　柱头可授性观测

每无性系另选 10 株作为柱头可授性和花粉活力检测取样植株。于盛花期分别采集花蕾初开放（图 5-81A-①）、开花当天（花蕾完全开放，图 5-81A-②）、花后 1～5d 的雌能花（图 5-81A-③～⑦），每无性系每时期取 20 朵，用联苯胺-过氧化氢法测定柱头可授性（王倩，2012）。“+++”表示柱头可授性最强；“++”表示柱头可授性较强；“+”表示柱头具有可授性；“-”表示柱头不具有可授性。

柱头可授性强弱结果见表 5-56。文冠果 5 个无性系雌能花单花花期为 7d 左右，一般在上午开放，与雄能花开花散粉时间一致。5 个无性系柱头可授性表现一致：雌能花花蕾初开放（表 5-56 中-1d）时可授性较弱，此时柱头呈绿色，粘液较少（图 5-81A-①）；开花当天（0d）及花后 1d 可授性最强，此时柱头呈淡黄色，乳突细胞体积较大，并可看到大量发亮的粘液分泌（图 5-81A-②③）。花后 2～3d 可授性较强，此时柱头为暗黄色，乳突细胞体积较大，但粘液量较少（图 5-81A-④⑤）。花后 4～5d 可授性较弱，此时柱头

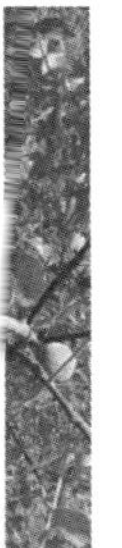

表 5-55　文冠果 5 个无性系花期相遇时间观测

| 无性系 | 开花日期（月－日） | | | | | | | | | | | | | | | | | |
|---|---|---|---|---|---|---|---|---|---|---|---|---|---|---|---|---|---|---|
| | 4-27 | 4-28 | 4-29 | 4-30 | 5-1 | 5-2 | 5-3 | 5-4 | 5-5 | 5-6 | 5-7 | 5-8 | 5-9 | 5-10 | 5-11 | 5-12 | 5-13 | 5-14 |
| 10 号（♀） | | ○ | ○ | ○ | ○ | ○ | ▲ | ▲ | ▲ | ▲ | ▲ | ▲ | □ | □ | □ | □ | | |
| 14 号（♀） | | ○ | ○ | ○ | ○ | ○ | ▲ | ▲ | ▲ | ▲ | ▲ | ▲ | ▲ | □ | □ | □ | □ | |
| 15 号（♀） | | | ○ | ○ | ○ | ○ | ○ | ▲ | ▲ | ▲ | ▲ | ▲ | ▲ | □ | □ | □ | | |
| 16 号（♀） | ○ | ○ | ○ | ○ | ○ | ○ | ▲ | ▲ | ▲ | ▲ | ▲ | ▲ | □ | □ | | | | |
| 119 号（♀） | | | | ○ | ○ | ○ | ○ | ▲ | ▲ | ▲ | ▲ | ▲ | ▲ | ▲ | □ | □ | □ | □ |
| 10 号（♂） | ○ | ○ | ○ | ○ | ○ | ▲ | ▲ | ▲ | ▲ | ▲ | ▲ | ▲ | ▲ | ▲ | □ | □ | □ | |
| 14 号（♂） | ○ | ○ | ○ | ○ | ○ | ▲ | ▲ | ▲ | ▲ | ▲ | ▲ | ▲ | ▲ | ▲ | □ | □ | □ | |
| 15 号（♂） | | ○ | ○ | ○ | ○ | ○ | ▲ | ▲ | ▲ | ▲ | ▲ | ▲ | ▲ | ▲ | □ | □ | □ | |
| 16 号（♂） | | ○ | ○ | ○ | ○ | ○ | ▲ | ▲ | ▲ | ▲ | ▲ | ▲ | ▲ | □ | □ | □ | | |
| 119 号（♂） | | | ○ | ○ | ○ | ○ | ○ | ▲ | ▲ | ▲ | ▲ | ▲ | ▲ | ▲ | ▲ | □ | □ | □ |

注：○，▲，□分别表示初花期、盛花期、末花期。

开始干枯变黑，基本无粘液分泌（图 5-81A-⑥⑦）。由此可知，文冠果的柱头对花粉接受能力可持续 4~5d，随着雌能花开花天数增加，可授性逐渐降低，柱头干枯变黑时，完全无可授性。

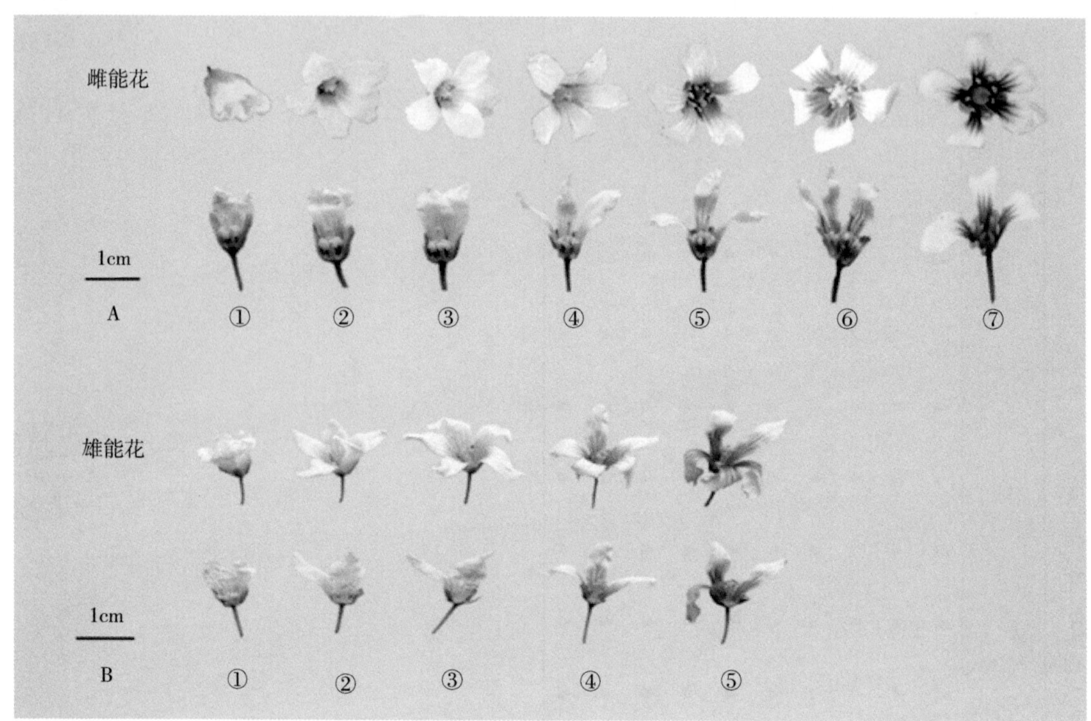


**图 5-81　文冠果开花不同时期的雌能花和雄能花**

注：A：雌能花 ①花蕾初开放；②开花当天；③花后 1d；④花后 2d；⑤花后 3d；⑥花后 4d；⑦花后 5d；B：雄能花 ①花蕾初开放；②开花当天；③花后 1d；④花后 2d；⑤花后 3d。

**表 5-56　文冠果 5 个无性系开花不同时期柱头可授性**

| 开花后天数（d） | 无性系 | | | | |
|---|---|---|---|---|---|
| | 10 号 | 14 号 | 15 号 | 16 号 | 119 号 |
| -1 | + | + | + | + | + |
| 0 | +++ | +++ | +++ | +++ | +++ |
| 1 | +++ | +++ | +++ | +++ | +++ |
| 2 | ++ | +++ | ++ | ++ | ++ |
| 3 | ++ | ++ | ++ | ++ | ++ |
| 4 | + | + | + | + | + |
| 5 | - | - | + | - | + |

注：“-”表示柱头不具有可授性；“+”表示柱头有可授性；“++”表示柱头可授性较强；“+++”表示柱头可授性最强。

### 5.3.2.2　花粉活力观测

开花前 1d 在取样植株上标记即将开放的雄能花，于盛花期每天 9：00 分别采集花蕾

初开放（图 5-81B-①）、开花当天（图 5-81B-②）、花后 1d（图 5-81B-③）的雄能花，每无性系每时期取 20 朵，采用固体培养基法进行花粉活力的测定（彭伟秀等，1999）。

各无性系开花不同时期花粉活力如表 5-57 所示。5 个无性系花粉活力均表现出：花蕾初开放（-1d）和开花当天（0d）之间无显著差异，二者均显著高于花后 1d 的花粉活力。花蕾初开放时，5 个无性系花粉活力在 84.26%～90.25%之间，此时雄能花呈钟状，花瓣基部呈黄绿色，2～3 个花丝伸长，花药散粉（图 5-81B-①）。开花当天 5 个无性系花粉活力在 75.59%～89.12%之间，此时花瓣平展，花瓣基部为黄色，4～6 个花丝伸长，花药散粉（图 5-81B-②）。花后 1d 各无性系花粉活力最低，在 7.91%～15.13%之间，此时花瓣基部变为浅橙黄色，花丝全部伸长，所有花药均已散粉（图 5-81B-③）。文冠果雄能花散粉极快，花后 2d 花瓣基部由橙黄逐渐变为紫红，此时已全部散粉（图 5-81B-④⑤）。

由此可以得出，花粉活力与雄能花开花时间有很大关系。在散粉高峰期内，花粉活力均高于 70%，说明自然状态下无花粉萌发力极弱的无性系，故仅从花粉活力方面考虑，所选 5 个文冠果无性系均可用作人工授粉的采粉无性系和授粉树配置的备选无性系。

**表 5-57　文冠果 5 个无性系开花不同时期花粉活力对比**

| 开花后天数 (d) | 花粉活力（%） | | | | |
|---|---|---|---|---|---|
| | 10 号 | 14 号 | 15 号 | 16 号 | 119 号 |
| -1 | 84.26±0.82a | 85.30±2.24a | 87.24±2.56a | 88.82±0.30a | 90.25±2.27a |
| 0 | 82.77±3.06a | 75.59±8.92a | 80.13±3.12a | 87.87±1.50a | 89.12±1.85a |
| 1 | 7.91±2.99b | 13.25±3.42b | 11.80±0.60b | 13.69±0.82b | 15.13±0.47b |

注：表中为均值±标准差，不同字母代表 0.05 水平差异显著。

## 5.3.3　不同授粉组合对坐果率及种实产量的影响

### 5.3.3.1　不同授粉组合对坐果率的影响

每个无性系选 36 株，设计交互授粉、混合授粉和自然授粉，共 30 个授粉组合。其中，混合授粉所授花粉为 5 个无性系混合花粉（mixed pollination，MP），自然授粉组（CK）为对照，因文冠果成熟果实均来自异花授粉，故不设计自交授粉。授粉组合设计如表 5-58 所示。

**表 5-58　授粉配置设计**

| 母本 | 父本 | | | | | 混合授粉 (MP) | 自然授粉 (CK) |
|---|---|---|---|---|---|---|---|
| | 10 号 | 14 号 | 15 号 | 16 号 | 119 号 | | |
| 10 号 | — | 10×14 | 10×15 | 10×16 | 10×119 | 10×MP | 10CK |
| 14 号 | 14×10 | — | 14×15 | 14×16 | 14×119 | 14×MP | 14CK |
| 15 号 | 15×10 | 15×14 | — | 15×16 | 15×119 | 15×MP | 15CK |
| 16 号 | 16×10 | 16×14 | 16×15 | — | 16×119 | 16×MP | 16CK |
| 119 号 | 119×10 | 119×14 | 119×15 | 119×16 | — | 119×MP | 119CK |

每个授粉组合每重复授粉 100 朵雌能花，3 次重复。具体操作如下：4 月 27 日至 5 月 1 日，开花前 1d 以花序为单位套袋，由于雌能花的花药不开裂散粉，所以雌能花不去雄，只需去除将要授粉花序上的雄能花和已开放的雌能花，套袋即可，自然授粉不套袋。5 月 1 日至 5 月 9 日，收集混合花粉。采集每个无性系正散粉的雄能花，收集花粉，常温保存 1~2d，授粉前进行花粉活力检测，均达到 70%以上。在雌能花柱头分泌大量黏液时授粉。以套袋结果枝为单位，即 1 个结果枝上的全部雌能花授相同父本的花粉。对于混合授粉的组合，去掉套袋，用毛笔将收集的混合花粉点授在柱头上，点授 2~3 次，可以看到柱头上花粉时停止授粉。对于交互授粉组合，采集正在散粉的雄能花，用花药涂抹开花当天的雌能花柱头。之后继续套袋，避免柱头与所授花粉不亲和导致与自身花粉继续授粉。授粉后，挂牌标记父本、母本和授粉花数。授粉后 7d 去掉硫酸纸袋。

授粉后 15d（5 月 23 日），第一次生理落果期结束，结果枝上的果实分为两种（图 5-82），一种是子房略微膨大的未成功受精果实，另一种是子房明显膨大的受精成功果实（严婷，2014；盛德策等，2010）。5 月 23 日，分别统计初始坐果率（总坐果数/授粉花朵数×100%）及受精率（子房明显膨大果实数/授粉花朵数×100%）。第二次落果期结束，于 6 月 27 日（即采摘前 22d）统计采前 22d 坐果率，7 月 19 日（即果实采收前），统计最终坐果率，并采收每个杂交组合的所有果实，用于产量和种实品质的测定。

**图 5-82　授粉 15 天后文冠果果实发育情况**

注：箭头所指为未成功受精果实，其余为受精成功果实。

10 号无性系经不同无性系授粉后，不同时期坐果情况如图 5-83 所示。可见，以 10

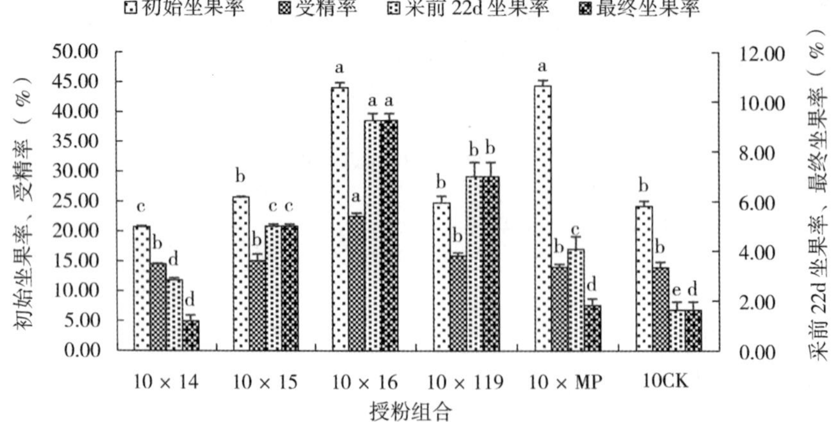


**图 5-83　10 号无性系不同时期坐果率**

注：不同字母表示 0.05 水平差异显著。下同。

号无性系为母本，各授粉组合初始坐果率在20.72%~44.37%之间，相差较大。16号作父本时，受精率最高（22.48%），与其余授粉组合差异显著。采前22d各授粉组合坐果率较低，在1.63%~9.25%之间。最终坐果率排序为10×16>10×119>10×15>10×MP>10CK>10×14。与采前22d坐果率相比，最终坐果率有所降低的授粉组合是10×MP和10×14组合，分别降低2.26%、1.64%，说明该两个授粉组合存在采前落果现象。

因受精率能更好衡量父本、母本亲和性强弱，最终坐果率决定最终产量，故考虑最佳授粉组合时应着重考虑。10号无性系各授粉组合中，以14号无性系和混合花粉作父本时，受精率与10CK无显著差异，且落果情况严重，最终坐果率分别为1.19%、1.82%，故14号无性系和混合花粉不适合做10号无性系授粉树。因此，10号无性系最佳授粉组合应在受精率、最终坐果率排序均在前三的10×16、10×119、10×15组合中选择。

14号无性系经不同无性系授粉后，不同时期坐果情况如图5-84所示。与14CK相比，人工授粉显著提高了14号无性系的初始坐果率及受精率。初始坐果率在30.39%~67.72%之间，最高的授粉组合是14×15，与14×16、14×119组合无显著差异，与其余授粉组合差异显著。受精率在14.58%~30.86%之间，14×16、14×MP、14×15组合受精率较高，三者之间无显著差异。除了14CK，其余授粉组合采前22d坐果率和最终坐果率一致，由高到低排序一致，均为14×15>14×MP>14×10>14×16>14×119>14CK。其中，14×15和14×MP差异不显著，14×10和14×16差异不显著，其余授粉组合之间差异显著。

由图5-84可知，14CK组合不同时期坐果率均显著低于授粉组合，表明人工授粉有利于提高14号无性系的坐果率。14×MP组合不同时期坐果率均较高，表明增加花粉多样性有利于提高14号无性系的坐果率。采前22d坐果率与最终坐果率之差可以反映采前落果情况，仅14CK组合最终坐果率比采前22d坐果率低，说明14号无性系采前落果现象不严重。交互授粉组合中，受精率、最终坐果率排序均在前三的组合是14×15、14×10、14×16，所以14号无性系授粉树可以在15、10、16号无性系之间选择。

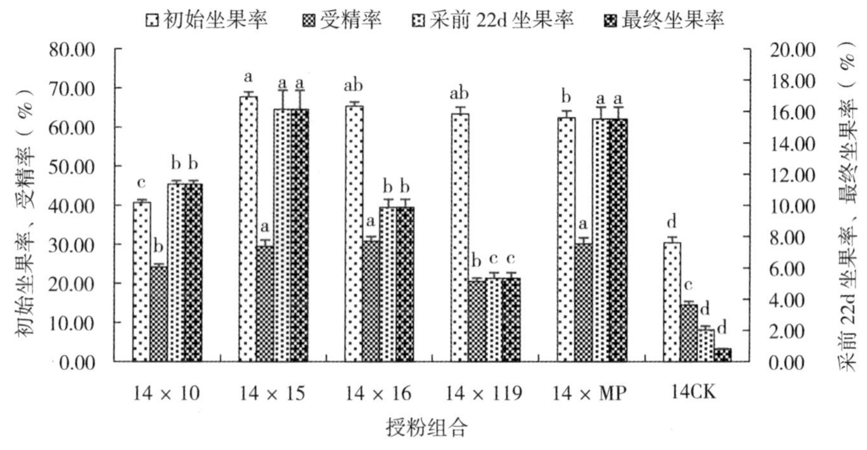


**图5-84 14号无性系不同时期坐果率**

15号无性系经不同无性系授粉后，不同时期坐果情况如图5-85所示。以15号无性系为母本，15CK 初始坐果率是 23.76%，而人工授粉组合初始坐果率在 41.74%~56.41%之间，表明人工授粉能够提高 15 号无性系初始坐果率。受精率较高的组合是 15×10 和15×MP，两者无显著差异，其次是 15×16。受精率最小的组合是 15×14（8.61%），后期果实全部脱落，与所有授粉组合差异显著。采前 22d 坐果率排序为 15×16>15×MP>15×10>15CK>15×119>15×14，仅 15×16 和 15×MP 两个授粉组合之间无显著差异，其余授粉组合差异显著。最终坐果率在 0~4.44%，与采前 22d 坐果率相比，15×10、15×16、15×MP 分别降低了 0.98%、2.94%、1.35%，说明 15 号无性系采前落果现象比较严重。

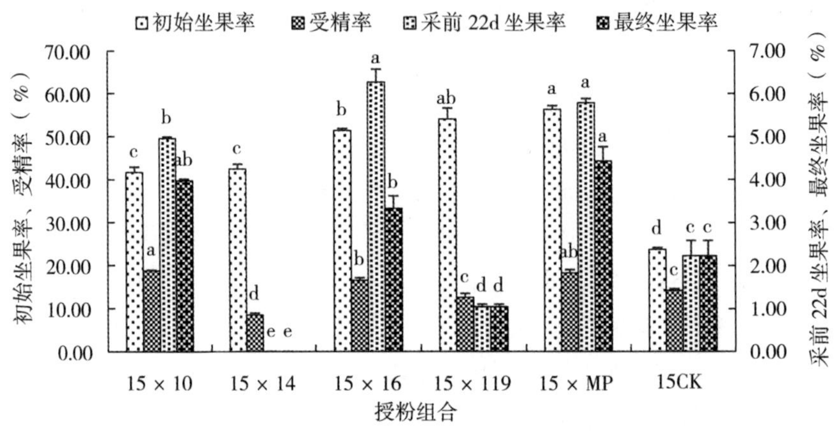


**图 5-85　15 号无性系不同时期坐果率**

由图 5-85 可知，15 号为母本的各授粉组合中，15×14 组合受精率显著低于授粉组合，最终坐果率为 0，说明 14 号无性系作为父本时，与 15 号无性系亲和性差，不适合作其授粉树。15×MP 组合各时期坐果情况均较好，说明增加花粉多样性一定程度上可以改善 15 号无性系的坐果情况。交互授粉组合中，受精率、最终坐果率排序均在前三的组合是 15×10、15×16、15×119，因此 15 号无性系授粉树可以在 10 号、16 号、119 号无性系间选择。

16 号无性系经不同无性系授粉后，不同时期坐果情况如图 5-86 所示。自然授粉初始坐果率显著低于人工授粉组合。16×15 组合的受精率显著高于授粉组合，其中，16×MP 组合所有子房均未明显膨大，受精率为 0，果实在生长后期全部脱落。采前 22d 坐果率 16CK 组合最高（7.38%），16×MP 组合最低（0%），其余授粉组合在 3.65%~6.06%之间。最终坐果率从高到低为 16CK>16×15>16×14>16×10>16×119>16×MP，授粉组合之间差异显著。16×10 和 16×119 最终坐果率低于采前 22d 坐果率，表明 16 号无性系存在采前落果现象。

由图 5-86 可知，以 16 号无性系为母本，16CK 初始坐果率显著低于授粉组合，受精率仅低于 16×15 组合，与 16×10、16×14 组合无显著差异，显著高于其余授粉组合，采前 22d 坐果率和最终坐果率显著高于授粉组合。16×MP 组合初始坐果率显著高于其余授粉组合，但受精率、采前 22d 坐果率、最终坐果率均为 0。说明增加花粉多样性未能改善 16 号无性系坐果情况。交互授粉组合中，受精率、最终坐果率排序均在前三的组合是 16×15、16×14、16×10，所以 16 号无性系授粉树可以在 10 号、14 号、15 号无性系之间选择。

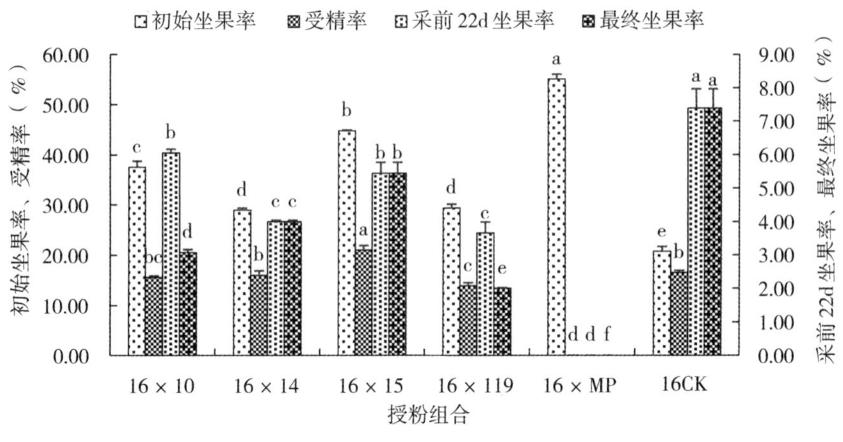


**图 5-86　16 号无性系不同时期坐果率**

119 号无性系经不同无性系授粉处理后，不同时期坐果情况如图 5-87 所示。初始坐果率在 15.11%~42.66%之间，相差较大，受精率仅为 0~3.64%，采前 22d 坐果率和最终坐果率一致，在 0~1.54%之间，最高的是 119×MP 组合（1.54%），最低的是 119CK、119×10、119×15 组合，均为 0。说明母本 119 号与父本 10 号、14 号、15 号、16 号亲和性均较差。因此，10 号、14 号、15 号、16 号无性系均不适合做其授粉树。

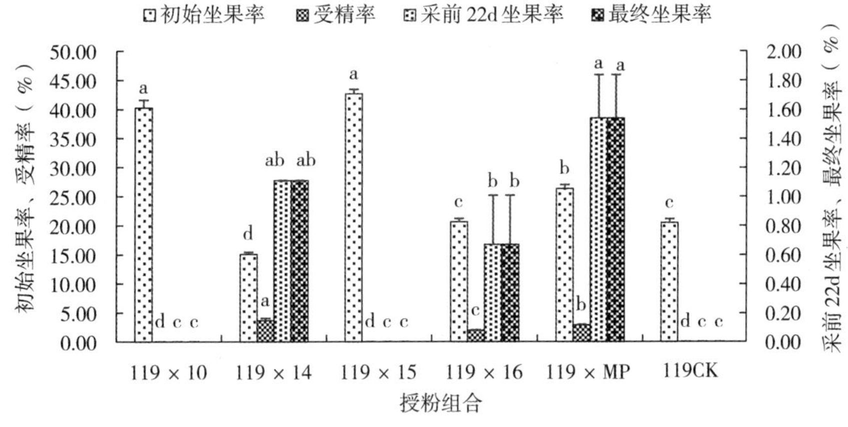


**图 5-87　119 号无性系不同时期坐果率**

### 5.3.3.2　不同授粉组合对种实产量的影响

果实成熟后（7 月 19 日），按授粉组合采集所有杂交果实，记录果实个数、每果种子数，称量单果质量、单果种子质量、百粒重，并计算平均单籽质量。为便于比较，将种子产量转换成每百朵雌能花种子产量（每百朵雌能花果实个数×平均每果种子数×平均单籽质量）。对各无性系自然授粉、混合授粉和交互授粉中受精率、最终坐果率排名前三的授粉组合子代果实进行产量计算和种实品质测定。因 10×MP、16×MP、15×119 和 119 号无性系全部授粉组合最终结果个数在 0~4 之间，样本数量小，故未进行产量计算和种实品质测定。

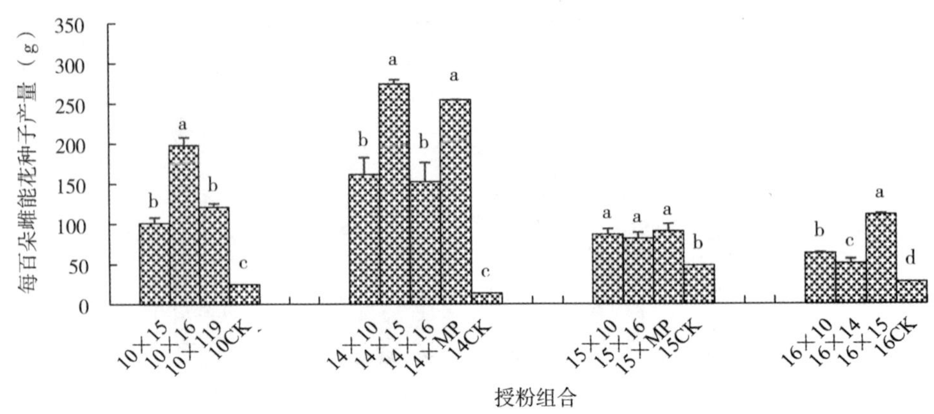


**图 5-88　不同授粉组合对文冠果种子产量的影响**

注：不同字母代表在 0.05 水平差异显著。下同。

不同授粉组合对种实产量的影响见图 5-88。以 10 号无性系为母本的各授粉组合中，10CK 产量（24.92g）显著低于其余授粉组合。其中，产量最高的是 10×16（198.02g），是 10CK 产量的 7.95 倍。以 14 号无性系为母本的授粉组合中，产量排序为 14×15>14×MP>14×10>14×16>14CK，14×15 组合和 14×MP 组合无显著差异，14×10 组合和 14×16 组合无显著差异，各授粉组合均与 14CK 组合差异显著。其中，14×15、14×MP、14×10、14×16 产量分别是 14CK 产量的 20.44 倍、18.97 倍、12.05 倍、11.36 倍。以 15 号无性系为母本的授粉组合中，15×10、15×16、15×MP 三者产量无显著差异，在 81.17g~90.33g 之间，显著高于 15CK 产量（47.95g）。以 16 号无性系为母本的授粉组合中，所有授粉组合产量存在显著差异，产量最高的是 16×15（110.82g），是 16CK（27.31g）的 4.05 倍。由此看出，人工授粉可以有效提高文冠果种子产量。

## 5.3.4　不同授粉组合对种实品质的影响

### 5.3.4.1　不同授粉组合对种实表型性状的影响

测量所有杂交果实的果实横径、纵径，种子横径、纵径、侧径（种子最宽处厚度）。计算果形指数（果实纵径/果实横径）、种形指数（种子纵径/种子横径）和出籽率（单果种子质量/单果质量×100%）。随机选取各授粉组合种子 90 粒，80℃烘干至恒重，称量 30 粒种子质量，取出种仁，称量 30 粒种仁质量，计算出仁率（种仁质量/种子质量×100%）。

不同授粉组合对种实形态指标的影响见表 5-59（仅对计算产量的授粉组合进行统计）。10 号无性系作母本，10CK 横径、纵径最小，其余各授粉组合不同程度增加了 10 号无性系果实的横径和纵径。各授粉组合果形指数为 0.85~0.92，且无显著差异，果实均呈扁圆型。各授粉组合单果质量无显著差异，其中，10×16 授粉组合最大（37.3g），10CK 最小（33.65g）。各授粉组合出籽率为 39.87%~51.10%，10CK 最大，10×15 和 10×16 组合显著降低母本出籽率，与 10CK 相比，分别降低了 14.77%、21.98%，但该两个授粉组合显著增加了 10 号无性系每果种子数。百粒重最大的是 10×16 组合（111.92g），出仁率

最大的是 10×15 组合（57.39%）。各授粉组合种子侧径无显著差异，种子横径、纵径均较大的是 10×16、10×15 组合。10×15 和 10×119 组合显著提高了 10 号无性系的种形指数。

14 号无性系作母本，14×10 组合显著降低了母本的横径、纵径；果形指数为 0.99~1.03，各授粉组合差异不显著，果实均为近圆型。单果质量方面，14×15、14×MP 组合与 14CK（43.31g）相比，显著提高了 14 号无性系单果质量，分别提高 19%、15.95%，14×10 和 14×16 组合显著降低母本单果质量，分别降低 25.68%、12.7%。14×MP 和 14×15 组合显著降低了母本出籽率。每果种子数排序为 14×MP>14×15>14CK>14×16>14×10。百粒重为 89.30~104.52g，14CK 最大，说明人工授粉未显著增加母本种子百粒重。种子大小及种形指数方面，仅 14×16 组合纵径显著高于 14×MP 组合，其余方面各授粉组合差异不显著。

以 15 号为母本，各授粉组合果实横径差异不显著，纵径为 56.70~62.69mm，15×16 组合显著高于 15×10 组合。15CK 果形指数是 0.97，其余授粉组合果形指数为1.04~1.06。15×16 组合在单果质量、出籽率、每果种子数及百粒重方面均较高。15×MP 组合显著降低了母本单果质量、百粒重，分别降低 8.09%、6.15%。出仁率最高的组合是 15×10（58.2%），最小的组合是 15×16（54.72%），两者差异显著。种子横径、纵径、侧径均较大的组合是 15×10。各授粉组合种形指数为 1.09~1.16，差异不显著。

以 16 号为母本，果实体积最大的组合是 16×15。果形指数为 1.03~1.18，果实呈长圆型，14 号、15 号显著增加了母本果形指数。16×10 组合显著降低了母本种子横径，16×15 组合显著增加了母本种子纵径。所有组合在种子侧径方面无显著差异。各授粉组合种形指数为 1.05~1.14，且差异不显著。

#### 5.3.4.2 花粉直感现象对种实表型性状的影响

表 5-60 为同一母本各授粉组合种实指标平均值，分别代表了 10 号、14 号、15 号、16 号无性系自身种实品质。4 个无性系果实横径和纵径均是 15 号最大，10 号最小，且差异显著。根据表 5-59 得出，15 号无性系作父本显著提高了 10 号、16 号无性系果实横径和纵径；10 号无性系显著降低了 14 号无性系果实横径和纵径，显著降低了 15 号无性系果实纵径。由此说明，各无性系在果实横径和纵径上具有花粉直感现象。

各无性系单果质量排序为 15 号>14 号>16 号>10 号，由表 5-59 可知，15 号无性系提高了 10 号、14 号无性系单果质量，10 号、16 号无性系显著降低了 14 号单果质量，说明各无性系在单果质量方面存在花粉直感现象。由表 5-60 可知，各无性系出籽率和出仁率差异不显著，是否存在花粉直感现象需进一步研究。10 号、15 号、16 号无性系每果种子数显著高于 14 号无性系，由表 5-59 可知，各无性系均未显著提高 14 号无性系的每果种子数，因此，每果种子数方面未存在花粉直感现象。由表 5-60 可知，百粒重由高到低为 15 号>10 号>16 号>14 号，由表 5-59 可知，16 号无性系提高了 10 号无性系百粒重，10 号无性系降低了 14 号无性系百粒重，而 14 号无性系增加了 16 号无性系百粒重。因此，各无性系在百粒重方面未存在花粉直感现象。

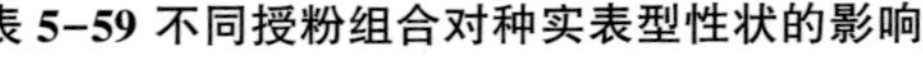

表 5-59 不同授粉组合对种实表型性状的影响

| 授粉组合 | 果实大小 | | 果形 | 单果质量 | 出籽率 | 每果种 | 百粒重 | 出仁率 | 种子大小 | | | 种形指数 |
|---|---|---|---|---|---|---|---|---|---|---|---|---|
| (♀×♂) | 横径 (mm) | 纵径 (mm) | 指数 | (g) | (%) | 子数 | (g) | (%) | 横径 (mm) | 纵径 (mm) | 侧径 (mm) | |
| 10×15 | 56. 68±1. 30a | 48. 37±1. 39ab | 0. 85±0. 04a | 37. 18±1. 93a | 43. 55±2. 07b | 18. 47±1. 40a | 109. 43±0. 74b | 57. 39±0. 60a | 13. 88±0. 68a | 16. 11±1. 11a | 10. 56±0. 77a | 1. 16±0. 08a |
| 10×16 | 50. 84±0. 80b | 46. 50±0. 10bc | 0. 92±0. 05a | 37. 30±0. 23a | 39. 87±0. 84c | 19. 13±0. 76a | 111. 92±0. 80a | 53. 83±1. 64b | 14. 14±1. 25a | 15. 43±1. 14ab | 11. 12±0. 77a | 1. 10±0. 14ab |
| 10×119 | 57. 95±1. 05a | 49. 18±0. 11a | 0. 85±0. 04a | 36. 28±1. 09a | 50. 39±1. 81a | 16. 29±0. 38b | 106. 68±1. 11c | 55. 90±0. 89ab | 13. 05±0. 83b | 14. 94±0. 71bc | 10. 89±0. 57a | 1. 15±0. 06a |
| 10CK | 48. 55±1. 42b | 45. 14±1. 04c | 0. 92±0. 08a | 33. 65±1. 77a | 51. 10±1. 36a | 14. 22±1. 02b | 108. 85±0. 79b | 56. 74±1. 70a | 13. 57±0. 10ab | 14. 15±1. 61c | 10. 64±0. 70a | 1. 04±0. 89b |
| 14×10 | 50. 36±0. 38b | 48. 75±0. 53c | 0. 99±0. 06a | 32. 19±0. 33d | 48. 57±0. 55a | 14. 80±0. 40b | 96. 45±2. 20c | 60. 25±1. 30a | 13. 96±1. 02a | 15. 08±0. 99ab | 10. 80±0. 77a | 1. 08±0. 09a |
| 14×15 | 54. 67±0. 71a | 54. 88±0. 75a | 1. 00±0. 06a | 51. 54±1. 33a | 43. 77±0. 40b | 16. 80±0. 10ab | 101. 25±0. 22ab | 54. 28±0. 64b | 13. 99±0. 67a | 15. 12±0. 84ab | 10. 96±0. 80a | 1. 08±0. 73a |
| 14×16 | 54. 81±0. 50a | 56. 45±0. 83a | 1. 03±0. 03a | 37. 81±1. 07c | 49. 93±1. 03a | 15. 07±0. 55b | 102. 95±0. 83ab | 60. 21±1. 35a | 14. 04±0. 74a | 15. 14±0. 88a | 11. 31±0. 65a | 1. 08±0. 82a |
| 14×MP | 51. 30±0. 83b | 51. 27±0. 62b | 1. 02±0. 04a | 50. 22±0. 52a | 44. 02±1. 52b | 18. 30±1. 54a | 89. 30±1. 26d | 58. 99±1. 27a | 13. 58±0. 72a | 14. 44±0. 88b | 10. 52±1. 20a | 1. 06±0. 23a |
| 14CK | 55. 04±0. 61a | 56. 31±1. 20a | 1. 02±0. 05a | 43. 31±0. 62b | 47. 70±0. 96a | 15. 75±0. 39b | 104. 52±0. 39a | 55. 99±0. 31b | 13. 66±0. 72a | 14. 97±1. 08ab | 11. 24±0. 76a | 1. 09±0. 19a |
| 15×10 | 56. 09±2. 07a | 56. 70±1. 53c | 1. 04±0. 07a | 59. 43±0. 74a | 45. 90±0. 96b | 17. 94±0. 82a | 120. 98±1. 19a | 58. 20±1. 80a | 14. 59±1. 11a | 15. 90±1. 26a | 11. 93±1. 16a | 1. 09±0. 08a |
| 15×16 | 58. 01±1. 33a | 62. 69±1. 50a | 1. 06±0. 04a | 58. 85±1. 84a | 52. 54±0. 47a | 20. 36±0. 38a | 119. 85±0. 97a | 54. 72±0. 81b | 13. 66±0. 79b | 15. 73±2. 90a | 11. 14±0. 79b | 1. 16±0. 23a |
| 15×MP | 56. 99±0. 64a | 59. 83±0. 31b | 1. 05±0. 02a | 55. 07±0. 43b | 53. 86±0. 92a | 17. 85±0. 80a | 113. 82±1. 78b | 55. 37±0. 96b | 14. 29±1. 11ab | 15. 70±1. 33a | 11. 32±1. 25ab | 1. 10±0. 09a |
| 15CK | 58. 57±1. 02a | 57. 02±1. 28bc | 0. 97±0. 04b | 59. 92±2. 02a | 43. 75±1. 17c | 17. 56±1. 78a | 121. 28±0. 88a | 56. 68±1. 17ab | 14. 57±1. 12a | 16. 35±0. 96a | 11. 75±0. 85ab | 1. 12±0. 72a |
| 16×10 | 48. 09±0. 43a | 50. 45±0. 73c | 1. 05±0. 02b | 40. 50±0. 77a | 42. 41±0. 94d | 21. 00±0. 58a | 97. 05±1. 63b | 52. 61±1. 86c | 12. 52±1. 06b | 14. 28±1. 80b | 10. 42±1. 03a | 1. 14±0. 10a |
| 16×14 | 46. 64±1. 01a | 53. 57±0. 58b | 1. 15±0. 09a | 36. 48±0. 95c | 45. 35±0. 35c | 12. 00±0. 25b | 105. 03±0. 30a | 58. 71±1. 58b | 13. 74±0. 94a | 14. 49±0. 89b | 10. 92±0. 47a | 1. 05±0. 89a |
| 16×15 | 48. 22±0. 40a | 56. 95±0. 22a | 1. 18±0. 07a | 38. 42±0. 31ab | 55. 70±0. 34a | 19. 20±1. 68a | 106. 48±0. 73a | 53. 91±1. 69c | 13. 79±1. 37a | 15. 67±1. 90a | 10. 79±0. 83a | 1. 13±0. 11a |
| 16CK | 47. 70±0. 66a | 48. 93±0. 88d | 1. 03±0. 08b | 39. 81±0. 75ab | 48. 59±1. 06b | 13. 95±0. 73b | 97. 88±0. 79b | 66. 30±1. 15a | 13. 71±2. 01a | 14. 43±1. 09b | 10. 87±1. 13a | 1. 08±0. 28a |

注：同列不同字母表示差异显著（$p$<0. 05）。

**表 5-60　同一母本各授粉组合种实指标平均值**

| 无性系 | 果实横径（mm） | 果实纵径（mm） | 单果质量（g） | 出籽率（%） | 每果种子数 | 百粒重（g） | 出仁率（%） | 种子横径（mm） | 种子纵径（mm） | 种子侧径（mm） |
|---|---|---|---|---|---|---|---|---|---|---|
| 10 号 | 53. 50±4. 21b | 47. 30±1. 81c | 36. 10±1. 96c | 46. 23±5. 10a | 17. 03±2. 17a | 109. 22±2. 08b | 55. 97±1. 78a | 13. 66±1. 03bc | 15. 16±1. 37b | 10. 80±0. 73b |
| 14 号 | 53. 24±2. 16b | 53. 53±3. 22b | 43. 01±7. 62b | 46. 80±2. 69a | 16. 14±1. 47b | 98. 89±5. 78c | 57. 94±2. 64a | 13. 85±0. 79b | 14. 95±0. 96b | 10. 97±0. 89b |
| 15 号 | 57. 42±1. 53a | 59. 06±2. 75a | 58. 32±2. 34a | 49. 01±4. 54a | 18. 43±1. 49a | 118. 98±3. 34a | 56. 24±1. 75a | 14. 28±1. 09a | 15. 92±1. 76a | 11. 53±1. 06a |
| 16 号 | 45. 69±3. 65c | 52. 17±3. 64b | 41. 08±5. 00b | 48. 01±5. 20a | 16. 54±3. 94a | 101. 61±4. 45c | 57. 88±5. 76a | 13. 44±1. 48c | 14. 72±1. 56b | 10. 75±0. 91b |

注：同列不同字母表示差异显著（$p<0.05$）。

由表 5-60 可知，各无性系种子横径、纵径、侧径最大的均是 15 号无性系，且与其余无性系差异显著。由表 5-59 可知，15 号无性系提高了 10 号、14 号、16 号无性系种子横径、纵径，对各无性系种子侧径影响较小。因此，各无性系在种子横径、纵径方面存在花粉直感效应，在种子侧径方面花粉直感效应不明显。

### 5.3.4.3 不同授粉组合对种实内在品质的影响

随机选取各授粉组合种子 150 粒，烘干后冷却，球磨仪研磨，作为测定种仁含油率、蛋白质含量、可溶性糖含量、淀粉含量及脂肪酸含量材料。索氏抽提法测定种仁含油率（张旭辉，2016）。提出的文冠果籽油样由国家林草局经济林产品质量检验检测中心（杭州）采用气相色谱分析法进行样品的脂肪酸成分及含量测定。种仁中可溶性糖和淀粉含量采用蒽酮比色法进行测定。蛋白质含量选择连续流动分析仪（AutoAnalyzer 3）测定全氮含量，得到种仁的全氮含量，测定结果乘以 6.25 转换成油料作物蛋白质含量（范丽等，2018）。

各授粉组合对文冠果种仁含油率的影响见图 5-89。以 10 号无性系为母本，种仁含油率为 55.13%~59.82%，各授粉组合无显著差异。以 14 号无性系为母本，14CK 种仁含油率最高（65.68%），但与其余授粉组合无显著差异。以 15 号无性系为母本，种仁含油率排序为 15×16>15×10>15×MP>15CK，各授粉组合提高了 15 号无性系的种仁含油率，与 15CK（52.26%）相比，分别提高了 24.65%、14.56%、6.6%。以 16 号无性系为母本，各授粉组合种仁含油率为 55.38%~58.54%，差异不显著。

通过方差分析得出，14 号无性系种仁平均含油率为 63.82%，显著高于 10 号（57.85%）、16 号（57.32%）和 15 号（58.25%）无性系。因此，16 号无性系未降低各授粉组合含油率。因此，在种仁含油率方面未存在花粉直感现象。

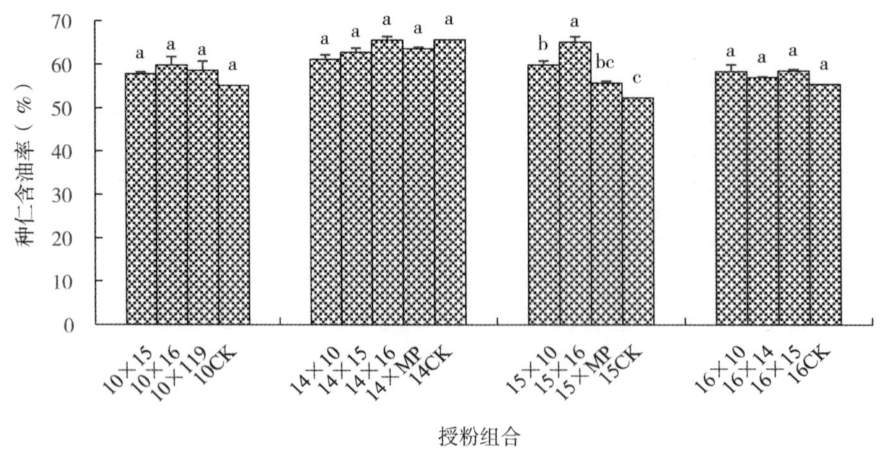


**图 5-89 不同授粉组合种仁含油率**

不同授粉组合对文冠果种仁中可溶性糖含量的影响见图 5-90。以 10 号无性系为母本，所有授粉组合可溶性糖含量差异显著，可溶性糖含量最高的是 10CK（3.70%），说明各授粉组合未提高 10 号无性系种仁可溶性糖含量。以 14 号无性系为母本，所有授粉组合

可溶性糖含量均显著高于 14CK（2.81%），其中 14×MP 组合可溶性糖含量最高（3.82%），比 14CK 高 1.01%。以 15 号无性系为母本，各授粉组合相对于 15CK 显著降低了母本的可溶性糖含量，其排序为 15CK>15×10>15×MP>15×16。以 16 号无性系为母本，各授粉组合可溶性糖含量为 3.12%~3.81%，10 号、15 号无性系作父本显著提高了母本可溶性糖含量，相比 16CK，分别提高 0.41%、0.24%。

15 号无性系种仁中平均可溶性糖含量为 2.73%，显著低于 10 号（3.42%）、16 号（3.39%）和 14 号（3.38%）无性系平均可溶性糖含量。由图可知，15 号无性系未降低各无性系的可溶性糖含量，因此，各无性系在可溶性糖含量方面未存在花粉直感效应。

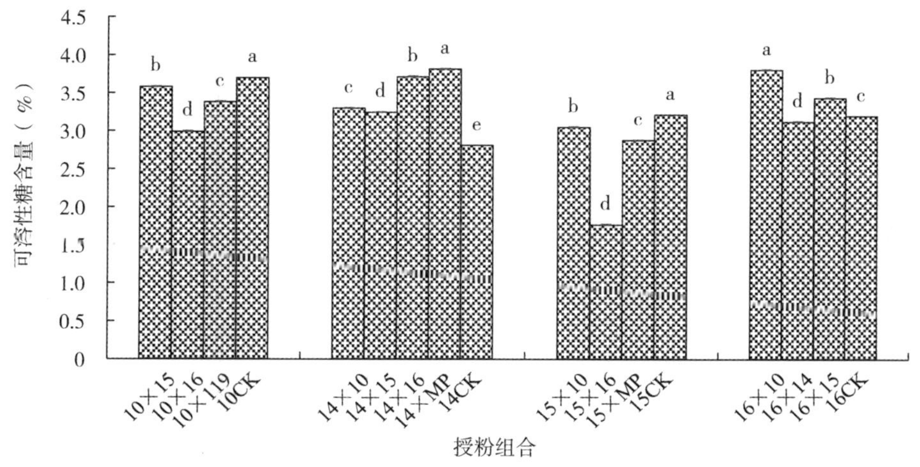


**图 5-90　不同授粉组合种仁中可溶性糖含量**

不同授粉组合对文冠果种仁中淀粉含量的影响见图 5-91。以 10 号无性系为母本，各授粉组合种仁中淀粉含量排序为 10×119>10CK>10×16>10×15，所有授粉组合之间差异均显著。以 14 号无性系为母本，种仁淀粉含量为 1.41%~1.68%，14×16 和 14×MP 组合显著提高了母本淀粉含量。以 15 号无性系为母本，各授粉组合淀粉含量为 0.83%~1.43%，淀粉含量最高的是 15×10 组合，最低的是 15×16。以 16 号无性系为母本，各授粉组合淀粉含量为 1.42%~1.52%，16×10 和 16×14 组合淀粉含量显著高于 16×15 和 16CK 组合。

根据方差分析，15 号无性系种仁中平均淀粉含量为 1.15%，显著低于 10 号（1.55%）、14 号（1.53%）和 16 号（1.47%）无性系种仁中平均淀粉含量。由图可知，15 号无性系显著降低了 10 号、14 号无性系的淀粉含量，因此，各无性系在淀粉含量方面存在花粉直感效应。

不同授粉组合对文冠果种仁中蛋白质含量的影响见表 5-61。以 10 号无性系为母本，各授粉组合蛋白质含量为 26.56%~30.18%，与 10CK 相比，10×15、10×16 分别提高母本蛋白质含量 2.17%、1.63%，而 10×119 蛋白质含量则比 10CK 低 1.45%。以 14 号无性系为母本，各授粉组合蛋白质含量较低，为 20.50%~24.55%，与 14CK（22.74%）相比，仅 14×MP 组合（24.55%）提高了母本蛋白质含量。以 15 号无性系为母本，各授粉组合蛋白质含量为 23.7%~25.55%，与 15CK 相比，15×10、15×16 组合分别提高母本蛋白质

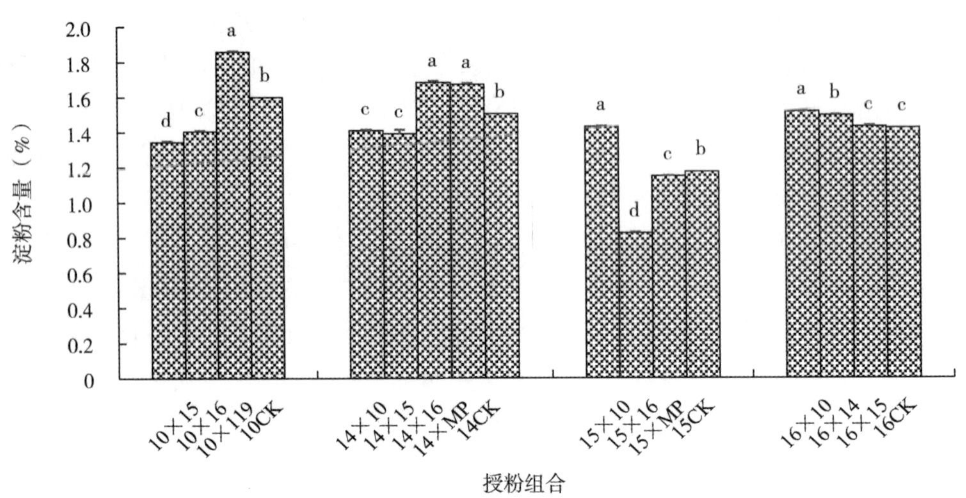


**图 5-91　不同授粉组合种仁中淀粉含量**

含量 1.26%、0.87%，而 15×MP 组合蛋白质含量则比 15CK 低 0.59%。以 16 号无性系为母本，16CK 蛋白质含量最高（30.88%），其余授粉组合蛋白质含量为26.22%～26.35%。

**表 5-61　不同授粉组合对种仁中蛋白质含量的影响**

| 授粉组合（♀×♂） | 蛋白质含量（%） | 授粉组合（♀×♂） | 蛋白质含量（%） |
|---|---|---|---|
| 10×15 | 30.18 | 15×10 | 25.55 |
| 10×16 | 29.64 | 15×16 | 25.16 |
| 10×119 | 26.56 | 15×MP | 23.70 |
| 10CK | 28.01 | 15CK | 24.29 |
| 14×10 | 20.96 | 16×10 | 26.35 |
| 14×15 | 20.54 | 16×14 | 26.22 |
| 14×16 | 20.50 | 16×15 | 26.29 |
| 14×MP | 24.55 | 16CK | 30.88 |
| 14CK | 22.74 | | |

不同授粉组合对文冠果籽油脂肪酸含量的影响见表 5-62。从表中可以看出，所有授粉组合的籽油中均含有 12 种脂肪酸，其中饱和脂肪酸有 4 种，分别是棕榈酸、硬脂酸、花生酸和二十四酸；不饱和脂肪酸有 8 种，分别是油酸、亚油酸、亚麻酸、顺-11-二十碳烯酸、11,14-二十碳烯酸、二十二酸、13-二十二碳烯酸、二十四碳烯酸（神经酸）。各无性系脂肪酸组成中，油酸和亚油酸含量较高，油酸含量为 28.6%～35.8%，亚油酸含量为 35.1%～41%。

以 10 号无性系为母本，各授粉组合饱和脂肪酸含量为 7.77%～7.91%，不饱和脂肪酸含量为 92.05%～92.19%，油酸、亚油酸之和排序为 10×119>10CK>10×16>10×15，不饱和脂肪酸及神经酸含量最高的组合均是 10×15。以 14 号无性系为母本，各授粉组合饱和

脂肪酸含量为 7.86%~8.05%，不饱和脂肪酸含量为 91.92%~92.01%，含量最高的组合是 14×16。人工授粉组合显著提高了 14 号无性系神经酸含量，含量最高的是 14×10（3.76%），与 14CK 相比，提高了 22.48%。以 15 号无性系为母本，各授粉组合饱和脂肪酸含量为 7.18%~8.18%，不饱和脂肪酸含量为 91.71%~92.85%，亚油酸和神经酸含量最高的授粉组合是 15×10。以 16 号无性系为母本，各授粉组合饱和脂肪酸含量为 7.22%~8.41%，不饱和脂肪酸含量为 91.62%~92.8%，其中 16CK 不饱和脂肪酸含量和神经酸含量均最高。

**表 5-62　不同授粉组合对文冠果籽油中脂肪酸含量的影响**　　%

| 授粉组合（♀×♂） | 棕榈酸 C16：0 | 硬脂酸 C18：0 | 油酸 C18：1 | 亚油酸 C18：2 | 亚麻酸 C18：3 | 花生酸 C20：0 | 顺-11-二十碳烯酸 C20：1 | 11，14-二十碳烯酸 C20：2 | 二十二酸 C22：0 | 13-二十二碳烯酸 C22：1 | 二十四酸 C24：0 | 二十四碳烯酸 C24：1 |
|---|---|---|---|---|---|---|---|---|---|---|---|---|
| 10×15 | 5.04 | 2.01 | 29.60 | 39.50 | 0.35 | 0.24 | 7.13 | 0.49 | 0.63 | 9.99 | 0.48 | 4.50 |
| 10×16 | 5.04 | 2.15 | 28.60 | 40.90 | 0.36 | 0.24 | 7.05 | 0.50 | 0.63 | 9.83 | 0.47 | 4.18 |
| 10×119 | 4.98 | 2.15 | 33.40 | 37.60 | 0.32 | 0.26 | 7.24 | 0.39 | 0.61 | 9.12 | 0.40 | 3.49 |
| 10CK | 5.08 | 2.10 | 29.60 | 40.10 | 0.33 | 0.26 | 7.27 | 0.49 | 0.65 | 9.65 | 0.47 | 3.96 |
| 14×10 | 5.05 | 2.10 | 32.90 | 36.80 | 0.26 | 0.26 | 7.60 | 0.39 | 0.66 | 9.76 | 0.45 | 3.76 |
| 14×15 | 5.02 | 2.17 | 35.20 | 36.10 | 0.25 | 0.28 | 7.59 | 0.35 | 0.62 | 8.93 | 0.40 | 3.12 |
| 14×16 | 5.15 | 1.99 | 35.80 | 35.30 | 0.26 | 0.28 | 7.62 | 0.34 | 0.63 | 9.09 | 0.39 | 3.16 |
| 14×MP | 5.03 | 2.27 | 31.50 | 38.60 | 0.30 | 0.29 | 7.31 | 0.43 | 0.68 | 9.47 | 0.46 | 3.63 |
| 14CK | 5.09 | 2.21 | 35.60 | 35.50 | 0.26 | 0.28 | 7.64 | 0.34 | 0.64 | 8.96 | 0.39 | 3.07 |
| 15×10 | 4.59 | 2.03 | 33.40 | 37.20 | 0.29 | 0.26 | 7.50 | 0.41 | 0.61 | 9.58 | 0.42 | 3.69 |
| 15×16 | 4.95 | 2.49 | 35.30 | 35.10 | 0.26 | 0.31 | 7.56 | 0.34 | 0.70 | 9.28 | 0.43 | 3.17 |
| 15×MP | 4.65 | 2.33 | 34.90 | 36.00 | 0.28 | 0.29 | 7.47 | 0.37 | 0.68 | 9.26 | 0.42 | 3.35 |
| 15CK | 5.24 | 1.22 | 33.30 | 38.70 | 0.34 | 0.28 | 6.99 | 0.42 | 0.65 | 8.92 | 0.44 | 3.53 |
| 16×10 | 5.65 | 1.00 | 34.20 | 37.40 | 0.36 | 0.28 | 7.25 | 0.40 | 0.61 | 9.00 | 0.44 | 3.37 |
| 16×14 | 5.23 | 2.40 | 30.20 | 39.90 | 0.36 | 0.31 | 7.03 | 0.45 | 0.73 | 9.28 | 0.47 | 3.67 |
| 16×15 | 4.93 | 2.40 | 29.80 | 39.60 | 0.35 | 0.28 | 7.22 | 0.48 | 0.72 | 9.73 | 0.51 | 3.96 |
| 16CK | 4.56 | 1.89 | 29.20 | 41.00 | 0.34 | 0.24 | 7.22 | 0.54 | 0.63 | 9.64 | 0.53 | 4.23 |

### 5.3.4.4　各授粉组合种实品质综合评价

选取单果质量（g）、出籽率（%）、每果种子数（粒）、百粒重（g）、出仁率（%）、种仁含油率（%）、种仁中蛋白质含量（%）、可溶性糖含量（%）、淀粉含量（%）、文冠果籽油中油酸（%）、亚油酸（%）、二十四碳烯酸［神经酸(%)］含量，共 12 个与文冠果种实品质有关的指标，分别用 $X_1$、$X_2$、$X_3$……$X_{12}$表示，进行主成分分析，各主成分的特征值及贡献率见表 5-63。由表 5-63 可知，12 个种实品质指标构成了 5 个主成分，第 1 主成分的特征根为 4.453，方差贡献率为 37.106%，第 2 主成分的特征根为 2.527，方差贡献率为 21.057%，前 5 个主成分的累计方差贡献率达 90.963%，表明这 5 个主成分对文冠果种实品质具有较好的代表性。

表 5-63　5 个主成分的特征值及贡献率

| 主成分 | 特征值 | 贡献率（%） | 累计贡献率（%） |
|---|---|---|---|
| 1 | 4.453 | 37.106 | 37.106 |
| 2 | 2.527 | 21.057 | 58.163 |
| 3 | 1.754 | 14.617 | 72.780 |
| 4 | 1.411 | 11.759 | 84.539 |
| 5 | 0.771 | 6.424 | 90.963 |

各主成分在不同评价指标上的因子载荷矩阵见表 5-64。第 1 主成分主要代表了油酸、亚油酸、神经酸，归于脂肪酸含量因子；第 2 主成分主要反映百粒重和出仁率，可归于产量因子；第 3 主成分中蛋白质和含油率分值较大，可归于经济因子；第 4 主成分代表种仁中可溶性糖含量及淀粉含量，可归于含糖量因子；第 5 主成分代表了每果种子数、出仁率和单果质量。

表 5-64　主成分在不同评价指标上的因子载荷矩阵

| 评价指标 | 主成分 | | | | |
|---|---|---|---|---|---|
| | $F_1$ | $F_2$ | $F_3$ | $F_4$ | $F_5$ |
| 单果质量 | 0.632 | −0.197 | −0.366 | −0.286 | −0.464 |
| 出籽率 | −0.743 | 0.377 | 0.152 | −0.357 | −0.265 |
| 每果种子数 | 0.560 | −0.647 | −0.188 | 0.035 | 0.418 |
| 百粒重 | −0.010 | −0.859 | 0.314 | 0.282 | 0.034 |
| 出仁率 | −0.252 | 0.786 | 0.242 | −0.066 | 0.431 |
| 种仁含油率 | 0.397 | 0.279 | −0.725 | −0.174 | 0.263 |
| 蛋白质含量 | 0.373 | 0.030 | 0.758 | 0.114 | 0.033 |
| 可溶性糖含量 | 0.435 | 0.473 | 0.082 | 0.711 | −0.183 |
| 淀粉含量 | 0.636 | 0.418 | −0.296 | 0.557 | −0.090 |
| 油酸 | −0.882 | −0.118 | −0.248 | 0.319 | 0.013 |
| 亚油酸 | 0.857 | 0.283 | 0.206 | −0.308 | 0.077 |
| 神经酸 | 0.850 | 0.019 | 0.324 | −0.246 | −0.076 |

用 $F_1$、$F_2$、$F_3$、$F_4$、$F_5$ 分别代表这 5 个主成分，根据因子得分的系数矩阵和方差贡献率，可得出各主成分以及综合评价的函数表达式为：

$F_1 = 0.142X_1 - 0.167X_2 + 0.126X_3 - 0.002X_4 - 0.057X_5 + 0.089X_6 + 0.084X_7 + 0.098X_8 + 0.143X_9 - 0.198X_{10} + 0.192X_{11} + 0.191X_{12}$；

$F_2 = -0.078X_1 + 0.149X_2 - 0.256X_3 - 0.340X_4 + 0.311X_5 + 0.110X_6 + 0.012X_7 + 0.187X_8 + 0.166X_9 - 0.047X_{10} + 0.112X_{11} + 0.008X_{12}$；

$F_3 = -0.209X_1 + 0.087X_2 - 0.107X_3 + 0.179X_4 + 0.138X_5 - 0.413X_6 + 0.432X_7 + 0.047X_8 - 0.169X_9 - 0.142X_{10} + 0.117X_{11} + 0.185X_{12}$；

$F_4 = -0.203X_1 - 0.252X_2 + 0.025X_3 + 0.200X_4 - 0.047X_5 - 0.124X_6 + 0.081X_7 + 0.504X_8 +$

$0.395X_9+0.226X_{10}-0.219X_{11}-0.174X_{12}$；

$F_5=-0.602X_1-0.344X_2+0.542X_3+0.044X_4+0.559X_5+0.341X_6+0.043X_7-0.237X_8-0.116X_9+0.016X_{10}+0.100X_{11}-0.098X_{12}$；

根据 $F_{总}=37.106\%\times F_1+21.057\%\times F_2+14.617\%\times F_3+11.759\%\times F_4+6.424\%\times F_5$，得到各授粉组合种实品质综合评价总得分（表 5-65）。

**表 5-65　不同授粉组合种实主成分总得分**

| 授粉组合（♀×♂） | 各主成分得分 | | | | | 总得分 $F_{总}$ |
|---|---|---|---|---|---|---|
| | $F_1$ 值 | $F_2$ 值 | $F_3$ 值 | $F_4$ 值 | $F_5$ 值 | |
| 10×15 | 7.658 | -9.839 | 11.935 | -4.020 | 33.573 | 4.198 |
| 10×16 | 9.061 | -12.220 | 10.637 | -3.448 | 34.182 | 4.134 |
| 10×119 | 4.759 | -7.872 | 8.848 | -5.318 | 30.145 | 2.713 |
| 10CK | 5.078 | -7.519 | 13.663 | -5.006 | 29.412 | 3.599 |
| 14×10 | 4.063 | -4.651 | 4.785 | -6.512 | 31.205 | 2.467 |
| 14×15 | 7.241 | -8.907 | -0.484 | -7.784 | 23.076 | 1.308 |
| 14×16 | 3.727 | -4.924 | 2.895 | -6.386 | 32.451 | 2.103 |
| 14×MP | 8.737 | -2.926 | 0.494 | -11.110 | 27.168 | 3.137 |
| 14CK | 5.364 | -7.838 | 2.131 | -6.757 | 28.350 | 1.678 |
| 15×10 | 8.752 | -14.929 | 5.756 | -6.131 | 20.501 | 1.541 |
| 15×16 | 7.402 | -15.414 | 2.649 | -8.257 | 19.944 | 0.199 |
| 15×MP | 5.809 | -12.516 | 6.186 | -7.732 | 16.939 | 0.603 |
| 15CK | 8.661 | -16.640 | 8.278 | -5.063 | 17.448 | 1.445 |
| 16×10 | 7.166 | -8.452 | 4.936 | -5.199 | 30.044 | 2.920 |
| 16×14 | 5.707 | -6.159 | 10.791 | -5.782 | 30.211 | 3.659 |
| 16×15 | 5.629 | -8.408 | 9.600 | -8.350 | 27.191 | 2.487 |
| 16CK | 6.254 | -1.443 | 12.938 | -8.781 | 31.506 | 4.899 |

由表可知，以 10 号无性系为母本，10×16 组合 $F_1$ 值和 $F_5$ 值均高于其余授粉组合，说明 16 号无性系对 10 号无性系的脂肪酸含量和每果种子数、单果质量、出仁率方面影响较大。而 $F_3$ 值最高的组合是 10CK，说明人工授粉组合对母本种仁蛋白质和含油率方面改善不明显。总得分排序为 10×15>10×16>10CK>10×119，说明 15 号无性系对 10 号无性系种实品质改善最明显。以 14 号无性系为母本，14×MP、14×15 组合 $F_1$ 值高于其余授粉组合，说明这两者对母本脂肪酸含量改善较大。14×16 组合 $F_5$ 值最高，说明 16 号无性系提高了母本每果种子数、单果质量及出仁率。总得分最高的是 14×MP 组合，说明混合授粉对 14 号无性系的种实品质改善最全面。交互授粉组合中总得分排序为 14×10>14×16>14×15，为 1.308~2.467。以 15 号无性系为母本，15×10 组合 $F_1$ 值和 $F_5$ 值均高于其余授粉组合，说明 10 号无性系对 15 号无性系的脂肪酸含量及每果种子数、单果质量、出仁率方面影响

较大。$F_3$值最高的是15CK，说明其余无性系作父本，未改善母本的种仁含油率和蛋白质含量。各授粉组合总得分排序为15×10>15CK>15×MP>15×16。以16号无性系为母本，$F_2$、$F_3$、$F_5$值均是16CK最大，总得分排序为16CK>16×14>16×10>16×15，说明14号、10号、15号无性系作父本均未改善16号无性系的种实品质。

## 5.4 植物生长调节剂和营养元素对文冠果开花结实的影响

### 5.4.1 喷施6-BA和$GA_3$对开花和坐果的影响

试验地概况及试验材料同3.2.1.1。基于外部形态和内部结构对应结果，选择在2018年的文冠果花序伸长期（显微观察雌雄蕊对应另一性器官败育发生在花序伸长期向蕾期过渡时期），对21株文冠果进行6-BA和$GA_3$两种植物生长调节剂喷施处理，试验设计见表5-66。共7个处理，单株重复，每处理3个重复。随机选取每棵试验树东西南北各2个结果母枝，每个处理共24个，用于结果母枝上各性状（顶侧花序长度、花序基部抽生枝条数、雌雄花数量、坐果率）和果实品质的观测。在花序刚伸长时（3月30日）进行整株喷施，喷施剂量以花序、枝条表面充分湿润，药液开始下滴为度。喷施后观察结果母枝上各性状生长动态，测定顶、侧花序营养物质含量的变化。4月3日，测量每个挂牌结果母枝上顶、侧花序的长度。4月17日盛花期时，统计每个挂牌结果母枝上混合芽、花芽和叶芽的数量，计算混合芽的比例［混合芽比例=混合芽数量/（混合芽数量+花芽数量+叶芽数量）×100%］。统计每个顶、侧花序基部抽生的新梢数，顶花序上的总花数、雌雄花数，计算每个结果母枝顶花序上雌能花的比例和雄能花的比例（雌能花比例=雌能花数/总花数×100%）。

表5-66 喷施植物生长调节剂试验设计

| 处理 | Ⅰ | Ⅱ | Ⅲ | Ⅳ | Ⅴ | Ⅵ | CK |
|---|---|---|---|---|---|---|---|
| 植物生长调节剂 | 6-BA | 6-BA | 6-BA | $GA_3$ | $GA_3$ | $GA_3$ | 清水 |
| 浓度（mg/L） | 160 | 240 | 320 | 50 | 100 | 150 | 0 |

喷施植物生长调节剂6-BA和$GA_3$之后，对顶、侧花序的长度、基部抽生的新枝条数、雌能花比例、雄能花比例的影响结果见表5-67。植物生长调节剂对于文冠果开花和最终的坐果有一定的影响，花序的长短间接反映了花朵数量的多少。不同处理对顶花序长度的影响与对照相比均有显著差异，其中处理Ⅴ（$GA_3$ 100mg/L）影响最大，达到了24.77mm，相比对照增加了约50%，各处理之间差异不显著。6-BA各处理对侧花序的长度有显著影响，处理Ⅰ（6-BA 160mg/L）、处理Ⅱ（6-BA 240mg/L）和处理Ⅲ（6-BA 320mg/L）相比对照分别增加了45.95%、46.95%和31.27%。$GA_3$各处理相比对照差异不显著。相比对照组花序基部抽生的新枝条数量，各处理下顶花序抽生新枝条数均有所增加，说明用6-BA和$GA_3$喷施处理能促进文冠果花序基部抽出新枝条。其中处理Ⅲ和Ⅵ（$GA_3$ 150mg/L）与对照差异显著，其余差异不显著。但顶花序基部抽生的新枝条数在6-BA

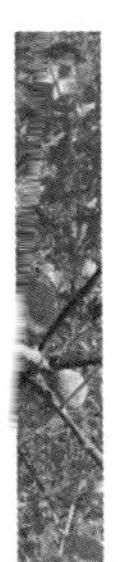

**表 5-67　植物生长调节剂对文冠果开花和坐果的影响**

| 处理 | 花序长度（mm） | | 抽生新枝条数量（个） | | 顶花序总花数（个） | 顶花序雌能花比例（%） | 顶花序雄能花比例（%） | 顶芽坐果率（%） | 结果母枝混合芽比例（%） |
|---|---|---|---|---|---|---|---|---|---|
| | 顶花序 | 侧花序 | 顶芽 | 侧芽 | | | | | |
| Ⅰ 6-BA160mg/L | 22.49±2.44a | 14.61±1.84a | 2.95±0.33ab | 0.82±0.09ab | 40.21±0.61c | 71.46±0.37a | 28.54±0.37e | 38.02±0.59d | 69.32±3.60a |
| Ⅱ 6-BA240mg/L | 22.00±0.76a | 14.71±1.11a | 3.27±0.41ab | 0.80±0.10ab | 43.13±1.69ab | 70.48±0.21abc | 29.52±0.21cde | 40.87±0.94c | 72.23±0.68a |
| Ⅲ 6-BA320mg/L | 23.30±0.26a | 13.14±0.50ab | 3.47±0.07a | 0.63±0.07b | 45.97±0.97a | 68.94±0.49cd | 31.06±0.49bc | 40.69±0.23c | 55.33±1.34bc |
| Ⅳ $GA_3$ 50mg/L | 22.86±0.11a | 10.37±0.02bc | 2.83±0.05ab | 0.67±0.14b | 45.17±0.24ab | 64.79±0.84e | 35.22±0.84a | 42.82±0.23b | 56.66±1.38bc |
| Ⅴ $GA_3$ 100mg/L | 24.77±0.05a | 11.46±0.36bc | 3.03±0.38ab | 1.09±0.22a | 45.53±0.99a | 69.67±0.87bcd | 30.33±0.87bcd | 43.66±0.71ab | 60.10±1.07b |
| Ⅵ $GA_3$ 150mg/L | 23.26±0.32a | 12.55±0.45abc | 3.55±0.20a | 1.01±0.07ab | 45.65±0.12a | 71.28±0.10ab | 28.72±0.10de | 44.70±0.28a | 52.62±0.23c |
| CK 清水 | 16.48±1.31b | 10.01±0.07c | 2.43±0.33b | 0.65±0.05b | 42.35±0.84bc | 68.55±0.05d | 31.45±0.05b | 38.27±0.68d | 56.27±0.22bc |

注：不同字母代表差异显著（$p<0.05$）。

和 $GA_3$处理下，均随浓度增大而增加。而对于侧花序抽生的新枝条数量，处理Ⅴ的效果最好（1.09 个），比对照（0.65 个）增加了 67.69%。

$GA_3$处理对顶花序的总花数影响与对照相比差异均显著，且随浓度增加而增大。6-BA 处理下，顶花序的总花数随处理浓度增加依次增加，处理Ⅲ时为 45.97，显著高于对照（42.35）。除了处理Ⅲ和处理Ⅴ顶花序雌能花的比例与对照差异不显著外，其他各处理均比对照显著增加，效果最好的为处理Ⅰ，比对照显著增加 4.24%。处理Ⅳ（$GA_3$ 50mg/L）对雄能花的比例影响显著，较对照显著提高 11.99%。除处理Ⅰ坐果率略低于对照之外，其余各处理的坐果率均显著高于对照，其中处理Ⅵ（$GA_3$ 150mg/L）效果最好，为 44.7%，比对照增加了 16.8%，且随 $GA_3$浓度的增加，坐果率逐渐增大。处理Ⅱ的混合芽比例为 72.23%，较对照增加了 28.36%，其次为处理Ⅰ效果较好，为 69.64%，比对照增加了 23.76%，其他各处理与对照相比差异不显著。

### 5.4.2 喷施 6-BA 和 $GA_3$对花序碳氮营养的影响

试验地概况及试验材料同 3.2.1.1。采集每棵试验树结果母枝上顶、侧花序，侧花序取枝条形态学下端第 3~5 个，采集方法如图 5-92 所示，a1+a2+a3 为取样的一个重复，取 a、b、c 三个重复。样品放入冰盒带回实验室，在烘箱内 105℃杀青，80℃烘干至恒重，过筛粉碎后于通风阴凉处放置保存，用于碳氮营养物质（可溶性糖、淀粉、蛋白质）的测定。

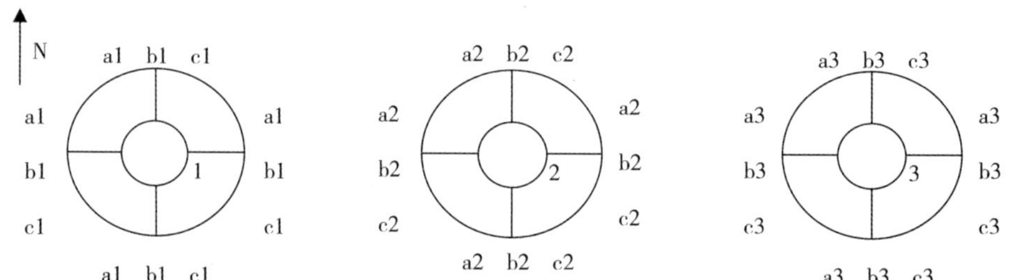


**图 5-92 测定营养物质样品的采集方法**

注：1、2、3 表示每个处理的 3 棵树。

植物生长调节剂对顶、侧花序内碳氮营养含量的影响见图 5-93。由结果可以看出，相比对照，顶花序中可溶性糖的含量均不同程度的减少，其中处理Ⅵ（$GA_3$ 150mg/L）的差异最显著，为 3.83%，比对照低了 53.18%，其次为处理Ⅳ（$GA_3$ 50mg/L）和处理Ⅴ（$GA_3$ 100mg/L），分别比对照少 39.24%和 38.63%。分析可能是由于此处理增加了顶花序的总花数和雌能花的数量，因此，需要吸收大量的可溶性糖来满足雌能花的正常生长发育。$GA_3$对侧花序可溶性糖的影响，除了处理Ⅳ相比对照显著增加以外，处理Ⅴ和处理Ⅵ相比对照均减少，且随 $GA_3$浓度增大，可溶性糖含量降低。

各处理下淀粉的含量均低于对照组，可能由于花生长发育对可溶性糖的吸收促进了淀粉向可溶性糖的转化。6-BA 处理下，处理Ⅰ（6-BA 160mg/L）顶、侧花序中淀粉含量最高，分别为 0.94%和 1.03%，顶花序和侧花序中淀粉含量均随 6-BA 浓度的增加而降低，

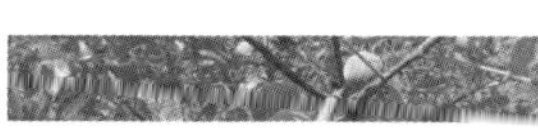

其中侧花序处理Ⅲ最低，为 0.54%，仅为对照（1.13%）的 47.79%。$GA_3$处理下，浓度 100mg/L 时顶花序中淀粉含量最高，为 0.98%；侧花序中淀粉含量随 $GA_3$浓度增加呈递增趋势，最高为 1.03%。

各处理对顶花序中蛋白质含量均有显著影响，与对照相比差异均显著，其中顶花序和侧花序在 6-BA 处理下，蛋白质含量随浓度升高逐渐增加，最高为处理Ⅲ（6-BA 320mg/L），分别为 36.35%和 34.42%，相比对照分别高 28.26%和 10.96%。$GA_3$处理下，100mg/L 时蛋白质含量最高，顶、侧花序分别为 36.56%和 31.95%，分别比对照高 29%和 3%。

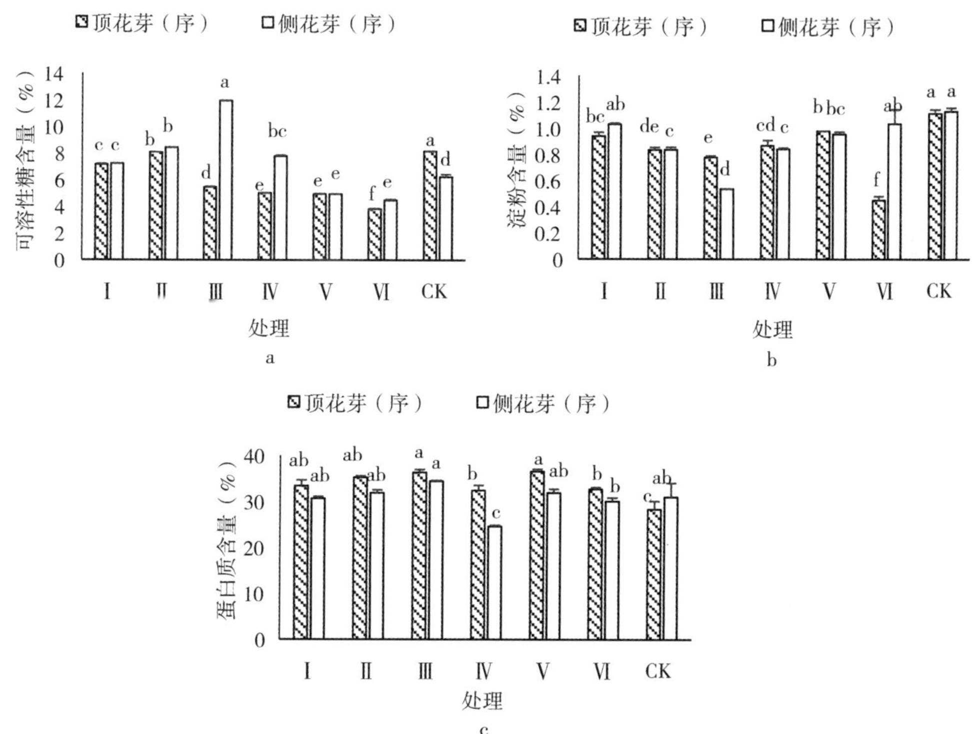


**图 5-93　植物生长调节剂处理下顶、侧花序中碳氮营养含量**

注：a. 顶、侧花序中可溶性糖含量；b. 顶、侧花序中淀粉含量；c. 顶、侧花序中蛋白质含量。

### 5.4.3　喷施 6-BA 和 $GA_3$对果实品质的影响

植物生长调节剂 6-BA 和 $GA_3$对果实和种子品质的影响见图 5-94。由图 5-94 可以看出，喷施植物生长调节剂对果实的横、纵径均产生不同程度的影响，其中果实横径随 6-BA 浓度的增加变小，处理Ⅰ（6-BA 160mg/L）的效果最好，为 58.43mm，比对照大 8.75mm；但随着 $GA_3$浓度的递增，果实的纵径呈减小趋势，效果最好的为处理Ⅳ（$GA_3$ 50mg/L），果实纵径为 57.09mm，相比对照大 5.87mm；果实横、纵径代表了果实体积的大小。处理Ⅰ和处理Ⅳ果实的体积最大，效果最好。除了处理Ⅴ（$GA_3$ 100mg/L）单果重量显著低于对照，其他处理的单果重量均显著高于对照，最显著的为处理Ⅱ（6-BA 240mg/L），单果重量达到 69.66g，相比对照高 26.79%；其次为处理Ⅳ，为 67.92g，比对照高 23.63%。处理Ⅱ对果皮厚度的影响最显著，厚度达到 5.85mm，相比对照厚 0.83mm，显著高于对照，除了处理Ⅴ果皮厚度显著低于对照组外，其他处理与对照相比没有显著差异。处理Ⅱ和处理Ⅳ下果皮重量显著高于对照，分别达到了 47.13g 和 42.22g，与对照相比分别增加了 13.26g 和 8.35g。

从单果种子重来看，除了处理Ⅱ和处理Ⅴ对种子重量无影响外，其他各处理均有显著影响。其中影响最显著的为处理Ⅰ，单果种子重量为 28.23g，比对照高 7.15g；其次为处理Ⅳ，为 27.16g，高出对照 6.08g。出籽率在处理Ⅰ最高，达到 47.17%，显著高出对照 20.79%，而处理Ⅱ出籽率最低，与对照相比低 14.93%；在 $GA_3$各处理下，出籽率均高于对照，且随 $GA_3$浓度的增加，出籽率依次增加，最高达到 43.17%。各处理下，除了处理Ⅵ（$GA_3$ 150mg/L）略低于对照之外，其余处理单果种子数均高于对照，但差异不显著，其中 $GA_3$处理时，随 $GA_3$浓度的增加逐渐减少。除了处理Ⅱ、处理Ⅲ（6-BA 320mg/L）和处理Ⅴ之外，其他各处理对种子百粒重的影响均有显著差异，最高的为处理Ⅰ

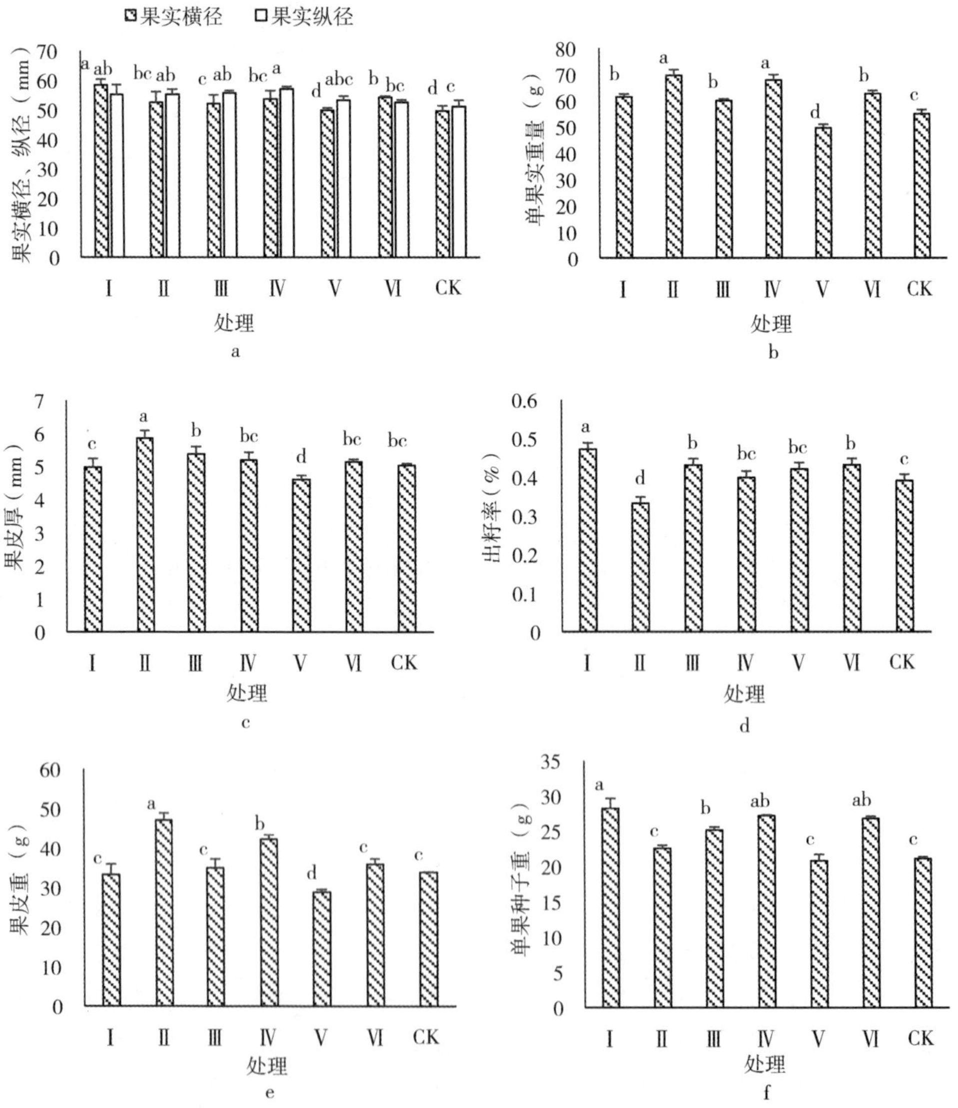

果实横径 果实纵径

果实横径、纵径（mm）

处理

a

单果实重量（g）

处理

b

果皮厚（mm）

处理

c

出籽率（%）

处理

d

果皮重（g）

处理

e

单果种子重（g）

处理

f

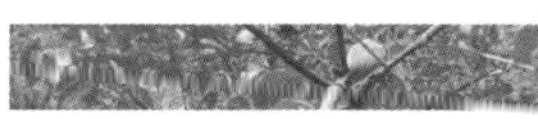

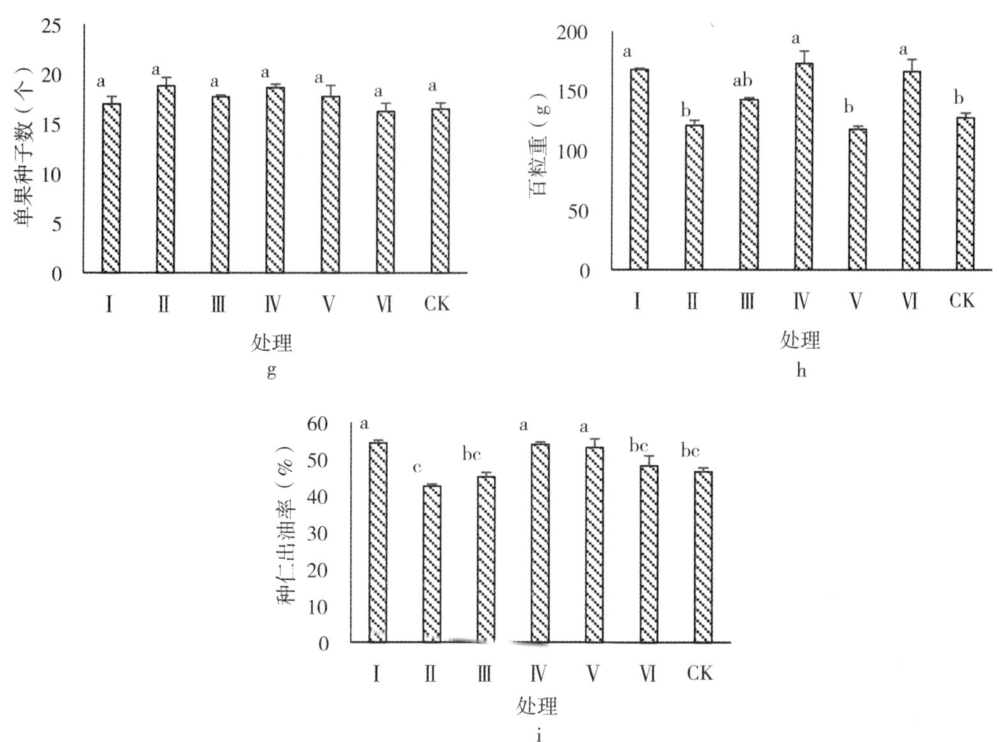


**图 5-94　植物生长调节剂处理对果实和种子品质的影响**

注：不同小写字母代表差异显著（$p<0.05$）。

（167.64g），其次为处理Ⅵ，为 166.45g，比对照分别高 40.2g 和 39.01g。6-BA 处理下，仅处理Ⅰ的种仁出油率显著高于对照（46.56%），为 54.39%；而 $GA_3$ 各处理均高于对照，但随 $GA_3$ 浓度的增加，种仁出油率逐渐下降。

## 5.4.4　喷施蔗糖对雌能花比例和坐果率影响

试验地位于内蒙古赤峰市阿鲁科尔沁旗天山镇，北纬 43°53′24″，东经 120°16′48″。属中纬度温带半干旱大陆性季风气候。试验材料为文冠果种植园的 4 年生文冠果植株。材料在树高、胸径、冠幅、树势、树形等方面基本一致，且为健康无病虫害，并已经进入结果期。在种植园内挑选 15 株进行喷蔗糖试验，采用随机区组试验设计，分别在萌芽前期（3 月中旬）、花芽初萌期（4 月初）、花序伸长期（4 月中下旬）进行，每个时期挑选 5 棵树喷施蔗糖溶液，每棵树选 21 个枝进行 3 组重复。设置 0.1%、0.3%、0.5%、0.7%、1.0%和 1.5%共 6 个浓度梯度，以喷施清水为对照，遇雨补喷。文冠果会经历两次落果高峰，第 1 次落果可能与授粉受精不良有关，第 2 次落果主要与营养不足有关，从而导致文冠果最终坐果率很低，因此，为了反映蔗糖和硼酸在不同时期所起到的作用，本试验分别在第 1 次落果（5 月 25 日）、第 2 次落果（6 月 7 日）和采摘时期（7 月 29 日）进行 3 次坐果率的调查统计。在花期进行花性及花量的调查统计，并在采摘时统计单枝结果数量；采摘后对果实横纵径、单果重、单果种子数、单果种子重进行测量及统计；计算雌能花比例、单枝产量以及坐果率等指标。其中花序雌能花比例=雌能花数量/花序总花量，枝雌能花比例=雌能花数量/单枝总花量，坐果率=结果数/雌能花数量。

如图 5-95 显示，在文冠果花芽初萌期喷施蔗糖溶液对花序雌能花比例以及单枝雌能花比例的提高效果最好。对于花序雌能花比例来说，在花芽初萌期和花序伸长期喷施均比在萌动前喷施效果好，雌能花比例分别显著提高了 11.6%和 5.9%，在花芽初萌时喷施比花序伸长期喷施提高了 5.4%，但差异不显著；对于单枝雌能花比例而言，花芽初萌时喷施分别比花序伸长期喷施和萌动前喷施提高了 56.5%和 66.7%，差异显著，而萌动前喷施和花序伸长期喷施之间无显著差异。

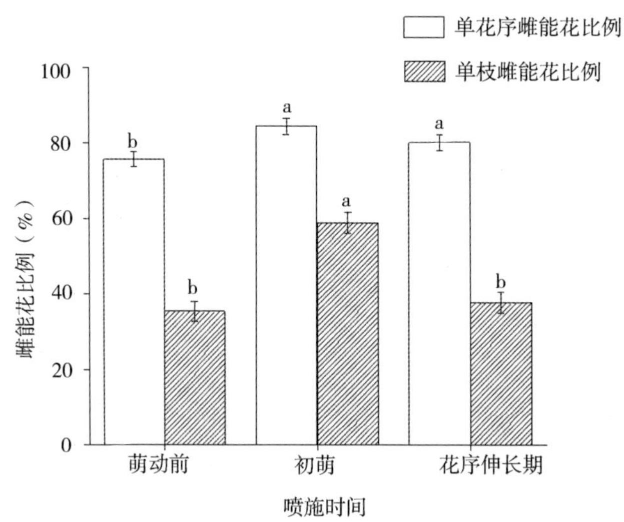


**图 5-95　蔗糖喷施时间对雌能花比例的影响**

注：不同字母代表 0.05 水平差异显著。下同。

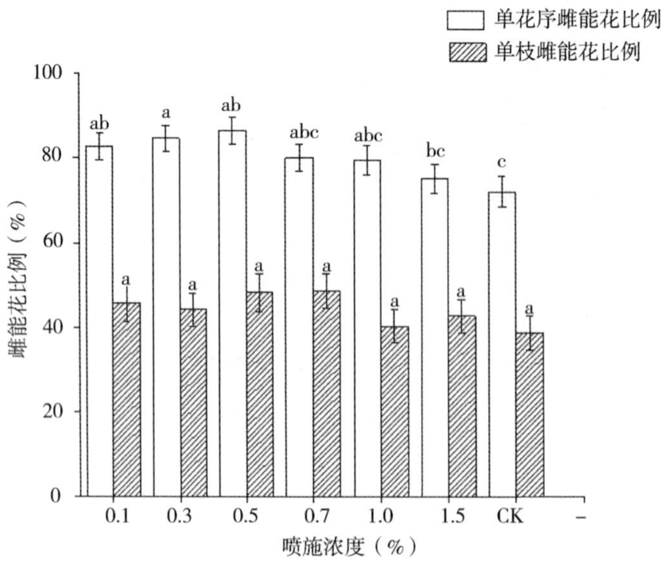


**图 5-96　蔗糖喷施浓度对雌能花比例的影响**

由图 5-96 可知，喷施不同浓度的蔗糖溶液对花序雌能花比例影响显著。随着喷施浓度的升高，花序雌能花比例呈先上升后下降的趋势。在浓度为 0.5%时达到最大值 86.5%，喷施浓度为 0.1%、0.3%和 0.5%蔗糖溶液相比于清水对照，分别提高了 14.7%、17.5%和 20.0%，差异显著。此外，喷施浓度为 0.3%和 0.5%的蔗糖溶液分别比喷施浓度为 1.5%的蔗糖溶液显著提高了 12.6%和 15.0%，而不同浓度的蔗糖溶液之间对单枝雌能花比例没有显著影响。

由图 5-97 可知，在第 1 次坐果率调查中，花芽初萌期和花序伸长期喷施蔗糖溶液比萌动前喷施坐果率分别显著提高了 24.0%和 22.5%。第 2 次坐果率调查则分别显著提高了 18.3%和 21.1%。在第 3 次坐果率统计中，各喷施时期对坐果率的影响没有显著差异。

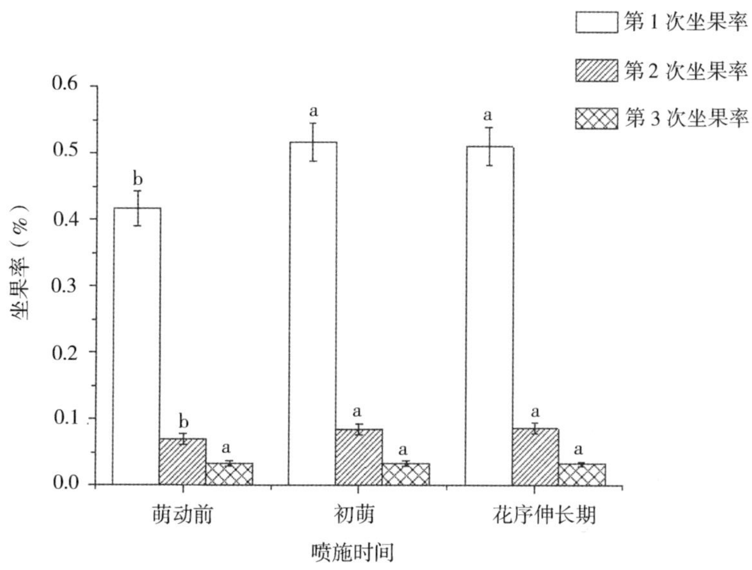


**图 5-97　蔗糖喷施时间对坐果率的影响**

由图 5-98 可知，综合 3 次坐果率调查统计数据，喷施 0.3%浓度的蔗糖溶液效果最好，除 0.1%浓度处理外，随着喷施浓度的增加，坐果率均呈下降的趋势。第 1 次坐果率统计中，0.1%~1.0%浓度处理相对于清水对照都有提高作用，其中 0.3%浓度处理的坐果率最高可达 58.6%，比清水对照显著提高了 35.3%。浓度为 1.5%时坐果率最低为 39.3%。喷施浓度为 0.1%、0.3%和 0.5%的花朵坐果率分别比 1.5%提高了 33.1%、49.1%和 30.0%。第 2 次坐果率统计中，喷施浓度为 0.3%时坐果率最高可达 11%，与 1.0%、1.5%和清水对照相比，坐果率分别显著提高了 66.7%、120.0%和 86.4%。喷施浓度为 0.5%时坐果率可达 10.9%，分别与 1.0%、1.5%和清水对照相比，坐果率分别显著提高了 65.2%、118.0%和 84.7%。喷施浓度为 1.5%时坐果率最低为 5.0%。第 3 次坐果率统计中，喷施浓度为 0.3%时坐果率最高为 5.0%，显著高于其他浓度和清水对照，且相比于清水对照提高了 51.5%，效果显著，其他浓度间没有显著差异。

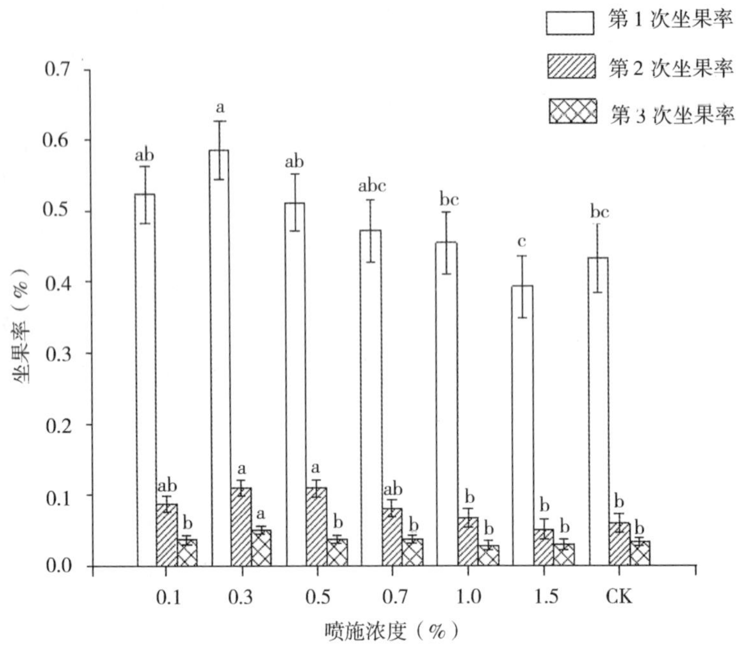


图 5-98　蔗糖喷施浓度对坐果率的影响

## 5.4.5　喷硼对坐果率和果实品质的影响

在园内挑选4文冠果植株15株进行喷硼试验，采用随机区组试验设计，喷施时间分别为花序伸长期（4月中下旬）、初花期（5月上旬）、盛花期（5月中下旬），每个时期分别挑选5棵树液，单株重复，每棵树选21个枝进行3组重复。设置0.05%、0.1%、0.2%、0.3%、0.4%和0.5% 6个浓度梯度。以喷施清水为对照，遇雨补喷。

由图5-99可知，3次坐果率统计结果显示，在盛花期喷施硼酸比在开花期和初花期喷施效果好。第1次坐果率统计中，盛花期喷施坐果率可达24.9%，比开花前和初花期喷施坐果率分别提高了20.3%和18.0%，但效果不显著。第2次坐果率统计中，盛花期喷施坐果率可达16.9%，比开花前和初花期喷施坐果率分别提高了1.64和18.53倍，效果显著。第3次坐果率统计中，盛花期喷施坐果率可达6.1%，比开花前和初花期喷施坐果率分别提高了64.9%和69.4%，效果显著。

由图5-100的3次坐果率结果显示，坐果率随着喷施浓度的增加呈先上升后下降的趋势，且0.2%~0.3%的喷施浓度对坐果率的提高效果最好，低浓度处理后坐果率显著高于高浓度处理。第1次坐果率统计中，喷施浓度为0.1%~0.3%的坐果率均显著高于清水对照及0.5%的喷施浓度，喷施浓度为0.3%时坐果率最大可达26.6%，比清水对照显著高出46.2%，同时比喷施浓度为0.5%的坐果率显著高出55.6%。第2次坐果率统计中，喷施浓度为0.05%~0.3%时的坐果率显著高于清水对照，且喷施浓度为0.2%时坐果率最大（13.1%），比清水对照显著高出84.5%，比0.5%的喷施浓度高出42.4%。第3次坐果率统计中，喷施浓度为0.2%~0.3%时的坐果率也显著高于清水对照，喷施浓度为0.2%时

坐果率最高，为 5.6%，比清水对照显著高出 47.4%，同时比 0.5%喷施浓度显著高出 124.0%。

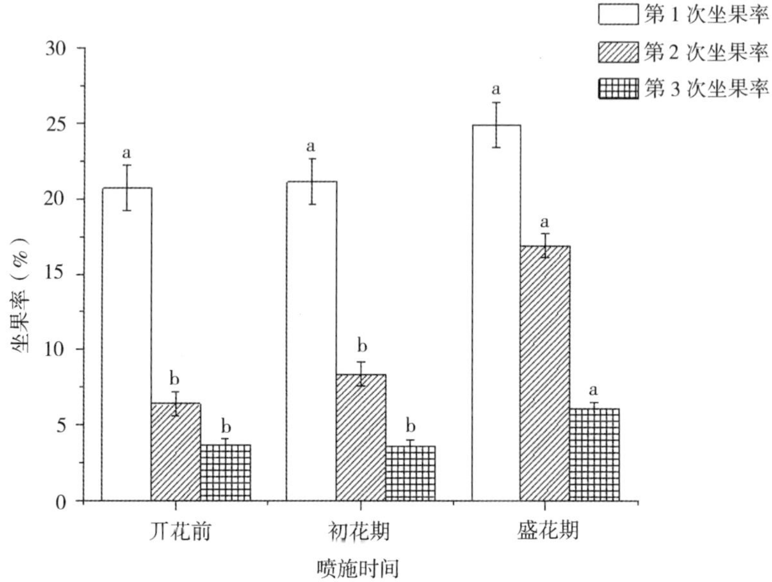


**图 5-99　硼酸喷施时间对坐果率的影响**

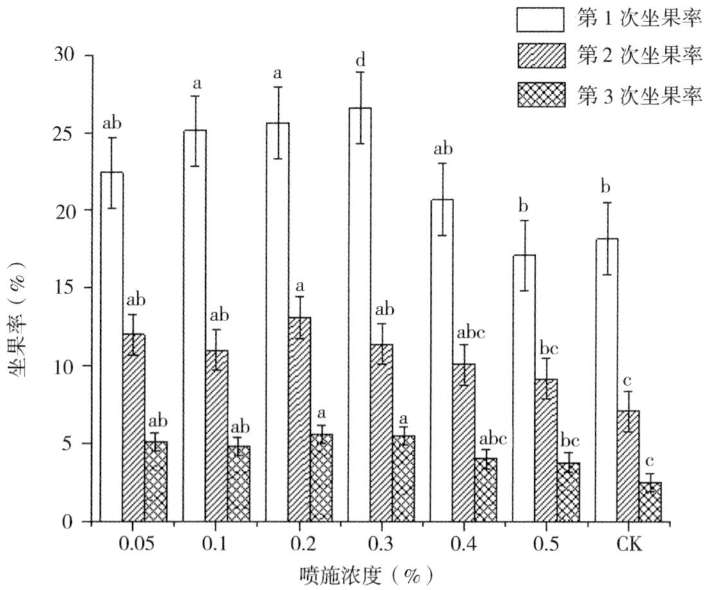


**图 5-100　硼酸喷施浓度对坐果率的影响**

果实品质方面如图 5-101 显示，盛花期喷硼对果实品质各个指标的影响均显著优于开花前和初花期喷施。其中由图 5-101-a 可知在盛花期喷硼果实的横径和纵径可达 55.6mm 和 43.2mm，与初花期喷施相比，分别显著高出 67.0%和 35.1%，与开花前喷施相比，分别显著高出 120.8%和 55.1%。由图 5-101-b 至 5-101-d 可知，在盛花期喷施硼酸，平均单果重可达 44. 98g，平均种子数可达 23，单枝产量可达 38. 2g，以上各项指标分别比开花前喷施显著高出了 50. 9%、152. 2%和 93. 5%，比初花期喷施显著高出了 57. 6%、52. 5%和 137. 6%。

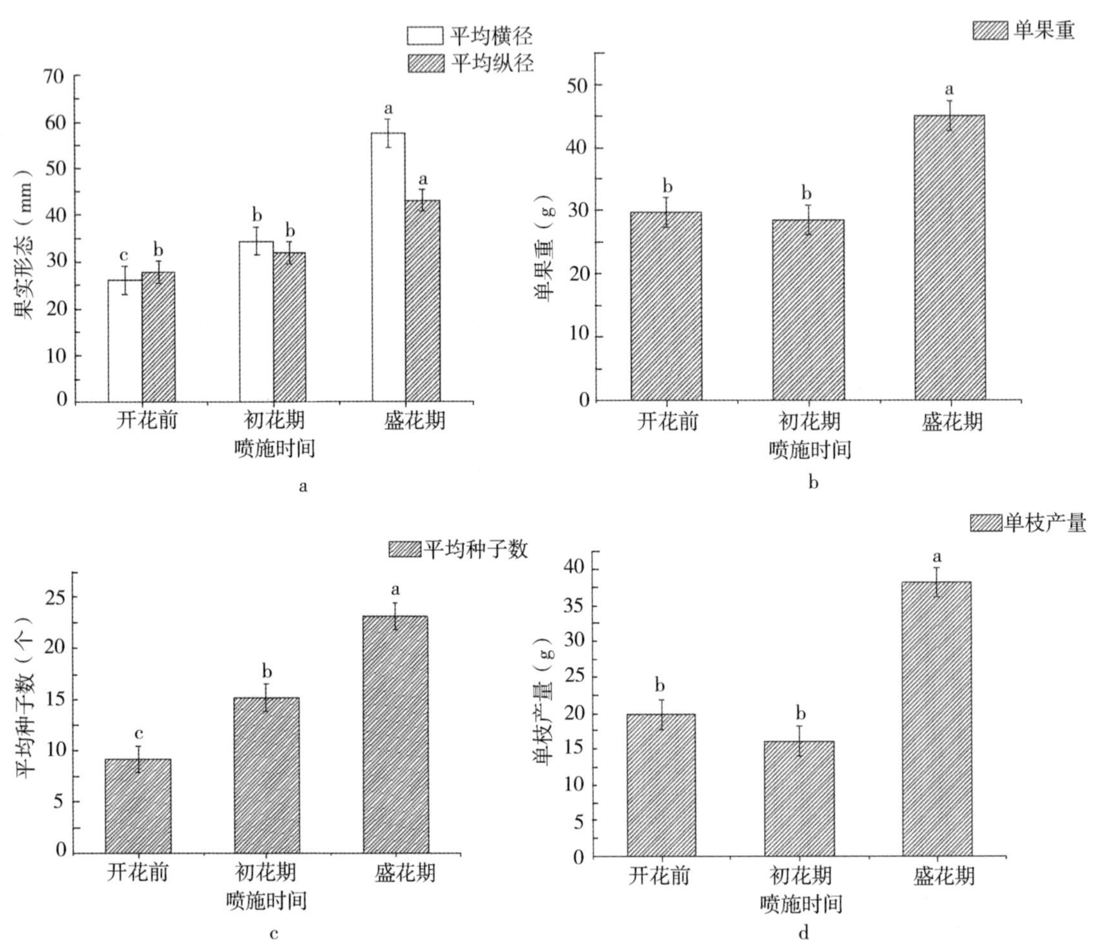


**图 5-101　不同时期喷施硼酸对果实品质的影响**

由图 5-102 显示，随着硼酸喷施浓度的增加，果实品质各指标均呈先上升后下降的趋势。图 5-102-a、5-102-b 及 5-102-d 中，在喷施浓度为 0. 2%时，果实的横径、纵径可达最大值 73. 56mm 和 56. 13mm、单果重可达最大值 57. 39g、单枝产量可达最大值 52. 39g，以上各项指标分别显著高于清水对照 83. 9%、81. 3%、61. 3%和 119. 4%。喷施浓度为 0. 1%时，平均种子数达到最大值（图 5-102-c），但与对照和其他浓度相比影响均不显著。

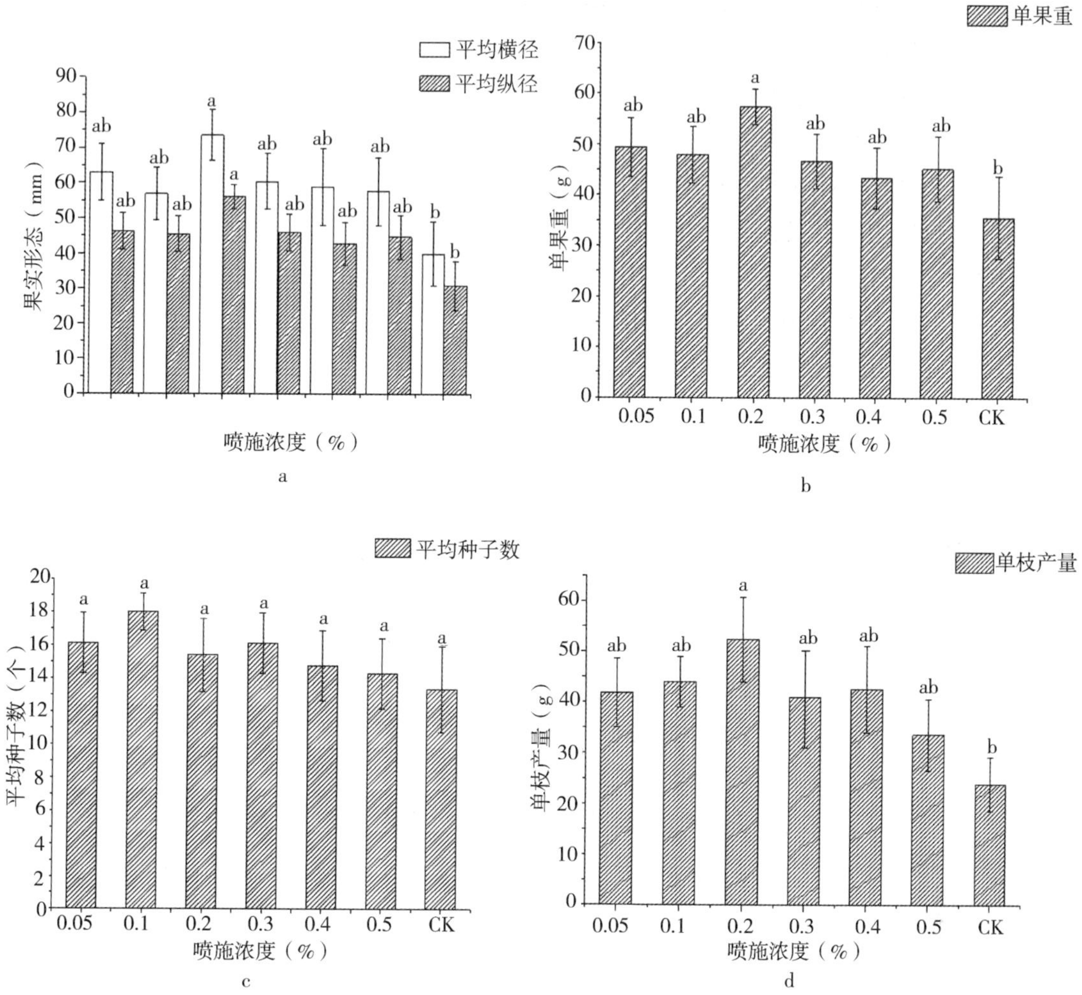

图 5-102　不同浓度的硼酸溶液对果实品质的影响

# 5.5　小结与讨论

## 5.5.1　叶幕微气候对生长发育和产量的影响

叶幕微气候的年变化规律：不同月份各区域的叶幕微气候均存在极显著差异，其中，7~8 月的平均光照强度、温度和相对湿度均最高。南上层外侧的年均光照强度和温度最高，北下层内侧的相对湿度最高。

叶幕微气候的日变化规律：8：00~15：00 各区域的光照强度和温度均先持续增加，再逐渐下降；而相对湿度从早到晚均逐渐减小。

不同叶幕区域微气候的变化规律：不同方位上，光照强度在 1~4 月、11~12 月均呈现上层外侧>上层内侧>下层外侧>下层内侧的变化趋势，5~10 月呈现上层外侧>下层外侧>上层内侧>下层内侧的趋势，导致这种差异的原因主要是树冠内叶幕对于光的过滤作用，并且随着枝叶量的增多，这种过滤作用明显增大。冠层内受枝叶阻挡，太阳辐射强度不均匀，由此导致不同区域间温湿度的差异。垂直方向上，随着冠层高度增加，树冠内温度增加，湿度降低；水平方向上，树冠外围的温度均高于内膛，湿度分布相反。温度在一整年均呈现上层外侧>上层内侧>下层外侧>下层内侧的变化规律，相对湿度与其相反。

不同叶幕区域物候期的变化规律：文冠果各物候期与年均温度极显著负相关，落叶期和总生长期与年均温度正相关，说明随着温度增加，文冠果的萌芽期、展叶期、花期和果期均呈现提早趋势，而落叶期延后，因此总生长期变长，这与对麻疯树、毛白杨物候期的研究结果相同（王秀荣等，2012；李瑞英等，2014）。文冠果为喜光植物，大部分物候期与年均光照强度极显著负相关，表明随着光照强度的增加，文冠果萌芽、开花、展叶、结实越早。文冠果不同叶幕区域的物候期存在明显差异，其中萌芽期差异最大，为8d；初花期差异最小，为3d。在所有叶幕区域中，南上层外侧的总生长期最长，总花期最短；西下层内侧总生长期最短，花期最长。

不同叶幕区域表型性状的变化规律：本研究表明，文冠果的大部分表型性状与年均光照强度和温度显著或极显著正相关，与相对湿度负相关，表明在光照强、温度高且湿度低的区域，更有利于文冠果的生长发育，其花序长度、雌能花数、枝条长度和基径、果实总产量、种子总数、种子总产量等性状均呈现上层外侧>下层外侧>上层内侧>下层内侧的变化趋势，且东南方向均高于西北方向，与吴尚（2016）、荣贵纯（2017）等的研究结果一致。其原因首先是文冠果顶端优势较强，上层和外侧各区域的营养条件较好，有利于花芽和花朵的生长发育；其次，不同叶幕区域光照强度、温度和相对湿度的显著差异，影响了枝叶量分布和叶片光合作用，从而影响各区域的养分积累，最终导致不同区域表型性状存在明显差异。

不同叶幕区域光合日动态的变化趋势：各物候期内净光合速率均呈现双峰曲线型日变化，峰值分别出现在11：00和15：00，并且在13：00出现“光合午休”现象。光响应曲线的变化趋势：随着光合有效辐射的升高，不同物候期各区域的净光合速率均由负值开始持续增长，达到最大值后维持恒定。文冠果净光合速率与温度显著正相关，与胞间$CO_2$浓度显著负相关（马新，2018；董亚芳，2010）。本研究表明：除光饱和点外，光合参数均呈现上层外侧>下层外侧>上层内侧>下层内侧的变化趋势，且东南方向高于西北方向，与叶幕形成期光照强度的分布规律一致。相关性分析显示，7~8月的叶幕微气候对文冠果光合特性的影响最显著，此时叶幕逐渐形成，叶片的光合性能逐渐增强。研究显示，叶片的光合能力与产量品质性状之间呈正相关关系（许大全，1999）。本研究中，文冠果可孕花数、小叶数量、坐果数、果实总产量、种子总数、种子产量等与各光合参数均显著或极显著正相关，说明在光能适应能力和利用效率均较高的区域，有机物的合成和积累增多，从而更加有利于文冠果的生长开花结实。

### 5.5.2 树体管理研究

枝类组成可以明确地反应各级别枝条间的差异，所以明确的分级标准有利于确定优良

枝类以及合理的树体管理技术的制定。桃树、苹果、梨都研究出了明确的各类枝条的分级标准、高产比值（辛培刚等，1963；韩继成等，2012；孙艳霞等，2012）。本研究得出了文冠果长枝、中枝、短枝、弱枝、中庸枝、壮枝、结果枝的划分标准。发现顶端直径达到7mm 以上、基部直径达到 9mm 以的结果母枝才能有效坐果，这是提出合理修剪方案的基础。

文冠果坐果与结果枝各性状因子间相关性最大的是雌能花数，产量、雌能花数与结果枝顶端直径和基部直径也都呈极显著相关关系，说明文冠果壮枝结果多。因此，修剪中应把弱枝除去以节约养分。文冠果结果与结果母枝上结果枝数呈极显著正相关关系，坐果是以一定的枝条数量为基础。结果母枝单枝平均坐果数和结果枝数与结果母枝的顶端直径和基部直径显著相关。基部直径及顶端直径与枝长的相关性也极显著。文冠果结果枝长度、顶端直径、基部直径代表了结果枝的营养生长水平，而雌能花数量和结果量代表了结果枝的生殖生长水平，所以，研究结果母枝各性状间的相关性为修剪提供了一定的理论依据。

拉枝 60°和 90°枝条的叶片可溶性含量和淀粉含量显著大于 30°和 45°，说明拉枝角度增大，有利于碳素积累，为花芽分化提供营养。开张角度增大后削弱了顶端优势，削弱了枝条的营养生长，减少了光合产物的外运，开张角度较小的枝条更易旺长，代谢较旺，呼吸作用增强，有机物消耗大，碳素的积累就低。氮素由根系吸收向上运输，并且氮素分配受生长中心和蒸腾作用的影响（Millard P. & Proe M. F，1991；Moing Annick *et al.*，1994；Bi G. *et al.*，2005）。拉枝 30°和 45°枝条叶片的氮含量显著大于 60°和 90°，说明拉枝角度的增大不利于氮素积累。可能是因为开张角度小的枝条生长旺盛，形成新的生长中心，蒸腾作用强，氮素在竞争上处于优势，得到积累。枝条开张角度增大后，极性生长削弱，氮素向地上部分运输量也减少。本研究还发现拉枝角度的增大有利于碳氮比的增大。在拉枝 90°时，木质部容易受损，枝条也易老化，不利于长期发展。因此，认为文冠果的最佳拉枝角度是 60°，可较好改善光照通风条件，创造多碳少氮的环境，也不会造成树体早衰，更加有利于促进花芽形成，为实现优质高产。

本研究中，摘心一个半月之后，摘心叶片可溶性糖和淀粉的含量均显著升高。文冠果花芽分化始于 7 月中下旬（敖妍，2012），而可溶性糖可以为花芽分化提供营养，在花芽分化中可以直接被利用，淀粉是能量物质，可以分解成糖，供花芽分化利用。在花芽分化时，首先是碳水化合物在叶片内的积累。因此，文冠果叶片中可溶性糖和蔗糖含量在 7 月31 日之后开始显著高于之前，而摘心也在此时开始发挥作用，显著的提高了叶片中可溶性糖和蔗糖的含量，从而有利于促进花芽分化进程。碳氮比理论认为 C/N 较大时，促进开花，反之，则延迟或不开花（陈建华等，2005）。一定的碳氮比为保证花器官的正常形成所必需（Grasmanis and Leeper，1967）。本研究中，摘心能够达到提高碳氮比、促进花芽形成的效果。

拉枝处理对枝条各部位芽的内源激素以及激素平衡有显著影响。随着拉枝角度的增大，顶部和上部芽的 $GA_3$、IAA、ZT 含量都逐渐减少，而中部和下部芽的含量则是逐渐增多的。ABA 含量呈现相反的趋势。随拉枝角度增大，顶端和上部芽的 $GA_3$/ABA 逐渐降低，中部和下部的比值则逐渐增加。中部和下部芽的 ZT/IAA 逐渐增大。通过拉枝使同一枝条上不同部位芽的内源激素重新分配，使茎顶端组织合成的 IAA 和 $GA_3$通过韧皮部筛管积累与枝条侧芽中，也因为降低了枝条重力势，使根部合成的 ZT 随蒸腾流运输的速度减小，使促进生长的内源激素积累于侧芽，削弱顶端优势（科贝尔，1966；Cameron Ross *et al.*，2003）。本研究中 60°和 90°可有效削弱枝条顶端优势，但在拉枝 90°时，木质部容易受损，枝条也易老化，不利于长期发展。因此，确定最佳拉枝角度是 60°。

刻芽可以使枝条内源激素重新分配，对各部位芽的内源激素有显著影响。使枝条上、中、下部芽 $GA_3$、IAA、ZT 增加，ABA 减少，单刻芽作用高于环刻芽。刻芽会提高生长促进激素的含量，降低生长抑制激素含量，使枝条中、下部芽的 $GA_3$/ABA、ZT/IAA 增大，提高萌芽率和成枝力，单刻芽效果更好。刻芽可以有效削弱文冠果顶端优势。

短截处理对枝条各部位芽的内源激素及激素平衡均有显著影响。随着短截程度的增强，枝条中部和下部芽的 $GA_3$、IAA、ZT 上升。ABA 则呈相反趋势。枝条中部芽的 $GA_3$/ABA 和 ZT/IAA 随着短截程度的增强而逐渐升高，下部芽的 $GA_3$/IAA 逐渐升高，但 ZT/IAA 逐渐降低。虽然随着短截程度的增强，生长促进激逐渐增多，抑制激素逐渐减少，但是中短截与重短截无显著差异，并且在生产上短截程度过重，对母枝的削弱作用也就越大，容易造成剪口萌发旺枝，不易形成良好树形，也会导致进入结果时间较晚。所以，中短截是文冠果最佳短截方法。

拉枝、刻芽、短截可有效提高萌芽率、新梢长度、新梢顶端直径和基部直径。单刻芽、拉枝 60°还显著提高了雌能花数和坐果数。推荐文冠果采用单刻芽、拉枝 60°、中短截的修剪方式。

本研究发现，单位面积留枝量为 18 和 20 的处理坐果率最高，单果重最高，单果内平均种子数最多，单果内平均种子重最大。单位面积留枝量为 8 的处理坐果率最低，单果重最小，单果内平均种子重最小。说明文冠果留枝量过多过少都不利于达到高产。树体留枝量过多会导致营养短缺，叶片光合速率下降，有效碳水化合物明显下降，影响正常的花芽分化及树体稳产高产（张显川等，2007；路超等，2010）。但是留枝量过少也会导致枝叶效能发挥低下，光合效率低，产量下降，果实品质差（Wertheim S. J. *et al.*，2001；李丙智，2005；邹秀华等，2007）。所以文冠果单位面积宜保留 18~20 个枝条。

疏花对叶片氮元素、可溶性糖和淀粉含量均没有显著影响。在花后 39d 至花后 80d，果实处于生长发育期，叶片 N 含量逐渐减少，说明叶片大量输出 N 元素以供应果实生长。生长季末，叶片 N 和 P 含量减少，发生养分回流，为下一年树木生长贮藏营养。不同的疏花处理下，叶片光合产物分配运输和积累没有显著差异，说明疏花虽减少了营养消耗，但是叶片总光合作用并没有受到影响。疏花对不同时期的叶片 P 和 K 含量的影响显著。开花前 14d 疏花，果实采收后 28d 的叶片 P 含量显著高于其他时间疏花。花后 65d 和果实采收后 42d、57d，开花前 14d 疏除 2/3 雄能花使叶片 K 含量显著高于其他处理。疏花对叶片 P 和 K 含量的显著影响有后滞性。最早表现是疏花后 1 个月，疏花强度和疏花时间交互作用对叶片 P 含量有显著影响。此时果实生长旺盛阶段，叶片不断向其输送 P。疏花影响的只

是生长季节内某一特定时期的营养元素含量。疏花时间和疏花强度的交互作用对叶片 K 含量的显著影响在花后 80d 果实成熟时才表现出来，持续至生长季末期。开花前 14d 疏除 2/3 雄能花使果实采收后 42d 的叶片直至凋落时 K 含量显著高于其他处理。与核桃和杏树一样，文冠果 K 在树叶凋落前积累，树木完成所有生理活动且营养富余时，在落叶前营养从其他器官转移至叶片，随叶片凋落归还土壤，发生顺流现象（刘增文等，2009）。

果实生长过程中，果穗基部粗度与果穗上着生果实大小有极显著相关性，说明果穗直径大，挂果能力强。叶片 N 和 P 与果实大小极显著负相关，说明果实成熟前，叶片 N、P 大量输出用于果实生长发育。叶片可溶性糖和淀粉含量与果实大小呈极显著正相关。研究发现花后 41d 至果实成熟，种仁的可溶性糖和淀粉含量逐渐减少（赵翠格，2010）。可见，在果实生长发育阶段，种仁碳水化合物与叶片碳水化合物呈相反变化规律。疏花处理对新梢长度和基径有显著影响，说明减少雄能花节约了树体养分，坐果前营养主要供给新梢，有利于提高最终坐果率。盛花期疏花对提高初始坐果率与最终坐果率的效果最好。疏花能显著促进果实生长。疏花对果实与种子数量与质量无显著影响，可能是因为树龄小，结实性状不稳定。疏花时间和疏花强度的交互效应显著影响种子千粒重和大小。在开花前 14d 轻度疏花的种子最大，开花前 14d 中度疏花的千粒重最大。疏花时间和疏花强度与千粒重、种仁含油率、出籽率与种子大小都为显著负相关。开花前疏花最适宜，能节约树体养分，为果实和种子提供了更多营养，提高含油率和出籽率等性状。

### 5.5.3 授粉树配置

进行授粉树配置时，所选授粉树的花期物候应稍微早于或同步于主栽品种。本研究 5 个无性系雌能花、雄能花盛花期相遇时间较长（5~7d），符合授粉树配置花期一致的要求。文冠果花药不同时散粉，单花花粉量较小，人工收集花粉较难。进行交互授粉时，直接将雄能花新鲜花粉涂抹于雌能花柱头上，可以有效提高授粉效率。花粉储藏方面，不同温度下文冠果花粉储藏时间长短排序为-20℃>4℃>25℃（刘武林等，1982；吴月亮等，2015）。本研究第一次收集混合花粉时，放至 4℃冰箱保存 12h 后，花粉活力仅 14%。此后收集的混合花粉阴干 2 后置于西林瓶中常温保存，授粉时花粉活力达 75%以上。原因可能是花粉处于发育过程时，遇到 4℃低温停滞发育，导致萌发率低。在花粉活力最强时期（花蕾初开放和开花当天）采集花粉，柱头可授性最强（开花当天和花后 1d）时进行授粉，可以保证授粉受精的成功。

文冠果这种自交不亲和或自交结实率低的树种，可以通过授亲和性较强的花粉提高坐果率及产量（陈菲菲，2015；Kwon & Jun *et al.*，2017）。本研究中不同父本对母本的坐果率影响较大。亲和力越高，受精率越高，最终坐果率也越高。父本、母本亲和性较强的授粉组合最终坐果率是母本自然授粉组合的 1.49~19.68 倍，产量可达到自然授粉组合的 4~20 倍。此外，增加花粉多样性可以增加文冠果的坐果率和种子产量，但是混合花粉中如果混入自交花粉，所有果实均会败育（周庆源，2014）。本研究中的混合花粉混入了自交花粉，提高了 14 号、15 号无性系的最终坐果率和种实产量，但降低了 10 号、16 号的最终坐果率。这可能与自花花粉抑制花粉萌发的机制有关，具体原因有待进一步研究。

父本通过花粉直感效应对母本当年种实品质产生影响，在无患子科植物荔枝上表现较明显（邱燕萍、戴宏芬等，2006）。文冠果也属无患子科，但对其花粉直感现象研究较少。本研究中，10 号、14 号、15 号、16 号无性系果实横径和纵径、单果质量、种子横径和纵径、种仁含油率、种仁中淀粉含量受父本影响较大，存在花粉直感现象。每果种子数、百粒重、种子侧径未存在明显的花粉直感效应。

所有授粉组合中（母本 × 父本），14×15 组合种实产量及种仁含油率均较高，适合生产生物柴油。10×15 和 10×16 组合神经酸含量较高，分别为 4.50%和 4.18%，不饱和脂肪酸含量也较高，分别为 92.19%和 92.05%，适合生产高级食用油。15 号对 10 号无性系种实品质改善最全面，10 号对 14 号、15 号无性系种实品质改善最全面。以自然授粉为对照，综合各无性系交互授粉组合受精率、最终坐果率及产量，得出 10 号、14 号、15 号、16 号无性系最佳授粉组合分别是 10×16、14×15、15×10、16×15，且该 4 个无性系均不适合做 119 号无性系的授粉树。生产实践中对所选优良种质资源无性系化推广时，除了考虑遗传因素，还应考虑环境因素，即授粉树的配置对坐果及结实性状的影响。

### 5.5.4 植物生长调节剂和营养元素对开花结实的影响

植物生长调节剂对文冠果开花结实有重要影响。$GA_3$处理显著提高了顶花序总花数，150mg/L $GA_3$处理坐果率提高 16.8%。细胞分裂素类物质促进雌能花的分化发育，6-BA 处理能提高雌能花比例，160mg/L 和 240 mg/L6-BA 处理显著高于对照。50mg/L $GA_3$处理雌能花比例显著降低，雄能花比例显著升高，说明 $GA_3$显著促进雄能花的分化，但对浓度有一定要求。6-BA 和 $GA_3$处理对顶花序可溶性糖、淀粉和侧花序淀粉含量均有抑制作用。可能是由于增加了顶花序的总花数和雌能花的数量，需要吸收大量可溶性糖满足雌能花发育。对可溶性糖的吸收促进了淀粉向可溶性糖的转化，因此，顶花序中淀粉的含量也低于对照。各处理均显著增加了顶花序蛋白质的含量，效果最好的是 320mg/L 6-BA 和 100mg/L $GA_3$。蛋白质含量的增加有利于雌能花的生长，从而利于提高坐果率。各处理均能增加果实体积大小，160mg/L 6-BA 效果最好。除 100mg/L $GA_3$处理，其他处理均显著增加果实重量。对于种子各项指标，160mg/L 6-BA 处理效果最好，其次为 50mg/L 的 $GA_3$。本试验仅研究了两种激素三个浓度对生长发育的影响，对于不同种类、不同配比的植物生长调节剂对生长发育的影响有待于进一步研究。

喷施营养元素对雌能花比例、坐果率及果实品质有重要影响。本研究中初萌期喷施蔗糖溶液能显著提高雌能花比例，说明补充的营养需要经历一段时间才能为性别分化过程所利用。0.3%~0.5%蔗糖溶液能显著提高雌能花比例。文冠果雌能花占 11%~26%，雄能花占 74%~89%，无性花占 1%~8%，且大部分雄能花集中在侧花序（张燕等，2012）。仅通过补充蔗糖而提高单枝雌能花比例的效果有限，还要考虑到其他营养元素或激素的调节作用。坐果率方面，喷施 0.3%蔗糖溶液后结实率显著提高了 51.5%。1.5%浓度的蔗糖溶液会导致细胞失水从而抑制果实生长，因此降低坐果率。在第 1 次和第 2 次坐果率统计

中，花芽初萌期和花序生长期喷蔗糖坐果率均显著高于萌动前喷施，而在第 3 次坐果率统计中，三者无显著差异，说明花芽初萌期和花序伸长期所喷施的蔗糖溶液所提供的营养有限，不足以满足第 2 次落果之后至采摘前果实发育、枝叶生长所需养分，实际生产中应进行多次喷施。

在盛花期喷施硼酸溶液，坐果率显著高于开花前和初花期 18. 0%至 20. 3%，果实横纵径、单果重等指标也显著高于开花前和初花期。文冠果雄能花先于雌能花开放（吕雪芹等，2014），盛花期时大多雄能花已开放，而雌能花刚刚开放。文冠果雌能花开放当天柱头可授性最强（戚建华，2012），因此，雌能花刚大量开放的盛花期是授粉最佳时期。此时喷施硼酸能有效促进花粉管伸长，增加达到胚珠的花粉管数量，提高授粉成功率和坐果率。硼酸参与花粉管顶端细胞壁构建，增加花粉管壁的可塑性（胡适宜，1982）。硼含量过低，花粉管壁的可塑性差；含量过高，花粉管脱酯化过程受到抑制（孙颖，2001），影响花粉管生长。因此，最适浓度的硼酸溶液才能达到促进花粉管生长的目的。0. 3%硼酸溶液对坐果率的提高效果最好，结实率可达 5. 6%。喷施 0. 2%硼酸的果实横纵径、单果重等指标最好。说明低浓度硼酸溶液能提高坐果率，改善果实品质。

# 参考文献


敖妍，2008. 文冠果种子产量影响因素分析[J]. 中国农学通报，24（8）：300-304.

敖妍，2010. 木本能源植物文冠果类型划分、单株选择及相关研究［D］. 中国林业科学研究院.

敖妍，2012. 文冠果不同类型花芽分化与相关 microRNA 研究［D］. 北京林业大学.

敖妍，段劼，于海燕，等，2012. 文冠果研究进展［J］. 中国农业大学学报，17（6）：197-203.

敖妍，韩墨，赵磊磊，等，2015. 主要分布区文冠果类型的划分［J］. 西北林学院学报，30（3）：100-106+119.

敖妍，张宁，赵磊磊，等，2017. 不同分布区文冠果物候期的差异及其与地理-气候因子和结实性状的相关性［J］. 植物资源与环境学报，26（2）：27-34.

常强，2010. 龙眼反季节成花诱导与碳氮营养关系的研究［D］. 福建农林大学.

陈昌文，曹珂，王力荣，等，2011. 中国桃主要品种资源及其野生近缘种的分子身份证构建［J］. 中国农业科学，44（10）：2081-2093.

陈建华，曹阳，李育忠，等，2005. 不同板栗品种的矿质元素含量与开花结实的关系［J］. 经济林研究（2）：1-4.

陈兴银，石建明，彭昌琴，等，2018. 雄性不育无籽刺梨花药发育过程中生理特性的初步研究［J］. 热带亚热带植物学报，26（6）：604-610.

崔艳华，邱丽娟，常汝镇，等，2003. 植物核心种质研究进展［J］. 植物遗传资源学报，4（3）：279-284.

程金水，刘青林，2000. 园林植物遗传育种学［M］. 北京：中国林业出版社.

董硕，2008. 核桃雌雄性别分化生理特性研究［D］. 河北农业大学.

董亚芳，2010. 文冠果优良单株选择及光合特性的初步研究［D］. 河南农业大学.

杜盛，徐贵锋，徐东翔，1986. 文冠果落果与内源脱落酸的关系［J］. 华北农学报，1（4）：90-95.

范春霞，2009. 文冠果雄花性别决定中雌蕊败育相关基因的克隆及初步鉴定［D］. 北京林业大学.

范丽，刘红兵，陈斌，等，2018. AA3 连续流动分析仪氮磷联测方法研究［J］. 四川农业与农机（3）：32-35.

樊卫国，安华明，刘国琴，等，2004. 刺梨果实与种子内源激素含量变化及其与果实发育的关系［J］. 中国农业科学，37（5）：728-733.

樊卫国，刘国琴，安华明，等，2003. 刺梨花芽分化期芽中内源激素和碳氮营养的含量动态［J］. 果树学报，20（1）：40-43.

费世民，钱能志，陈秀明，等，2007. 林业生物质能及其研发进展［J］. 四川林业科技

（6）：18-26.
冯继臣，1981. 文冠果开花生物学特性几个问题的初步观察［J］. 林业科技通讯（12）：7-9.
高伟星，那晓婷，刘克武，2007. 生物质能源植物——文冠果［J］. 中国林副特产（1）：93-94.
郭冬梅，郭军战，张欣欣，2013. 文冠果开花结实规律研究［J］. 北方园艺，2（6）：21-23.
韩继成，胡尚强，冉辛拓，等，2012. 鸭梨不同开心树形结构和枝干配比对果实品质的影响［J］. 河北农业科学（12）：28-31.
韩艳红，2018. 文冠果枝体形态与经济性状关系的调查［J］. 现代农业（3）：87-88.
韩志强，袁德义，陈文涛，等，2014. 不同营养元素及其配比对枣花粉萌发与花粉管生长的影响［J］. 江西农业大学学报，36（2）：357-363.
郝建军，2007. 植物生理学实验技术［M］. 北京：化学工业出版社.
郝一男，王虎军，王喜明，等，2014. 文冠果生物柴油的生产工艺及其理化性能［J］. 农业工程学报（6）：172-178.
郝云，2009. 杏树花果期内源激素与生长发育动态的研究［D］. 西北农林科技大学.
胡青，2004. 文冠果两种不同类型花中雌蕊发育情况的比较研究［D］. 北京林业大学.
胡适宜，1982. 被子植物胚胎学［M］. 北京：人民教育出版社.
金亚征，姚太梅，丁丽梅，等，2013. 果树花芽分化机理研究进展［J］. 北方园艺（7）：193-196.
景文昭，高述民，2020. 文冠果雌蕊发育及其糖分积累的生理机制研究［J］. 中国野生植物资源（7）：1-8.
簡令成，1964. 小麦生长锥分化过程中淀粉的积累和动态及其与小穗发育的关系［J］. 植物学报（4）：309-324.
蒋林峰，张新全，黄琳凯，等，2014. 中国鸭茅主栽品种 DNA 指纹图谱构建［J］. 植物遗传资源学报，15（3）：604-614.
匡猛，杨伟华，许红霞，等，2011. 中国棉花主栽品种 DNA 指纹图谱构建及 SSR 标记遗传多样性分析［J］. 中国农业科学，44（1）：20-27.
科贝尔，1966. 果树栽培生理学基础［M］. 北京：科学出版社.
李慧峰，李林光，张琮，等，2008. 苹果果实生长发育数学模型研究［J］. 江西农业学报（4）：40-42.
李雪，潘学军，张文娥，等，2017. 核桃内参基因实时荧光定量 PCR 表达稳定性评价［J］. 植物生理学报，53（9）：1795-1802.
李丙智，阮班录，君广仁，等，2005. 改形对红富士苹果树体光合能力及果实品质的影响［J］. 西北农林科技大学学报：自然科学版，33（5）：119-122.
李瑞英，孙东宝，江晓东，2014. 鲁西南木本植物物候期对气候变暖的响应［J］. 中国农业气象，5（2）：135-140.
梁述平，汪杏芬，Feldman L. J，2001. 钙调素依赖型蛋白激酶在植物开花调控中的作用［J］. 中国科学（C辑：生命科学）（4）：306-311.
刘才，杨玉贵. 1994. 文冠果引种栽培试验初报［J］. 中国林副特产（4）：17-18.
刘克武，张海林，张顺捷，等，2008. 文冠果优良品系选择［J］. 中国林副特产（3）：15-18.
刘丽，何勇，田建保，2009. 文冠果的利用价值与开发前景［J］. 安徽农学通报，15（1）：111-113.
刘武林，马丽玲，1982. 文冠果（*Xanthoceras sorbifolium* Bge）的花粉及其生活力的研究［J］. 东北师范大学学报：自然科学版，(3)：57-64.
刘新龙，刘洪博，马丽，等，2014. 利用分子标记数据逐步聚类取样构建甘蔗杂交品种核心种质库［J］. 作物学报，40（11）：1885-1894.
刘增文，陈凯，米彩虹，等，2009. 陕西关中地区常见树种落叶前N、P、K养分回流现象的研究［J］. 西北农林科技大学学报（自然科学版），37（12）：98-104.
路超，王金政，薛晓敏，等，2010. 泰沂山区优质高产苹果园树体和群体结构参数调查分析［J］. 山东农业科学（7）：39-42.
芦娟，柴春山，吴文俊，等，2014. 文冠果ISSR反应体系的建立及优化［J］. 中国农学通报，30（1）：32-36.
吕明亮，东建敏，陈顺伟，2007. 板栗雌花分化相关影响因素研究进展［J］. 浙江林业科技（2）：77-80.
吕雪芹，张敏，王頔，等，2014. 文冠果可孕花与不孕花发育过程的比较研究［J］. 植物研究（1）：85-94.
马芳，王俊，王姮，等，2014. 文冠果树花部形态与开花物候的研究［J］. 北方园艺，12（22）：80-84.
马凯，2004. 文冠果雄性不育相关蛋白的研究［D］. 北京林业大学.
马利苹，王力华，阴黎明，等，2008. 乌丹地区文冠果生物学特性及物候观测［J］. 应用生态学报，19（12）：2583-2587.
马新，董鹏，姜继元，等，2018. 文冠果光合生理日变化及其与生理生态因子的相关性研究［J］. 西南农业学报，31（6）：1267-1270.
门福义，宋伯符，2000. 马铃薯蕾花果脱落与内源激素和光照的关系［J］. 中国马铃薯（4）：198-201.
孟宪武，梅秀艳，李彬彬，等，2009. 文冠果主要丰产栽培技术［J］. 防护林科技（5）：117-118.
孟玉平，曹秋芬，樊新萍，等，2005. 苹果采前落果与内源激素的关系［J］. 果树学报，22（1）：6-10.
苗青，曲波，张春宇，等，2005. 文冠果花粉形态学观察及生活力研究［J］. 辽宁农业科

学（3）：61-62.

缪恒彬，陈发棣，赵宏波，等，2008. 应用 ISSR 对 25 个小菊品种进行遗传多样性分析及指纹图谱构建［J］. 中国农业科学，41（11）：3735-3740.

牟洪香，2006. 木本能源植物文冠果的调查与研究［D］. 中国林业科学研究院.

彭伟秀，李凤兰，杨文利，1999. 文冠果不同类型花粉生活力测定及比较［J］. 河北林果研究（1）：53-55.

彭伟秀，王保柱，李凤兰，1999. 文冠果败育花药和花粉发育的解剖学研究［J］. 河北农业大学学报（3）：35-37.

戚维聪，2008. 油菜发育种子中油脂积累与 Kennedy 途径酶活性的关系研究［D］. 南京农业大学.

戚建华，姚增玉，2012. 文冠果的生殖生物学与良种繁育研究进展［J］. 西北林学院学报，27（3）：91-96.

钱能志，2008. 解读林业生物质能源［J］. 中国林业产业（10）：38-40.

任锐，戴鹏辉，李萌，等，2016. 珙桐实时定量 PCR 内参基因的筛选及稳定性评价［J］. 植物生理学报，52（10）：1565-1575.

荣贵纯，2017. 文冠果叶幕微气候与树体生长和开花结实的关系［D］. 北京林业大学.

盛德策，丰庆荣，李凤兰，等，2010. 文冠果授粉习性和果实发育规律的研究［J］. 辽宁林业科技（4）：1-4.

石峰，李志军，2018. 软枣猕猴桃花药发育过程中主要激素及矿质元素含量特征分析［J］. 新疆农垦科技，41（3）：29-34.

宋国庆，李绍华，孟昭清，等，1998. 果实大小预测方法研究概况［J］. 落叶果树（4）：33-34.

苏明华，刘志成，庄伊美，1997. 水涨龙眼结果母枝内源激素含量变化对花芽分化的影响［J］. 热带作物学报（2）：66-71.

苏明华，刘志成，庄伊美，1998. 水涨龙眼果实内源激素含量变化对生理落果的影响［J］. 热带作物学报（1）：64-69.

孙操稳，贾黎明，叶红莲，等，2016. 无患子果实经济性状地理变异评价及与脂肪酸成分相关性［J］. 北京林业大学学报（12）：73-83.

孙静丽，2001. 文冠果皂甙对小鼠学习记忆功能及海马内胆碱酯酶和颌下腺内神经生长因子活性的影响［D］. 中国医科大学.

孙艳霞，李丙智，张林森，等，2012. 陕西渭北 7 县苹果园树体结构参数调查研究［J］. 西北林学院学报（5）：97-100.

孙颖，孙大业，2001. 花粉萌发和花粉管生长发育的信号转导［J］. 植物学报，43（12）：1211-1217.

谭晓风，2013. 经济林栽培学［M］. 北京：中国林业出版社.

汪斌，祁伟，兰涛，等，2011. 应用 ISSR 分子标记绘制红麻种质资源 DNA 指纹图谱［J］.

作物学报，37（6）：1116-1123.
王倩，2012. 品种配置对燕山板栗结实情况及果实品质影响研究［D］. 北京林业大学.
王秀荣，赵杨，丁贵杰，2012. 气象因子对麻疯树主要物候的影响［J］. 云南大学学报（自然科学版），34（5）：613-620.
王长春，柯冠武，黄进华，1988. 东壁龙眼花序发育和花朵分化次序的观察［J］. 福建省农科院学报（2）：68-71.
王凤格，赵久然，郭景伦，等，2003. 比较三种 DNA 指纹分析方法在玉米品种纯度及真伪鉴定中的应用［J］. 分子植物育种，1（56）：655-661.
王凤格，赵久然，郭景伦，等，2004. 一种改进的玉米 SSR 标记的 PAGE 快速银染检测新方法［J］. 农业生物技术学报（5）：606-607.
王贺富，2010. 文冠果的栽培管理［J］. 中国林业（6）：53.
王红斗，1998. 文冠果的化学成分及综合利用研究进展［J］. 中国野生植物资源，17（1）：13-16.
王宏国，2008. 龙眼花性分化的细胞学机制研究［D］. 福建农林大学.
王晋华，李凤兰，高荣孚，1992. 文冠果花性别分化及花药内淀粉动态［J］. 北京林业大学学报，14（3）：54-62.
王莲英，1986. 牡丹品种花芽形态分化观察及花型成因分析［J］. 园艺学报（3）：203-208.
王平，郑伟，陈伟，2010. 荔枝花性别分化过程的荧光显微观察［J］. 热带作物学报，31（5）：740-744.
王娅丽，杨玉刚，李海超，等，2016. 文冠果优良单株选择研究［J］. 黑龙江农业科学，2（11）：112-116.
王杨，2015. 国内外林木生物质能源化利用状况比较研究［J］，防护林科技（1）：3.
汪智军，张东亚，古丽江，2011. 文冠果树种类型的划分及优良高产单株的筛选［J］. 经济林研究，29（1）：128-131.
魏永赞，董晨，王弋，等，2017. 荔枝花芽分化与花性别分化研究进展［J］. 广东农业科学，44（7）：34-40.
武德隆，马衣努尔，1981. 文冠果生物特性及丰产栽培技术研究初报［J］. 新疆林业，（S1）.
伍海芳，1982. 青海高原文冠果的引种试验和良种选育［J］. 青海农林科技（4）.
吴尚，2016. 木本油料树种文冠果花果调控措施研究［D］. 北京林业大学.
吴尚，马履一，段劼，等，2017. 文冠果花期和果期内源激素的动态变化规律［J］. 西北农林科技大学学报（自然科学版），45（4）：111-118.
夏国华，朱先富，俞春莲，等，2014. 不同地理种源大别山山核桃坚果表型性状和脂肪酸组分分析［J］. 果树学报，31（3）：370-377.
夏仁学，1996. 果树性别分化的生理基础［J］. 植物生理学通讯（5）：396-400.

肖华山，吕柳新，陈志彤，2007. 荔枝花芽分化过程中内源激素含量的动态变化［J］. 宁德师范学院学报（自然科学版），19：113-115.

辛培刚，王智光，解玉恩，1963. 桃主要品种枝类组成及枝类特性的初步研究［J］. 山东农业大学学报（0）：95-105.

许大全，1999. 光合速率、光合效率与作物产量［J］. 生物学通报，34（8）：11-13.

徐东翔，2010. 文冠果生物学［M］. 北京：科学出版社.

薛睿，柴春山，王三英，等，2017. 文冠果优树选择［J］. 甘肃林业科技，42（2）：18-21.

严婷，2014. 文冠果优良单株开花结实生物学特性研究［D］. 西北农林科技大学.

杨秀武，1995. 苹果生物学零度和花期有效积温的研究［J］. 果树科学，12（2）：98-100.

杨越，王占龙，洪新，等，2020. 文冠果 8 种果型种实性状的比较与分析［J/OL］. 林业科技通讯：1-6.

于海燕，周绍箕，2009. 文冠果油制备生物柴油的研究［J］. 中国油脂，34（3）：43-45.

余树勋，1985. 文冠果花型调查报告［J］. 特产科学实验（4）：9-10.

曾维英，杨守萍，喻德跃，等，2007. 大豆质核互作雄性不育系 NJCMS2A 及其保持系的花药蛋白质组比较研究［J］. 作物学报，（10）：1637-1643.

张红梅，张绍铃，李六林，2008. 新高梨雄性不育与矿质元素含量变化的关系［J］. 山西农业大学学报（自然科学版）（4）：400-404.

张敏，王岫，张雷，等，2012. 文冠果雌雄花发育过程形态结构比较［J］. 电子显微学报，3（2）：154-162.

张宁，敖妍，苏淑钗，等，2018. 文冠果花性别分化过程中形态与解剖结构特征和气象因子分析［J］. 西北植物学报，38（10）：1846-1857.

张宁，2019. 文冠果花芽分化及与内源激素关系研究［D］. 北京林业大学.

张宁，黄曜曜，敖妍，等，2019. 文冠果花芽分化过程及内源激素动态变化［J］. 南京林业大学学报（自然科学版），43（4）：33-42.

张显川，高照全，付占方，等，2007. 苹果树形改造对树冠结构和冠层光合能力的影响［J］. 园艺学报（3）：537-542.

张小方，2009. 文冠果雄花雌蕊选择性败育的细胞生物学观察［D］. 北京林业大学.

张晓楠，钟才荣，罗炘武，等，2016. 濒危红树植物莲叶桐败育植株中 7 种矿质元素含量［J］. 湿地科学，14（5）：687-692.

张旭辉，2016. 锥栗品种授粉配置技术研究［D］. 中南林业科技大学.

张学曾，佟常耀，1979. 应用微量元素对防止文冠果落花落果的效果报告［J］. 吉林林业科技（4）：78-83.

张燕，郭晋平，张芸香，2012. 文冠果落花落果成因及保花保果技术研究进展［J］. 经济林研究，30（4）：180-184.

张毅，敖妍，刘觉非，等，2019（a）. 不同群体文冠果种实性状变异特征［J］. 浙江农林大学学报，36（5）：1037-1043.

张毅，敖妍，刘觉非，等，2019（b）. 不同分布区文冠果的生长性状差异及其与地理-气候因子的相关性分析［J］. 植物资源与环境学报，28（3）：44-50+57.

张毅，敖妍，刘觉非，等，2019（c）. 文冠果种实性状变异规律及优良单株选择［J］. 东北林业大学学报，47（9）：1-5.

张芸香，刘晶晶，白晋华，等，2014. 应用均匀设计优化文冠果 ISSR-PCR 反应体系［J］. 山西农业大学学报，34（3）：241-248.

赵翠格. 2010. 文冠果种子发育过程中油脂累积规律研究［D］. 北京林业大学.

赵德刚，李凤兰，高荣孚，等，1999. 文冠果雌雄分化与玉米赤霉烯酮及细胞分裂素含量变化［Z］. 中国植物生理学会植物生长发育信息转导学术会议.

赵福尧，陆广珊，1981. 浅谈文冠果的生理落果［J］. 新疆林业（S1）：44-45.

赵宪洋，2003. 开发中的经济树种——文冠果［J］. 农业知识（6）：15-15.

哲理木盟林业科学研究所，1981. 文冠果保花保果几项技术措施的研究［J］. 内蒙林业科技，（3）：52-59.

郑彩霞，李凤兰，1993. 文冠果两性花花粉败育原因的进一步研究［J］. 北京林业大学学报，15（1）：78-84.

郑立文，宋福林，孙明远，等，2006. 木本油料树种——文冠果［J］. 落叶果树（2）：12-13.

中国科学院南京土壤研究所，1978. 土壤理化分析［M］. 上海：上海科学技术出版社.

中华人民共和国国家质量监督检验检疫总局，中国国家标准化管理委员会，2014. 柴油机燃料合用生物柴油（BD100）：GB/T 20828-2014［S］. 北京：中国标准出版社.

邹秀华，姜远茂，雷世俊，2007. 红富士苹果总枝量对其产量和品质的影响［J］. 山东林业科技（4）：14-30.

周庆源，傅德志，2010. 文冠果生殖生物学的初步研究［J］. 林业科学，46（1）：158-162.

朱建良，张冠杰，2004. 国内外生物柴油研究生产现状及发展趋势［J］. 化工时刊，18（1）：23-27.

朱士锋，2000. 文冠果花芽发育的生理机制及 FPS 基因的克隆［D］. 北京林业大学.

Adhikari S，Bandyopadhyay TK，Ghosh P，2012. Hormonal control of sex expression of cucumber（*Cucumis sativus* L.）with the identification of sex linked molecular marker［J］. The Nucleus，55：115-122.

Aida M，Ishida T，Fukaki H，et al.，1997. Genes involved in organ separation in *Arabidopsis*：an analysis of the cup-shaped cotyledon mutant［J］. Plant Cell，9（6）：841-857.

Allen D K，Ohlrogge J B，Shachar-Hill Y，2009. The role of light in soybean seed filling metabolism［J］. The Plant Journal，58（4）：220-234.

Allen R S，Li J，Stahle M I，et al.，2007. Genetic analysis reveals functional redundancy and

the major target genes of the *Arabidopsis* miR159 family [J]. Proceedings of the National Academy of Sciences of the United States of America, 104 (41): 16371-16376.

Ambros V, Bartel B, Bartel D P, et al., 2003. A uniform system for microRNA annotation [J]. RNA, 9 (3): 277-279.

American Society for Testing and Materials, 2007. Standard Specification for Biodiesel Fuel Blend Stock (B100) for Middle Distillate Fuels: ASTM D6751-2007 [S].

Archak S, Gaikwad A B, Gautam D, et al., 2003. DNA fingerprinting of Indian cashew (*Anacardium occidentale* L.) varieties using RAPD and ISSR techniques [J]. Euphytica, 230: 397-404.

Aukerman M J, Sakai H, 2003. Regulation of flowering time and floral organ identity by a MicroRNA and its APETALA2-like target genes [J]. Plant Cell, 15 (11): 2730-2741.

Azmir J, Zaidul I S M, Rahman M M, et al., 2014. Optimization of oil yield of *Phaleria macrocarpa* seed using response surface methodology and its fatty acids constituents [J]. Industrial Crops and Products, 52: 405-412.

Bi G, Scagel C. F, Fuchigami L H, 2005. Effects of spring soil nitrogen application on nitrogen remobilization, uptake, and partitioning for new growth in almond nursery plants [J]. Journal of Horticultural Science & Biotechnology, 79: 431-436.

Bi Q X, Guan W B, 2014. Isolation and characterisation of polymorphic genomic SSRs markers for the endangered tree *Xanthoceras sorbifolium* Bunge [J]. Conservation Genetics Resources, 6 (4): 895-898.

Borek S, Pukacka S, Michalski K, et al., 2009. Lipid and protein accumulation in developing seeds of three lupine species: Lupinus luteus L., Lupinus albus L., and Lupinus mutabilis Sweet [J]. Experimental Botany, 60 (12): 3353-3366.

Borisjuk L, Nguyen T H, Neuberger T, 2005. Gradients of lipid storage, photosynthesis and plastid differentiation in developing soybean seedss [J]. New Phytologist, 167 (4): 761-776.

Boukemaet I W, Van-Hintum T J L, Astley D, 1997. Creation and composition of the Brassica oleraceacore collection [J]. Plant Genetic Resources Newsletter, 111: 29-32.

Bouton J H, 1996. Screening the alfalfa core collection for acid soil tolerance [J]. Crop Science, 36: 198-200.

Brenner C, Morris J W, 1990. Paternity index calculations in single locus hypervariable DNA probes: validation and other studies, Proceedings for the International Symposiumon Human Identification [C]. Madison, USA, Promega Corporation, 21-53.

Cameron R, Harrison - Murray R, Fordham M, et al., 2003. Rooting cuttings of *Syringa vulgaris* cv. *Charles Joly* and *Corylus avellana* cv. Aurea: the influence of stock plant pruning and shoot growth [J]. Trees, 17 (5): 451-462.

Cartolano M, Castillo R, Efremova N, et al., 2007. A conserved microRNA module exerts homeotic control over *Petunia hybrida* and *Antirrhinum majus* floral organ identity [J]. Nature Genetics, 39 (7): 901-905.

Chen J, Zheng Y, Qin L, et al., 2016. Identification of miRNAs and their targets through high-throughput sequencing and degradome analysis in male and female *Asparagus* officinalis [J]. BMC Plant Biology. 16 (80).

Chen X, 2004. A microRNA as a translational repressor of APETALA2 in *Arabidopsis* flower development [J]. Science, 303 (5666): 2022-2025.

Cuperus J T, Fahlgren N, Carrington J C, 2011. Evolution and functional diversification of miRNA genes [J]. Plant Cell. 23 (2): 431-442.

Delima H A, Somner G V, Giuliett A M, 2016. Duodichogamy and sex lability in Sapindaceae: the case of *Paullinia weinmanniifolia* [J]. Plant Systematics and Evolution, 302 (1): 109-120.

Dellaporta S L, Calderon U A, 1993. Sex determination in flowering plants [J]. Plant Cell, 5 (10): 1241-1251.

Delong A, Calderon-Urrea A, Dellaporta S L, 1993. Sex determination gene TASSELSEED 2 of maize encodes a short-chain alcohol dehydrogenase required for stage-specific floral organ abortion [J]. Cell, 74 (4): 757-768.

Edem D O, 2002. Palm oil: biochemical, physiological, nutritional, hematological and toxicological aspects: a review [J]. Plant Foods for Human Nutrition, 57: 319-341.

European committee for standardization, 2008. Automotive fuels - fatty acid methyl esters (FAME) for diesel engines-Requirements and test methods: EN 14214-08 [S].

Fahlgren N, Howell M D, Kasschau K D, et al., 2007. High-throughput sequencing of *Arabidopsis* microRNAs: evidence for frequent birth and death of MIRNA genes [J]. PLoS One, 2 (2): e219.

Gandikota M, Birkenbihl R P, Hohmann S, et al., 2007. The miRNA156/157 recognition element in the 3′ UTR of the *Arabidopsis* SBP box gene SPL3 prevents early flowering by translational inhibition in seedlings [J]. Plant Journal, 49 (4): 683-693.

Goffinet M C, Robinson T L, Lakso A N, 1995. A comparison of ′Empire′ apple fruit size and anatomy in unthinned and hand-thinned trees [J]. Journal of Horticultural Science, 70 (3): 375-387.

Grasmanis V, Leeper G, 1967. Ammonium nutrition and flowering of apple trees [J]. Australian Journal of Biological Sciences, 20 (4): 761-768.

Guan L P, Yang T, Li N, et al., 2010. Identification of superior clones by RAPD technology in *Xanthoceras sorbifolium* Bunge [J]. Forestry Studies in China, 12 (1): 37-40.

Gynheung An, 1994. Regulatory genes controlling flowering time or floral organ development

[J]. Plant Molecular Biology, 25 (3): 335-337.

Harrington K J, 1986. Chemical and physical properties of vegetable oil esters and their effect on diesel fuel performance [J]. Biomass, 9: 1-17.

Hegele M, Manochai P, Naphrom D, et al., 2008. Flowering in longan (*Dimocarpus longan* L.) induced by hormonal changes following KClO3 applications [J]. European Journal of Horticultural Science, 73 (2): 49-54.

Hsieh L C, Lin S I, Shih A C, et al., 2009. Uncovering small RNA-mediated responses to phosphate deficiency in Arabidopsis by deep sequencing [J]. Plant Physiology, 151 (4): 2120-2132.

Hong-Lin, Zhang, Zhi-Xiang, et al., 2007. Research advances in the study of Pistacia chinensis Bunge, a superior tree species for biomass energy [J]. Forestry Studies in China, 9 (2): 164-168.

Hu J, Zhu J, Xu H M, 2000. Methods of constructing core collections by stepwise clustering with three sampling strategies based on the genotypic values of crops [J]. Theoretical and Applied Genetics, 101: 264-268.

Jacobsen S E, Olszewski N E, 1991. Characterization of the arrest in anther development associated with gibberellin deficiency of the gib-1 mutant of tomato [J]. Plant Physiology. 97 (1): 409-414.

Jones-Rhoades M W, Bartel D P, 2004. Computational identification of plant microRNAs and their targets, including a stress-induced miRNA [J]. Molecular Cell, 14 (6): 787-799.

Jung J H, Park C M, 2007. MIR166/165 genes exhibit dynamic expression patterns in regulating shoot apical meristem and floral development in *Arabidopsis* [J]. Planta, 225 (6): 1327-1338.

Kamm U, Rotach P, Gugerli F, et al., 2009. Frequent long-distance gene flow in a rare temperate forest tree (*Sorbus domestica*) at the landscape scale [J]. Heredity, 103: 476-482.

Karmakar A, Karmakar S, Mukherjee S, 2010. Properties of various plants and animals feed stocks for biodiesel production [J]. Bioresource Technology, 10: 7201-7210.

Kaushik V, Yadav M K, Bhatla S C, 2010. Temporal and spatial analysis of lipid accumulation, oleosin expression and fatty acid partitioning during seed development in sunflower [J]. Acta Physiologiae Plantarum, 32 (1) : 199-204.

Knothe G, 2008. "Designer" biodiesel: optimizing fatty ester composition to improve fuel properties [J]. Energy & Fuels, 22: 1358-1364.

Laufs P, Peaucelle A, Morin H, et al., 2004. MicroRNA regulation of the CUC genes is required for boundary size control in *Arabidopsis* meristems [J]. Development, 131 (17): 4311-4322.

Lauter N, Kampani A, Carlson S, et al., 2005. microRNA172 down-regulates glossy15 to promote vegetative phase change in maize [J]. Proceedings of the National Academy of Sciences of the United States of America, 102 (26): 9412-9417.

Liang G, Yang F, Yu D, 2010. MicroRNA395 mediates regulation of sulfate accumulation and allocation in *Arabidopsis thaliana* [J]. Plant Journal, 62 (6): 1046-1057.

Li J, Fu Y J, Qu X J, et al., 2012. Biodiesel production from yellow horn (*Xanthoceras sorbifolium* Bunge.) seed oil using ion exchange resin as heterogeneous catalyst [J]. Bioresource Technology, 108: 112-118.

Linder C R, 2000. Evolution and adaptive significance of the balance between saturated and unsaturated seed oils in angiosperms [J]. American Naturalist, 156: 442-458.

Llave C, Xie Z, Kasschau K D, et al., 2002. Cleavage of Scarecrow-like mRNA targets directed by a class of *Arabidopsis* miRNA [J]. Science, 297 (5589): 2053-2056.

Lovato L, Pelegrini B L, Rodrigues J, et al., 2014. Seed oil of *Sapindus saponaria* L. (Sapindaceae) as potential C16 to C22 fatty acids resource. Biomass & Bioenergy, 60: 247-251.

Maas F M, van de Wetering D A, van Beusichem M L, et al., 1988. Characterization of phloem iron and its possible role in the regulation of Fe-efficiency reactions [J]. Plant Physiology, 87 (1): 167-171.

Mao W, Li Z, Xia X, et al., 2012. A combined approach of high-throughput sequencing and degradome analysis reveals tissue specific expression of microRNAs and their targets in Cucumber [J]. Plos One, 7 (e330403).

Matsuki Y, Tateno R, Shibata M, et al., 2008. Pollination efficiencies of flower-visiting insects as determined by direct genetic analysis of pollen origin [J]. American Journal of Botany, 95: 925-930.

Meyers B C, Axtell M J, Bartel B, et al., 2008. Criteria for annotation of plant MicroRNAs [J]. Plant Cell, 20 (12): 3186-3190.

Miklas P N, Delorme R, Hannan R, et al., 1999. Using of subsample of the core collection to identify new sources of resistance to white mold in common bean [J]. Crop Science, 39: 569-573.

Millard P, Proe M. F, 1991. Leaf demography and the seasonal internal cycling of nitrogen in sycamore (*Acer pseudoplatanus* L.) seedlings in relation to nitrogen supply [J]. New Phytologist, 117 (4): 587-596.

Moing Annick, Lafargue Bernard, Lespinasse Jean Marie, et al., 1994. Carbon and nitrogen reserves in prune tree shoots: effect of training system [J]. Scientia Horticulturae, 57 (s1-2): 99-110.

Morin R D, Aksay G, Dolgosheina E, et al., 2008. Comparative analysis of the small RNA transcriptomes of *Pinus contorta* and *Oryza sativa* [J]. Genome Research, 18 (4): 571-584.

Mukta N, Murthy I Y L N, Sripal P, 2009. Variability assessment in *Pongamia pinnata* (L.)

Pierre germplasm for biodiesel traits [J]. Industrial Crops and Products, 29 (2-3): 536-540.

Nag A, King S, Jack T, 2009. miR319a targeting of TCP4 is critical for petal growth and development in *Arabidopsis* [J]. Proceedings of the National Academy of Sciences of the United States of America, 106 (52): 22534-22539.

Nagpal P, Ellis C M, Weber H, et al., 2005. Auxin response factors ARF6 and ARF8 promote jasmonic acid production and flower maturation [J]. Development, 132 (18): 4107-4118.

Nei M, 1972. Genetic distance between populations [J]. American Naturalist, 106: 283-291.

Nybom H, 2004. Comparison of different nuclear DNA markers for estimating intraspecific genetic diversity in plants [J]. Molecular Ecology, 13: 1143-1155.

O' Neill C M, Gill S, Hobbs D, et al., 2003. Natural variation for seed oil composition in *Arabidopsis thaliana* [J]. Phytochemistry, 64: 1077-1090.

Ortiz R, Ruiz-Tapia EN, Mujica-Sanchez A, 1998. Sampling strategy for a core collection of Peruvian quinoa germplasm [J]. Theoretical and Applied Genetics, 96: 475-483.

Parks C R, Wendel J F, Swell M M, et al., 1994. The significance of allozyme variation and introgression in the *Liriodendron tulipifera* complex (Magnoliaceae) [J]. American Journal of Botany, 81: 878-889.

Petzold A, Pfeiffer T, Jansen F, et al., 2013. Sex ratios and clonal growth in dioecious *Populus euphratica* Oliv., Xinjiang Prov., Western China [J]. Trees-Structure and Function, 27 (3): 729-744.

Piperidis G, Rattey A R, Taylor G O, et al., 2004. DNA markers: A tool for identifying sugarcane varieties [J]. Austral Sugarcane, 8 (suppl): 1-8.

Qu X J, Fu Y J, Luo M, et al., 2013. Acidic pH based microwave-assisted aqueous extraction of seed oil from yellow horn (*Xanthoceras sorbifolium* Bunge) [J]. Industrial Crops and Products, 43: 420-426.

Rajagopalan R, Vaucheret H, Trejo J, et al., 2006. A diverse and evolutionarily fluid set of microRNAs in Arabidopsis thaliana [J]. Genes & Development, 20 (24): 3407-3425.

Reinhart B J, Weinstein E G, Rhoades M W, et al., 2002. MicroRNAs in plants [J]. Genes & Development, 13 (16): 1616-1626.

Reynolds J, Tampion J, 1983. Double flowers a scientific study [M]. London: Pembridge Press.

Ruangsomboon S, 2015. Effects of different media and nitrogen sources and levels on growth and lipid of green microalga *Botryococcus braunii* KMITL and its biodiesel properties based on fatty acid composition [J]. Bioresource Technology, 191: 377-384.

Rubio-Somoza I, Weigel D, 2011. MicroRNA networks and developmental plasticity in plants [J]. Trends in Plant Science, 16 (5): 258-264.

Ruuska S A, Schwender J, Ohlrogge J B, 2004. The capacity of green oil seeds to utilize photosythesis to drive biosynthetic processes [J]. Plant Physiology, 136 (9): 2700-2709.

Song C, Wang C, Zhang C, et al., 2010. Deep sequencing discovery of novel and conserved microRNAs in trifoliate orange (*Citrus trifoliata*) [J]. BMC Genomics, 11 (431).

Souer E, van Houwelingen A, Kloos D, et al., 1996. The no apical meristem gene of *Petunia* is required for pattern formation in embryos and flowers and is expressed at meristem and primordia boundaries [J]. Cell, 85 (2): 159-170.

Sun G, Zhang B H, 2011. MicroRNAs and their diverse functions in plants [J]. In Vitro Cellular & Developmental Biology-Animal, 47: S69-S70.

Wang J W, Czech B, Weigel D, 2009. miR156-regulated SPL transcription factors define an endogenous flowering pathway in *Arabidopsis thaliana* [J]. Cell, 138 (4): 738-749.

Wertheim S J, Wagenmakers P S, Bootsma J H, et al., 2001. Orchard systems for apple and pear: Conditions for success [J]. Acta Horticulturae, 557: 209-227.

Wu G, Park M Y, Conway S R, et al., 2009. The sequential action of miR156 and miR172 regulates developmental timing in *Arabidopsis* [J]. Cell, 138 (4): 750-759.

Yao Z Y, Qi J H, Yin L M, 2013. Biodiesel production from *Xanthoceras sorbifolium* in China: Opportunities and challenges [J]. Renewable and Sustainable Energy Reviews, 24: 57-65.

Yeh F, Boyle T, 1997. Population genetic analysis of co-dominant and dominant markers and quantitative traits [J]. Belgian Journal of Botany, 129: 157.

Yuan R, Huang H, 1988. Litchi fruit abscission: its patterns, effect of shading and relation to endogenous abscisic acid [J]. Scientia Horticulturae, 36 (88): 281-292.

Zainol R, Stimart D P, Evert R F, 1998. Anatomical analysis of double flower morphogenesis in a *Nicotiana alata* mutant [J]. Journal of the American Society for Horticultural Science, 123 (6): 967-972.

Zhang S, Zu Y G, Fu Y J, et al., 2010. Rapid microwave-assisted transesterification of yellow horn oil to biodiesel using a heteropolyacid solid catalyst [J]. Bioresource Technology, 101 (3): 931-936.

Zhang X M, Wen J, Dao Z L, et al., 2010. Genetic variation and conservation assessment of Chinese populations of *Magnolia cathcartii* (Magnoliaceae), a rare evergreen tree from the South-Central China hotspot in the Eastern Himalayas [J]. Journal of Plant Research, 123: 321-331.

Zhao C Z, Xia H, Frazier T P, et al., 2010. Deep sequencing identifies novel and conserved microRNAs in peanuts (*Arachis hypogaea* L.) [J]. BMC Plant Biology, 10: 3.

Zhou Y, Gao S, Zhang X, et al., 2012. Morphology and biochemical characteristics of pistils in the staminate flowers of yellow horn during selective abortion [J]. Australian Journal of Botany, 60 (2): 143-153.

# 附录

## 文冠果原料林可持续培育指南

### 第一章　总　则

**第一条**　文冠果（*Xanthoceras sorbifolia* Bunge），又名文冠花、文登阁、崖木瓜、温旦革子、文官果、文光花、僧灯毛道等，属无患子科文冠果属，落叶灌木或小乔木，一般树高2~9m，最高可达12m。文冠果是我国乡土树种，喜光，适应性强，广泛分布于我国西北、华北、东北广大地区，具有耐旱、耐寒、耐瘠薄、不耐涝等特性。对土壤条件要求不严，但以深厚、肥沃、排水良好的微碱性土壤为适宜。文冠果种植2~3年后进入结果期，种子含油率在30%~40%，籽油的碳链长度主要集中在C17~C19之间，与普通柴油主要成分的碳链长度极为接近，是理想的生物柴油原料树种。同时文冠果在食品、化工、医药等方面也具有较高的综合开发利用价值，还具有较高的观赏价值，是我国优良木本油料、造林绿化树种。

**第二条**　为指导和规范文冠果原料林的培育，促进国土绿化，提高文冠果的结实量，保障原材料的可持续供应，特制定本指南。

本指南适用于指导和规范我国各级林业主管部门文冠果原料林培育活动的全过程，也适用于评估文冠果原料林培育参与者的相关活动。企业、林场等造林实体、个体农户的文冠果培育活动可参照执行。

**第三条**　文冠果原料林培育活动应遵循《原料林可持续培育指南》（林造发〔2011〕33号）确定的原料林培育的基本原则。

### 第二章　前期准备

**第四条**　文冠果原料林培育活动，应在遵循辖区社会经济发展规划基础上，纳入本地区林业发展规划，并相应开展野生文冠果资源调查、保护工作。

**第五条**　任何单位和个人（企业、林业局、林场及个体等）的文冠果原料林培育利用活动，均应根据本地区林业发展规划编制文冠果原料林建设实施方案，并报当地林业主管部门备案。

文冠果原料林建设实施方案应包括培育目标、自然社会经济状况、总体布局、营林措施、基础设施建设、森林和环境保护措施、野生动植物保护措施、综合利用措施、经济效益分析和风险评估等内容。

**第六条**　任何单位和个人开展文冠果原料林培育活动前，均应根据文冠果原料林建设实施方案开展年度施工作业设计，严格按年度作业设计开展活动。同时应根据实际作业情况，实施修订和优化实施方案。

## 第三章　苗木生产

**第七条**　为确保文冠果原料林的品质和可持续经营利用，各地应特别重视文冠果原料林的良种选育工作，根据不同地区的工作基础不断优化种质资源，积极推广使用产量高、抗逆性、适应性强的品种。

**第八条**　为了促进文冠果原料林早结实和确保产籽量，文冠果原料林宜采用植苗造林。种苗繁育及经营严格实行良种生产许可证和经营许可证制度。任何单位和个人均应获得林业主管部门核发的林木种子（苗木）生产及经营许可证后，方可从事文冠果原料林的种苗生产及经营。用于种苗生产的繁殖材料，必须具有植物检疫证书、质量检验合格证书和产地标签，实行定点采种或采穗，定点育苗，定单生产，定向供应，从源头上把好育苗质量关。

**第九条**　为满足文冠果原料林基地对优良种苗的需求，各级林业主管部门应有计划地组织种苗繁育和供应。出圃造林苗木应达到二级（含二级）以上规格（见附表1）。

**第十条**　育苗地应选择光照充足，排、灌水条件良好，地势平坦、交通方便、土壤肥沃、土层深厚的中性至微碱性沙壤土地段。干旱地区排水良好条件下应选择低床育苗，低湿地区应采用高床育苗。

**第十一条**　育苗播种前整地一般采用秋季整地，机械深翻30cm左右，越冬后第二年春季耙平。播种前结合春耕进行施肥，施肥量视土壤肥力状况而定，一般每亩施有机肥2000~3000kg或无机肥10~20kg。

**第十二条**　播种育苗的种子，应采用粒大饱满、色泽正常、无病虫感染和经过认定的种子园的种子。如无种子园，可在现有林中选择生长健壮、结实高、含油率高、抗逆性强的壮龄树做采种母树。播种育苗春、秋季均可，以春播为主。春播在播前可采用层积催芽或水浸催芽的方法处理种子。土壤解冻后，一般4月中下旬播种。秋播应在土壤结冻前进行。播种可采用条播或者点播的方式，播前一周灌足底水，播种时土壤湿度以田间持水量的60%~80%为宜。播种量每亩15~20kg。播种时种脐要平放，以利扎根。播后覆土3~4cm，并踩实。全年中耕除草2~3次，封垄后停止中耕除草。苗木刚出土后尽量少灌水，以免过湿引起根系腐烂，速生期应根据需要灌水，雨季注意排水。幼苗高达10~15cm时，施氮肥一次，生长中期（6~7月）追施磷钾肥一次，每亩10~15kg，追肥后及时灌水。生长后期（7月下旬后）控制施肥、灌水，以利于木质化。土壤结冻前，应灌足越冬水。苗木过密时要及时间苗，注意防治病虫害。

**第十三条**　文冠果无性繁殖育苗。文冠果无性繁殖育苗以扦插和嫁接两种方法为主。扦插育苗以根段作为插穗效果较好，选择粗度0.4cm以上的根段，截成长10~15cm的插穗，并及时扦插（不能及时扦插的需妥善假植）。扦插时可用土、沙分层作土壤基质，底面铺一层5~6cm厚的清洁河沙，再铺5~6cm厚的土，用0.4%高锰酸钾或0.0067%~0.1%的多菌灵喷洒消毒，畦宽1~1.2m，深0.5~0.6m。扦插时间应为3月下旬至5月初，扦插前插穗可用250mg/L的萘乙酸或250mg/L ABT生根粉处理插穗基部30秒。扦插时行

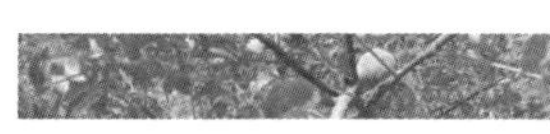

距 15~20cm，株距 15cm。插穗顶端低于地表 2~3cm，插后合缝灌水沉实。扦插完毕后水肥管理同播种育苗。苗高 20cm 时，留一个长势最强的芽，其余全部抹除。苗期加强管理，及时中耕除草。一般当年留圃越冬，土壤冻结前漫灌一次冻水，扦插后一年出圃。

嫁接应选用 1~2 年生，地径在 0.8cm 以上，顶芽饱满，干形直立的树木作为砧木，选健壮、优质、高产植株作为采穗母株。接穗一般选取采穗母株中上部的发育健壮、枝条充实、芽体饱满、无病虫害的 1 年生发育枝，劈接、插皮接方式应在春季树液刚开始流动、芽萌动前进行；嵌芽接应于 4 月下旬至 5 月上、中旬进行；T 形芽接或方块芽接应于 7 月中旬至 8 月中旬进行。芽接 15 天后，须及时检查嫁接成活情况，及时解绑。同时应及时除去砧木萌蘖，加强肥水管理和病虫害防治。一般情况下，嫁接结束后，施肥浇水一次，6~8 月份浇两次透水。

**第十四条** 起苗前应浇足底水，起苗时应尽量注意保护根系完整，保持根幅不小于 20cm。苗木出圃后，不宜长期存放，不能及时栽植的要进行假植。苗木运输途中应注意遮荫保湿，其中应特别注意苗木根系的保护。

**第十五条** 各育苗单位均应建立健全种苗档案，清楚种子、苗木和穗条的来源、繁殖生产过程，做到有据可查，有凭可依。

## 第四章 造 林

**第十六条** 造林地选择。文冠果可在适生区域的荒山、沟谷、丘陵、沙地上种植，一般选择土层厚 50cm 以上、坡度≤30°、背风向阳的沙壤土、轻沙壤土或黑垆土地区。排水不良的低湿地、重盐碱地及多石的山地，需实施改造后再进行造林。

**第十七条** 整地。林地清理可与整地同时进行，也可在造林前一年的秋季进行。林地清理一般采用块状或带状方式。块状清理以种植穴为中心清除四周的灌丛和杂草；带状清理，应根据造林地的地形地貌、土壤条件选择带宽，一般不小于 1m，清除带内的灌木和杂草。山地清理时山脚、山顶应保留原生植被带。林地清理后，应及时整地挖穴回表土。

平坦地可采用穴状整地，整地深度应不低于 50cm，直径约 60cm。坡度较大的丘陵地、山地可采取鱼鳞坑或者带状整地。鱼鳞坑深度一般 50cm 以上，横径 80~120cm，纵径略小于横径，品字形布设。带状整地以反坡梯田为主，采用机械或者人工，一般沿等高线进行。根据坡面地形地貌面宽可在 1~3m 之间，整地深度一般不低于 40cm，梯面向内倾斜 3°~15°，并注意外侧坝埂砌牢固，形成外高里低，利于蓄水、梯面平整的造林地。

**第十八条** 造林时间。以春季为主，土壤解冻后即可栽植。

**第十九条** 造林密度。一般每亩 70~110 株。具体栽植密度取决于土壤的水分条件、土壤肥力与土层厚度、造林地的坡度、整地方式等。在水肥条件较好、土层较厚或造林地坡度不大的区域，考虑树木生长较快，可适当疏植，反之，要适当密植。

**第二十条** 基肥。造林前应施足基肥，施肥时间为秋季或结合挖穴回土工序进行。根据土壤条件确定施肥数量和种类。以有机肥为主，化肥为辅。基肥应与一定量的表土混合均匀，施入种植穴中，表面盖土，避免肥力流失。

**第二十一条** 栽植。栽植前可对损伤根系进行修剪，根系长度 20cm 以上。裸根苗栽植可采取蘸泥浆、生根粉等措施。栽植时应注意作到根系不窝根、不外露、不上翘，覆土应至苗木原土印上 2cm，栽植后浇透水。

**第二十二条** 定干。栽植后第一年休眠期，需在距地面高度 50～60cm 处定干。并注意定干剪口下留出 15～20cm 的能长出永久性骨干枝整形带，整形带内须保留健壮芽。

**第二十三条** 补植。造林一年后需进行补植，确保原料林基本密度。

**第二十四条** 间作。在造林后，林地郁闭前，林间空地较多，水肥条件较好的情况下，可选择适合当地条件、无共同病虫害、非高杆的作物及牧草间作。

**第二十五条** 基础设施。为实现文冠果原料林的稳产高产、原料可持续供应及便于果实采摘、收获和运输，各造林单位应重视开展文冠果原料林的基础设施建设，相应修建道路网、水利灌溉系统等。

## 第五章　经营管理与保护

**第二十六条** 土壤管理。通常采用翻耕和扩穴两种方法，一般从定植后第二年开始进行。翻耕一般秋季进行，翻耕深度 20～25cm，以树干为中心，轮状翻土，并可逐年扩大深翻面积。通过翻耕有利于土壤熟化，其中注意防止损伤苗木根系。扩穴一般在采果后至土壤冻结前进行，可以结合翻耕进行。应避免在冬季土温过低和高温干旱季节进行。扩穴可沿定植穴或鱼鳞坑外沿挖深 60cm，宽 30～40cm 的沟，以扩大原定植穴。扩穴时应考虑不影响道路系统。此外，造林后前 3 年应每年除草 2～3 次，除净栽植穴内杂草。可将除下的杂草覆盖在种植穴表面，以保墒并增加土壤肥力。

**第二十七条** 施肥。文冠果生长过程中，应根据土壤肥力状况及植株生长需求等因素确定施肥量和施肥时间。一般情况下，在 6 月下旬至 7 月上、中旬，果实的膨大期和成熟期施肥，通过增加植株有机物质供给量和提高植株光合作用的能力，提高果实质量。秋天采种后，再进行一次施肥，使树体积累充足的有机物质，以满足树体恢复、生长和积累有机养料的需求。施肥方法可以植株为中心开环形沟，沟半径内侧为植株冠幅，肥料撒入沟内后覆土浇水即可。

**第二十八条** 水分管理。文冠果的水分管理应根据土壤墒情和文冠果既耐干旱，又怕水涝的特点而定。一般情况下，应在树木开花前期、果实迅速生长期及果实采收后、土壤结冻前进行灌水，也可结合施肥进行灌水。雨季注意及时排水，以防止林地渍水导致林木根部腐烂。同时积极鼓励使用滴灌。

**第二十九条** 整形修剪。栽植后第一年的 5～6 月，距定干剪口下 10～20cm 内选择分布均匀，角度开张，最终形成开心型冠形的 3～4 个枝条作为主枝，并及时除掉主枝以下的枝条。栽后第二年冬季，须在主枝上距主干 30～40cm 处选留侧枝（注意所有主枝的侧枝按同一方向排布），其余枝条短截，留 5～10cm 培养结果枝组。栽植第三年，即树体进入结果期后，注意结果枝组的培养和更新。一般情况下，培养方式采用截短方法。鉴于文冠果以中长果枝结果为主的情况，更新一般采用双枝更新法以保证果实产量的连续稳定。

栽植五年后，主要注意疏去过密枝、重叠枝、交叉枝、纤弱枝和病虫枝。对于生长结实不良的大龄树体，采取疏、缩、短截、培养等方法，促进更新。

文冠果为雌雄同株异花，雌花量远远小于雄花。为避免因花造成养分供不应求，需适当摘除部分雄花（即雄蕊发育正常，但子房缩小退化的花朵），以保证果实产量。疏花时间最好在蕾期。同时还应在花后 1~2 周内的幼果期，及时疏果。疏果应根据“留优去劣”的原则，疏除畸形果、小果、病虫果及弱枝果，留壮枝果。一般来说，留果量控制在 40~50 片复叶养一个果。无论疏花或疏果，均应采取在花梗或果梗中间剪断的方法，以保护附近的花序或果实。

**第三十条** 病虫害防治。文冠果病虫害较少，其中重点注意茎腐病、煤污病、金龟类及鼠害的防治，具体方法参照附表 2。

**第三十一条** 防火。造林单位要重视加强文冠果造林地的森林防火工作，强化防火意识，树立护林防火标牌，制定护林防火公约，建立健全各项防火制度等。同时应按照地形、地貌及林地面积，规范建设防火带等防火设施，加强对防火带管理，将各项预防措施落到实处。

## 第六章 收获与储藏

**第三十二条** 收获。当文冠果果皮由绿色变为黄绿色，表面由光滑变粗糙，果实尖端微微开裂，种子为黑褐或暗褐色时即可采摘。果实采收期一般 7~8 月。采摘严防掠青，否则会影响种子的出苗率以及苗木质量。采摘时注意尽量减少对树体伤害。目前常采用高梯结合手摘，也可采用高枝剪采摘。采摘后采用晾晒、人工或机械脱壳的方法去掉果皮。

**第三十三条** 储藏。种子阴干后，应及时包装封口，贴挂标签，注明种子产地、生产时间等信息，储藏于通风阴凉处，注意防潮湿雨淋，注意温湿度的变化，以防霉变。

**附表 1　文冠果苗木等级对应表**

厘米

| 苗木等级 | 一级苗 | | | 二级苗 | | | 三级苗 | | |
|---|---|---|---|---|---|---|---|---|---|
| 指标 | 苗高 | 地径 | 根系 | 苗高 | 地径 | 根系 | 苗高 | 地径 | 根系 |
| 标准 | >80cm；整形带内有8~10个饱满芽。 | >0.6cm | 发达完整无伤痕，梢端完全木质化。 | 50~80cm；整形带内有8~10个饱满芽。 | 0.5~0.6cm | 根系发达，无严重伤痕，梢端基本木质化。 | <50cm 整形带内少于8~10个饱满芽。 | <0.5cm | 根系欠发达、欠完整或有重伤残，梢端未木质化。 |

**附表 2　文冠果常见病害虫害治理方案对应表**

| 害类 | 名称 | 特征 | 治理方案 |
|---|---|---|---|
| 病害 | 茎腐病 | 苗木初发病时，茎部出现水渍状褐色病斑，病斑向下扩展约10cm，当病斑绕茎一周，苗木地上部分即枯死。病苗茎基部略肿胀，皮层组织腐烂，表面有灰白色的小突起，是病菌的繁殖结构。病原通过土壤传播，也可随带病的种苗传播。苗木茎部受伤时，在土壤中的病菌通过伤口侵入。 | （1）在发病率高的苗圃进行土壤消毒；夏季如遇高温，在苗床上遮荫，防止苗木茎基灼伤，起苗、栽植、抚育过程中尽量避免苗木受机械损伤。<br>（2）防止苗木带菌。苗木出圃时应仔细检查，去除病株。用50%多菌灵400倍液浸泡苗干茎基部和根部10分钟后栽植，防止在造林地受病菌感染。 |
| | 煤污病 | 得病植物表面覆盖病菌的菌丝，形成煤烟状物，影响光合作用，影响生长，造成树势衰弱。病菌主要以菌丝越冬，借风雨和昆虫传播，在文冠果生长季节可以不断蔓延。6~8月为煤污病发病盛期，常随着文冠果木虱的发生而发生，木虱不仅为病菌提供营养来源和越冬场所，也是病菌传播的媒介。 | （1）苗期加强管理，及时中耕除草。<br>（2）选用多菌灵800倍液，连续喷布2~3次，间隔时间为7~10d。 |
| | 立枯病 | 发生于文冠果播种后出苗前或出苗后生侧根前。肥料发酵不充分，种子催芽过头，覆土过厚发病严重。也常与出苗后过分阴湿有关。立枯型为生长点枯死，地表根茎染病，幼苗枯死但不倒。 | （1）75%百菌清可湿性粉剂600倍液喷雾。<br>（2）5%井岗霉素水剂1500倍液喷雾。<br>（3）20%甲基立枯磷乳油1200倍液喷雾。 |

（续）

| 害类 | 名称 | 特　征 | 治 理 方 案 |
|---|---|---|---|
| 虫害 | 黑绒金龟子 | 喜食文冠果嫩芽，危害严重时期是5月上、中旬，白天多隐于根际枯叶和浮土下面，黄昏出来危害，无风天更甚。 | （1）杀虫灯诱杀。利用成虫的趋光性，在林地安装频振式杀虫灯（一般$2\sim3hm^2$安装1台），对金龟子及多种害虫有明显的诱杀防治效果。<br>（2）人工捕捉。<br>（3）药物防治：用50%辛硫磷乳油，$3.75kg/hm^2$，制成土颗粒剂或毒水，毒杀幼虫；早春越冬成虫出土前，在树冠下撒毒土（40%二嗪农乳油$9kg/hm^2$）毒杀；成虫爆发时树上喷洒2.5%的溴氰菊酯2000倍液，喷药时间以早上6~8时，晚上7时以后为宜。 |
|  | 木虱 | 多以成虫越冬，次年5月中旬文冠果萌发时，幼虫产卵于嫩叶背面和花芽上，孵化后若虫吸吮幼嫩组织的汁液为害。幼龄植株危害严重时，枝条顶端抽放丛状夏梢或秋梢，嫩叶卷曲而肥大，嫩梢不木质化，冬天枯死。 | （1）5%的50ml瓶装吡氯1800~2000倍液喷雾。（2）20%的300ml/瓶装啶虫脒1800~2000倍液喷雾。<br>（3）用1.2%烟参碱乳油与柴油1∶20比例混合，喷烟机地面喷烟防治幼虫，用量$6L/hm^2$；烟参碱粉剂与滑石粉1∶25比例混合地面喷粉，用量$22.5L/hm^2$。<br>（4）1.2%苦烟碱乳油1∶1000倍液、1.8%阿维素乳油3000倍液等药剂喷雾。每隔7天喷药1次，连喷2~3次。 |
| 鼠害 | 地上鼠主要是环剥树干和啃咬嫩枝梢，地下鼠危害根系，使林木长势不良。 |  | （1）早春在苗圃地使用溴敌隆杀鼠剂。<br>（2）使用P-1拒避剂，苗木蘸根、蘸茎后造林。 |

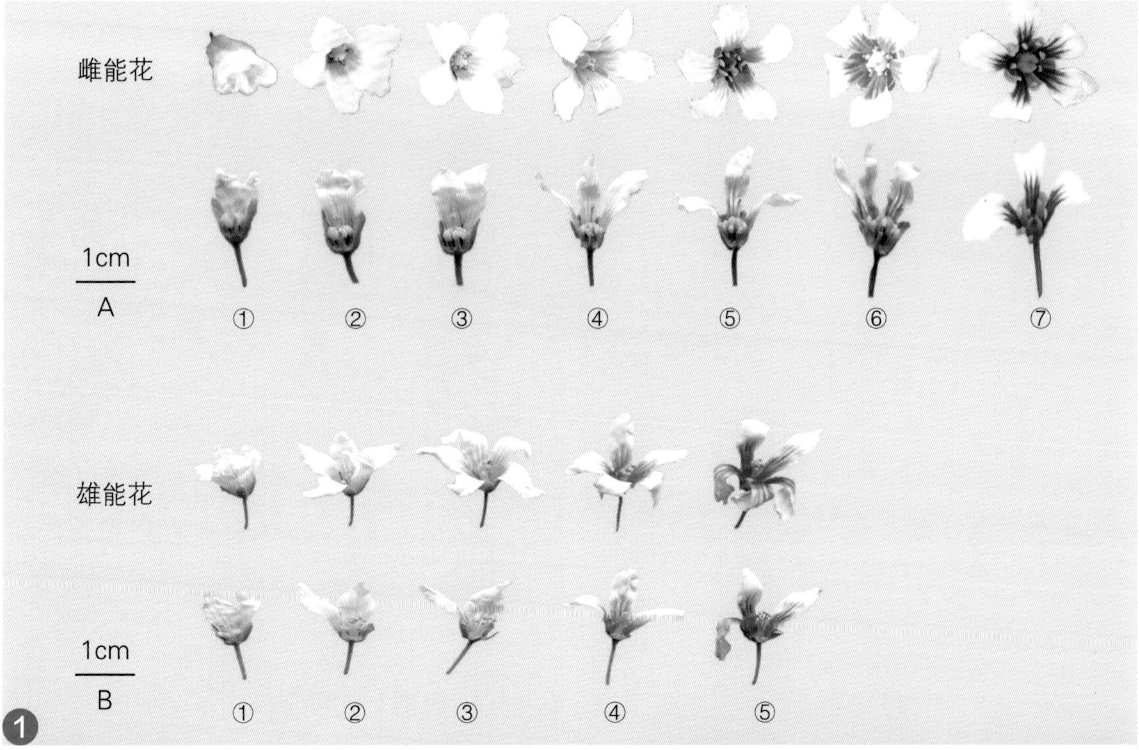

1. A：雌能花 ①花蕾初开放；②开花当天；③花后1d；④花后2d；⑤花后3d；⑥花后4d；⑦花后5d；B：雄能花 ①花蕾初开放；②开花当天；③花后1d；④花后2d；⑤花后3d；

2. 顶、侧花芽性别分化差异；3. 重瓣花；4. 单株采收

1. 大田播种育苗；2. 容器育苗；
3、4. 嫁接育苗；5. 嫁接后绑缚

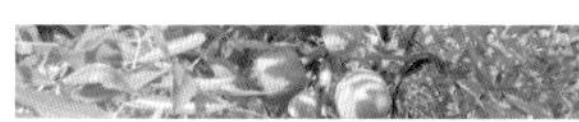

1. 初果期；2. 低效林改造（截干）；
3. 低效林改造（平茬）

1. 拉枝试验；2. 文冠果种质资源圃

1、2. 文冠果古树；3. 河北野生文冠果；4. 山西野生文冠果；
5、6、7. 花期景观；8. 花序伸长过程

1. 坐果初期；2. 果实膨大期；
3. 果实成熟期；4.果实采收及去皮

优良单株

1. 花粉收集；2、3. 杂交授粉；
4. 杂交授粉后结果情况